令和 06-07 年

応用情報技術者

試験によくでる問題集 午後

大滝みや子 著

技術評論社

はじめに

応用情報技術者試験は，情報処理技術者試験制度のスキルレベル3に相当する試験であり，基本情報技術者試験（レベル2）の上位試験です。午前試験においては，その出題テーマの多くが基本情報技術者試験とオーバーラップしていて，難易度もそれほど大きく変わりませんが，午後試験においては，出題形式やその難易度は基本情報技術者試験とは明らかに異なります。つまり，基本情報技術者試験に合格してもエスカレータ式に応用情報技術者試験に合格できるというものではありません。基本情報技術者試験合格者が十分な対策を取らずに応用情報技術者試験を受験した場合，その何%の方が合格するでしょうか？ 基本情報技術者試験と応用情報技術者試験験，そこには高く厚い壁があることに気付いてください。

さて本問題集は，応用情報技術者試験において過去に出題された問題の中から，良質かつ重要な問題を60問（Try!問題を含め72問）厳選し，編集した午後試験対策用の問題集です。中にはかなり古い問題もありますが，近年出題された問題を見ると，それらの問題を現代風にアレンジしているものもあります。つまり，IT技術は進歩していても，身に付けなければいけない（求められる）知識や応用力は変わらないということです。したがって，本問題集では，古い問題であっても“合格”のための良問であればそれを掲載しています。また，1問1問，詳細な解説をしてありますから，合格に必要となる知識・応用力，そして解答センスを身につけることができるでしょう。本問題集により読者の皆さんが，“合格証書”を手にされることを心より応援しております。

令和06年2月　大滝　みや子

●本書ご利用に際してのご注意●

- 本書記載の情報は2024年2月現在のものです。内容によっては今後変更される可能性もございます。試験に関する最新・詳細な情報は，情報処理技術者試験センターのホームページをご参照ください。ホームページ：https://www.ipa.go.jp/shiken/
- 本書の内容に関するご質問につきましては，最終ページ（奥付）に記載しております『お問い合わせについて』をお読みくださいますようお願い申し上げます。
- 本書に掲載されている会社名，製品名などは，それぞれ各社の商標，登録商標，商品名です。なお，本文中に™マーク，®マークは明記しておりません。

目次

第2章 ストラテジ系

第3章 プログラミング（アルゴリズム）

第4章 システムアーキテクチャ

第5章 ネットワーク

第6章 データベース

学習の手引き

応用情報技術者試験の概要

●試験の対象者像

応用情報技術者試験は，「ITを活用したサービス，製品，システム及びソフトウェアを作る人材に必要な応用的知識・技能をもち，高度IT人材としての方向性を確立した人」を対象に行われる，経済産業省の国家試験です。

●試験の実施

応用情報技術者試験は，年に2回（春：4月，秋：10月）実施され，各時間区分（次表の午前，及び午後の試験）の得点が全て合格基準点を超えると合格できます。

	午前試験	午後試験
試験時間	9：30～12：00（150分）	13：00～15：30（150分）
出題形式	多肢選択式（四肢択一）	記述式
出題数と解答数	・出題数は問1～問80までの80問 ・解答数は80問（全て必須解答）	・出題数は問1～問11までの11問 ・解答数は5問（問1が必須解答，問2～問11の中から4問を選択し解答）
配点割合	各1.25点	問1：20点，問2～11：各20 点
合格基準	100点満点で60点以上	100点満点で60点以上

●受験案内

実施概要や申込み方法などの詳細は，試験センターのホームページに記載されています。また，出題分野の問題数や配点などは変更される場合があります。受験の際は下記サイトでご確認ください。

情報処理技術者試験センターのホームページ ⇒ https://www.ipa.go.jp/shiken/

午後試験の分野別出題内訳

午後試験では，受験者の能力が応用情報技術者試験区分における“期待する技術水準”に達しているかどうかを，知識の組合せや経験の反復により体得される課題発見能力，抽象化能力，課題解決能力などの技能を問うことによって評価されます。

応用情報技術者試験における午後試験の分野別出題内訳と配点割合は，次の表のとおりです。なお，各分野における出題範囲は，章扉に記載していますのでそちらをご参考ください。

問題番号	出題分野	解答問題数と配点割合
1	情報セキュリティ	必須　配点割合20点
2	経営戦略，情報戦略，戦略立案・コンサルティング技法	10問中4問選択 配点割合各20点
3	プログラミング（アルゴリズム）	
4	システムアーキテクチャ	
5	ネットワーク	
6	データベース	
7	組込みシステム開発	
8	情報システム開発	
9	プロジェクトマネジメント	
10	サービスマネジメント	
11	システム監査	

＊問2はストラテジ系分野の問題，問9～11はマネジメント系分野の問題

本書の特徴

本書は，応用情報技術者試験に合格できる力を身につけることを目的とした午後試験対策用の問題集です。午後試験の出題分野に対応した，第1章から第11章までの構成となっています。また，各章においては，単に過去問題だけを掲載するのではなく，必要に応じて，「Try!問題」も掲載しています。

問題	応用情報技術者試験の過去問題から，当該分野を学習するのに最適な問題を厳選し取り上げています。また解説文中に「参考」や「補足」などの囲み記事を設けることで，合格を第1の目的とした学習ができるようサポートしています。 「**参考**」：関連する技術の説明 「**補足**」：解説又は解答の補足説明
Try!問題	当該分野に関連する他の過去問題から，重要かつ得点の取れる設問のみを抜き出した問題です。Try!問題を解くことで知識の確認やプラスαの得点力UPを図ります。

受験テクニック

●記述式のパターンはこんなにある！

午後試験の出題形式は“記述式”ですが，一言に記述式といってもいろいろなパターンがあります。

① 空欄に適切な字句を入れる：用語・技術・計算結果を問う問題
② 図や表を完成させる：E-R図，クラス図，流れ図などを完成させる問題
③ 計算結果や判断結果を答える：計算・判断結果を問う問題
④ 最大50文字の文章を記述する：理由や問題点・解決策などを述べさせる問題

●ココに注意！

（1）**問題文中に空欄を見つけたら**，まず解答群があるかどうかを確認しましょう。

・用語や技術を問う問題で，解答群がある場合

→この時点で解答可能なら，空欄を埋めておきましょう。なお確認のため，問題用紙には，解答した記号だけでなく入る用語も書いておくこと！

・用語や技術を問う問題で，解答群がない場合

→どんな用語・技術が入りそうなのか，まずは考えられる（思いついた）用語を問題用紙に記入しておきましょう。「○○関連の用語が入りそうだなぁ」程度でもOKです。問題文を読み終え解答する段階で適切な用語を考えます。

・用語や技術を問う以外の問題の場合

→空欄に入りそうな内容が予測できたら，それを短い文で書き留めておきましょう。問題文を読み終え解答する段階で，書き留めた内容に間違いはないかを確認後，文字数に合わせてそれに肉付けしていきます。なお，どんな内容が入るのかまったく予想がつかないときは，この時点では放っておきましょう。問題文を全て読み終えた後で考えればよいのです。

（2）**計算結果を答える問題**では，例えば「小数第2位を四捨五入して，小数第1位まで求めよ」といった指示に注意しましょう。計算結果が「123」であっても上記の指示がある場合は，「123.0」と解答しなければなりません。

（3）**文章記述問題**では，指定された文字数の60％の文字数は最低必要です。まず，字数を気にせずに問題用紙に考えられる解答を書きます。次に，指定字数に合わせて解答を完成させてください。

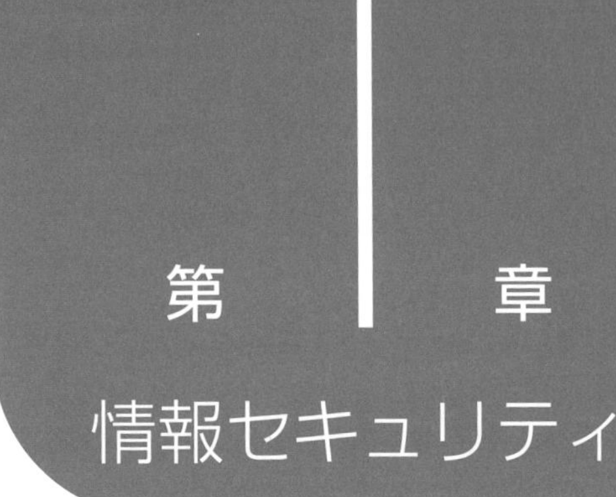

第1章 情報セキュリティ

出題範囲

- 情報セキュリティポリシー
- 情報セキュリティマネジメント
- リスク分析
- データベースセキュリティ
- ネットワークセキュリティ
- アプリケーションセキュリティ
- 物理的セキュリティ
- アクセス管理
- 暗号・認証
- PKI
- ファイアウォール
- 不正アクセス対策
- マルウェア対策（コンピュータウイルス，ボット，スパイウェア ほか）
- 個人情報保護

など

問題1 ECサイトの利用者認証 (H31春午後問1)

ECサイトへの不正アクセスを題材に，利用者認証の方式，パスワード攻撃の手法と対策，及び安全なパスワードの管理策など，利用者認証に関する基本知識を確認する問題です。問われる内容の中には，午前試験で出題されているものが多く，全体として解答しやすい問題になっています。なお，情報セキュリティ問題に限らず，記述形式の場合は，「何が問われているのか？」を理解し，設問の主旨に合わせて解答文をまとめることが重要です。

問 ECサイトの利用者認証に関する次の記述を読んで，設問1～4に答えよ。

M社は，社員数が200名の輸入化粧品の販売会社である。このたび，M社では販路拡大の一環として，インターネット経由の通信販売（以下，インターネット通販という）を行うことを決めた。インターネット通販の開始に当たり，情報システム課のN課長を責任者として，インターネット通販用のWebサイト（以下，M社ECサイトという）を構築することになった。

M社ECサイトへの外部からの不正アクセスが行われると，インターネット通販事業で甚大な損害を被るおそれがある。そこで，N課長は，部下のC主任に，不正アクセスを防止するための対策について検討を指示した。

〔利用者認証の方式の調査〕

N課長の指示を受けたC主任は，最初に，利用者認証の方式について調査した。

利用者認証の方式には，次の3種類がある。

（i）利用者の記憶，知識を基にしたもの

（ii）利用者の所有物を基にしたもの

（iii）利用者の生体の特徴を基にしたもの

（ii）には， [a] による認証があり，（iii）には， [b] による認証がある。（ii），（iii）の方式は，セキュリティ面の安全性が高いが，<u>①多数の会員獲得を目指すM社ECサイトの利用者認証には適さないとC主任は考えた</u>。他社のECサイトを調査したところ，ほとんど（i）の方式が採用されていることが分かった。そこで，M社ECサイトでは，（i）の方式の一つであるID，パスワードによる認証を行うことにし，ID，パスワード認証のリスクに関する調査結果を基に，対応策を検討することにした。

〔ID，パスワード認証のリスクの調査〕

ID，パスワード認証のリスクについて調査したところ，幾つかの攻撃手法が報告されていた。パスワードに対する主な攻撃を表1に示す。

表1　パスワードに対する主な攻撃

項番	攻撃名	説明
1	[c] 攻撃	ID を固定して，パスワードに可能性のある全ての文字を組み合わせてログインを試行する攻撃
2	逆 [c] 攻撃	パスワードを固定して，ID に可能性のある全ての文字を組み合わせてログインを試行する攻撃
3	類推攻撃	利用者の個人情報などからパスワードを類推してログインを試行する攻撃
4	辞書攻撃	辞書や人名録などに載っている単語や，それらを組み合わせた文字列などでログインを試行する攻撃
5	[d] 攻撃	セキュリティ強度の低い Web サイト又は EC サイトから，ID とパスワードが記録されたファイルを窃取して，解読した ID，パスワードのリストを作成し，リストを用いて，ほかのサイトへのログインを試行する攻撃

表1中の項番1～4の攻撃に対しては，パスワードとして設定する文字列を工夫することが重要である。項番5の攻撃に対しては，M社ECサイトでの認証情報の管理方法の工夫が必要である。しかし，他組織のWebサイトやECサイト（以下，他サイトという）から流出した認証情報が悪用された場合は，M社ECサイトでは対処できない。そこで，C主任は，M社ECサイトでのパスワード設定規則，パスワード管理策及び会員に求めるパスワードの設定方法の3点について，検討を進めることにした。

〔パスワード設定規則とパスワード管理策〕

最初に，C主任は，表1中の項番1，2の攻撃への対策について検討した。検討の結果，パスワードの安全性を高めるために，M社ECサイトに，次のパスワード設定規則を導入することにした。

- パスワード長の範囲を10～20桁とする。
- パスワードについては，英大文字，英小文字，数字及び記号の70種類を使用可能とし，英大文字，英小文字，数字及び記号を必ず含める。

次に，C主任は，M社ECサイトのID，パスワードが窃取・解析され，表1中の項番5の攻撃で他サイトが攻撃されるのを防ぐために，M社ECサイトで実施するパスワードの管理方法について検討した。

一般に，Webサイトでは，②パスワードをハッシュ関数によってハッシュ値に変換（以下，ハッシュ化という）し，平文のパスワードの代わりにハッシュ値を秘密認証情報のデータベースに登録している。しかし，データベースに登録された認証情報が流出すると，レインボー攻撃と呼ばれる次の方法によって，ハッシュ値からパスワードが割り出されるおそれがある。

・攻撃者が，膨大な数のパスワード候補とそのハッシュ値の対応テーブル（以下，Rテーブルという）をあらかじめ作成するか，又は作成されたRテーブルを入手する。
・窃取したアカウント情報中のパスワードのハッシュ値をキーとして，Rテーブルを検索する。一致したハッシュ値があればパスワードが割り出される。

レインボー攻撃はオフラインで行われ，時間や検索回数の制約がないので，パスワードが割り出される可能性が高い。そこで，C主任は，レインボー攻撃によるパスワードの割出しをしにくくするために，③次の処理を実装することにした。

・会員が設定したパスワードのバイト列に，ソルトと呼ばれる，会員ごとに異なる十分な長さのバイト列を結合する。
・ソルトを結合した全体のバイト列をハッシュ化する。
・ID，ハッシュ値及びソルトを，秘密認証情報のデータベースに登録する。

〔会員に求めるパスワードの設定方法〕

次に，C主任は，表1中の項番3，4及び5の攻撃への対策を検討し，次のルールに従うことをM社ECサイトの会員に求めることにした。

・会員自身の個人情報を基にしたパスワードを設定しないこと
・辞書や人名録に載っている単語を基にしたパスワードを設定しないこと
・④会員が利用する他サイトとM社ECサイトでは，同一のパスワードを使い回さないこと

C主任は，これらの検討結果をN課長に報告した。報告内容と対応策はN課長に承認され，実施されることになった。

設問1 〔利用者認証の方式の調査〕について，(1)，(2) に答えよ。

(1) 本文中の[a]，[b]に入れる適切な字句を解答群の中から選び，記号で答えよ。

解答群

ア 虹彩	イ 体温	ウ デジタル証明書
エ 動脈	オ パスフレーズ	カ パソコンの製造番号

(2) 本文中の下線①について，(ii) 又は (iii) の方式の適用が難しいと考えられる適切な理由を解答群の中から選び，記号で答えよ。

解答群

ア インターネット経由では，利用者認証が行えないから

イ スマートデバイスを利用した利用者認証が行えないから

ウ 利用者に認証デバイス又は認証情報を配付する必要があるから

エ 利用者のIPアドレスが変わると，利用者認証が行えなくなるから

設問2 〔ID，パスワード認証のリスクの調査〕について，(1)，(2) に答えよ。

(1) 表1中の[c]，[d]に入れる適切な字句を答えよ。

(2) 表1中の項番1の攻撃には有効であるが，項番2の攻撃には効果が期待できない対策を，“パスワード”という字句を用いて，20字以内で答えよ。

設問3 〔パスワード設定規則とパスワード管理策〕について，(1)，(2) に答えよ。

(1) 本文中の下線②について，ハッシュ化する理由を，ハッシュ化の特性を踏まえ25字以内で述べよ。

(2) 本文中の下線③の処理によって，パスワードの割出しがしにくくなる最も適切な理由を解答群の中から選び，記号で答えよ。

解答群

ア Rテーブルの作成が難しくなるから

イ アカウント情報が窃取されてもソルトの値が不明だから

ウ 高機能なハッシュ関数が利用できるようになるから

エ ソルトの桁数に合わせてハッシュ値の桁数が大きくなるから

設問4 本文中の下線④について，パスワードの使い回しによってM社ECサイトで発生するリスクを，35字以内で述べよ。

解説

設問1 の解説

〔利用者認証の方式の調査〕についての設問です。

(1) 本文中にある，「(ii)には，[a]による認証があり，(iii)には，[b]による認証がある」という記述中の空欄a，bに入れる字句が問われています。

解答群の中で利用者認証に用いられるものは，〔ア〕の虹彩と〔ウ〕のデジタル証明書，そして〔オ〕のパスフレーズだけです。このうち，〔オ〕のパスフレーズは，文字数が長いパスワードのことです。パスワードと同様，(i)の「利用者の記憶，知識を基にしたもの」による認証に用いられます。したがって，空欄a，bには，〔ア〕と〔ウ〕のいずれかが入ります。

●空欄a

(ii)には「利用者の所有物を基にしたもの」とあります。利用者の所有物を基にした利用者認証で用いられるのは〔**ウ**〕の**デジタル証明書**です。デジタル証明書は，他人による“なりすまし”を防ぐために用いられる本人確認の手段です。証明書には，「作成・送信した文書が，利用者が作成した真性なものであり，利用者が送信したものであること」を証明できる“署名用”と，インターネットサイトなどにログインする際に利用される“利用者証明用”があります。利用者証明用のデジタル証明書により，「ログインした者が，利用者本人であること」を証明することができます。

●空欄b

空欄bは，(iii)の「利用者の生体の特徴を基にしたもの」による認証に用いられるものなので，〔**ア**〕の**虹彩**です。虹彩とは，目の瞳孔（どうこう）の周りにあるドーナッツ型の薄い膜のことです。虹彩は，1歳頃には安定し，経年による変化がありません。そのため，個人認証に必要な情報の更新がほとんど不要であるといった特徴もあり，個人認証を行う優れた生体認証の一つになっています。

なお，その他の選択肢は，次のような理由で利用者認証には用いられません。

イ：体温は，体調などによって変化するため個人の認証には適しません。

エ：生体認証の中で，血管のパターンを用いる認証として実用化されているのは，動脈ではなく，静脈による認証（静脈認証）です。静脈認証とは，手のひらや指などの静脈パターンを読み取り個人を認証する方法です。動脈は，静脈よりも皮膚から遠くにあるため読み取りづらいなどの理由で認証には適しません。

カ：パソコンの製造番号は「利用者の所有物」ではありますが，利用者でなくても知り得る情報です。利用者個人を識別することはできますが，真正性を検証できないため利用者の個人認証には適しません。

(2) 下線①について，(ⅱ)，(ⅲ) の方式は，多数の会員獲得を目指すM社ECサイトの利用者認証には適さないとC主任が考えた理由が問われています。

先に解答したとおり，(ⅱ) はデジタル証明書による認証，(ⅲ) は虹彩による認証です。デジタル証明書を用いて利用者認証を行う場合，利用者本人であることを証明できる，認証情報すなわち利用者証明用のデジタル証明書を利用者に配布するか，あるいは利用者に申請してもらう必要があります。

また，虹彩による認証を行うためには，虹彩認証に対応した認証デバイスが必要です。最近はマートフォンの画面に顔をかざすだけで虹彩認証ができる技術もありますが，このようなデバイスを持っていない利用者には，認証デバイスを配布しなければなりません。

以上，(ⅱ)，(ⅲ) の方式は，利用者に認証情報又は認証デバイスの配付が必要となることから，多数の会員獲得を目指すECサイトの利用には適しません。したがって，〔**ウ**〕の「**利用者に認証デバイス又は認証情報を配付する必要があるから**」が適切な理由です。

設問2 の解説

〔ID，パスワード認証のリスクの調査〕についての設問です。

(1) 表1中の空欄c，dに入れる攻撃名が問われています。

●空欄c

空欄cは項番1と項番2にあります。項番1の説明を見ると，「IDを固定して，パスワードに可能性のある全ての文字を組み合わせてログインを試行する攻撃」とあります。この攻撃は，ブルートフォース攻撃あるいは総当たり攻撃と呼ばれる攻撃です。したがって，**空欄c**には，「**ブルートフォース**」又は「**総当たり**」が入ります。

●空欄d

空欄dは項番5にあります。表1中の説明を見ると，「セキュリティ強度の低いWebサイト又はECサイトから，IDとパスワードが記録されたファイルを搾取して，解読したID，パスワードのリストを作成し，リストを用いて，ほかのサイトへのログインを試行する攻撃」とあります。この攻撃は，インターネットサービス利用者の多くが複数のサイトで同一の利用者IDとパスワードを使い回している状況に目をつけた，パスワードリスト攻撃と呼ばれる攻撃です。したがって，**空欄d**には「**パスワードリスト**」が入ります。

(2)「表1中の項番1の攻撃には有効であるが，項番2の攻撃には効果が期待できない対策」を“パスワード”という字句を用いて解答する問題です。

項番1（空欄c）の攻撃は，ブルートフォース攻撃（総当たり攻撃）です。この攻撃では，IDを固定して，あらゆるパスワードでログインを何度も試みてくるので，パスワード誤りによるログイン失敗が連続します。そのため，対策としては，パスワードの入力回数に上限値を設定し，これを超えたログインが行われた場合，不正ログインの可能性を疑い，ログインができないようにするアカウントロックが有効です。

一方，項番2の逆ブルートフォース攻撃（逆総当たり攻撃）は，パスワードを固定して，IDを変えながらログインを何度も試みてくる攻撃です。この攻撃では，同一IDでのパスワード連続誤りは発生しないため，項番1の攻撃（ブルートフォース攻撃）に有効とされる，パスワード入力回数に上限値を設定するという対策は効果がありません。

以上，解答としては，「パスワード入力回数に上限値を設定する」などとすればよいでしょう。なお，試験センターでは解答例を「**パスワード入力試行回数の上限値の設定**」としています。

設問3 の解説

〔パスワード設定規則とパスワード管理策〕についての設問です。

(1) 下線②について，パスワードをハッシュ関数によってハッシュ値に変換する（ハッシュ化する）理由が問われています。ここで，ハッシュ関数は次の性質を持っていることを確認しておきましょう。

① ハッシュ値の長さは固定
② ハッシュ値から元のメッセージの復元は困難
③ 同じハッシュ値を生成する異なる二つのメッセージの探索は困難

上記②の性質から分かるように，パスワードをハッシュ化することで，仮に秘密認証情報のデータベースが不正アクセスされ，IDとパスワードが盗まれたとしても，ハッシュ化されたパスワードから元のパスワードを求めることは困難です。

つまり，パスワードをハッシュ化する理由は，ハッシュ値から元のパスワードの割出しを難しくするためです。したがって，解答としてはこの旨を25字以内にまとめればよいでしょう。なお，試験センターでは解答例を「**ハッシュ値からパスワードの割出しは難しいから**」としています。

(2) 下線③の処理によって，レインボー攻撃によるパスワードの割出しがしにくくなる最も適切な理由が問われています。下線③の処理とは，「会員が設定したパスワードとソルト（会員ごとに異なる十分な長さのバイト列）を結合した文字列をハッシュ化し，秘密認証情報のデータベースには，ID，ソルト処理したハッシュ値，及びソルトを登録する」というものです。

レインボー攻撃では，あらかじめ攻撃者は，パスワードとしてよく使われる文字列（パスワード候補）を，よく使われているハッシュ関数でハッシュ化し，ハッシュ値から元のパスワードが検索可能な一覧表（Rテーブル）を作成しておきます。そのため，データベースに登録された認証情報（パスワードのハッシュ値）が漏洩すると，攻撃者は，あらかじめ作成したRテーブルからハッシュ値を検索し，ハッシュ値がRテーブルに載っている場合は，元のパスワードを容易に知ることができてしまいます。

一方，パスワードにソルトを加えてハッシュ化したハッシュ値であれば，認証情報（ソルト処理したハッシュ値，ソルト）を搾取したところで，あらかじめ用意したRテーブルから元のパスワードは求められません。

攻撃者にとって有用なRテーブルを作成するためには，パスワードとソルトを結合した文字列と，それに対応するハッシュ値を事前に計算する必要があります。しかし，ソルトは会員ごとに異なり，またどのような値になるか分からないため，「パスワードとソルトを連結した文字列」の組合せは，ソルトを使わない場合に比べて圧倒的に多くなります。つまり，攻撃者が一つのパスワードに対して事前に求めるハッシュ値の数が膨大になるわけです。そもそもRテーブルのデータサイズは膨大になるといわれていますが，ソルト処理を加えることで，さらにRテーブルのサイズは膨大になり作成が難しくなります。

以上，最も適切な理由は，〔ア〕の**Rテーブルの作成が難しくなるから**です。

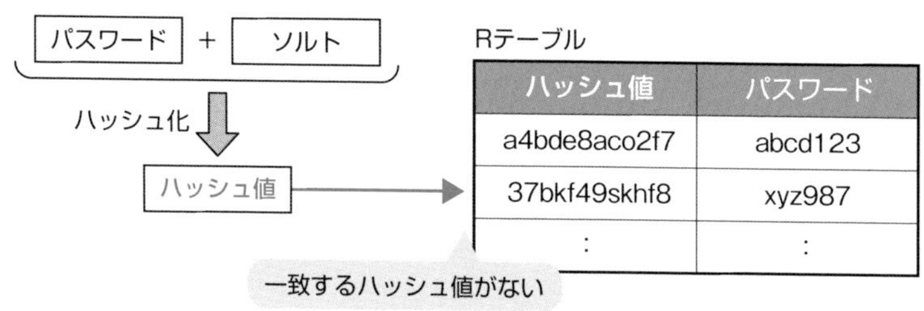

ハッシュ値	パスワード
a4bde8aco2f7	abcd123
37bkf49skhf8	xyz987
:	:

設問4 の解説

〔会員に求めるパスワードの設定方法〕にある，下線④の「会員が利用する他サイトとM社ECサイトでは，同一のパスワードを使い回さないこと」について，パスワードの使い回しによってM社ECサイトで発生するリスクが問われています。

下線④は，表1中の項番3，4及び5の攻撃への対策として，M社ECサイトの会員に求めるルールの一つです。項番3は類推攻撃，項番4は辞書攻撃，そして項番5の攻撃はパスワードリスト（空欄d）攻撃です。表1に記載されている攻撃内容と〔会員に求めるパスワードの設定方法〕に記載されている三つのルールを照らし合わせると，一つ目のルールが項番3の類推攻撃への対策，二つ目のルールが項番4の辞書攻撃への対策，そして三つ目のルール（下線④）が項番5のパスワードリスト攻撃への対策であることが分かります。

設問2の（1）で説明したとおり，パスワードリスト攻撃は，インターネットサービス利用者の多くが複数のサイトで同一の利用者IDとパスワードを使い回している状況に目をつけた攻撃です。攻撃者は，セキュリティ強度の低いWebサイト又はECサイトから，何らかの手口を使って利用者IDとパスワードの情報を搾取し，それを転用してほかのサイトへの不正ログインを試みます。

したがって，パスワードの使い回しによってM社ECサイトで発生するリスクとは，「他サイトから搾取したパスワードを使って不正ログインされる」というリスクです。なお，試験センターでは解答例を「**他サイトから流出したパスワードによって，不正ログインされる**」としています。

解答

設問1 (1) a：ウ
b：ア
(2) ウ

設問2 (1) c：ブルートフォース　又は　総当たり
d：パスワードリスト
(2) パスワード入力試行回数の上限値の設定

設問3 (1) ハッシュ値からパスワードの割出しは難しいから
(2) ア

設問4 他サイトから流出したパスワードによって，不正ログインされる

参考 パスワード攻撃手法

パスワード攻撃手法には，問題1で挙げられている攻撃手法のほかにも，様々な手法があります。ここでは，高度試験の午前Ⅱで出題された攻撃手法（パスワードスプレー攻撃，ジョーアカウント攻撃）を含め，これらの攻撃をまとめておきます。確認しておきましょう。

ブルートフォース攻撃	IDを固定して，パスワードに可能性のある全ての文字を組み合わせてログインを施行する攻撃。**総当たり攻撃**ともいう
逆ブルートフォース攻撃	パスワードを固定して，IDに可能性のある全ての文字を組み合わせてログインを施行する攻撃。**逆総当たり攻撃**ともいう
類推攻撃	利用者の個人情報などからパスワードを類推してログインを施行する攻撃
辞書攻撃	辞書や人名録などに載っている単語や，それらを組み合わせた文字列など，パスワードに用いられやすい単語を辞書として登録しておき，それを基にログインを施行する攻撃
パスワードリスト攻撃	セキュリティ強度の低いWebサイト又はECサイトから，IDとパスワードが記録されたファイルを搾取して，解読したID，パスワードのリストを作成し，リストを用いて，ほかのサイトへのログインを施行する攻撃
レインボー攻撃	膨大な数のパスワード候補とそのハッシュ値の対応テーブル（Rテーブル）をあらかじめ作成するか，又は作成されたRテーブルを入手し，それを用いて，窃取したアカウント情報中のパスワードのハッシュ値からパスワードを割り出してログインを施行する攻撃。**レインボーテーブル攻撃**ともいう
パスワードスプレー攻撃	攻撃の時刻と攻撃元IPアドレスとを変え，かつ，アカウントロックを回避しながら，よく用いられるパスワードを複数の利用者IDに同時に試し，ログインを試行する。つまり，一つのパスワードを複数の利用者IDに同時に試し，不成功ならパスワードを変えて同様な操作を繰返す攻撃手法。攻撃の時間や攻撃元IPアドレスを変えることで攻撃の検知を回避したり，同じ利用者IDに対する連続したログイン施行を行わないことでアカウントロックを回避する
ジョーアカウント攻撃	**ジョーアカウント**とは，利用者IDとパスワードに同じ文字列が設定されているアカウントのこと。この攻撃では，利用者ID，及びその利用者IDと同一の文字列であるパスワードの組みを次々に生成してログインを試行する

ソーシャルネットワーキングサービスのセキュリティ（H27秋午後問1抜粋）

本Try!問題は，SNS（ソーシャルネットワーキングサービス）への不正ログイン事象を題材に，パスワード認証に関する基本知識を問う問題の一部です。午前知識で解答できる設問を抜粋しました。挑戦してみましょう！

P社は，ソーシャルネットワーキングサービスの運営会社である。P社のサービス（以下，P-SNSという）は，約30,000人の会員が利用している。PCやスマートフォンのWebブラウザから簡単に日記や写真を登録できることが人気で，会員数を伸ばしつつある。

〔P-SNSの利用方法〕

P-SNSの利用には，会員登録が必要である。利用を希望するユーザは，会員情報として希望するアカウント名とパスワード，電子メールアドレス，ニツクネーム，プロフィール情報（氏名，誕生日，年齢，性別，居住地）を入力し会員登録を行う。会員登録をすると，P-SNS内にマイページが作成される。

会員登録後は，アカウント名とパスワードを用いてP-SNSにログインし，日記や写真を登録して，マイページを更新する。

P-SNSでは，マイページ内の日記や写真について，情報の公開範囲の設定が可能であり，P-SNS内に無制限に公開するか，特定の会員だけに公開するかを設定できる。ただし，日記や写真以外の情報については，公開範囲の設定ができず，P-SNS内に無制限に公開される。

日記と写真をP-SNS内に無制限に公開する設定にした場合，他の会員がPCのWebブラウザからアクセスしたときに見えるP-SNSのマイページのイメージを図1に示す。

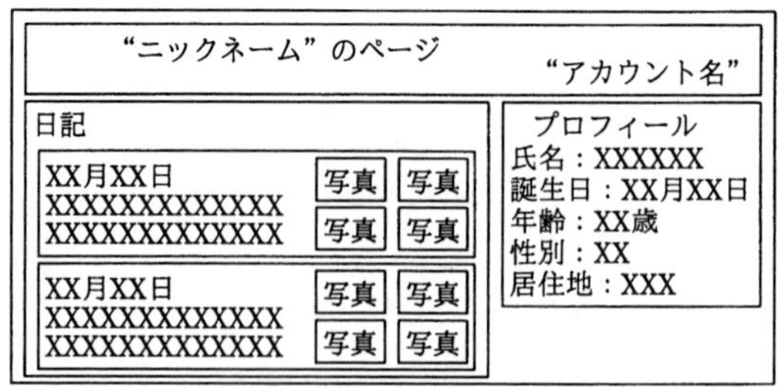

注記 “ニックネーム”と“アカウント名”は，会員登録時に入力したニックネームとアカウント名に置き換えられる。

図1 P-SNSのマイページのイメージ

〔P-SNSのアカウント名とパスワードの設定ポリシ〕

P-SNSでは，アカウント名とパスワードの設定ポリシを図2のように定めており，設定ポリシを満たさないアカウント名やパスワードは設定できないように，会員登録時やパスワード変更待に入力チェックが行われる。

> アカウント名の設定ポリシ
> ・アカウント名長は，6文字以上32文字以下
> ・利用可能な文字は，半角英数字
> ・他の会員と重複したアカウント名の設定は不可
> パスワードの設定ポリシ
> ・パスワード長は，6文字以上32文字以下
> ・利用可能な文字は，半角英数字，記号文字
> ・英大文字，英小文字，数字のうち少なくとも2種を組み合わせた文字列

図2　アカウント名とパスワードの設定ポリシ

〔不正ログインの発覚〕

ある日，会員のQさんからP社に，“情報の公開範囲の設定が勝手に変更され，日記や写真が無制限に公開されている”とのクレームが入った。

そこで，P社カスタマサポート担当のR君が，Qさんのアカウントの利用状況調査を行うことになった。まず，R君がアクセスログからログイン状況を調査したところ，クレームの前日に，Qさんのアカウントでログインを試みるアクセスが100回あったことを確認した。そのうち，99回はパスワード誤りによってログインが拒否されており，最後の1回でログインが成功していた。また，Qさんへのヒアリングから，Qさん自身はこの日にログインしていないことが分かった。そこで，R君は，Qさんのアカウントが第三者による不正ログインに使用されたと判断し，Qさんのアカウントの利用を停止し，P-SNSの全会員に不正ログインの事件発生について注意喚起の案内を行った。

次にR君は，Qさんへのヒアリングから，設定されていたパスワードが氏名と誕生日を組み合わせた単純なものであったことが判明したので，今回の攻撃は［ a ］である可能性が高いと判断した。また，アカウント名とパスワードの組合せが第三者に知られたことから，［ b ］に備えて，P-SNSと同じパスワードを設定している他のサービスについてもパスワードを変更するように，Qさんにアドバイスした。

〔不正ログインに対する調査〕

R君は，Qさん以外の会員のアカウントに対する不正ログインについても調査を行った。その結果，Qさんの場合と同様の100回程度のログイン試行の記録が幾つか見つかった。

R君は，P-SNSのマイページには，①公開範囲の設定ができない情報の中にこれらの攻撃の足掛かりとなるものがあり，不正ログインにつながるリスクが高いと考えた。

(1) 本文中の[a]，[b]に入る適切な字句を解答群の中から選び，記号で答えよ。

aに関する解答群

ア　DoS攻撃	イ　サイドチャネル攻撃
ウ　標的型攻撃	エ　類推攻撃

bに関する解答群

ア　ゼロデイ攻撃	イ　総当たり攻撃
ウ　パスワードリスト攻撃	エ　フィッシング攻撃

(2) 本文中の下線①について，攻撃の足掛かりとなる情報とは何か。プロフィール情報とニックネームを除く情報の中から，10字以内で答えよ。

解説

(1) ●空欄 a：Qさんが設定していたパスワードが，氏名と誕生日を組み合わせた単純なものだったことと，ログインの試行回数が100回程度だったことから，使われたのは〔エ〕の**類推攻撃**です。Qさんのように，パスワードに氏名や誕生日を使ったり，あるいは電話番号や住所（番地）を使ってパスワード設定している場合，比較的短時間でパスワードが破られてしまいます。

ア：DoS攻撃（Denial of Services attack）は，攻撃対象のサーバへ大量のデータや不正パケットを送りつけ，サーバやネットワークを過負荷でダウンさせたり，正当な利用者へのサービスを妨げたりする攻撃です。

イ：サイドチャネル攻撃については，次ページの「参考」を参照。

ウ：標的型攻撃とは，特定の組織や個人に対して行われる攻撃です。なかでも，標的に対してカスタマイズされた手段で，密かにかつ執拗に行われる継続的な攻撃をAPT（Advanced Persistent Threat）といいます。

●空欄b：「アカウント名とパスワードの組合せが第三者に知られたことから，P-SNSと同じパスワードを設定している他のサービスについてもパスワードを変更するように，Qさんにアドバイスした」という記述をヒントに考えると，空欄bに入るのは，〔ウ〕の**パスワードリスト攻撃**です。パスワードリスト攻撃は，インターネットサービス利用者の多くが複数のサイトで同一の利用者ID（アカウント）とパスワードを使い回している状況に目をつけた攻撃です。攻撃者は，何らかの手口を使って事前に入手した利用者IDとパスワードのリストを用いて，インターネットサービスにログインを試みます。もし利用者がIDとパスワードを使い回していると，他のサービスへの不正ログインにも悪用されてしまいます。

ア：ゼロデイ攻撃は，ソフトウェアに脆弱性が存在することが判明したとき，そのソフトウェアの修正プログラム（セキュリティパッチ）がベンダーから提供される前に，判明した脆弱性を利用して行われる攻撃です。

イ：総当たり攻撃は，パスワードや暗号鍵といった機密情報を割り出すためにその候補を総当たりで試す攻撃です。ブルートフォース攻撃ともいいます。

エ：フィッシング攻撃は，実在企業を装ったメールで偽サイトへ誘導したり，リダイレクト機能を悪用して偽サイトに誘導・遷移させたりすることによって，個人情報を盗み取る攻撃です。

(2) 図1のP-SNSのマイページイメージを見ると，「ニックネーム，アカウント，プロフィール情報」が公開されていて，〔P-SNSの利用方法〕の記述内容から，これらの情報は公開範囲の設定ができず，P-SNS内に無制限に公開されることが分かります。

問われているのは，この公開範囲の設定ができない情報の中のどの情報が攻撃の足掛かりとなったかです。設問文に，「プロフィール情報とニックネームを除く情報の中から答えよ」とあるので，正解は**アカウント名**です。

解答 （1）a：エ　b：ウ　（2）アカウント名

参考　サイドチャネル攻撃

サイドチャネル攻撃とは，暗号アルゴリズムを実装した攻撃対象の物理デバイス（暗号装置）から得られる物理量（処理時間や消費電流など）やエラーメッセージから，攻撃対象の機密情報を推定するというものです。具体的な攻撃方法に，次のものがあります。

●タイミング攻撃

暗号化処理に掛かる時間差を計測・解析して機密情報を推定する攻撃です。例えば，データ中のビットの値が「1」なら処理を行い，「0」なら処理をスキップしたりあるいは分岐して別の処理を行っている場合，データ内容によって処理時間が異なってきます。タイミング攻撃では，実装アルゴリズム中の，このような処理時間の差を生じる部分に着目して機密情報を推定します。

試験では，「サイドチャネル攻撃の手法であるタイミング攻撃の対策は？」と問われます。答えは，「演算アルゴリズムに対策を施して，機密情報の違いによって演算の処理時間に差異が出ないようにする」が正解です。

●テンペスト（TEMPEST）攻撃

電磁波解析攻撃ともいいます。テンペスト（TEMPEST）とは，ディスプレイやネットワークケーブルなどから放射される微弱な電磁波をキャッチして情報を再現する技術のことです。これを利用して，暗号アルゴリズムを実装した物理ディバイスからの漏洩電磁波を傍受し，それを解析することによって暗号化処理中のデータや暗号化鍵などを推定しようというのがテンペスト攻撃です。

●故障利用攻撃

フォールト攻撃ともいいます。暗号装置の内部状態を不正電圧，不正電流などにより不正に変化させ，エラーを発生させてその際出力されるデータから機密情報を推定します。

問題2 ネットワークセキュリティ対策 (H26秋午後問1)

ネットワークやWebアプリケーションプログラムに関するセキュリティ対策の問題です。本問では，FW，IDS，IPS，そしてWAFの特徴やホワイトリスト，ブラックリストといったセキュリティ対策の基本事項が問われます。内容は午前レベルです。落ち着いて解答しましょう。

問 ネットワークやWebアプリケーションプログラムのセキュリティに関する次の記述を読んで，設問1～4に答えよ。

X社は，中堅の機械部品メーカである。X社では，部品製造に関わる特許情報や顧客情報を取り扱うので，社内のネットワークセキュリティを強化している。社内のネットワークの内部セグメントには，内部メールサーバ，内部Webサーバ，ファイルサーバなど社内業務を支援する各種サーバが配置されている。また，DMZには，インターネット向けのメール転送サーバ，DNSサーバ，Webサーバ，プロキシサーバが配置されている。Webサーバでは，製品情報や特定顧客向けの部品情報の検索システムを社外に提供しており，内部Webサーバやファイルサーバでは，特許情報や顧客情報の検索システムを社内に提供している。X社のネットワーク構成を図1に示す。

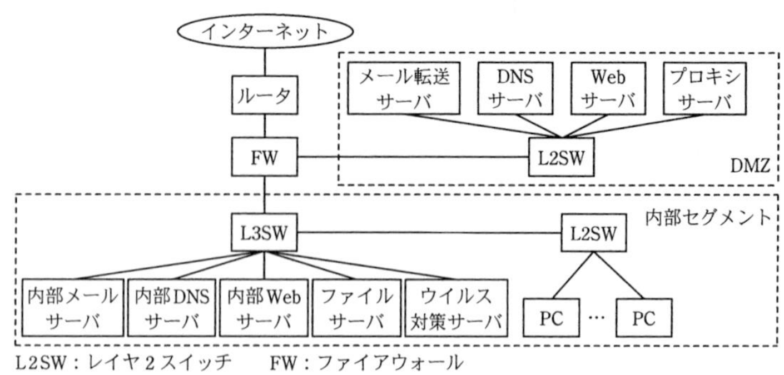

図1 X社のネットワーク構成

先日，同業他社の社外向けWebサイトが外部からの攻撃を受けるというセキュリティインシデントが発生したことを聞いた情報システム部のY部長は，特にFWに関するネットワークセキュリティの強化を検討するように部下のZさんに指示した。

X社の社内ネットワークのセキュリティ要件を図2に示す。

1. 共通事項
  1.1 社内の通信機器やサーバがインターネットと通信する場合には，FW などの装置を用いてアクセス制御を行うこと。
  1.2 業務上必要がない通信は全て禁止すること。
  1.3 インターネットに公開する社内のサーバは必要最小限にとどめること。
2. Web
  2.1 社内の PC から社外 Web サイトへの HTTP 通信（HTTPS を含む。以下同じ）は，プロキシサーバ経由で行うこと。
  2.2 社外から社内への HTTP 通信は，インターネットから Web サーバへの HTTP 通信だけを許可すること。
  2.3 Web アプリケーションプログラムの脆（ぜい）弱性を悪用した攻撃を防ぐために，インターネットから Web サーバにアクセスする通信は，あらかじめ定められた一連の手続の HTTP 通信だけを許可すること。
3. 電子メール
  3.1 社内の PC 間のメール通信は，内部メールサーバを介して行うこと。
  3.2 内部セグメントと DMZ の間のメール通信は，内部メールサーバとメール転送サーバの間だけを許可すること。
  3.3 社内と社外の間のメール通信は，メール転送サーバとインターネットの間だけを許可すること。
4. DNS
（以下省略）

図2　X社の社内ネットワークのセキュリティ要件

Zさんは，①FWによるIPアドレスやポート番号を用いたパケットフィルタリングだけでは外部からの攻撃を十分に防ぐことができないと考えた。そこで，より高度なセキュリティ製品の追加導入を検討するために，IDS，IPSやWAFの基本的な機能について調査した。調査の結果，IDSは，X社の外部からの［ a ］ことができ，IPSは，X社の外部からの［ b ］ことができ，一方，WAFは，［ c ］ことができるということが分かった。

この結果から，Zさんは，次の二つの案を考えた。
案1：社内ネットワークのルータとFWの間にネットワーク型のIPSを導入する。
案2：セキュリティ強化の対象とするサーバにWAFを導入する。

今回，［ d ］を目的とする場合には案1を，［ e ］を目的とする場合には案2を選択することがそれぞれ有効であると分かった。

特に案2のWAFは，ブラックリストや②ホワイトリストの情報を有効に活用することで，社内ネットワークのセキュリティ要件2.3を満たすことができる。

Zさんは，それぞれの案について，費用面や運用面での課題の比較検討も行い，結果を取りまとめてY部長に報告した。これを受けてY部長は，案2を採用することを決め，具体的な実施策を検討するようにZさんに指示した。

設問1 本文中の下線①において，FWでは防げない攻撃を解答群の中から全て選び，記号で答えよ。

解答群

ア　DNSサーバを狙った，外部からの不正アクセス攻撃

イ　WebサーバのWebアプリケーションプログラムの脆弱性を悪用した攻撃

ウ　内部Webサーバを狙った，外部からの不正アクセス攻撃

エ　ファイルサーバを狙った，外部からの不正アクセス攻撃

オ　プロキシサーバを狙った，外部からのポートスキャンを悪用した攻撃

設問2 本文中の［ a ］～［ c ］に入れる最も適切な字句を解答群の中から選び，記号で答えよ。

解答群

ア　IPパケットの中身を暗号化して盗聴や改ざんを防止する

イ　IPパケットの中身を調べて不正な挙動を検出し遮断する

ウ　IPパケットの中身を調べて不正な挙動を検出する

エ　Webアプリケーションプログラムとのやり取りに特化した監視や防御をする

オ　Webアプリケーションプログラムとのやり取りを暗号化して盗聴や改ざんを防止する

カ　電子メールに対してウイルスチェックを行う

設問3 本文中の［ d ］，［ e ］に入れる最も適切な字句を解答群の中から選び，記号で答えよ。

解答群

ア　PCに対するウイルス感染チェック

イ　WebサーバのWebアプリケーションプログラムの脆弱性を悪用した攻撃の検出や防御

ウ　外部からの不正アクセス攻撃の検出や防御をX社の社内ネットワーク全体に対して行うこと

エ　内部からの不正アクセス攻撃の検出や防御をX社の社内ネットワーク全体に対して行うこと

オ　内部メールサーバに対する不正アクセス攻撃の検出や防御

設問4 本文中の下線②のホワイトリストに，どのような通信パターンを登録する必要があるか。図2中の字句を用いて30字以内で述べよ。

解説

設問1 の解説

下線①の「FWによるIPアドレスやポート番号を用いたパケットフィルタリングだけでは外部からの攻撃を十分に防ぐことができない」ことについて，どの攻撃が防げないのか問われています。解答群の各記述を順に見ていきましょう。

ア：パケットフィルタリング型FWにおける通信制御の基本は，IPアドレスやポート番号を基にしたフィルタリングルールです。ルールに則した通信であれば，それが不正な通信であっても遮断できません。問題文の冒頭に，「DMZには，インターネット向けのメール転送サーバ，DNSサーバ，Webサーバ，プロキシサーバが配置されている」とあります。つまり，FWでは，インターネットからDNSサーバへの通信を許可することになり，このときDNSサーバへの通信パケットが正規問合せパケットなのか不正パケットなのかの判断ができません。したがって，**DNSサーバを狙った外部からの不正アクセス攻撃**は防げません。

項番	送信元	宛先	宛先ポート番号	動作
1	インターネット	DNSサーバ	53	許可
2	インターネット	Webサーバ	80，443	許可

←DNSサーバへの通信は許可

イ：パケットフィルタリングではパケットのデータ部のチェックができません。したがって，SQLインジェクション攻撃をはじめとした**Webアプリケーションプログラムの脆弱性を悪用した攻撃**を防ぐことはできません。

ウ，エ：内部Webサーバやファイルサーバは，特許情報や顧客情報の検索システムを社内に提供するためのものです。社外に提供する必要がないため，FWにおいてインターネットから内部Webサーバやファイルサーバへの通信を禁止（遮断）すれば，これらのサーバを狙った外部からの不正アクセス攻撃は防げます。

オ：ポートスキャンとは，侵入口となりうる脆弱なポートを見つけ出したり，稼働しているサービスに関する情報を収集したりする行為のことです（p.40の「参考」を参照）。プロキシサーバは，図2の社内ネットワークのセキュリティ要件2.1にあるように，社内のPCから社外のWebサイトへのHTTP通信に使用するサーバです。したがって，FWにおいてインターネットからプロキシサーバへの通信を禁止（遮断）すれば，プロキシサーバを狙ったポートスキャンパケットは全て遮断できます。

以上，FWで防ぐことができないのは〔**ア**〕と〔**イ**〕です。

設問2 の解説

本文中の空欄a〜cに入れる字句が問われています。

●空欄a，b

「調査の結果，IDSは，X社の外部からの[a]ことができ，IPSは，X社の外部からの[b]ことができ」とあります。ここでのポイントは，IDSは検知だけ，IPSは検知のほか遮断などの対処も行うことです。

- **IDS**（Intrusion Detection System：侵入検知システム） → 検知だけ
- **IPS**（Intrusion Prevention System：侵入防御システム）→ 検知＋遮断

IDSは，管理下のネットワークに不正侵入したパケットを検出する機能をもったセキュリティ機器です。したがって，**空欄a**には〔**ウ**〕の「**IPパケットの中身を調べて不正な挙動を検出する**」が入ります。

IPSは，IDSの機能に加え不正な通信を遮断する機能をもつので，**空欄b**には〔**イ**〕の「**IPパケットの中身を調べて不正な挙動を検出し遮断する**」が入ります。

●空欄c

「WAFは，[c]ことができる」とあります。WAF（Web Application Firewall）は，Webアプリケーションの防御に特化したファイアウォールなので，〔**エ**〕の「**Webアプリケーションプログラムとのやり取りに特化した監視や防御をする**」が入ります。

設問3 の解説

「[d]を目的とする場合には案1を，[e]を目的とする場合には案2を選択することがそれぞれ有効である」とあり，空欄d，eが問われています。

●空欄d

案1は，「社内ネットワークのルータとFWの間にネットワーク型のIPSを導入する」という案です。IPSは，不正な通信の検出と遮断を目的としたセキュリティ機器なので，〔**ウ**〕の「**外部からの不正アクセス攻撃の検出や防御**」を目的とする場合には案1が有効です。

●空欄e

案2は，「セキュリティ強化の対象とするサーバにWAFを導入する」という案です。〔**イ**〕の「**WebサーバのWebアプリケーションプログラムの脆弱性を悪用した攻撃の検出や防御**」を目的とする場合には案2が有効です。

設問4 の解説

下線②の「ホワイトリストの情報」について，ホワイトリストに登録する必要がある通信パターンが問われています。

ホワイトリストは，問題がない通信パターンを定義したリストです。通信許可するものだけをホワイトリストに定義しておくことで，それ以外の通信を遮断できます。

ここで，「案2のWAFは，ブラックリストや②ホワイトリストの情報を有効に活用することで，社内ネットワークのセキュリティ要件2.3を満たすことができる」との記述に着目し，図2の社内ネットワークのセキュリティ要件2.3を見てみます。すると，「インターネットからWebサーバにアクセスする通信は，あらかじめ定められた一連の手続のHTTP通信だけを許可すること」とあります。このことから，ホワイトリストに登録する通信パターンは，「**あらかじめ定められた一連の手続のHTTP通信**」であることが分かります。

解答

設問1 ア，イ

設問2 a：ウ
b：イ
c：エ

設問3 d：ウ
e：イ

設問4 あらかじめ定められた一連の手続のHTTP通信

参考 WAFのホワイトリストとブラックリスト

WAFは，ホワイトリスト方式とブラックリスト方式の二つの方式に分類できます。

●**ホワイトリスト方式：**ホワイトリストとは，問題のない通信パターン，すなわち怪しくない（正常な）通信パターンの一覧です。ホワイトリスト方式では，原則として通信を遮断し，ホワイトリストと一致した通信のみ通過させます。

●**ブラックリスト方式：**ブラックリストとは，怪しい（不正な）通信パターンの一覧です。ブラックリスト方式では，原則として通信を許可し，ブラックリストと一致した通信は遮断するか，あるいは無害化します。

問題3 サーバのセキュリティ対策 (H30秋午後問1)

インターネットサービスを提供する，メールサーバやWebサーバなどのセキュリティ対策を題材にした問題です。設問1，2で，脆弱性診断に関する基本的な知識と発見された脆弱性への対策が問われ，設問3では，中長期的な脆弱性対策に関する基本的な理解が問われます。設問1，2は比較的解答しやすい問題になっていますが，設問3は問題の主旨を押さえた上での考察が必要になります。

問 インターネットサービス向けサーバのセキュリティ対策に関する次の記述を読んで，設問1～3に答えよ。

食品販売業を営むL社では，社内外の電子メール（以下，メールという）を扱うメールサーバ，商品を紹介するWebサーバ及び自社ドメイン名を管理するDNSサーバを運用している。L社情報システム部のM部長は，インターネット経由の外部からのサイバー攻撃への対策が重要だと考え，当該サイバー攻撃にさらされるおそれのあるサーバの脆弱性診断を行うように，情報システム部のNさんに指示した。L社のサーバなどを配置したDMZを含むネットワーク構成を図1に，各サーバで使用している主なソフトウェアを表1に示す。

なお，L社のセキュリティポリシでは，各サーバで稼働するサービスへのアクセス制限は，ファイアウォール（以下，FWという）及び各サーバのOSがもつFW機能の両方で実施することになっている。

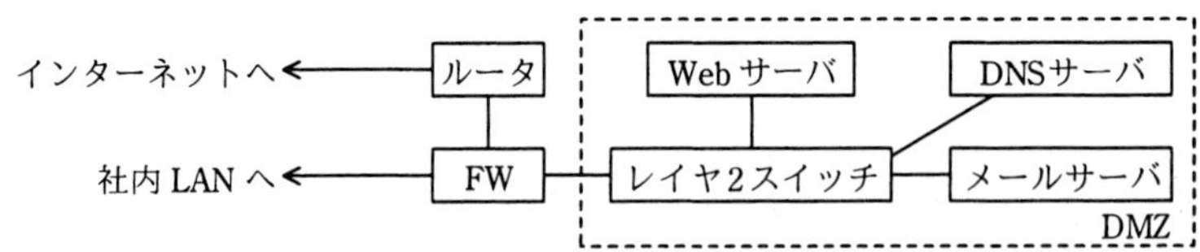

図1 L社のサーバなどを配置したDMZを含むネットワーク構成

表1 各サーバで使用している主なソフトウェア

サーバ名	ソフトウェア
メールサーバ	OS-A，メールサーバソフトウェア
Webサーバ	OS-B，Webサーバソフトウェア，DBMS， 商品検索ソフトウェア（社外に委託して開発した自社ソフトウェア）
DNSサーバ	OS-A，DNSサーバソフトウェア

〔脆弱性診断の実施〕

Nさんは，社外のセキュリティベンダーであるQ社に，メールサーバ，Webサーバ及びDNSサーバの脆弱性診断を実施してもらい，脆弱性診断の内容とその結果を受け取った。Q社が実施した脆弱性診断の内容の抜粋を表2に，Q社から受け取った脆弱性診断結果の抜粋を表3に示す。

表2　Q社が実施した脆弱性診断の内容（抜粋）

項番	項目	実施内容
診1	ポートスキャン	インターネット側から対象サーバにTCPスキャン及び［ a ］スキャンを実施し，稼働しているサービスに関する情報を収集する。
診2	既知の脆弱性に対する診断	使用しているソフトウェアのバージョンなどから既知の脆弱性がないことを確認する。
診3	ソフトウェア設定診断	OS，ミドルウェア，アプリケーションの設定の不備などがないことを確認する。
診4	Webアプリケーション診断	Webアプリケーションについて，［ b ］の不備，Webページの出力処理の不備などがないことを確認する。

表3　Q社から受け取った脆弱性診断結果（抜粋）

項番	対象サーバ	脆弱性診断の項番	対象ソフトウェア	脆弱性の内容
脆1	メールサーバ	［ c ］	メールサーバソフトウェア	送信ドメイン認証機能が未設定なので，インターネットから届く送信元メールアドレスを偽装したスパムメールを受信してしまう状態であった。
脆2	Webサーバ	診1	OS-B	DBMSに接続するためのTCPポートにインターネットからアクセス可能であった。
脆3		診3	Webサーバソフトウェア	脆弱な暗号化通信方式が使用できてしまう設定であり，情報漏えいのおそれがあった。
脆4		診4	商品検索ソフトウェア	入力値チェックの不備によって，データベースに蓄積された非公開情報が閲覧されるおそれがあった。
脆5	DNSサーバ	診2	DNSサーバソフトウェア	DNSサーバソフトウェアの脆弱性によって，ゾーン情報がリモートから操作可能であった。

〔発見された脆弱性への対策の検討〕

Nさんは，表3の脆弱性診断結果の内容を確認し，発見された脆弱性に対して実施すべき対策の案を検討した。検討結果を表4に示す。

表4　発見された脆弱性に対して実施すべき対策（案）

脆弱性診断結果の項番	実施すべき対策
脆1	メールサーバソフトウェアに送信ドメイン認証機能として［ d ］認証の設定を行う。送信元メールアドレスのドメイン名から DNS に問合せを行い，［ d ］レコードから正規の IP アドレスを調べる。受信したメールの［ e ］IP アドレスと照合して，なりすましの受信メールをフィルタリングする。
脆2	［ f ］と，［ g ］の OS がもつ FW 機能で，DBMS に接続するための TCP ポートを閉塞して，インターネットから DBMS にアクセスできないようにする。
脆3	Web サーバソフトウェアの設定を変更して，脆弱な暗号化通信方式を使用禁止にする。
脆4	SQL 文を組み立てる際に害のあるコードが入力値に含まれていないか十分にチェックして［ h ］を防止する。
脆5	DNS サーバソフトウェアの脆弱性に対応する修正ソフトウェアがリリースされているので，これを適用する。

Nさんは，脆弱性診断結果（表3）と，実施すべき対策の案（表4）をM部長に報告した。報告を受けたM部長は，Nさんが検討した表4の脆弱性対策を速やかに実施することと，中長期的な脆弱性対策を検討することを指示した。

〔中長期的な脆弱性対策〕

Nさんは，OSやミドルウェアなどの市販ソフトウェアと社外に委託して開発する自社ソフトウェアについて，L社が中長期的に取り組むべき脆弱性対策の案を検討した。検討結果を表5に示す。

表5　L社が中長期的に取り組むべき脆弱性対策（案）

市販ソフトウェア	社外に委託して開発する自社ソフトウェア
・サーバで使用しているソフトウェアの製造元・提供元から更新情報を入手する。 ・①社外の関連する組織から脆弱性情報を入手して活用する。 ・運用・保守要員に対するセキュリティ教育を実施し，脆弱性対策への意識を高める。	・ソフトウェア開発の委託先企業との契約に，セキュアコーディングの実施を盛り込む。 ・②ソフトウェア開発の委託先企業のセキュリティ対策の実施状況を確認する。 ・③ソフトウェアの企画・設計段階からセキュリティ機能を組み込むようにセキュリティの専門家を参加させる。

Nさんは，表5の脆弱性対策の案を盛り込んだ改善計画を策定し，その結果をM部長に報告した。改善計画を確認したM部長は，この改善計画を基に具体的な取組みを検討するようにNさんに指示した。

設問1 〔脆弱性診断の実施〕について，(1)，(2) に答えよ。

(1) 表2中の[a]，[b]に入れる適切な字句を解答群の中から選び，記号で答えよ。

解答群

ア ARP	イ IT資産管理
ウ UDP	エ XML
オ インシデント管理	カ ウイルス
キ セッション管理	ク ログ管理

(2) 表3中の[c]に入れる適切な字句を答えよ。

設問2 〔発見された脆弱性への対策の検討〕について，(1)～(3) に答えよ。

(1) 表4中の[d]，[e]に入れる適切な字句を解答群の中から選び，記号で答えよ。

解答群

ア MX	イ PTR	ウ SMTP	エ SPF
オ 送信先	カ 送信元	キ 中継先	ク 中継元

(2) 表4中の[f]，[g]に入れる適切な字句を，図1中の構成機器の名称で答えよ。

(3) 表4中の[h]に入れる適切なサイバー攻撃手法の名称を15字以内で答えよ。

設問3 〔中長期的な脆弱性対策〕について，(1)，(2) に答えよ。

(1) 表5中の下線①，②の各対策に該当する項目として適切なものを解答群の中からそれぞれ選び，記号で答えよ。

解答群

ア インシデント発生時の緊急対応体制を整備する。

イ 公開されている脆弱性情報データベースを確認する。

ウ 実施すべきセキュリティ対策を定めて定期的に監査する。

エ セキュリティ対策に関する予算を増額する。

オ リスク分析を定期的に実施して対応計画を立案する。

(2) 表5中の下線③について，表3の項番“脆3”で発見された脆弱性への対策として，ソフトウェアの企画・設計段階からセキュリティの専門家を参加させる狙いを30字以内で述べよ。

解説

設問1 の解説

〔脆弱性診断の実施〕についての設問です。

(1) 表2中の空欄a，bに入れる字句が問われています。表2は，Q社が実施した脆弱性診断の内容です。

●空欄a

空欄aは，項目“ポートスキャン”の実施内容「インターネット側から対象サーバにTCPスキャン及び[a]スキャンを実施し，稼働しているサービスに関する情報を収集する」との記述中にあります。

ポートスキャンとは，対象サーバのアクティブなポートを探し出す行為のことです。本来，サーバの点検や監視を目的に行われる手法ですが，これを悪用して，攻撃者が標的とするサーバを見つけ出す際にも利用されます。

解答群の中で，ポートスキャンに該当するのはUDPスキャンだけです。したがって，**空欄a**には〔**ウ**〕の**UDP**が入ります。

なお，TCPスキャンやUDPスキャンを知らなくても，「TCPと同列にあるのはUDP」，そして「“ポート”ときたらポート番号，ポート番号はTCPとUDPのそれぞれについて用意されている」などと考えれば，正解の推測は可能です。本問解答の後の「参考」(p.40)に，ポートスキャンについてまとめました。参照してください。

●空欄b

空欄bは，項目“Webアプリケーション診断”の実施内容「Webアプリケーションについて，[b]の不備，Webページの出力処理の不備などがないことを確認する」との記述中にあります。

「○○の不備」ですから，これに該当する候補としては，「IT資産管理，インシデント管理，セッション管理，ログ管理」が挙げられますが，このうち，Webアプリケーションの脆弱性に関連するものは，セッション管理だけです。

セッション管理とは，Webページなどで，クライアントとWebサーバ間の一連のやり取りを一つの集合体（セッション）として維持・管理する仕組みのことです。一般的には，クライアントがWebサーバにログインした際，Webサーバが発行するセッションIDによって，クライアントとWebサーバ間のセッション維持が行われます。このため，Webアプリケーションにおいて，類推可能なセッションIDを使用していたり，セッションIDの盗聴が可能といった脆弱性がある場合，Webアプリケーションのセッションが攻撃者に乗っ取られ，攻撃者が乗っ取ったセッションを利用して不正アクセスするという，セッションハイジャック攻撃などを受ける可能性があります。

以上，**空欄b**には，〔**キ**〕の**セッション管理**が入ります。

(2) 表3中の空欄cに入れる字句（“診1”〜“診4”）が問われています。空欄cの脆弱性の内容を見ると，「送信ドメイン認証機能が未設定であった」旨が記述されています。表3は，表2で行った脆弱性診断の結果ですから，表2の中で“設定の不備の確認”を行っている項番を探します。すると，項番“診3”のソフトウェア設定診断に，「OS，ミドルウェア，アプリケーションの設定の不備などがないことを確認する」とあり，設定の不備の確認は“診3”で実施されていることが分かります。したがって，**空欄c**には「**診3**」が入ります。

設問2 の解説

〔発見された脆弱性への対策の検討〕についての設問です。

(1) 表4中の空欄d，eに入れる字句が問われています。表4は，発見された脆弱性に対して実施すべき対策です。空欄d，eは，項番“脆1”の実施すべき対策に記載された，次の記述中にあります。

> メールサーバソフトウェアに送信ドメイン認証機能として［ d ］認証の設定を行う。送信元メールアドレスのドメイン名からDNSに問合せを行い，［ d ］レコードから正規のIPアドレスを調べる。受信したメールの［ e ］IPアドレスと照合して，なりすましの受信メールをフィルタリングする。

送信ドメイン認証とは，メールの送信元を検証する仕組み，言い換えればメール送信のなりすましを検知するための技術のことです。代表的な送信ドメイン認証技術には，SPF（Sender Policy Framework）とDKIM（DomainKeys Identified Mail）があります。このうち，送信元メールアドレスを基に検証を行うのはSPFです（本問解答の後の「参考」(p.41）を参照）。

SPFでは，送信元メールアドレスのドメイン名を識別し，そのドメインのDNSサーバにSPFレコードを問い合わせます。そして，SPFレコードに登録された正規のIPアドレスと受信したメールの送信元IPアドレスを照合することで，なりすましの受信メールをフィルタリングします。

したがって，**空欄d**には〔**エ**〕の**SPF**，**空欄e**には〔**カ**〕の**送信元**が入ります。

(2) 表4中の空欄f，gに入れる，図1中の構成機器名が問われています。空欄f，gは，項番“脆2”の実施すべき対策に記載された，次の記述中にあります。

> [f]と，[g]のOSがもつFW機能で，DBMSに接続するためのTCPポートを閉塞して，インターネットからDBMSにアクセスできないようにする。

これは，表3の項番“脆2”の「DBMSに接続するためのTCPポートにインターネットからアクセス可能であった」という脆弱性に対する対策です。表1から分かるように，DBMSはWebサーバで使用されています。そのため，WebサーバのOSがもつFW機能でDBMSへのアクセス制限を実施する必要があります。

また，FW機能については，問題文（図1の直前）に，「各サーバで稼働するサービスへのアクセス制限は，ファイアウォール（FW）及び各サーバのOSがもつFW機能の両方で実施することになっている」と記述されています。この記述から考えると，FWにおいてもDBMSへのアクセス制限を実施するということになります。

したがって，**空欄f**には「**FW**」，**空欄g**には「**Webサーバ**」が入ります。

(3) 表4中の空欄hに入れるサイバー攻撃手法の名称が問われています。空欄hは，「SQL文を組み立てる際に害のあるコードが入力値に含まれていないか十分にチェックして[h]を防止する」との記述中にあります。

“SQL文”というキーワードから，**空欄h**に該当する攻撃手法は，「**SQLインジェクション**」です。SQLインジェクションとは，データベースと連動したWebアプリケーションにおいて，入力された値（パラメータ）を使ってSQL文を組み立てる際，そのパラメータに悪意のある入力データを与えることによって，データベースの不正操作が可能となってしまう問題，あるいはそれを利用した攻撃のことです。

設問3 の解説

〔中長期的な脆弱性対策〕についての設問です。

(1) 表5中の下線①，②の各対策に該当する項目を解答群の中から選ぶ問題です。

●下線①

下線①は，OSやミドルウェアなどの市販ソフトウェアに関して，L社が中長期的に取り組むべき脆弱性対策です。「社外の関連する組織から脆弱性情報を入手して活用する」と記述されています。脆弱性情報という観点から，該当する項目は〔**イ**〕の「**公開されている脆弱性情報データベースを確認する**」だけです。

●**下線②**

下線②は，社外に委託して開発する自社ソフトウェアに関して，中長期的に取り組むべき脆弱性対策です。「ソフトウェア開発の委託先企業のセキュリティ対策の実施状況を確認する」と記述されています。

セキュリティ対策の実施状況を確認するには，まず実施すべきセキュリティ対策事項を委託先企業と合意し定める必要があります。その上で，定められたセキュリティ対策が実施されているかどうか定期的に監査します。したがって，該当する項目は〔**ウ**〕の「**実施すべきセキュリティ対策を定めて定期的に監査する**」です。

(2) 表5中の下線③について，「表3の項番"脆3"で発見された脆弱性への対策として，ソフトウェアの企画・設計段階からセキュリティの専門家を参加させる狙い」が問われています。

表3の項番"脆3"は，ソフトウェア設定診断（表2の"診3"）において，Webサーバソフトウェアを対象とする設定の不備の確認で発見された，「脆弱な暗号化通信方式が使用できてしまう設定であり，情報漏洩のおそれがあった」という脆弱性です。この脆弱性に対して，「Webサーバソフトウェアの設定を変更して，**脆弱な暗号化通信方式を使用禁止**にする」という対策案（表4の"脆3"）が提案されています。

表5中の下線③は，**社外に委託して開発する自社ソフトウェア**について，L社が中長期的に取り組むべき脆弱性対策案です。そして，その内容は，「ソフトウェアの企画・設計段階からセキュリティ機能を組み込むようにセキュリティの専門家を参加させる」というものです。

したがって，この設問で問われているのは，「脆弱な暗号化通信方式を使用禁止にすることに関連して，委託開発する自社ソフトウェアの企画・設計段階からセキュリティの専門家を参加させる狙い」です。

暗号化通信は，情報を安全にやり取りするために，なくてはならない技術の一つです。一方，暗号化アルゴリズムの安全性は，コンピュータ性能（計算能力）の向上や，効率的な暗号解読手法の考案にともない攻撃手法が高度化されてくると，十分に安全とはいえなくなります。これを暗号の危殆（きたい）化といいます。暗号の危殆化対策としては，脆弱性が指摘された早い段階で強固な（次の世代の）暗号に切り替えることが重要になります。しかし，委託開発したソフトウェアは，中長期的にわたり使用されます。そのため，暗号化通信を使用するソフトウェアの開発においては，企画・設計の段階から暗号の危殆化について意識し，危殆化しているものは勿論のこと，近い将来に危殆化が予測されている暗号通信方式についてもその採用を避け，安全性や実装性能が確認されていて利用実績も十分にあるといった適切な暗号化通信方式を採用するよう注意深く取り組む必要があります。また，そのためにはセキュリティの専門家の意見を取り入れることは重要です。

以上から，表3の項番“脆3”で発見された脆弱性への対策として，ソフトウェアの企画・設計段階からセキュリティの専門家を参加させる狙いは，「危殆化していない，適切な暗号化通信方式を採用するため」です。なお，試験センターでは解答例を「**危殆化していない暗号化通信方式を採用するため**」としています。

解答

設問1 (1) a：ウ　b：キ
(2) c：診3

設問2 (1) d：エ　e：カ
(2) f：FW　g：Webサーバ
(3) h：SQLインジェクション

設問3 (1) 下線①：イ　下線②：ウ
(2) 危殆(きたい)化していない暗号化通信方式を採用するため

参考　ポートスキャン

ポートスキャンは，攻撃者が攻撃に先立ち行う事前調査（フットプリンティング）の段階でよく使われる手法です。ここでは，試験対策として押さえておきたい主なポートスキャンをまとめておきます。

TCPスキャン	対象サーバの特定のポートに対して，3ウェイハンドシェイクによるTCPコネクションの確立を試みる。コネクションが確立されれば，対象サーバにおいて当該サービスが稼働していること，そして接続可能であることが確認できる。**TCPフルコネクトスキャン**ともいう
SYNスキャン	3ウェイハンドシェイクの最初のSYNだけを送信する。SYN/ACKが返ってくればポートは開いていて，RST/ACKなら閉じていることが確認できる。なお，SYNスキャンは，完全なTCP接続を行わないため**ハーフオープンスキャン**とも呼ばれる
FINスキャン	TCP接続完了のFINを送信し，RSTが返ってくるか否かでポート開閉の判断やOSの種類の推測を行う
UDPスキャン	UDPパケットを送る。ICMPの“Port Unreachable”メッセージが返ってくればポートは閉じていて，何も返ってこなければ開いている可能性があることが確認できる

参考　送信ドメイン認証（SPFとDKIM）

●SPF（Sender Policy Framework）

SPFは，受信した電子メール（以下，メールという）の送信元IPアドレスを基に，そのメールが正規のメールサーバから送信されたものであるかを検証する送信ドメイン認証技術です。受信者が，送信者のなりすましを検証するためには，あらかじめ，送信者のDNSの資源レコードにSPFレコードが登録されている必要があります。**SPFレコード**とは，メール送信に利用する正規メールサーバのIPアドレスを記述したレコードです。

SPFによる認証処理の手順は，次のとおりです。

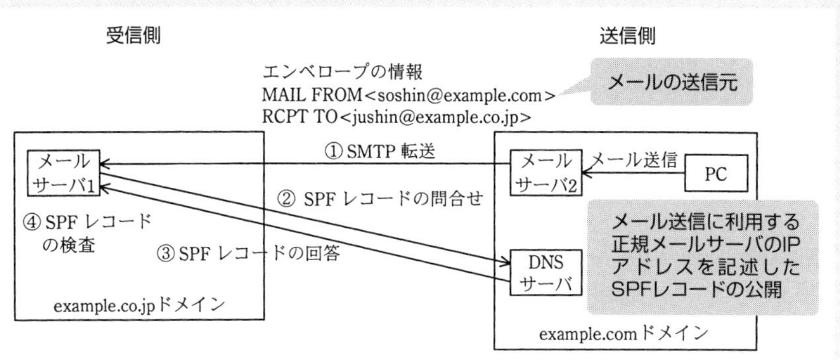

〔SPFによる認証処理の手順〕

① メールが，メールサーバ2からメールサーバ1に転送される。
② メールサーバ1は，エンベロープ中のメールアドレスを基に，当該ドメインのDNSサーバにSPFレコードを問い合わせる。
③ DNSサーバから，SPFレコードが回答される。
④ メールサーバ1は，SPFレコードに登録されたメールサーバのIPアドレスを基に，受信したメールの正当性を検査する。不正なメールと判断したときには，受信したメールを廃棄又は隔離することができる。

●DKIM（Domain Keys Identified Mail）

DKIMは，デジタル署名を利用した送信ドメイン認証技術です。認証処理の概要は，次のようになります。

・送信側メールサーバは，あらかじめ公開鍵をDNSサーバに公開しておき，送信するメールのヘッダにデジタル署名を付与してから送信先メールサーバに配送する。
・受信側メールサーバは，送信ドメインのDNSサーバから公開鍵を入手し，署名の検証を行う。

Webサイトを用いた書籍販売システムのセキュリティ（H28春午後問1抜粋）

本Try!問題は，Webサイトを用いた書籍販売システムのセキュリティ対策を題材に，ポートスキャンやバッファオーバフロー，SQLインジェクションなどのWebアプリケーションの脆弱性を突く攻撃の手口，及びセキュリティ対策を問う問題の一部です。午前知識で解答できる設問を抜粋しました。挑戦してみましょう！

K社は技術書籍の大手出版社である。従来は全ての書籍を書店で販売していたが，顧客からの要望によって，高額書籍を自社のWebサイトでも販売することになった。K社システム部のL部長は，Webサイトを用いた書籍販売システム（以下，Webシステムという）の開発のためのプロジェクトチームを立ち上げ，開発課のM課長をリーダに任命した。L部長は，情報セキュリティ確保のための対策として，サイバー攻撃によるWebシステムへの侵入を想定したテスト（以下，侵入テストという）を実施するようにM課長に指示した。M課長は，開発作業が結合テストまで完了した段階で，Webシステムのテスト環境を利用して侵入テストを実施することにした。

〔Webシステムのテスト環境〕

Webシステムは，高額書籍を購入する顧客の氏名，住所，購入履歴などの個人情報（以下，顧客情報という）を内部ネットワーク上のデータベースサーバ（以下，DBサーバという）に保存し，WebサーバがDBサーバ，業務サーバにアクセスして販売処理を行う。Webシステムのテスト環境の構成を図1に示す。

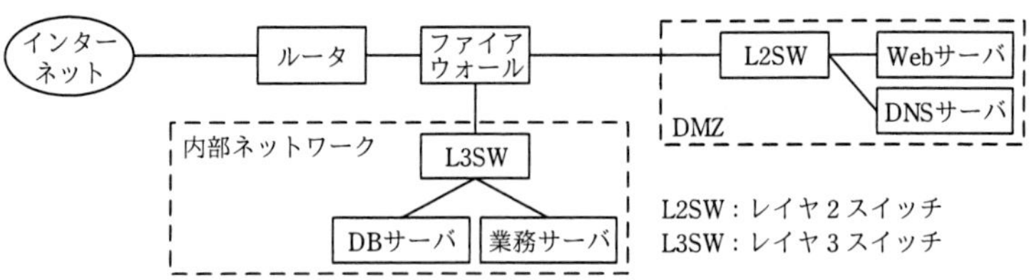

図1　Webシステムのテスト環境の構成

〔Webシステムの認証と通信〕

顧客がWebシステムを利用する際，利用者IDとパスワードで認証する。また，顧客との通信には，インターネット標準として利用されている［　a　］による暗号化通信を用いる。

サーバ管理者は，各サーバやファイアウォールのログを定期的にチェックすることによって，Webシステムにおける不正なアプリケーションの稼働を監視する。

〔侵入テストの実施〕

M課長は，社外のセキュリティコンサルタントのN氏に侵入テストの実施を依頼した。N氏は，表1に示す侵入テストのテスト項目を作成し，M課長に提出した。

表1　テスト項目（抜粋）

項番	内容
1	攻撃者が，Web サーバの構成情報の調査結果から Web システムの脆(ぜい)弱性を確認することが可能か。
2	Web システムへの攻撃によって，Web システム内に侵入した後，Web サーバの管理者権限の奪取が可能か。
3	Web アプリケーションの脆弱性を意図的に利用した攻撃が可能か。

〔結果〕

N氏は，テスト項目に沿って侵入テストを実施し，その結果と改善項目をM課長に報告した。テスト結果と改善項目を表2に示す。

表2　テスト結果と改善項目（抜粋）

項番	テスト結果	改善項目
1	Web システムのサービスに必要がないポートが，インターネットに公開されていた。インターネットから Web サーバの構成情報を調査できた。	Web システムのサービスに必要なポートだけをインターネットに公開する。Web サーバが必要のない問合せに応答しないようにする。
2	Web サーバの脆弱性を利用して，Web サーバを［ b ］にし，そこを中継点として内部ネットワークに侵入できた。	セキュリティ機器を導入して，Web サーバへの不正アクセスを防御し，脆弱性の存在自体が広く公表される前にそれを悪用する［ c ］攻撃のリスクを軽減する。ファイアウォールとサーバのログ管理を強化する。
3	Web アプリケーションを対象とした次の攻撃について，対処されていないので，Web アプリケーションを誤作動させることが可能であった。 ・バッファオーバフロー ・SQL インジェクション さらに，DB サーバに不正アクセスし，顧客情報の奪取や改ざんが可能であった。	開発課で開発した Web アプリケーションの脆弱性の原因となっているセキュリティホールを修正する。

〔改善項目とその対策〕

M課長とN氏は，Webシステムの侵入テストの結果と，セキュリティ上の改善項目について，表1と表2を基にしてL部長に報告した。

N氏　：現在のWebシステムには，サイバー攻撃に対して多くの脆弱性が存在します。

L部長：項番1について説明してください。

N氏　：攻撃者はWebサーバの構成情報の調査によって，攻撃するために有用な情報を得ることで，Webサーバの脆弱性を探ってきます。

L部長：どのような対策が有効ですか。

N氏　：ポートスキャンについては，Webサーバやファイアウォールの設定で防止する必要があります。Webサーバの構成情報の調査については，Webサーバの設定情報を変更して，必要のない問合せに応答しないようにすることで対処します。

（…途中省略…）

L部長：項番3のバッファオーバフローとSQLインジェクションについては，どのような対策が必要ですか。

N氏　：ソースコードをチェックするツールを使用して，Webアプリケーションの脆弱性を調査し，その結果に基づいたソースコードの修正が必要です。バッファオーバフローは，バッファにデータを保存する際に［ d ］を常にチェックすることで防ぐことができます。SQLインジェクションは，データをSQLに埋め込むところで，データの特殊文字を適切に［ e ］することで防ぐことができます。

M課長：改善項目に対応するようWebアプリケーションのソースコードを修正します。

（…途中省略…）

N氏の指摘に基づいて，開発課がWebシステムを改善し，L部長はWebシステムの総合テストの実施を承認した。

(1) 本文中の［ a ］及び表2中の［ b ］，［ c ］に入れる適切な字句をそれぞれ4字以内で答えよ。

(2) 本文中の［ d ］，［ e ］に入れる適切な字句をそれぞれ解答群の中から選び，記号で答えよ。

解答群

ア　エスケープ　　イ　データサイズ　　ウ　マイグレーション
エ　リダイレクト　　オ　ルートクラック

解説

(1) ●空欄 a：「顧客との通信には，インターネット標準として利用されている［ a ］による暗号化通信を用いる」とあります。通常，Webシステムにおいて，WebサーバとWebクライアントはHTTPを用いて通信を行います。そして，このHTTP通信を暗号化するために利用されているのがTLS（Transport Layer Security）です。従来，HTTP通信の暗号化には，SSL（Secure Sockets Layer）が利用されてきましたが，現在では，SSLの後続であるTLSがインターネット標準として利用されています。したがって，**空欄aにはTLS**が入ります。

●空欄 b：「Webサーバを［ b ］にし，そこを中継点として内部ネットワークに侵入できた」とあります。"中継点"というキーワードから，**空欄bは踏み台**です。踏み台とは，攻撃対象を攻撃する際に，中継点として利用するサーバのことです。なお，踏み台を利用した攻撃には，DNSキャッシュサーバを踏み台にして大量のDNS応答パケットを送信させるDNS amp攻撃や，NTPサーバを踏み台にしたNTP増幅攻撃などがあります（p.70の「参考」を参照）。

●空欄 c：「脆弱性の存在自体が広く公表される前にそれを悪用する［ c ］攻撃」とあります。脆弱性の存在が判明したとき，そのセキュリティパッチが提供される前にパッチが対象とする脆弱性を悪用して行われる攻撃をゼロデイ攻撃というので，**空欄cにはゼロデイ**を入れればよいでしょう。

(2) ●空欄 d：バッファオーバフロー対策が問われています。バッファオーバフローは，バッファに対して許容範囲を超えるデータを送り付けて悪意の行動をとる攻撃です。許容範囲を超える大きさのデータを保存しない，つまり，バッファにデータを保存する際にデータサイズを常にチェックすれば，バッファオーバフローは防げるので，**空欄dには〔イ〕のデータサイズ**が入ります。

〔補足〕

バッファオーバフロー攻撃にはいくつかの種類がありますが，その中で代表的な攻撃の一つが**スタック破壊攻撃**です。この攻撃では，スタック領域に格納されているプログラムの戻り先番地を書き換えることによって，送り込んだ悪意のあるコード（不正コード）に制御を移し実行させます。不正コードが実行されると，管理者権限が乗っ取られて重要な情報が盗まれたり，あるいはDoS攻撃やDDoS攻撃の踏み台にされてしまう可能性があります。

●空欄 e：SQLインジェクション対策が問われています。SQLインジェクションに対しては，サニタイジングやバインド機構（次ページ「参考」を参照）の利用が有効です。サニタイジングは，"無害化，無効化"という意味です。入力された文字列をチェックして，データベースへの問合せや操作において特殊な意味をもつ記号文字（「'」や「;」など）を取り除いたり，又は他の文字に置き換える処理（エスケープ処理）を施して特殊文字としての効力をなくし普通の文字として解釈されるようにします。「データの特殊文字を適切に［ e ］する」とあるので，空欄eには，サニタイジングかエスケープが入りますが，解答群にあるのはエスケープだけです。したがって，**空欄e**には〔ア〕の**エスケープ**を入れればよいでしょう。その他の選択肢の意味は，次のとおりです。

ウ：マイグレーションとは，システムを移行したり，仮想サーバ環境においてサーバを移動させたりすることです。なお，仮想サーバ上で稼働しているOSやアプリケーションを停止させずに，別の物理サーバへ移し処理を継続させる仕組みをライブマイグレーションといいます。

エ：リダイレクトとは，Webサイトへのアクセスを，自動的にWebアプリケーション内の他ページや外部のWebサイトに遷移させる機能のことです。また，OSの機能にもリダイレクト（リダイレクションともいう）があります。これは，コマンドの入出力先を，指定した入出力先に切り替える機能です。

オ：ルートクラックとは，ルート（root，管理者）権限を奪取することです。

解答　（1）a：TLS　b：踏み台　c：ゼロデイ　（2）d：イ　e：ア

参考　SQLインジェクション対策（バインド機構）

バインド機構とは，**プレースホルダ**を使ったSQL文（**プリペアードステートメント**）を，あらかじめデータベース内に準備しておき，実行の際に，入力値をプレースホルダに，埋め込んで実行する機能のことです。

下図左の例では，入力されたクラス（$class）と学生番号（$no）をそのままSQL文中に展開するため，組み立てられたSQL文を実行すると"学生"表の全レコードが削除されてしまいます。これを防ぐためには，まず下図右下のSQL文（プリペアードステートメント）を準備します。そして，クラス（$class）と学生番号（$no）が入力されたら，その値を送ってSQL文の実行を指示します。これにより入力値はプレースホルダに埋め込まれ，単なる文字列として扱われるので"学生"表が削除されることはありません。

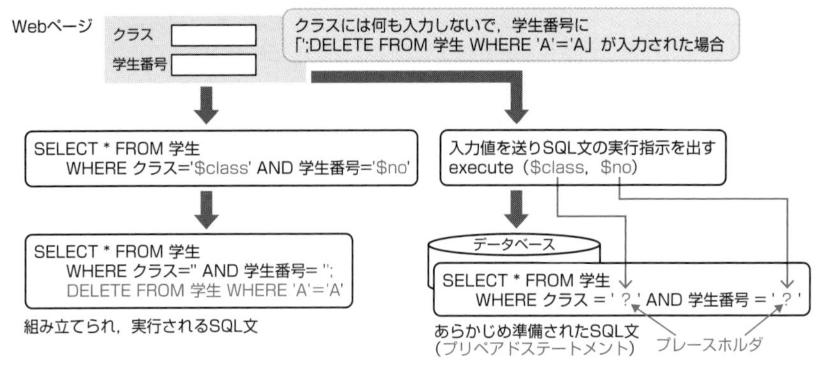

問題4 電子メールのセキュリティ (H27春午後問1)

新メールシステムの導入を題材にした，電子メールのセキュリティ対策に関する問題です。本問では，迷惑メール（なりすましメール）対策，S/MIMEによる暗号化，電子署名といったセキュリティの基本事項が問われるほか，メール受信プロトコルの変更に伴うリスクなどが問われます。いずれも，問題文の表に示された内容やT君とS部長のやり取りから解答が導き出せる問題になっています。

問 電子メールのセキュリティに関する次の記述を読んで，設問1～5に答えよ。

R社は，医薬品の輸出入や薬局などへの販売を行っている商社である。R社では，十数年前から業務処理や顧客からの問合せ対応などを目的として，自社内で電子メールシステム（以下，メールシステムという）を運用している。R社の社員は，各自の社内PCを使ってメールシステムを利用する。一部の社員は，モバイル端末を使って社外からもメールシステムを利用している。メールシステムが受信した電子メール（以下，メールという）は，メールサーバに保存される。社内PCで開封したメールは，メールサーバから削除され，社内PCに保存される。モバイル端末で開封したメールは，削除はされず，メールサーバに残される。

R社システム部のS部長は，メールシステムの老朽化，陳腐化への対応とセキュリティ強化が必要と判断し，現在のメールシステムの問題点を洗い出すために，システム監査会社に外部監査を依頼した。表1は，外部監査での指摘事項の抜粋である。

表1　外部監査での指摘事項の抜粋

	指摘事項
送信	(ア)　差出人をR社と偽ったメールが届いたという苦情が顧客から寄せられたことがあったが，対策が立てられていない。
	(イ)　メールによる重要情報などの漏えいを抑止するために，社外への送信メールは上司に同報され，チェックされることになっている。しかし，上司が漏えいに気付いたとしても，メール自体は既に宛先に送られてしまっている。
	(ウ)　営業部では，顧客へのメールをS/MIMEで暗号化することにしているが，一部の顧客しか利用できる環境にない。
	(エ)　R社の重要情報が記述されたメールを顧客へ平文で送っている場合がある。
受信	(オ)　社内PCで開封したメールが社外から読めなくなってしまい，業務に支障を来すことがある。
	(カ)　迷惑メールが受信されている。一部，標的型攻撃メールと思われるものも混在している。

〔新メールシステムの検討〕

S部長は，外部監査での指摘を受け，メールシステム担当のT君に新メールシステムの概要設計を指示した。T君は，新メールシステムの機能の概要をまとめ，S部長に提出した。T君が作成した新メールシステムの機能概要を表2に示す。

表2　新メールシステムの機能概要

項目	目的
メールのプロトコルをPOPからIMAPに変更する。	社外でモバイル端末を利用しているときでも，開封済みのメールを読めるようにする。
メールのチェックツールを導入し，社外とのメールをフィルタリングする。	社外とのメールの内容チェックを行う。
	社外からの受信メールについて，送信元の認証を行う。
メール保存ツールを導入する。	全てのメールを保存する。
メールを暗号化するためのツールを導入する。	顧客への送信メールについて，添付ファイルを全て暗号化する。
電子署名を添付するためのツールを導入する。	顧客への送信メールに，R社の電子署名を添付する。その際，送信元メールアドレスには，R社の送信専用メールアドレスを使用し，送信者自身のメールアドレスは，返信先メールアドレスフィールドに設定する。

T君はS部長に，新メールシステムの機能概要を報告した。

〔メールのプロトコル〕

T君　：当社ではメール受信のプロトコルとして，POPを利用してきました。新メールシステムでは，指摘事項（オ）に対応するためにIMAPに変更し，社内PCで開封したメールも含め，全ての受信メールが一定期間メールサーバに残るようにすることを考えています。

S部長：なるほど。しかし，そうなると，①パスワードが流出した場合のリスクが高まることを認識しておく必要がある。特にモバイル端末の利用時には盗難なども考えられる。IMAPサーバでのモバイル端末の認証にはワンタイムパスワードを導入し，モバイル端末とIMAPサーバの間の通信は暗号化するように。

T君　：分かりました。

〔社外とのメールの内容チェック〕

T君は社外とのメールについて，メールの内容チェックの詳細を報告した。メールの内容チェックの詳細を表3に示す。

表3　メールの内容チェックの詳細

	チェック項目	チェック後の対応
送信	会社の重要情報が含まれていないか。	問題があったメールは，チェックコメントを付けて，宛先には送信せずに送信元に返送する。
	顧客の重要情報が含まれていないか。	
受信	送信元メールアドレスが，迷惑メール送信者としてブラックリストに掲載されていないか。	メールを迷惑メールボックスに転送し，10 日後に自動削除する。
	送信元メールアドレスは，偽称されていないか。	本文を削除して宛先メールボックスに転送する。元のメールは一時保管メールボックスに転送し，10 日後に自動削除する。
	実行形式や不審なファイルが添付されていないか。	添付ファイルを削除して宛先メールボックスに転送する。元のメールは一時保管メールボックスに転送し，10 日後に自動削除する。
	ウイルスに感染していないか。	ウイルスを駆除した上で，宛先メールボックスに転送する。
	本文が HTML で記述されていないか。	注意を促すコメントを付けて，宛先メールボックスに転送する。
	本文中に URL が記載されていないか。	

T君　：メール送信時の内容チェックは，指摘事項の（イ）に対応し，メール受信時の内容チェックは，指摘事項の（カ）に対応します。メールサーバでのメール受信時の送信元メールアドレスが偽称されていないかのチェックは［ a ］と呼ばれ，送信元IPアドレスを基にチェックする技術（SPF），又は受信メールの中の電子署名を基にチェックする技術（DKIM）を導入します。

S部長：表3に従うと，業務に必要なメールまでチェックによって阻止されてしまうことがある。②それらのメールに対応するための機能も加えるように。

T君　：分かりました。

〔メールの暗号化〕

S部長：暗号化方式の変更について説明してくれないか。

T君　：暗号化方式の変更は，指摘事項の（ウ）と（エ）に対応します。現在のメールシステムでは，営業部でのメールの暗号化には，S/MIMEを利用することになっています。メール宛先の［ b ］鍵を利用して暗号化する方式で，安全性は高いのですが，先方が［ b ］鍵をもっていなければ使えない方法なので，利用している顧客はごく一部です。

S部長：新メールシステムでは，全顧客にメールの暗号化が利用できるのか。

T君　：はい。重要情報を含む文章はメール本文に記述するのではなく必ずファイルで作成する社内ルールに変更します。送信者が添付ファイル付きのメールを作成すると，メールサーバでは，鍵をメールごとに自動生成した上で，その鍵で添付ファイルを暗号化して送信し，さらに鍵を送信者に通知します。宛先への鍵の連絡は，送信者が電話などのメール以外の手段で行います。

〔電子署名の添付〕

S部長：全ての送信メールに対するR社の電子署名の添付について，説明してくれないか。

T君　：電子署名の添付は指摘事項の（ア）への対応です。従来，営業部員は個別に電子証明書と暗号鍵を与えられ，本人の電子署名の添付と，公開鍵基盤を導入している宛先へのメールの暗号化ができました。しかし，対象を全社員に広げるとなると，社員の電子証明書の運用コストが掛かってしまいます。そこで，社員の電子署名の添付を廃止し，メールサーバで，全メールにR社の電子署名を添付して，送信することにします。電子署名はメールの［ c ］値を基に生成されるので，メールの［ d ］検知も可能になります。

〔標的型攻撃メールへの対応〕

S部長：標的型攻撃メールには，どのような対応をするのか。

T君　：標的型攻撃メールは，メールシステムでの対応には限界があるので，運用での対応も必要になると考えています。例えば，標的となった組織の複数のメールアドレスに届くことが多いので，一斉に，組織的に対応する必要があります。一人でも標的型攻撃メールと疑われるメールを受信した場合，メールシステムの管理者は，類似のメールが届いていないかを調査し，<u>③不審なメールが届いた全ての受信者に対応を指示します</u>。その後，受信者が添付ファイルを開けていないことやURLをクリックしていないことなどを管理者が確認します。

S部長：類似の標的型攻撃メールが届いた宛先は，メールサーバの［ e ］から調査できるな。

その後，S部長とT君は，機能のレビューを繰り返し，指摘に対しての対応策を決定して，S部長は新メールシステムの導入を承認した。

設問1 本文中の a ， e に入れる適切な名称をそれぞれ解答群の中から選び，記号で答えよ。

解答群

ア OP25B　　イ 送信ドメイン認証　　ウ フィルタリング
エ フロー制御　　オ 迷惑メールボックス　　カ ログ

設問2 本文中の b ～ d に入れる適切な字句を答えよ。

設問3 S部長が本文中の下線①の指摘を行った理由を，35字以内で述べよ。

設問4 本文中の下線②の機能に該当するものを解答群の中から二つ選び，記号で答えよ。

解答群

ア 一時保管メールボックスに転送された受信メールの中から，受信者が必要なメールを取り出す機能
イ 会社や顧客の重要情報を含む送信メールは，フィルタリングの対象となるが，事前に承認されたメールについては宛先に転送されるようにする機能
ウ フィルタリングによって阻止された全ての送信メールについて，タイトル（主題）だけを宛先に転送する機能
エ フィルタリングの内容を，社員が設定する機能

設問5 本文中の下線③で不審なメールが届いた全ての受信者に指示すべき事項は何か。15字以内で述べよ。

解説

設問1 の解説

本文中の空欄a及び空欄eに入れる名称が問われています。

●空欄a

空欄aは,「メールサーバでのメール受信時の送信元メールアドレスが偽称されていないかのチェックは[a]と呼ばれ,送信元IPアドレスを基にチェックする技術(SPF),又は受信メールの中の電子署名を基にチェックする技術(DKIM)を導入します」との記述中にあります。

SPFやDKIMは送信ドメイン認証技術なので,**空欄a**には〔**イ**〕の**送信ドメイン認証**が入ります。送信ドメイン認証については,p.41の「参考」を参照してください。

●空欄e

「類似の標的型攻撃メールが届いた宛先は,メールサーバの[e]から調査できる」とあります。選択肢のうち,〔オ〕の迷惑メールボックスか〔カ〕のログのどちらかが該当しそうです。しかし表3を見ると,迷惑メールボックスに転送されるメールは,送信元メールアドレスがブラックリストに掲載されているメールのみです。標的型攻撃メール全てが迷惑メールボックスに転送されるとは限りません。

したがって,**空欄e**に該当するのは〔**カ**〕の**ログ**です。一人でも標的型攻撃メールと疑われるメールを受信した場合,そのメールの受信日時,送信者,接続元ホスト,件名などを基に,メールサーバのログを調査すれば,類似の標的型攻撃メールが届いていないか,また,どの宛先に送られているかを確認できます。

なお標的型攻撃メールとは,対象となる組織から重要情報を盗むことなどを目的としたウイルス付きメールのことです。受信者が,業務に関係するメールだと信じて開封してしまうように巧妙に作り込まれているのが特徴です(p.56の「参考」を参照)。

その他の選択肢の意味は,次のとおりです。

ア:OP25B(Internet Service Provider)はスパムメール対策の一つで,ISP管理下の利用者からISP自身のメールサーバを経由せずに,直接,外部のメールサーバへ送信されるSMTP通信(宛先ポート番号25番ポートへのメール)を遮断する仕組みのことです(p.56の「参考」を参照)。

ウ:フィルタリングとは,安心して安全にインターネットを利用するための仕組みで,有害サイトアクセス制限のことです。

エ:フロー制御とは,二つの機器間でデータのやり取りを行うとき,受信したデータがバッファからあふれて取りこぼしたりしないようにする制御する機能です。通信状況に応じて,送信を停止したり,速度やデータ量などの調整を行います。

設問2 の解説

本文中の空欄b～空欄dに入れる字句が問われています。

●空欄b

「メール宛先の[b]鍵を利用して暗号化する方式」とあるので，空欄bには，S/MIMEにおいて暗号化に使用する鍵が入ります。

S/MIME（Secure／Multipurpose Internet Mail Extensions）は，電子メールの暗号化とデジタル署名（電子署名）に関する標準規格です。ここでのポイントは，S/MIMEは，共通鍵暗号と公開鍵暗号を併用するハイブリッド暗号方式であることです。つまり，S/MIMEでは，メール本文や添付ファイルの暗号化には処理速度が速い共通鍵暗号を利用し，暗号化に用いる共通鍵の受け渡しには安全性の高い公開鍵暗号を用います。

下記に，S/MIMEを使用したメールの暗号化と復号の手順を示すので確認しておきましょう。

〔S/MIMEを使用したメールの暗号化と復号の手順〕

送信者：① 共通鍵を生成し，その共通鍵でメール内容を暗号化する。
② 受信者の公開鍵で共通鍵を暗号化する。
③ ①で暗号化したメール内容と，②で暗号化した共通鍵を送信する。
受信者：④ 暗号化されている共通鍵を自身の秘密鍵で復号する。
⑤ 復号した共通鍵を使ってメール内容を復号する。

「メール宛先の[b]鍵」であることと，「安全性が高い」ことに着目すると，ここで問われている暗号化に使用する鍵とは，共通鍵を暗号化するための“受信者の公開鍵”であることが分かります。したがって，**空欄b**には「**公開**」が入ります。

●空欄c

電子署名に関する問題です。「電子署名はメールの[c]値を基に生成される」とあります。通常，メールに添付する電子署名は，ハッシュ関数を用いてメール本文からハッシュ値を求め，そのハッシュ値を送信者（本問の場合は，R社のメールサーバ）の秘密鍵で暗号化して生成します。したがって，**空欄c**には「**ハッシュ**」が入ります。

●空欄d

「メールの[d]検知も可能になる」とあります。電子署名は，メール内容の改ざん検知と送信者の真正性の確認（なりすまし検知）を行う技術ですから，空欄dに入る字句は，「改ざん」か「なりすまし」ということになります。ここで，前文に注意！です。「電子署名はメールのハッシュ（空欄c）値を基に生成される」との記述から，**空欄d**には，ハッシュ値を用いることで検知できる「**改ざん**」が入ります。

設問3 の解説

S部長が，下線①の「パスワードが流出した場合のリスクが高まることを認識しておく必要がある」と指摘した理由が問われています。S部長の指摘（発言）は，その直前にあるT君の，「メール受信のプロトコルをPOPからIMAPに変更し，社内PCで開封したメールも含め，全ての受信メールが一定期間メールサーバに残るようにする」という発言を受けたものです。

現在のメールシステムでは，メール受信プロトコルにPOPを利用しているため，社内PCで開封したメールは，メールサーバから削除されます。しかし，IMAPに変更すると，社内PCで開封したメールも一定期間メールサーバに残ります。S部長は，このことに着目したわけです。すなわち，メールを読み出すためのパスワードが流出した場合，以前はメールサーバから削除されていた開封済みのメールも読み出されるおそれがあるというのがS部長の指摘事項です。

以上，解答としては，「開封済みのメールも読み出されるおそれがあるから」といった記述でよいでしょう。なお，試験センターでは解答例を「**開封済みメールを含め全てのメールを読まれるおそれがあるから**」としています。

設問4 の解説

〔社外とのメールの内容チェック〕に関する設問です。下線②の「それらのメールに対応するための機能」に該当するものが問われています。“それらのメール”とは，“業務に必要なメール”のことです。つまり，問われているのは，メールチェックによって，業務に必要なメールが阻止されてしまうことへの対策です。

では，解答群にある各選択肢を順に見ていきましょう。

ア：「一時保管メールボックスに転送された受信メールの中から，受信者が必要なメールを取り出す機能」とあります。表3を見ると，一時保管メールボックスに転送されるのは，送信元メールアドレスが偽装されていると判断されたものと，実行形式や不審なファイルが添付されたメールです。すなわち，疑わしいと判断されたメールが一時保管メールボックスに転送されるわけです。ここで思い出したいのは，正しいものを正しくないと判断してしまう誤検知（フォールスポジティブ）です。誤検知により，業務に必要な（正規な）メールまでも疑わしいと判断されてしまう可能性があるので，〔**ア**〕の機能は必要です。

イ：「会社や顧客の重要情報を含む送信メールは，フィルタリングの対象となるが，事前に承認されたメールについては宛先に転送されるようにする機能」とあります。表3の送信チェックでは，会社や顧客の重要情報が含まれたメールは，チェックコメントを付けて，宛先には送信せずに送信元に返送するとしています。一方，表1

の指摘事項（イ）を見ると，「メールによる重要情報などの漏えいを抑止するために，社外への送信メールは上司に同報され，チェックされることになっている」とあり，重要情報を含むメール送信も認められています。そして，これを認めているのは，業務をスムーズに遂行するためだと考えられます。したがって，会社や顧客の重要情報を含む全てのメールがチェックコメント付きで送信元に返送されてしまうと，業務に支障がでる可能性があるので，重要情報を含むメールでも，事前に上司に承認されたものについてはメール送信を認める必要があります。つまり，〔**イ**〕の機能は必要です。

以上，この時点で〔ア〕と〔イ〕が正解だとわかりましたが，念には念を！ です。残りの選択肢も確認しておきましょう。

ウ：「フィルタリングによって阻止された全ての送信メールについて，タイトル（主題）だけを宛先に転送する機能」とあります。メールのタイトル（主題）だけを宛先に転送しても，受信者側ではその内容がわかりません（メールの意味をなしません）。

エ：「フィルタリングの内容を，社員が設定する機能」とあります。フィルタリングの内容を社員が設定すると，セキュリティ水準の低下を招いてしまいます。

設問5 の解説

不審なメールが届いた全ての受信者に指示すべき事項が問われています。一般に，不審なメールは開封しないで削除することが重要です。したがって，メールシステムの管理者は，一人でも標的型攻撃メールと疑われるメールを受信した場合，類似の不審なメールが届いた全ての受信者に対して，**不審なメールの削除**を周知徹底する必要があります。

解答

設問1 a：イ
e：カ

設問2 b：公開
c：ハッシュ
d：改ざん

設問3 開封済みメールを含め全てのメールを読まれるおそれがあるから

設問4 ア，イ

設問5 不審なメールの削除

参考 標的型攻撃メールの特徴

標的型攻撃メールには，次のような特徴があります。

・実在する信頼できそうな組織名や個人名あるいは関係者を装った差出人になっている。
・受信者の業務に関係が深い話題や，受信者が興味を引くような内容が記述されている。
・ファイル名に細工を施し，実行形式ファイルを別形式と偽って開かせようとする。
・毎回異なる内容で，長期間にわたって標的となる組織に送り続けられる。

なお，ファイル名を偽装する代表的な手口の一つに，**RLTrap**があります。これは，文字の並び順を変えるUnicodeの制御文字RLO（Right-to-Left Override）を利用した手口です。例えば，ファイル名「ABCfdp.exe」の3文字目の「C」と4文字目の「f」の間にRLOを挿入すると（RLO自体は見えません），ファイル名の見た目が「ABCexe.pdf」に変わります。RLTrapでは，これを利用してファイル名を偽装します。

参考 P25Bとサブミッションポート

OP25B（Outbound Port 25 Blocking）は，外部に向けて送信される宛先ポート番号が25番のIPパケットのうち，ISP自身のメールサーバ以外から送信されるIPパケットを遮断します。OP25Bはスパムメール対策になりますが，一方で，別のISPにも契約している利用者がメールを送れなくなるといった不都合が生じます。そこで，OP25Bの影響を受けずに外部のメールサーバを使用したメール送信を可能にするのが**サブミッションポート**です。サブミッションポートとは，メール送信の際に用いる専用のTCPポートで，**SMTP-AUTH**などによる利用者認証を行えるポートです（通常，587番ポート）。外部のメールサーバへはサブミッションポートを使ってメールを送信し，SMTP-AUTHなどで認証を経ればメール送信ができます。

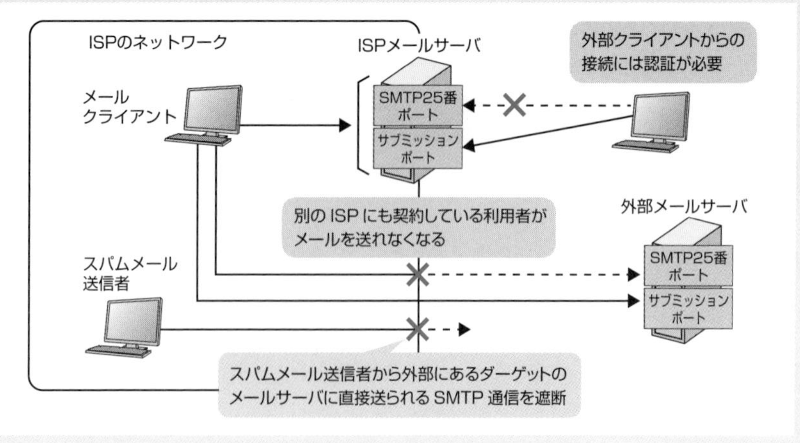

Try! 電子メールのセキュリティ対策（R05秋午後問1抜粋）

本Try!問題は，IT製品の卸売り会社におけるメール運用（メールの送受信）を題材に，安全なメール送受信方式としてS/MIMEを取り上げ，公開鍵暗号，共通鍵暗号及びPKIの基本技術の理解を問う問題です。午前知識のみで解答できる設問を抜粋しました。復習を兼ねて挑戦してみましょう！

K社は，IT製品の卸売会社であり，300社の販売店に製品を卸している。K社では，8年前に従業員が，ある販売店向けの奨励金額が記載されたプロモーション企画書ファイルを添付した電子メール（以下，メールという）を，担当する全販売店の担当者宛てに誤送信するというセキュリティ事故が発生した。

（…途中省略…）

L主任は，より高度なセキュリティ対策を実施して，情報漏えいリスクを更に低減させる必要があると考え，安全なメールの送受信方式を調査した。

〔安全なメール送受信方式の検討〕

L主任は，調査に当たって安全なメール送受信方式のための要件として，次の（ⅰ）～（ⅲ）を設定した。

（ⅰ）メールの本文及び添付ファイル（以下，メール内容という）を暗号化できること
（ⅱ）メール内容は，送信端末と受信端末との間の全ての区間で暗号化されていること
（ⅲ）誤送信されたメールの受信者には，メール内容の復号が困難なこと

これら三つの要件を満たす技術について調査した結果，S/MIME（Secure/Multipurpose Internet Mail Extensions）が該当することが分かった。S/MIMEは，K社や販売店で使用しているPCのメールソフトウェア（以下，メーラという）が対応しており導入しやすいとL主任は考えた。

〔S/MIMEの調査〕

まず，L主任はS/MIMEについて調査した。調査によって分かった内容を次に示す。

・S/MIMEは，メールに電子署名を付加したり，メール内容を暗号化したりすることによってメールの安全性を高める標準規格の一つである。
・メールに電子署名を付加することによって，メーラによる電子署名の検証で，送信者を騙（かた）ったなりすましや①メール内容の改ざんが検知できる。公開鍵暗号と共通鍵暗号とを利用してメール内容を暗号化することによって，通信経路での盗聴や誤送信による情報漏えいリスクを低減できる。

・S/MIMEを使用して電子署名や暗号化を行うために，認証局（以下，CAという）が発行した電子証明書を取得してインストールするなどの事前作業が必要となる。

メールへの電子署名の付加及びメール内容の検証の手順を表1に，メール内容の暗号化と復号の手順を表2に示す。

表1　メールへの電子署名の付加及びメール内容の検証の手順

送信側		受信側	
手順	処理内容	手順	処理内容
1.1	ハッシュ関数 h によってメール内容のハッシュ値 x を生成する。	1.4	電子署名を［ b ］で復号してハッシュ値 x を取り出す。
1.2	ハッシュ値 x を［ a ］で暗号化して電子署名を行う。	1.5	ハッシュ関数 h によってメール内容のハッシュ値 y を生成する。
1.3	送信者の電子証明書と電子署名付きのメールを送信する。	1.6	手順 1.4 で取り出したハッシュ値 x と手順 1.5 で生成したハッシュ値 y とを比較する。

表2　メール内容の暗号化と復号の手順

送信側		受信側	
手順	処理内容	手順	処理内容
2.1	送信者及び受信者が使用する共通鍵を生成し，②共通鍵でメール内容を暗号化する。	2.4	［ d ］で共通鍵を復号する。
2.2	［ c ］で共通鍵を暗号化する。	2.5	共通鍵でメール内容を復号する。
2.3	暗号化したメール内容と暗号化した共通鍵を送信する。		

〔S/MIME導入に当たっての実施事項の検討〕

次に，L主任は，S/MIME導入に当たって実施すべき事項について検討した。

メーラは，③受信したメールに添付されている電子証明書の正当性について検証する。問題を検出すると，エラーが発生したと警告されるので，エラー発生時の対応方法をまとめておく必要がある。そのほかに，受信者自身で電子証明書の内容を確認することも，なりすましを発見するのに有効であるので，受信者自身に実施を求める事項もあわせて整理する。

メール内容の暗号化を行う場合は，事前に通信相手との間で電子証明書を交換しておかなければならない。そこで，S/MIME導入に当たって，S/MIMEの適切な運用のために従業員向けのS/MIMEの利用手引きを作成して，利用方法を周知することにする。

これらの検討結果を基に，L主任はS/MIMEの導入，導入に当たって実施すべき事項，導入までの間は現在のメール方式の運用上の改善策を実施することなどを提案書にまとめ，情報セキュリティ委員会に提出した。提案内容が承認されS/MIMEの導入が決定した。

(1) 本文中の下線①が検知される手順はどれか。表1，2中の手順の番号で答えよ。

(2) 表1，2中の［ a ］～［ d ］に入れる適切な字句を解答群の中から選び，記号で答えよ。

解答群

ア　CAの公開鍵	イ　CAの秘密鍵	ウ　受信者の公開鍵
エ　受信者の秘密鍵	オ　送信者の公開鍵	カ　送信者の秘密鍵

(3) 表2中の下線②について，メール内容の暗号化に公開鍵暗号ではなく共通鍵暗号を利用する理由を，20字以内で答えよ。

(4) 本文中の下線③について，電子証明書の正当性の検証に必要となる鍵の種類を解答群の中から選び，記号で答えよ。

解答群

ア　CAの公開鍵	イ　受信者の公開鍵	ウ　送信者の公開鍵

解説

(1) 下線①は，「メールに電子署名を付加することによって，メーラによる電子署名の検証で，送信者を騙（かた）ったなりすましや①メール内容の改ざんが検知できる」との記述中にあります。**電子署名**とは，「電子文章が改変されていないこと」，「電子文章の送信者が，送信者本人であること」を確認することができる仕組みや技術の総称です。そして，その一つに**デジタル署名**があります。デジタル署名については午前試験でもよく問われるので，容易に解答できると思いますが，念のため電子署名（デジタル署名）の仕組みを確認しておきましょう。

〔送信側〕

ハッシュ関数を使用して，メッセージのダイジェスト（以下，MDという）を生成する。生成したMDを送信者の秘密鍵で暗号化して電子署名を行い，メッセージとともに送信する。

〔受信側〕

受け取った電子署名を送信者の公開鍵で復号してMDを取り出す。このとき復号できれば，送信者が正当な相手であることが確認できる。また送信者と同じハッシュ関数を用いて，受信したメッセージからMDを生成し，送信者の公開鍵で復号したMDと比較して，一致すればメッセージが改ざんされていないことが確認できる。

上記の手順と表1の手順を対応させると，次ページ図のようになり，メール内容の改ざんが検知される手順は**1.6**であることが分かります。なお，表1のハッシュ値xは，上記のMD（メッセージダイジェスト）に該当します。

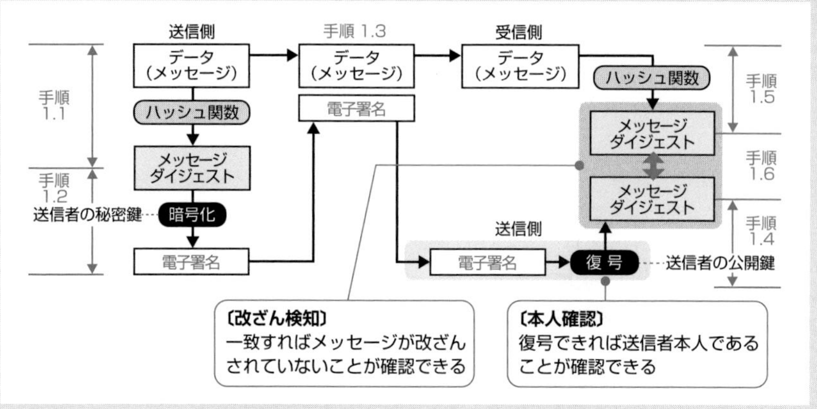

(2) 表1，2中の空欄a～空欄dに入れる字句が問われています。

●**空欄a**：空欄aは，表1の手順1.2中にあります。手順1.2では，手順1.1で生成したハッシュ値xを送信者の秘密鍵で暗号化して電子署名を行います。したがって，**空欄a**には〔**カ**〕の**送信者の秘密鍵**が入ります。

●**空欄b**：空欄bは，表1の手順1.4中にあります。手順1.4では，受信した電子署名を送信者の公開鍵で復号してハッシュ値xを取り出します。したがって，**空欄b**には〔**オ**〕の**送信者の公開鍵**が入ります。

●**空欄c，d**：空欄cと空欄dは，表2の「メール内容の暗号化と復号の手順」の中にあります。下線①の直後に，「公開鍵暗号と共通鍵暗号とを利用してメール内容を暗号化する」とあるように，S/MIMEは，共通鍵暗号と公開鍵暗号を併用するハイブリッド暗号方式です。送信者は，共通鍵を生成し，その共通鍵でメール内容を暗号化します。そして，暗号化に用いた共通鍵を受信者の公開鍵で暗号化して，暗号化したメール内容とともに送信します。受信者は，暗号化された共通鍵を自身の秘密鍵で復号し，得られた共通鍵を使ってメール内容を復号します。

したがって，手順2.2の「 c で共通鍵を暗号化する」との記述中にある**空欄c**には，〔**ウ**〕の**受信者の公開鍵**が入ります。また，手順2.4の「 d で共通鍵を復号する」との記述中にある**空欄d**には，〔**エ**〕の**受信者の秘密鍵**が入ります。

(3) 下線②について，メール内容の暗号化に公開鍵暗号ではなく共通鍵暗号を利用する理由が問われています。

公開鍵暗号は，共通鍵暗号に比べ暗号強度は高いですが，演算が複雑なので暗号化と復号の処理に非常に多くの時間がかかります。これに対して，共通鍵暗号は，暗号化と復号の処理速度が速いのが特徴です。S/MIMEは，公開鍵暗号と共通鍵暗号を組み合わせることで強度と速度の両方を確保するハイブリッド暗号方式です。つまり，メール内容の暗号化に共通鍵暗号を利用する理由は「**暗号化と復号の処理速度が速いから**」です。

(4) 下線③の「受信したメールに添付されている電子証明書の正当性について検証する」ついて，電子証明書の正当性の検証に必要となる鍵の種類が問われています。

公開鍵暗号を用いた暗号化通信では，公開鍵が本当に正しい相手のものであるかを確認しなければなりません。そこで，公開鍵とその所有者の関係を保証するために考えられた仕組みがPKI（Public Key Infrastructure：公開鍵基盤）です。PKIでは，信頼できる第三者機関である認証局（CA：Certificate Authority）が，公開鍵の正当性を証明する証明書（電子証明書，デジタル証明書）を発行し，この証明書をベースにセキュリティの基盤を構築します。

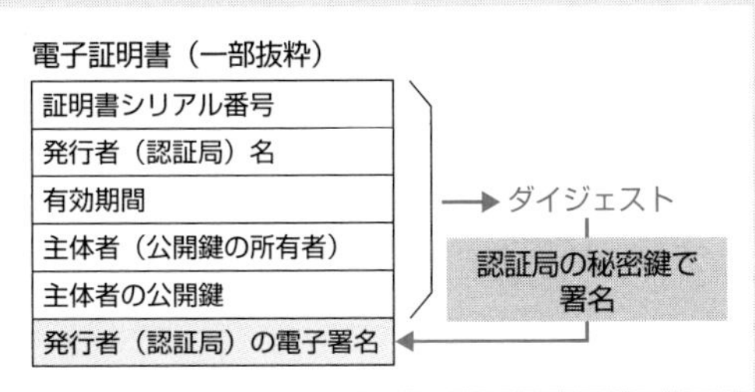

電子証明書には，公開鍵とその所有者，公開鍵の有効期間などのほか，証明書を発行した認証局の電子署名が付加されています。この電子署名は，認証局の秘密鍵で署名されたものなので，認証局の公開鍵で検証することができれば，電子証明書の正当性の検証ができます。

したがって，電子証明書の正当性の検証に必要な鍵は認証局の公開鍵，つまり，〔ア〕の**CAの公開鍵**です。

解答 （1）1.6　（2）a：カ　b：オ　c：ウ　d：エ
（3）暗号化と復号の処理速度が速いから　（4）ア

参考 公開鍵基盤(PKI)とディレクトリサーバ

公開鍵基盤（**PKI**：Public Key Infrastructure）は，公開鍵暗号を利用した証明書の作成，管理，格納，配布，破棄に必要な方式，システム，プロトコル及びポリシの集合によって実現される情報通信基盤です。午前問題では，「PKIは，所有者と公開鍵の対応付けをするのに必要なポリシや技術の集合によって実現される基盤」と出題されています。

PKIを構成する主な要素は，証明書，認証局，リポジトリの三つです。**リポジトリ**は，公開鍵証明書の他，CRL（Certificate Revocation List：証明書失効リスト）などの証明書関連情報を保管・管理し，証明書の利用者に対して配布・公開，また検索サービスの提供を行います。一般に，このリポジトリは，関連する属性のまとまりをツリー構造で一元管理できるディレクトリ技術により構築されるため，**ディレクトリサーバ**と呼ばれています。

またディレクトリサーバは，LAN内の利用者から効率よく利用できるようディレクトリインタフェースに**LDAP**（Lightweight Directory Access Protocol：軽量ディレクトリアクセスプロトコル）というプロトコルを使用しているためLDAPサーバとも呼ばれることがあります。

問題5 セキュリティインシデントへの対応 (H24春午後問9)

IDS (Intrusion Detection System：侵入検知システム) からアラートが発せられた際の対応を題材とした，セキュリティインシデントへの対応に関する問題です。
本問では，“脅威”に関する基本知識，IDSによる不正検知方法の基本的知識，さらにログに関するセキュリティ管理策などが問われます。問題文を見ると一見厄介な問題のように感じますが，先入観は禁物です。問題文を丁寧に読み記述内容を整理することで，解答を導くことができます。

問 セキュリティインシデントへの対応に関する次の記述を読んで，設問1～4に答えよ。

E社では，外部から自社ネットワークへの不正アクセスなどの脅威に備えて，社内LANとインターネットとの接続ポイントにファイアウォールを設置している。それに加えて，よりセキュリティ強度を高めるために，ネットワーク型侵入検知システム（以下，IDSという）を図1のように設置した。

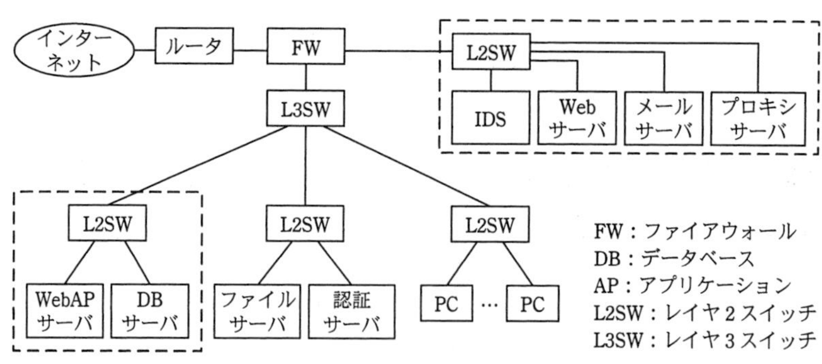

図1 ネットワーク構成

〔インシデントの発生〕

IDSの稼働開始の翌日，情報システム部セキュリティ担当のF主任が業務終了後に帰宅しようとしたところ，IDSからのアラートに気付いた。すぐに，上司であるG課長に連絡し，対応を開始した。しかし，情報システム部では，インシデント発生時に，どのような関係部署や社外の関係機関に連絡すればよいかを文書化しておらず，連絡に漏れと遅れが生じた。

アラートへの対応はG課長とF主任が中心になって実施し，対応に必要な要員を確保するのに時間を要したが，結果的に大きな問題は生じなかった。今回の事態を重視した情報システム部のH部長は，インシデント発生から対応完了までの手順に問題がなかったかを検証するために，F主任が作成したインシデント報告書を精査するとともに，G課長やF主任など，当日対応に当たった関係者から詳しい状況を聴取した。

〔インシデント対応の整理〕

関係者から聴取した内容に基づいて，H部長は，今回のインシデントへの対応を，次の(1)～(8)のように整理した。

(1) アラートの内容から，インターネット上の特定のサイトから自社のWebサーバに対するpingの発生頻度が高く，外部からの攻撃の疑いがあると判断した。その判断に基づいて，G課長とF主任が相談の上で，初動対応を次のように実施した。

まず，危機管理担当部署など，インシデントの発生を認識する必要のある自社の関連部署に連絡した。次に，対応手順を検討し，“発生した事実の確認”，“影響の内容と範囲の調査”，“インシデントの原因と発生要因の特定”，“対策の検討と実施”の順で行うことにした。

(2) 続いて，G課長は，アラートの内容から対応に必要となる要員を選定し，情報システム部のオペレーション室に参集するよう連絡を取ろうとした。しかし，全ての情報システムの機能やネットワーク構成，及びシステム間での機能やデータの連携関係が詳細に把握できていなかったので，要員選定に非常に手間取った。

(3) 必要な要員の参集後，G課長の指示の下で各要員が手分けして，次の(4)～(8)の作業を進めた。

(4) アラートの発生状況や意味について事実を確認し，情報を整理した。また，インシデント発生時の状況を示す記録として，各サーバへのログイン状況，外部とのネットワーク通信状況，各サーバのプロセスの稼働状況に関する［ a ］をコピーした。

(5) 通常業務が終了した時間帯であったので，特段の連絡は行わずに，発生したインシデントとの関連が懸念されるネットワークセグメント（図1で，破線で囲った二つのセグメント）を，外部ネットワーク及び社内LANの他のセグメントから切断した。この点に関しては，残業をしていた部署から情報システム部の担当者にクレームがあった。

(6) インシデントによってもたらされた影響の有無とその内容・範囲を明確にするために，アラートに関連するログを調査し解析した。具体的には，サーバのシステムログからサーバへのログインやサーバ内のファイルへのアクセス状況を調査した。また，インシデントが検知されたネットワーク内の各サーバから外部に異常な通信がないかどうか，ファイアウォールとIDSのログを調査した。調査に当たっては，ログが［ b ］されたおそれがないかを事前に検証した。ログの解析作業において，各ログ間の前後関係がすぐには特定できず，作業に手間取った。

(7) ログの調査結果と各種設定値の確認結果に基づき，インシデントの原因と発生要因の特定を進めた。その際，IDSではアノマリー検知における［ c ］があり得ることを念頭においた。特定作業の結果，アラートが発せられた原因は，E社の取引先がE社のWebサーバとの通信における応答時間をpingコマンドを使って測定する際に，pingコマンドのオプション項目を誤って指定したことによって，pingが短時間に大量に発信されたことであったと判明した。

(8) インシデントの原因調査と並行して，社外の関係機関への連絡を準備するよう要員に指示したが，インターネット上の他サイトは連絡の対象外とした。これは，E社のサーバが［ d ］に利用されたおそれが低いと判断したからである。

その後，インシデントの発生要因への対策，システムの復旧，再発防止策を実施した。

〔H部長の意見〕

インシデント対応の経緯を整理したH部長は，G課長に次のような指摘をして，対応手順を見直すよう指示した。

(1) インシデント発生時の連絡体制の整備について

- 今回関係者への連絡が遅れたという事実への反省から，インシデント発生時に連絡すべき社内各部署の責任者，及び外部の機関を一覧にして連絡先を記載し，それを関係者に配布する。
- インシデントの内容や発生場所に応じて，［ e ］し，連絡先とともに文書化する。

(2) 対応手順の整理について

- 一部の部署には影響があったが，対応手順に大きな問題はなかった。しかし，対応手順をその場で検討するのではなく，インシデントの内容や発生場所ごとに手順をあらかじめ想定して，それを文書化しておくべきである。
- 〔インシデント対応の整理〕の (5) については，今回の対応ではやむを得なかったが，セキュリティに関する攻撃を受けたおそれがあるなどの限定された状況以外では，ネットワークの切断を実施すべきではない。まず，対応手順の実施によってインシデントの影響範囲を拡大させないこととともに，インシデントの原因・影響の調査に必要となる記録を消滅させないことや業務へ影響を及ぼさないという，二次的損害の防止を考慮して対応手順を実施すべきである。また，実施に当たっては，[f]を怠らないことも重要である。あわせて，意思決定プロセスや判断基準をあらかじめ制定しておくことも検討すべきである。

・今回の対応では，〔インシデント対応の整理〕の（6）のログの解析作業において，各ログ間の前後関係がすぐには特定できず，作業に手間取るという事象が発生した。①このための対策を実施すべきである。

設問1 本文中の[a]～[d]に入れる適切な字句を解答群の中から選び，記号で答えよ。

解答群

ア SQLインジェクション攻撃	イ 改ざん	ウ 誤検知
エ シグネチャ	オ 盗聴	カ 踏み台
キ マッチング	ク ログ	

設問2 本文中の[e]に入れる適切な字句を20字以内で答えよ。

設問3 本文中の[f]に入れる適切な字句を，〔インシデント対応の整理〕（5）で示された問題点を参考にして，30字以内で答えよ。

設問4 本文中の下線①について，最も適切な対策を解答群の中から選び，記号で答えよ。

解答群

ア NTPサーバをネットワーク内に設置して，各機器の時刻を同期させる。
イ SNMPを使って，機器の情報を収集する。
ウ ログ解析ツールを導入する。
エ ログのバックアップを，書換え不能な媒体に取得する。

解説

設問1 の解説

●空欄a

「インシデント発生時の状況を示す記録として，各サーバへのログイン状況，外部とのネットワーク通信状況，各サーバのプロセスの稼働状況に関する［ a ］をコピーした」とあるので，**空欄a**には，「インシデント発生時の状況を示す記録」に該当するものが入ります。解答群を見ると，これに該当するのは〔**ク**〕の**ログ**だけです。

●空欄b

〔インシデントの対応の整理〕(6) の冒頭から2行目に「アラートに関連するログを調査し解析した」とあり，空欄bを含む記述には「調査に当たっては，ログが［ b ］されたおそれがないかを事前に検証した」とあります。「～されたおそれ」という表現から，空欄bに入るのはログに対する“脅威”です。解答群の中でログに対する“脅威”に該当するのは，〔イ〕の改ざんと〔オ〕の盗聴の二つですが，本問において「ログを転送した（転送する)」といった記述はないため盗聴は該当しないと考えられます。

今回，調査対象となったログは，サーバのシステムログ，及びファイアウォールとIDSのログです。もし，攻撃者がサーバのシステムログから自身の痕跡を消すために，一部を改ざんしていたらどうでしょう。当然ではありますが，改ざんされたログからは，不正なログインやファイルへの不正アクセスを検知することはできません。したがって，ログを調査する前に，改ざんの有無を検証することは重要な意味をもちます。以上から，**空欄b**に入るのは〔**イ**〕の**改ざん**です。

参考　システムログの一元管理

複数のサーバがそれぞれに保持するシステムログを，ログサーバに一括して集めることで，ログの一元管理を実現する方法があります。各サーバのログを，ログサーバに転送しておくことは，“ログの一元管理”といった利点だけではなく，ログの改ざんに対しても有効です。攻撃者はサーバに侵入し，自身の痕跡を消すためにログの改ざんを行おうとしますが，ログはログサーバに転送されているため，改ざん行為は行えません。また，ログの転送にはUDPポート514番が用いられるため，ログサーバにおいてUDPポート514番に対するアクセス元を許可した対象サーバだけに絞り込むことで，よりセキュリティ強度を高めることができます。

●空欄c

空欄cは，「ログの調査結果と各種設定値の確認結果に基づき，インシデントの原因と発生要因の特定を進めた。その際，IDSではアノマリー検知における［ c ］があり得ることを念頭においた」との記述中にあります。

アノマリー検知とは，IDSによる不正検知方法の一つです。従来からあるシグネチャ型の検知方法とは異なり，アノマリー検知では，「正しい（正常な）もの」を定義し，それに反する（それ以外の）ものを全て異常だと判断します。例えば，正常な通信量（トラフィック量）を定義しておき，通信量がそれを超えた場合には，“異常”と判断します。正常と判断するしきい値の決め方には，あらかじめ決めておく方法と日常の通信の統計値により自動的に算出する方法がありますが，いずれの場合でも，たまたま通信量が多くしきい値を超えてしまった場合，正常ではない通信であると判断されてしまいます。

つまり，アノマリー検知においては，正しいものを正しくないと誤ってしまう誤検知（フォールスポジティブ）が発生し得るので，**空欄c**には〔**ウ**〕の**誤検知**が入ります。なお，誤検知とは逆に，正しくないものを検知できずに見逃してしまう（すなわち，正しいと判断してしまう）ことを検知漏れ（フォールスネガティブ）といいます。

参考　IDSによる不正検知方法

●**シグネチャ型**：シグネチャと呼ばれるデータベース化された既知の攻撃パターンと通信パケットとのパターンマッチングによって，不正なパケットがないかどうかを調べる方式です。この方式では，シグネチャに登録されていない新種の攻撃は検出できません。そのため，新種の攻撃手法が明らかになったら直ちに，これに対応したシグネチャを追加するなど，常にシグネチャを更新する必要があります。

●**アノマリー型**：“アノマリー”とは，「変則，例外，矛盾」といった意味です。「正しいものは変化しない」という考えのもと，「正しいもの」を定義し，それに反する通常ではあり得ないものは全て異常だと判断する方式です。異常検知型とも呼ばれます。一般にこの方式では，未知の攻撃にも有効に機能するため，新種の攻撃も検出することができます。

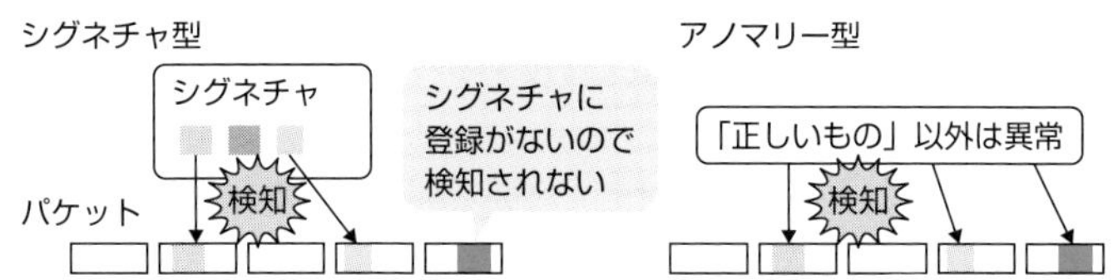

●空欄d

空欄dは，「社外の関係機関への連絡を準備するよう要員に指示したが，インターネット上の他サイトは連絡の対象外とした。これは，E社のサーバが［ d ］に利用されたおそれが低いと判断したからである」との記述中にあります。「～に利用されたおそれ」という表現から，空欄dに入るのは，E社のサーバが悪用されインターネット上の他サイトに影響を与える“脅威”です。つまり，**空欄d**には〔**カ**〕の**踏み台**が入ります。

踏み台とは，標的としたサーバを攻撃する際に中継点として利用するサーバのことです。攻撃者は，踏み台のサーバを利用して間接的に標的サーバを攻撃するため，攻撃の発信元を隠蔽することができます。踏み台攻撃の典型的な例としては，NTPサーバを踏み台にしたNTP増幅攻撃，DNSの再帰的な問合せを利用したDNS amp攻撃（DNSリフレクション攻撃）などがあります（本問解答の後の「参考」（p.70）を参照）。

設問2 の解説

〔H部長の意見〕（1）「インシデント発生時の連絡体制の整備について」の設問です。H部長が指示した二つ目の内容（空欄e）が問われています。連絡体制の問題点に関しては，問題文の〔インシデント発生〕に，次の2点が記述されています。

① インシデント発生時に，どのような関係部署や社外の関係機関に連絡すればよいかを文書化しておらず，連絡に漏れと遅れが生じた。
② アラートへの対応はG課長とF主任が中心になって実施し，対応に必要な要員を確保するのに時間を要した。

H部長が指示した一つ目の内容は，「今回関係者への連絡が遅れたという事実への反省から，インシデント発生時に連絡すべき社内各部署の責任者，及び外部の機関を一覧にして連絡先を記載し，それを関係者に配布する」というもので，これは上記①の問題点に対する指示です。このことから，二つ目の「インシデントの内容や発生場所に応じて，［ e ］し，連絡先とともに文書化する」という指示は，上記②の問題点に対するものだと考えられます。

ここで，上記②の記述中にある「対応に必要な要員」をキーワードに問題文のどこに着目すべきかを探すと，〔インシデント対応の整理〕の（2）に，「アラートの内容から対応に必要となる要員を選定し，情報システム部のオペレーション室に参集するよう連絡を取ろうとした。しかし，（…途中省略…），要員選定に非常に手間取った」とあります。つまり，対応に必要な要員を確保するのに時間を要したのは，インシデントが発生してから対応に必要となる要員を選定したためです。インシデントの内容や発生場所に応じて，対応に必要となる要員をあらかじめ選定し文書化しておけばこのような問題は発生しません。したがって，**空欄e**には「対応に必要となる要員をあらかじめ選定」と入れればよいでしょう。なお，試験センターでは解答例を「**招集すべき要員をあらかじめ選定**」としています。

設問3 の解説

〔H部長の意見〕(2)「対応手順の整理について」の設問です。〔インシデント対応の整理〕の(5)について，H部長が指摘した内容（空欄f）が問われています。

〔インシデント対応の整理〕の(5)には，「特段の連絡は行わずに，発生したインシデントとの関連が懸念されるネットワークセグメントを他のセグメントから切断したため，残業をしていた部署から情報システム部の担当者にクレームがあった」旨が記述されています。H部長はこれに対し，「セキュリティに関する攻撃を受けたおそれがあるなどの限定された状況以外では，ネットワークの切断を実施すべきではない」こと，また「対応手順の実施に当たっては，［ f ］を怠らないことも重要である」と意見しています。

「～を怠らない」という表現から，H部長が問題視したのは，ネットワークを切断する際，関連部署への連絡を行わなかった（怠った）ことだと考えられます。H部長は，「対応手順の実施によって（…途中省略…），業務へ影響を及ぼさないという，二次的損害の防止を考慮して対応手順を実施すべきである」と指摘しています。今回のように，事前連絡なしでネットワークが切断されてしまうと，WebアプリケーションやDB（データベース）の利用が，突然できなくなるわけですから業務への影響も大きくなります。つまり，「インシデント対応手順の実施に当たっては，それによって影響を受けるおそれのある関連部署への事前連絡を行うべき」というのがH部長の意見です。

したがって，**空欄f**には「影響を受けるおそれのある関連部署への事前連絡」と入れればよいでしょう。なお，試験センターでは解答例を「**影響を受けるおそれのある部署への事前連絡**」としています。

設問4 の解説

下線①の直前に，「各ログ間の前後関係がすぐには特定できず，作業に手間取るという事象が発生した」とあり，これに対する実施すべき適切な対策が問われています。

各ログとは，サーバのシステムログ，及びファイアウォールとIDSのログのことです。一般に，複数のログを調査・解析する場合は，各ログに記録された時刻情報をもとに，各ログの内容を照合トレースしていきます。ログに記録される時刻は，各機器がもつシステム時刻なので，この時刻が一致していない（ずれていた）場合は，ログ内容の前後関係の特定が難しく，調査・解析に手間取ります。そのため各機器のシステム時刻は常に一致させておく必要があり，それにはNTP（Network Time Protocol）サーバを利用します。したがって，実施すべき適切な対策は〔**ア**〕の「**NTPサーバをネットワーク内に設置して，各機器の時刻を同期させること**」です。

解答

設問1　a：ク　b：イ　c：ウ　d：カ
設問2　e：招集すべき要員をあらかじめ選定
設問3　f：影響を受けるおそれのある部署への事前連絡
設問4　ア

参考　NTP増幅攻撃とDNS amp攻撃

NTP増幅攻撃やDNS amp攻撃は，送信元からの問合せに対して反射的な応答を返すサーバを踏み台に利用することから**リフレクション攻撃**あるいは**リフレクタ攻撃**とも呼ばれます。リフレクションとは，“反射”という意味です。また，DNS ampの“amp”は“amplification（増幅，拡張）”という意味で，両攻撃とも，「小さな要求パケットを送るだけで，非常に大きな応答パケットを攻撃対象に送り付けることができる」という**増幅型**のDoS攻撃（あるいは増幅型のDDoS攻撃）です。それぞれの攻撃手口を確認しておきましょう。

●NTP増幅攻撃

NTP増幅攻撃は，時刻同期に使われるNTP（Network Time Protocol）の弱点を突いた攻撃であり，インターネット上からの問い合わせが可能なNTPサーバが攻撃の踏み台として悪用されます。攻撃には，NTPサーバの状態を確認するコマンドであるntpdのmonlist機能が利用されます。**monlist**は，NTPサーバが過去にやり取りしたコンピュータのアドレスを要求するもので，これを受信したNTPサーバは，最大600件のアドレスを応答します。つまり，monlistの応答サイズは，要求に対して数十倍から数百倍といった非常に大きなサイズになるというわけです。

〔攻撃手順〕

① 攻撃対象のIPアドレスを搾取し，それを送信元IPアドレスに指定したmonlist要求をNTPサーバに送り付ける。
② NTPサーバは，送信元IPアドレス宛（攻撃対象）に大きなサイズの応答を送信する。

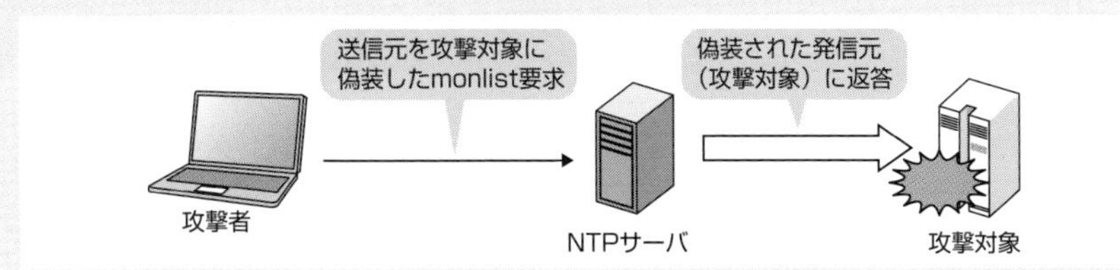

なお，NTPサーバがNTP増幅攻撃の踏み台にされることを防止するためには，「NTPサーバの状態確認機能（monlist）を無効にする」などの対策が必要です。

●DNS amp攻撃

DNS amp攻撃は，DNSの再帰的な問合せとDNSのキャッシュ機能を悪用した攻撃です。攻撃対象に対して，DNS問合せの何十倍も大きなサイズのDNS応答を送りつけ，サービス不能状態に陥れます。

DNSサーバには，ドメインの情報を保持し問い合わせに対して回答するDNSコンテンツサーバ（権威DNSサーバ）と，ドメイン情報を保持せず他のDNSサーバに問合せを行って，その結果を回答するDNSキャッシュサーバがあります。DNSキャッシュサーバは，得られた結果を一定期間キャッシュに保持し，同じ問合せにはキャッシュの情報を回答します。このDNSキャッシュサーバを踏み台として利用するのがDNS amp攻撃です。

〔ボットを使った攻撃手順〕

① 攻撃者はまず，踏み台のDNSキャッシュサーバに，攻撃用の大きなリソースレコード（ドメイン情報のレコード）をキャッシュさせる。
② 次に，攻撃対象のIPアドレスを送信元IPアドレスに指定したDNS問合せを，ボットから踏み台のDNSキャッシュサーバへ送信させる。
③ 踏み台となったDNSキャッシュサーバは，その応答としてキャッシュしたリソースレコードを送信元IPアドレス宛（攻撃対象）に送信する。

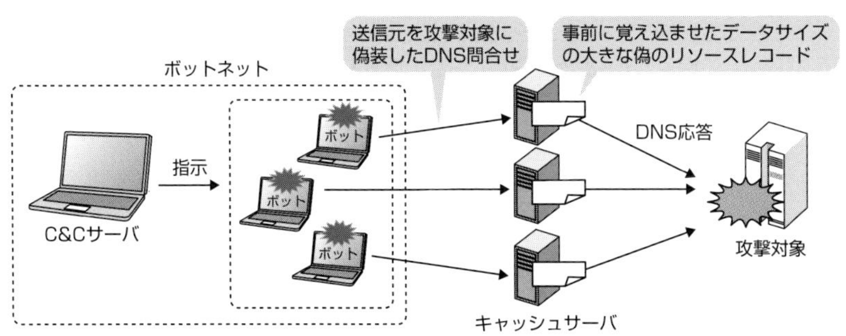

＊C&Cサーバ（Command and Control server）：侵入して乗っ取ったコンピュータに対して他のコンピュータへの攻撃活動を指示したり，情報収集を指示する。

問題6 DNSのセキュリティ対策 （R03春午後問1）

DNSのセキュリティ対策に関する問題です。本問では，自社ドメインを管理する権威DNSサーバに対して行われたサイバー攻撃を事例に，DNSの仕組みやDNSサーバに対して行われる攻撃に関する基本知識が問われます。問われる内容のほとんどは，午前知識で解答できるものになっているので，本問を通してDNSに関連する基本知識を再確認しておきましょう。

問 DNSのセキュリティ対策に関する次の記述を読んで，設問1～3に答えよ。

R社は，Webサイト向けソフトウェアの開発を主業務とする，従業員約50名の企業である。R社の会社概要や事業内容などをR社のWebサイト（以下，R社サイトという）に掲示している。

R社内からインターネットへのアクセスは，R社が使用するデータセンタを経由して行われている。データセンタのDMZには，R社のWebサーバ，権威DNSサーバ，キャッシュDNSサーバなどが設置されている。DMZは，ファイアウォール（以下，FWという）を介して，インターネットとR社社内LANの両方に接続している。データセンタ内のR社のネットワーク構成の一部を図1に示す。

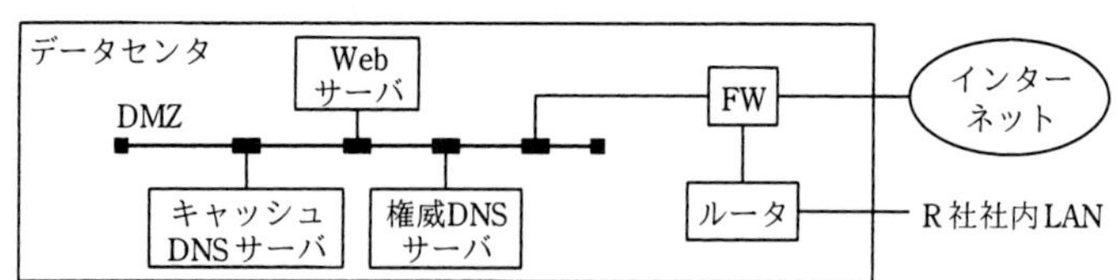

図1　データセンタ内のR社のネットワーク構成（一部）

R社サイトは，データセンタ内のWebサーバで運用され，インターネットからR社サイトへは，HTTP Over TLS（以下，HTTPSという）によるアクセスだけが許されている。

〔インシデントの発生〕

ある日，R社の顧客であるY社の担当者から，“社員のPCが，R社サイトに埋め込まれていたリンクからマルウェアに感染したと思われる”との連絡を受けた。Y社は，Y社が契約しているISPであるZ社のDNSサーバを利用していた。

R社情報システム部のS部長は，部員のTさんに，R社のネットワークのインターネット接続を一時的に切断し，マルウェア感染の状況について調査するように指示した。Tさんが調査した結果，R社の権威DNSサーバ上の，R社のWebサーバのAレコードが別のサイトのIPアドレスに改ざんされていることが分かった。R社のキャッシュDNSサーバとWebサーバには，侵入や改ざんされた形跡はなかった。

Tさんから報告を受けたS部長は，①Y社のPCがR社の偽サイトに誘導され，マルウェアに感染した可能性が高いと判断した。

〔当該インシデントの原因調査〕

S部長は，当該インシデントの原因調査のために，R社の権威DNSサーバ，キャッシュDNSサーバ及びWebサーバの脆弱性診断及びログ解析を実施するよう，Tさんに指示した。Tさんは外部のセキュリティ会社の協力を受けて，脆(ぜい)弱性診断とログ解析を実施した。診断結果の一部を表1に示す。

表1　R社サーバの脆弱性診断及びログ解析の結果（一部）

診断対象	脆弱性診断結果	ログ解析結果
権威DNSサーバ	・OSは最新であったが，DNSソフトウェアのバージョンが古く，［ a ］を奪取されるおそれがあった。 ・インターネットから権威DNSサーバへのアクセスはDNSプロトコルだけに制限されていた。	業務時間外にログインされた形跡が残っていた。
キャッシュDNSサーバ	・OS及びDNSソフトウェアは最新であった。 ・インターネットからキャッシュDNSサーバへのアクセスはDNSプロトコルだけに制限されていた。	不審なアクセスの形跡は確認されなかった。
Webサーバ	・OS及びWebサーバのソフトウェアは最新であった。 ・インターネットからWebサーバへのアクセスはHTTPSだけに制限されていた。	Y社のPCがマルウェア感染した時期に②R社サイトへのアクセスがほとんどなかった。

診断結果を確認したS部長は，R社の権威DNSサーバのDNSソフトウェアの脆弱性を悪用した攻撃によって，［ a ］が奪取された可能性が高いと考え，早急にその脆弱性への対応を行うようにTさんに指示した。

Tさんは，R社の権威DNSサーバのDNSソフトウェアの脆弱性は，ソフトウェアベンダーが提供する最新版のソフトウェアで対応可能であることを確認し，当該ソフトウェアをアップデートしたことをS部長に報告した。S部長はTさんに，R社の権威DNSサーバ上のR社のWebサーバのAレコードを正しいIPアドレスに戻し，R社のネットワークのインターネット接続を再開させたが，Y社のPCからR社サイトに正しくアクセスできるようになるまで，③しばらく時間が掛かった。R社は，Y社に謝罪するとともに，当該インシデントについて経緯などをとりまとめて，R社サイトなどを通じて，顧客を含む関係者に周知した。

〔セキュリティ対策の検討〕

S部長は，R社の権威DNSサーバに対する④同様なインシデントの再発防止に有効な対策と，R社のキャッシュDNSサーバ及びWebサーバに対するセキュリティ対策の強化を検討するように，Tさんに指示した。

Tさんは，R社のWebサーバが使用しているデジタル証明書が，ドメイン名の所有者であることが確認できるDV（Domain Validation）証明書であることが問題と考えた。そこでTさんは，EV（Extended Validation）証明書を導入することを提案した。R社のWebサーバにEV証明書を導入し，WebブラウザでR社サイトにHTTPSでアクセスすると，R社の[b]を確認できる。

またTさんは，⑤R社のキャッシュDNSサーバがインターネットから問合せ可能であることも問題だと考えた。その対策として，FWの設定を修正してR社社内LANからだけ問合せ可能とすることを提案した。また，R社のキャッシュDNSサーバに，偽のDNS応答がキャッシュされ，R社の社内LAN上のPCがインターネット上の偽サイトに誘導されてしまう，[c]の脅威があると考えた。DNSソフトウェアの最新版を確認したところ，ソースポートのランダム化などに対応していることから，この脅威については対応済みとして報告した。

設問1 本文中の下線①で，Y社のPCがR社の偽サイトに誘導された際に，Y社のPCに偽のIPアドレスを返した可能性のあるDNSサーバを，解答群の中から全て選び，記号で答えよ。

解答群

ア　DNSルートサーバ　　イ　R社のキャッシュDNSサーバ
ウ　R社の権威DNSサーバ　　エ　Z社のDNSサーバ

設問2 〔当該インシデントの原因調査〕について，(1)～(3)に答えよ。

(1) 表1及び本文中の[a]に入れる適切な字句を，解答群の中から選び，記号で答えよ。

解答群

ア　管理者権限　　イ　シリアル番号
ウ　デジタル証明書　　エ　利用者パスワード

(2) 表1中の下線②で，R社サイトへのアクセスがほとんどなかった理由を20字以内で述べよ。

(3) 本文中の下線③で，Y社のPCが正しいR社サイトにアクセスできるようになるまで，しばらく時間が掛かった理由は，どのDNSサーバにキャッシュが残っていたからか，解答群の中から選び，記号で答えよ。

解答群

ア　DNSルートサーバ　　イ　R社のキャッシュDNSサーバ
ウ　R社の権威DNSサーバ　　エ　Z社のDNSサーバ

設問3　〔セキュリティ対策の検討〕について，(1)～(4)に答えよ。

(1) 本文中の下線④で，同様なインシデントの再発防止に有効な対策として，R社の権威DNSサーバに実施すべきものを，解答群の中から選び，記号で答えよ。

解答群

ア　逆引きDNSレコードを設定する。
イ　シリアル番号の桁数を増やす。
ウ　ゾーン転送を禁止する。
エ　定期的に脆弱性検査と対策を実施する。

(2) 本文中の［ b ］に入れる適切な字句を，解答群の中から選び，記号で答えよ。

解答群

ア　会社名　　イ　担当者の電子メールアドレス
ウ　担当者の電話番号　　エ　デジタル証明書の所有者

(3) 本文中の下線⑤で，R社のキャッシュDNSサーバがインターネットから問合せ可能な状態であることによって発生する可能性のあるサイバー攻撃を，解答群の中から選び，記号で答えよ。

解答群

ア　DDoS攻撃　　イ　SQLインジェクション攻撃
ウ　パスワードリスト攻撃　　エ　水飲み場攻撃

(4) 本文中の［ c ］に入れるサイバー攻撃手法の名称を，15字以内で答えよ。

解説

設問1 の解説

下線①についての設問です。Y社のPCがR社の偽サイトに誘導された際に，Y社のPCに偽のIPアドレスを返した可能性のあるDNSサーバが問われています。

Y社ではZ社のDNSサーバを利用しているので，Y社のPCがR社サイトにアクセスする際は，Z社のDNSサーバにR社WebサーバのAレコード（IPアドレス）を問い合わせます。このとき，Z社のDNSサーバがR社WebサーバのAレコードをキャッシュしていたならそのレコードを返答しますが，キャッシュしていなければR社の権威DNSサーバへ問い合わせを行いその結果をY社PCに返答します。

したがって，Y社のPCに偽のIPアドレスを返した可能性のあるDNSサーバは，〔エ〕の**Z社のDNSサーバ**と〔ウ〕の**R社の権威DNSサーバ**です。

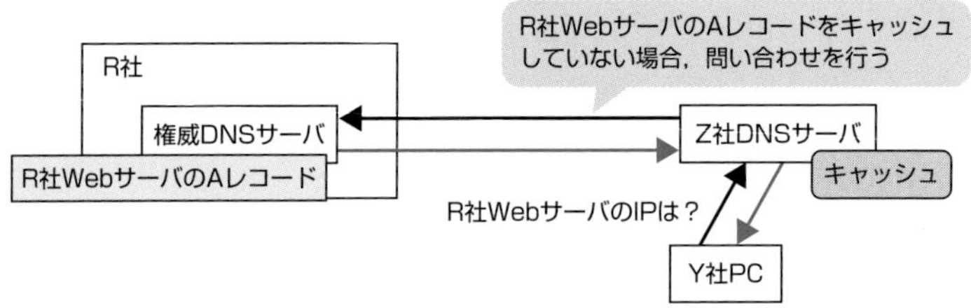

ここでAレコードとは，ホスト名（ドメイン名）に対応するIPアドレスを定義したDNSリソースレコードのことです。例えば「www.example.jp」に対応するIPアドレスが「100.1.1.1」であれば，次のように定義されています。

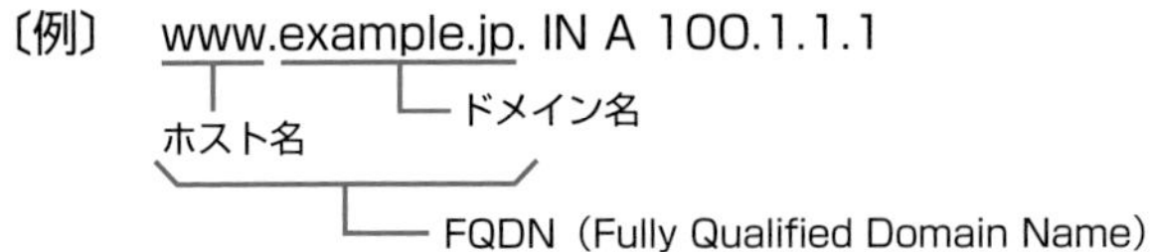

〔補足〕「FQDN」と「IN」の間に，例えば「3600」といった数値が記述されることがある。この数値はTTL(Time To Live)と呼ばれ，リソースレコードをキャッシュに保持できる時間を秒単位で示したもの。

参考　DNSサーバの種類

●権威DNSサーバ（DNSコンテンツサーバ）

自身のドメイン情報を管理し外部に公開するのが目的

●キャッシュDNSサーバ（DNSキャッシュサーバ）

自らはドメイン情報を管理せずに，DNSクライアント（リゾルバ）からの問合せに対して外部に問い合わせを行って，その結果を返答するのが目的

設問2 の解説

(1) 表1中の「DNSソフトウェアのバージョンが古く，［ a ］が奪取されるおそれがあった」との記述，及び本文中の「R社の権威DNSサーバのDNSソフトウェアの脆弱性を悪用した攻撃によって，［ a ］が奪取された可能性が高い」という記述中の空欄aが問われています。

今回のインシデントでは，権威DNSサーバが管理するリソースレコードが改ざんされています。リソースレコードを変更するためには管理者権限が必要ですから，権威DNSサーバ上のR社WebサーバのAレコードが改ざんされたということは，管理者権限が奪取されたわけです。したがって，**空欄a**には〔**ア**〕の**管理者権限**が入ります。

(2) 表1中の下線②「R社サイトへのアクセスがほとんどなかった」理由が問われています。

下線②の前文にある「Y社のPCがマルウェア感染した時期」とは，R社の権威DNSサーバ上のR社WebサーバのAレコードが別のサイトのIPアドレスに改ざんされていた時期のことです。WebサーバのAレコードが改ざんされていれば，Y社のPCに限らず，R社の権威DNSサーバに問い合わせ（名前解決）を行ったそのほかの顧客のPCもR社の偽サイトに誘導されていたはずですから，R社サイトへのアクセがないのは当然です。したがって，解答としては「**顧客がR社の偽サイトに誘導されたから**」とすればよいでしょう。

なお，「R社サイトへのアクセスがなかった」ではなく，「アクセスがほとんどなかった」とあるので，R社の権威DNSサーバ上のR社WebサーバのAレコードが改ざんされていた時期に，ある程度のアクセスがあったわけです。この理由は，R社WebサーバのAレコードを保持していたキャッシュDNSサーバや顧客PCが存在していたためです。キャッシュDNSサーバは，問い合わせの結果を一定期間（TTLの時間）保持し，同じ問い合わせがあった際には，新たな問い合わせは行わずキャッシュに保持している情報を返答します。そのため，R社の権威DNSサーバ上のR社WebサーバのAレコードが改ざんされていても，新たな問い合わせを行わない限り，キャッシュDNSサーバは保持している正しいAレコードをPCに返答するため，R社サイトへのアクセスが可能です。

(3) 下線③についての設問です。ここでは，R社の権威DNSサーバ上のR社WebサーバのAレコードを正しいIPアドレスに戻しても，Y社のPCが正しいR社サイトにアクセスできるようになるまでしばらく時間が掛かった理由は，どのDNSサーバにキャッシュが残っていたからか問われています。

R社の権威DNSサーバ上のR社WebサーバのAレコードが別のサイトのIPアドレスに改ざんされた後，Z社のDNSサーバがR社WebサーバのAレコードを問い合わせると，Z社のDNSサーバには改ざんされたAレコードがキャッシュされます。そして，この情報は一定期間保持されるため，当該期間にR社サイトをアクセスするとR社の偽サイトに誘導されることになります。

したがって，改ざんされたAレコードがキャッシュに残っていたDNSサーバは，〔エ〕の**Z社のDNSサーバ**です。

設問3 の解説

(1) 下線④についての設問です。同様なインシデントの再発防止に有効な対策として，R社の権威DNSサーバに実施すべきものが問われています。

今回のインシデントは，R社の権威DNSサーバのDNSソフトウェアの脆弱性に起因していますから，同様なインシデントの再発防止に有効な対策としては，〔**エ**〕の「**定期的に脆弱性検査と対策を実施する**」が適切です。なお，その他の選択肢にある用語の意味は，次のとおりです。

用語	意味
逆引きDNSレコード	通常の名前解決（正引き）とは反対に，IPアドレスからホスト名（FQDN）を得るために用いられるレコード
シリアル番号	DNS情報（ゾーンデータ）を変更した際に，増加させる必要がある値で，ゾーンのバージョン番号を表す。ゾーン転送時にDNS情報が更新されているかどうかの判断などに用いられる
ゾーン転送	権威DNSサーバがもつDNS情報（ゾーンデータ）を他のDNSサーバに転送すること。通常，権威DNSサーバは，可用性を確保するため複数のサーバで運用される。このうちDNS情報のマスタを管理するDNSサーバをプライマリサーバ（あるいはマスタサーバ）といい，冗長化のために設置されるDNSサーバをセカンダリサーバ（あるいはスレーブサーバ）という。DNS情報の設定はプライマリサーバで行い，プライマリサーバからセカンダリサーバへDNS情報を複写して運用する。ゾーン転送は，この複写のための仕組み。なお，ゾーン転送で使われるポートはTCP53番ポート

(2)「R社のWebサーバにEV証明書を導入し，WebブラウザでR社サイトにHTTPSでアクセスすると，R社の［ b ］を確認できる」とあり，空欄bに入れる字句が問われています。

現在，R社のWebサーバが使用しているデジタル証明（サーバ証明書）は，DV証明書です。DV（Domain Validation）証明書は，唯一個人でも取得することができる証明書です。サーバを運営している会社・組織がサーバ証明書に記載されるドメインの利用権を有することを，確認したうえで発行されますが，運営サイトの実在性の確認は行われないため，運営団体の組織名などの情報は基本的に確認できません。

これに対しEV（Extended Validation）証明書は，ドメイン名の利用権に加えて，運営サイトの法的実在性の確認を行い厳格に審査したうえで発行される証明書です。法的組織名がEV証明書のサブジェクトフィールドのOrganization Nameに記載されているので，アドレスバーにある鍵マークをクリックしたときに表示される“証明書の簡易ビューア”で運営団体の組織名が確認できます。

したがって，EV証明書を導入することで確認できるのは〔**ア**〕の**会社名**です。

(3) 下線⑤の「R社のキャッシュDNSサーバがインターネットから問合せ可能である」ことによって発生する可能性のあるサイバー攻撃が問われています。

キャッシュDNSサーバは，DNS問合せに対して反射的に応答を返すサーバです。インターネット側からの問合せが可能であった場合，攻撃者からの問合せに対してもそれを処理してしまうため，DNSリフレクション攻撃（p.70の「参考」を参照）の踏み台にされる可能性があります。つまり，発生する可能性のあるサイバー攻撃は，〔**ア**〕の**DDoS攻撃**です。

(4)「R社のキャッシュDNSサーバに，偽のDNS応答がキャッシュされ，R社の社内LAN上のPCがインターネット上の偽サイトに誘導されてしまう，［ c ］の脅威があると考えた」とあり，空欄cに入れるサイバー攻撃手法の名称が問われています。

キャッシュDNSサーバに偽のDNS応答をキャッシュさせる攻撃は，**DNSキャッシュポイズニング**（**空欄c**）と呼ばれる攻撃です。攻撃手口は次のとおりです。

〔DNSキャッシュポイズニングの手口〕

① 攻撃者は，キャッシュDNSサーバに対して偽の問合せを送る。
② 問合せを受けたキャッシュDNSサーバは，当該レコードを管理する権威DNSサーバに問い合わせる。
③ 攻撃者は，本物の権威DNSサーバからDNS応答が戻る前に，偽のDNS応答をキャッシュDNSサーバに送り込み，偽の情報を覚え込ませる。

なお，DNSキャッシュポイズニング対策としては，ソースポートのランダム化のほか，問合せIDのランダム化やDNSSECの導入があります。これらについては，次ページ「参考」を参照してください。

解答

設問1　ウ，エ

設問2　(1) a：ア

(2) 顧客がR社の偽サイトに誘導されたから

(3) エ

設問3　(1) エ

(2) b：ア

(3) ア

(4) c：DNSキャッシュポイズニング

参考　DNSキャッシュポイズニング対策

DNSキャッシュポイズニングへの対応としては，偽のDNS応答を偽装しにくい環境を整備することが重要です。この観点から，次の三つの対策があります。

問合せIDのランダム化	DNS問合せメッセージ内には16ビットの問合せIDがあり，DNS応答を受信したキャッシュサーバは，このIDによりどの問合せに対する応答なのかを判断する。偽応答のIDが問合せIDと一致しなければ攻撃は成功しないため，問合せごとにIDをランダムに設定し，容易にIDを推測されないようにする。ただし，IDは16ビットであるため，その取り得る値は2^{16}＝65,536通りしかなく，総当たりでDNS応答を生成するなどの手段で偽装されてしまう危険性がある
ソースポートのランダム化	DNS問合せの送信元ポート番号（ソースポート）と，DNS応答の宛先ポート番号（ディスティネーションポート）との一致を確認すれば偽のDNS応答であるかの判断ができる。そこで，ソースポートを固定化せず，広範囲の番号からランダムに選択するようにして偽応答の作成を難しくする。この手法は，Source port randomizationと呼ばれる。例えば，ポートと問合せIDの組合せの数は，固定1ポートの場合は2^{16}（約6.5万）であるが，仮に100ポートから選択するようにした場合は100×2^{16}（約650万）となり，偽応答パケットの作成を難しくできる
DNSSECの導入	**DNSSEC**（DNS Security Extensions）は，データ生成元の認証とデータの完全性を確認できるようにした規格（DNSの拡張仕様）。DNS問合せに対して，権威DNSサーバがデジタル署名付きの応答を返すことで，キャッシュサーバは，問合せた本来の権威DNSサーバからの応答かどうか，また内容が改ざんされていないかどうかを検証することができる

DNSキャッシュポイズニング攻撃（情報処理安全確保支援士R04秋午後Ⅰ問1抜粋）

本Try!問題は，情報処理安全確保支援士試験に出題された問題から，DNSキャッシュポイズニングに関連する箇所を抜き出したものです。挑戦してみましょう！

J社は，家電の製造・販売を手掛ける従業員1,000名の会社である。J社では，自社の売れ筋製品であるロボット掃除機の新製品（以下，製品Rという）を開発し，販売することにした。

（…途中省略…）

まず，Fさんは，ファームウェアアップデート機能のセキュリティ対策を検討した。ファームウェアアップデート機能が偽のファームウェアをダウンロードしてしまうケースを考えた。そのケースには，DNSキャッシュサーバが権威DNSサーバにJ社のファームウェア提供サーバの名前解決要求を行ったときに，攻撃者が偽装したDNS応答を送信するという手法を使って攻撃を行うケースがある。この攻撃は，DNSキャッシュポイズニング攻撃と呼ばれ，DNSキャッシュサーバが通信プロトコルに［ a ］を使って名前解決要求を送信し，かつ，攻撃者が送信したDNS応答が，当該DNSキャッシュサーバに到達できることに加えて，①幾つかの条件を満たした場合に成功する。攻撃が成功すると，DNSキャッシュサーバが攻撃者による応答を正当なDNS応答として処理してしまい，偽の情報が保存される。当該DNSキャッシュサーバを製品Rが利用して，この攻撃の影響を受けると，攻撃者のサーバから偽のファームウェアをダウンロードしてしまう。

(1) 本文中の［ a ］に入れる適切な字句を，解答群の中から選び，記号で答えよ。

解答群

ア ARP　　イ ICMP　　ウ TCP　　エ UDP

(2) 本文中の下線①について，攻撃者が送信したDNS応答が攻撃として成功するために満たすべき条件のうちの一つを，30字以内で答えよ。

解説

(1) DNSの問合せや応答には，通常UDPが用いられます。TCPが用いられることもありますが，これはDNSのレコードサイズが大きい場合です。ここでのポイントは，UDPはコネクションレスなので，いきなり偽のDNS応答が到達してもそれを正しいものとして受け入れてしまうことです。TCPではコネクション確立を行うため，途中から偽のDNS応答を受け入れることはありません。つまり，DNSキャッシュポイズニング攻撃を成功させるためには**UDP（空欄a）**である必要があるわけです。

(2) DNSキャッシュポイズニング攻撃が成功するのは，偽のDNS応答が，**権威DNSサーバからの応答よりも早く到達する**ときです。

解答 （1）a：エ　（2）権威DNSサーバからの応答よりも早く到達する

問題7 マルウェア対策Ⅰ（H29春午後問1）

マルウェア対策を題材にした問題です。本問では，標的型攻撃の現状と対策，プロキシサーバとPCでの対策，ログ検査，そしてインシデントへの対応体制に関する知識が問われます。ただし，午前知識で解答できる設問もあり，難易度はそれほど高くありません。問題文の記述を適切に読み取り，落ち着いて解答しましょう。

問 マルウェア対策に関する次の記述を読んで，設問1～5に答えよ。

T社は，社員60名の電子機器の設計開発会社であり，技術力と実績によって顧客の信頼を得ている。社内のサーバには，設計資料や調査研究資料など，営業秘密情報を含む資料が多数保管されている。

T社の社員は，社内LANのPCからインターネット上のWebサイトにアクセスして，情報収集を日常的に行っている。ファイアウォール（以下，FWという）には，業務上必要となる最少の通信だけを許可するパケットフィルタリングルールが設定されており，社内LANからのインターネットアクセスは，DMZのプロキシサーバ経由だけが許可されている。T社の現在のLAN構成を図1に示す。

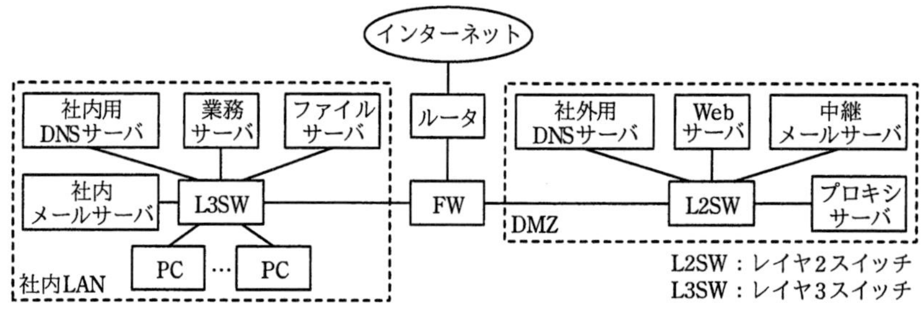

図1 T社の現在のLAN構成

T社では，マルウェアの感染を防ぐために，PCとサーバでウイルス対策ソフトを稼働させ，情報セキュリティ運用規程にのっとり，最新のウイルス定義ファイルとセキュリティパッチを適用している。

〔マルウェア対策の見直し〕

最近，秘密情報の流出など，情報セキュリティを損ねる予期しない事象（以下，インシデントという）による被害に関する報道が多くなっている。この状況に危機感を抱いたシステム課のM課長は，運用担当のS君に，情報セキュリティ関連のコンサルティングを委託しているY氏の支援を受けて，マルウェア対策を見直すよう指示した。

S君から相談を受けたY氏がT社の対策状況を調査したところ，マルウェアの活動を抑止する対策が十分でないことが分かった。Y氏はS君に，特定の企業や組織内の情報を狙ったサイバー攻撃（以下，標的型攻撃という）の現状と，T社が実施すべき対策について説明した。Y氏が説明した内容を次に示す。

〔標的型攻撃の現状と対策〕

最近，標的型攻撃の一つである［ a ］攻撃が増加している。［ a ］攻撃は，攻撃者が，攻撃対象の企業や組織が日常的に利用するWebサイトの［ b ］を改ざんし，Webサイトにアクセスした PCをマルウェアに感染させるものである。これを回避するには，WebブラウザやOSのセキュリティパッチを更新して，最新の状態に保つことが重要である。しかし，ゼロデイ攻撃が行われた場合は，マルウェアの感染を防止できない。

マルウェアは，PCに侵入すると，攻撃者がマルウェアの遠隔操作に利用するサーバ（以下，攻撃サーバという）との間の通信路を確立した後，企業や組織内のサーバへの侵入を試みることが多い。サーバに侵入したマルウェアは，攻撃サーバから送られる攻撃者の指示を受け，サーバに保管された情報の窃取，破壊などを行うことがある。<u>①マルウェアと攻撃サーバの間の通信（以下，バックドア通信という）は，HTTPで行われることが多いので，マルウェアの活動を発見するのは容易ではない</u>。

Y氏は，このようなマルウェアの活動を抑止するために，次の3点の対応策をS君に提案した。

・DMZに設置されているプロキシサーバとPCでの対策の実施
・ログ検査の実施
・インシデントへの対応体制の構築

〔DMZに設置されているプロキシサーバとPCでの対策の実施〕

S君は，プロキシサーバとPCで，次の3点の対策を行うことにした。

・プロキシサーバで，遮断するWebサイトをT社が独自に設定できる［ c ］機能を新たに稼働させる。
・プロキシサーバで利用者認証を行い，攻撃サーバとの通信路の確立を困難にする。
・プロキシサーバでの利用者認証時に，<u>②PCの利用者が入力した認証情報がマルウェアによって悪用されるのを防ぐための設定を，Webブラウザに行う</u>。

〔ログ検査の実施〕

S君は，ログ検査について検討し，次の対策と運用を行うことにした。

プロキシサーバは，社内LANのPCとサーバが社外のWebサーバとの間で通信した内容をログに記録している。業務サーバ，ファイルサーバ，FWなどの機器も，ログインや操作履歴をログに記録しているので，プロキシサーバだけでなく他の機器のログも併せて検査する。③ログ検査では，複数の機器のログに記録された事象の関連性も含めて調査することから，DMZにNTP（Network Time Protocol）サーバを新規に導入し，ログ検査を行う機器でNTPクライアントを稼働させる。導入するNTPサーバは，外部の信用できるサーバから時刻を取得する。NTPサーバの導入に伴って，表1に示すパケットフィルタリングルールをFWに追加する。

表1　FWに追加するパケットフィルタリングルール

項番	送信元	宛先	サービス	動作
1	[d] のNTPサーバ	[e] のNTPサーバ	NTP	許可
2	社内LANのサーバ	[d] のNTPサーバ	NTP	許可

注記　FWは，最初に受信して通過させるパケットの設定を行えば，応答パケットの通過を自動的に許可する機能をもつ。

ログ検査では，次の2点を重点的に行う。

・プロキシサーバでの利用者認証の試行が，短時間に大量に繰り返されていないかどうかを調べる。この検査によって，マルウェアによるサーバへの[f]攻撃が行われた可能性があることを発見できる。

・セキュリティベンダーやセキュリティ研究調査機関が公開した，バックドア通信の特徴に関する情報を基に，プロキシサーバのログに記録された通信内容を調べる。この検査によって，バックドア通信の痕跡を発見できることが多い。

〔インシデントへの対応体制の構築〕

S君は，④インシデントによる情報セキュリティ被害の発生，拡大及び再発を最少化するために社内に構築すべき対応体制についてまとめた。

以上の検討を基に，S君は，マルウェア対策の改善案をまとめてM課長に報告した。改善案は承認され，実施に移すことになった。

設問1 本文中の[a]～[c]，[f]に入れる適切な字句を解答群の中から選び，記号で答えよ。

解答群

ア DDoS
イ IPアドレス
ウ URLフィルタリング
エ Webページ
オ キーワードフィルタリング
カ 総当たり
キ フィッシング
ク 水飲み場型
ケ レインボー

設問2 本文中の下線①の理由について，最も適切なものを解答群の中から選び，記号で答えよ。

解答群

ア バックドア通信の通信相手を特定する情報は，ログに記録されないから
イ バックドア通信の通信プロトコルは，特殊なので解析できないから
ウ バックドア通信は大量に行われるので，ログを保存しきれないから
エ バックドア通信は通常のWebサーバとの通信と区別できないから

設問3 本文中の下線②の設定内容を，25字以内で述べよ。

設問4 〔ログ検査の実施〕について，(1)，(2) に答えよ。

(1) 本文中の下線③について，NTPを稼働させなかったときに発生するおそれがある問題を，35字以内で述べよ。

(2) 表1中の[d]，[e]に入れる適切な字句を，図1中の名称で答えよ。

設問5 本文中の下線④の対応体制について，適切なものを解答群の中から二つ選び，記号で答えよ。

解答群

ア インシデント発見者がインシデントの内容を報告する窓口の設置
イ 原因究明から問題解決までを社外に頼らず独自に行う体制の構築
ウ 社員向けの情報セキュリティ教育及び啓発活動を行う体制の構築
エ 情報セキュリティ被害発生後の事後対応に特化した体制の構築
オ 発生したインシデントの情報を社内外に漏らさない管理体制の構築

解説

設問1 の解説

本文中の空欄a〜c，及び空欄fに入れる字句が問われています。

●空欄a，b

空欄a，bは，〔標的型攻撃の現状と対策〕の次の記述中にあります。

> 最近，標的型攻撃の一つである[a]攻撃が増加している。[a]攻撃は，攻撃者が，攻撃対象の企業や組織が日常的に利用するWebサイトの[b]を改ざんし，Webサイトにアクセスした PC をマルウェアに感染させるものである。

空欄aは，「標的型攻撃の一つ」であること，そして「攻撃対象の企業や組織が日常的に利用するWebサイトを悪用する」ことから水飲み場型と呼ばれる攻撃です。“水飲み場”という名称は，肉食動物がサバンナの水飲み場（池など）で獲物を待ち伏せし，獲物が水を飲みに現れたところを狙い撃ちにする行動から名付けられた攻撃名です。水飲み場型攻撃では，標的組織の従業員が頻繁にアクセスするWebサイトを改ざんし，標的組織の従業員がアクセスしたときだけウイルスなどのマルウェアを送り込んでPCに感染させます（標的組織以外からのアクセス時には何もしません）。

以上から，**空欄a**は〔**ク**〕の**水飲み場型**です。また**空欄b**は，Webサイトの具体的な改ざん対象なので，〔**エ**〕の**Webページ**を入れればよいでしょう。

●空欄c

「遮断するWebサイトをT社が独自に設定できる[c]機能」とあるので，空欄cには，“閲覧を遮断（禁止）するWebサイト”の設定ができる機能が入ります。一般に，この機能はURLフィルタリング，あるいはWebフィルタリングと呼ばれ，不適切な（危ない）Webサイトにアクセスしようとした際に，自動的に閲覧を遮断するという機能です。したがって，**空欄c**には〔**ウ**〕の**URLフィルタリング**が入ります。

参考　URLフィルタリングの種類

- **●ホワイトリスト方式**：アクセスを許可するWebサイトの一覧を登録しておき，登録されたWebサイト以外へのアクセスを一切禁止する。
- **●ブラックリスト方式**：アクセスを許可しないWebサイトの一覧を登録しておき，登録されたWebサイトへのアクセスを一切禁止する。

●空欄f

空欄fは，「この検査によって，マルウェアによるサーバへの[f]攻撃が行われた可能性があることを発見できる」との記述中にあります。

前文にある，「利用者認証の試行が，短時間に大量に繰り返されていないかどうかを調べる」との記述をヒントに考えると，**空欄f**の攻撃は，利用者認証（ログイン）の試行を短時間に大量に試みる〔**カ**〕の**総当たり**攻撃です。総当たり攻撃とは，文字を組み合わせてあらゆるパスワードでログインを何度も試みるといった攻撃で，ブルートフォース攻撃とも呼ばれます。

設問2 の解説

下線①の「マルウェアと攻撃サーバの間の通信（以下，バックドア通信という）は，HTTPで行われることが多いので，マルウェアの活動を発見するのは容易ではない」理由が問われています。

ポイントは，「バックドア通信はHTTPで行われることが多い」との記述です。HTTPは，通常，WebブラウザとWebサーバとの通信で使用されるプロトコルです。そのため，バックドア通信がHTTPで行われた場合，通常のHTTP通信なのか，バックドア通信なのかの区別が難しくなります。したがって，下線①の理由としては，〔**エ**〕の「**バックドア通信は通常のWebサーバとの通信と区別できないから**」が適切です。

設問3 の解説

下線②の「PCの利用者が入力した認証情報がマルウェアによって悪用されるのを防ぐための設定を，Webブラウザに行う」ことについて，その設定内容が問われています。

下線②が含まれる一つ前の項目に，「プロキシサーバで利用者認証を行い，攻撃サーバとの通信路の確立を困難にする」とありますが，これは，PC（Webブラウザ）からプロキシサーバ経由でインターネットへアクセスしたとき，プロキシサーバによる利用者認証を行えば，マルウェアはこの利用者認証を突破できず，攻撃サーバとの通信（バックドア通信）が困難になるという意味です。

しかし，PCの利用者が入力した認証情報（利用者IDとパスワード）をマルウェアが搾取できたとすると，マルウェアはこれを悪用して利用者認証を突破してしまいます。では，PCの利用者が入力した認証情報をどのように（どこから）搾取するのでしょう？「悪用されるのを防ぐための設定をWebブラウザに行う」ことをヒントに考えると，怪しいのはWebブラウザによって保存されている認証情報です。一般のWebブラウザには，一度入力した内容を保存しておき，次に入力する際に入力候補として画面に表示してくれるといったオートコンプリート機能があります。この機能を有効にしておくと，認証情報がWebブラウザによって保存され，マルウェアに読み出されてしまう可能性があります。したがって，マルウェアによる悪用を防ぐためには，このオートコンプリート機能を無効にします。以上，解答としては「Webブラウザのオートコンプリート機能を無効にする」とすればよいでしょう。なお，試験センターでは解答例を「**オートコンプリート機能を無効にする**」としています。

設問4 の解説

(1) 下線③について，NTPを稼働させなかったとき，どのような問題が発生するおそれがあるのか問われています。下線③は，次の記述中にあります。

> ③ログ検査では，複数の機器のログに記録された事象の関連性も含めて調査することから，DMZにNTP（Network Time Protocol）サーバを新規に導入し，ログ検査を行う機器でNTPクライアントを稼働させる。

複数の機器のログに記録された事象を調査する場合，各ログに記録された時刻情報を基に，各ログの内容を照合トレースしていく必要があります。しかし，ログに記録される時刻は，各機器がもつシステム時刻なので，この時刻が一致していなければ各ログに記録された事象の前後関係の把握が難しく，調査に手間がかかったり，事象の前後関係が正しく調査できません。そこで，各機器のシステム時刻を同期させるためにNTPを利用します。つまり，NTPを稼働させる目的は，各機器のシステム時刻を同期させるためであり，NTPを稼働させなかった場合，各機器のログに記録された事象の前後関係の把握が困難になります。

以上，解答としては，この旨を35字以内にまとめればよいでしょう。なお，試験センターでは解答例を「**各機器のログに記録された事象の時系列の把握が困難になる**」としています。

(2) 表1「FWに追加するパケットフィルタリングルール」の空欄d，eに入る字句が問われています。下記に示したポイントを参考に考えていきましょう。

- DMZにNTPサーバを新規に導入する。
- 導入するNTPサーバは，外部の信用できるサーバから時刻を取得する。
- ログ検査を行う機器でNTPクライアントを稼働させる。
- ログ検査を行う機器は，プロキシサーバ，業務サーバ，ファイルサーバ，FWなどである。

表1の項番2を見ると，送信元が社内LANのサーバになっています。また図1を見ると，社内LANには，ログ検査を行う業務サーバやファイルサーバなどが設置されています。このことから，これらのサーバからDMZ内に導入されるNTPサーバへの通信を許可する（通過させる）ためのフィルタリングルールが必要になることが分かります。したがって，**空欄dは「DMZ」**です。

項番1は，DMZ（空欄d）のNTPサーバから空欄eのNTPサーバへの通信を許可するためのフィルタリングルールです。NTPサーバは，外部の信用できるサーバから時刻を取得するわけですから，**空欄eは「インターネット」**です。

設問5 の解説

下線④の「インシデントによる情報セキュリティ被害の発生，拡大及び再発を最少化するために社内に構築すべき対応体制」について，適切なものが問われています。解答群の記述を順に見ていきましょう。

ア：インシデント発見者がインシデントの内容を報告する窓口の設置は，インシデント対応として必要不可欠です。したがって，対応体制として適切です。

イ：原因究明から問題解決まで，自社だけでは対応できない場合も考えられます。その場合は，外部の専門機関などの支援を受けて迅速かつ適切なインシデント対応を行う必要があるので，対応体制として適切とはいえません。

ウ：インシデント対応を適切に行うためには，「社員向けの情報セキュリティ教育及び啓発活動」が有効です。したがって，対応体制として適切です。

エ：情報セキュリティ被害発生後の事後対応だけでなく，事前対応も必要です。したがって，対応体制として適切とはいえません。

オ：発生したインシデントの情報を，その内容によっては，社外のステークホルダに公開する必要があるので，対応体制として適切とはいえません。

以上，対応体制として適切なのは〔**ア**〕と〔**ウ**〕です。

解答

設問1 a：ク　b：エ　c：ウ　f：カ

設問2 エ

設問3 オートコンプリート機能を無効にする

設問4 (1) 各機器のログに記録された事象の時系列の把握が困難になる

(2) d：DMZ　e：インターネット

設問5 ア，ウ

問題8 マルウェア対策Ⅱ （R05春午後問1）

ランサムウェアによるインシデントへの対応を題材とした問題です。本問では，サイバーセキュリティ対策としてのインシデント対応と社員教育に関する基本的な理解が問われます。設問の中には，知っていれば容易に解答ができるものも多く，知識によって差がでる問題ではありますが，全体としてはやや難易度の低い問題になっています。いずれの問題もそうですが，問題文を適切に読み取り，落ち着いて解答することが重要です。

問 マルウェア対策に関する次の記述を読んで，設問に答えよ。

R社は，全国に支店・営業所をもつ，従業員約150名の旅行代理店である。国内の宿泊と交通手段を旅行パッケージとして，法人と個人の双方に販売している。R社は，旅行パッケージ利用者の個人情報を扱うので，個人情報保護法で定める個人情報取扱事業者である。

〔ランサムウェアによるインシデント発生〕

ある日，R社従業員のSさんが新しい旅行パッケージの検討のために，R社からSさんに支給されているPC（以下，PC-Sという）を用いて業務を行っていたところ，PC-Sに身の代金を要求するメッセージが表示された。Sさんは連絡すべき窓口が分からず，数時間後に連絡が取れた上司からの指示によって，R社の情報システム部に連絡した。連絡を受けた情報システム部のTさんは，PCがランサムウェアに感染したと考え，①PC-Sに対して直ちに実施すべき対策を伝えるとともに，PC-Sを情報システム部に提出するようにSさんに指示した。

Tさんは，セキュリティ対策支援サービスを提供しているZ社に，提出されたPC-S及びR社LANの調査を依頼した。数日後にZ社から受け取った調査結果の一部を次に示す。

- PC-Sから，国内で流行しているランサムウェアが発見された。
- ランサムウェアが，取引先を装った電子メールの添付ファイルに含まれていて，Sさんが当該ファイルを開いた結果，PC-Sにインストールされた。
- PC-S内の文書ファイルが暗号化されていて，復号できなかった。
- PC-Sから，インターネットに向けて不審な通信が行われた痕跡はなかった。
- PC-Sから，R社LAN上のIPアドレスをスキャンした痕跡はなかった。
- ランサムウェアによる今回のインシデントは，表1に示すサイバーキルチェーンの攻撃の段階では[a]まで完了したと考えられる。

表1 サイバーキルチェーンの攻撃の段階

項番	攻撃の段階	代表的な攻撃の事例
1	偵察	インターネットなどから攻撃対象組織に関する情報を取得する。
2	武器化	マルウェアなどを作成する。
3	デリバリ	マルウェアを添付したなりすましメールを送付する。
4	エクスプロイト	ユーザーにマルウェアを実行させる。
5	インストール	攻撃対象組織のPCをマルウェアに感染させる。
6	C&C	マルウェアとC&Cサーバを通信させて攻撃対象組織のPCを遠隔操作する。
7	目的の実行	攻撃対象組織のPCで収集した組織の内部情報をもち出す。

〔セキュリティ管理に関する評価〕

Tさんは，情報システム部のU部長にZ社からの調査結果を伝え，PC-Sを初期化し，初期セットアップ後にSさんに返却することで，今回のインシデントへの対応を完了すると報告した。U部長は再発防止のために，R社のセキュリティ管理に関する評価をZ社に依頼するよう，Tさんに指示した。Tさんは，Z社にR社のセキュリティ管理の現状を説明し，評価を依頼した。

R社のセキュリティ管理に関する評価を実施したZ社は，ランサムウェア対策に加えて，特にインシデント対応と社員教育に関連した取組が不十分であると指摘した。Z社が指摘したR社のセキュリティ管理に関する課題の一部を表2に示す。

表2 R社のセキュリティ管理に関する課題（一部）

項番	種別	指摘内容
1	ランサムウェア対策	PC上でランサムウェアの実行を検知する対策がとられていない。
2	インシデント対応	インシデントの予兆を捉える仕組みが整備されていない。
3		インシデント発生時の対応手順が整備されていない。
4	社員教育	インシデント発生時の適切な対応手順が従業員に周知されていない。
5		標的型攻撃への対策が従業員に周知されていない。

U部長は，表2の課題の改善策を検討するようにTさんに指示した。Tさんが検討したセキュリティ管理に関する改善策の候補を表3に示す。

表3　Tさんが検討したセキュリティ管理に関する改善策の候補

項番	種別	改善策の候補
1	ランサムウェア対策	②PC上の不審な挙動を監視する仕組みを導入する。
2	インシデント対応	PCやサーバ機器，ネットワーク機器のログからインシデントの予兆を捉える仕組みを導入する。
3		PCやサーバ機器の資産目録を随時更新する。
4		新たな脅威を把握して対策の改善を行う。
5		インシデント発生時の対応体制や手順を検討して明文化する。
6		脆弱性情報の収集方法を確立する。
7	社員教育	インシデント発生時の対応手順を従業員に定着させる。
8		標的型攻撃への対策についての社員教育を行う。

〔インシデント対応に関する改善策の具体化〕

Tさんは，表3の改善策の候補を基に，インシデント対応に関する改善策の具体化を行った。Tさんが検討した，インシデント対応に関する改善策の具体化案を表4に示す。

表4　インシデント対応に関する改善策の具体化案

項番	改善策の具体化案	対応する表3の項番
1	R社社内に③インシデント対応を行う組織を構築する。	5
2	R社の情報機器のログを集約して分析する仕組みを整備する。	2
3	R社で使用している情報機器を把握して関連する脆弱性情報を収集する。	[b]，[c]
4	社内外の連絡体制を整理して文書化する。	[d]
5	④セキュリティインシデント事例を調査し，技術的な対策の改善を行う。	4

検討したインシデント対応に関する改善策の具体化案をU部長に説明したところ，表4の項番5のセキュリティインシデント事例について，特にマルウェア感染などによって個人情報が窃取された事例を中心に，Z社から支援を受けて調査するように指示を受けた。

〔社員教育に関する改善策の具体化〕

Tさんは，表3の改善策の候補を基に，社員教育に関する改善策の具体化を行った。Tさんが検討した，社員教育に関する改善策の具体化案を表5に示す。

表5　社員教育に関する改善策の具体化案

項番	改善策の具体化案	対応する表3の項番
1	標的型攻撃メールの見分け方と対応方法などに関する教育を定期的に実施する。	8
2	インシデント発生を想定した訓練を実施する。	7

R社では，標的型攻撃に対応する方法やインシデント発生時の対応手順が明確化されておらず，従業員に周知する活動も不足していた。そこで，標的型攻撃の内容とリスクや標的型攻撃メールへの対応，インシデント発生時の対応手順に関する研修を，新入社員が入社する4月に全従業員に対して定期的に行うことにした。

また，R社でのインシデント発生を想定した訓練の実施を検討した。図1に示す一連のインシデント対応フローのうち，⑤全従業員を対象に実施すべき対応と，経営者を対象に実施すべき対応を中心に，ランサムウェアによるインシデントへの対応を含めたシナリオを作成することにした。

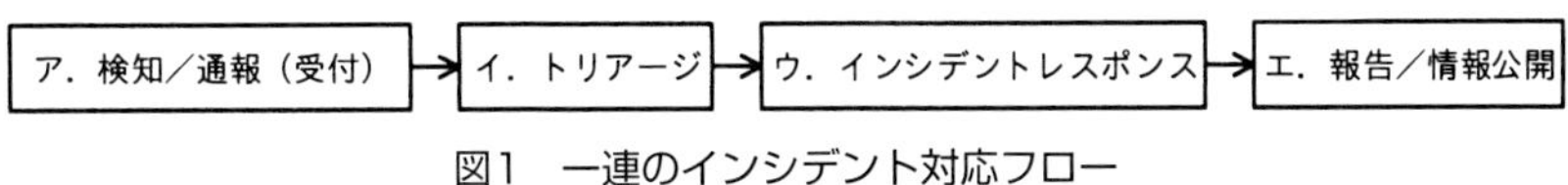

図1　一連のインシデント対応フロー

Tさんは，今回のインシデントの教訓を生かして，ランサムウェアに感染した際にPC内の重要な文書ファイルの喪失を防ぐために，取り外しできる記録媒体にバックアップを取得する対策を教育内容に含めた。検討した社員教育に関する改善策の具体化案をU部長に説明したところ，⑥バックアップを取得した記録媒体の保管方法について検討し，その内容を教育内容に含めるようにTさんに指示した。

設問1　〔ランサムウェアによるインシデント発生〕について答えよ。

(1) 本文中の下線①について，PC-Sに対して直ちに実施すべき対策を解答群の中から選び，記号で答えよ。

解答群

ア　怪しいファイルを削除する。　　イ　業務アプリケーションを終了する。
ウ　ネットワークから切り離す。　　エ　表示されたメッセージに従う。

(2) 本文中の［　a　］に入れる適切な攻撃の段階を表1の中から選び，表1の項番で答えよ。

設問2　〔セキュリティ管理に関する評価〕について答えよ。

(1) 表2中の項番3の課題に対応する改善策の候補を表3の中から選び，表3の項番で答えよ。

(2) 表3中の下線②について，PC上の不審な挙動を監視する仕組みの略称を解答群の中から選び，記号で答えよ。

解答群

ア　APT　　イ　EDR　　ウ　UTM　　エ　WAF

設問3　〔インシデント対応に関する改善策の具体化〕について答えよ。

(1) 表4中の下線③について，インシデント対応を行う組織の略称を解答群の中から選び，記号で答えよ。

解答群

ア　CASB　　イ　CSIRT　　ウ　MITM　　エ　RADIUS

(2) 表4中の［　b　］～［　d　］に入れる適切な表3の項番を答えよ。

(3) 表4中の下線④について，調査すべき内容を解答群の中から<u>全て</u>選び，記号で答えよ。

解答群

ア　使用された攻撃手法　　イ　被害によって被った損害金額
ウ　被害を受けた機器の種類　　エ　被害を受けた組織の業種

設問4　〔社員教育に関する改善策の具体化〕について答えよ。

(1) 本文中の下線⑤について，全従業員を対象に訓練を実施すべき対応を図1の中から選び，図1の記号で答えよ。

(2) 本文中の下線⑥について，記録媒体の適切な保管方法を20字以内で答えよ。

解説

設問1 の解説

(1) 下線①について，PC-Sに対して直ちに実施すべき対策が問われています。つまり，ここで問われているのは，ランサムウェアに感染したと考えられるPCに対して直ちにとるべき対策です。

ランサムウェアとは，“Ransom（身代金）”と“Software（ソフトウェア）”を組み合わせた造語で，感染したPCをロックしたり，PC内のファイルを暗号化したりして使用不可能にした後，PCを元に戻すことと引き換えに金銭を要求してくる不正プログラム（マルウェア）です。初期のランサムウェアは，ウイルスメールを不特定多数に対して送り付けるばらまき型でしたが，近年は，企業や組織を標的にする標的型攻撃（標的型ランサムウェア攻撃，あるいは侵入型ランサムウェア攻撃という）が主流です。ランサムウェアを添付したメールを送り付けるなどして，ひそかに標的組織に侵入し，感染させたPCと同一のネットワーク上にある（PCからアクセス可能な）他のPCやサーバへの感染拡大を試み，データの搾取や暗号化を行います。

したがって，PCがランサムウェアに感染したと考えられる場合は，直ちに，そのPCをネットワークから切り離すべきです。つまり，PC-Sに対して直ちに実施すべき対策は〔**ウ**〕です。なお，ランサムウェアに限らず，マルウェア感染が疑われた場合は，当該PCをネットワークから切り離すとともに，速やかにシステム管理者に報告して指示を仰ぐという初動対処が一般的に推奨されています。

その他の選択肢は，次のような理由で適切とはいえません。

ア：Tさんは，下線①の対策を伝えるとともに，PC-Sを情報システム部に提出するように指示しています。これは，PC-Sを調査し，マルウェアの情報などを得るためです。怪しいファイルを削除してしまうと，この調査に支障が生じるので，削除すべきではありません。

イ：業務アプリケーションを終了させても，感染の拡大防止効果はありません。

エ：表示されたメッセージに従って身の代金を支払ってもデータやシステムが元の状態に戻る保証はありません。また，身の代金を支払うことで，攻撃者の活動を助長してしまう恐れがあります。表示されたメッセージ（身の代金要求）に従うべきではありません。

(2) 空欄aに入れる攻撃の段階（表1中の項番）が問われています。

空欄aは，「ランサムウェアによる今回のインシデントは，表1に示すサイバーキルチェーンの攻撃の段階では［ a ］まで完了したと考えられる」との記述中にあります。

Z社から受け取った調査結果の2項目に，「ランサムウェアが，取引先を装った電子メールの添付ファイルに含まれていて，Sさんが当該ファイルを開いた結果，PC-Sにインストールされた」とあるので，項番5の「インストール」までは完了したことが分かります。しかし，4項目の「PC-Sから，インターネットに向けて不審な通信が行われた痕跡はなかった」ことから，項番6の「C&C」は完了していません。

したがって，今回のインシデントは，表1の項番5まで完了したと考えられるので，**空欄a**には「**5**」が入ります。なお，サイバーキルチェーンとは，攻撃者の視点から，攻撃の手口を偵察から目的の実行までの段階に分けてモデル化したものです。

設問2 の解説

(1) 表2中の項番3の「インシデント発生時の対応手順が整備されていない」に対応する改善策の候補を表3の中から選ぶ問題です。

表2中の項番3の種別は「インシデント対応」です。そこで，表3の中で種別が「インシデント対応」となっている項番2～6を確認すると，項番5に「インシデント発生時の対応体制や手順を検討して明文化する」という改善策の候補があります。つまり，項番「**5**」が対応する改善策の候補です。

(2) 表3中の下線②の「PC上の不審な挙動を監視する仕組み」の略称が問われています。

PCやサーバなど通信の出入り口となるエンドポイント内の挙動を監視して不審な動きや攻撃活動を検知し，迅速な初動対処につなげる働きをするソフトウェアの総称を**EDR**（Endpoint Detection and Response）といいます。したがって，〔**イ**〕が正解です。

その他の選択肢の意味は次のとおりです。

ア：APT（Advanced Persistent Threat）は，標的型サイバー攻撃の一種です。攻撃者は，特定の目的をもち，標的とする企業・組織の防御策に応じて複数の高度な手法を組み合わせた攻撃を，気付かれないよう長期間継続して（執拗に）行ってきます。

ウ：UTM（Unified Threat Management）は，ファイアウォール機能を有し，マルウェア対策機能や侵入検知などの複数のセキュリティ機能を連携させ，統合的に管理するネットワーク監視型のセキュリティ対策機器です。

エ：WAF（Web Application Firewall）は，Webアプリケーションへの攻撃に対する防御に特化したファイアウォール（セキュリティ機構）です。

参考 端末監視型のEDR

EDR（Endpoint Detection and Response）は，マルウェア侵入を早期に発見し対応することによって，侵入後の被害を最小限に抑えることを主目的とした端末監視型のセキュリティ対策です。エンドポイントセキュリティソフトウェアとも呼ばれます。EDRには，様々な製品が存在し，製品によって提供される機能も異なりますが，一般的には，管理サーバと，エンドポイントに導入するエージェントから構成され，次のような機能をもちます。「エンドポイントにおけるログのリアルタイム監視と記録」がEDRの特徴です。

管理サーバ	・エージェントから受信したログを保存・蓄積する ・ログを分析し，不審な挙動や攻撃の兆候を検知し，管理者に通知する ・ログの分析結果やエンドポイントの状態を分かりやすく可視化する
エージェント	・エンドポイントで実行されたコマンド，通信内容，ファイル操作などのイベントのログを管理サーバに送信する

設問3 の解説

(1) 表4中の下線③について，インシデント対応を行う組織の略称が問われています。

コンピュータセキュリティインシデントの対応を専門に行う組織，あるいはその対応体制を総称して**CSIRT**（Computer Security Incident Response Team）といいます。したがって，〔**イ**〕が正解です。なお，日本の窓口CSIRTとなるのが，JPCERTコーディネーションセンター（JPCERT/CC）です。JPCERT/CCは，特定の政府機関や企業から独立した組織であり，国内のコンピュータセキュリティインシデントに関する報告の受付，対応の支援，発生状況の把握，手口の分析，再発防止策の検討や助言を行っています。

その他の選択肢の意味は次のとおりです。

ア：CASB（Cloud Access Security Broke）は，クラウドサービスの利用状況の可視化，及び監視・制御する仕組です。

ウ：MITM（Man-In-The-Middle）は，通信者同士の間に気付かれないように割り込み，通信内容を盗み見たり，改ざんしたりした後，改めて正しい通信相手に転送するバケツリレー型の攻撃です。中間者攻撃ともいいます。

エ：RADIUS（Remote Authentication Dial In User Service）は，利用者の認証，及び利用記録をネットワーク上の認証サーバ（RADIUSサーバ）に一元化することを目的としたプロトコルです。イーサネットや無線LANにおける利用者認証のための規格IEEE 802.1X（p.368の「参考」を参照）など広く利用されています。

(2) 表4中の空欄b～空欄dに入れる表3の項番が問われています。

●空欄b，c

空欄b，cは，表4の項番3の「R社で使用している情報機器を把握して関連する脆弱性情報を収集する」という改善策の具体化案が対応する，表3の項番です。

まず，「R社で使用している情報機器を把握する」ことは，表3の項番3「PCやサーバ機器の資産目録を随時更新する」に対応する具体化案です。

次に，「脆弱性情報を収集する」ことは，表3の項番6「脆弱性情報の収集方法を確立する」に対応する具体化案です。したがって，**空欄b，c**には「**3**」，「**6**」が入ります（b，cは順不同）。

●空欄d

空欄dは，表4の項番4の「社内外の連絡体制を整理して文書化する」という改善策の具体化案が対応する，表3の項番です。ここでいう"連絡体制"とは，インシデント対応時の連絡体制のことなので，表3の項番5「インシデント発生時の対応体制や手順を検討して明文化する」が対応します。したがって，**空欄d**は「**5**」です。

(3) 表4中の下線④の「セキュリティインシデント事例を調査し，技術的な対策の改善を行う」について，調査すべき内容が問われています。下線④は，表3の項番4「新たな脅威を把握して対策の改善を行う」に対応する具体化案です。

ここでいう"調査"とは，技術的な対策の改善を行うための調査であり，新たな脅威を把握するために必要な情報が得られる調査です。この観点から，〔**ア**〕の**使用された攻撃手法**と〔**ウ**〕の**被害を受けた機器の種類**の二つが調査すべき内容です。使用された攻撃手法と被害を受けた機器の種類を調査することで，攻撃手法や標的となる機器に応じた技術的な対策の検討及び改善ができます。

なお，〔イ〕の被害によって被った損害金額は，脅威に対してどう優先順位をつけて対応していけばよいのかなどを検討する際に参考になる情報です。また，〔エ〕の被害を受けた組織の業種は，新たな脅威を把握するためには有用な情報ですが，技術的な対策の改善とは直接には関係しません。

設問4 の解説

(1) 下線⑤について，全従業員を対象に訓練を実施すべき対応を図1の中から選ぶ問題です。図1の対応フローを順に検討すると，次のようになります。

ア：検知／通報（受付）は，インシデントを検知したら報告する，又はインシデントの通報を受け付ける対応業務です。全従業員がインシデントを検知／通報する可能性があるので，全従業員を対象にすべきです。

イ：トリアージは，インシデント発生の際，当該インシデントへの対応の要否や優先順位を判断する対応業務です。トリアージを実施するのはCSIRT（インシデント対応を行う組織）なので，全従業員を対象にする必要はありません。

ウ：インシデントレスポンスは，トリアージで対応すべきと判断したインシデントに対する事象の調査・分析，調査結果による対応計画の検討，対策の実施と評価といった，インシデントが発生した際に行う適切な対応業務です。インシデントレスポンスは，通常，CSIRTが中心となって行い，必要に応じて経営者が関与するものなので，全従業員を対象にする必要はありません。

エ：報告／情報公開は，企業・組織の外部に向けた報告及び情報公開です。CSIRT，及び経営者が行う対応なので，全従業員を対象にする必要はありません。

以上，全従業員を対象に訓練を実施すべき対応は〔**ア**〕の**検知／通報（受付）**です。

(2) 下線⑥について，バックアップを取得した記録媒体の適切な保管方法が問われています。

ランサムウェアに対しては定期的なバックアップの取得がデータ復旧の基本的な対策となりますが，攻撃者は，データ復旧を妨害するためバックアップデータをも狙ってきます。設問1の（1）で述べたように，PCに感染したランサムウェアは，そのPCからアクセス可能な他のPCやサーバへの感染拡大を試みますから，バックアップデータを守るためには，バックアップ取得時にだけ記録媒体をPCに接続し，取得後はPCから切り離して保管する必要があります。

したがって，解答としては，「**PCから切り離して保管する**」とすればよいでしょう。なお，バックアップについては，次ページの「参考」も参照してください。

解答

設問1　(1) ウ
　　　　(2) a：5
設問2　(1) 5
　　　　(2) イ
設問3　(1) イ
　　　　(2) b：3　　c：6　　（b，cは順不同）
　　　　　　d：5
　　　　(3) ア，ウ
設問4　(1) ア
　　　　(2) PCから切り離して保管する

参考 ランサムウェア対策（バックアップ）

ランサムウェアを完全に防御することは困難なため，被害に遭うことを前提とした対策，つまり被害を受けた後の復旧策を確立しておくことが極めて重要になります。そして，その一つがデータのバックアップです。バックアップデータがあれば，ランサムウェアにデータを暗号化されても，身の代金を支払わずにデータが復元できます。しかし，攻撃者はバックアップデータまでも攻撃してきますから，バックアップデータを守るための対策をしっかりととる必要があります。

ここでは，バックアップデータを守るための対策（手段）をいくつか紹介します。

イミュータブル バックアップ	イミュータブル（Immutable）は“不変，変更不可”という意味。イミュータブルバックアップとは，データを変更不可能にし，変更／削除，及び暗号化を阻止してデータを保護する方式。なお，一定期間の改変や削除を防止する仕組みをもつストレージをイミュータブルストレージといい，イミュータブルストレージは，**WORM**（Write Once, Read Many）の状態でデータの書込みができる。WORMとは，「一度書き込んだデータの上書きや削除はできない，書き込んだデータは何度でも読み取って使用できる」という機能。この機能を利用することで，攻撃者は，バックアップデータには手出しができなくなる。ただし，バックアップデータは保護されるが，読み取りはできてしまうので，流出に備え，バックアップデータの暗号化は必須
エアギャップ バックアップ	エアギャップとは，物理的にも論理的にも繋がっていない“隔離された状態”のこと。エアギャップバックアップは，**オフサイトバックアップ**とも呼ばれる方式で，データを，システムから隔離された場所に，オンラインアクセスなしで転送し，バックアップする仕組み。これにより，攻撃者によるバックアップデータへのアクセスを不可能にし，データを保護できる **〔補足〕** バックアップを取得する時だけバックアップ先との通信を可能にし，それ以外はネットワークを切断することで疑似的なエアギャップ環境を作り出す方式もある
バックアップの 3-2-1ルール	バックアップの冗長性を重視した方式で， ・データは少なくとも**3**つ（元データと2つ以上の複製）を保持する ・データの複製は少なくとも**2**つの異なる媒体で保管する ・このうち少なくとも**1**つはオフサイトに保管する というルール

第2章 ストラテジ系

出題範囲

●経営戦略に関すること
マーケティング，経営分析，事業戦略・企業戦略，コーポレートファイナンス・事業価値評価，事業継続計画（BCP），会計・財務，リーダシップ論 など

●情報戦略に関すること
ビジネスモデル，製品戦略，組織運営，アウトソーシング戦略，情報業界の動向，情報技術の動向，国際標準化の動向 など

●戦略立案・コンサルティングの技法に関すること
ロジカルシンキング，プレゼンテーション技法，バランススコアカード・SWOT分析 など

問題1 事業戦略の策定 (H30春午後問2)

加工食品・生鮮食品を主体としたスーパーマーケットチェーンの中期事業戦略の策定を題材とした問題です。本問では，クロスSWOT分析，ポジショニング分析に関する知識，及び事業施策の策定能力が問われます。

問 事業戦略の策定に関する次の記述を読んで，設問1～3に答えよ。

G社は，郊外及び駅前に，加工食品・生鮮食品を主体としたスーパーマーケットチェーンを展開している，中規模の企業である。これまでのターゲット顧客は，郊外の住宅地にある中規模な店舗の場合は，近隣に居住している主婦であり，住宅地と商業地とが混在した地域にある駅前の小規模な店舗の場合は，住宅地の主婦と通勤者である。

G社は，近年，売上高，利益率とも伸び悩んできたことから，昨年，既存の店舗（以下，実店舗という）の周囲5km圏内に居住する共働き者・単身者をターゲット顧客として取り込もうと，インターネット店舗（以下，ネット店舗という）での販売を開始した。ネット店舗では，実店舗で扱っている商品を対象に，受注は受付センタで行い，梱(こん)包と配送の手配は，実店舗で行っている。

今年度，G社の経営企画部では，売上高，利益率を増加するために，実店舗とネット店舗の活性化を柱とする，新たな中期事業戦略を策定することになった。そこで，経営企画部のH部長は，I課長に対して，G社の内部環境と外部環境を整理した上で，中期事業戦略案を作成するよう指示した。

〔内部環境と外部環境の整理〕

I課長は，内部環境と外部環境を調査し，次のとおり整理した。

(1) 内部環境

(i) 実店舗の状況

- 営業時間は，8時から19時までである。
- 価格が安く，価格以外にはこだわりがない顧客向けの食品（以下，低付加価値食品という）の販売が主体であり，店舗の規模を考慮した品ぞろえとなっている。
- 価格が高くても購入してもらえる，品質にこだわりがある顧客向けの食品（以下，高付加価値食品という）は，少量の販売とはいえ，顧客には好評である。
- 丁寧な接客と，商品が見つけやすく明るい雰囲気を特徴とする店舗が，スーパーマーケットチェーンのブランドとして定着してきた。

・会員制度を運営しており，実店舗で会員登録した顧客には，実店舗用の顧客IDの入ったポイントカードを発行して，商品購入時に所定のポイントを付与している。

（ii）ネット店舗の状況

・販売は，少量にとどまっている。

・ネット店舗利用のため，インターネットで会員登録した顧客には，ネット店舗用の顧客IDを割り振り，商品購入時に所定のポイントを付与している。

（iii）購入者及びポイント利用の状況

・郊外の実店舗では，近隣に居住する主婦への売上が80%を占めている。

・駅前の実店舗では，住宅地の主婦への売上が40%，通勤者への売上が40%を占めている。

・ネット店舗では，共働き者への売上が60%，単身者への売上が20%を占めている。

・実店舗とネット店舗のポイントを相互に利用することはできない。

（iv）社内の情報システムの状況

・顧客情報は，実店舗とネット店舗での共用は行わず，個々の顧客管理システムで，それぞれの顧客IDを用いて管理し，購入額を集計している。

（2）外部環境

（i）スーパーマーケット市場の状況

・実店舗のスーパーマーケットの市場規模は，インターネット通販の台頭などの影響で縮小傾向にある。

・スーパーマーケット業界では，価格競争が激化している。

（ii）顧客の購入状況

・主婦には，安全性が高い自然食品などの高付加価値食品が人気になっている。

・通勤者には，価格の高さにもかかわらず，海外から仕入れたブランド物の酒類などの高付加価値食品の人気が高まっている。

・仕事帰りの遅い時間帯に，高付加価値食品が購入される傾向が強く見られる。

・ブランド物の酒類に合う高級なおつまみ類にこだわる顧客が増えている。

・“高価格だが，それに見合うおいしさ”などといった友人・知人の口コミから判断して食品を購入し，その感想を自分の友人・知人に知らせることによって，人気となる食品が増えている。

〔中期事業戦略の策定〕

I課長は，中期事業戦略案を策定するために，クロスSWOT分析による戦略オプションを表1のように策定した。

表1　クロスSWOT分析による戦略オプション

	機会(O)	脅威（T）
強み（S）	［積極的な推進戦略］ ・［ a ］の品ぞろえを充実して，売上を増やす。	［差別化戦略］ ・商品購入時の心地良い環境を更に整えることによって，［ b ］を強化する。 ・口コミを拡大して，新規顧客を開拓する。
弱み（W）	［弱点強化戦略］ ・販売機会を拡大する。 ・社内の情報システムを改善する。	［専守防衛，又は撤退戦略］ ・関連商品による範囲の経済性を活用する。 ・［ a ］を充実して価格競争を避ける。

I課長は，戦略オプションに基づいて，中期事業戦略案を次のように作成して，H部長に説明した。

・実店舗，ネット店舗の特性に応じて，［ a ］の品ぞろえを充実する。
・店舗での販売機会を拡大する。
・情報システムを改善して，コスト低減とマーケティング強化を図る。
・店舗の心地良い環境を更に整えることによって，［ b ］を強化する。
・ソーシャルメディアを活用して，口コミの拡大を進める。

その後，I課長が提案した中期事業戦略案は経営層の承認が得られ，I課長は，中期事業戦略に基づいて，ターゲットとする顧客の見直しとポジショニングの設定を行い，事業施策案の作成を進めた。

〔ターゲットとする顧客の見直しとポジショニングの設定〕

I課長は，事業施策案の作成に当たり，店舗の地域特性と規模に応じて，ターゲットとする顧客を見直すことにした。郊外の実店舗とネット店舗では，ターゲットとする顧客をこれまでどおりとし，駅前の実店舗は小規模なので，今後注力すべきターゲット顧客を明確にして，ポジショニングを設定することにした。

(1) 注力すべきターゲット顧客の明確化

駅前の実店舗では，高付加価値食品の購入が多い通勤者を，注力すべきターゲットとする。

(2) ポジショニングの設定

I課長は，注力すべきターゲットに基づき，食品の付加価値と食品の価格を二つの軸として駅前の実店舗のポジショニングマップ案を作成し，H部長に説明した。H部長からは，このポジショニングマップで顧客の［ c ］を表現することはできるが，二つの軸は［ d ］ので，食品の付加価値と駅前の実店舗の閉店時刻を軸にして，ポジショニングマップを修正するようにアドバイスを受けた。そこで，I課長は，駅前の実店舗のポジショニングマップを図1のとおり作成し，H部長の了解を得た。

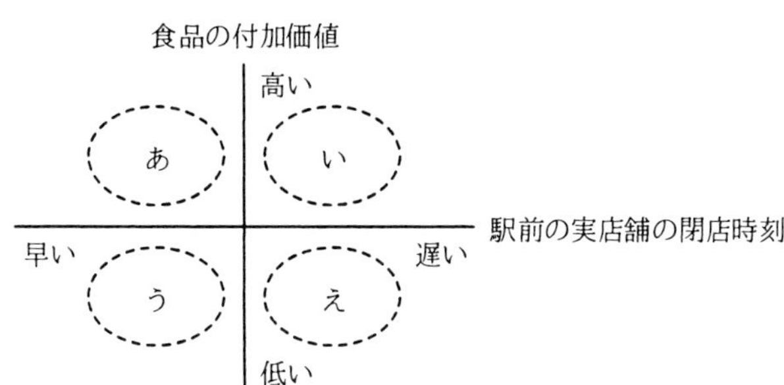

図1　駅前の実店舗のポジショニングマップ

〔事業施策の策定〕

ターゲットとする顧客と実店舗のポジショニングが明確となったので，I課長は引き続き，事業施策案を作成した。事業施策案の抜粋は，次のとおりである。

(1) 商品に関する施策
- 郊外の実店舗では，低付加価値食品の品ぞろえを主体としながら，自然食品を使った手作りの総菜を充実させる。
- 駅前の実店舗では，①顧客がブランド物の酒類を購入する際に，範囲の経済性の効果をもたらすように，品ぞろえを充実させる。

(2) 各店舗での販売チャネルに関する施策
- 実店舗では，来店した顧客に食品の新たな調理方法や効能を丁寧に説明する。
- 駅前の実店舗では，閉店時刻を19時から23時に変更する。
- ネット店舗では，料理のレシピ集を掲載する。

(3) 情報システムに関する施策
- 実店舗とネット店舗の両店舗を利用し，会員登録している顧客については，本人の承諾が得られた場合，②両店舗での総購入額に応じたボーナスポイントをプレゼントし，両店舗でのポイントの合算，利用を可能とする。

(4) プロモーション施策
- 実店舗での購買行動のモデルであるAIDMAに加えて，ネット店舗ではインターネットを活用した新しい購買行動モデルを反映する。具体的には，顧客がソーシャルメディアなどの口コミ情報を［ e ］して商品を購入し，使用後の感想などを［ f ］することによって，消費行動の迅速な拡大につなげる。

I課長は，これらの事業施策案についてH部長に説明して，承認を得た後，事業施策の評価基準及びアクションプランを策定することにした。

設問1 〔中期事業戦略の策定〕について，表1中及び本文中の［ a ］に入れる適切な字句を10字以内で，［ b ］に入れる適切な字句を25字以内でそれぞれ答えよ。

設問2 〔ターゲットとする顧客の見直しとポジショニングの設定〕について，(1)，(2) に答えよ。

(1) 本文中の［ c ］に入れる適切な字句を5字以内で，［ d ］に入れる適切な字句を10字以内でそれぞれ答えよ。

(2) 駅前の実店舗について，ターゲットとする顧客の見直し前と見直し後のポジショニングとして，図1中の記号の適切な組合せを解答群の中から選び，記号で答えよ。ここで，“(見直し前のポジショニング) → (見直し後のポジショニング)”と表記するものとする。

解答群

ア (あ) → (い)　イ (い) → (え)　ウ (う) → (あ)
エ (う) → (い)　オ (え) → (あ)　カ (え) → (う)

設問3 〔事業施策の策定〕について，(1) ～ (3) に答えよ。

(1) 本文中の下線①について，品ぞろえを充実させる方法を25字以内で述べよ。

(2) 本文中の下線②について，情報システムの改善内容を40字以内で述べよ。

(3) 本文中の［ e ］，［ f ］に入れる適切な字句を解答群の中から選び，記号で答えよ。

解答群

ア 拡散　イ 記憶　ウ 検索　エ 行動　オ 注目

解説

設問1の解説

表1中及び本文中の空欄a及び空欄bに入れる字句が問われています。

●空欄a

空欄aは，表1（クロスSWOT分析による戦略オプション）中の“強み”と“機会”がクロスした箇所と，“弱み”と“脅威”がクロスした箇所，そして，中期事業戦略案の「実店舗，ネット店舗の特性に応じて，[a]の品ぞろえを充実する」との記述中にあります。

クロスSWOT分析とは，SWOT分析で把握した自社の内部環境「強み，弱み」と外部環境「機会，脅威」の四つの要素を，表1のようにクロスさせる（掛け合わせる）ことによって，目標達成に向けた戦略の方向性を導き出す手法です。

“強み”と“機会”がクロスした箇所は，「自社の強みを，さらに活かせる機会に投入する」という積極的な推進戦略です。そこで，G社で扱っている商品に着目しながら，〔内部環境と外部環境の整理〕を見ると，(1) 内部環境に，「価格が高くても購入してもらえる高付加価値食品は，少量の販売とはいえ，顧客には好評である」とあります。これはG社の“強み”です。また，(2) 外部環境には，「主婦には，安全性が高い自然食品などの高付加価値食品が人気である」，「通勤者には，海外から仕入れたブランド物の酒類などの高付加価値食品の人気が高まっている」といった“機会”が記述されています。

これらのことから，「高付加価値食品の人気が高まっている」という“機会”を追い風に，「高付加価値食品が顧客には好評である」という自社の“強み”を最大限に活用する戦略としては，「**高付加価値食品**の品ぞろえを充実して，売上を増やす」という戦略が考えられます。

では，表1中のもう一つの空欄a（“弱み”と“脅威”がクロスした箇所にある空欄a）を検討してみましょう。空欄aに「高付加価値食品」を入れると，「高付加価値食品を充実して価格競争を避ける」となります。

“弱み”と“脅威”がクロスする箇所は，「最悪の事態・危機を回避する。あるいは縮小したり撤退する」という専守防衛・撤退戦略です。(1) 内部環境に記述されている，「価格が安く，価格以外にはこだわりがない顧客向けの食品（低付加価値食品）の販売が主体である」という“弱み”と，(2) 外部環境に記述されている，「スーパーマーケット業界では，価格競争が激化している」という“脅威”が重なると，負の相乗効果が生まれ最悪の事態・危機になります。これを防ぐための戦略として，「**高付加価値食品**を充実して価格競争を避ける」という戦略は妥当です。

以上，**空欄a**には，「**高付加価値食品**」が入ります。

●**空欄b**

空欄bは，表1中の“強み”と“脅威”がクロスした箇所，及び，中期事業戦略案の「店舗の心地良い環境を更に整えることによって，[b]を強化する」との記述中にあります。

“強み”と“脅威”がクロスした箇所は，「強みを活かして脅威を回避する」という差別化戦略です。空欄bの直前にある，「店舗の心地良い環境を更に整えることによって」という記述に着目し，〔内部環境と外部環境の整理〕を見ると，(1) 内部環境に，「丁寧な接客と，商品が見つけやすく明るい雰囲気を特徴とする店舗が，スーパーマーケットチェーンのブランドとして定着してきた」という“強み”が記述されている一方，(2) 外部環境には，「実店舗のスーパーマーケットの市場規模は，インターネット通販の台頭などの影響で縮小傾向にある」という“脅威”が記述されています。

つまり，「スーパーマーケットチェーンのブランドとして定着してきた」という“強み”を活かして，「実店舗のスーパーマーケットの市場規模が縮小傾向にある」という“脅威”を回避するわけですから，そのための戦略は，「スーパーマーケットチェーンのブランド強化」です。スーパーマーケットチェーンとしてのブランドイメージを強化することによって，他社との差別化が図れれば，スーパーマーケットの市場規模縮小といった“脅威”の軽減・回避が期待できます。

以上，**空欄b**には，「**スーパーマーケットチェーンのブランド**」が入ります。

設問2 の解説

(1) 次の記述中の空欄c，dに入れる字句が問われています。

> このポジショニングマップで顧客の[c]を表現することはできるが，二つの軸は[d]ので，食品の付加価値と駅前の実店舗の閉店時刻を軸にして，ポジショニングマップを修正するようにアドバイスを受けた。

「このポジショニングマップ」とは，食品の付加価値と食品の価格を二つの軸として作成した，駅前の実店舗のポジショニングマップのことです。

●**空欄c**

食品の付加価値と食品の価格を二つの軸とした場合に表現できるのは，「価格が安い低付加価値食品を購入する」，「価格が高くても安全性が高い高付加価値食品を購入する」，「価格は高いけど海外ブランドの酒類だから購入する」といった，顧客が商品に対して求めているもの，すなわち顧客の**ニーズ**（**空欄c**）です。

●空欄d

ポジショニングマップとは，ターゲットセグメントにおいて，自社製品やサービスの競争優位性ある独自のポジションを導き出す手法の一つです。ポジショニングマップの作成では，軸となる要素の選び方が重要になります。ターゲットにとって重要な要素であることは勿論ですが，互いに独立性が高くないといけません。

I科長が作成したポジショニングマップの軸は，「食品の付加価値」と「食品の価格」です。この二つの要素間には，「付加価値が高ければ，価格も高くなる」という強い相関があるため，有効なポジショニングマップ分析ができません。この理由から，「食品の付加価値と駅前の実店舗の閉店時刻を軸にして，ポジショニングマップを修正するように」とのアドバイスを受けたわけです。したがって，**空欄d**には，「強い相関がある」，「相関が強い」などを入れればよいでしょう。なお，試験センターでは解答例を「**強い相関がある**」としています。

(2) 駅前の実店舗において，ターゲットとする顧客の見直し前と見直し後のポジショニングについて問われています。すなわち，問われているのは，「ターゲットとする顧客を見直す前のポジション（位置）」と「ターゲットとする顧客を見直した後のポジション」です。このことに注意して解答を進めていきます。

まず，見直し前のターゲット顧客については，〔内部環境と外部環境の整理〕の(1)内部環境（i）実店舗の状況に，「価格が安く，価格以外にはこだわりがない顧客向けの食品（低付加価値食品）の販売が主体であり，店舗の規模を考慮した品ぞろえとなっている」との記述があります。この記述から，ターゲット顧客は「価格以外にはこだわりがない顧客」であり，ポジショニングマップの縦軸である「食品の付加価値」は低いことが分かります。また，「営業時間は，8時から19時までである」との記述から，横軸である「駅前の実店舗の閉店時刻」は早いことが分かります。したがって，ターゲットとする顧客を見直す前のポジションは，図1中の（う）になります。

次に，見直し後のターゲット顧客は，〔ターゲットとする顧客の見直しとポジショニングの設定〕の(1)に記述されているとおり，「高付加価値食品の購入が多い通勤者」なので，縦軸である「食品の付加価値」は高いことが分かります。また，〔事業施策の策定〕の(2)にある「駅前の実店舗では，閉店時刻を19時から23時に変更する」との記述から，横軸である「駅前の実店舗の閉店時刻」は遅いことが分かります。したがって，ターゲットとする顧客を見直した後のポジションは，図1中の（い）になります。

以上から，〔エ〕の**（う）→（い）**が正解となります。

設問3 の解説

(1) 下線①の「顧客がブランド物の酒類を購入する際に，範囲の経済性の効果をもたらすように，品ぞろえを充実させる」について，品ぞろえを充実させる方法が問われています。

範囲の経済性とは，自社が既存事業において有する経営資源（販売チャネル，ブランド，固有技術，生産設備など）やノウハウを複数事業に共用すれば，それだけ経済面でのメリットが得られることをいいます。つまり，本問の場合，同一の顧客に単一商品のみを提供するのではなく，関連性のある商品も提供することで，シナジー（相乗効果）が期待できるという意味です。

ここで着目すべきは，〔内部環境と外部環境の整理〕の（2）外部環境（ii）顧客の購入状況にある，「ブランド物の酒類に合う高級なおつまみ類にこだわる顧客が増えている」との記述です。高級なおつまみ類の品ぞろえを増やすことで，ブランド物の酒類を購入する顧客に対してのシナジー効果が期待できます。したがって，解答としては「**高級なおつまみ類の品ぞろえを増やす**」とすればよいでしょう。

(2) 下線②について，情報システムの改善内容が問われています。下線②は，「実店舗とネット店舗の両店舗を利用し，会員登録している顧客については，本人の承諾が得られた場合，②両店舗での総購入額に応じたボーナスポイントをプレゼントし，両店舗でのポイントの合算，利用を可能とする」との記述中にあります。

ポイントの利用，及び情報システムの状況を確認すると，〔内部環境と外部環境の整理〕の（1）内部環境に，「実店舗とネット店舗のポイントを相互に利用することはできない」とあり，また「顧客情報は，実店舗とネット店舗での共用は行わず，個々の顧客管理システムで，それぞれの顧客IDを用いて管理し，購入額を集計している」と記述されています。これらの記述から考えると，下線②の「両店舗での総購入額に応じたボーナスポイントをプレゼント」するための改善策は，次の二つです。

- 実店舗とネット店舗の顧客情報を統合・一元化し，顧客ごとの総購入額を集計できるシステムへの改善
- 実店舗とネット店舗の双方に存在する同一顧客を，顧客の名前，住所，電話番号などの属性情報によって名寄せを行い，顧客ごとの総購入額を集計できるシステムへの改善

解答としては，いずれかを40字以内にまとめればよいでしょう。

なお，試験センターでは解答例として，「**実店舗とネット店舗の顧客IDを統合し，顧客ごとの購入額を集計する**」と「**顧客の属性情報によって名寄せをし，顧客ごとの購入額を集計する**」の二つを挙げています。

(3) 空欄e，fに入れる字句が問われています。空欄e，fは，「顧客がソーシャルメディアなどの口コミ情報を［ e ］して商品を購入し，使用後の感想などを［ f ］することによって，消費行動の迅速な拡大につなげる」との記述中にあります。また，この前述には，「実店舗での購買行動のモデルであるAIDMAに加えて，ネット店舗ではインターネットを活用した新しい購買行動モデルを反映する」とあります。AIDMAとは，消費者が商品を知ってから，その商品を実際に購入するまでの心理状態が「Attention（認知・注意）→Interest（関心）→Desire（欲求）→Memory（記憶）→Action（行動）」というプロセスの順で推移するという消費者行動モデルです。そして，このAIDMAを，インターネットを活用した購買行動モデルに反映させたものがAISASモデルです。AISASのプロセスは「Attention（認知・注意）→Interest（関心）→Search（検索）→Action（行動）→Share（共有）」の順となります。

●空欄e

空欄eは，商品を購入する前に消費者がとるプロセスです。「商品を購入する」プロセスは「Action（行動）」に該当するので，**空欄e**は，〔**ウ**〕の**検索**です。

●空欄f

空欄fは，商品を購入した後に消費者がとるプロセスなので「共有」を入れたいところですが解答群にありません。そこで，商品の使用後，消費者がどのような行動をとることで消費行動の迅速な拡大につながるかを考えると，これに該当する行動は「拡散」しかありません。したがって，**空欄f**には，〔**ア**〕の**拡散**が入ります。

解答

設問1　a：高付加価値食品　　b：スーパーマーケットチェーンのブランド
設問2　(1) c：ニーズ　　d：強い相関がある
　　(2) エ
設問3　(1) 高級なおつまみ類の品ぞろえを増やす
　　(2) ・実店舗とネット店舗の顧客IDを統合し，顧客ごとの購入額を集計する
　　　・顧客の属性情報によって名寄せをし，顧客ごとの購入額を集計する
　　(3) e：ウ　　f：ア

問題2 スマートフォン製造・販売会社の成長戦略 (R01秋午後問2)

スマートフォン製造・販売会社を題材とした，成長戦略の検討，及び投資計画の評価に関する問題です。本問では，ブルーオーシャンやレッドオーシャン，規模の経済，範囲の経済といった基本用語，成長マトリクスの基礎知識，さらに投資計画の評価手法（割引回収期間法，回収期間法）に関する基本的な理解が問われます。全体的には，それほど難易度は高くありません。問題文をよく読み，落ち着いて解答を進めていきましょう。

問 スマートフォン製造・販売会社の成長戦略に関する次の記述を読んで，設問1～4に答えよ。

B社は，スマートフォンの企画，開発，製造，販売を手掛ける会社である。"技術で人々の生活をより豊かに"の企業理念の下，"ユビキタス社会の実現に向けて，社会になくてはならない会社となる"というビジョンを掲げている。これまでは，スマートフォン市場の拡大に支えられ，順調に売上・利益を成長させてきたが，今後は市場の拡大の鈍化に伴い，これまでのような成長が難しくなると予測している。そこで，B社の経営陣は今後の成長戦略を検討するよう経営企画部に指示し，同部のC課長が成長戦略検討の責任者に任命された。

〔環境分析〕

C課長は，最初にB社の外部環境及び内部環境を分析し，その結果を次のとおりにまとめた。

(1) 外部環境

・国内のスマートフォン市場は成熟してきた。一方，海外のスマートフォン市場は，国内ほど成熟しておらず，伸びは鈍化傾向にあるものの，今後も拡大は続く見込みである。日本から海外への販売機会がある。

・国内では，国内の競合企業に加えて海外企業の参入が増えており，競争はますます激しさを増している。これによって，多くの企業が市場を奪い合う形となり，価格も下がり［ a ］となりつつある。

・5Gによる通信，IoT，AIのような技術革新が進んでおり，これらの技術を活用したスマートフォンに代わる腕時計のようなウェアラブル端末や，家電とつながるスマートスピーカの普及が期待される。また，医療や自動運転の分野で，新しい機器の開発が期待される。一方で，技術革新は急速であり，製品の陳腐化が早く，市場への迅速な製品の提供が必要である。

・スマートフォンは，機能の豊富さから若齢者層には受け入れられやすい。一方で，操作の複雑さから高齢者層は使用することに抵抗があり，普及率は低い。

・スマートフォンへの顧客ニーズは多様化しており，サービス提供のあり方も重要になっている。

(2) 内部環境

・B社は自社の強みを製品の企画，開発，製造の一貫体制であると認識している。これによって，顧客ニーズを満たす高い品質の製品を迅速に市場に提供できている。また，単一の企業で製品の企画，開発，製造をまとめて行うことで，異なる製品間における開発資源などの共有を実現し，複数の企業に分かれて企画，開発，製造するよりもコストを抑えている。

・B社は国内の販売に加えて海外でも販売しているが，マニュアルやサポートの多言語の対応などでノウハウが十分でなく，いまだに未開拓の国もある。

・B社はスマートフォンの新機能に敏感な若齢者層をターゲットセグメントとして，テレビコマーシャルなどの広告を行っている。広告は効果が大きく，売上拡大に寄与している。一方で，高齢者層は売上への寄与が少ない。

・B社は医療や自動運転の分野の市場には販売ルートをもっておらず，これらの市場への参入は容易ではない。

・競合企業の中には製造の体制をもたない，いわゆるファブレスを方針とする企業もあるが，B社はその方針は採っていない。①今後の新製品についても，現在の方針を維持する予定である。

〔成長戦略の検討〕

C課長は，環境分析の結果を基に，ビジネス［ b ］の一つである成長マトリクスを図1のとおり作成した。図1では，製品・サービスと市場・顧客を四つの象限に区分した。区分に際しては，スマートフォンを既存の製品・サービスとし，スマートフォン以外の機器を新規の製品・サービスとした。また，現在販売ルートのある市場の若齢者層を既存の市場・顧客とし，それ以外を新規の市場・顧客とした。

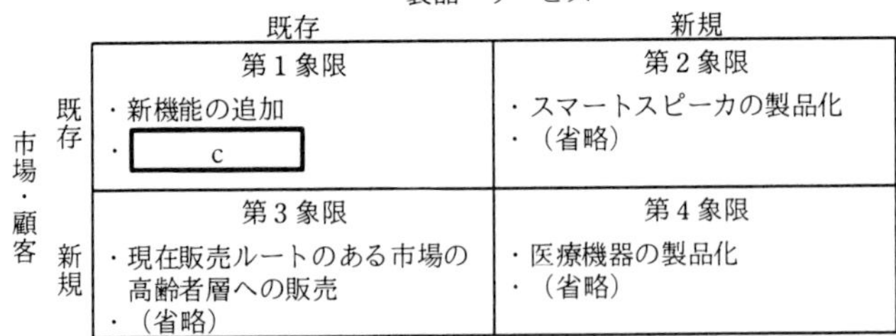

図1　成長マトリクス

当初，C課長は，成長マトリクスを基に外部環境に加えて内部環境も考慮して検討した結果，②第2象限と第4象限の二つの象限の戦略に力を入れるべきだと考えた。しかし，その後③第4象限の戦略に関するB社の弱みを考慮し，第2象限の戦略を優先すべきだと考えた。

〔投資計画の評価〕

第2象限の一部の戦略については，すぐにB社で製品化できる見込みのものがある。内部環境を考慮すると，これについてもB社で企画，開発，製造を行うことで，［ d ］によるメリットが期待できる。

C課長は，この製品化について，複数の投資計画をキャッシュフローを基に評価した。投資額の回収期間を算出する手法としては，金利やリスクを考慮して将来のキャッシュフローを［ e ］に割り引いて算出する割引回収期間法が一般的な方法であるが，製品の陳腐化が早いので簡易的な回収期間法を使用することにした。また，回収期間の算出には，損益計算書上の利益に④減価償却費を加えた金額を使用した。製品化の投資計画は，表1のとおりである。

表1　製品化の投資計画

単位　百万円

年数[1]	投資年度	1年	2年	3年	4年	5年
投資額	1,000	0	0	0	0	0
利益[2]		200	300	300	200	100
減価償却費		200	200	200	200	200

注[1]　投資年度からの経過年数を示す。
[2]　発生主義に基づく損益計算書上の利益を示す。

投資額は投資年度の終わりに発生し，利益と減価償却費は各年内で期間均等に発生するものとして，C課長は表1を基に，回収期間を［ f ］年と算出した。

設問1 本文及び図1中の[a]～[d]に入れる適切な字句を解答群の中から選び，記号で答えよ。

aに関する解答群

ア 寡占市場　　イ ニッチ市場
ウ ブルーオーシャン　　エ レッドオーシャン

bに関する解答群

ア アーキテクチャ　　イ フレームワーク
ウ モデル化手法　　エ 要求分析手法

cに関する解答群

ア ウェアラブル端末の製品化　　イ 自動運転機器の製品化
ウ 提供サービスの細分化　　エ 未開拓の国への販売

dに関する解答群

ア アライアンス　　イ イノベーション
ウ 規模の経済　　エ 範囲の経済

設問2 〔環境分析〕について，本文中の下線①の目的を解答群の中から選び，記号で答えよ。

解答群

ア 資金を開発投資に集中したい。
イ 製造設備の初期投資を抑えたい。
ウ 製品のブランド力を高めたい。
エ 高い品質の製品をコストを抑えて製造したい。

設問3 〔成長戦略の検討〕について，(1)，(2) に答えよ。

(1) 本文中の下線②について，第2象限と第4象限の二つの象限の戦略に力を入れるべきだとC課長が考えた内部環境上の積極的な理由を，40字以内で述べよ。
(2) 本文中の下線③のB社の弱みとは何か。25字以内で述べよ。

設問4 〔投資計画の評価〕について，(1) ～ (3) に答えよ。

(1) 本文中の[e]に入れる適切な字句を6字以内で答えよ。
(2) 本文中の下線④の理由を，“キャッシュ”という字句を含めて，30字以内で述べよ。
(3) 本文中の[f]に入れる適切な数値を求めよ。答えは小数第2位を四捨五入して，小数第1位まで求めよ。

解説

設問1 の解説

本文及び図1中の空欄a～dに入れる字句が問われています。

●空欄a

空欄aは，「多くの企業が市場を奪い合う形となり，価格も下がり［ a ］となりつつある」との記述中にあります。また，その前文には，「国内では，競争がますます激しさを増している」旨が記述されています。これらの記述から，**空欄a**には，「市場競争が激しく，価格競争が行われている市場」を指す用語が入ることが分かります。そして，これに該当するのは〔**エ**〕の**レッドオーシャン**です。レッドオーシャンとは，“赤い海（red ocean）”という意味です。血で血を洗うような激しい価格競争が行われている既存市場を指します。

ア：寡占（かせん）市場とは，ある商品やサービスに対してごく少数の売り手（企業）しか存在しない市場のことです。例えば自動車産業では，トヨタ，日産，ホンダなど少数の大手自動車メーカが大きく占めている市場を指します。

イ：ニッチ市場は，特定の分野や顧客層といった，規模の小さい市場のことです。

ウ：ブルーオーシャン（blue ocean：青い海）とは，競合のない市場のことです。

●空欄b

空欄bは，「環境分析の結果を基に，ビジネス［ b ］の一つである成長マトリクスを図1のとおり作成した」との記述中にあります。成長マトリクスとは，図1のように，“製品・サービス”と“市場・顧客”の視点から，事業の成長戦略を四つの区分に分類し，「どのような製品・サービスを」，「どの市場・顧客に」投入していけば事業が成長・発展できるのかを検討する際に用いられるビジネスフレームワークです。したがって，**空欄b**には〔**イ**〕の**フレームワーク**が入ります。

●空欄c

空欄cは，図1の成長マトリクスの第1象限にあります。第1象限の戦略は，「既存の市場・顧客で，既存の製品・サービスを伸ばす」という市場浸透戦略です。そして，〔成長戦略の検討〕にあるとおり，「既存の市場・顧客」は，現在販売ルートのある市場の若齢者層，「既存の製品・サービス」は，スマートフォンです。したがって，空欄cには，「若齢者層に対して，スマートフォンの売上・収益を伸ばす」といった戦略に相当するものが入ります。このことを念頭に解答群を吟味すると，**空欄c**に該当するものは，〔**ウ**〕の**提供サービスの細分化**だけです。

〔環境分析〕の（1）外部環境に，「スマートフォンへの顧客ニーズは多様化しており，サービス提供のあり方も重要になっている」と記述されています。つまり，「提供サービスの細分化」とは，現在提供しているサービスをより細かく細分化し，顧客（若齢者層）ニーズに対応することで他社と差別化を図り，自社の売上・収益を伸ばす」という戦略です。

ア：ウェアラブル端末の製品化：ウェアラブル端末とは，腕や衣服など身体に装着して使用するタイプの端末のことで，ウェアラブルデバイスともいいます。ウェアラブル端末は，新規の製品・サービスです。また，ターゲット市場は，スマートフォンと同じ既存市場と考えられるので，第2象限の戦略です。

イ：自動運転機器の製品化：自動運転機器は，新規の製品・サービスです。ターゲット市場は，新規市場となるので，第4象限の戦略です。

エ：未開拓の国への販売：未開拓の国は，新規の市場・顧客です。第3象限の戦略です。

既存の市場・顧客で，既存の製品・サービスを伸ばす

市場・顧客 ＼ 製品・サービス	既存	新規
既存	第１象限 ・新機能の追加 ・c：提供サービスの細分化	第２象限 ・スマートスピーカの製品化 ・**ウェアラブル端末の製品化**
新規	第３象限 ・現在販売ルートのある市場の高齢者層への販売 ・**未開拓の国への販売**	第４象限 ・医療機器の製品化 ・**自動運転機器の製品化**

●空欄d

空欄dは，「第2象限の一部の戦略については，すぐにB社で製品化できる見込みのものがある。内部環境を考慮すると，これについてもB社で企画，開発，製造を行うことで，［ d ］によるメリットが期待できる」との記述中にあります。

〔環境分析〕の（2）内部環境を見ると，「B社の強みは，製品の企画，開発，製造を一貫して行っていること」，そして，「これにより異なる製品間における開発資源などの共有を実現し，複数の企業に分かれて企画，開発，製造するよりもコストを抑えている」旨の記述があります。後者の記述は，“範囲の経済”に該当します。範囲の経済とは，自社が既存事業において有する経営資源（販売チャネル，ブランド，固有技術，生産設備など）やノウハウを複数事業に共用すれば，それだけ経済面でのメリットが得られることをいいます。

したがって，すぐに製品化できるものについても，B社で企画，開発，製造を一貫して行うことで期待できるのは，〔エ〕の**範囲の経済（空欄d）**によるメリットです。なお，その他の選択肢にある用語の意味は，次のとおりです。

ア：アライアンスとは，“提携，同盟”という意味で，企業同士の業務提携を意味します。

イ：イノベーションとは，技術革新のことです。

ウ：規模の経済とは，生産規模の増大に伴い単位当たりのコストが減少することをいいます。つまり，より多く作るほど，製品一つ当たりのコストが下がり，結果として収益が向上するという意味です。スケールメリットともいいます。

設問2 の解説

下線①について，今後の新製品についても現在の方針を維持する目的が問われています。“現在の方針”とは，製品の企画，開発，製造の一貫体制という方針です。

ヒントとなるのは，〔環境分析〕の（2）内部環境にある，「B社は，製品の企画，開発，製造の一貫体制によって，顧客ニーズを満たす高い品質の製品を迅速に市場に提供している。また，複数の企業に分かれて企画，開発，製造するよりもコストを抑えている」旨の記述です。

この記述から，B社が，今後の新製品についても，ファブレスの方針を採らず，現在の方針である，製品の企画，開発，製造の一貫体制を維持する目的は，顧客ニーズを満たす高い品質の製品を，コストを抑えて製造するためだと考えられます。したがって，下線①の目的としては，〔エ〕の「**高い品質の製品をコストを抑えて製造したい**」が適切です。なお，ファブレスとは，自社で生産設備（fabrication facility）を持たず，製品の生産を他社に委託することをいいます。

設問3 の解説

(1) 下線②について，第2象限と第4象限の二つの象限の戦略に力を入れるべきだとC課長が考えた内部環境上の積極的な理由が問われています。

2象限と第4象限に共通するのは，新規の製品・サービスです。図1中の2象限には，「スマートスピーカの製品化」とあり，4象限には，「医療機器の製品化」とあります。これは，〔環境分析〕の（1）外部環境に記述されている，「5Gによる通信，IoT，AIのような技術革新が進んでおり，…，家電とつながるスマートスピーカの普及が期待される。また，医療や自動運転の分野で，新しい機器の開発が期待される」との分析を基にした戦略です。

C課長は，この外部環境の結果を基に，第2象限と第4象限の二つの象限の戦略に力を入れるべきだと考えたわけです。そして，この設問で問われているのは，C課長がこのように考えた内部環境上の積極的な理由です。〔環境分析〕の（2）内部環境の記述の中で，積極的な理由につながる内容は，B社の強みである「製品の企画，開発，製造の一貫体制」しかありません。

新規の製品の開発には，膨大なコストがかかります。しかし，B社では，製品の企画から製造の一貫体制を採っていることから，現在，高品質の製品をコストを抑えて製造し，市場に提供しています。このため，C課長は，新規製品についても，企画から製造の一貫体制を採ることで，低コストで高品質の製品を市場に提供できると考えたものと思われます。

以上，解答としては，「企画から製造の一貫体制を採ることで，低コストで高品質の製品を市場に提供できるから」などとすればよいでしょう。なお，試験センターでは解答例を「**企画から製造の一貫体制を強みに，低コストで高品質の製品にできるから**」としています。

(2) C課長が，その後，第2象限の戦略を優先すべきだと考えた，下線③の「第4象限の戦略に関するB社の弱み」とは何か問われています。

第4象限の戦略の一つは，「医療機器の製品化」です。医療機器に関しては，〔環境分析〕の（2）内部環境に，「B社は医療や自動運転の分野の市場には販売ルートをもっておらず，これらの市場への参入は容易ではない」と記述されています。つまり，これが，第4象限の戦略に関するB社の弱みです。したがって，解答としては，「**医療や自動運転の市場には販売ルートがないこと**」とすればよいでしょう。

設問4 の解説

(1)「金利やリスクを考慮して将来のキャッシュフローを［ e ］に割り引いて算出する割引回収期間法」とあり，空欄eに入れる字句が問われています。

割引回収期間法とは，将来得られるキャッシュインを現在価値に割り引いた上で回収期間を算出する方法です。現在価値とは，「将来のお金の，現時点での価値」を表したものです。例えば100万円を利率5%で運用すれば，1年後には105万円になるため，1年後の105万円は現在の100（＝105／1.05）万円と同じ価値と考えることができます。このとき105万円を将来価値といい，その現在価値は100万円であるといいます。このようにお金には時間価値があるため，数年間にわたる投資計画では，将来のキャッシュインを現在価値に割り引いた上で，投資評価を行うのが一般的です。以上，**空欄e**には，「**現在価値**」が入ります。

(2) 下線④の「損益計算書上の利益に減価償却費を加えた金額を使用した」理由が問われています。

減価償却とは，初期投資額を，使用期間にわたり毎年均等に経費計上する処理のことです。つまり，本問の場合，投資額（キャッシュアウト）の1,000百万円を，投資が発生した段階で全額を計上するのではなく，5年間で200百万円ずつ費用計上することになります。減価償却費は，キャッシュの動きがない費用なので，キャッシュ自体は減少しません。このため，回収期間の算出の際には，利益に減価償却費を加えた金額を回収額（キャッシュイン）として捉えて計算する必要があります。

以上，解答は「減価償却費は，キャッシュの動きのない費用だから」とすればよいでしょう。なお，試験センターでは解答例を「**減価償却費はキャッシュの移動がない費用だから**」としています。

(3)「投資額は投資年度の終わりに発生し，利益と減価償却費は各年内で期間均等に発生するものとして，C課長は表1を基に，回収期間を[f]年と算出した」とあり，表1を基に算出した回収期間が問われています。

表1の直前に，「簡易的な回収期間法を使用することにした」とあるので，単純に，投資額の1,000百万円から各年の回収額（利益＋減価償却費）を減算していき，±0になる経過年月を求めればよいことになります。

1年目には，400（＝200＋200）百万円が回収できるので，残りは1,000－400＝600百万円です。2年目には，500（＝300＋200）百万円が回収できるので，残りは600－500＝100百万円です。3年目には，500（＝200＋300）百万円が回収できますが，残りは100百万円なので，1/5年すなわち0.2年で全て回収できることになります。つまり，回収期間は**2.2（空欄f）**年です。

解答

設問1 a：エ
b：イ
c：ウ
d：エ

設問2 エ

設問3 (1) 企画から製造の一貫体制を強みに，低コストで高品質の製品にできるから
(2) 医療や自動運転の市場には販売ルートがないこと

設問4 (1) e：現在価値
(2) 減価償却費はキャッシュの移動がない費用だから
(3) f：2.2

問題3 レストラン経営 (H30秋午後問2)

レストラン経営における経営改善の策定を題材にした問題です。本問は，経営戦略の策定に関する幅広い知識・応用が求められる総合的な問題となっています。具体的には，QC七つ道具である特性要因図やパレート図の知識（理解と能力）が問われる他，経営改善策の検討や，ランチ営業の開始を判断するための意思決定会計の基本的な知識が問われます。

問 レストラン経営に関する次の記述を読んで，設問1～4に答えよ。

R店は個人経営の洋食レストランであり，大都市にある乗降客の多い駅の近くの貸しビルに，数年前に開店した。厨房（ちゅう）とホールに，それぞれ従業員が数名配置され，夕方から営業を開始している。最近は，売上が横ばい状態の上に，食材価格の高騰の影響で経費が増加しており，黒字経営とはいえ，利益は減少傾向にある。そこで，経営者のS氏は売上の伸び悩みや利益の減少の原因を調査・分析し，経営の改善を図ることにした。

〔来店客へのアンケートの結果〕

S氏は，まず来店客に対して，R店に関する印象・意見を求めるアンケートを実施し，その結果を次のとおりまとめた。

(好評点)

- 店が駅から近くて行きやすい。店内がきれいで，雰囲気も良い。
- ハンバーグステーキがとてもおいしい。
- 料理の品目が頻繁にメニューに追加されるので，店のホームページなどで時々チェックしている。追加された料理がおいしそうだと，お店に足を運びたくなる。
- スマートフォンで稼働するアプリケーションソフトウェア（以下，携帯アプリという）を使って予約できるのは，便利である。
- 会計時に，スタンプカードにスタンプを押してもらって，スタンプが一定数たまると，料理が一品無料になるなどの特典は，お得感があってうれしい。

(不評点)

- 注文してから，料理が運ばれてくるまでに，時間が掛かる。
- 来店客で混雑する時間帯は，携帯アプリや電話などで予約しておかないと，入店までかなり待たされる。

・料理の品目数が多く，メニューに写真が掲載されていないので，品名だけではどれを選んだらよいか悩んでしまう。店の従業員に料理の説明をしてもらわなければ，注文する料理を決められないので，もっと親切なメニューにしてほしい。
・おいしくて安全な料理を食べたいが，料理に使われている食材を，誰がどのようにして作っているか分からない。
・スタンプカードを忘れた場合に，スタンプがたまらないのは不便である。
・ディナーの営業だけでなく，ランチの営業もしてほしい。

〔"来店客の待ち時間が長い問題"の要因分析〕

次にS氏は，来店客へのアンケートの結果のうち，売上に直結する顧客回転率を上げるために"来店客の待ち時間が長い問題"について改善が急務と考え，店の主要メンバとブレーンストーミングを行いその要因を分析した。分析は，従業員，店舗，料理，手順に分けて行った。挙げられた要因は，次のとおりである。

(1) 従業員
・アルバイトには入れ替わりがあるが，新規のアルバイトを雇った場合，十分な教育をしていないので，仕事に慣れるまで作業の効率が悪い。

(2) 店舗
・貸しビルの店舗の増改築は難しく，客席の数を増やせない。
・賃貸契約の期間が残っており，多額の解約手数料が掛かるので，店舗の移転は難しい。

(3) 料理
・料理の品目数を減らさずにメニューに品目の追加を続けているので，料理の品目数が多くなってしまった。
・料理の品目数の増加に伴い，使用する食材や調理器具の種類が増加するので，厨房の作業効率が低下している。

(4) 手順
・仕込みの時間が不足しているので，調理に時間が掛かっている。
・食材は市場で仕入れており，仕入れに多くの時間が掛かっている。これが，仕込みの時間の不足の原因となっている。
・農家と契約して食材を直送してもらうことによって，仕入れに掛かる時間を減らせる。仕入れに掛かる時間を減らせば，その時間を仕込みなど，他の作業に回せる。

S氏は，"来店客の待ち時間が長い問題"の要因を，図1の特性要因図にまとめた。

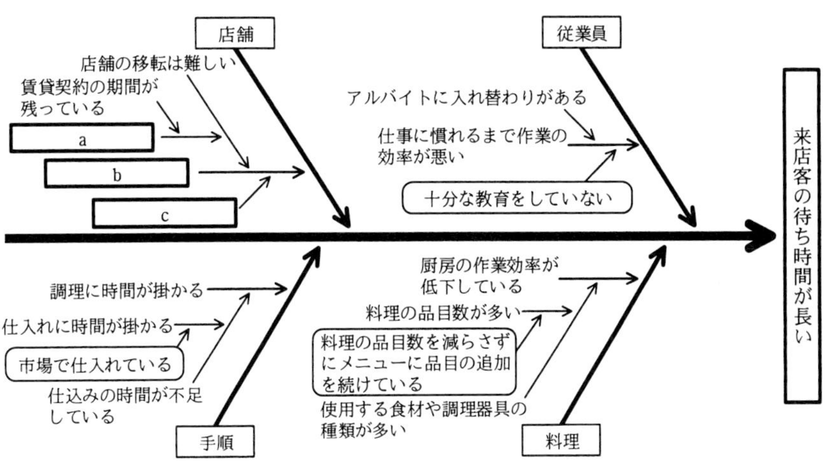

注記 ▭ は主要因を示す。主要因とは，抽出された要因の中から絞り込んだ，最も重要と考えられる要因のことである。

図1 “来店客の待ち時間が長い問題”の特性要因図

〔“来店客の待ち時間が長い問題”の改善策〕

S氏は，図1で抽出された主要因に対して改善策を立てた。

- 主要因“料理の品目数を減らさずにメニューに品目の追加を続けている”について，図2のABC曲線を作成した。これを基に検討した結果，A及びBグループの品目数が最適な品目数であるという結論になったので，B，Cグループのうちから，将来の伸びが期待できない品目をメニューから削除し，①料理の品目数を絞ることにした。

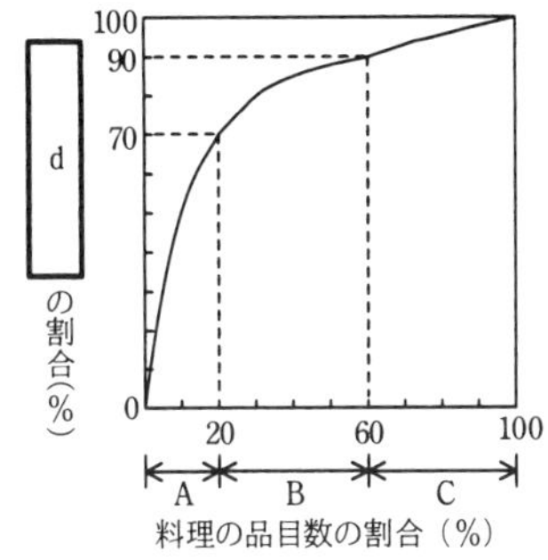

図2 主要因“料理の品目数を減らさずにメニューに品目の追加を続けている”についてのABC曲線

・主要因“市場で仕入れている”について，農家と契約し，食材を直送してもらうことによって，仕入の時間を減らして，仕込みの時間を増やす。
・主要因“十分な教育をしていない”について，アルバイトを雇用したときに活用する教育用のマニュアルを作成する。

〔その他の問題の改善策〕

S氏は，来店客へのアンケートの結果から，“来店客の待ち時間が長い問題”以外にも，利益改善に向けて重要だと思える問題を特定し，次の改善策を立てた。また，仕入先として予定している農家と交渉した結果，食材をたくさん仕入れると，仕入単価を下げる契約が可能なことが分かったので，この方法も活用したいと考えた。

・メニューに写真やおすすめする理由を入れて，来店客が料理を選びやすいようにする。
・②来店客にも契約農家，生産方法などが分かるようにして，顧客満足度を高める。
・スタンプカードの不便さを解消するために，既存の情報システムを活用して，［ e ］。
・③ハンバーグステーキと野菜サラダをセットにしたおすすめ料理を紹介し，セット料理がより多く売れるようにする。

〔ランチ営業の検討〕

仕入れに掛かる時間の短縮によって，ランチ営業の時間も取れるので，S氏は，ランチ営業の開始を判断するために，収益見込みを確認した。ランチ営業の開始に伴って，R店の固定費が増加することはない。そこで，固定費の総額を，ディナー営業とランチ営業に売上高で配賦し，ランチ営業の1か月の収益見込みを表1のとおり作成した。

表1　ランチ営業の収益見込み

単位　千円／月

科目	金額
売上高	3,000
変動費	2,000
固定費	1,050
利益	△50

ランチ営業の収益見込みでは，利益がマイナスとなった。しかし，今後ランチ営業で見込みどおりの売上高しか得られなかったとしても表1において，［ f ］ことから，S氏は，ランチ営業を始めることにした。

設問1 図1中の[a]～[c]に入れる適切な字句を，それぞれ15字以内で述べよ。

設問2 〔“来店客の待ち時間が長い問題”の改善策〕について，(1)，(2) に答えよ。

(1) 図2中の[d]に入れる適切な字句を，10字以内で答えよ。

(2) 本文中の下線①を実施した後，料理品目を追加する場合に，考慮すべきことは何か。15字以内で述べよ。

設問3 〔その他の問題の改善策〕について，(1) ～ (3) に答えよ。

(1) 本文中の下線②のことを何というか。適切な字句を解答群の中から選び，記号で答えよ。

解答群

ア　アクセシビリティ　　イ　エンプロイヤビリティ

ウ　トレーサビリティ　　エ　ユーザビリティ

(2) 本文中の[e]に入れる適切な字句を，30字以内で述べよ。

(3) 本文中の下線③によって利益が改善する理由を，売上の増加以外に，30字以内で述べよ。

設問4 〔ランチ営業の検討〕について，本文中の[f]に入れる，ランチ営業を始めることにした理由を解答群の中から選び，記号で答えよ。

解答群

ア　“売上高－固定費”がプラスである

イ　“売上高－変動費”がプラスである

ウ　“変動費－固定費”がプラスである

解説

設問1 の解説

図1（“来店客の待ち時間が長い問題”の特性要因図）中の空欄a〜cに入れる字句が問われています。特性要因図とは，特性（結果）とこれに影響を及ぼすと考えられる要因（原因）との関係を体系的にまとめた図です。

図1の特性要因図は，「従業員」，「店舗」，「料理」，「手順」の四つに分類されています。これは〔“来店客の待ち時間が長い問題”の要因分析〕の（1）〜（4）に，それぞれ対応するので，空欄a〜cには，（2）店舗に記述されている内容が入ることになります。

●空欄a

空欄aから伸びる矢印は，「店舗の移転が難しい」という要因に向かっているので，空欄aには「店舗の移転が難しい」ことの要因（理由）が入ります。

〔“来店客の待ち時間が長い問題”の要因分析〕の（2）店舗の二つ目の内容を見ると，「賃貸契約の期間が残っており，多額の解約手数料が掛かるので，店舗の移転は難しい」とあります。「賃貸契約の期間が残っている」という要因は，空欄aに対する要因として既に記述されています。したがって，「店舗の移転が難しい」に対する直接的な要因は，「多額の解約手数料が掛かる」です。つまり，**空欄a**には，「**多額の解約手数料が掛かる**」が入ります。

●空欄b，c

空欄b，cは，（2）店舗の一つ目の内容である，「貸しビルの店舗の増改築は難しく，客席の数を増やせない」に該当します。

図1では，空欄cが空欄bの要因となっているので，**空欄b**には「**客席の数を増やせない**」，**空欄c**には「**貸しビルの店舗の増改築は難しい**」が入ります。

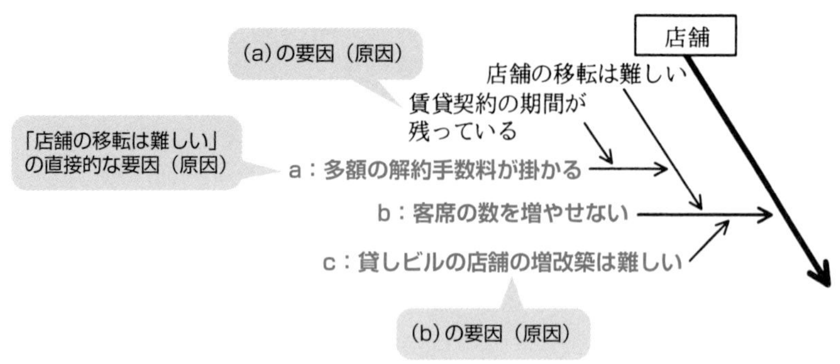

設問2 の解説

(1) 図2（ABC曲線）中の縦軸，空欄dに入れる字句が問われています。

ABC曲線とは，ABC分析において使用される図で，パレート図とも呼ばれます。ABC分析とは，分析対象とする項目を大きい順に並べ，その累計値が全体の70%を占める項目グループをA，70%～90%の項目グループをB，それ以外の項目グループをCとして分類することで重点的に管理・対応すべき項目は何かを明らかにする手法です。

図2のABC曲線は，図1で抽出された主要因“料理の品目数を減らさずにメニューに品目の追加を続けている”について，その改善策を検討するために作成された図です。図2を見ると，全品目数の20%を占めるAグループの品目だけで，空欄dの割合の70%を占めている一方，B，Cグループの品目は全品目数の80%を占めているのにもかかわらず，空欄dの割合は30%しかないことが分かります。

この分析結果から，S氏は，「B，Cグループのうちから，将来の伸びが期待できない品目をメニューから削除する」という改善策を出しています。将来の伸びが期待できない品目とは，売上の伸びが期待できない品目のことです。つまり，B，Cグループのうちから，将来的にも売上が少ない，すなわち売上金額が少ない品目をメニューから削除するということです。

B，Cグループの，空欄dの割合は30%です。このことから考えると，空欄dは「売上金額」に関連する字句が入ることが分かります。ここで，ABC曲線（パレート図）の縦軸は，累計構成比（累積割合）であることに注意します。累計構成比とは，全体に対する累計値の割合のことです。

▼累計構成比の例

No.	料理の品目	売上金額	売上金額の累計	売上累計構成比（%）
1	ハンバーグステーキ	255,000	255,000	26.7
2	オムライス	176,000	431,000	45.1
3	エビピラフ	120,000	551,000	57.6
:	:	:	:	:
10	ホットドッグ	21,000	956,000	100.0

以上，図2の縦軸は，売上累計構成比を表すことになります。「 d の割合（%）」とあるので，**空欄d**には「**売上金額の累計**」と入れればよいでしょう。

(2) 下線①に「料理の品目数を絞ることにした」とあり，これを実施した後，料理品目を追加する場合に，考慮すべきことが問われています。

料理の品目数を減らさずにメニューに品目の追加を続けてきてしまった結果，料理の品目数が多くなり，このことが，来店客の待ち時間が長い問題の一つの要因となったわけです。そこで，改善策を検討するためABC曲線を作成し，「A及びBグループの品目数が最適な品目数である」という結論を出しています。そして，その改善策が「B，Cグループのうちから，将来の伸びが期待できない品目をメニューから削除し，料理の品目数を絞る」です。

したがって，今後，料理品目を追加する場合にも，常に，「最適な品目数」を意識する必要があります。つまり，新しい料理品目を追加するのであれば，その分，既存の料理品目を減らし，最適な品目数を維持することは必須です。

以上，解答としては「**最適な品目数を維持する**」とすればよいでしょう。

設問3 の解説

(1)「②来店客にも契約農家，生産方法などが分かるようにして，顧客満足度を高める」とあり，下線②のことを何というか問われています。

〔来店客へのアンケートの結果〕の（不評点）に，「おいしくて安全な料理を食べたいが，料理に使われている食材を，誰がどのようにして作っているか分からない」とあります。この対応策として，S氏は，「来店客にも契約農家，生産方法などが分かるようにする」という改善策を立てたと考えられます。

料理に使用されている食材が，いつ，どこで，誰によって作られたのかが確認できる仕組みをトレーサビリティといいます。トレーサビリティとは追跡可能性とも呼ばれ，原材料の流通経路をたどることで生産段階まで追跡可能である状態のことです。食材の生産，加工，流通などの過程を追跡可能な状態にすることで，使用されている食材の安全性が確認でき，顧客満足度を高めることができます。

以上，解答は〔**ウ**〕の**トレーサビリティ**です。

(2)「スタンプカードの不便さを解消するために，既存の情報システムを活用して，[e]」とあり，空欄eに入れる字句が問われています。

スタンプカードの不便さについては，〔来店客へのアンケートの結果〕の（不評点）に，「スタンプカードを忘れた場合に，スタンプがたまらないのは不便である」と記述されていることから，スタンプカードを忘れた場合でもスタンプがたまる仕組み，あるいはそれに代わる仕組みが必要であることが分かります。

ここで着目すべきは，〔来店客へのアンケートの結果〕の（好評点）にある，「携帯アプリを使って予約できるのは，便利である」との記述です。既存の情報システムでは，携帯アプリからの予約ができるわけですから，これを活用します。つまり，携帯アプリにスタンプカードの機能をもたせて，スタンプがためられるようにすれば，スタンプカードの不便さは解消されます。

以上，**空欄e**には，「携帯アプリにスタンプカードの機能をもたせる」と入れればよいでしょう。なお，試験センターでは解答例を「**携帯アプリにスタンプカードの代替機能をもたせる**」としています。

(3) 下線③の「ハンバーグステーキと野菜サラダをセットにしたおすすめ料理を紹介し，セット料理がより多く売れるようにする」ことによって，利益が改善する理由（売上の増加以外の理由）が問われています。

問題文の冒頭にある，「最近は，売上が横ばい状態の上に，食材価格の高騰の影響で経費が増加しており，黒字経営とはいえ，利益は減少傾向にある」との記述から，食材価格の高騰が利益を圧迫していることが分かります。一方，〔その他の問題の改善策〕には，「仕入先として予定している農家と交渉した結果，食材をたくさん仕入れると，仕入単価を下げる契約が可能なことが分かった」との記述があります。

〔来店客へのアンケートの結果〕の（好評点）に，「ハンバーグステーキがとてもおいしい」とあるので，ハンバーグステーキは人気メニューだと判断できます。この人気ハンバーグステーキと野菜サラダをセットにしたおすすめ料理が，より多く売れるようになると，農家からの仕入れ量が増え，仕入単価を下げることができます。利益は，売上金額から仕入単価をはじめとする費用を差し引いた金額です。仕入単価が下がることによって，利益が改善します。以上，利益が改善する理由は，「**食材の仕入れ量が増え，仕入単価を下げられるから**」です。

設問4 の解説

「今後ランチ営業で見込みどおりの売上高しか得られなかったとしても表1において，［ f ］ことから，S氏は，ランチ営業を始めることにした」とあり，空欄fに入れる，ランチ営業を始めることにした理由が問われています。

〔ランチ営業の検討〕に，「ランチ営業の開始に伴って，R店の固定費が増加することはない。そこで，固定費の総額を，ディナー営業とランチ営業に売上高で配賦し，表1のランチ営業の収益見込みを作成した」とあります。この記述から，表1の固定費は，埋没費用（サンクコスト）であることが分かります。埋没費用とは，どの案を選択しても変わらず発生する費用で，回収できない費用のことです。

したがって，ランチ営業を開始するかどうかの意思決定の際には，売上高から変動費のみを差し引いた限界利益（貢献利益ともいう）で判断する必要があります。

表1を見ると，売上高が3,000千円，変動費が2,000円なので，限界利益は3,000－2,000＝1,000千円です。ランチ営業の開始に伴って，固定費が増加することはないため，ランチ営業を開始すれば，1,000千円／月の利益増が見込めます。

以上，ランチ営業を始めることにした理由は，限界利益がプラスの値だからです。**空欄f**には，〔イ〕の **"売上高－変動費" がプラスである**が入ります。

解答

設問1　a：多額の解約手数料が掛かる
　b：席の数を増やせない
　c：店舗の増改築は難しい

設問2　(1) d：売上金額の累計
　(2) 最適な品目数を維持する

設問3　(1) ウ
　(2) e：携帯アプリにスタンプカードの代替機能をもたせる
　(3) 食材の仕入れ量が増え，仕入単価を下げられるから

設問4　f：イ

参考　営業利益と限界利益

営業利益は，売上高から売上原価を差し引いた売上総利益から，さらに，販売費及び一般管理費を差し引いて計算します。原価の中には，売上に比例して増減する変動費と，売上に関係なく一定の額が発生する固定費があります。一般に，営業利益がマイナスのとき，「赤字」といいますが，実は，売上高から変動費を差し引いた**限界利益**が重要になります。

例えば，商品の売値：200円／個，変動費：100円／個，固定費：500円の場合，売上数が4個のとき，営業利益は「200×4－（100×4＋500）＝－100」となり，100円の赤字です。しかし，売上数が5個のとき，営業利益は±0円になり，さらに6個になると，営業利益は＋100円とプラスになります。このように，売上数に伴って増える利益（100円）は，限界利益（＝売上高－変動費）の増加分です。したがって，商品を売るか否かの判定は，限界利益で行えばよく，営業利益がマイナスであっても限界利益がプラスなら商品を売るという判断をしてよいことになります。

問題4 ゲーム理論を用いた事業戦略 (R04春午後問2)

化粧品製造販売会社の事業戦略の策定を題材にした問題です。企業は，他社との競争環境下において最大の利益を得る目的で，自社の事業戦略を検討する際に，意思決定の判断材料の一つとしてゲーム理論を用いることがあります。本問は，このゲーム理論を用いた事業戦略を中心とした問題になっています。そのため（当然ながら），ゲーム理論の基本的な知識が問われます。ゲーム理論問題は，午前試験でも出題されるので，本問を通して理解を深めておくとよいでしょう。なお，そのほかの設問については，問題文に記述されている内容を適切に読み取ることで解答を導き出すことができます。あせらず落ち着いて解答を進めましょう。

問 化粧品製造販売会社でのゲーム理論を用いた事業戦略の検討に関する次の記述を読んで，設問1～3に答えよ。

A社は，国内大手の化粧品製造販売会社である。国内に八つの工場をもち，自社で企画した商品の製造を行っている。販売チャネルとして，全国の都市に約30の販売子会社と約200の直営店をもち，更に加盟店契約を結んだ約2万の化粧品販売店（以下，加盟店という）がある。卸売会社を通さずに販売子会社から加盟店への流通チャネルを一本化して販売価格を維持してきた。加盟店から加盟店料を徴収する見返りに，販売棚などの什（じゅう）器の無償貸出やA社の美容販売員の加盟店への派遣などのA社独自の手厚い支援を通じて，共存共栄の関係を築いてきた。化粧品販売では実際に商品を試してから購入したいという顧客ニーズが強く，A社の事業は加盟店の販売網による店舗販売が支えていた。また，各工場に隣接された物流倉庫から各店舗への配送は，外部の運送会社に従量課金制の契約で業務委託している。

A社の主な顧客層は，20～60代の女性だが，近年は10代の若者層が増えている。取扱商品は，スキンケアを中心にヘアケア，フレグランスなど，幅広く揃えており，粗利益率の高い中高価格帯の商品が売上全体の70%以上を占めている。

〔A社の事業の状況と課題〕

A社の昨年度の売上高は7,600億円，営業利益は800億円であった。A社は，戦略的な観点から高品質なイメージとブランド力の維持に努め，工場及び直営店を自社で保有し，積極的に広告宣伝及び研究開発を行ってきた。A社では，売上高にかかわらず，これらの設備に係る費用，広告宣伝費及び研究開発費に毎年多額の費用を投入してきたので，総費用に占める固定費の割合が高い状態であった。

A社の過去3年の売上高及び営業利益は微増だったが，今年度は，売上高は横ばい，営業利益は微減の見通しである。A社は，これまで規模の経済を生かして市場シェアを拡大し，売上高を増やすことによって営業利益を増やすという事業戦略を採ってきたが，景気の見通しが不透明であることから，景気が悪化しても安定した営業利益を確保することを今後の経営の事業方針とした。①これまでの事業戦略は今後の経営の事業方針に適合しないので，主に固定費と変動費の割合の観点から費用構造を見直し，これに従った事業戦略の策定に着手した。

〔ゲーム理論を用いた事業戦略の検討〕

事業戦略の検討を指示された経営企画部は，まず固定費の中で金額が大きい自社の工場への設備投資に着目し，今後の設備投資に関して次の三つの案を挙げた。

(1) 積極案：全8工場の生産能力を拡大し，更に新工場を建設する。

(2) 現状維持案：全8工場の生産能力を現状維持する。

(3) 消極案：主要6工場の生産能力を現状維持し，それ以外の2工場を閉鎖する。

表1は，景気の見通しにおける設備投資案ごとの営業利益の予測である。それぞれの営業利益の予測は，過去の知見から信頼性の高いデータに基づいている。

表1　景気の見通しにおける設備投資案ごとの営業利益の予測

単位　億円

営業利益の予測		景気の見通し		
		悪化	横ばい	好転
設備投資案	積極案	640	880	1,200
	現状維持案	720	800	960
	消極案	740	780	800

景気の見通しは不透明で，その予測は難しい。ここで，②設備投資案から一つの案を選択する場合の意思決定の判断材料の一つとしてゲーム理論を用いることが有効だった。この結果，A社の事業方針に従い［ a ］に基づくと，消極案が最適になることが分かった。

次に，これから最も強力な競合相手となるプレイヤーを加えたゲーム理論を用いた検討を行った。トイレタリー事業最大手B社が，3年前に化粧品事業に本格的に参入してきた。強力な既存の流通ルートを生かし，現在は低価格帯の商品に絞ってドラッグストアやコンビニエンスストアで販売して，化粧品の全価格帯を合わせた市場シェア(以下，全体市場シェアという)を伸ばしている。現在の全体市場シェアはA社が38%，B社が24%である。今後，中高価格帯の商品の市場規模は現状維持で，低価格帯の商品の市場規模が拡大すると予測しているので，両社の全体市場シェアの差は更に縮まると懸念している。

経営企画部は，これを受けて今後A社が注力すべき商品の価格帯について，次の二つの案を挙げた。ここから一つの案を選択する。

(1) A1案（中高価格帯に注力）：粗利益率が高い中高価格帯の割合を更に増やす。

(2) A2案（低価格帯に注力）：売上高の増加が見込める低価格帯の割合を増やす。

これに対して，B社もB1案（中高価格帯に注力）又はB2案（低価格帯に注力）から一つを選択するものとする。両社の強みをもつ市場が異なるので，中高価格帯市場で競合した場合は，A社がより有利に中高価格帯の市場シェアを獲得できる。逆に，低価格帯市場で競合した場合は，B社に優位性がある。表2は，A社とB社がそれぞれの案の下で獲得できる全体市場シェアを予測したものである。

表2　注力すべき商品の価格帯の案ごとの全体市場シェアの予測

単位　%

全体市場シェアの予測		B社	
		B1案（中高価格帯に注力）	B2案（低価格帯に注力）
A社	A1案（中高価格帯に注力）	41，22	37，28
	A2案（低価格帯に注力）	36，24	35，30

注記　各欄の左側の数値はA社の全体市場シェア，右側の数値はB社の全体市場シェアの予測を表す。

A社とB社のそれぞれが，相手が選択する案に関係なく自社がより大きな全体市場シェアを獲得できる案を選ぶとすると，両社が選択する案の組合せは“A社はA1案を選択し，B社はB2案を選択する”ことになる。両社ともここから選択する案を変更すると全体市場シェアは減ってしまうので，あえて案を変更する理由がない。これをゲーム理論では［ b ］の状態と呼び，A社はA1案を選択すべきであるという結果になった。“A1案とB2案”の組合せでのA社の全体市場シェアは37%で，現状よりも減少すると予測されたものの，<u>③A社の全体の営業利益は増加する可能性が高い</u>と考えた。

後日，経営企画部は，設備投資及び注力すべき商品の価格帯の検討結果を事業戦略案としてまとめ，経営会議で報告し，その内容についておおむね賛同を得た。一方，設備投資に関して［ a ］に基づくと消極案が最適となったことに対し，“景気好転のケースを想定して，顧客チャネルを拡充したらどうか。”という意見が出た。また，注力すべき商品の価格帯に関して中高価格帯を選択することに対し，“更に中高価格帯に注力することには同意するが，低価格帯市場はB社の独壇場になり，将来的に中高価格帯市場までも脅かされるのではないか。”という意見が出た。

〔事業戦略案の策定〕

経営企画部は，前回の経営会議での意見に従って事業戦略案を策定し，再び経営会議で報告した。

(1) 売上高重視から収益性重視への転換

・低価格帯中心の商品であるヘアケア分野から撤退する。

・主要6工場の生産能力は現状維持とし，主にヘアケア商品を生産している2工場を閉鎖する。

・不採算の直営店を閉鎖し，直営店数を現在の約200から半減させる。

(2) 新たな商品ラインの開発

・若者層向けのエントリモデルとして低価格帯の商品を拡充する。中高価格帯の商品とは異なるブランドを作り，販売チャネルも変える。具体的には，自社製造ではなく④OEMメーカに製造を委託して需要の変動に応じて生産する。また，直営店や加盟店では販売せずに⑤ドラッグストアやコンビニエンスストアで販売し，A社の美容販売員の派遣を行わない。

(3) デジタル技術を活用した新たな事業モデルの開発

・インターネットを介した中高価格帯の商品販売などのサービス（以下，ECサービスという）を開始する。2年後のECサービスによる売上高の割合を30%台にすることを目標にする。

・店舗サービスとECサービスとを連動させて，顧客との接点を増やす顧客統合システムを開発する。

新たな事業モデルにおけるECサービスでは，例えば，顧客がECサービスを利用して気になる商品があったら，顧客の同意を得てWeb上で希望する加盟店を紹介する。顧客がその加盟店に訪れるのが初めての場合でも，美容販売員は，顧客がECサービスを利用した際に登録した顧客情報を参照して的確なカウンセリングやアドバイスを行うことができるので，効果的な商品販売が期待できる。⑥この事業モデルであれば店舗サービスとECサービスとが両立できることを加盟店に理解してもらう。

経営企画部の事業戦略案は承認され，実行計画の策定に着手することになった。

設問1 〔A社の事業の状況と課題〕について，(1)，(2) に答えよ。

(1) A社として固定費に分類される費用を解答群の中から選び，記号で答えよ。

解答群

ア　化粧品の原材料費　　　　　イ　正社員の人件費
ウ　製造ラインで作業する外注費　エ　配送を委託する外注費

(2) 本文中の下線①のこれまでの事業戦略が今後の経営の事業方針に適合しないのは，総費用に占める固定費の割合が高い状態が営業利益にどのような影響をもたらすからか。30字以内で述べよ。

設問2 〔ゲーム理論を用いた事業戦略の検討〕について，(1)～(3) に答えよ。

(1) 本文中の下線②について，設備投資案の選択にゲーム理論を用いることが有効だったが，それは表1中の景気の見通し及び営業利益の予測がそれぞれどのような状態で与えられていたからか。30字以内で述べよ。

(2) 本文中の［ a ］，［ b ］に入れる適切な字句を解答群の中から選び，記号で答えよ。

解答群

ア　混合戦略　　　　　イ　ナッシュ均衡
ウ　パレート最適　　　エ　マクシマックス原理
オ　マクシミン原理

(3) 本文中の下線③について，このように考えた理由を，25字以内で述べよ。

設問3 〔事業戦略案の策定〕について，(1)，(2) に答えよ。

(1) 本文中の下線④及び下線⑤の施策について，固定費と変動費の割合の観点から費用構造の変化に関する共通点を，15字以内で答えよ。

(2) 本文中の下線⑥について，A社の経営企画部が新たな事業モデルにおいて店舗サービスとECサービスとが両立できると判断した化粧品販売の特性を，本文中の字句を使って25字以内で述べよ。

解説

設問1 の解説

(1) A社として固定費に分類される費用が問われています。

固定費は，製品の売上や販売数量にかかわらず常に一定の支出を要する費用です。人件費やオフィス・店舗の家賃，設備等の減価償却費などが該当します。これに対して，売上や販売数量，生産量に伴って増減する費用（例えば，原材料費や仕入原価，外注費，支払運賃など）が変動費です。

解答群の中で固定費に分類されるのは，〔**イ**〕の**正社員の人件費**のみです。〔ア〕の「化粧品の原材料費」，〔ウ〕の「製造ラインで作業する外注費」，〔エ〕の「配送を委託する外注費」は，いずれも売上や販売数量，生産量に伴って増減するため変動費に分類されます。

(2) 下線①の「これまでの事業戦略が今後の経営の事業方針に適合しない」のは，総費用に占める固定費の割合が高い状態が営業利益にどのような影響をもたらすからか問われています。

“これまでの事業戦略”とは，「売上高を増やすことによって営業利益を増やす」という事業戦略です。そして，A社では，景気の見通しが不透明であることから，今後の経営の事業方針を，「景気が悪化しても安定した営業利益を確保すること」としています。

本設問におけるポイントは，「A社では，総費用に占める固定費の割合が高い」ことです。先の（1）でも触れましたが，固定費は売上高の増減に関係なく常に一定に発生する費用なので，少し極端ではありますが変動費がなく固定費のみであれば，売上高が増加すればするほど営業利益が生まれます。しかし，景気の悪化により売上高が減少した場合，固定費は減らないので，逆に営業利益を大きく減少させることになります。つまり，A社の場合，総費用に占める固定費の割合が高いため，売上高の増減が営業利益の増減に大きく影響することになります。このため，A社では，景気が悪化しても，すなわち景気に左右されずに安定した営業利益を確保することを今後の経営の事業方針としたわけです。

解答としては，設問文にある「固定費の割合が高い状態が営業利益にもたらす影響」という側面から，「売上高の増減が営業利益の増減に大きく影響する」などと解答すればよいでしょう。なお，試験センターでは解答例を「**売上高の増減に対して営業利益の増減幅が大きくなる**」としています。

設問2 の解説

(1) 下線②の「設備投資案から一つの案を選択する場合の意思決定の判断材料の一つとしてゲーム理論を用いることが有効だった」理由について，表1中の景気の見通し及び営業利益の予測がそれぞれどのような状態で与えられていたからか問われています。

ゲーム理論は，将来の起こり得る状況は予測できるが，その発生確率は不明である場合の意思決定における判断材料の一つとして用いられる理論です。表1の直前に，「表1は，景気の見通しにおける設備投資案ごとの営業利益の予測である。それぞれの営業利益の予測は，過去の知見から信頼性の高いデータに基づいている」との記述があり，表1の直後（下線②の前文）に，「景気の見通しは不透明で，その予測は難しい」とあります。つまり，景気の見通しにおける設備投資案ごとの営業利益の予測はできるが，その発生確率は不明（すなわち，景気の見通しの予測は難しい）という状態であったため，ゲーム理論を用いることが有効だったわけです。

したがって，解答としては，「景気の見通しにおける営業利益の予測はできるが，景気の見通しの予測は難しい」旨を30字以内にまとめればよいでしょう。なお，試験センターでは解答例を「**景気の見通しの予測は難しいが営業利益は予測できる**」としています。

(2) 本文中の空欄a及び空欄bに入れる字句が問われています。

●空欄a

空欄aは，「この結果，A社の事業方針に従い［ a ］に基づくと，消極案が最適になることが分かった」との記述中にあります。

先の（1）で解答した「景気の見通しの予測は難しいが営業利益は予測できる」場合の意思決定判断材料として多く用いられるのが，〔エ〕のマクシマックス原理と〔オ〕のマクシミン原理です。また，A社は三つの案の中から「消極案」を一つ選択していることからも，空欄aには，マクシマックス原理かマクシミン原理のどちらかが入ります。まず，それぞれの特徴を確認しておきましょう。

〔マクシマックス原理〕
各戦略の最大利得（最良利得）のうち最大となるものを選ぶ。つまり，最も楽観的な選択をする。

〔マクシミン原理〕
各戦略の最小利得（最悪利得）のうち最大となるものを選ぶ。つまり，最悪でも最低限の利得を確保しようという最も保守的な選択をする。

では，表1を基に，マクシマックス原理及びマクシミン原理に基づいた最適案を考えてみます。

まず，マクシマックス原理に基づいた場合，各設備投資案の最大営業利益は，積極案が1,200，現状維持案が960，消極案が800なので，このうち最大となる「積極案」が最適案になります。次に，マクシミン原理に基づいた場合，各設備投資案の最小営業利益は，積極案が640，現状維持案が720，消極案が740なので，このうち最大となる「消極案」が最適案になります。

単位　億円

営業利益の予測		景気の見通し		
		悪化	横ばい	好転
設備投資案	積極案	640	880	1,200
	現状維持案	720	800	960
	消極案	740	780	800

〔マクシマックス原理〕
各設備投資案の最大営業利益のうち最大のものを選ぶ

〔マクシミン原理〕
各設備投資案の最小営業利益のうち最大のものを選ぶ

A社では「消極案」を選択しているので，**空欄a**は〔**オ**〕の**マクシミン原理**です。なお，マクシミン原理は，最悪でも最低限の利得を確保しようという戦略なので，意思決定の判断材料としてマクシミン原理を採用することは，「景気が悪化しても安定した営業利益を確保する」というA社の事業方針にも合致します。

●空欄b

空欄bは，「これをゲーム理論では［ b ］の状態と呼び…」との記述中にあり，その前文には，次の二つの記述があります。

- A社とB社のそれぞれが，相手が選択する案に関係なく自社がより大きな全体市場シェアを獲得できる案を選ぶとすると，両社が選択する案の組合せは“A社はA1案を選択し，B社はB2案を選択する”ことになる。
- 両社ともここから選択する案を変更すると全体市場シェアは減ってしまうので，あえて案を変更する理由がない。

上記一つ目の記述から，A社とB社のそれぞれが，「自社の市場全体シェアを最大化する最適な案を選択している」状態であること，また二つ目の記述から，選択する案を変更すると市場全体シェアが減ってしまうため，「あえて案を変更しない」ことが読み取れます。

ゲーム理論では，このような状態をナッシュ均衡といいます。ナッシュ均衡とは，全てのプレイヤーが，他のプレイヤーの戦略を前提とした場合に，自分の最適な戦略を選択していて，そこからあえて戦略を変更せずに現状にとどまろうとする状態のことです。ナッシュ均衡を満たす戦略が，各プレイヤーによっていったん選択されると，どのプレイヤーも単独で（自分だけが）戦略を変更しても，損をすることはあっても得をすることはありません。このため，各プレイヤーは，あえて別の戦略をとらずに現状にとどまろうとします。これが“均衡”と呼ばれる所以です。“ナッシュ”は，この理論の提唱者であるジョン・ナッシュから付けられています。

以上，**空欄b**には〔**イ**〕の**ナッシュ均衡**が入ります。なお，その他の選択肢，〔ア〕の混合戦略と〔ウ〕のパレート最適については，下記「参考」にまとめておきます。

参考　混合戦略・パレート最適

●**混合戦略**：ある確率を基にして様々な戦略をランダムに選ぶ戦略のことです。これに対して，本問のように，A社，B社がそれぞれどれか一つの戦略を確定的に選ぶ戦略を**純粋戦略**といいます。純粋戦略の身近な例としては，「グー，チョキ，パー」のいずれかを確定的に出すじゃんけんゲームがあります。ただし，自分が出す手（グー，チョキ，パー）をある確率に基づいてランダム化し勝利しようとするとき，これは混合戦略になります。

●**パレート最適**：全てのプレイヤーにとって，ある戦略の組合せ（ここでは，“S”とする）の与える利得よりもよい戦略の組合せがほかに存在しないとき，つまり，どのプレイヤーも不利益を被ることなく，全体の利得が最大化された状態のとき，戦略の組合せ“S”はパレート最適であるといいます。パレート最適な状態であるとき，戦略の組合せ“S”から別の戦略の組合せに変わると，少なくとも誰か1人が犠牲になります。つまり，パレート最適とは，「誰かを犠牲にしなければ，ほかの誰かをよりよくできない状態」のことです。なお，パレート最適は，あの有名な“パレートの法則（80：20の法則）”を見いだしたイタリアの経済学者ヴィルフレド・パレートが提唱した「資源配分に関する概念」です。**パレート効率**とも呼ばれます。

(3) 下線③についての設問です。下線③は，「“A1案とB2案”の組合せでのA社の全体市場シェアは37%で，現状よりも減少すると予測されたものの，③A社の全体の営業利益は増加する可能性が高いと考えた」との記述中にあり，このように考えた理由が問われています。

A社の現在の全体市場シェアは，〔ゲーム理論を用いた事業戦略の検討〕の記述にあるように38%です。これが，“A1案とB2案”の組合せ，すなわちA社がA1案，B社がB2案を選択したときのA社の全体市場シェアは37%と予測されるため，現状よりもわずかに減少することになります。

しかし，A1案は「粗利益率が高い中高価格帯の割合を更に増やす」という案です。粗利益率が高いということは，売上高に対する粗利益（すなわち，売上総利益）が高いということです。このため，全体市場シェアが38%から37%に減少したとしても，粗利益率が高い中高価格帯の割合を更に増やせば，売上総利益は増加し，A社全体の営業利益は増加する可能性が高いと考えられます。

以上，下線③のように考えた理由（解答）としては，「粗利益率が高い中高価格帯の割合が増えるから」などとすればよいでしょう。なお，試験センターでは解答例を「**中高価格帯の商品は粗利益率が高いから**」としています。

設問3 の解説

(1) 下線④及び下線⑤の施策について，固定費と変動費の割合の観点から費用構造の変化に関する共通点が問われています。下線④及び下線⑤の施策は，「若者層向けのエントリモデルとして低価格帯の商品を拡充する」という新たな商品ラインの開発における施策です。次のように記述されています。

> ・自社製造ではなく④OEMメーカに製造を委託して需要の変動に応じて生産する。
> ・直営店や加盟店では販売せずに⑤ドラッグストアやコンビニエンスストアで販売し，A社の美容販売員の派遣を行わない。

下線④のOEM（Original Equipment Manufacturing）メーカとは，製造・生産のみを受託する，すなわち他社ブランドの製品を製造するメーカのことです。低価格帯の商品を自社で製造せず，OEMメーカに委託すれば，自社工場で必要な固定費を削減できます。一方，OEMメーカへの委託料（外注費）が増えるので変動費は増加します。

下線⑤の「ドラッグストアやコンビニエンスストアで販売」するという施策において，A社の美容販売員の派遣を行わないのであれば，美容販売員への人件費といった固定費を削減できます。一方，ドラッグストアやコンビニエンスストアでの販売量が増加するにしたがってそれらに係る変動費は増加します。

以上のことから，下線④及び下線⑤のいずれの施策においても，固定費が減少し，変動費が増加するため，総費用に占める固定費の割合が減少します。

したがって，固定費と変動費の割合の観点から費用構造の変化に関する共通点とは,「総費用に占める固定費の割合の減少」です。解答としては，これを15字以内にまとめて**「固定費の割合の減少」**とすればよいでしょう

(2) 下線⑥について，新たな事業モデルにおいて店舗サービスとECサービスとが両立できると判断した化粧品販売の特性が問われています。

まず,“化粧品販売の特性”に関する記述を探すと，問題文の冒頭に,「化粧品販売では実際に商品を試してから購入したいという顧客ニーズが強く，A社の事業は加盟店の販売網による店舗販売が支えていた」との記述があります。また，加盟店については,「A社独自の手厚い支援を通じて，共存共栄の関係を築いてきた」と記述されています。

次に,“新たな事業モデルにおけるECサービス”について，下線⑥の前文に,「顧客がECサービスを利用して気になる商品があったら，加盟店を紹介し，美容販売員が的確なカウンセリングやアドバイスを行うことができるので，効果的な商品販売が期待できる」旨の記述があります。つまり，新たな事業モデルでは，ECサービスを利用した顧客に対して加盟店への来店を促すことになり，これによりA社がこれまで築いてきた加盟店との共存共栄の関係も保つことができると考えられます。また，加盟店で実際に試してから購入できるわけですから，実際に商品を試してから購入したいという顧客ニーズを満たすことができます。

以上，問われているのは，店舗サービスとECサービスとが両立できると判断した化粧品販売の特性ですから，解答としては,「商品を試してから購入したいという顧客ニーズが強い」などとすればよいでしょう。なお，試験センターでは解答例を**「顧客は実際に商品を試してから購入したい」**としています。

解答

設問1 (1) イ
(2) 売上高の増減に対して営業利益の増減幅が大きくなる

設問2 (1) 景気の見通しの予測は難しいが営業利益は予測できる
(2) a：オ
b：イ
(3) 中高価格帯の商品は粗利益率が高いから

設問3 (1) 固定費の割合の減少
(2) 顧客は実際に商品を試してから購入したい

問題5 教育サービス業の新規事業開発 （R04秋午後問2）

教育サービス業の新規事業開発を題材とした，経営戦略の策定，及び財務計画の策定に関する問題です。本問では，SWOT分析を基にした新事業の戦略立案，戦略の実効性の検証，ビジネスモデルキャンバスの手法を用いたビジネスモデルの策定といった新規事業開発プロセスについての基本的な理解，ならびに財務計画の策定の理解が問われます。用語を問う設問もあり，全体的には，解答しやすい問題になっています。問題文に記述されている内容を適切に読み取ることがポイントです。

問 教育サービス業の新規事業開発に関する次の記述を読んで，設問に答えよ。

B社は，教育サービス業の会社であり，中高生を対象とした教育サービスを提供している。B社では有名講師を抱えており，生徒の能力レベルに合った分かりやすく良質な教育コンテンツを多数保有している。これまで中高生向けに塾や通信教育などの事業を伸ばしてきたが，ここ数年，生徒数が減少しており，今後大きな成長の見込みが立たない。また，教育コンテンツはアナログ形式が主であり，Web配信ができるデジタル形式のビデオ教材になっているものが少ない。B社の経営企画部長であるC取締役は，この状況に危機感を抱き，3年後の新たな成長を目指して，デジタル技術を活用して事業を改革し，B社のDX（デジタルトランスフォーメーション）を実現する顧客起点の新規事業を検討することを決めた。C取締役は，事業の戦略立案と計画策定を行う戦略チームを経営企画部のD課長を長として編成した。

〔B社を取り巻く環境と取組〕

D課長は，戦略の立案に当たり，B社を取り巻く外部環境，内部環境を次のとおり整理した。

- ここ数年で，法人において，非対面でのオンライン教育に対するニーズや，時代の流れを見据えて従業員が今後必要とされるスキルや知識を新たに獲得する教育（リスキリング）のニーズが高まっている。今後も法人従業員向けの教育市場の伸びが期待できる。
- 最近，法人向けの教育サービス業において，異業種から参入した企業による競合サービスが出現し始めていて，価格競争が激化している。
- 教育サービス業における他社の新規事業の成功事例を調査したところ，特定の業界で他企業に対する影響力が強い企業を最初の顧客として新たなサービスの実績を築いた後，その業界の他企業に展開するケースが多いことが分かった。
・B社では，海外の教育関連企業との提携，及びE大学の研究室との共同研究を通じて，データサイエンス，先進的プログラム言語などに関する教育コンテンツの拡充や，AIを用いて個人の能力レベルに合わせた教育コンテンツを提供できる教育ツールの研究開発に取り組み始めた。この教育ツールは実証を終えた段階である。このように，最新の動向の反映が必要な分野に対して，業界に先駆けた教育コンテンツの整備力が強みであり，新規事業での活用が見込める。

〔新規事業の戦略立案〕
D課長は，内外の環境の分析を行い，B社の新規事業の戦略を次のとおり立案し，C取締役の承認を得た。
・新規事業のミッションは，“未来に向けて挑戦する全ての人に，変革の機会を提供すること”と設定した。
・B社は，新規事業領域として，①法人従業員向けの個人の能力レベルに合わせたオンライン教育サービスを選定し，SaaSの形態（以下，教育SaaSという）で顧客に提供する。
・中高生向けの塾や通信教育などでのノウハウをサービスに取り入れ，法人でのDX推進に必要なデータサイエンスなどの知識やスキルを習得する需要に対して，AIを用いた個人別の教育コンテンツをネット経由で提供するビジネスモデルを構築することを通じて，②B社のDXを実現する。
・最初に攻略する顧客セグメントは，データサイエンス教育の需要が高まっている大手製造業とする。顧客企業の人事教育部門は，B社の教育SaaSを利用することで，社内部門が必要なときに必要な教育コンテンツを提供できるようになる。
・対象の顧客セグメントに対して，従業員が一定規模以上の企業数を考慮して，販売目標数を設定する。毎月定額で，提示するカタログの中から好きな教育コンテンツを選べるサービスを提供することで，競合サービスよりも利用しやすい価格設定とする。
・Webセミナーやイベントを通じてB社の教育SaaSの認知度を高める。また，法人向けの販売を強化するために，F社と販売店契約を結ぶ。F社は，大手製造業に対する人材提供や教育を行う企業であり，大手製造業の顧客を多く抱えている。
D課長は，戦略に基づき新規事業の計画を策定した。

〔顧客実証〕
D課長は，新規事業の戦略の実効性を検証する顧客実証を行うこととして，その方針を次のように定めた。

・教育ニーズが高く，商談中の③G社を最初に攻略する顧客とする。G社は，製造業の大手企業であり，同業他社への影響力が強い。

・G社への提案前に，B社の提供するサービスが適合するか確認するために[a]を実施する。[a]にはF社にも参加してもらう。

〔ビジネスモデルの策定〕

D課長は，ビジネスモデルキャンバスの手法を用いて，B社のビジネスモデルを図1のとおり作成した。なお，新規事業についての要素を“★”で，既存事業についての要素を無印で記載する。(省略) はほかに要素があることを示す。

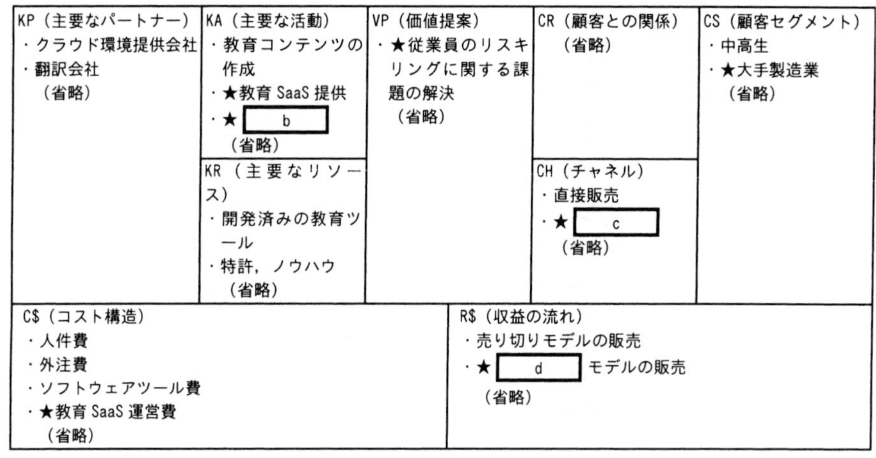

図1　B社のビジネスモデル

〔財務計画〕

D課長は，B社の新規事業に向けた財務計画第1版を表1のとおり作成し，C取締役に提出した。なお，財務計画作成で，次の前提をおいた。

・競争優位性を考慮して，教育SaaS開発投資を行う。開発投資は5年で減価償却し，固定費に含める。

・競合サービスを考慮して，販売単価は，1社当たり10百万円／年とする。

・利益計算に当たって，損益計算書を用い，キャッシュフローや現在価値計算は用いない。金利はゼロとする。

表1　財務計画第1版

単位　百万円

科目	1年目	2年目	3年目	4年目	5年目	5年合計
売上高	10	40	90	160	300	600
費用	50	65	90	125	195	525
変動費	5	20	45	80	150	300
固定費	45	45	45	45	45	225
営業利益	−40	−25	0	35	105	75
累積利益	−40	−65	−65	−30	75	

D課長は，財務部長と財務計画をレビューし，“既存事業の業績の見通しが厳しいので新規事業の費用を削減して，4年目に累積損失を0にしてほしい”との依頼を受けた。

D課長は，C取締役に財務部長の依頼を報告し，この財務計画は現時点で最も確かな根拠に基づいて設定した計画であること，また新規事業にとっては④4年目に累積損失を0にするよりも優先すべきことがあるので，財務計画第1版の変更はしないことを説明し了承を得た。

その後，D課長は，計画の実行を適切にマネジメントすれば，変動費を抑えて4年目に累積損失を0にできる可能性はあると考え，この想定で別案として財務計画第2版を追加作成した。財務計画第2版の変動費率は［ e ］%となり，財務計画第1版と比較して5年目の累積利益は，［ f ］%増加する。

設問1 〔新規事業の戦略立案〕について答えよ。

(1) 本文中の下線①について，この事業領域を選定した理由は何か。強みと機会の観点から，それぞれ20字以内で答えよ。

(2) 本文中の下線②について，留意すべきことは何か。最も適切な文章を解答群の中から選び，記号で答えよ。

解答群

ア　B社のDXにおいては，データドリブン経営はAIなしで人手で行うので十分である。

イ　B社のDXの戦略立案に際しては，自社のあるべき姿の達成に向け，デジタル技術を活用し事業を改革することが必要となる。

ウ　B社のDXは，デジタル技術を用いて製品やサービスの付加価値を高めた後，教育コンテンツのデジタル化に取り組む必要がある。

エ　B社のDXは，ニーズの不確実性が高い状況下で推進するので，一度決めた計画は遵守する必要がある。

設問2 〔顧客実証〕について答えよ。

(1) 本文中の下線③について，この方針の目的は何か。20字以内で答えよ。

(2) 本文中の[a]に入れる最も適切な字句を解答群の中から選び，記号で答えよ。

解答群

ア　KPI　　イ　LTV　　ウ　PoC　　エ　UAT

設問3 〔ビジネスモデルの策定〕について答えよ。

(1) 図1中の[b]，[c]に入れる最も適切な字句を解答群の中から選び，記号で答えよ。

解答群

ア　E大学　　イ　F社　　ウ　G社

エ　教育　　オ　コンサルティング　　カ　プロモーション

(2) 図1中の[d]には販売の方式を示す字句が入る。片仮名で答えよ。

設問4 〔財務計画〕について答えよ。

(1) 本文中の下線④について，新規事業にとって4年目に累積損失を0にすることよりも優先すべきこととは何か。20字以内で答えよ。

(2) 本文中の[e]，[f]に入れる適切な数値を整数で答えよ。

解説

設問1 の解説

(1) 新規事業領域として，下線①の「法人従業員向けの個人の能力レベルに合わせたオンライン教育サービスを選定」した理由を，強みと機会の観点から解答する問題です。

B社は，内外の環境の分析を行い，下線①を新事業領域として選定しているので，〔B社を取り巻く環境と取組〕に挙げられている四つの環境要因を確認します。すると，四つ目が“強み”に該当し，一つ目が“機会”該当することが分かります。

〔強み〕
B社では，…(途中省略)…。最新の動向の反映が必要な分野に対して，業界に先駆けた教育コンテンツの整備力が強みであり，新規事業での活用が見込める。

〔機会〕
ここ数年で，法人において，非対面でのオンライン教育に対するニーズや，時代の流れを見据えて従業員が今後必要とされるスキルや知識を新たに獲得する教育(リスキリング)のニーズが高まっている。今後も法人従業員向けの教育市場の伸びが期待できる。

上記を整理すると，“**強み**”は「**業界に先駆けた教育コンテンツの整備力**」です。“機会”は，「オンライン教育に対するニーズの高まり」と「リスキリングのニーズの高まり」の二つが考えられますが，新規事業のミッションを，“未来に向けて挑戦する全ての人に，変革の機会を提供すること”と設定していますから，“**機会**”としては，「**リスキリングのニーズの高まり**」が適切です。

(2) 下線②の「B社のDXを実現する」について，留意すべきことが問われています。

“DXの実現”をキーワードに問題文を確認すると，問題文の冒頭に，「3年後の新たな成長を目指して，デジタル技術を活用して事業を改革し，B社のDX（デジタルトランスフォーメーション）を実現する顧客起点の新規事業を検討することを決めた」との記述があります。「3年後の新たな成長を目指す」ということは，将来（3年後）のあるべき姿を定め，そのあるべき姿の達成に向けた取組を行うということです。そして，この取組こそが，デジタル技術を活用した事業改革です。

したがって，B社のDXを実現するために留意すべきこととしては，〔**イ**〕の「**B社のDXの戦略立案に際しては，自社のあるべき姿の達成に向け，デジタル技術を活用し事業を改革することが必要となる**」が適切です。なお，その他の選択肢は，次のような理由で適切とはいえません。

ア：データドリブン経営とは“データを基にした経営”という意味で，ビッグデータをはじめ，収集・蓄積されたデータを分析し，その分析結果に基づいて事業の方向性や戦略を決める（意思決定を行う）という経営手法のことです。膨大なデータをスピーディーかつ効率的に処理し，意思決定に有意義な情報を得るためには，AIは欠かすことのできない技術です。現在，AIはデータドリブン経営の中心的な役割を果たすといっても過言ではないため，「データドリブン経営はAIなしで人手で行う」との記述は適切ではありません。

ウ：B社の教育コンテンツは，Web配信ができるデジタル形式のビデオ教材になっているものが少ないわけですから，製品やサービスの付加価値を高めるためにも，教育コンテンツのデジタル化への取組は必要です。

エ：ニーズの不確実性とは，ニーズは予測できるが，どの程度のニーズがあり，またその発生確率はいかほどか不明確だということです。ニーズの不確実性が高い状況下であった場合，一度決めた計画も，B社を取り巻く内外の環境の変化に合わせて修正していく必要があります。

設問2 の解説

(1) 下線③の「G社を最初に攻略する顧客とする」という方針の目的が問われています。着目すべきは下線③の後文にある，「G社は，製造業の大手企業であり，同業他社への影響力が強い」との記述です。

〔B社を取り巻く環境と取組〕の三つ目に，「教育サービス業における他社の新規事業の成功事例を調査したところ，特定の業界で他企業に対する影響力が強い企業を最初の顧客として新たなサービスの実績を築いた後，その業界の他企業に展開するケースが多いことが分かった」とあります。この記述から，他企業に対する影響力が強い大手製造業のG社を最初の顧客として実績を築くことができれば，その後，同業他社への展開が望めることが分かります。

したがって，下線③の方針の目的（解答）としては，「製造業の同業他社へ展開するため」とすればよいでしょう。なお，試験センターでは解答例を「**大手製造業の同業他社へ展開するため**」としています。

(2)「G社への提案前に，B社の提供するサービスが適合するか確認するために［ a ］を実施する。［ a ］にはF社にも参加してもらう」との記述中にある，空欄aに入れる字句が問われています。まず，解答群にある各選択肢の意味を確認しておきましょう。

KPI	Key Performance Indicator（重要業績評価指標）の略で，目標の達成度合いを計測・監視（モニタリング）するための指標
LTV	Life Time Value（顧客生涯価値）の略で，1人の顧客が生涯（自社との取引開始から終了までの間）に，どれだけの利益をもたらしてくれるのかを表す指標
PoC	Proof of Concept（概念実証）の略で，サービスや製品に用いられる新しい概念やアイデア，技術の実現可能性，及びどの程度の効果を発揮するのかを確認する一連の検証作業
UAT	User Acceptance Testの略で，ユーザ受入れテストのこと。ユーザ受入テストとは，完成したシステムが業務要件を満たしているかを検証するテストであり，本番環境（実環境）もしくはそれに近い準本番環境で行われる，本稼働前の最終段階でのテスト。**承認テスト**，又は**検収テスト**とも呼ばれることがある

空欄aは，G社への提案前に，B社の提供するサービスが適合するか確認するために行うものなので，〔**ウ**〕の**PoC**が当てはまります。

設問3 の解説

(1) ビジネスモデルキャンバスの手法を用いて作成した図1中の空欄b，cに入れる字句が問われています。ビジネスモデルキャンバスとは，ビジネスモデルを整理・分析するためのフレームワークです。企業がどのように価値を創造し，顧客に届け，収益を生み出しているかを，図1にある九つのブロックを用いて図示し，分析します。

●空欄b

空欄bは，新規事業に関するKA（主要な活動）の要素です。〔新規事業の戦略立案〕に記述されているとおり，B社の新規事業は，教育SaaSであり，その戦略の一つとして，「Webセミナーやイベントを通じてB社の教育SaaSの認知度を高める」ことが挙げられています。商品やサービスの販売を促進するために行う活動をプロモーションといいますが，プロモーション戦略においては，「商品やサービスを知ってもらう」こと，すなわち認知度を高めることが重要なポイントになります。したがって，「B社の教育SaaSの認知度を高める」活動は，B社にとって行わなくてはならない重要な活動であるため，**空欄b**には，これに該当する〔**カ**〕の**プロモーション**が入ります。

●空欄c

空欄cは，新規事業に関するCH（チャネル）の要素です。チャネルとは，商品やサービスを届ける経路・手段，あるいは媒体などを意味するので，〔ア〕のE大学，〔イ〕のF社，〔ウ〕のG社のうちいずれかが該当します。

ここで着目すべきは，〔新規事業の戦略立案〕の六つ目（最後の項目）にある，「法人向けの販売を強化するために，F社と販売店契約を結ぶ」との記述です。F社は，大手製造業の顧客を多く抱えている企業ですから，F社というチャネルを使うことで販売強化が期待できます。このことから，**空欄c**には〔**イ**〕の**F社**を入れればよいでしょう。

(2) 図1中の空欄dに入れる販売の方式を示す字句が問われています。

空欄dは，新規事業に関するR$（収益の流れ）の要素です。"販売の方式"に関する記述を探すと，〔新規事業の戦略立案〕の五つ目に，「毎月定額で，提示するカタログの中から好きな教育コンテンツを選べるサービスを提供する」とあります。一般に，このようなサービスモデルをサブスクリプション（略して，サブスク）モデルといいます。

サブスクリプションとは"定期購読，継続購入"といった意味で，企業が提供する商品やサービスを，顧客が毎月（あるいは毎年）定額料金を支払って利用するというビジネスモデルです。以上，**空欄d**には「**サブスクリプション**」が入ります。

設問4 の解説

(1) 下線④についての設問です。財務部長は，「既存事業の業績の見通しが厳しいので新規事業の費用を削減して，4年目に累積損失を0にしてほしい」とD課長に依頼していますが，D課長は，「新規事業にとっては④4年目に累積損失を0にするよりも優先すべきことがある」と判断しています。問われているのは，新規事業にとって，下線④の「4年目に累積損失を0にするよりも優先すべきこと」とは何かです。

問題文の冒頭に，「ここ数年，生徒数が減少しており，今後大きな成長の見込みが立たない。また，教育コンテンツはアナログ形式が主であり，Web配信ができるデジタル形式のビデオ教材になっているものが少ない」とあり，B社における既存事業の見通しは厳しいことが分かります。このような状況のみを考えれば，財務部長の依頼も分からなくはありませんが，〔B社を取り巻く環境と取組〕の二つ目に記述されているように，異業種から参入した企業による競合サービスが出現し始めていて，価格競争も激化している状況下では，新規事業の費用を削減することよりも，迅速性をもって新規事業を遂行し，競争優位性のある教育SaaSを提供することの方が重要です。また，競争優位性のある教育SaaSを提供することの重要性は，〔財務計画〕に，「競争優位性を考慮して，教育SaaS開発投資を行う」ことが挙げられていることからも分かります。

以上，解答としては，「競争優位性のある教育SaaSを提供する」などとすればよいでしょう。なお，試験センターでは解答例として，「**競争優位性のある教育SaaSの提供**」と「**新規事業のミッションを遂行すること**」の二つを挙げています。

(2) 本文中の空欄e及び空欄fに入れる数値が問われています。

●空欄e

空欄eは，財務計画第2版の変動費率です。前文の記述内容から，財務計画第2版は，変動費を抑えて4年目に累積損失（表1における累積利益）を0とした財務計画であることが分かります。このことをヒントに考えていきます。

財務計画第1版における4年目までの売上高の合計は「10＋40＋90＋160＝300百万円」，固定費の合計は「45×4＝180百万円」です。営業利益は「売上高－（固定費＋変動費）」で求められ，また変動費は「売上高×変動費率」で求められるので，4年目で累積損失（累積利益）を0にできる変動費率は，次の式を満たすことになります。

売上高－（固定費＋売上高×変動費率）＝0
300－（180＋300×変動費率）＝0

この式から，変動費率＝（300－180）÷300＝0.4と求められるので，財務計画第2版の変動費率は**40（空欄e）**％です。

●空欄f

空欄fは，財務計画第1版と比較した5年目の累積利益の増加率です。5年目までの売上高の合計は「10＋40＋90＋160＋300＝600百万円」，固定費の合計は「45×5＝225百万円」です。また，変動費率は先の空欄eで求めた40％ですから，5年目の累積利益は「600－（225＋600×0.4）＝135百万円」となります。

財務計画第1版における5年目の累積利益が75百万円なので，135－75＝60百万円増加することになり，増加率は60÷75＝0.8＝**80（空欄f）**％です。

解答

設問1 (1) **強み**：業界に先駆けた教育コンテンツの整備力
機会：リスキリングのニーズの高まり
(2) イ

設問2 (1) 大手製造業の同業他社へ展開するため
(2) a：ウ

設問3 (1) b：カ　c：イ
(2) d：サブスクリプション

設問4 (1) ・競争優位性のある教育SaaSの提供
・新規事業のミッションを遂行すること
(2) e：40　f：80

問題6 企業の財務体質の改善 (H26秋午後問2)

企業の財務体質の改善を題材にした経営戦略の問題です。本問では，貸借対照表，損益計算書，キャッシュフロー計算書，株主資本等変動計算書という主要な財務諸表の理解，ならびに財務諸表の分析結果に基づいた経営分析指標の理解が問われます。本問を通して，これらの主要な財務諸表や経営分析指標（財務指標）の基本的理解を深めましょう。

問 企業の財務体質の改善に関する次の記述を読んで，設問1〜4に答えよ。

R社は，10年前に創業した電子部品の製造・販売会社である。仕入れた原材料を在庫にもち，それらを加工し組み立てて，電子部品を製造する。R社は，売上を全て売掛金に計上している。

〔経営状況と戦略〕

R社は，技術力を生かして開発した画期的な新製品を投入して，競合のない新しい市場を創造し，新規顧客を開拓することによって，創業以来，売上と利益を順調に伸ばしてきた。2013年度は，需要の増大に対応するために，積極的な投資を行い，工場などの設備を増強した。これらの投資の資金は，営業活動から生み出されるキャッシュだけでなく，銀行からの借入れによって調達したが，借入れはかなりの額に達しており，これ以上増やすことは難しい。また，ここ数年で大幅に増えた社員数，組織数，設備数などに社内の管理体制が追い付いておらず，改善が必要である。一方，R社の市場は他社にとっても魅力的なので，将来，他社が技術革新を進めて，R社の競合となることが予想される。

このような状況を受け，R社の経営陣は，財務体質の改善に取り組むことにした。財務体質の改善には，社内の管理体制を強化する必要がある。そこで，財務部長をリーダとした財務体質改善プロジェクト（以下，プロジェクトという）を組織した。経営企画部のS君もプロジェクトメンバに選ばれた。

〔S君が学んだこと〕

S君は，プロジェクトに参加するに当たって，自分の知識を深めるために，キャッシュフローや財務諸表について学習した。次の記述は，S君が学んだことの一部である。

“取引の中には，キャッシュフロー計算書に反映されるが，損益計算書には反映されないものがある。また，その逆もある。理由は，キャッシュフロー計算書は現金主義に基づいているが，損益計算書は[a]主義に基づいているからである。黒字倒産は，[b]はあるのに，[c]が不足して起こる倒産である。”

〔財務諸表とその分析結果〕

プロジェクトでは，まず，R社の財務体質の現状を把握するために，直近の財務諸表を確認し，それらの分析を行った。業界標準との比較などによる分析の結果，効率性と安全性に改善の余地があることが分かった。R社の貸借対照表，損益計算書，キャッシュフロー計算書，株主資本等変動計算書，及び効率性と安全性に関する主な経営分析指標は，表1～5のとおりである。

表1　貸借対照表

単位　百万円

区分	勘定科目	2013年度末時点	対前年比	区分	勘定科目	2013年度末時点	対前年比
流動資産		9,000	112%	流動負債		14,000	112%
	現金及び預金	2,500	103%		買掛金	1,000	110%
	売掛金	4,000	121%		短期借入金	13,000	112%
	棚卸資産[1]	2,500	109%	固定負債		2,000	112%
固定資産		9,000	112%		長期借入金	2,000	112%
	有形固定資産	8,500	112%	負債合計		16,000	112%
	無形固定資産	400	111%		資本金	300	100%
	投資その他の資産	100	100%		資本剰余金	300	100%
					利益剰余金	1,400	119%
				純資産合計		2,000	112%
資産合計		18,000	112%	負債・純資産合計		18,000	112%

注[1]　棚卸資産：製品，仕掛品，原材料

表2　損益計算書

単位　百万円

勘定科目	2013年度	対前年比
売上高	16,000	110%
売上原価	11,000	109%
売上総利益	5,000	114%
販売費・一般管理費	4,000	114%
営業利益	1,000	111%
営業外収益	300	107%
営業外費用	200	105%
経常利益	1,100	111%
特別損益	▲30	100%
税引前当期純利益	1,070	111%
法人税など	430	110%
当期純利益	640	112%

表3　キャッシュフロー計算書

単位　百万円

	2013年度
Ⅰ　営業活動によるキャッシュフロー	省略
Ⅱ　投資活動によるキャッシュフロー	
Ⅲ　財務活動によるキャッシュフロー	
Ⅳ　現金及び現金同等物に係る換算差額	0
Ⅴ　現金及び現金同等物の増加額	70
Ⅵ　現金及び現金同等物の期首残高	2,430
Ⅶ　現金及び現金同等物の期末残高	2,500

表4　株主資本等変動計算書

単位　百万円

		2013年度株主資本			
		資本金	資本剰余金	利益剰余金	合計
期首残高		300	300	1,180	1,780
当期変動額	剰余金の配当			▲420	▲420
	当期純利益			640	640
	当期変動額合計			220	220
期末残高		300	300	1,400	2,000

表5　主な経営分析指標

効率性に関する指標	数値
総資産回転日数	411日
売上債権回転日数	91日
棚卸資産回転日数	83日
仕入債務回転日数	33日
安全性に関する指標	**数値**
自己資本比率	11%
流動比率	64%
固定比率	450%

〔財務体質の改善〕

プロジェクトでは，R社の財務諸表の分析結果を基に，キャッシュフローの観点からの財務体質改善策として，次のA～C案を提案した。

A案：売上債権回転日数を減らすために，売上債権を減らす。この結果，営業活動によるキャッシュフローが増える。

B案：棚卸資産回転日数を減らすために，［　d　］を導入して棚卸資産を減らす。この結果，営業活動によるキャッシュフローが増える。

C案：［　e　］

A案に関連して，S君は，①損益計算書と貸借対照表を照らし合わせた結果，2013年度におけるR社の売上代金の回収に，前年度と比べて問題があることを発見した。財務部長は，営業部に改善指示を出した。

さらに，プロジェクトでは，状況に応じて選択可能な具体案として，2014年度は純利益が2013年度の倍以上出る予想だが，自己資本比率を上げるために，②剰余金の配当を2013年度と同じ額に据え置くことを提案した。

設問1　〔経営状況と戦略〕について，R社のこれまでの経営戦略を，解答群の中から選び，記号で答えよ。

解答群

ア　市場浸透戦略　　　イ　集中戦略

ウ　ブランド戦略　　　エ　ブルーオーシャン戦略

設問2 本文中の［ a ］～［ c ］に入れる適切な字句を解答群の中から選び，記号で答えよ。

解答群

ア 売上　イ 原価　ウ 現金　エ 在庫　オ 三現
カ 仕入　キ 発生　ク 費用　ケ 保守　コ 利益

設問3 表3中の営業活動によるキャッシュフロー，投資活動によるキャッシュフロー，及び財務活動によるキャッシュフローは，〔経営状況と戦略〕の記述の活動から判断すると，それぞれプラスかそれともマイナスか。＋又は－の記号で答えよ。

設問4 〔財務体質の改善〕について，(1)～(3)に答えよ。

(1) 本文中の［ d ］，［ e ］に入れる適切な字句を解答群の中から選び，記号で答えよ。

dに関する解答群

ア ジャストインタイム方式　イ フランチャイズチェーン
ウ レイバースケジューリング　エ ワークシェアリング

eに関する解答群

ア 固定比率を下げるために，長期借入金を増やす。この結果，財務活動によるキャッシュフローが増える。

イ 仕入債務回転日数を増やすために，買掛債権の支払を遅らせる。この結果，営業活動によるキャッシュフローが増える。

ウ 総資産回転日数を減らすために，新規株式を発行して増資を行う。この結果，投資活動によるキャッシュフローが増える。

エ 流動比率を上げるために，償還期限5年の社債を発行する。この結果，投資活動によるキャッシュフローが増える。

(2) 本文中の下線①について，S君が問題があると考えた根拠を，表1及び表2中の勘定科目名を一つずつ用いて，30字以内で述べよ。

(3) 本文中の下線②によって自己資本比率が改善される理由を，表4を参考に，表1中の勘定科目名を用いて，20字以内で述べよ。

解説

設問1 の解説

R社がこれまで採ってきた経営戦略が問われています。〔経営状況と戦略〕にある「技術力を生かして開発した画期的な新製品を投入して，競合のない新しい市場を創造し，新規顧客を開拓することによって，売上と利益を順調に伸ばしてきた」との記述から，R社のこれまでの戦略は〔エ〕の**ブルーオーシャン戦略**です。

“ブルーオーシャン（Blue Ocean：青い海）”とは，競合のない市場という意味です。つまり，ブルーオーシャン戦略とは，競争の激しい既存市場（これをレッドオーシャンという）で戦うより，競争がない未開拓市場を切り開いたほうが有利という考えから，価値革新を行い，いまだかつてない価値を提供することによって競争相手のいない未開拓市場を切り開くという戦略です。

なお，解答群にあるそのほかの用語の意味は，次のとおりです。

ア：市場浸透戦略とは，現在の市場で既存製品の販売を伸ばす戦略です。これに対して，新たな市場で既存製品の販売を伸ばす戦略を市場開拓戦略といい，新製品を開発して現在の市場に投入する戦略を製品開発戦略といいます。

イ：集中戦略とは，対象とする市場を，特定の顧客層や地域に絞った戦略です。集中戦略は，絞り込んだ市場に対し，コストダウンにより競争優位を図るか，あるいはコスト以外での差別化により競争優位を図るかで，コスト集中戦略と差別化集中戦略に区別されます。

ウ：ブランド戦略は，強いブランドを育て，ブランドロイヤリティを高めていくというマーケティング戦略です。

設問2 の解説

●空欄a

「損益計算書は［ a ］主義に基づいている」とあり，空欄aに入れる字句が問われています。

損益計算の方式には，現金主義，発生主義，実現主義の三つがあります。現金主義では，現金の収支が発生した時点で収益・費用を計上しますが，実際の企業活動には，後で代金を受け取る約束で商品を売る“掛売り”などがあり，この場合，商品の引き渡しが終わっても実際に入金されるまで収益が計上されません。つまり，現金主義による期間損益計算だけでは，経営成績を正しく示すことができないわけです。そこで，実際には現金の収支がなくても，将来的な収益に結びつく“経済的価値”が増加・減少した時点で，収益・費用を計上するというのが発生主義及び実現主義です。発生主義では，商品を売った時点で収益を計上し，実現主義では商品代金の受け取りが確定した時点で収益を計上します。

損益計算書は，一会計期間の収益と費用を集計し，利益を算出表示することによって企業における経営成績を示すものです。損益計算書における費用の計上は，原則，発生主義が用いられ，収益の計上には発生主義より慎重な実現主義が用いられます。以上のことから，**空欄a**には〔**キ**〕の**発生**を入れればよいでしょう。

●空欄b，c

「黒字倒産は，[b]はあるのに，[c]が不足して起こる倒産である」とあり，空欄b，cに入る字句が問われています。

黒字倒産とは，帳簿上は利益が出ていても，資金繰りの問題で倒産してしまうことをいいます。つまり，売上利益は計上されてもすぐには現金が入ってこず，その間に債務支払いのための現金が不足して起こる倒産のことです。したがって，**空欄b**には〔**コ**〕の**利益**が入り，**空欄c**には〔**ウ**〕の**現金**が入ります。

設問3 の解説

キャッシュフローに関する設問です。表3中の営業活動によるキャッシュフロー，投資活動によるキャッシュフロー，及び財務活動によるキャッシュフローは，〔経営状況と戦略〕の記述の活動から判断すると，それぞれプラスかそれともマイナスか問われています。〔経営状況と戦略〕に記述されている下記の活動から判断していきます。

> 2013年度は，需要の増大に対応するために，積極的な投資を行い，工場などの設備を増強した。これらの投資の資金は，営業活動から生み出されるキャッシュだけでなく，銀行からの借入れによって調達した。

「工場などの設備を増強した」ことから，有形固定資産の取得による支出が発生したことが分かります。有形固定資産の取得による支出は，投資活動によるキャッシュフローに，マイナスのキャッシュフローとして記載されるので，**投資活動によるキャッシュフロー**はマイナス(−)です。

また，「これらの投資の資金は，営業活動から生み出されるキャッシュだけでなく，銀行からの借入れによって調達した」ことから，投資活動によるキャッシュフローのマイナスは，営業活動によるキャッシュフローと財務活動によるキャッシュフローで賄われたことが分かります。したがって，**営業活動によるキャッシュフロー**と**財務活動によるキャッシュフロー**はプラス(＋)です。

参考　キャッシュフロー計算書

キャッシュフロー計算書は，一会計期間における現金及び現金同等物の流れ（収入，支出）を，営業活動，投資活動，財務活動の三つの区分に分けて示した財務諸表です。

区分	内容
営業活動によるキャッシュフロー	企業の営業活動によって生じたキャッシュの増減が記載される区分。例えば，商品の仕入又は販売による支出又は収入，従業員や役員に対する報酬などが該当
投資活動によるキャッシュフロー	設備投資や株式投資に関するキャッシュの増減が記載される区分。例えば，有形固定資産の取得又は売却による支出又は収入，有価証券の取得又は売却による支出又は収入などが該当
財務活動によるキャッシュフロー	財務活動による外部からの資金調達や借入金の返済に関するキャッシュの増減が記載される区分。例えば，銀行からの借入，株式の発行による収入，配当金の支払いなどが該当

設問4 の解説

(1) キャッシュフローの観点からの財務体質改善策A～C案についての設問です。B案，C案の記述中の空欄d及び空欄eが問われています。

●空欄d

B案は，「棚卸資産回転日数を減らすために，［ d ］を導入して棚卸資産を減らす。この結果，営業活動によるキャッシュフローが増える」という案です。棚卸資産回転日数とは，製品，仕掛品，原材料などの棚卸資産がどのくらいの日数で販売できるかを示す指標です。棚卸資産回転日数が短いほど在庫となっている期間が短いことを意味し，棚卸資産を減らせば，棚卸資産回転日数は減ります。棚卸資産回転日数の算出式は，次のとおりです。

棚卸資産回転日数＝棚卸資産÷(売上原価÷365日)

なお，表5に記載されているR社の棚卸資産回転日数の83日は，次のように計算されたものです。

棚卸資産回転日数＝2,500百万円÷(11,000百万円÷365日)＝83日

さて，問われているのは，何を導入すれば棚卸資産を減らせるかです。解答群を見ると，〔ア〕に**ジャストインタイム方式**がありますから，これを選べばよいでしょう。ジャストインタイム方式（Just In Time：JIT）とは，中間在庫（仕掛在庫）を極力減らすため，「必要なものを，必要なときに，必要な量だけ調達，生産，供給する」ことを基本コンセプトとした生産方式です。なお，これを実現するため，後工程が自工程の生産に合わせて“かんばん”と呼ばれる生産指示票を前工程に渡し，必

要な部品を前工程から調達する方式をかんばん方式といいます。

●空欄e

財務体質改善策のC案が問われています。解答群は次のようになっています。

ア：固定比率を下げるために，長期借入金を増やす。この結果，財務活動によるキャッシュフローが増える。
イ：仕入債務回転日数を増やすために，買掛債権の支払を遅らせる。この結果，営業活動によるキャッシュフローが増える。
ウ：総資産回転日数を減らすために，新規株式を発行して増資を行う。この結果，投資活動によるキャッシュフローが増える。
エ：流動比率を上げるために，償還期限5年の社債を発行する。この結果，投資活動によるキャッシュフローが増える。

ア：固定比率は，固定資産に投じた資産が，どの程度自己資本で賄われているかを示す指標です。固定比率の算出式は，次のとおりです。

固定比率＝固定資産÷自己資本

固定資産の資源は返済不要な自己資本で賄う方が望ましいという考え方から，固定比率が高いほど安全性は低いことになります。ここで，自己資本とは，返済する必要がない安定した資金源泉のことで，表1の貸借対照表においては，「資本金＋資本剰余金＋利益剰余金」，すなわち純資産合計が該当します。

この案では，「固定比率を下げるために，長期借入金を増やす」としていますが，長期借入金は他人資本（固定負債）なので，長期借入金を増やしても自己資本は増えないため，固定比率を下げることにはなりません。したがって，適切な記述ではありません。

イ：仕入債務回転日数は，原材料を仕入れてからその代金を支払うまでに掛かる期間を示す指標です。仕入債務回転日数の算出式は，次のとおりです。

仕入債務回転日数＝仕入債務(買掛金)÷(売上原価÷365日)

この案は「仕入債務回転日数を増やすために，買掛債権の支払を遅らせる」というものです。買掛債権の支払を遅らせれば仕入債務(買掛金)が増えるので，仕入債務回転日数も長くなります。また，遅らせた分，キャッシュを保留できるので営業活動によるキャッシュフローも増えます。したがって，〔**イ**〕は適切な記述です。

ウ，エ：新規株式の発行や社債の発行による収入は，投資活動ではなく，財務活動によるキャッシュフローに該当するので適切な記述ではありません。なお，総資産回転日数及び流動比率の算出式は，次のとおりです。

総資産回転日数＝総資産(資産合計)÷(売上高÷365日)

流動比率＝流動資産÷流動負債

(2) 下線①に「損益計算書と貸借対照表を照らし合わせた結果，2013年度におけるR社の売上代金の回収に，前年度と比べて問題がある」とあり，このように考えた根拠が問われています。

“売上代金の回収”に関係するのは，表2「損益計算書」の売上高と，表1「貸借対照表」の売掛金なので，それぞれにおける“対前年比”を見てみます。すると，売上高は前年に比べ110%伸びているのに対し，売掛金が121%も伸びています。売掛金の伸び率が売上高の伸び率より大きいということは，売掛金が多くなったことを意味します。売掛金が多くなると，その分，現金化ができない(回収するまでの日数が長くなる)わけですから資金繰りの悪化といったリスクが高くなります。

つまり，売上代金の回収に問題があると考えたのは，「売上高の伸び率に比べ，売掛金の伸び率が高くなっている」からです。なお，試験センターでは解答例を「**売上高の伸び以上に売掛金が増えているから**」としています。

参考 売上債権回転日数

表5「主な経営分析指標」を見ると，売上債権回転日数が91日となっています。**売上債権回転日数**とは，商品を販売してからその代金(売上債権)を回収するまでに掛かる日数(代金回収の効率性)を示す指標で，次の式で算出します。

売上債権回転日数＝売上債権(売掛金)／(売上高÷365日)

R社の売上債権回転日数を計算すると，

4,000百万円／(16,000百万円÷365日)＝91日

となります。ここで，売上高は対前年比110%，売掛金は対前年比121%であることから，前年度の売上債権回転日数を計算すると，

(4,000÷1.21)／((16,000÷1.10)÷365)＝83日

となり，商品を販売してから売上債権を回収するまでに掛かる日数が前年度に比べて長くなっていることが分かります。

(3) 下線②「剰余金の配当を2013年度と同じ額に据え置く」ことによって，自己資本比率が改善される理由が問われています。

自己資本比率は，総資本に対する自己資本の割合を示したもので，資本構成から見た企業の安全性を示す指標です。自己資本比率の算出式は，次のとおりです。

自己資本比率＝自己資本（純資産合計）÷総資本（資産合計）

表5「主な経営分析指標」を見ると，自己資本比率は11%なので，けっして安全度が高いとはいえません（日本の製造業の自己資本比率の平均は約40%前後）。そこで，純利益が2013年度の倍以上出たとしても，剰余金の配当を据え置けば，利益剰余金が増え，利益剰余金が増えれば自己資本が増えるため，自己資本比率も改善されます（高くなります）。

以上，自己資本比率が改善される理由は，「利益剰余金が増えて，自己資本が増えるから」です。なお，試験センターでは解答例を「**利益剰余金が増えるから**」としています。

参考 利益剰余金

表4「株主資本等変動計算書」の利益剰余金の期末残高1,400百万円は，

利益剰余金＝期首残高1,180百万円－剰余金の配当420百万円＋当期純利益640百万円

で計算されたものです。この式からも分かるように，剰余金の配当を増やすことは，利益剰余金の減少につながります。仮に，当期純利益が倍に増えたとしても，剰余金の配当を増やせば，利益剰余金の増加幅はその分小さくなります。しかし剰余金の配当を据え置けば，利益剰余金の増加幅は大きくなります。

解答

設問1 エ

設問2 a：キ
b：コ
c：ウ

設問3 営業活動によるキャッシュフロー：＋
投資活動によるキャッシュフロー：－
財務活動によるキャッシュフロー：＋

設問4 (1) d：ア
e：イ
(2) 売上高の伸び以上に売掛金が増えているから
(3) 利益剰余金が増えるから

経営分析とバランススコアカード（H29春午後問2抜粋）

本Try!問題は，経営分析とバランススコアカードをテーマにした問題の一部です。経営分析に関する部分のみを抜粋しています。挑戦してみましょう！

A社グループは，セルフサービス方式（以下，セルフ型という）のコーヒー店チェーンを全国展開するA社と，ファミリーレストランチェーンを展開するA社の子会社で構成される大手の外食グループである。セルフ型は，顧客回転率を上げて来客数を増やすために，店舗の立地環境が他の業種に比べて重要である。A社は，長年にわたって出店数を増加させ続けたことによって，駅前やオフィス街を中心に約900の直営コーヒー店舗を展開してきた。主な顧客は会社員や学生である。

喫茶店市場では縮小傾向が続いているが，A社は長年業界トップグループの位置を維持している。しかし，コンビニエンスストアが安価でおいしいコーヒーの販売を開始したので，対抗策として新機軸の戦略を打ち出すことにした。

〔B社との比較による現状確認〕

現状を確認するために，A社と同じセルフ型コーヒー店チェーンを運営するB社をベンチマークとして比較検討を行った。B社は，海外の最大手コーヒー店チェーン運営会社と日本国内において独占的にフランチャイズ契約を結び，全て直営で約600店舗を展開している。A社と出店地域は似ているが，B社はおしゃれな雰囲気や全席を禁煙とすることで，若者や女性の支持を得ている。コーヒーの単価はA社よりも5割程度高い。前年度末のA社（コーヒー店チェーン事業単体）とB社の貸借対照表，損益計算書，及び諸指標の比較を表1～4に示す。

表1　A社の貸借対照表

（単位：百万円）

（資産の部）		（負債の部）	15,000
流動資産	31,000	流動負債	11,000
現金及び預金	22,000	買掛金	4,000
売掛金	4,000	その他	7,000
有価証券	-	固定負債	4,000
棚卸資産	2,000		
繰延税金資産	1,000	（純資産の部）	58,000
その他	2,000	株主資本	58,000
固定資産	42,000	資本金	7,000
有形固定資産	26,000	資本剰余金	17,000
無形固定資産	1,000	利益剰余金	34,000
投資その他の資産	15,000		
資産合計	73,000	負債・純資産合計	73,000

表2　B社の貸借対照表

（単位：百万円）

（資産の部）		（負債の部）	16,000
流動資産	20,000	流動負債	13,000
現金及び預金	11,000	買掛金	2,000
売掛金	3,000	その他	11,000
有価証券	2,000	固定負債	3,000
棚卸資産	2,000		
繰延税金資産	1,000	（純資産の部）	28,000
その他	1,000	株主資本	28,000
固定資産	24,000	資本金	5,000
有形固定資産	10,000	資本剰余金	7,000
無形固定資産	1,000	利益剰余金	16,000
投資その他の資産	13,000		
資産合計	44,000	負債・純資産合計	44,000

表3　A社とB社の損益計算書

（単位：百万円）

	A社	B社
売上高	72,000	79,000
売上原価	32,000	23,000
売上総利益	40,000	56,000
販売費及び一般管理費	35,000	49,000
人件費	12,000	21,000
賃借料及び水道光熱費	10,000	19,000
その他	13,000	9,000
営業利益	5,000	7,000
営業外収益	400	200
営業外費用	100	100
経常利益	5,300	7,100
特別利益	300	300
特別損失	700	800
税引前当期純利益	4,900	6,600
法人税等の税金　等	2,100	2,800
当期純利益	2,800	3,800

表4　A社とB社の諸指標の比較

指標	A社	B社
自己資本比率（%）	79.5	63.6
流動比率（%）	a	（省略）
固定比率（%）	72.4	85.7
総資本回転率（回転）	0.99	1.80
固定資産回転率（回転）	b	（省略）
ROE（%）	4.8	13.6
ROA（%）	c	（省略）
売上高総利益率（%）	55.6	70.9
売上高営業利益率（%）	6.9	8.9
売上高経常利益率（%）	7.4	9.0
売上高当期純利益率（%）	3.9	4.8
店舗平均売上高（千円／年）	77,000	130,000
店舗数（店）	935	606
店舗平均席数（席）	42	76
店舗平均来店客数（人／日）	703	635

安全性の視点から見ると，両社とも自己資本比率，流動比率が高く，固定比率は低い。さらに，固定負債額も小さいので，短期，長期ともに問題がないといえる。

収益性の視点から見ると，両社の売上高総利益率の差が大きい。A社は，世界中の主要生産地からコーヒー豆を買い付け，直火式焙煎（じか・ばい）を大量に行う仕組みを確立している。コーヒー豆の品質管理を徹底することで，おいしいコーヒーを提供することができ，それが顧客満足の向上につながっている。しかし，このためのコストに対し，コーヒーの単価を低く設定しているので，売上高総利益率が低くなっている。一方，B社は提携している海外のコーヒー店チェーン運営会社からコーヒー豆を安価で仕入れている。

A社は，安価な商品による売上を，出店数の多さ，人件費の低さ，顧客回転率の高さで補うことで利益を生み出すビジネスモデルであることを再認識した。しかし，A社はこれらに過剰に依存せず，新たな方法で営業利益率を向上させることが必要であると感じていた。

経営の効率性の視点から見ると，ROEで大きな差が出ている。ROEは，自己資本比率，売上高当期純利益率及び［ d ］に分解できるが，売上高当期純利益率と［ d ］はA社の方が低い。

(1) 表4中の［ a ］～［ c ］に入れる適切な数値を求めよ。答えは小数第2位を四捨五入して，小数第1位まで求めよ。ここで，［ c ］の算出において，利益は当期純利益を用いること。

(2) 本文中の［ d ］に入れる適切な字句を答えよ。

解説

(1) ●**空欄a**：流動比率とは，短期的な負債に対する支払能力を示す指標です。次の計算式によって求めます。

流動比率（%）＝流動資産÷流動負債×100

表1を見ると，A社の流動資産は31,000百万円，流動負債は11,000百万円なので，流動比率（%）は，次のようになります。

31,000÷11,000×100＝281.818… →（小数第2位を四捨五入）→**281.8%**

●**空欄b**：固定資産回転率とは，保有する固定資産が会社の運営において，どれくらい有効に利用されているか，固定資産の運用効率を示す指標です。次の計算式によって求めます。

固定資産回転率（回転）＝売上高÷固定資産

表1及び表3から，A社の売上高は72,000百万円，固定資産は42,000百万円なので，固定資産回転率は，次のようになります。

72,000÷42,000＝1.7142… →（小数第2位を四捨五入）→**1.7**回転

●**空欄c**：ROA（Return On Assets：総資産利益率）とは，総資産に対してどれだけの利益が生み出されたのかを示す指標です。次の計算式によって求めます。

ROA（%）＝当期純利益÷総資産×100

表1及び表3から，A社の当期純利益は2,800百万円，総資産は73,000百万円なので，ROA（%）は，次のようになります。

2,800÷73,000×100＝3.8356… →（小数第2位を四捨五入）→**3.8%**

(2) ROE（Return on Equity：自己資本利益率）は，自己資本（純資産）に対してどれだけの利益が生み出されたのかを示す指標で，次の計算式によって求めます。

ROE（%）＝当期純利益÷自己資本×100

自己資本比率は，総資本のうち自己資本の占める割合です。

自己資本比率（%）＝自己資本÷総資本×100

売上高当期純利益率は，売上高に対する当期純利益の割合です。

売上高当期純利益率（%）＝当期純利益÷売上高×100

そこで，自己資本比率と売上高当期純利益率を用いて，ROEの計算式を表すと，次のようになります。

$$\text{ROE}=\frac{\text{当期純利益}}{\text{自己資本}}=\frac{\text{売上高当期純利益率}\times\text{売上高}}{\text{自己資本比率}\times\text{総資本}}$$

$$=\frac{\text{売上高当期純利益率}}{\text{自己資本比率}}\times\frac{\text{売上高}}{\text{総資本}}$$

上記式の「売上高÷総資本」で計算される指標を総資本回転率といいます。したがって，**空欄dは総資本回転率**です。

解答 (1) a：281.8　b：1.7　c：3.8　　(2) d：総資本回転率

第3章 プログラミング(アルゴリズム)

出題範囲

●アルゴリズム
●データ構造
●プログラム作成技術（プログラム言語，マークアップ言語）
など

問題1 誤差拡散法による減色処理 （R02秋午後問3）

誤差拡散法による画像のモノクロ2値化を題材にした問題です。題材テーマが身近なものではないため難しく感じますが，本問の目的は，問題文に示された処理手順（アルゴリズム）の理解です。手順を正しく理解し，それに従ってプログラムを見ていくことで解答できます。焦らずゆっくり解答していきましょう。

問 誤差拡散法による減色処理に関する次の記述を読んで，設問1～4に答えよ。

画像の情報量を落として画像ファイルのサイズを小さくしたり，モノクロの液晶画面に画像を表示させたりする際に，減色アルゴリズムを用いた画像変換を行うことがある。誤差拡散法は減色アルゴリズムの一つである。誤差拡散法を用いて，階調ありのモノクロ画像を，黒と白だけを使ったモノクロ2値の画像に画像変換した例を図1に示す。

階調ありのモノクロ画像の場合は，各ピクセルが色の濃淡をもつことができる。濃淡は輝度で表す。輝度0のとき色は黒に，輝度が最大になると色は白になる。モノクロ2値の画像は，輝度が0か最大かの2値だけを使った画像である。

変換後

図1　画像変換の例

〔誤差拡散法のアルゴリズム〕

画像を構成するピクセルの輝度は，1ピクセルの輝度を8ビットで表す場合，0～255の値を取ることができる。0が黒で，255が白を表す。誤差拡散法では，次の二つの処理をピクセルごとに行うことで減色を行う。

① 変換前のピクセルについて，白に近い場合は輝度を255，黒に近い場合は輝度を0としてモノクロ2値化し，その際の輝度の差分を評価し，輝度の誤差Dとする。

例えば，変換前のピクセルの輝度が223の場合，変換後の輝度を255とし，輝度の誤差Dは，223－255から，－32である。

② 事前に定義した誤差拡散のパターンに従って，評価した誤差Dを周囲のピクセル（以下，拡散先という）に拡散させる。

拡散先の数が4の場合の，誤差拡散のパターンの例を図2に，減色処理の手順を図3に示す。なお，拡散する誤差の値は整数とし，小数点以下は切り捨てる。

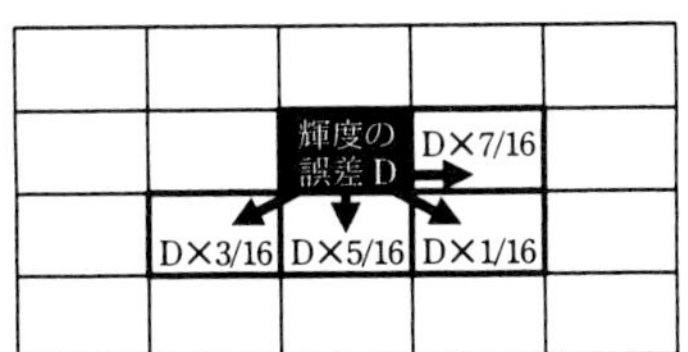

図2　拡散先の数が4の場合の，誤差拡散のパターンの例

1. 変換前画像のピクセルの数と同じ要素数の整数の 2 次元配列を，変換処理後の輝度を格納するための配列（以下，変換後輝度配列という）として用意し，全ての要素を 0 で初期化する。
2. 変換前画像の一番上の行から，各行について左から順に 1 ピクセル選び，輝度を得る。
3. 変換前画像の輝度と，変換後輝度配列の同じ要素の値を加算し，これを F とする。
4. F の値が 128 以上なら変換後輝度配列の輝度を 255 とし，誤差の値 D を F－255 とする。
   F の値が 128 未満なら変換後輝度配列の輝度を 0 とし，誤差の値 D を F とする。
5. D の値について，誤差拡散のパターンに定義された割合に従って配分し，拡散先の要素に加算する。ただし，画像の範囲を外れる場合は，その値を無視する。
6. 処理していないピクセルが残っている場合は 2. に戻って繰り返す。
7. 変換後輝度配列で輝度が 0 を黒，輝度が 255 を白として，画像を出力する。

図3　減色処理の手順

図2のパターンを使い，図3の手順に従って，1行目の左上から2ピクセル分の処理をした後，その右隣のピクセル（左上から3ピクセル目）について処理した例を図4に示す。変換前画像の輝度の値が128で，変換後輝度配列の同じ要素の値が－14なので，Fは128＋（－14）＝114となる。Fが128未満なので，輝度は0，誤差Dは114となる。誤差114に7/16を乗じて，小数点以下を切り捨てた値は49なので，変換後輝度配列の一つ右の要素に49を加算する。同様に，左下には21，下には35，右下には7を加算する。

変換前画像

0	223	128	35	220
30	22	18	55	197
35	122	250	105	15
38	153	251	120	18

変換後輝度配列

左上から 2 ピクセル分の処理後

0	255	－14	0	0
－6	－10	－2	0	0
0	0	0	0	0
0	0	0	0	0

➡

左上から 3 ピクセル目の処理後

0	255	0	49	0
－6	11	33	7	0
0	0	0	0	0
0	0	0	0	0

図4　左上から3ピクセル目について処理した例

〔誤差拡散法を用いて減色するプログラム〕

誤差拡散法を用いて減色するプログラムを作成した。プログラム中で使用する主な変数，定数及び配列を表1に，作成したプログラムを図5に示す。

表1　プログラム中で使用する主な変数，定数及び配列

名称	種別	説明
width	変数	画像の幅。1 以上の整数が入る。
height	変数	画像の高さ。1 以上の整数が入る。
bmpFrom[x, y]	配列	変換前画像の輝度の配列。輝度が 0～255 の値で格納される。x，y はそれぞれ X 座標と Y 座標で，画像の左上が[1, 1]，右下が[width, height]である。
bmpTo[x, y]	配列	変換後輝度配列。x, y は bmpFrom[x, y]と同様である。全ての要素は 0 で初期化されている。
ratioCount	定数	誤差拡散のパターンの拡散先の数。図 2 の場合は 4 が入る。
tdx[ ]	配列	拡散先の，ピクセル単位の X 方向の相対位置。図 2 の場合は[1, −1, 0, 1]が入る。
tdy[ ]	配列	拡散先の，ピクセル単位の Y 方向の相対位置。図 2 の場合は[0, 1, 1, 1]が入る。
ratio[ ]	配列	拡散先のピクセルごとの割合の分子。図 2 の場合は[7, 3, 5, 1]が入る。
denominator	定数	拡散先のピクセルごとの割合の分母。図 2 の場合は 16 が入る。

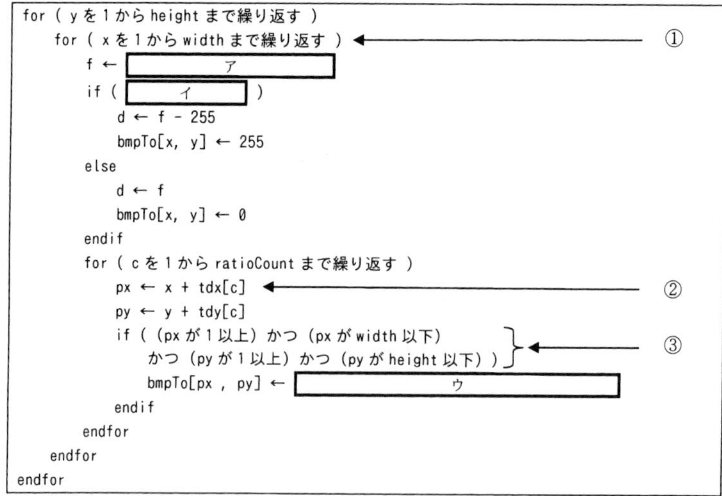

```
for ( y を 1 から height まで繰り返す )
    for ( x を 1 から width まで繰り返す ) ←―――――――――― ①
        f ← [        ア        ]
        if ( [    イ    ] )
            d ← f - 255
            bmpTo[x, y] ← 255
        else
            d ← f
            bmpTo[x, y] ← 0
        endif
        for ( c を 1 から ratioCount まで繰り返す )
            px ← x + tdx[c] ←―――――――――――――――― ②
            py ← y + tdy[c]
            if ( (px が 1 以上) かつ (px が width 以下)
                かつ (py が 1 以上) かつ (py が height 以下) ) ←―――― ③
                bmpTo[px , py] ← [          ウ          ]
            endif
        endfor
    endfor
endfor
```

図5　作成したプログラム

〔画質向上のための改修〕

ピクセルを処理する順番を，Y座標ごとに逆向きにすることで，誤差拡散の方向の偏りを減らし，画質を改善することができる。

Y座標が奇数の場合：ピクセルを左から順に処理する。

Y座標が偶数の場合：ピクセルを右から順に処理する。

なお，Y座標が偶数の場合は，誤差拡散のパターンを左右逆にして評価する。

画質を向上させるために，図5の①と②の行の処理を書き換えた。書き換えた後の①の行の処理を図6に，書き換えた後の②の行の処理を図7に示す。なお，A mod Bは，AをBで割った余りである。

```
for ( txを1からwidthまで繰り返す )
    x ← tx
    if ( ( [  エ  ] mod [  オ  ] ) が0に等しい )
        x ← [    カ    ]
    endif
```

図6　書き換えた後の①の行の処理

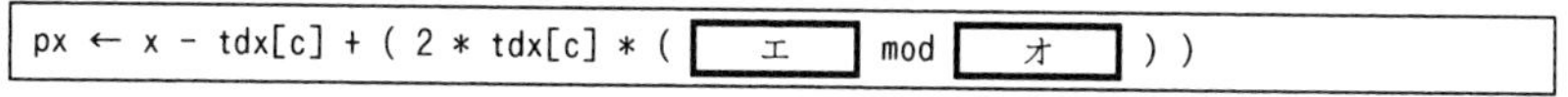

図7　書き換えた後の②の行の処理

〔処理の高速化に関する検討〕

図5中の③の箇所では，誤差を拡散させる先のピクセルが画像の範囲の外側にならないように制御している。このような処理をクリッピングという。

③のif文は，プログラムの終了までに[キ]回呼び出され，その度に，条件判定における比較演算と論理演算の評価が，あわせて最大で[ク]回行われる。ここでの計算量が少なくなるようにプログラムを改修することで，処理速度を向上させることができる可能性がある。

設問1　図4の左上から3ピクセル目について処理した後の状態から処理を進め，太枠で示されたピクセルの一つ右隣のピクセルを処理した後の変換後輝度配列について，(1)，(2) に答えよ。

(1) 減色処理の結果のピクセル（上から1行目，左から4列目の要素）の色を，白か黒で答えよ。

(2) (1) のピクセルの処理後に，そのピクセルの下のピクセル（上から2行目，左から4列目の要素）に入る輝度の値を整数で答えよ。

設問2　図5中の[ア]～[ウ]に入れる適切な字句を答えよ。

設問3　図6，図7中の[エ]～[カ]に入れる適切な字句を答えよ。

設問4　本文中の[キ]，[ク]に入れる適切な字句を答えよ。

解説

設問1 の解説

本設問は，図4の「左上から3ピクセル目の処理後」の状態から，一つ右隣のピクセル（4ピクセル目）の処理を実際に行わせることで，図3に示されている減色処理手順を確認させる問題です。

変換前画像及び3ピクセル目を処理した後の変換後輝度配列は，次のとおりです。

0	223	128	35	220
30	22	18	55	197
35	122	250	105	15
38	153	251	120	18

変換前画像

0	255	0	49	0
−6	11	33	7	0
0	0	0	0	0
0	0	0	0	0

このピクセルを処理する

変換後輝度配列
（3ピクセル目の処理後）

(1) 4ピクセル目を処理した後のピクセルの色（白か黒）が問われています。図3に示された減色処理手順に従って，まず手順4まで処理を進めていきましょう。

手順2. 変換前画像の4ピクセル目の輝度は35

手順3. 変換後輝度配列の同じ要素の値は49なので，Fの値は「35＋49＝84」

手順4. Fの値が128未満なので変換後輝度配列の輝度は**0**，またFの値が128未満の場合，Fを誤差の値とするのでDの値は**84**

0	223	128	35	220
30	22	18	55	197
35	122	250	105	15
38	153	251	120	18

変換前画像

0	255	0	0	0
−6	11	33	7	0
0	0	0	0	0
0	0	0	0	0

輝度が0に
変換された

変換後輝度配列

以上，変換後輝度配列の輝度が0なので，セルの色は**黒**になります。

(2) ここでは，手順4の処理後，手順5を行ったときの4ピクセル目の下のピクセル（2行4列目の要素）の輝度の値が問われています。

手順5は，手順4で求めた誤差の値Dを拡散させる処理です。図2の誤差拡散のパターンを見ると，処理対象ピクセルの下のピクセルへ拡散する誤差の値は「D×5/16」となっています。手順4で求めた誤差の値Dは84なので，84に5/16を乗じて，小数点以下を切り捨てた値26を下のピクセルへ拡散することになります。

現在，4ピクセル目の下のピクセル（2行4列目の要素）の輝度は7です。したがって，誤差拡散後の輝度は，現在の輝度7に拡散する誤差の値26を加えた，

7＋26＝**33**

となります。なお，手順5を行った後の変換後輝度配列は次のようになります。

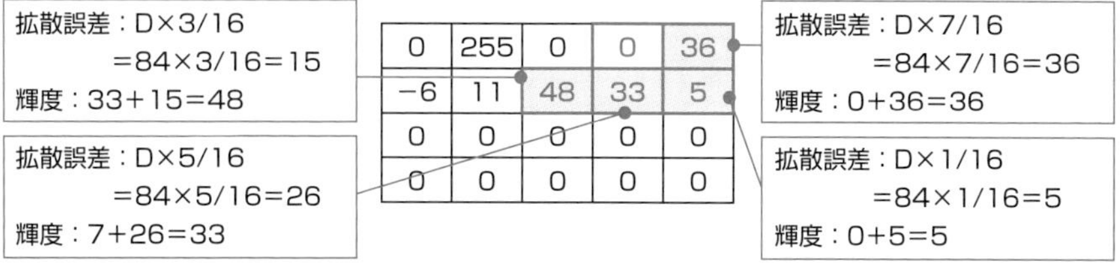

設問2 の解説

図5のプログラムを完成させる問題です。プログラム完成問題は，問題文に示された処理手順とプログラムとを対応させながら考えるのが基本です。本問では，図3に示された減色処理手順と対応させながら，空欄に入れるべきものを考えていけばよいわけですが，表1にある変換後輝度配列bmpTo[x, y]の説明に，「全ての要素は0で初期化されている」と記載されていることに注意します。図3では，この初期化処理を手順1で行っているので，プログラムと対応するのは手順2以降の処理です。下図に，図5のプログラムの大まかな流れを示しておきます。

```
for ( y を 1 から height まで繰り返す )  ←変数yを用いて，Y座標を1〜heightまで変化させる
    for ( x を 1 から width まで繰り返す )  ←変数xを用いて，X座標を1〜widthまで変化させる
        f ← [ ア ]
        if ( [ イ ] )
            d ← f - 255
            bmpTo[x, y] ← 255
        else                                    ←処理手順2〜4に該当する処理
            d ← f
            bmpTo[x, y] ← 0
        endif
        for ( c を 1 から ratioCount まで繰り返す )
            px ← x + tdx[c]
            py ← y + tdy[c]
            if ( (px が 1 以上) かつ (px が width 以下)
                かつ (py が 1 以上) かつ (py が height 以下) )   ←処理手順5に該当する処理
                bmpTo[px , py] ← [ ウ ]
            endif
        endfor
    endfor
endfor
```

●空欄ア

変数fに代入する値が問われています。表1を確認すると，変数fの説明がありません。そこで，プログラムの中で変数fをどのように使用しているのかを見ます。

すると，「d←f－255」や「d←f」を行っています。この処理が，図3の手順4に該当する処理だと気付けば，変数fは，図3の手順3にあるF，つまり「変換前画像の輝度と，変換後輝度配列の同じ要素の値を加算した値」であることが分かります。

プログラムでは変数yをY座標（行），変数xをX座標（列）として使用しているので，変換前画像の輝度はbmpFrom[x, y]です。また，変換後輝度配列の同じ要素の値はbmpTo[x, y]です。したがって，空欄アを含む行は，

```
f ← bmpFrom[x, y] + bmpTo[x, y]
```

となり，**空欄ア**には「**bmpFrom[x, y]＋bmpTo[x, y]**」が入ります。

なお，この処理自体は手順3に該当しますが，配列bmpFromを“bmpFrom[x, y]”で参照している部分は手順2に該当する処理になります。

●空欄イ

if文の条件式が問われています。このif文は手順4に該当する処理です。手順4では，次の処理を行います。

- Fの値が128以上なら変換後輝度配列の輝度を255，誤差の値DをF－255とする。
- Fの値が128未満なら変換後輝度配列の輝度を0，誤差の値DをFとする。

空欄イの条件を満たしたとき「d ← f－255」と「bmpTo[x, y] ← 255」を行い，条件を満たさないとき「d ← f」と「bmpTo[x, y] ← 0」を行っているので，**空欄イ**に入れる条件式は「**fが128以上**」です。

●空欄ウ

空欄ウは，変数cを1からratioCountまで繰り返すfor文の中にあります。変数ratioCountは，誤差拡散のパターンの拡散先の数を表す変数で，図2の場合は4が格納されています。ということは，このfor文では手順5に該当する処理を行っていることになります。手順5で行う処理は，「Dの値について，誤差拡散のパターンに定義された割合に従って配分し，拡散先の要素に加算する」処理です。

まず最初に，配列tdx[]，tdy[]，ratio[]，及び変数denominatorの役割を確認してお

きましょう。次のようになります。

配列tdx[ ]	拡散先の，ピクセル単位のX方向の相対位置。図2の場合は[1, −1, 0, 1]
配列tdy[ ]	拡散先の，ピクセル単位のY方向の相対位置。図2の場合は[0, 1, 1, 1]
配列ratio[ ]	拡散先のピクセルごとの割合の分子。図2の場合は[7, 3, 5, 1]
denominator	拡散先のピクセルごとの割合の分母。図2の場合は16

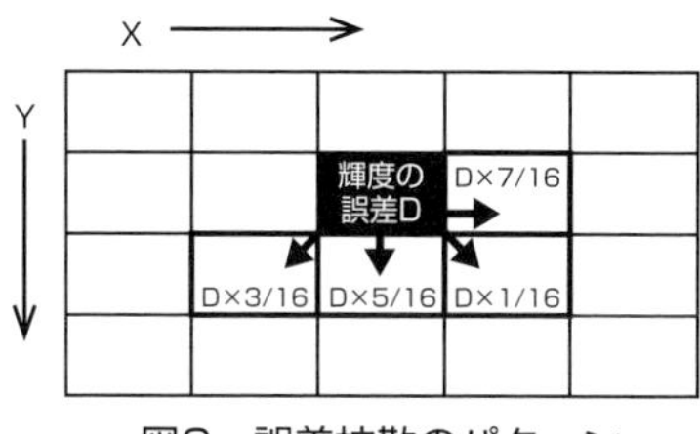

図2　誤差拡散のパターン

ここで重要なのは配列tdx[]と配列tdy[]です。図2の場合，配列tdx[]に[1, −1, 0, 1]，配列tdy[]に[0, 1, 1, 1]が格納されているので，現在処理対象となっているピクセルbmpTo[x, y]と，拡散先ピクセルの位置の関係は次のようになります。

	(x, y)	① (x+1, y) =(x+tdx[1], y+tdx[1]) 1　0
② (x−1, y+1) =(x+tdx[2], y+tdy[2]) −1　1	③ (x, y+1) =(x+tdx[3], y+tdy[3]) 0　1	④ (x+1, y+1) =(x+tdx[4], y+tdy[4]) 1　1

では，プログラムを見てみましょう。プログラムでは，拡散先ピクセルのX座標をpx，Y座標をpyで表し，for文の中で次のように設定しています。

```
px ← x + tdx[c]
py ← y + tdy[c]
```

したがって，このfor文では，変数cが1のとき上図①の拡散処理，2のとき②の拡散処理，3のとき③の拡散処理，4のとき④の拡散処理を行っていることになります。そして，問われている空欄ウは，拡散先のピクセルbmpTo[px, py]に設定する輝度ですから，空欄ウには，「bmpTo[px, py] + d × ratio[c] / denominator」を入れればよさそうです。ここで，乗算演算子は“×”でよいかなど式の表現方法を，図7のプログラムで確認しましょう。

図7では，乗算演算子に“＊”を用いています。また，乗算や除算は，加減演算より優先度が高いのであえてカッコで括る必要はないと思いますが，図7では乗算が連続している項をカッコで括っていますから，空欄ウに入れる式もこれに合わせた方が無難

です。つまり，**空欄ウ**には，「bmpTo[px, py]＋（d＊ratio[c] / denominator）」を入れます。

補足 小数点以下切り捨て処理

問題文に「拡散する誤差の値は整数とし，小数点以下は切り捨てる」とあるので，空欄ウを解答する際，「小数点以下を切り捨てて整数とする場合，どんな式になるの？」，「単に，d∗ratio[c] / denominatorでいいの？」と悩んだ方もいるかと思います。この点に関しては，問題文の条件提示不足を否めませんが，図2では「D×3/16」などとしているので，本問における割り算（/）では，整数演算が行われ小数点以下が自動的に切り捨てられるのだろうと解釈しましょう。

設問3 の解説

〔画質向上のための改修〕に関する設問です。図5の①の行を書き換えた図6のプログラムの空欄エ～カと，②の行を書き換えた図7のプログラムの空欄エ，オが問われています。

まず最初に，改修内容を確認しておきましょう。図5のプログラムでは，Y座標の値に関わらずピクセルを左から順に処理していますが，画質向上のための改修では，次のように変更するとしています。

・Y座標が奇数の場合：ピクセルを左から順に処理する。
・Y座標が偶数の場合：ピクセルを右から順に処理する。
　　　　　　　　　　また，誤差拡散のパターンを左右逆にして評価する。

●空欄エ，オ

空欄エ，オは，図7のプログラムにもありますが，ここでは図6のプログラムにある空欄エ，オを考えることにします。図7のプログラムについてはp.176の「補足」に記していますのでそちらで確認してください。

さて，書換後の図6のプログラムでは，変数txを使って，txが1からwidthになるまで繰り返しています。そして，繰返し処理に入った直後に「x←tx」を行い，その後に空欄エ，オを含む条件式を判定し，条件式が真の場合「x← カ 」を行っています。

ここで，Y座標が奇数の場合は，図5のプロフラムとピクセルの処理順が変わらないことに着目しましょう。つまり，Y座標が偶数のときにだけ，ピクセルを右から順に処理するよう，変数xの値を設定すればよいわけですから，空欄エ，オを含むif文は

「Y座標が偶数であるか」を判定するif文です。

ある値が偶数であるかどうかは，その値を2で割った余りで判定できます。余りが0なら偶数なので，「Y座標が偶数であるか」を判定する条件式は「(y mod 2) が0に等しい」となります。したがって，**空欄エ**には「**y**」，**空欄オ**には「**2**」が入ります。

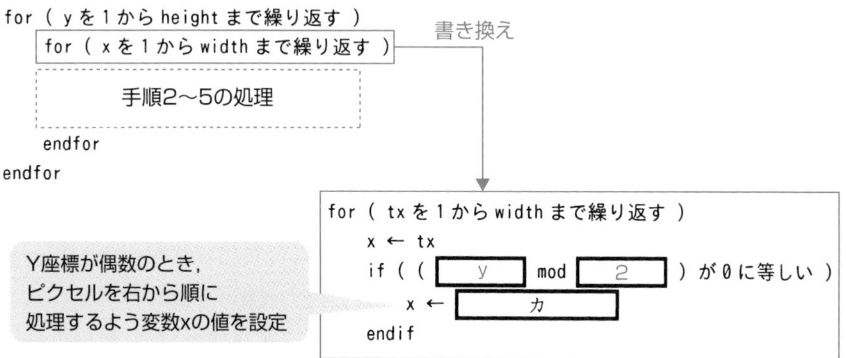

●空欄カ

上図にも示しましたが，空欄カを含む行で，ピクセルを右から順に処理できるよう変数xの値を設定します。右から順に処理するとは，X座標がwidthであるピクセルから，width－1，width－2，…，1の順に処理するということです。

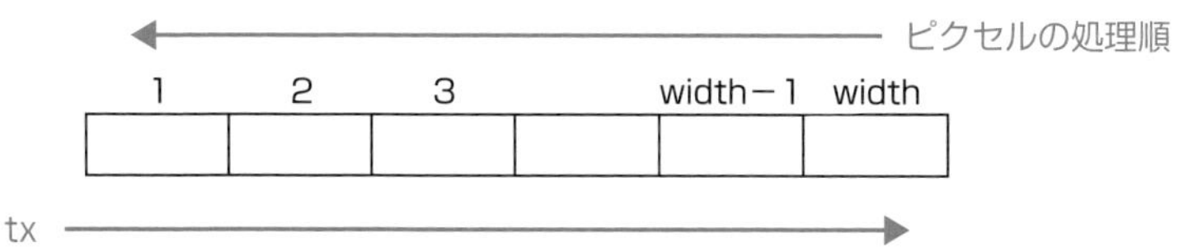

図6のプログラムでは，txを1からwidthまで順に一つずつ進めているので，txが1のときxにwidthを代入し，txが2のときwidth－1を代入し,…，txがwidthのとき1を代入すれば，ピクセルを右から順に処理できます。このときの変数txとxの関係を表すと次のようになり，変数xは「width－tx＋1」で表せることが分かります。

tx	1	2	3	…	width
x	width	width－1	width－2	…	1

変数xは「width－tx＋1」で表せる

したがって，**空欄カ**には「**width－tx＋1**」を入れればよいでしょう。

補足 図7のプログラム

図7ではY座標が偶数のとき，誤差拡散のパターンを左右逆にして評価するため，図5の②の行「px ← x + tdx[c]」を次のように変更しています。

px ← x − tdx[c] + (2 * tdx[c] * (y mod 2))

空欄エ（y）　空欄オ（2）

上記の式は，Y座標（yの値）が奇数なら「px ← x+tdx[c]」，偶数なら「px ← x−tdx[c]」となり，奇数の場合は図5の②の行と同じ処理になります。

ここで，誤差拡散のパターンを左右逆にして評価するとは，どういうことでしょう？少し判りづらいですが，誤差拡散のパターンが下右図のようになるということです。

y座標が奇数のときのパターン

	輝度の誤差D	① D×7/16
② D×3/16	③ D×5/16	④ D×1/16

y座標が偶数のときのパターン

❶ D×7/16	輝度の誤差D	
❹ D×1/16	❸ D×5/16	❷ D×3/16

Y座標が偶数のときのpx，py及び拡散する誤差の値を下図に示しました。図5の②の行を図7に変更することで，cが1のとき❶の拡散処理，2のとき❷，3のとき❸，4のとき❹の拡散処理が行えることを確認してください。

c	px	py	拡散誤差値
1	px=x−tdx[1] =x−1	py=y+tdy[1] =y	D×ratio[1]/16 =D×7/16
2	px=x−tdx[2] =x+1	py=y+tdy[2] =y+1	D×ratio[2]/16 =D×3/16
3	px=x−tdx[3] =x	py=y+tdy[3] =y+1	D×ratio[3]/16 =D×5/16
4	px=x−tdx[4] =x−1	py=y+tdy[4] =y+1	D×ratio[4]/16 =D×1/16

	1	2	3	4
tdx	1	−1	0	1
tdy	0	1	1	1
ratio	7	3	5	1

設問4 の解説

●空欄キ

プログラムの終了までに，③のif文が何回呼び出されるか問われています。着目すべきは，このif文は一番内側のfor文（繰返し）の中にあることです。

一番外側のfor文（for-1とする）はyを1からheightまで繰り返すので，for-1の中の実行文はheight回実行されます。さらに，真ん中のfor文（for-2）はxを1からwidthまで繰り返すので，for-2の中の実行文はwidth回実行されます。そして，③のif文が含まれるfor文（for-3）はcを1からratioCountまで繰り返すので，for-3の中の実行文はratioCount回実行されます。

したがって，③のif文の呼び出し回数は，**height × width × ratioCount（空欄キ）**回となります。

●空欄ク

③のif文が呼び出されるとき，条件判定における比較演算と論理演算の評価が，あわせて最大何回行われるか問われています。

比較演算とは，値の比較を行い結果を真偽値（真：true，偽：false）で返す演算です。また，論理演算とは，二つの真偽値のAND（論理積）を求めたり，OR（論理和）を求めたりする演算のことです。論理演算には，ANDやORのほかに，XOR（排他的論理和）やNOT（否定）があります。

③のif文の条件判定式を見ると，四つの比較演算と，それらの比較演算の結果を結ぶ論理演算（かつ）が三つあります。したがって，これらを全て評価したときの評価回数は，「比較演算4回＋論理演算3回＝**7（空欄ク）**回」となります。

(pxが1以上) かつ (pxがwidth以下) かつ (pyが1以上) かつ (pyがheight以下)

＊下線：比較演算　　　：論理演算

解答

設問1　(1) 黒
(2) 33

設問2　ア：bmpFrom[x, y] + bmpTo[x, y]
イ：fが128以上

設問3　ウ：bmpTo[px, py] + (d * ratio[c] / denominator)
エ：y
オ：2
カ：width − tx + 1

設問4　キ：height × width × ratioCount
ク：7

問題2 探索アルゴリズム (H29春午後問3)

目標値に最も近い組合せを1組選択する問題の問題解決を題材に，木構造を用いた探索アルゴリズムの理解を問う問題です。本問では，探索の順序や，探索に必要となるメモリ使用量，さらに探索回数の削減について問われます。

問 探索アルゴリズムに関する次の記述を読んで，設問1～5に答えよ。

1個ずつの重さが異なる商品を組み合わせ，合計の重さが指定された値になるようにしたい。この問題を次のように簡略化し，解法を考える。

〔問題〕
指定されたn個の異なる数(自然数)の中から任意の個数の数を選択し，それらの合計が指定された目標Xに最も近くなる数の組合せを1組選択する。その際，合計はXより大きくても小さくてもよい。ただし，同じ数は1回しか選択できないものとする。

例えば，指定されたn個の数が(10，34，55，77)，目標Xが100とすると，選択した数の組合せは(10，34，55)，選択した数の合計(以下，合計という)は99となる。

この問題を解くためのアルゴリズムを考える。

指定されたn個の数の中から任意の個数を選択することから，各数に対して，選択する，選択しない，の二つのケースがある。数を一つずつ調べて，次の数がなくなるまで"選択する"，"選択しない"の分岐を繰り返すことで，任意の個数を選択する全ての組合せを網羅できる。この場合分けを図1に示す。

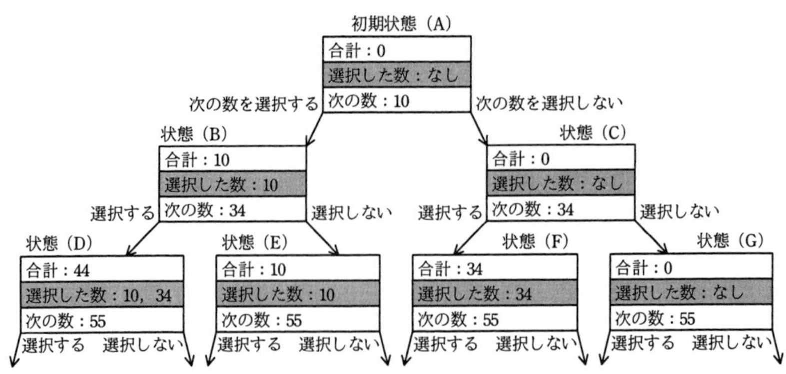

図1 問題を解くための場合分け

〔データ構造の検討〕

図1の場合分けをプログラムで実装するために，必要となるデータ構造を検討する。

まず，図1の場合分けを木構造とみなしたときの各ノード（状態）を構造体Statusで表す。構造体Statusは要素として“合計”，“選択した数”，“次の数”をもつ必要がある。

プログラムで使用する配列，変数及び構造体を表1に示す。

表1　プログラムで使用する配列，変数及び構造体

名称	種類	内容
numbers[ ]	配列	問題で指定される n 個の数を格納する配列。配列の添字は 1 から始まる。
target	変数	問題で指定される目標 X を格納する変数。
Status	構造体	次の三つの要素をもつ構造体。状態を表す。 ・total：合計を表す変数。初期値は 0。 ・selectedNumbers[ ]：選択した数を表す配列。各要素の初期値は null とする。配列の添字は 1 から始まる。 ・nextIndex：次の数の numbers[ ] における添字を格納する変数。初期値は 1。次の数がない場合は 0。 構造体の要素は“.”を使った表記で表す。“.”の左に，構造体全体を表す変数を書き，“.”の右に，要素名を書く。
currentStatus	変数	構造体 Status の値を格納する変数。“取得した状態”を表す。
ansStatus	変数	構造体 Status の値を格納する変数。“現時点での解答の候補”（以下，“解答の候補”という）を表す。初期値は null とする。

〔探索の手順〕

図1に示した場合分けの初期状態（A）からの探索手順を，次の（1）～（3）に示す。①これから探索する状態を格納しておくためのデータ構造として，キューを使用する場合とスタックを使用する場合で，探索の順序が異なる。また，②データ構造によってメモリの使用量も異なる。ここではキューを使用することにする。

(1) 初期状態（A）を作成し，キューに格納する。キューが空になるまで（2），（3）を繰り返す。

(2) キューに格納されている状態を一つ取り出す。これを“取得した状態”と呼ぶ。“取得した状態”の評価を行う（状態を評価する手順は次の〔“取得した状態”の評価〕に示す）。

(3) “取得した状態”に次の数がある場合，次の数を選択した状態と，次の数を選択しない状態をそれぞれ作成し，順にキューに格納する。

〔“取得した状態”の評価〕

“取得した状態”を評価し，“解答の候補”を設定する手順を，次の（1），（2）に示す。

（1）“解答の候補”がnullの場合，“取得した状態”を“解答の候補”にする。

（2）“解答の候補”がnullでない場合，“解答の候補”の合計と“取得した状態”の合計をそれぞれ目標Xと比較して，後者の方が目標Xに近い場合，“取得した状態”を“解答の候補”にする。

探索の手順が終了した時点の“解答の候補”を解答とする。

探索を行うための関数を表2に示す。

表2　探索を行うための関数

名称	内容
enqueue(s)	引数として与えられる構造体 Status の値 s をキューに追加する。
dequeue( )	キューから構造体 Status の値を取り出して返す。
isEmpty( )	キューが空かどうかを判定する。 キューが空ならば 1 を，そうでなければ 0 を返す。
nextStatus1(s)	引数として与えられる構造体 Status の値 s に対して，次の数を選択した状態を表す構造体 Status の値を返す。戻り値の各要素に次の内容を設定する。 ・total：s.total+numbers[s.nextIndex] を設定する。 ・selectedNumbers[ ]：s.selectedNumbers[ ] に numbers[s.nextIndex] を追加した配列を設定する。 ・nextIndex：s.nextIndex が n ならば 0 を，そうでなければ s.nextIndex+1 を設定する。
nextStatus2(s)	引数として与えられる構造体 Status の値 s に対して，次の数を選択しない状態を表す構造体 Status の値を返す。戻り値の各要素に次の内容を設定する。 ・total：s.total を設定する。 ・selectedNumbers[ ]：s.selectedNumbers[ ] を設定する。 ・nextIndex：s.nextIndex が n ならば 0 を，そうでなければ s.nextIndex+1 を設定する。
abs(n)	引数として与えられる数 n の絶対値を返す。

〔探索処理関数treeSearch〕

探索処理を実装した関数treeSearchのプログラムを図2に示す。

ここで，表1で定義した配列及び変数は，グローバル変数とする。

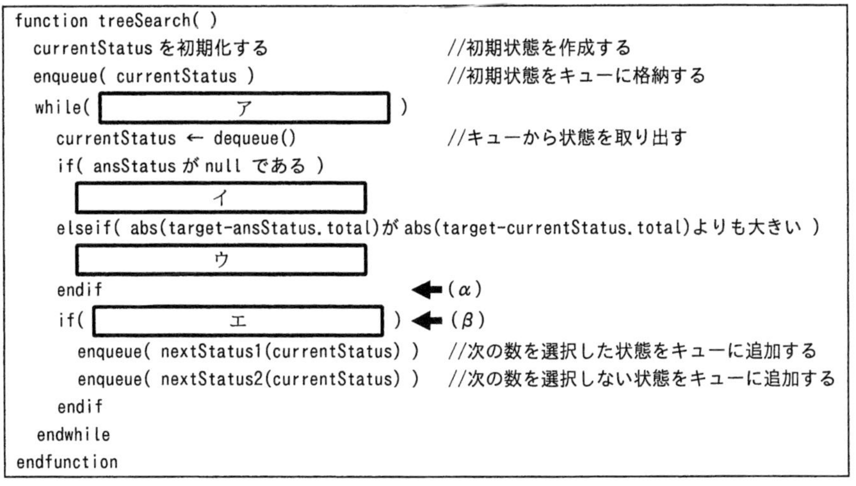

```
function treeSearch( )
  currentStatus を初期化する                    //初期状態を作成する
  enqueue( currentStatus )                      //初期状態をキューに格納する
  while( [ ア ] )
    currentStatus ← dequeue()                   //キューから状態を取り出す
    if( ansStatus が null である )
      [ イ ]
    elseif( abs(target-ansStatus.total)が abs(target-currentStatus.total)よりも大きい )
      [ ウ ]
    endif                                       ←(α)
    if( [ エ ] )                                ←(β)
      enqueue( nextStatus1(currentStatus) )     //次の数を選択した状態をキューに追加する
      enqueue( nextStatus2(currentStatus) )     //次の数を選択しない状態をキューに追加する
    endif
  endwhile
endfunction
```

図2　関数treeSearchのプログラム

〔探索回数の削減〕

関数treeSearchで実装した方法では，nが大きくなるにつれて“取得した状態”を評価する回数（以下，探索回数という）も増大するが，不要な探索処理を行わないようにすることによって，③探索回数を削減することができる。探索回数の削減のために，探索を継続するかどうかを示すフラグを新たに用意し，次の（1）～（3）の処理を追加することにした。

(1) “取得した状態”の合計が目標X以上の場合，以降の状態で数を選択しても合計は目標Xから離れてしまい，“解答の候補”にはならない。以降の状態の探索を不要とするために，フラグを探索中止に設定する。
(2) (1) 以外の場合，フラグを探索継続に設定する。
(3) フラグが探索中止の場合，“取得した状態”からの分岐を探索しないようにする。

探索回数の削減のために追加する変数を表3に示す。

表3　探索回数の削減のために追加する変数

名称	種類	内容
nextFlag	変数	“Y”のとき探索継続，“N”のとき探索中止を表す。

探索回数の削減を実装するために，図2中の（α）の行と（β）の行の間に図3のプログラムを追加し，（β）を“if(エ ，かつ，nextFlagが“Y”である）”に修正した。

```
if( currentStatus.total が target 以上である )
  nextFlag ← [  オ  ]
else
  nextFlag ← [  カ  ]
endif
```

図3　探索回数の削減のための追加プログラム

設問1　図2中の ア ～ エ に入れる適切な字句を答えよ。

設問2　図3中の オ ， カ に入れる適切な字句を答えよ。

設問3　本文中の下線①について，次の（1），（2）の場合の評価の順序を，図1中の状態の記号（A）～（G）を用いてそれぞれ答えよ。ここで，分岐の際は左側のノードから先にデータ構造に格納することとする。本問では（D），（E），（F），（G）の後の状態は考慮しなくてよい。

(1)〔探索の手順〕での記述どおり，データ構造にキューを使用した場合

(2) 本文中のキューを全てスタックに置き換えた場合

設問4　本文中の下線②について，データ構造にキューを使用した場合に，キューが必要とするメモリ使用量の最大値として適切な字句を解答群の中から選び，記号で答えよ。ここで，問題における数の個数をn，キューに状態を一つ格納するために必要なメモリ使用量をmとする。

解答群

ア　2^nm　　イ　2nm　　ウ　nm　　エ　n^2m　　オ　(n＋1)m

設問5　本文中の下線③における探索回数の削減を更に効率的に行うために，“指定されたn個の数”に実施しておくことが有効な事前処理の内容を20字以内で，その理由を25字以内でそれぞれ述べよ。

解説

設問1 の解説

探索処理関数treeSearchを完成させる問題です。探索の処理手順は，〔探索の手順〕に示されているので，これと図2のプログラムを対応させながら考えましょう。

●空欄ア

while文の繰返し条件が問われています。〔探索の手順〕を見ると，(1)に「初期状態(A)を作成し，キューに格納する。キューが空になるまで(2)，(3)を繰り返す」とあります。「初期状態(A)を作成し，キューに格納する」処理は，while文の手前にある「currentStatusを初期化する」と「enqueue(currentStatus)」に該当するので，このwhile文は，キューが空になるまで繰り返せばよいことが分かります。ここで，空欄アには繰返し条件を入れなければいけないことに注意しましょう。「キューが空になるまで繰り返す」ということは，「キューが空でない間は繰り返す（空でなければ繰り返す）」ということなので，空欄アには，「キューが空でない」ことを判定する条件式を入れます。では，空欄アに入れる条件式を考えましょう。

キューが空であるかどうかの判定には，関数isEmptyが利用できます。isEmpty()は，キューが空なら1を，空でなければ0返すので，キューが空でないことを判定する条件式としては，「isEmpty()が0である」あるいは「isEmpty()が1でない」の二つが考えられます。したがって，**空欄ア**には，このどちらかを入れればよいでしょう。なお，試験センターでは解答例を「**isEmpty()が0である**」としています。

●空欄イ

空欄イは，ansStatusがnullであるときの処理です。ansStatusは，“解答の候補”を表す変数であり，初期値はnullです。また，〔“取得した状態”の評価〕(1)を見ると，「“解答の候補”がnullの場合，“取得した状態”を“解答の候補”にする」とあります。したがって，空欄イには「“解答の候補”←“取得した状態”」に該当する処理を入れればよいでしょう。

“解答の候補”を表す変数はansStatusです。では，“取得した状態”を表す変数は？ここで表1を見ると，変数currentStatusが“取得した状態”を表すとあります。また，図2のプログラムを見ると，空欄イを含むif文の直前で「currentStatus ← dequeue()」を実行しています。関数dequeueは，キューに格納されている状態を一つ取り出して返す関数なので，この実行文によりキューから取り出した状態（“取得した状態”）を変数currentStatusに格納していることが分かります。

以上，変数currentStatusが，“取得した状態”を表す変数なので，**空欄イ**には「**ansStatus ← currentStatus**」が入ります。

●空欄ウ

ansStatusがnullでない場合,「abs(target − ansStatus.total) がabs(target − currentStatus.total)よりも大きい」ときの処理です。この処理は,〔“取得した状態”の評価〕の(2)に該当する処理です。ここで,この条件式に登場する各変数の内容を確認しておきましょう。

・target　　　　　　　　：目標X
・ansStatus.total　　　：“解答の候補”の合計
・currentStatus.total ：“取得した状態”の合計

〔“取得した状態”の評価〕(2)には,「“解答の候補”の合計と“取得した状態”の合計をそれぞれ目標Xと比較して,後者の方が目標Xに近い場合,“取得した状態”を“解答の候補”にする」とあります。

例えば,目標Xが99で,“解答の候補”の合計が10,“取得した状態”の合計が44であれば,

・目標X(target) − “解答の候補”の合計(ansStatus.total)　　　= 99 − 10 = 89
・目標X(target) − “取得した状態”の合計(currentStatus.total) = 99 − 44 = 55

となり,“取得した状態”の合計の方が目標Xに近い(targetとansStatus.totalの差が,targetとcurrentStatus.totalの差よりも大きい)ので,この場合,「“取得した状態”を“解答の候補”にする」処理,すなわち「ansStatus ← currentStatus」を行います。

したがって,「abs(target − ansStatus.total)がabs(target − currentStatus.total)よりも大きい」場合に実行する処理(**空欄ウ**)は,「**ansStatus ← currentStatus**」です。

なお,条件式で関数absを使用していますが,これは,合計は目標値Xより大きくても小さくてもよく,どちらが目標Xに近いかを調べるためです。

●空欄エ

if文の条件式が問われています。このif文は,〔探索の手順〕(3)「“取得した状態”に次の数がある場合,次の数を選択した状態と,次の数を選択しない状態をそれぞれ作成し,順にキューに格納する」に該当する処理です。したがって,空欄エには,「“取得した状態”に次の数があるか」を判定する条件式を入れればよいでしょう。

“取得した状態”に次の数があるかどうかは,currentStatusのnextIndexを見れば分かります。次の数がない場合,nextIndexは0なので,**空欄エ**には,「**currentStatus.nextIndexが0でない**」を入れます。

補足 〔探索の手順〕とプログラムとの対応

```
function treeSearch( )
  currentStatus を初期化する                //初期状態を作成する          〔探索の手順〕(1)
  enqueue( currentStatus )                 //初期状態をキューに格納する
  while( [   ア   ] ) ←キューが空でなければ繰り返す
                                                               〔探索の手順〕(2)
    currentStatus ← dequeue()              //キューから状態を取り出す
      ↑キューに格納されている状態を一つ取り出し，これを“取得した状態”にする

    ---------------------------〔“取得した状態”の評価〕---------------------------
    if( ansStatus が null である )
      [   イ   ]  ←(1)“取得した状態”を“解答の候補”にする
    elseif( abs(target-ansStatus.total)が abs(target-currentStatus.total)よりも大きい )
      [   ウ   ]  ←(2)“取得した状態”の合計の方が目標Xに近い場合，
                     “取得した状態”を“解答の候補”にする
(α) endif
                                                               〔探索の手順〕(3)
(β) if( [   エ   ] ) ←“取得した状態”に次の数があるか
      enqueue( nextStatus1(currentStatus) )  //次の数を選択した状態をキューに追加する
      enqueue( nextStatus2(currentStatus) )  //次の数を選択しない状態をキューに追加する
    endif
  endwhile
endfunction
```

設問2 の解説

〔探索回数の削減〕に関する設問です。(α)の行と(β)の行の間に追加するプログラム（下記）の空欄が問われています。

```
if( currentStatus.total が target 以上である )
  nextFlag ← [ オ ]
else
  nextFlag ← [ カ ]
endif
```

つまり，問われているのは，「currentStatus.total（“取得した状態”の合計）がtarget（目標X）以上である」場合，nextFlagに何を設定し，それ以外の場合は何を設定するかです。〔探索回数の削減〕に示された処理を見ると，(1)に「“取得した状態”の合計(currentStatus.total)が目標X(target)以上の場合，フラグを探索中止に設定する」とあり，(2)には「(1)以外の場合，フラグを探索継続に設定する」とあります。探索中止は“N”，探索継続は“Y”なので，**空欄オ**には“**N**”，**空欄カ**には“**Y**”が入ります。

設問3 の解説

図1の「問題を解くための場合分け」において，これから探索する状態を格納しておくためのデータ構造として，キューを使用した場合とスタックを使用した場合のそれぞれの評価順序が問われています。

まず，探索の手順を再度確認しておきましょう。

❶ 初期状態(A)をデータ構造に格納する。
❷ データ構造が空になるまで，下記の処理を繰り返す。
- データ構造から状態を一つ取り出し，評価する。
- 取り出した状態に次の数がある場合，次の数を選択した状態と，次の数を選択しない状態をそれぞれ，順にデータ構造に格納する。

(1) キューは，「最初に格納したデータを最初に取り出す(FIFO)」データ構造なので，探索の処理過程(キューへの格納と取り出し)は次のようになります。なお，設問文に「(D)，(E)，(F)，(G)の後の状態は考慮しなくてよい」との記述があるので，ここでは，状態(D)，(E)，(F)，(G)には，次の数がない(nextIndex＝0)として考えます。

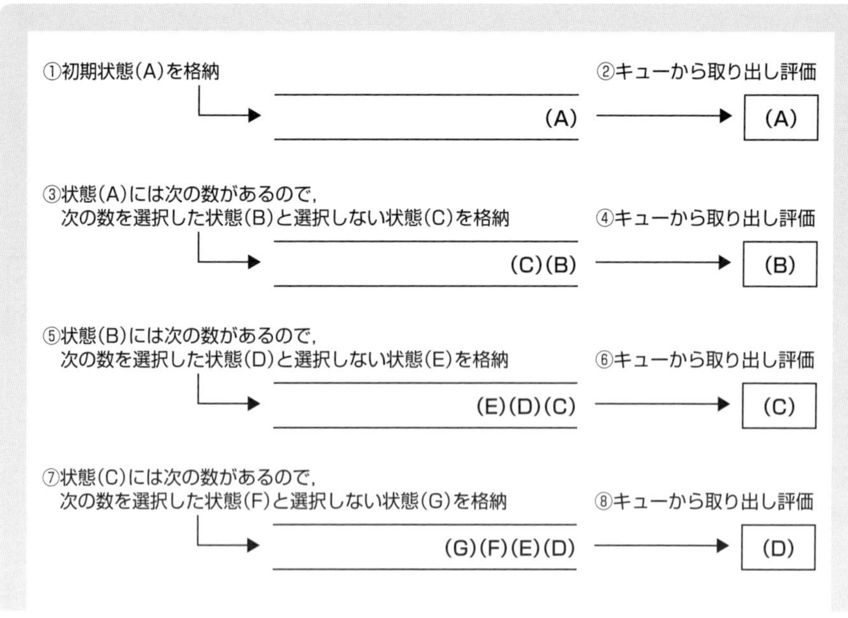

⑨状態(D)には次の数がない。また，(E)，(F)，(G)にも次の数がない。したがって，これ以降は，キューに格納される状態はなく，格納されている状態を順に取り出し評価する。

(G)(F)(E)
(E)
(G)(F)
(F)
(G)
(G)

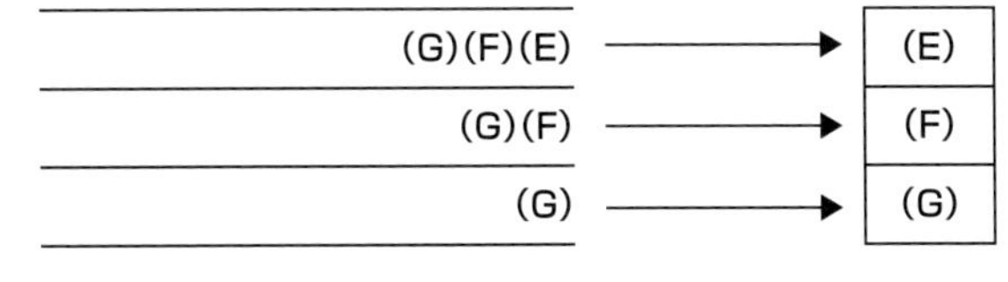

以上，評価順序は「(A)→(B)→(C)→(D)→(E)→(F)→(G)」になります。

(2) スタックは，「最後に格納したデータを最初に取り出す（LIFO）」データ構造なので，探索の処理過程（スタックへの格納と取り出し）は次のようになります。

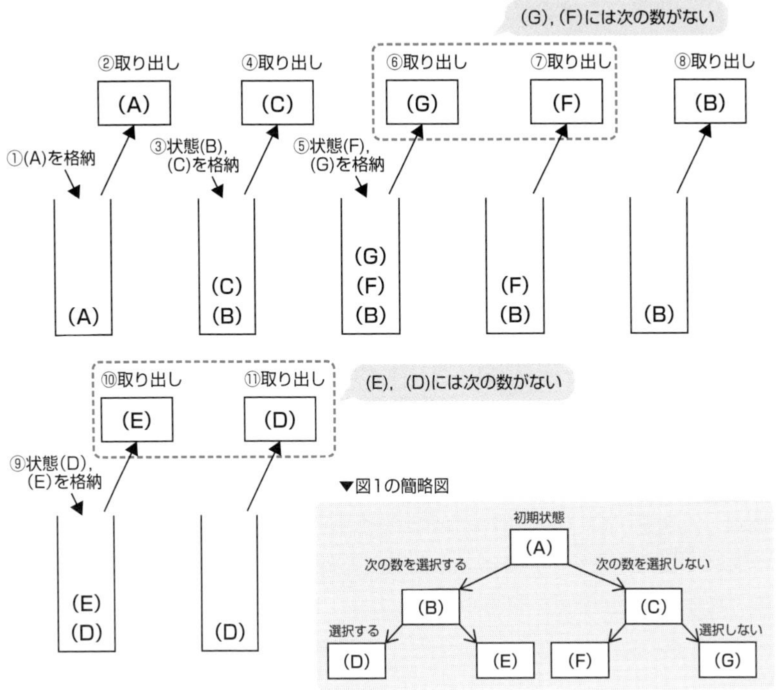

(G)，(F)には次の数がない
②取り出し
(A)
④取り出し
(C)
⑥取り出し
(G)
⑦取り出し
(F)
⑧取り出し
(B)
①(A)を格納
③状態(B)，(C)を格納
⑤状態(F)，(G)を格納
(A)
(C)
(B)
(G)
(F)
(B)
(F)
(B)
(B)
⑩取り出し
(E)
⑪取り出し
(D)
(E)，(D)には次の数がない
⑨状態(D)，(E)を格納
(E)
(D)
(D)
▼図1の簡略図
初期状態
(A)
次の数を選択する
次の数を選択しない
(B)
(C)
選択する
選択しない
(D)
(E)
(F)
(G)

以上，評価順序は「(A)→(C)→(G)→(F)→(B)→(E)→(D)」になります。

設問4 の解説

データ構造にキューを使用した場合に，キューが必要とするメモリ使用量の最大値が問われています。ここで，先の設問3（1）での処理過程をもう一度見てみましょう。メモリ使用量が最も多くなっているのは，キューに「(G)(F)(E)(D)」が格納されたとき（前々ページ図の⑦の状態）です。そこで，図1を下図のような完全2分木として見ると，(G)，(F)，(E)，(D）は葉なので，キューが必要とするメモリ使用量の最大値は，この葉の数に比例すると考えられます。なお，完全2分木とは，「葉以外のノードは全て二つの子をもち，根から葉までの深さが全て等しい木」のことです。

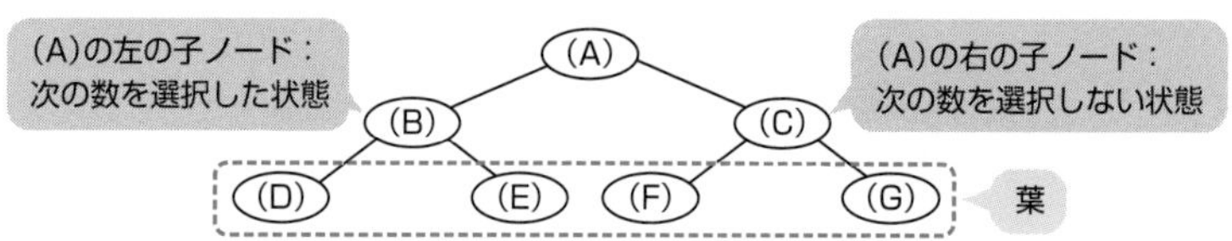

設問文に，「問題における数の個数をn，キューに状態を一つ格納するために必要なメモリ使用量をmとする」とあります。問題における数の個数とは，指定された数の個数のことです。したがって，指定された数の個数がnであるときの，完全2分木における葉の数が分かれば解答できます。すなわち，メモリ使用量の最大値は，次の式で求めればよいわけです。

メモリ使用量の最大値 ＝ 葉の数×m

では，葉の数はいくつになるのでしょうか？　順を追って説明しましょう。

まず，「指定された数の個数がnなら，根から葉までの深さ（根から葉に至までの枝の数）はn」になります。例えば，指定された数が2個（10，34）の場合，初期状態(A)を根とし，その左の子ノードに10を選択した状態(B)，右の子ノードに10を選択しない状態(C)が作成され，さらに(B)と(C)において，それぞれの左の子ノードに34を選択した状態(D)，(F)が作成され，また右の子ノードには34を選択しない状態(E)，(G)が作成されるので，このときの完全2分木の深さは2です。

次に，次ページの「参考」にも示しましたが，「深さがnである完全2分木の葉の数は2^n」です。

したがって，「指定された数の個数がnなら ⇒ 完全2分木の深さはn ⇒ 深さnの完全2分木の葉の数は2^n」となるので，メモリ使用量の最大値は$2^n \times m$です。つまり，〔ア〕の**$2^n m$**が正解です。

参考 完全2分木の深さと葉の数の関係

設問5 の解説

探索回数の削減を更に効率的に行うために，“指定されたn個の数”に実施しておくことが有効な事前処理の内容，及びその理由が問われています。着目すべきは，「“取得した状態”の合計が目標X以上なら，それ以降の状態で数を選択しても合計は目標Xから離れてしまうため，この時点で探索を打ち切る」ことです。このことに着目すれば，探索回数を削減するためには，できるだけ早い段階で探索を打ち切れるようにすればよく，そのためには，できるだけ少ない個数の合計で目標X以上になるように，数を大きい順（降順）に並べておけばよいことが分かります。

以上，事前処理の内容としては「指定されたn個の数を降順に並べておく」，理由としては「早い段階で目標Xに近づくことができる」旨を解答すればよいでしょう。なお，試験センターでは解答例を，事前処理の内容「**数を降順にソートしておく**」，理由「**早い段階で探索を打ち切ることができる**」としています。

解答

設問1 **ア**：isEmpty()が0である　（**別解**：isEmpty()が1でない）
イ：ansStatus ← currentStatus
ウ：ansStatus ← currentStatus
エ：currentStatus.nextIndexが0でない

設問2 **オ**：“N”　　**カ**：“Y”

設問3 (1) (A)→(B)→(C)→(D)→(E)→(F)→(G)
(2) (A)→(C)→(G)→(F)→(B)→(E)→(D)

設問4 ア

設問5 **事前処理の内容**：数を降順にソートしておく
理由：早い段階で探索を打ち切ることができる

問題3 連結リストを使用したマージソート (H26秋午後問3)

連結リストを使用したマージソートを題材に，マージソートにおける分割処理，及び併合処理の理解を問う問題です。マージソートのアルゴリズムでは，自身を再帰的に呼び出す再帰アルゴリズムが用いられていますが，マージソートの概要を知っていれば，再帰アルゴリズムを意識しなくても解答が可能です。問題文に示されている処理内容や図を参考に，一つ一つ丁寧に解答していきましょう。

問 マージソートに関する次の記述を読んで，設問1～3に答えよ。

マージソートは，整列（ソート）したいデータ（要素）列を，細かく分割した後に，併合（マージ）を繰り返して全体を整列する方法である。

ここでは，それぞれの要素数が1になるまでデータ列の分割を繰り返し，分割されたデータ列を昇順に並ぶように併合していくアルゴリズムを考える。例として，要素数が8の場合のアルゴリズムの流れを図1に示す。

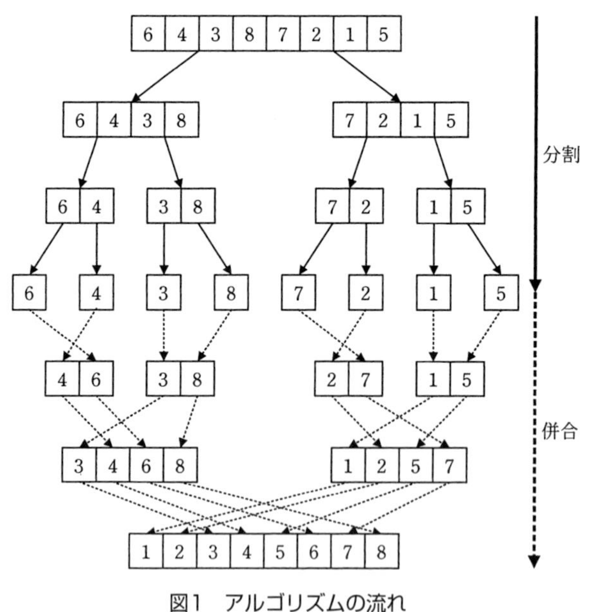

図1　アルゴリズムの流れ

再帰呼出しを使って記述したマージソートのアルゴリズムを図2に示す。

(1) 与えられたデータ列の要素数が1以下であれば，整列済みのデータ列とし，呼出し元に処理を戻す。要素数が2以上であれば，(2)に続く。
(2) データ列を，要素数がほぼ同じになるよう前半と後半のデータ列に分割する。
(3) 前半と後半のデータ列に対し，それぞれマージソートのアルゴリズムを再帰的に呼び出す。
(4) 前半と後半の二つのマージソート済みデータ列を，要素が昇順に並ぶよう一つのデータ列に併合する。

図2 マージソートのアルゴリズム

図2のアルゴリズムを連結リストに対して実行するプログラムを考える。ここでは，整列対象のデータとして正の整数を考える。連結リストは，複数のセルによって構成される。セルは，正の整数値を示すメンバvalueと，次のセルへのポインタを示すメンバnextによって構成される。連結リストの最後のセルのnextの値は，NULLである。連結リストのデータ構造を図3に示す。

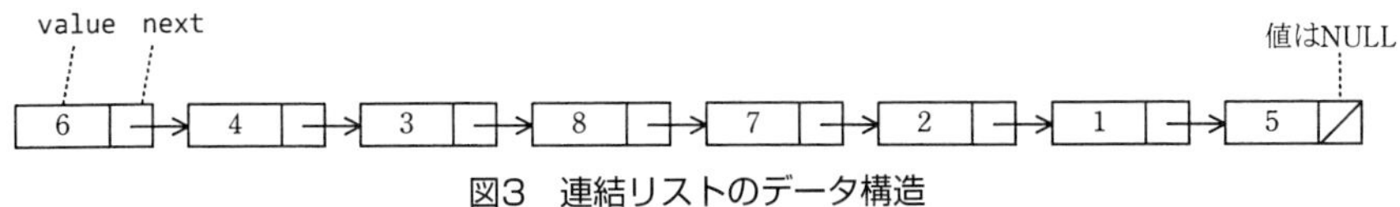

図3 連結リストのデータ構造

〔連結リストの分割〕

図2中の（2）の処理を行う関数divideを考える。関数divideは，連結リストの先頭へのポインタ変数listを引数とし，分割後の後半の連結リストの先頭へのポインタを戻り値とする。連結リストの分割前後のイメージを図4に示す。

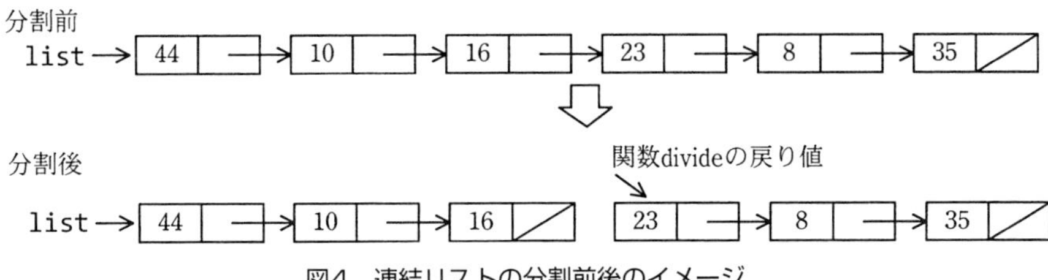

図4 連結リストの分割前後のイメージ

連結リストをセルの個数がほぼ同じになるように分割するために，ポインタ変数を二つ用意し，一方が一つ進むごとに，他方を二つずつ進める。後者のポインタが連結リストの終わりに達するまでこの処理を繰り返すと，前者のポインタは連結リストのほぼ中央のセルを指す。この方法を利用した関数divideのプログラムを図5に示す。

以下，連結リストのセルを指すポインタ変数をaとするとき，aが指すセルのメンバvalueをa->valueと表記する。

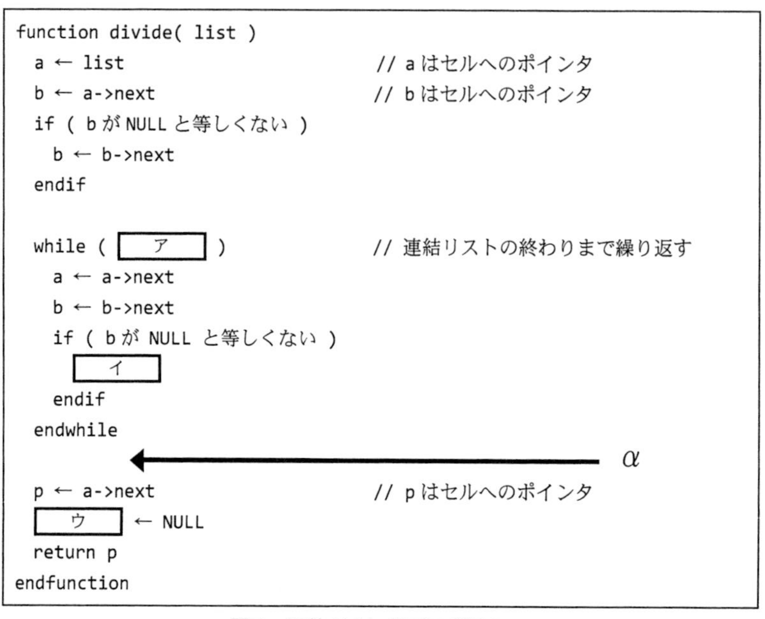

```
function divide( list )
  a ← list                      // a はセルへのポインタ
  b ← a->next                   // b はセルへのポインタ
  if ( b が NULL と等しくない )
    b ← b->next
  endif

  while ( [  ア  ] )            // 連結リストの終わりまで繰り返す
    a ← a->next
    b ← b->next
    if ( b が NULL と等しくない )
      [  イ  ]
    endif
  endwhile
          ←――――――――――――――――――――― α
  p ← a->next                   // p はセルへのポインタ
  [  ウ  ] ← NULL
  return p
endfunction
```

図5　関数divideのプログラム

〔連結リストの併合〕

図2中の（4）の処理を行う関数mergeを考える。関数mergeは，二つの連結リストの先頭へのポインタ変数aとbを引数とし，併合後の連結リストの先頭へのポインタを戻り値とする。併合処理を行う際には，ダミーのセルを用意し（そのセルへのポインタをheadとする），この後ろに併合後の連結リストを構成する。aとbが指すセルの値を比較しながら，値が小さい順に並ぶよう処理を進める。連結リストの併合の流れを図6（処理は，①，②，③，…と続く）に，関数mergeのプログラムを図7に示す。

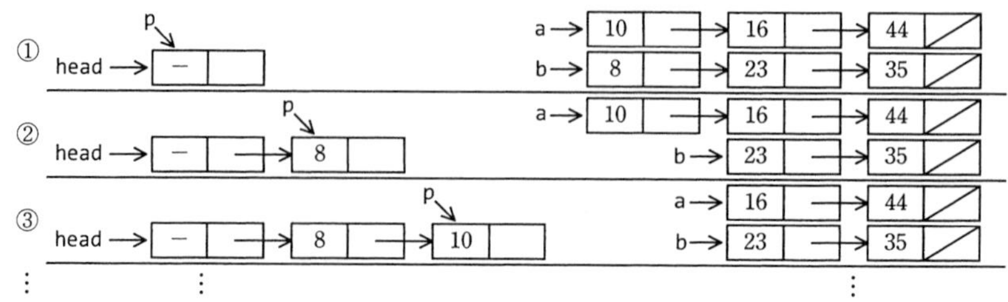

図6　連結リストの併合の流れ

```
function merge( a, b )        // a, b は併合対象の連結リストの先頭へのポインタ
  ダミーのセルを用意する
  head ← ダミーのセルへのポインタ
  p ← head

  while ( [   エ   ], かつ, b が NULL と等しくない )
    if ( a->value が b->value 以下である )
      p->next ← a
      p ← a
      a ← a->next
    else
      p->next ← b
      p ← b
      b ← b->next
    endif
  endwhile

  if ( [   オ   ] )                // 要素が残っている連結リストを連結する
    p->next ← b
  else
    p->next ← a
  endif

  return [   カ   ]
endfunction
```

図7　関数mergeのプログラム

設問1　〔連結リストの分割〕について，(1)～(3)に答えよ。

(1) 図5中の[ア]～[ウ]に入れる適切な字句を答えよ。

(2) 図3の連結リストに対して関数divideを実行し，プログラムが図5中のαの部分に達したとき，ポインタ変数aは，図3中のどのセルを指しているか。指しているセルの値（valueの数値）を答えよ。

(3) 奇数2N＋1個のセルから成る連結リストを関数divideで分割すると，前半と後半の連結リストのセルの個数はそれぞれ幾つになるか式で答えよ。

設問2　図7中の[エ]～[カ]に入れる適切な字句を答えよ。

設問3　32個のセルから成る連結リストに対し，図2のアルゴリズムに相当するプログラムを実行した場合，関数mergeは何回呼び出されるか答えよ。

解説

設問1 の解説

(1) 関数divideのプログラムを完成させる問題です。

●空欄ア，イ

空欄アはwhile文の条件，空欄イは「bがNULLと等しくない」ときの処理です。まず，この関数divideでどのような処理を行うのか，問題文の〔連結リストの分割〕にある下記の説明を参考に考えましょう。

> ・ポインタ変数を二つ用意し，一方が一つ進むごとに，他方を二つずつ進める。
> ・後者のポインタが連結リストの終わりに達するまでこの処理を繰り返す。

プログラムを見ると，ポインタaとbがあります。ポインタaにはlist（すなわち，連結リストの先頭へのポインタ）を設定しています。一方，bにはa->nextを設定し，さらにbがNULLでなければb->nextを設定しています。

▼ポインタa，bの初期値設定

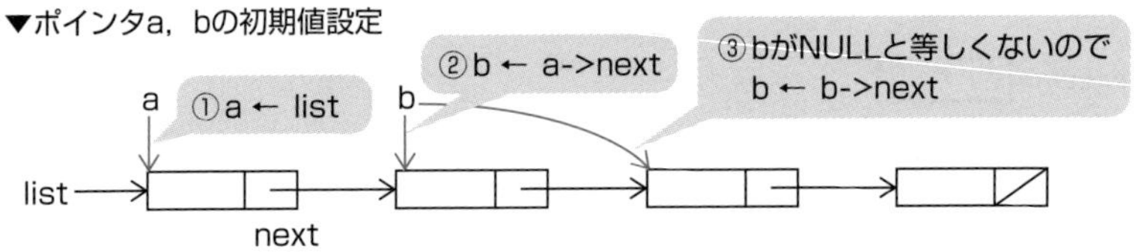

このことから関数divideでは，一つずつ進めるポインタをa，二つずつ進めるポインタをbとしていることが分かります。では，while文（繰返し部分）を見てみましょう。まず，「a ← a->next」，「b ← b->next」によってポインタaとbを一つずつ進めています。そして「bがNULLと等しくない」とき，空欄イを実行しています。ポインタbは二つ進めなければいけないので，**空欄イ**で「**b ← b->next**」を実行する必要があります。

さてこのように，ポインタaとbを進めていくと，いずれポインタbは連結リストの最後のセルに達します。最後のセルのnextの値はNULLなので，次に「b← b->next」を実行するとポインタbの値はNULLになり，もうこれ以上は進められなくなります。したがって，この状態（bがNULL）になったとき，繰返し処理を終了すればよいので，while文の条件である**空欄ア**には「**bがNULLと等しくない**」を入れ，ポインタbがNULLになったら繰返しを抜けるようにします（次ページの図を参照）。

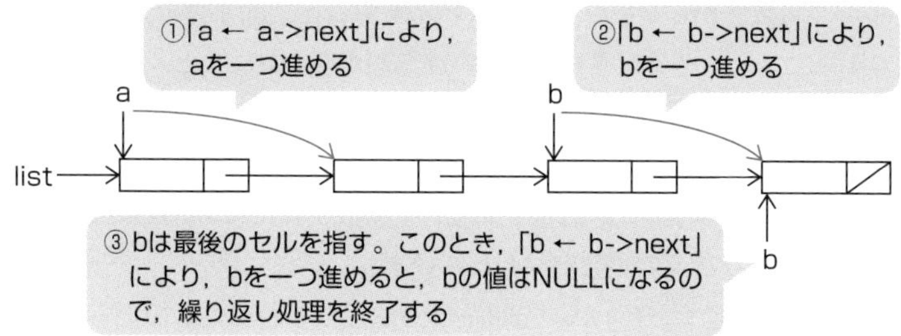

●空欄ウ

空欄ウの次の文に「return p」とあるので，ポインタpを戻り値としていることが分かります。ここで，〔連結リストの分割〕の説明（図4の直前）を見ると，「分割後の後半の連結リストの先頭へのポインタを戻り値とする」とあるので，ポインタpが，後半の連結リストの先頭へのポインタということになります。

また，図4の直後の説明に，「後者のポインタが連結リストの終わりに達するまでこの処理を繰り返すと，前者のポインタは連結リストのほぼ中央のセルを指す」とあります。この記述から，while文が終了した後のポインタaは，連結リストのほぼ中央のセルを指していることが分かります。つまり，ポインタaは前半の連結リストの最後のセルを指しているわけです。ということは，a->nextが指すセルが，後半の連結リストの先頭セルなので，空欄ウの一つ前の実行文「p ← a->next」によって，そのセルへのポインタをpに設定し，「return p」で戻していることになります。

さて，問われている空欄ウにはNULLを設定しています。関数divideでは，連結リストを前半と後半に分割するわけですから，前半の連結リストの最後のセルのnextにNULLを設定しなければ分割したことにはなりません。したがって，**空欄ウ**には「**a->next**」が入ります。

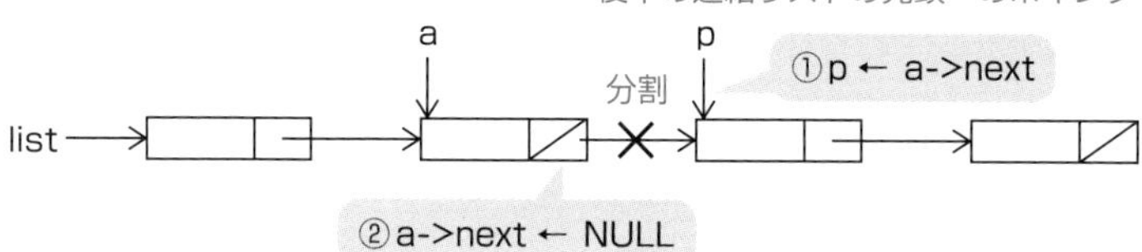

(2) 図3の連結リストに対して関数divideを実行したとき，プログラムがαに達したときのポインタaが指しているセルの値（valueの数値）が問われています。

αは，while文の終了直後にあります。また，先に説明したように，while文が終了した後のポインタaは前半の連結リストの最後のセルを指しています。図3の連結リストのセルの個数は8個ですから，これを分割すると，前半のセル数は4個，後半のセル数も4個になり，ポインタaが指すのは先頭から4番目のセルです。したがって，ポインタaが指しているセルの値（valueの数値）は**8**です。

(3) 奇数2N＋1個のセルから成る連結リストを関数divideで分割したときの，前半と後半の連結リストのセルの個数が問われています。

while文終了後のポインタaが，先頭から何番目のセルを指しているかが分かれば，分割後の前半と後半の連結リストのセルの個数が分かります。ここでの着目点は，ポインタaはwhile文を繰り返した回数だけ進むこと，すなわち，while文終了後のポインタaが指すセルは，「1＋繰返し回数」番目のセルであることです。

では，while文は何回繰り返されるのか，セルの個数をM（M＞2）個として考えていきます。while文は「bがNULLと等しくない（空欄ア）」間，繰り返されます。ポインタbは最初3番目のセルを指し，繰返しのたびに二つ進みます※補足。このことから考えると，繰返し回数は（M－2）÷2回（小数点以下切り上げ）です。例えば，セルの個数が4個なら繰返し回数は（4－2）÷2＝1回，5個なら（5－2）÷2＝2回，8個なら（8－2）÷2＝3回となります。

▼セルの個数が5個の場合（M＝5）

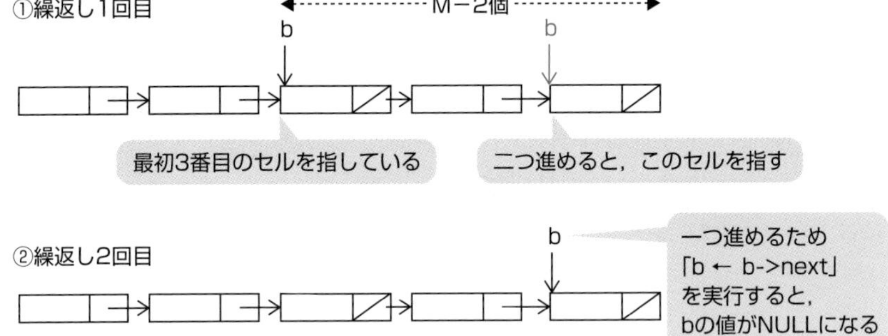

〔補足〕 セルの個数が偶数のとき，最後の繰返しの二つ目の「b ← b->next」の実行でbはNULLになるが，奇数のときは一つ目の「b ← b->next」の実行でNULLになる。

以上，分割後の前半のセルの個数は「1＋繰返し回数」個です。また，セルの個数がMのときの繰返し回数は「（M－2）÷2」回です。このMに，奇数2N＋1を代入すると，繰返し回数＝（2N＋1－2）÷2＝N（小数点以下切り上げ）となり，分割後の**前半**のセルの個数は「**N＋1**」個，**後半**のセルの個数は**N**個となります。

設問2 の解説

関数mergeのプログラムを完成させる問題です。

●空欄エ

「while (エ ，かつ，bがNULLと等しくない)」とあり，繰返しの条件が問われています。この繰返し処理は，ポインタa，bそれぞれが指す連結リストを併合する処理であるのがポイントです。併合処理では，「aが指すセルとbが指すセルの値を比較して，値が小さい方のセルを併合後の連結リストにつなげ，そのセルを指していたポインタを次のセルに進める」といった操作を，ポインタa及びポインタbがNULLでない間繰り返します。したがって，**空欄エ**には「**aがNULLと等しくない**」が入ります。

参考 連結リストの併合処理

連結リストの併合処理の手順は，次のとおりです。

(1) aとbが指すセルの値を比較する。
(2) 値が小さい方のセルを，併合後の連結リストにつなげる。
(3) つなげたセルを指していたポインタを，次のセルに進める。

下図の場合，a->valueがb->valueよりも大きいので，値が小さい方のセル（bが指すセル）を下図の手順で併合後の連結リストにつなげます。

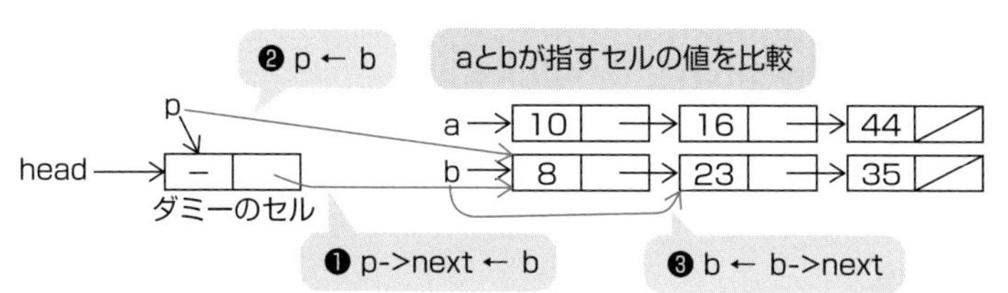

❶ p->next ← b：pが指すセルの後ろに，bが指しているセルをつなげる。
❷ p ← b：つなげたセル（併合した末尾のセル）をpが指すようにする。
❸ b ← b->next：bを次のセルに進める。

▼bが指すセルをつなげた後の状態

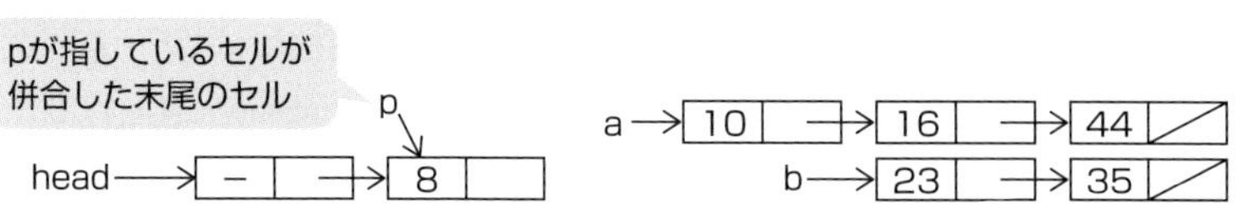

＊上図p->nextが空白になっているが，実際には，セル値23をもつセルを指している

●空欄オ

if文の条件式が問われています。先に説明した併合処理（while文の中の処理）を繰り返していくと，ポインタa，bが指す連結リストのセルの個数に関わらず，どちらかのポインタが最初にNULLになります。どちらかのポインタがNULLになれば，while文は終了しますから，while文の終了後に，まだNULLになっていないポインタが指す連結リスト（すなわち，要素が残っている連結リスト）を併合後の連結リストにつなげなければなりません。

さて，空欄オの条件を満たしたとき，「p->next ← b」を実行しています。これは，要素が残っている連結リストを併合後の連結リストにつなげる処理ですから，このときのポインタbはNULLではないことになります。したがって，**空欄オ**には「**bがNULLと等しくない**」を入れればよいでしょう。なおwhile文は，ポインタa，bのどちらかがNULLになったとき終了するので，ポインタbがNULLでなければ，ポインタaがNULLです。このことから，空欄オは「**aがNULLと等しい**」でもOKです。

●空欄カ

空欄カには，関数mergeの戻り値が入ります。関数mergeの戻り値については，〔連結リストの併合〕に，「併合後の連結リストの先頭へのポインタを戻り値とする」とあります。ここで，「head」と解答しないよう注意！ です。ポインタheadが指すセルはダミーのセルなので，次のセルへのポインタを戻り値としなければなりません。つまり，**空欄カ**には「**head->next**」が入ります。

なお，ダミーのセルを使う理由（メリット）については，次ページの「参考」を参照してください。

設問3 の解説

32個のセルから成る連結リストに対し，図2のアルゴリズムに相当するプログラムを実行したときの，関数mergeの呼出し回数が問われています。

図2のアルゴリズムでは，要素数が1になるまでデータ列の分割を繰り返し，分割されたデータ列を昇順に並ぶように併合していきます。つまり，分割したものを併合していくわけですから，「分割回数 ＝ 併合回数」が成り立ちます。

ここで，図1の分割と併合の様子を見てみましょう。要素数が8のデータ列を分割し併合していますが，このときの分割は，最初に1回，次に2回，次に4回行っているので，全部で1＋2＋4＝7回の分割が行われています。また，併合の回数も7回です。

そこで，32個のセルから成る連結リストを，図1にあるようなデータ列として捉えて，要素数が1になるまで何回分割が行われるかを考えると，次のようになります。

分割レベル1：32個の要素を16個に分割…分割回数1，　分割後のデータ列2個
分割レベル2：16個の要素を8個に分割　…分割回数2，　分割後のデータ列4個
分割レベル3：　8個の要素を4個に分割　…分割回数4，　分割後のデータ列8個
分割レベル4：　4個の要素を2個に分割　…分割回数8，　分割後のデータ列16個
分割レベル5：　2個の要素を1個に分割　…分割回数16，分割後のデータ列32個

以上，要素数が1になるまで行われる分割の回数は，1＋2＋4＋8＋16＝31回なので，併合の回数すなわち，関数mergeが呼び出される回数も**31**回です。

解答

設問1　(1) **ア**：bがNULLと等しくない　　**イ**：b ← b->next　　**ウ**：a->next
(2) 8
(3) **前半**：N＋1　　**後半**：N

設問2　**エ**：aがNULLと等しくない
オ：bがNULLと等しくない　（**別解**：aがNULLと等しい）
カ：head->next

設問3　31

参考　リスト処理におけるダミーのセルの有効性

リストに要素を挿入する処理では，ダミーのセルがよく使われます。例えば，下図のリストは，値が小さい順に並ぶようにつなげたリストです。このリストに，値4をもつセルを挿入する場合は，値3のセルと値5のセルの間に挿入するのでheadの値は変わりません。一方，値2のセルを挿入する場合，挿入位置がリストの先頭になるためheadの値を変更しなければなりません。つまり，セルをどこに挿入するかで処理が二つに分かれます。しかし，ダミーのセルを用いれば，この処理を一つにまとめられます。これが，ダミーのセルを使うメリットです。

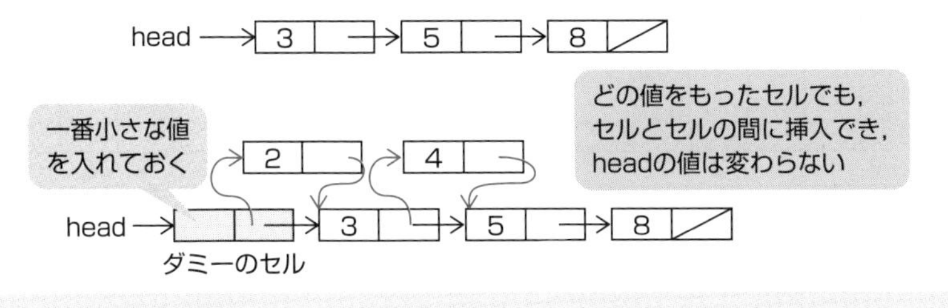

問題4 迷路の探索処理 (R04秋午後問3)

迷路の探索処理を題材に，再帰関数を用いたプログラム（アルゴリズム）の理解を問う問題です。考えやすい題材であるため，設問1～3は，再帰関数の動作をそれほど意識しなくても解答可能です。しかし，設問4に関しては，迷路の探索処理を再帰関数を用いて実装していることを十分に理解する必要があるため，難易度はかなり高くなっています（特に，設問4の(2)）。再帰関数を用いたアルゴリズムは，今後の試験においても必須となりますから，本問を通して，再帰関数に慣れておきましょう。

問 迷路の探索処理に関する次の記述を読んで，設問に答えよ。

始点と終点を任意の場所に設定するn×mの2次元のマスの並びから成る迷路の解を求める問題を考える。本問の迷路では次の条件で解を見つける。

- 迷路内には障害物のマスがあり，n×mのマスを囲む外壁のマスがある。障害物と外壁のマスを通ることはできない。
- 任意のマスから，そのマスに隣接し，通ることのできるマスに移動できる。迷路の解とは，この移動の繰返しで始点から終点にたどり着くまでのマスの並びである。ただし，迷路の解では同じマスを2回以上通ることはできない。
- 始点と終点は異なるマスに設定されている。

5×5の迷路の例を示す。解が一つの迷路の例を図1に，解が複数（四つ）ある迷路の例を図2に示す。

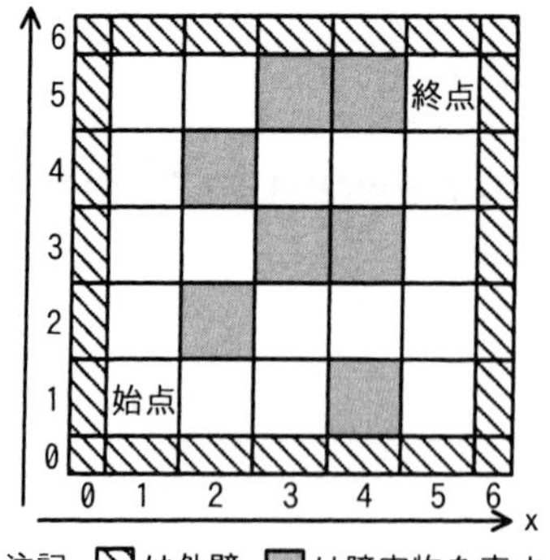

図1 解が一つの迷路の例

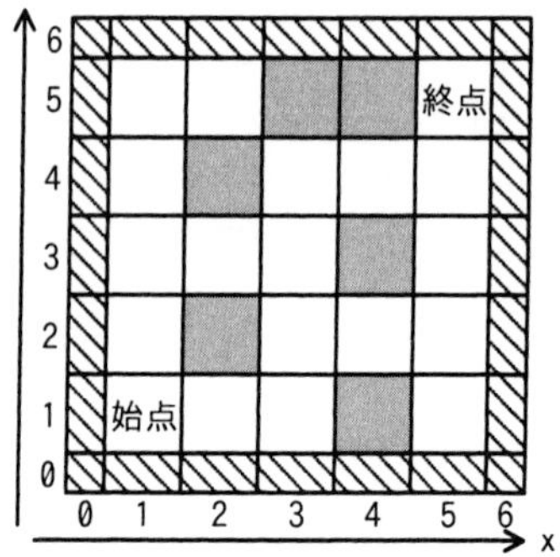

図2 解が複数ある迷路の例

〔迷路の解を見つける探索〕

迷路の解を全て見つける探索の方法を次のように考える。

迷路と外壁の各マスの位置をx座標とy座標で表し，各マスについてそのマスに関する情報（以下，マス情報という）を考える。与えられた迷路に対して，障害物と外壁のマス情報にはNGフラグを，それ以外のマス情報にはOKフラグをそれぞれ設定する。マス情報全体を迷路図情報という。

探索する際の“移動”には，“進む”と“戻る”の二つの動作がある。“進む”は，現在いるマスから①y座標を1増やす，②x座標を1増やす，③y座標を1減らす，④x座標を1減らす，のいずれかの方向に動くことである。マスに“進む”と同時にそのマスのマス情報に足跡フラグを入れる。足跡フラグが入ったマスには“進む”ことはできない。“戻る”は，今いるマスから“進んで”きた一つ前のマスに動くことである。マスに“移動”したとき，移動先のマスを“訪問”したという。

探索は，始点のマスのマス情報に足跡フラグを入れ，始点のマスを“訪問”したマスとして，始点のマスから開始する。現在いるマスから次のマスに“進む”試みを①～④の順に行い，もし試みた方向のマスに“進む”ことができないならば，次の方向に“進む”ことを試みる。4方向いずれにも“進む”ことができないときには，現在いるマスのマス情報をOKフラグに戻し，一つ前のマスに“戻る”。これを終点に到達するまで繰り返す。終点に到達したとき，始点から終点まで“進む”ことでたどってきたマスの並びが迷路の解の一つとなる。

迷路の解を見つけた後も，他の解を見つけるために，終点から一つ前のマスに“戻り”，迷路の探索を続け，全ての探索を行ったら終了する。迷路を探索している間，それまでの経過をスタックに格納しておく。終点にたどり着いた時点でスタックの内容を順番にたどると，それが解の一つになる。

図1の迷路では，始点から始めて，(1,1) → (1,2) → (1,3) → (1,4) → (1,5) → (2,5) → (1,5) → (1,4) のように“移動”する。ここまででマスの“移動”は7回起きていて，このときスタックには経過を示す4個の座標が格納されている。さらに探索を続けて，始めから13回目の“移動”が終了した時点では，スタックには［ア］個の座標が格納されている。

〔迷路の解を全て求めて表示するプログラム〕

迷路の解を全て求めて表示するプログラムを考える。プログラム中で使用する主な変数，定数及び配列を表1に示す。配列の添字は全て0から始まり，要素の初期値は全て0とする。迷路を探索してマスを“移動”する関数visitのプログラムを図3に，メインプログラムを図4に示す。メインプログラム中の変数及び配列は大域変数とする。

表1　プログラム中で使用する主な変数，定数及び配列

名称	種類	内容
maze[x][y]	配列	迷路図情報を格納する 2 次元配列
OK	定数	OK フラグ
NG	定数	NG フラグ
VISITED	定数	足跡フラグ
start_x	変数	始点の x 座標
start_y	変数	始点の y 座標
goal_x	変数	終点の x 座標
goal_y	変数	終点の y 座標
stack_visit[k]	配列	それまでの経過を格納するスタック
stack_top	変数	スタックポインタ
sol_num	変数	見つけた解の総数
paths[u][v]	配列	迷路の全ての解の座標を格納する 2 次元配列。添字の u は解の番号，添字の v は解を構成する座標の順番である。

```
function visit(x, y)
  maze[x][y] ← VISITED                                    //足跡フラグを入れる
  stack_visit[stack_top] ← (x, y)                          //スタックに座標を入れる
  if(x が goal_x と等しい かつ y が goal_y と等しい)        //終点に到達
    for(k を 0 から stack_top まで 1 ずつ増やす)
      [  イ  ] ← stack_visit[k]
    endfor
    sol_num ← sol_num+1
  else
    stack_top ← stack_top+1
    if(maze[x][y+1]が OK と等しい)
      visit(x, y+1)
    endif
    if(maze[x+1][y]が OK と等しい)
      visit(x+1, y)
    endif
    if(maze[x][y−1]が OK と等しい)
      visit(x, y−1)
    endif
    if(maze[x−1][y]が OK と等しい)
      visit(x−1, y)
    endif
    stack_top ← [  ウ  ]
  endif
  [  エ  ] ← OK
endfunction
```

図3　関数visitのプログラム

```
function main
  stack_top ← 0
  sol_num ← 0
  maze[x][y]に迷路図情報を設定する
  start_x, start_y, goal_x, goal_y に始点と終点の座標を設定する
  visit(start_x, start_y)
  if( [   オ   ] が 0 と等しい)
    "迷路の解は見つからなかった" と印字する
  else
    paths[][]を順に全て印字する
  endif
endfunction
```

図4　メインプログラム

〔解が複数ある迷路〕

図2は解が複数ある迷路の例で，一つ目の解が見つかった後に，他の解を見つけるために，迷路の探索を続ける。一つ目の解が見つかった後で，最初に実行される関数visitの引数の値は[　カ　]である。この引数の座標を基点として二つ目の解が見つかるまでに，マスの"移動"は[　キ　]回起き，その間に座標が(4,2)のマスは，[　ク　]回"訪問"される。

設問1　〔迷路の解を見つける探索〕について答えよ。

(1) 図1の例で終点に到達したときに，この探索で"訪問"されなかったマスの総数を，障害物と外壁のマスを除き答えよ。

(2) 本文中の[　ア　]に入れる適切な数値を答えよ。

設問2　図3中の[　イ　]～[　エ　]に入れる適切な字句を答えよ。

設問3　図4中の[　オ　]に入れる適切な字句を答えよ。

設問4　〔解が複数ある迷路〕について答えよ。

(1) 本文中の[　カ　]に入れる適切な引数を答えよ。

(2) 本文中の[　キ　]，[　ク　]に入れる適切な数値を答えよ

解説

設問1 の解説

(1) 図1の例で終点に到達したときに，“訪問”されなかったマス（障害物と外壁以外）の総数が問われています。“訪問”されなかったマスとは，そのマスへの“移動”がなかったマスのことです。

まず問題文に説明されている，「図1の迷路では，始点から始めて，(1,1)→(1,2)→(1,3)→(1,4)→(1,5)→(2,5)→(1,5)→(1,4)のように7回“移動”した」状態を考えます。この7回の“移動”は，右図の矢印で示した“移動”のことです。図中の ⟶ は“進む”を表し，---▸は“戻る”を表します。

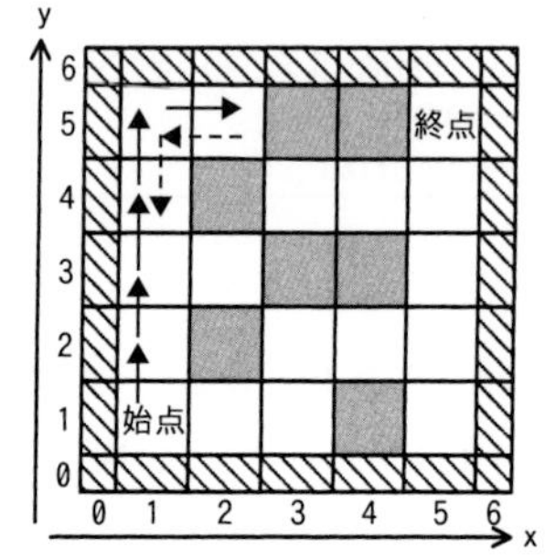

では，この状態から，さらに探索を続けていきます。

現在いるマスから，①上(↑)，②右(→)，③下(↓)，④左(←)のいずれにも“進む”ことができないときは，一つ前のマスに“戻る”ことに注意して，探索を続けていくと，下図の色線矢印で示した順にマスの“移動”が行われて，終点に到達することが分かります。したがって，“訪問”されなかったマスは，○印をした(3,4)，(4,4)，(5,1)の**3**個です。

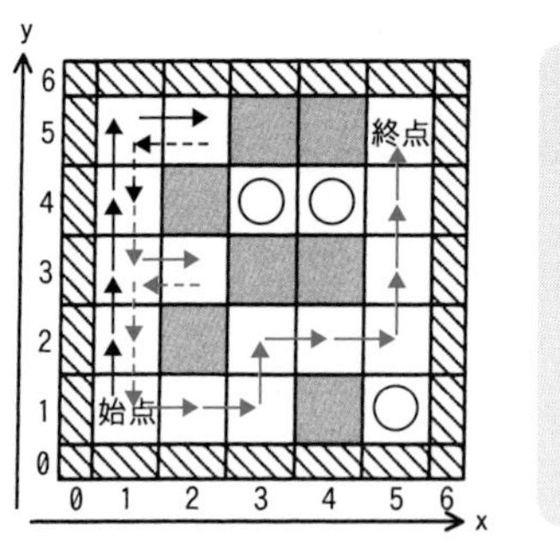

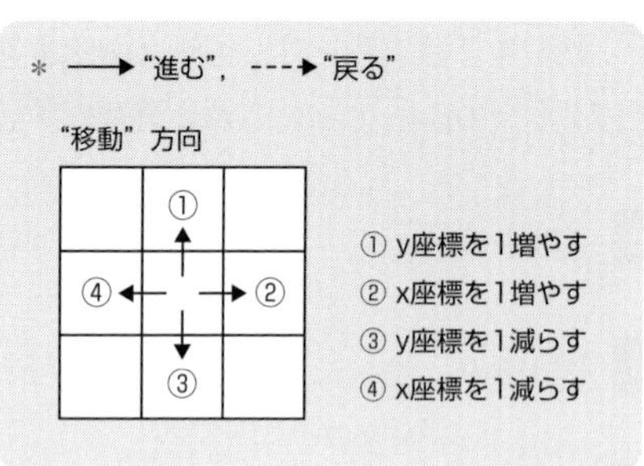

(2) 迷路を探索している間，それまでの経過を格納するスタックに関する問題です。本文中の空欄アが問われています。

空欄アは，始点から始めて，13回目の“移動”が終了した時点でスタックに格納されている座標の個数です。ここで，次のことを確認しておきましょう。

・マスを“進めた”ときには，進んだ先のマスの座標をスタックに格納する
・一つ前のマスに“戻る”ときには，格納した座標をスタックから取り除く
＊座標をスタックから取り除く操作については設問2を参照

まず，「(1,1)→(1,2)→(1,3)→(1,4)→(1,5)→(2,5)→(1,5)→(1,4)」と7回“移動”したときのスタックの内容を確認しておきましょう。ここで，問題文に，「探索は，始点のマスを“訪問”したマスとして，始点のマスから開始する」とあるので，始点の座標をスタックに格納した後，探索を開始することに注意してください。7回“移動”したときのスタックの内容は，次のようになります。

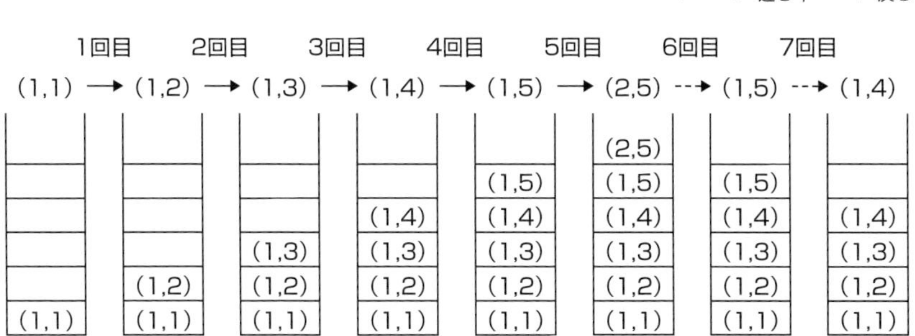

では，8回目から13回目の“移動”を確認しましょう。次のようになります。

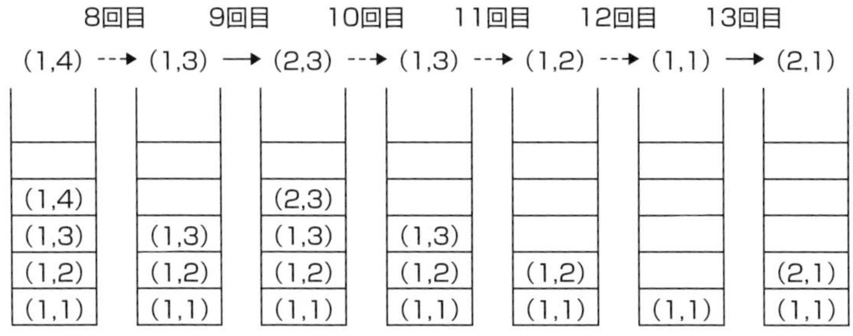

以上，13回目の“移動”が終了した時点でスタックに格納されている座標の個数は2個です。したがって，**空欄ア**には「**2**」が入ります。

設問2 の解説

図3の関数visitを完成させる問題です。関数visitは，再帰関数になっていますが，本設問の場合，再帰関数であることをそれほど意識しなくても，空欄を埋めることができると思います。表1に示された変数，定数及び配列の役割を確認し，問題文の〔迷路の解を見つける探索〕とプログラムとを対応させながら考えていきましょう。大まかな流れは，次のようになります。

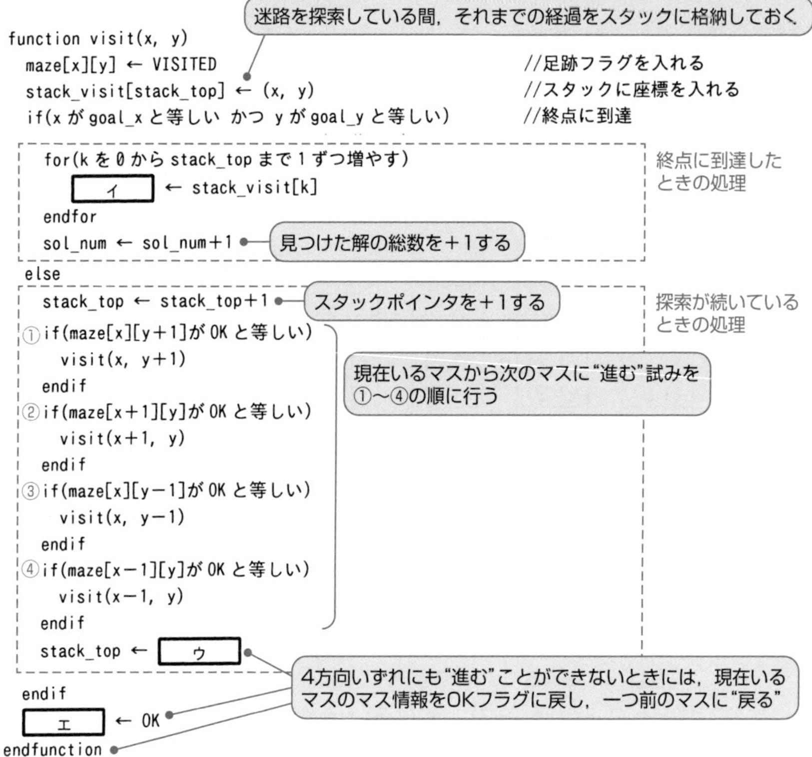

●空欄イ

空欄イが含まれるのは終点に到達したときの処理です。ここでの着目点は，「終点に到達したとき，始点から終点まで“進む”ことでたどってきたマスの並びが迷路の解の一つになる」ことです。

たどってきたマス（座標）の並びは，stack_visitに格納されています。また，表1を見ると，迷路の解は，2次元配列paths[u][v]に格納しなければいけないことが分かります。

2次元配列paths[u][v]の添字uは解の番号，添字vは解を構成する座標の順番です。解の番号とは，一つ目の解，二つ目の解，…，の意味です。そして，この解の番号に相当する変数がsol_numです。したがって，ここでは，stack_visitに格納されている座標を順に，2次元配列pathsのsol_num番目の要素に格納すればよいことになります。

つまり，**空欄イ**には，「**paths[sol_num][k]**」が入ります。なお，変数sol_numは0で初期化されているので，実際には，一つ目の解はpathsの0番目の要素に，二つ目の解はpathsの1番目の要素に格納されることになります。

●空欄ウ，エ

ここでの着目点は，「4方向いずれにも“進む”ことができないときには，現在いるマスのマス情報をOKフラグに戻し，一つ前のマスに“戻る”」ことです。

まず，「現在いるマスのマス情報をOKフラグに戻す」操作を考えます。現在いるマスの座標は（x,y）であり，このマス情報はmaze[x][y]です。このことから，現在いるマスのマス情報をOKフラグに戻すという操作は，「maze[x][y] ← OK」になります。つまり，**空欄エ**は「**maze[x][y]**」です。

次に，「一つ前のマスに“戻る”」ときの操作を考えます。設問1で，マスの“移動”が起きたときのスタックの内容を確認しましたが，一つ前のマスに“戻る”ときには，格納した座標をスタックから取り除く必要があります。ここで，「取り除く＝削除する」ではなく，「取り除く＝スタックポインタ（すなわち，stack_top）の値を－1する」ことに注意してください。

プログラムでは，関数visitに入ったら，「stack_visit[stack_top] ←（x, y）」を行うことで現在いるマスの座標をスタックに格納しています。そして，探索が継続しているならstack_topの値を＋1しています。このことから，stack_topが表しているのは，次の座標を格納する位置（要素番号）です。したがって，（1,1）→（1,2）と“進んで”きて，（1,2）をstack_visitに格納し，stack_topを＋1した後，（1,2）から“戻る”ことになったら，stack_topを－1すれば，格納した（1,2）を無効にする（すなわち，取り除く）ことができます。

以上，**空欄ウ**は「**stack_top － 1**」を入れればよいでしょう。

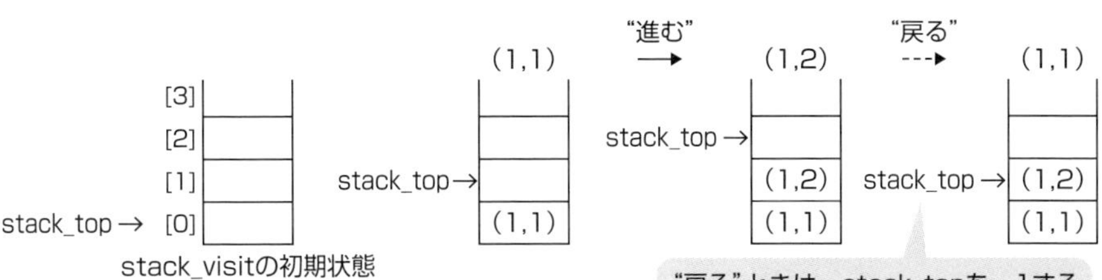

設問3 の解説

●空欄オ

図4の関数mainにある空欄オが問われています。「［　オ　］が0と等しい」とき，“迷路の解は見つからなかった”と印字しています。見つけた迷路の解の総数は，変数sol_numに格納されているため，sol_numの値が0なら“迷路の解は見つからなかった”ということになります。したがって，**空欄オ**には「**sol_num**」が入ります。

設問4 の解説

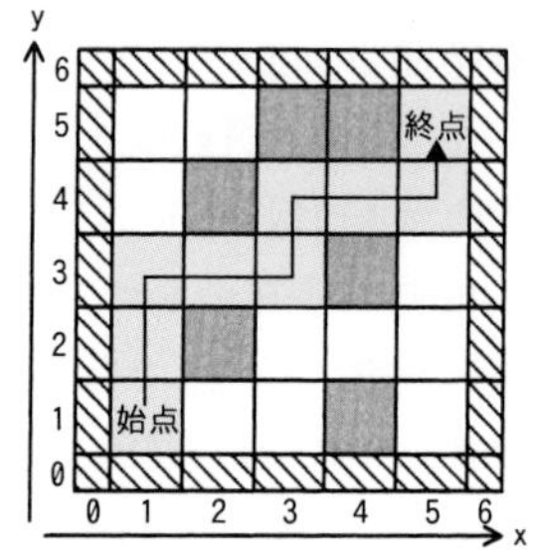

(1) 図2の迷路において，一つ目の解が見つかった後で，最初に実行される関数visitの引数が問われています。空欄を考える前に，一つ目の解の経路（たどってきたマスの並び）を確認しておきましょう。

本解説では，説明を省略しますが，右図に示した経路が一つ目の解です。

さて，関数visitでは，迷路の解を見つけた後も，他の解を見つけるために，終点から一つ前のマスに“戻り”，迷路の探索を続けます。図2の迷路の場合，終点は(5,5)であり，(5,5)に到達する一つ前のマスは(5,4)です。ということは，(5,4)にいるときに，下図①でvisit(5, 5)が呼び出されたことになります。そして，一つ前のマスに“戻る”とは，呼出し元に戻るということなので，戻る位置は下図①'です。

visit(5, 5)の呼出しから戻ったら，現在いる(5,4)のマスから，→(右)に進む試みを行いますが，右のマスは壁(maze[6][4]＝NG)なので進めません。次に，↓(下)に進む試みを行うと，下のマスはmaze[5][3]＝OKで進めるため，visit(5, 3)が呼び出されます。

▼座標が（5,4）のときの処理

```
① if(maze[x][y+1]が OK と等しい)
     visit(x, y+1)      visit(5,5)を呼出す →
                   ①' ← 呼出元に戻る
   endif
② if(maze[x+1][y]が OK と等しい)
     visit(x+1, y) 右のマス(6,4)には進めない
   endif
③ if(maze[x][y-1]が OK と等しい)
     visit(x, y-1) 下のマス(5,3)に進めるので，visit(5,3)を呼出す
   endif
④ if(maze[x-1][y]が OK と等しい)
     visit(x-1, y)
   endif
```

▼座標が（5,5）のときの処理

```
function visit (x,y)
  maze[x][y] ← VISITED
  stack_visit[stack_top] ← (x,y)
         :
  maze[x][y] ← OK
endfunction
```

したがって，一つ目の解が見つかった後で，最初に実行される関数visitの引数は，xが5，yが3です。**空欄カ**には「**5, 3**」を入れればよいでしょう。

(2) 再帰関数である関数visitの動作が理解できているかを確認する問題です。

「この引数の座標を基点として二つ目の解が見つかるまでに，マスの“移動”は［ キ ］回起き，その間に座標が（4,2）のマスは，［ ク ］回“訪問”される」との記述中にある空欄キ，クが問われています。“この引数の座標”とは，先の（1）で解答した（5,3）のことです。

問われている空欄キ，クを解答するためには，下記に示した関数visitの特徴を理解する必要があります。

(a) 進める方向があるうちは自身を呼び出して進んでいくが，どちらの方向にも進めなくなったら呼出し元に戻り，次の方向に進むことを試みる。つまり，
・①で↑(上)に進んだ先から戻ったら，次に進む試みを②～④の順に行う。
・②で→(右)に進んだ先から戻ったら，次に進む試みを③～④の順に行う。
・③で↓(下)に進んだ先から戻ったら，次に進む試み④を行う。
・④で←(左)に進んだ先から戻ったら，進む方向がないため呼出元に戻る。
(b) 全ての解を求めるため，終点に到達するか，どちらの方向にも進めなくなりマスを戻るときは，“訪問”の印(足跡フラグ)をOKに戻す。

```
function visit(x, y)
  maze[x][y] ← VISITED
  stack_visit[stack_top] ← (x, y)
  if(x が goal_x と等しい かつ y が goal_y と等しい)
    2次元配列pathsに，見つかった解を構成する
    経路の座標を格納する
  else
    stack_top ← stack_top＋1    上記の(a)に相当する
    現在いるマスから次のマスに“進む”試みを
    ①～④の順に行う

    stack_top ←[stack_top - 1]
  endif
  [maze[x][y]] ← OK ←上記の(b)に相当する
endfunction
```

〔補足〕
設問2で解説したとおり，一つ前のマスに“戻る”ときには，stack_topを－1する。ただし，終点に到達したときstack_topを＋1していないので，他の解を見つけるために，一つ前のマスに“戻る”際に，stack_topを－1する必要はない。

ここで，次ページの「参考」に，解が複数あるシンプルな迷路を示しました。関数visitがどのように動作するのかを確認しておきましょう。

参考 解が複数あるシンプルな迷路の例

＊ ——▶“進む”，- - -▶“戻る”

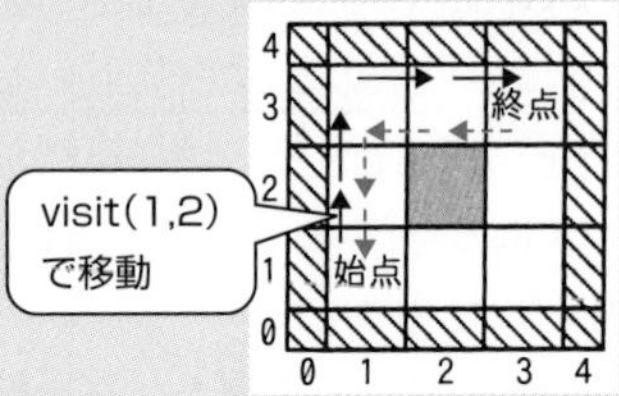

① 関数mainからvisit (1,1) が呼び出される。

② 探索は，上方向へ進む試みから行われるので，最初にvisit (1,2) が呼び出され，(1,1) から (1,2) → (1,3) → (2,3) → (3,3) のように移動し，終点に到達する。

動作②～⑥

③ 解が見つかったので，他の解を見つけるために，終点から一つ前の (2,3) に戻る。

④ (2,3) からは，下にも左にも進めないので一つ前の (1,3) に戻る。

⑤ (1,3) からは，下にも左にも進めないので一つ前の (1,2) に戻る。

⑥ (1,2) からは，右にも下にも左にも進めないので一つ前の (1,1) に戻る。

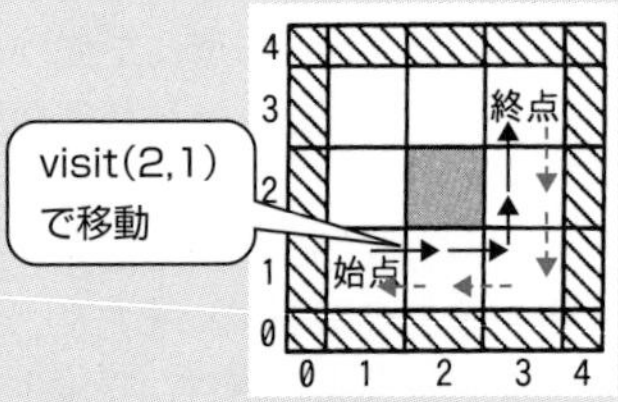

⑦ ②におけるvisit (1,2) の呼出しから戻ってきたので，次に，右方向へ進む試みが行われ，visit (2,1) が呼び出される。これにより，(1,1) から (2,1) → (3,1) → (3,2) → (3,3) のように移動し，終点に到達する。

動作⑦～⑪

⑧ 解が見つかったので，他の解を見つけるために，終点から一つ前の (3,2) に戻る。

⑨ (3,2) からは，右にも下にも左にも進めないので一つ前の (3,1) に戻る。

⑩ (3,1) からは，右にも下にも左にも進めないので一つ前の (2,1) に戻る。

⑪ (2,1) からは，下にも左にも進めないので一つ前の (1,1) に戻る。

⑫ ⑦におけるvisit (2,1) の呼出しから戻ってきたので，次に，下方向，左方向へ進む試みが行われるが，いずれにも進めないのでmain関数へ戻る。

では，図2の迷路の場合は，どのような動作になるのでしょう？ 上記の「参考」に倣って，(少し面倒ですが) 迷路探索の動作を確認してみましょう。次ページに，一つ目の解が見つかった後，二つ目の解が見つかるまでのマスの“移動”を示します。図に示した色マスの経路は一つ目の解です。

問われているのは，一つ目の解が見つかった後，座標 (5,3) を基点として二つ目の解が見つかるまでに，何回のマスの“移動”が起き，その間に座標 (4,2) のマスを何回“訪問”したかです。次ページの図を確認すると，マスの“移動”は**22** (**空欄キ**) 回起き，その間に，座標 (4,2) のマスを**3** (**空欄ク**) 回“訪問”しています。

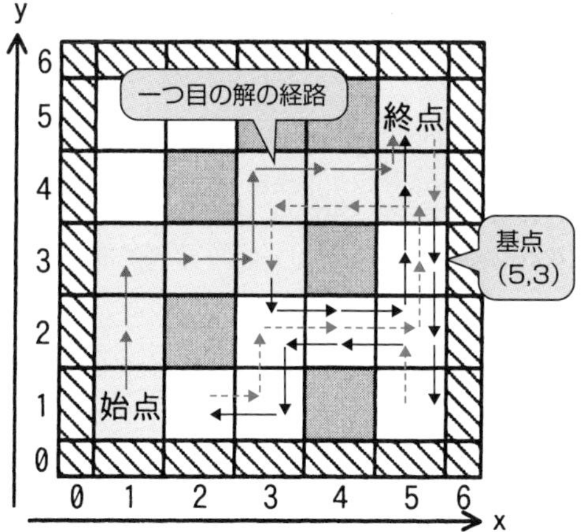

▼マスの移動

移動回数	終点（5,5）
	------（5,4）に戻る
	(5,3) へ進む
1	(5,2) へ進む
2	(5,1) へ進む
3	------（5,2）に戻る
4	**(4,2)** へ進む
5	(3,2) へ進む
6	(3,1) へ進む
7	(2,1) へ進む
8	------（3,1）に戻る
9	------（3,2）に戻る
10	------ **(4,2)** に戻る
11	------（5,2）に戻る
12	------（5,3）に戻る
13	------（5,4）に戻る
14	------（4,4）に戻る
15	------（3,4）に戻る
16	------（3,3）に戻る
17	(3,2) へ進む
18	**(4,2)** へ進む
19	(5,2) へ進む
20	(5,3) へ進む
21	(5,4) へ進む
22	(5,5) へ進む
	終点（5,5）に到達

〔補足〕

マス（5,4）における動作を確認しておこう！

(1,1) → (1,2) …→ (4,4) → **(5,4)** と進み，**(5,4)** から上に進んで終点（5,5）に到達する。そして，一つ目の解が見つかったので呼出し元の **(5,4)** に戻る。**(5,4)** では，次に，右へ進む試みを行うが進めないので，下の（5,3）に進む（設問4の(1)参照）。(5,3) では，上及び右へ進む試みを行うが進めないので，下の（5,2）に進み，その後，(5,3) に戻ってくる。(5,3) では，次に，左へ進む試みを行うが進めないので呼出し元の **(5,4)** に戻る。**(5,4)** では，次に，左へ進む試みを行うが進めないので呼出し元に戻る。このときの呼び出し元は（4,4）なので，(4,4) に戻る。

解答

設問1　(1) 3

　　　　(2) ア：2

設問2　イ：paths[sol_num][k]　　ウ：stack_top − 1　　エ：maze[x][y]

設問3　オ：sol_num

設問4　(1) カ：5, 3

　　　　(2) キ：22　　　ク：3

問題5 2分探索木 (R05秋午後問3)

2分探索木を題材にした問題です。2分探索木問題は定番ではありますが，本問では，ノードの挿入により左右のバランスが悪くなったときに行われる木の回転操作が問われるため，若干，面倒な問題となっています。ただし，問題文に図や処理手順が示されているので，これを理解すれば解答は難しくありません。落ち着いて解答を進めることが重要です。

問 2分探索木に関する次の記述を読んで，設問に答えよ。

2分探索木とは，木に含まれる全てのノードがキー値をもち，各ノードNが次の二つの条件を満たす2分木のことである。ここで，重複したキー値をもつノードは存在しないものとする。

・Nの左側の部分木にある全てのノードのキー値は，Nのキー値よりも小さい。
・Nの右側の部分木にある全てのノードのキー値は，Nのキー値よりも大きい。

2分探索木の例を図1に示す。図中の数字はキー値を表している。

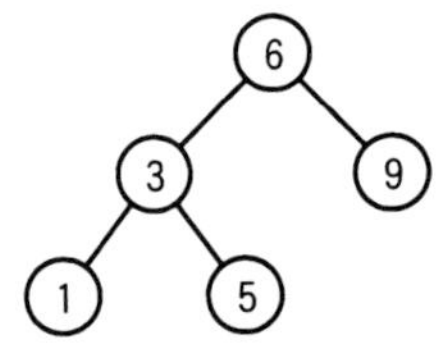

図1　2分探索木の例

2分探索木をプログラムで表現するために，ノードを表す構造体Nodeを定義する。構造体Nodeの構成要素を表1に示す。

表1　構造体Nodeの構成要素

構成要素	説明
key	キー値
left	左側の子ノードへの参照
right	右側の子ノードへの参照

構造体Nodeを新しく生成し，その構造体への参照を変数pに代入する式を次のように書く。

p ← new Node（k）

ここで，引数kは生成するノードのキー値であり，構成要素keyの初期値となる。構成要素left及びrightは，参照するノードがないこと（以下，空のノードという）を表すNULLで初期化される。また，生成したpの各構成要素へのアクセスには“.”を用いる。例えば，キー値はp.keyでアクセスする。

〔2分探索木におけるノードの探索・挿入〕

キー値kをもつノードの探索は次の手順で行う。

(1)　探索対象の2分探索木の根を参照する変数をtとする。

(2)　tが空のノードであるかを調べる。

(2-1)　tが空のノードであれば，探索失敗と判断して探索を終了する。

(2-2)　tが空のノードでなければ，tのキー値t.keyとkを比較する。

・t.key = kの場合，探索成功と判断して探索を終了する。

・t.key > kの場合，tの左側の子ノードを新たなtとして（2）から処理を行う。

・t.key < kの場合，tの右側の子ノードを新たなtとして（2）から処理を行う。

キー値kをもつノードKの挿入は，探索と同様の手順で根から順にたどっていき，空のノードが見つかった位置にノードKを追加することで行う。ただし，キー値kと同じキー値をもつノードが既に2分探索木中に存在するときは何もしない。

これらの手順によって探索を行う関数searchのプログラムを図2に，挿入を行う関数insertのプログラムを図3に示す。関数searchは，探索に成功した場合は見つかったノードへの参照を返し，失敗した場合はNULLを返す。関数insertは，得られた木の根への参照を返す。

```
// t が参照するノードを根とする木から
// キー値が k であるノードを探索する
function search(t, k)
  if(t が NULL と等しい)
    return NULL
  elseif(t.key が k と等しい)
    return t
  elseif(t.key が k より大きい)
    return search(t.left, k)
  else // t.key が k より小さい場合
    return search(t.right, k)
  endif
endfunction
```

図2　探索を行う関数searchのプログラム

```
// t が参照するノードを根とする木に
// キー値が k であるノードを挿入する
function insert(t, k)
  if(t が NULL と等しい)
    t ← new Node(k)
  elseif(t.key が k より大きい)
    t.left ← insert(t.left, k)
  elseif(t.key が k より小さい)
    t.right ← insert(t.right, k)
  endif
  return t
endfunction
```

図3　挿入を行う関数insertのプログラム

関数searchを用いてノードの総数がn個の2分探索木を探索するとき，探索に掛かる最悪の場合の時間計算量（以下，最悪時間計算量という）はO（ ア ）である。これは葉を除く全てのノードについて左右のどちらかにだけ子ノードが存在する場合である。一方で，葉を除く全てのノードに左右両方の子ノードが存在し，また，全ての葉の深さが等しい完全な2分探索木であれば，最悪時間計算量はO（ イ ）となる。したがって，高速に探索するためには，なるべく左右両方の子ノードが存在するように配置して，高さができるだけ低くなるように構成した木であることが望ましい。このような木のことを平衡2分探索木という。

〔2分探索木における回転操作〕

2分探索木中のノードXとXの左側の子ノードYについて，XをYの右側の子に，元のYの右側の部分木をXの左側の部分木にする変形操作を右回転といい，逆の操作を左回転という。回転操作後も2分探索木の条件は維持される。木の回転の様子を図4に示す。ここで，t_1～t_3は部分木を表している。また，根からt_1～t_3の最も深いノードまでの深さを，図4（a）ではd_1～d_3，図4（b）ではd_1'～d_3'でそれぞれ表している。ここで，$d_1' = d_1 - 1$，$d_2' = d_2$，$d_3' = d_3 + 1$，が成り立つ。

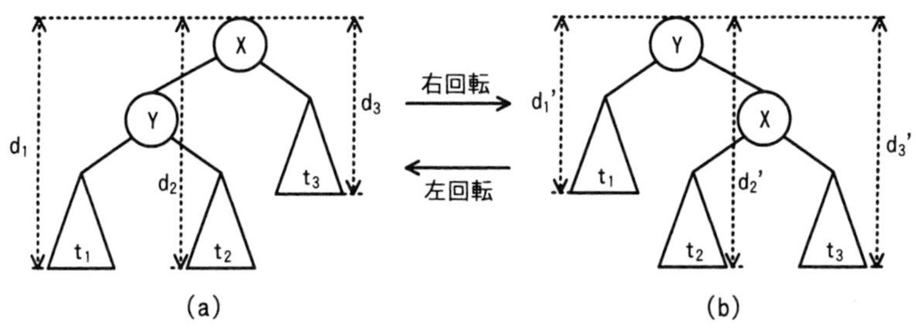

図4　木の回転の様子

右回転を行う関数rotateRのプログラムを図5に，左回転を行う関数rotateLのプログラムを図6に示す。これらの関数は，回転した結果として得られた木の根への参照を返す。

```
// t が参照するノードを根とする木に対して
// 右回転を行う
function rotateR(t)
  a ← t.left
  b ← a.right
  a.right ← t
  t.left ← b
  return a
endfunction
```

図5　右回転を行う関数rotateRのプログラム

```
// t が参照するノードを根とする木に対して
// 左回転を行う
function rotateL(t)
  a ← t.right
  b ← a.left
  a.left ← t
  t.right ← b
  return a
endfunction
```

図6　左回転を行う関数rotateLのプログラム

〔回転操作を利用した平衡2分探索木の構成〕

全てのノードについて左右の部分木の高さの差が1以下という条件（以下，条件Balという）を考える。条件Balを満たす場合，完全ではないときでも比較的左右均等にノードが配置された木になる。

条件Balを満たす2分探索木Wに対して図3の関数insertを用いてノードを挿入した2分探索木をW'とすると，ノードが挿入される位置によっては左右の部分木の高さの差が2になるノードが生じるので，W'は条件Balを満たさなくなることがある。その場合，挿入したノードから根まで，親をたどった各ノードTに対して順に次の手順を適用することで，条件Balを満たすようにW'を変形することができる。

(1)　Tの左側の部分木の高さがTの右側の部分木の高さより2大きい場合

Tを根とする部分木に対して右回転を行う。ただし，Tの左側の子ノードUについて，Uの右側の部分木の方がUの左側の部分木よりも高い場合は，先にUを根とする部分木に対して左回転を行う。

(2)　Tの右側の部分木の高さがTの左側の部分木の高さより2大きい場合

Tを根とする部分木に対して左回転を行う。ただし，Tの右側の子ノードVについて，Vの左側の部分木の方がVの右側の部分木よりも高い場合は，先にVを根とする部分木に対して右回転を行う。

この手順(1)，(2)によって木を変形する関数balanceのプログラムを図7に，関数balanceを適用するように関数insertを修正した関数insertBのプログラムを図8に示す。ここで，関数heightは，引数で与えられたノードを根とする木の高さを返す関数である。関数balanceは，変形の結果として得られた木の根への参照を返す。

```
// t が参照するノードを根とする木を
// 条件 Bal を満たすように変形する
function balance(t)
  h1 ← height(t.left) - height(t.right)
  if( ウ )
    h2 ← エ
    if(h2 が 0 より大きい)
      t.left ← rotateL(t.left)
    endif
    t ← rotateR(t)
  elseif( オ )
    h3 ← カ
    if(h3 が 0 より大きい)
      t.right ← rotateR(t.right)
    endif
    t ← rotateL(t)
  endif
  return t
endfunction
```

図7　関数balanceのプログラム

```
// t が参照するノードを根とする木に
// キー値が k であるノードを挿入する
function insertB(t, k)
  if(t が NULL と等しい)
    t ← new Node(k)
  elseif(t.key が k より大きい)
    t.left ← insertB(t.left, k)
  elseif(t.key が k より小さい)
    t.right ← insertB(t.right, k)
  endif
  t ← balance(t)    // 追加
  return t
endfunction
```

図8　関数insertBのプログラム

条件Balを満たすノードの総数がn個の2分探索木に対して関数insertBを実行した場合，挿入に掛かる最悪時間計算量はO（ キ ）となる。

設問1　本文中の ア ， イ に入れる適切な字句を答えよ。

設問2　〔回転操作を利用した平衡2分探索木の構成〕について答えよ。

(1) 図7中の ウ ～ カ に入れる適切な字句を答えよ。

(2) 図1の2分探索木の根を参照する変数をrとしたとき，次の処理を行うことで生成される2分探索木を図示せよ。2分探索木は図1に倣って表現すること。

insertB（insertB（r，4），8）

(3) 本文中の キ に入れる適切な字句を答えよ。なお，図7中の関数heightの処理時間は無視できるものとする。

解説

設問1 の解説

ノードの総数がn個の2分探索木を，関数searchを用いて探索するときの時間計算量に関する設問です。本文中の空欄ア，イに入れる適切な字句が問われています。

●空欄ア

空欄アの直後の記述に，「これは葉を除く全てのノードについて左右のどちらかにだけ子ノードが存在する場合である」とあるので，空欄アは，下図のような2分探索木の探索に掛かる最悪の場合の時間計算量（最悪時間計算量）です。

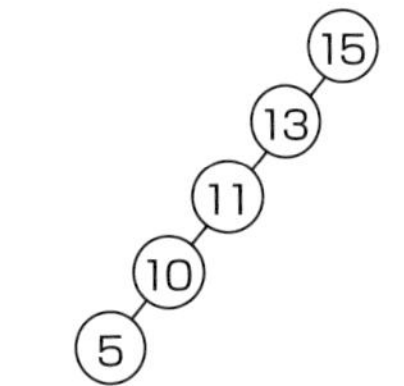

探索の時間計算量は，調べるノード数にほぼ比例します。右図のような2分探索木の場合，根から葉に向かって順にキー値を探索していくと，ノードの総数がn個であれば，最大でn回の比較が行われることになるので，最悪時間計算量はnであり，これをO記法で表すと$O(n)$となります。つまり，**空欄ア**には「**n**」が入ります。

●空欄イ

空欄イは，完全な2分探索木を探索するときの最悪時間計算量です。完全な2分探索木の場合，1回の比較で探索対象のノード数が半分のn／2（小数点以下切り捨て）になり，2回の比較でさらに半分の$n/2^2$になります。

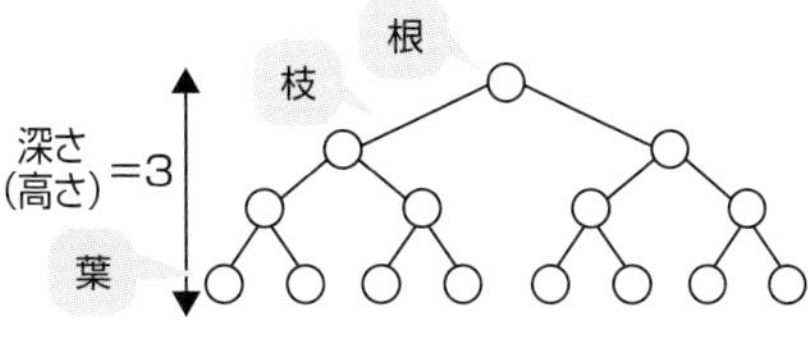

＊最初の探索対象ノードは15個。1回目の比較で次の探索対象ノードが15／2＝7個になり，2回目の比較で7／2＝3個になり，3回目の比較で3／2＝1個（すなわち，探索対象が葉）になる。

ここで，探索対象が葉になるまでの比較回数は，木の高さに一致することに気付きましょう。木の高さをHとすると，ノードの総数nとHの間には，概ね「$n/2^H = 1$」すなわち，「$n = 2^H$」が成り立つので，この式の両辺の2を底とする対数をとると，

$$\log_2 n = \log_2 2^H$$

$$\log_2 n = H \times \log_2 2$$

$$\log_2 n = H$$

となり，木の高さHは$\log_2 n$で表すことができます。このことから，探索対象が葉になるまでの比較回数は$\log_2 n$であり，これに葉のキー値との比較を加えると，

$$\text{最大比較回数} = \log_2 n + 1$$

です。したがって，この場合の最悪時間計算量は$\log_2 n + 1$なので，これをO記法で表すと$O(\log n)$となります。つまり，**空欄イ**には「**log n**」が入ります。なお，「**$\log_2 n$**」と解答してもよいと思います（計算量については，p.226の「参考」を参照）。

設問2 の解説

(1) 図7の関数balanceを完成させる問題です。関数balanceは，〔回転操作を利用した平衡2分探索木の構成〕に示された手順（1），（2）によって木を変形する関数なので，この手順とプログラムとを対応させながら考えます。なお，関数balancの引数tは，示された手順のTに該当します。では，プログラムを見ていきましょう。

関数balanceでは，最初に「h1 ← height（t.left） − height（t.right）」により，変数h1に「tの左側の部分木の高さ − tの右側の部分木の高さ」を求めています。そして，空欄ウの条件が真のとき，空欄エにより変数h2の値を求め，h2が0より大きいとき，「t.left ← rotateL（t.left）」を行っています。関数rotateLは，左回転を行う関数です。このことから，空欄ウ，エが含まれる部分が手順（1）であり，空欄オ，カが含まれる部分が手順（2）であることが分かります。

```
// t が参照するノードを根とする木を
// 条件 Bal を満たすように変形する
function balance(t)
  h1 ← height(t.left) - height(t.right)
  if( [ ウ ] )
    h2 ← [ エ ]
    if(h2 が 0 より大きい)
      t.left ← rotateL(t.left)    └── 左回転
    endif
    t ← rotateR(t)

  elseif( [ オ ] )
    h3 ← [ カ ]
    if(h3 が 0 より大きい)
      t.right ← rotateR(t.right)   └── 右回転
    endif
    t ← rotateL(t)
  endif
  return t
endfunction
```

手順(1)に該当する処理
Tの左側の部分木の高さがTの右側の部分木の高さより2大きいときの処理。
Tを根とする部分木に対して右回転を行う。ただし，Tの左側の子ノードUについて，Uの右側の部分木の方がUの左側の部分木よりも高い場合は，先にUを根とする部分木に対して**左回転**を行う。

手順(2)に該当する処理
Tの右側の部分木の高さがTの左側の部分木の高さより2大きいときの処理。
Tを根とする部分木に対して左回転を行う。ただし，Tの右側の子ノードVについて，Vの左側の部分木の方がVの右側の部分木よりも高い場合は，先にVを根とする部分木に対して**右回転**を行う。

●空欄ウ，オ

空欄ウが含まれる部分は手順（1）に該当するので，空欄ウには，「tの左側の部分木の高さがtの右側の部分木の高さより2大きいか」を判定する条件式が入ります。tの左側の部分木とtの右側の部分木の高さの差は，変数h1に求められているので，「h1が2と等しいか」を判定する条件式を入れればよいでしょう。つまり，**空欄ウ**には，「**h1が2と等しい**」が入ります。なお，プログラム中のほかの条件式を見ると，「if（h2が0より大きい）」，「if（h3が0より大きい）」といった表現をしているので，これに合わせて「**h1が1より大きい**」と解答してもよいと思います。

一方，空欄オが含まれる部分は手順(2)に該当するので，空欄オには，「tの右側の部分木の高さがtの左側の部分木の高さより2大きいか」を判定する条件式が入ります。つまり，**空欄オ**には，「**h1が−2と等しい**」あるいは「**h1が−1より小さい**」を入れればよいでしょう。

```
h1 ← height(t.left) − height(t.right)
```

・tの左側の部分木の高さがtの右側の部分木の高さより2大きいとき，h1の値は2になる
・tの右側の部分木の高さがtの左側の部分木の高さより2大きいとき，h1の値は−2になる

●空欄エ

変数h2に代入する値(式)が問われています。着目すべきは，h2が0より大きいとき左回転を行っていることです。左回転を行うのは，tの左側の子ノードUについて，Uの右側の部分木の方がUの左側の部分木よりも高い場合です。このことから，空欄エには，「tの左側の子ノードの右側の部分木の高さ − tの左側の子ノードの左側の部分木の高さ」を求める式を入れればよいことになります。

ここで，tの左側の子ノードの右側の部分木への参照はt.left.right，tの左側の子ノードの左側の部分木への参照はt.left.leftと表せることに気付きましょう。

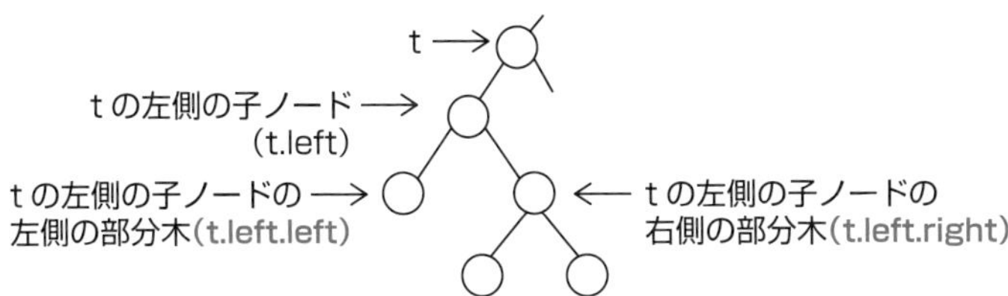

tの左側の子ノードの右側の部分木の高さはheight(t.left.right)，tの左側の子ノードの左側の部分木の高さはheight(t.left.left)で求められるので，**空欄エ**には，「**height(t.left.right) − height(t.left.left)**」が入ります。

●空欄カ

h3が0より大きいとき右回転を行っています。右回転を行うのは，tの右側の子ノードVについて，Vの左側の部分木の方がVの右側の部分木よりも高い場合です。tの右側の子ノードの左側の部分木への参照はt.right.left，tの右側の子ノードの右側の部分木への参照はt.right.rightと表せるので，**空欄カ**には，「**height(t.right.left) − height(t.right.right)**」を入れればよいでしょう。

(2) 図1の2分探索木の根を参照する変数をrとしたとき「insertB (insertB (r, 4), 8)」を行うことで生成される2分探索木が問われています。

「insertB (insertB (r, 4), 8)」を行うということは，次に示す①，②を順に行うということです。

① insertB(r, 4)により，図1の2分探索木にキー値4のノードを挿入する。
② ①により生成された2分探索木に，キー値8のノードを挿入する。

まずは関数insertBの大まかな流れを確認しておきましょう。ここで，下図に示した関数insertBは，設問に合わせるため引数tをrにしています。

```
// r が参照するノードを根とする木に
// キー値が k であるノードを挿入する
function insertB(r, k)
  if(r が NULL と等しい)
    r ← new Node(k)      ← 空のノードが見つかったときの処理（ノードの生成）
  elseif(r.key が k より大きい)
    r.left ← insertB(r.left, k)       ← 根から順にたどるため自身を再帰的に
  elseif(r.key が k より小さい)          呼び出し，再帰呼出しから戻ったら，
    r.right ← insertB(r.right, k)       返された値でr.left，r.rightを更新する
  endif
  r ← balance(r)    // 追加  ← rが参照するノードを根とする木を
  return r                    条件Balを満たすように変形する処理
endfunction                   （木の回復操作）
```

新たなノードは，探索と同様の手順で根から順にたどっていき，空のノードが見つかった位置に挿入します。関数insertBでは，このたどる操作を，自身を再帰的に呼び出すことで実現しています。つまり，rが参照するノードの左側の子ノードをたどるときはinsertB (r.left, k)，右側の子ノードをたどるときはinsertB (r.right, k) として自身を再帰的に呼び出すわけです。

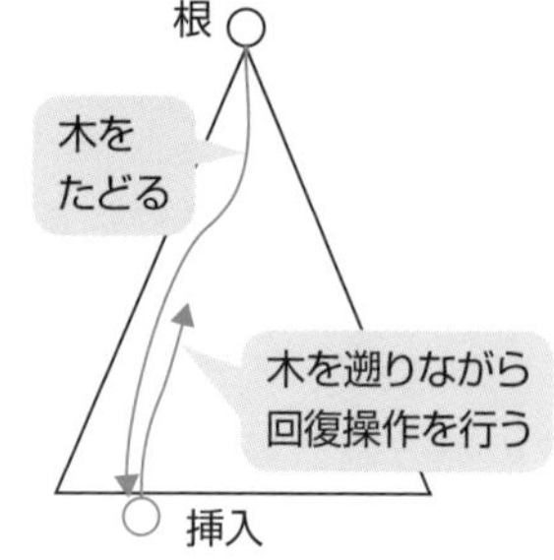

ノードの挿入が終わったら，挿入したノードから根まで，左右の部分木の高さを回復する操作（すなわち，木の変形）を行いながら遡ります。関数insertBでは，再帰呼出しから戻った後に関数balanceを呼び出していますが，これが，木を遡りながら回復操作を行っていくことに相当します。

では，具体的に見ていきましょう。

図1の2分探索木にノード4を挿入する場合，根から順にたどっていきます。すると，ノード5において「r.left ← insertB (r.left, 4)」により関数insertBが再帰的に呼び出されると，このときのrはNULLなので，「r ← new Node (4)」によりノード4が生成され，「r ← balance (r)」が行われます。ただし，このときのrは生成したノード4への参照なので木の変形は行われずrの値はそのまま返されます。したがって，再帰呼出しから戻ったノード5における「r.left ← insertB (r.left, 4)」により，ノード5の左側の子ノードの位置にノード4が挿入されることになります。

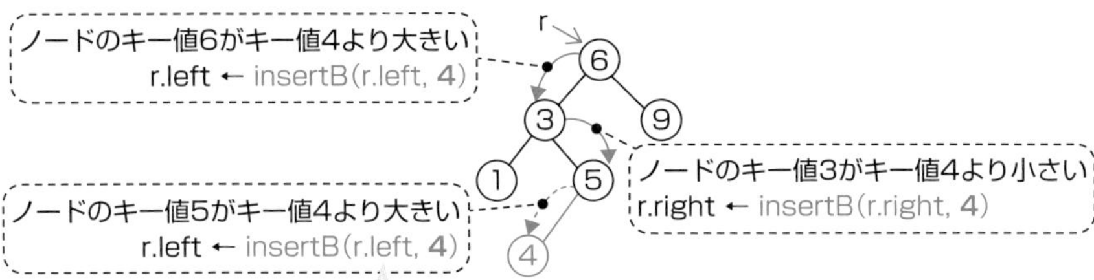

さて，ここからが本設問 (2) のポイントです。

ノード5では，再帰呼出しから戻りノード4を挿入した後，「r ← balance (r)」を行いますが，ノード5を根とする木は，左側の部分木の高さが1，右側の部分木の高さが0であり，条件Balを満たしているので木の変形は行われません。そのため，rの値 (すなわち，ノード5への参照) を返します。

再帰呼出しから戻ったノード3では，「r.right ← insertB (r.right, 4)」によりr.rightにノード5への参照を代入した後，「r ← balance (r)」を行います。しかし，ノード3を根とする木は，左側の部分木の高さが1，右側の部分木の高さが2であり，条件Balを満たしているので木の変形は行われず，rの値 (すなわち，ノード3への参照) を返します。

再帰呼出しから戻ったノード6では，「r.left ← insertB (r.left, 4)」によりr.leftにノード3への参照を代入した後，「r ← balance (r)」を行います。ノード6を根とする木は，左側の部分木の高さが3，右側の部分木の高さが1であり，左側の部分木の高さが右側の部分木の高さより2大きいため，手順 (1) による木の変形 (右回転) が行われます。では，どのように変形されるのでしょう。

ここで，ノード6を根とする木を改めて確認すると，ノード6の左側の子ノード (すなわち，ノード3) の右側の部分木の高さが2，左側の部分木の高さが1です。この場合，先にノード3を根とする部分木に対して左回転を行い，その後，ノード6を根とする木に対して右回転を行うことになります。

```
function rotateL(t)
①  a ← t.right
②  b ← a.left
③  a.left ← t
④  t.right ← b
⑤  return a
endfunction
```

まず，ノード3を根とする部分木に対して左回転を行うと，関数rotateLの①「a ← t.right」により変数aにノード5への参照が代入され，②「b ← a.left」により変数bにノード4への参照が代入されます（下図左）。

そして，③「a.left ← t」によりノード3をノード5の左側の子ノードに，④「t.right ← b」によりノード4をノード3の右側の子ノードにした後，⑤によりノード5への参照が返されます。

ここで，ノード3を根とする部分木に対する左回転は，「t.left ← rotateL (t.left)」で行われ，このときのtはノード6への参照であることに注意すると，ノード3を根とする部分木に対して左回転を行った後の木は，下図右のようになります。

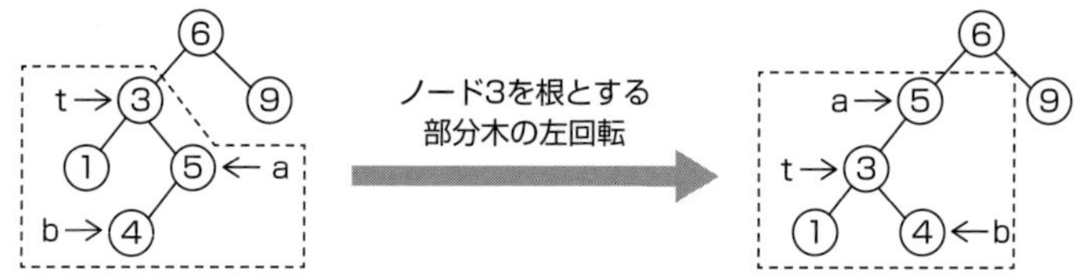

次に，上図右のノード6を根とする木に対して右回転を行うと，関数rotateRの①「a ← t.left」により変数aにノード5への参照が代入され，②「b ← a.right」により変数bにNULL（空のノードへの参照）が代入されます（下図左）。

```
function rotateR(t)
①  a ← t.left
②  b ← a.right
③  a.right ← t
④  t.left ← b
⑤  return a
endfunction
```

そして，③「a.right ← t」によりノード6をノード5の右側の子ノードに，④「t.left ← b」によりノード6の左側の子ノードへの参照をNULLにした後，⑤によりノード5への参照が返されます。したがって，ノード6を根とする木に対して右回転を行った後の木は，下図右のようになります。つまり，下図右が図1の2分探索木にノード4を挿入することで生成される2分探索木です。

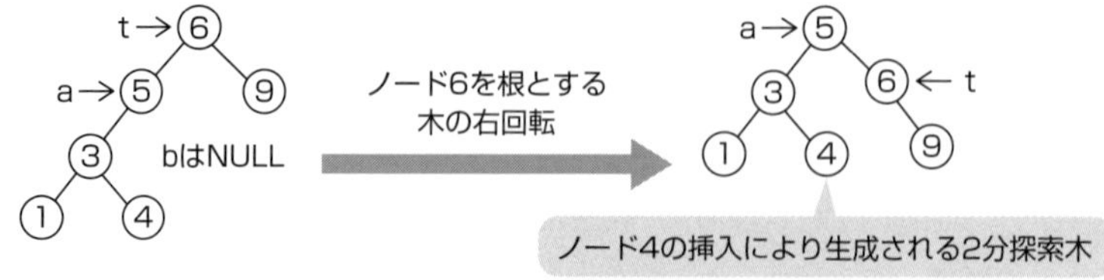

補足 図4に倣って木を回転してみる

図4に示された例に倣って木を回転すると次のようになります。

▼ノード3を根とする部分木の左回転

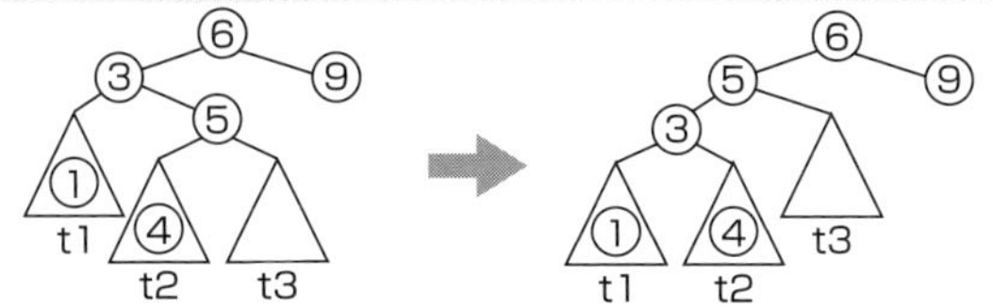

▼ノード6を根とする木の右回転

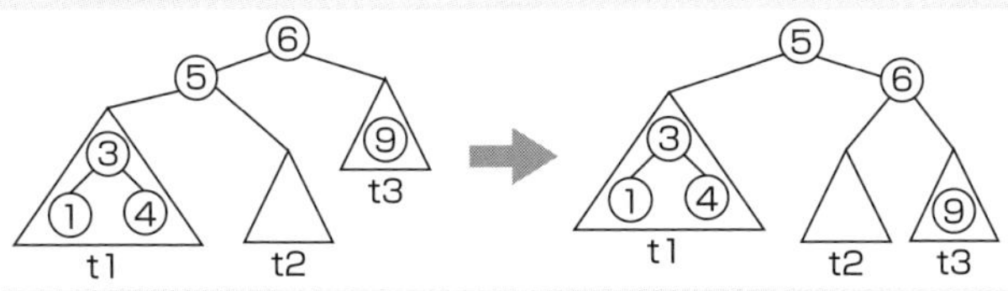

以上，図1の2分探索木にノード4を挿入することで生成される2分探索木（右図）が分かりました。しかし問われているのは，この2分探索木にキー値8のノードを挿入したときの2分探索木です。考え方は同じなので，ポイントのみを説明します。

ノード8は，ノード9の左側の子ノードの位置に挿入されます（右図）。その後，ノード6を根とする部分木に対して左回転が行われますが，ノード6の右側の子ノード（ノード9）の左側の部分木の方が右側の部分木よりも高いため，先にノード9を根とする部分木に対して右回転を行い（下図左），次に，ノード6を根とする部分木に対して左回転を行うことになります（下図右）。

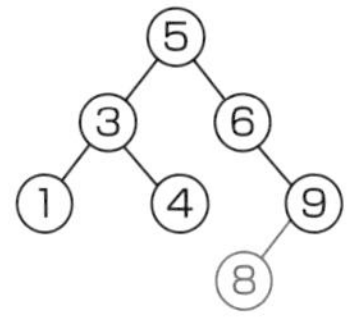

ノード9を根とする部分木の右回転後の木　　ノード6を根とする部分木の左回転後の木

上図右の木は完全な2分探索木なので，以降，木の変形は行われません。したがって，**上図右が「insertB（insertB（r, 4）, 8）」により生成される2分探索木**です。

(3) 条件Balを満たすノードの総数がn個の2分探索木に対して関数insertBを実行したときの，挿入に掛かる最悪時間計算量が問われています。

条件Balを満たす2分探索木は，全てのノードについて左右の部分木の高さの差が1以下という条件を満たす木であり，完全ではないときでも比較的左右均等にノードが配置された木です。このことから，挿入に掛かる最悪時間計算量は，完全な2分探索木に対して関数insertBを実行したときの最悪時間計算量とほぼ同じであると考えられます。

完全な2分探索木に対して関数insertBを実行したときの最悪時間計算量は，

探索に掛かる $O(\log n)$ ＋ 木の回転に掛かる $O(1)$

で求められ，O記法では，これを簡略化し $O(\log n)$ と表します。ここで，木の回転に掛かる計算量を $O(1)$ としたのは，木の回転操作はノード数nに影響しないからです。ノード数に関係なく，必ず同じステップ数で実行できるアルゴリズムの計算量は $O(1)$ です。

以上，条件Balを満たす2分探索木においても，挿入に掛かる最悪時間計算量は，$O(\log n)$ であり，**空欄キ**には「**log n**」が入ります。

補足　関数heightの処理時間

設問文に，「なお，図7中の関数heightの処理時間は無視できるものとする」とありますが，これは何を意味するのでしょう？

ここで，探索の時間計算量は，調べるノード数にほぼ比例することを思い出してください。関数heightは，引数で与えられたノードを根とする木の高さを返す関数です。どのようなアルゴリズムで木の高さを調べるかは不明ですが，多かれ少なかれ，その時間計算量は木のノード数に影響を受けるはずです。そうなると，関数heightの処理時間も考慮した上で，挿入に掛かる最悪時間計算量を考えなければいけなくなります。そこで，本設問では，「関数heightの処理時間は考えなくてもよい」と但し書きが付けられたものと思われます。

なお，関数insertBのようなプログラムを考える場合，ノードを表す構造体Nodeに，左側の部分木と右側の部分木の高さの差を表す情報（ここでは，balance情報という）をもたせる方法があります。各ノードにbalance情報をもたせ，木の変形が行われたときにそれを更新しておけば，ノードが挿入される度に，左側の部分木と右側の部分木の高さの差を調べる必要がないのでとても効率的です。興味がある方は，書籍等で調べてみてください。

参考 条件Balを満たす2分探索木とは

2分探索木で最も効率が良いのは完全な2分探索木です。しかし，ノードの挿入や削除が行われる度に木を作り直して，完全な2分探索木に保とうとすると最悪の場合，木の作り直しにO(n)の計算量を要してしまいます。そこで，左右の部分木の高さの差に一定の制限を設けて，探索，挿入，削除の計算量を最悪の場合でもO(log n)でできるように考えられた2分探索木の一つが，本問題の条件Balを満たす2分探索木です。

条件Bal（すなわち，「全てのノードについて左右の部分木の高さの差が1以下である」という条件）を満たす2分探索木を一般に**AVL木**といい，AVL木の高さは，ノード数が同じ個数から成る完全な2分探索木の高さより，（ほとんどの場合）1だけ高い程度で収まることが知られています。したがって，AVL木の条件（すなわち，条件Bal）を満たしていれば，完全な2分探索木と同じ探索の性質が得られるわけです。

ところで，これまで午前試験ではAVL木に関する出題はありませんでしたが，今後は次のような問題が出題されるかもしれません。押さえておきましょう。

問. AVL木に関する記述のうち，正しいものはどれか。

ア　任意の節点において左右の部分木の高さが等しい。
イ　任意の節点において左右の部分木の高さの差が1以下である。
ウ　根から全ての葉までの高さが等しい。
エ　根から全ての葉までの高さの差が1以下である。

答え：イ

解答

設問1　**ア**：n
　イ：log n　（**別解**：$\log_2$ n）

設問2　(1) **ウ**：h1が2と等しい　（**別解**：h1が1より大きい）
　エ：height（t.left.right）－ height（t.left.left）
　オ：h1が－2と等しい　（**別解**：h1が－1より小さい）
　カ：height（t.right.left）－ height（t.right.right）

(2)

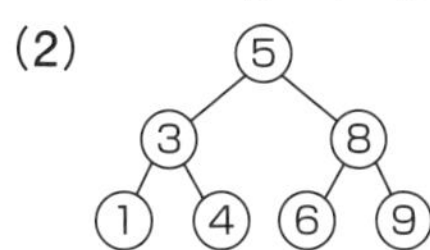

(3) **キ**：log n　（**別解**：$\log_2$ n）

参考 計算量

計算量は，アルゴリズムの良し悪しを評価する基準です。計算量には，時間計算量と領域計算量があります。それぞれの意味は，次のとおりです。なお，単に「計算量」といった場合，時間計算量を指すことが多いです。

・**時間計算量**：アルゴリズムが答えを出すまでにどの程度の時間を要するのかを表す
・**領域計算量**：アルゴリズムが答えを出すためにどの程度の領域を要するのかを表す

アルゴリズムの**時間計算量**（以下，計算量という）は，プログラム中の全ての命令について「実行回数×実行時間」を求め，その総和をとれば（原理的には）求められますが，実際にはそこまで細かく考えません。もっと大雑把に考えます。

具体的には，アルゴリズムの計算量は，処理するデータの個数によって変わることから，データ数（これを“問題の大きさ”という）をパラメータnとした関数で計算量を表し，nに関して最も速く増加する項だけで評価を行います。

例えば，計算量が$f(n)=3n^2+2n+1$で表された場合，n^2の項だけ（係数は無視）で評価します。これは，nを無限大にしていったときの計算量の漸近的な振舞いを調べるためです。計算量の評価で重要なのは，データ数nに対して，計算量がどのような関数形で表されるかです。つまり，n^2に比例するのか，nに比例するのか，あるいはlog nに比例するのか，といった計算量の概要です。

そして，計算量の概要（漸近的な振舞い）を考えるときに使用されるのが**オーダ**という概念，すなわち**O記法**です。O記法では，$f(n)=3n^2+2n+1$で表されるアルゴリズムの計算量は$O(f(n))=O(n^2)$と表し，$g(n)=\log_2 n$で表されるアルゴリズムの計算量は$O(g(n))=O(\log n)$と表します。また，一つのアルゴリズムが$O(n^2)$と$O(\log n)$の二つの部分に分かれている場合，全体としては$O(n^2)+O(\log n)$になりますが，これは下記の関係から$O(n^2)$と簡略化されます。

$$O(1) < O(\log n) < O(n) < O(n \log n) < O(n^2) < O(2^n) < O(n!)$$

最後に，アルゴリズムの計算量（すなわち，オーダ）を考える際の，二つの規則を紹介しておきます。この規則を用いることで，計算量がより簡単に求められます。

・規則1：順次処理で構成されている部分は，上記関係の大きい方のオーダが，全体のオーダとなる。
・規則2：繰返し処理で構成されている部分は，繰り返される部分のオーダに繰返し数を掛けた値のオーダ(定数は無視する)が，全体のオーダになる。

問題6　一筆書き　（R03秋午後問3）

一筆書きを題材に，グラフを扱うアルゴリズムの理解を問う問題です。グラフというと難しい問題のように感じますが，本問では，グラフを構成する辺の集合と，辺の端点である点の集合を一次元配列で扱っていて，プログラム自体もシンプルになっています。また，一筆書きの経路の求め方をはじめ，その手順が問題文に詳細に記載されているので，問題文に示されたグラフの例を基に，丁寧にアルゴリズムを理解していけば解答は可能です。試験では，これまでもいくつかのグラフ問題が出題されていますが，今後も出題頻度は多くなると予想されます。本問を通して，グラフ問題に慣れておきましょう。

問　一筆書きに関する次の記述を読んで，設問1～4に答えよ。

グラフは，有限個の点の集合と，その中の2点を結ぶ辺の集合から成る数理モデルである。グラフの点と点の間をつなぐ辺の列のことを経路という。本問では，任意の2点間で，辺をたどることで互いに行き来することができる経路が存在する（以下，強連結という）有向グラフを扱う。強連結な有向グラフの例を図1に示す。辺は始点と終点の組で定義する。各辺には1から始まる番号が付けられている。

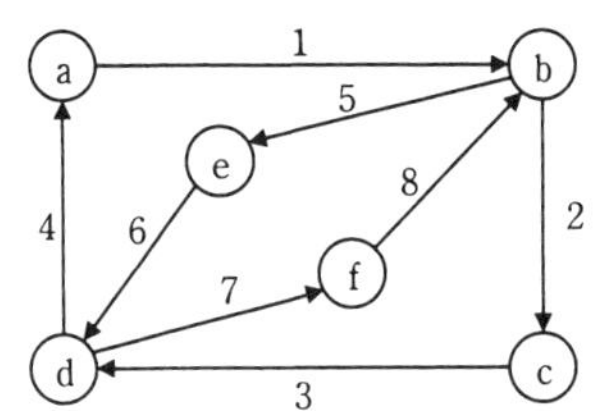

辺1＝(点a，点b)　辺2＝(点b，点c)
辺3＝(点c，点d)　辺4＝(点d，点a)
辺5＝(点b，点e)　辺6＝(点e，点d)
辺7＝(点d，点f)　辺8＝(点f，点b)

凡例　辺＝(辺の始点，辺の終点)

図1　強連結な有向グラフの例

〔一筆書き〕

本問では，グラフの全ての辺を1回だけ通り，出発点から出て出発点に戻る閉じた経路をもつグラフを，一筆書きができるグラフとする。

〔一筆書きの経路の求め方〕

一筆書きの経路を求めるためには，出発点から辺の向きに従って辺を順番にたどり，出発点に戻る経路を見つける探索を行う。たどった経路（以下，探索済の経路という）

について，グラフ全体で通過していない辺（以下，未探索の辺という）がない場合は，この経路が一筆書きの経路となる。未探索の辺が残っている場合は，探索済の経路を，未探索の辺が接続する点まで遡り，その点を出発点として，同じ点に戻る経路を見つけて，遡る前までの経路に連結することを繰り返す。

各点を始点とする辺を接続辺という。グラフの各点に対して接続辺の集合が決まり，辺の番号が一番小さい接続辺を最初の接続辺という。同じ始点をもつ接続辺の集合で，辺の番号を小さいものから順番に並べたときに，辺の番号が次に大きい接続辺を次の接続辺ということにする。

図1のグラフの各点の接続辺の集合を表1に示す。図1において，点bの最初の接続辺は辺2である。辺2の次の接続辺は辺5となる。辺5の次の接続辺はない。

表1　図1のグラフの各点の接続辺の集合

点	接続辺の集合
点a	辺1
点b	辺2，辺5
点c	辺3
点d	辺4，辺7
点e	辺6
点f	辺8

一筆書きの経路の探索において，一つの点に複数の接続辺がある場合には，最初の接続辺から順にたどることにする。

図1のグラフで点aを出発点とした一筆書きの経路の求め方を図2に示す。

経路を構成する辺とその順番が，これ以上変わらない場合，確定済の経路という。

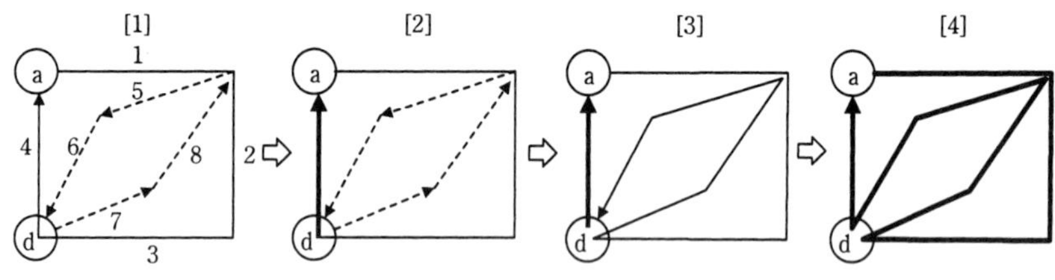

図2　図1のグラフで点aを出発点とした一筆書きの経路の求め方

図2を参考にした一筆書きの経路を求める手順を次に示す。

〔一筆書きの経路を求める手順〕

点aから探索する場合は，点aの最初の接続辺である辺1から始め，辺1の終点bの最初の接続辺である辺2をたどり，同様に辺3，辺4をたどる。辺4の終点aからたどれる未探索の辺は存在しないので，これ以上探索が進められない（図2［1］）。

しかし，未探索の辺5，辺6，辺7，辺8が残っているので，未探索の辺が接続する点まで遡る。

終点aから辺4を遡ると，辺4の始点dで未探索の辺7が接続している。遡った経路は途中で未探索の辺が存在しないので，これ以上，辺の順番が変わらず，辺4は，一筆書きの経路の一部として確定済の経路となる（図2［2］）。

点dから同様に辺7→辺8→辺5→辺6と探索できるので，辺3までの経路と連結した新しい探索済の経路ができる（図2［3］）。

辺6の終点dからは，辺6→辺5→辺8→辺7→辺3→辺2→辺1と出発点の点aまで遡り，これ以上，未探索の辺がないことが分かるので，全ての辺が確定済の経路になる（図2［4］）。

一筆書きの経路は，次の（1）～（4）の手順で求められる。

（1）一筆書きの経路の出発点を決める。

（2）出発点から，未探索の辺が存在する限り，その辺をたどり，たどった経路を探索済の経路に追加する。

（3）探索済の経路を未探索の辺が接続する点又は一筆書きの経路の出発点まで遡る。遡った経路は，探索済の経路から確定済の経路にする。未探索の辺が接続する点がある場合は，それを新たな出発点として，（2）に戻って新たな経路を見つける。

（4）全ての辺が確定済の経路になった時点で探索が完了して，その確定済の経路が一筆書きの経路になる。

〔一筆書きの経路を求めるプログラム〕

一筆書きの経路を求める関数directedEのプログラムを作成した。

実装に当たって，各点を点n（nは1～N）と記す。例えば，図1のグラフでは，点aは点1，点bは点2と記す。

グラフの探索のために，あらかじめ，グラフの点に対する最初の接続辺の配列edgefirst及び接続辺に対する次の接続辺の配列edgenextを用意しておく。edgenextにおいて，次の接続辺がない場合は，要素に0を格納する。

図1のグラフの場合の配列edgefirst，edgenextを図3に示す。

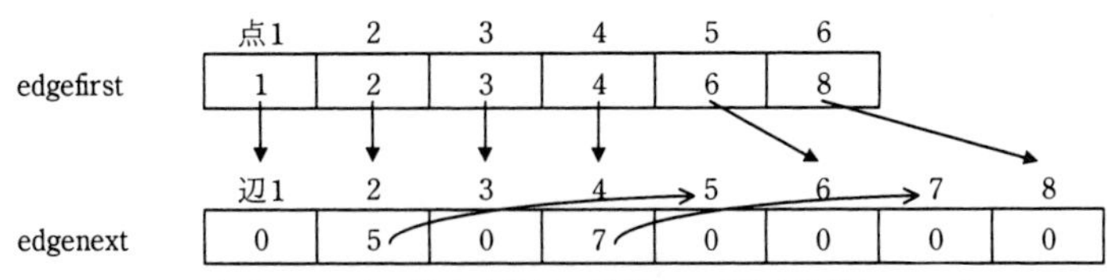

注記　edgefirst にはグラフの点に対する最初の接続辺の番号を格納している。
edgenext には接続辺の次の接続辺の番号を格納している。

図3　図1のグラフの場合の配列edgefirst，edgenext

edgefirstによって点2の最初の接続辺が辺2であることが分かり，点2から最初にたどる接続辺は辺2となる。edgenextによって，辺2の次の接続辺が辺5であることが分かるので，点2から次にたどる接続辺は辺5となる。辺5の次の接続辺はないので，点2からたどる接続辺はこれ以上ないことが分かる。

プログラム中で使用する定数と配列を表2に，作成した関数directedEのプログラムを図4に示す。

全ての配列の添字は1から始まる。

表2　使用する定数と配列

名称	種類	内容
N	定数	グラフの点の個数
M	定数	グラフの辺の個数
start[m]	配列	start[m] には，辺 m の始点の番号が格納されている。
end[m]	配列	end[m] には，辺 m の終点の番号が格納されている。
edgefirst[n]	配列	edgefirst[n] には，点 n の最初の接続辺の番号が格納されている。
edgenext[m]	配列	edgenext[m] には，辺 m の次の接続辺の番号が格納されている。次の接続辺がない場合は 0 が格納されている。
current[n]	配列	current[n] には，点 n を始点とする未探索の辺の中で最小の番号を格納する。点 n を始点とする未探索の辺がない場合は 0 を格納する。
searched[m]	配列	一筆書きの経路を構成する探索済の辺の番号を順番に格納する。（探索済の経路）
path[m]	配列	一筆書きの経路を構成する確定済の辺の番号を順番に格納する。（確定済の経路）

```
function directedE()
    for ( i を 1 から N まで 1 ずつ増やす )  // 各点での未探索の辺の番号を初期化
        current[i] ← edgefirst[i]
    endfor
    top ← 1                          // 探索済の経路の辺の格納位置を初期化
    last ← M                         // 確定済の経路の辺の格納位置を初期化
    x ← 1                            // 出発点は点 1
    while ( ①last が 1 以上 )
        if ( current[x] が [  ア  ] でない )
            temp ← current[x]        // 点 x からたどる接続辺は temp
            searched[top] ← temp     // 接続辺 temp を探索済の経路に登録
            current[x] ← [  イ  ]    // 点 x から次にたどる未探索の辺を格納
            x ← end[temp]            // 接続辺 temp の終点を点 x にする
            top ← top + 1
        else
            top ← [  ウ  ]           // 探索済の辺を遡る
            temp ← searched[top]     // 遡った辺は temp
            path[last] ← temp        // 辺 temp を確定済にする
            x ← [  エ  ]
            last ← last − 1
        endif
    endwhile
endfunction
```

図4　関数directedEのプログラム

設問1　図4中の［ア］～［エ］に入れる適切な字句を答えよ。

設問2　図1のグラフで関数directedEを動作させたとき，while文中のif文は，何回実行されるか，数値で答えよ。

設問3　一筆書きができない強連結な有向グラフで関数directedEを動作させたとき，探索はどのようになるかを，解答群の中から選び，記号で答えよ。

解答群

ア　探索が完了するが，配列pathに格納された経路は一筆書きの経路にならない。

イ　探索が完了せずに終了して，配列pathに格納された経路は一筆書きの経路にならない。

ウ　探索が無限ループに陥り，探索が終了しない。

設問4　図4のプログラムは，配列searchedを配列pathに置き換えることで，使用する領域を減らすことができる。このとき，無駄な繰返しが発生しないように，下線①の繰返し条件を，変数topとlastを用いて変更せよ。

解説

設問1 の解説

図4の関数directedEを完成させる問題です。最初に，問題文に示された〔一筆書きの経路を求める手順〕とプログラムに記述されているコメント（//で始まる文）を対応させ，プログラムの大まかな流れを確認しておきましょう（下図）。

ここで本解説では，while文中のif文の条件式が真のときに行われる処理を「if-trueブロック」，偽のときに行われる処理を「if-falseブロック」と呼ぶことにします。

```
function directedE()
    for ( i を 1 から N まで 1 ずつ増やす ) // 各点での未探索の辺の番号を初期化
        current[i] ← edgefirst[i]
    endfor
    top ← 1                         // 探索済の経路の辺の格納位置を初期化
    last ← M                        // 確定済の経路の辺の格納位置を初期化
    x ← 1                           // 出発点は点 1
    while ( ①last が 1 以上 )
        if ( current[x] が [ ア ] でない )
            // if-true ブロック
            temp ← current[x]         // 点 x からたどる接続辺は temp
            searched[top] ← temp      // 接続辺 temp を探索済の経路に登録
            current[x] ← [ イ ]       // 点 x から次にたどる未探索の辺を格納
            x ← end[temp]             // 接続辺 temp の終点を点 x にする
            top ← top + 1
        else
            // if-false ブロック
            top ← [ ウ ]              // 探索済の辺を遡る
            temp ← searched[top]      // 遡った辺は temp
            path[last] ← temp         // 辺 temp を確定済にする
            x ← [ エ ]
            last ← last − 1
        endif
    endwhile
endfunction
```

全ての辺が確定済経路になるまで繰り返す

（2）の処理
出発点から，未探索の辺が存在する限り，その辺をたどり，たどった辺を探索済にする

（3）の処理
探索済の辺を未探索の接続辺が接続する点又は一筆書きの出発点まで遡り，遡った辺を探索済から確定済にする

●空欄ア

while文中のif文の条件式が問われています。条件判定に使われているcurrent[x]は，点xからたどる接続辺の辺番号です。ただし，たどる接続辺がない場合は0です。

条件式が真のときの処理（if-trueブロック）を確認すると，このブロックでは「点xから接続辺をたどり，たどった辺を探索済にする」処理を行っています。点xからたどる接続辺がなければ辺をたどる処理は行えないので，このif文の条件式は「current[x]が0でない」です。つまり，**空欄ア**には「**0**」が入ります。

●空欄イ

空欄イの行のコメントをヒントに考えると，空欄イには，「点xから次にたどる未探索の辺（接続辺）」に該当する式を入れればよいことが分かります。

次にたどる未探索の接続辺は，配列edgenextを参照すれば得られます。例えば，図1のグラフの場合，点2から最初にたどる接続辺はcurrent[2]に格納されている辺2です。そして，次にたどる接線辺はedgenext[2]に格納されている辺5です。ここで，配列currentの要素番号は点番号であり，配列edgenextの要素番号は辺番号であることに注意してください。点2から次にたどる接続辺は，“current[2]に格納されている辺2の次にたどる接続辺”なので，current[2]を添字に配列edgenextを参照する必要があります。つまり，点2から次にたどる接続辺はedgenext[curent[2]]となります。

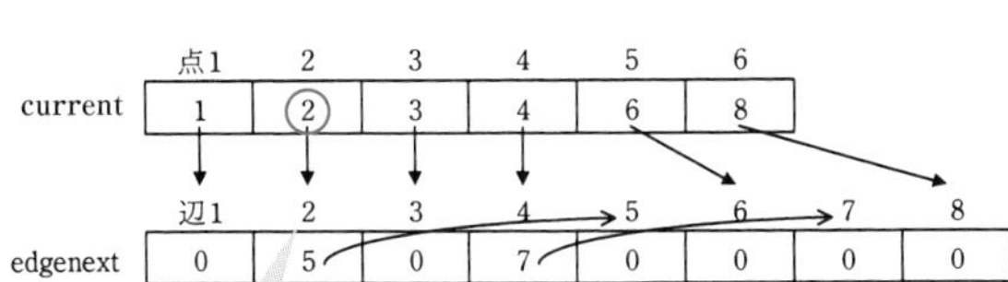

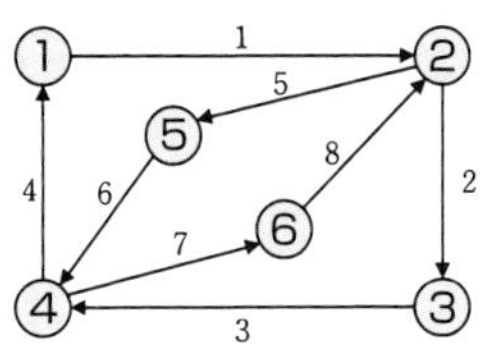

＊上図では，点a，b… を点1，2… と記している（以下，同様）

この点に気付けば，点xから次にたどる接続辺はedgenext[current[x]]と表現できることが分かります。では，**空欄イ**にedgenext[current[x]]を入れてよいでしょうか？プログラム的には間違いではありません（正しく動作します）が，空欄イの二つ上の行で，変数tempにcurrent[x]の値を設定していますから，ここでは「**edgenext[temp]**」と解答した方がよいでしょう。

補足 配列currentの更新

配列currentの役割は，次にたどる接続辺の辺番号を保持することです。そのため，例えば図1のグラフの点2においてcurrent[2]に格納された辺2をたどったら，次にたどる接続辺5をcurrent[2]に格納しなければなりません。つまり，空欄イの行の

current[x] ← edgenext[temp]

は，current[x]の更新処理です。

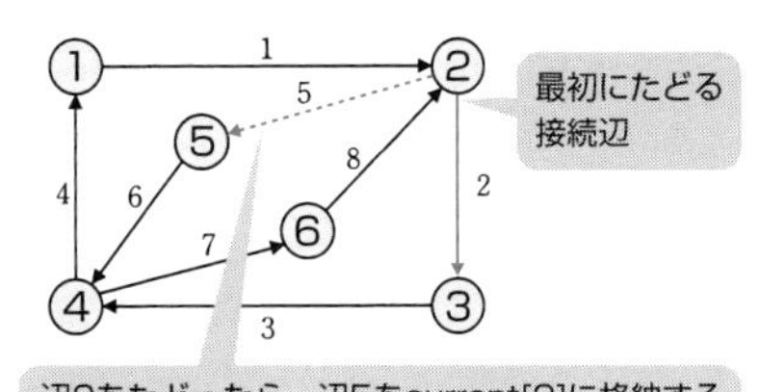

●空欄ウ

空欄ウは，if文の条件式「current[x]が0（空欄ア）でない」が偽のとき実行されるif-falseブロックの中にあります。空欄ウを考える前に，このブロックに処理が移る仕組みを確認しておきましょう。

図1のグラフの場合，点1の最初の接続辺である辺1からたどり，辺1の終点である点2の最初の接続辺である辺2をたどり，同様に辺3，辺4をたどります。この処理はif-trueブロックで行われ，辺4までたどった後の配列current及び配列searchedは次のようになります。

if-trueブロックではcurrent[x]を更新した後，変数xにend[temp]を設定しています。tempはたどった辺の番号なので，辺4をたどった後の変数xの値は，辺4の終点である1です。そして，current[1]は辺1をたどったとき0に更新されているので，このときif文の条件式が偽となりif-falseブロックに処理が移るという仕組みです。

では，空欄ウを見ていきましょう。if-falseブロックでは，「探索済の辺を，未探索の接続辺が存在する点又は出発点まで遡り，遡った辺を探索済から確定済にする」処理を行います。探索済の辺を遡るとは，直前のif-trueブロックでたどった最後の辺（図1の場合，辺4）から順にこれまでたどってきた辺を戻るということです。ここで，変数topは，次の格納位置を指していることに注意します（上図参照）。直前のif-trueブロックでたどった最後の辺はsearched[top－1]に格納されているので，この辺を確定済にするためには，topの値を－1する必要があります。したがって，**空欄ウ**には「**top－1**」が入ります。

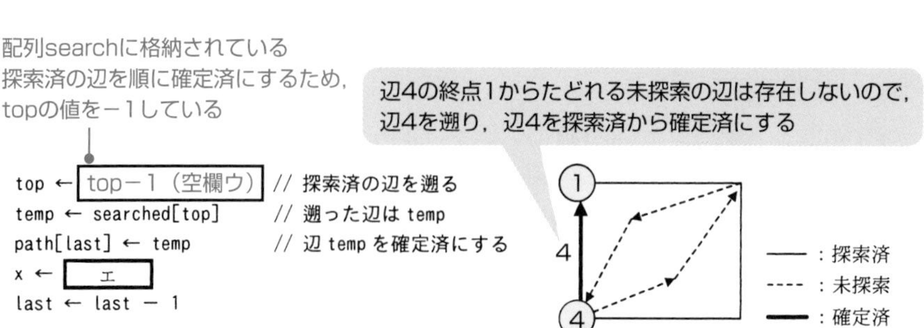

●空欄エ

変数xに設定する値（式）が問われています。辺をたどるif-trueブロックでは，変数xにend[temp]を設定しています。tempは点xからたどった辺の番号なので，点xを始点とする辺をたどったら，その辺の終点を変数xに設定していることになります。

では，辺を遡る場合，変数xに何を設定すればよいでしょう？ 上記をヒントに考えれば，遡った辺の始点を変数xに設定すればよいことが分かります。if-falseブロックでは変数tempを遡った辺の番号に使っているので，**空欄エ**には「**start[temp]**」を入れればよいでしょう。

設問2 の解説

図1のグラフで関数directedEを動作させたときの，while文中のif文の実行回数が問われています。

関数directedEは，求めた一筆書きの経路を配列pathに格納し，全ての辺が格納されたら処理を終了します。プログラムを見ると，変数lastにグラフの辺の個数（M）を設定し，if-elseブロックの中で，遡った辺を配列pathに格納した後，lastの値を一つ減らしています。while文の繰返し条件は「lastが1以上」なので，配列pathのM番目から順に（1番目に向かって）遡った辺を格納し，lastが0になったら終了します。このことから，if-elseブロックはM回実行されることが分かります。

ここでのポイントは，「グラフの各辺は，まず探索済になってから確定済になる」ことです。グラフの全ての辺を確定済にする処理（if-elseブロック）が，辺の個数（M）回行われるということは，全ての辺を探索済にする処理（if-trueブロック）も辺の個数回行われることになります。

このことに気付けば，関数directedEが終了するまでに，if文が実行される回数は，辺の個数の2倍である2M回であることが分かります。図1のグラフの辺の数は8個なので，if文の実行回数は，2×8＝**16**回となります。

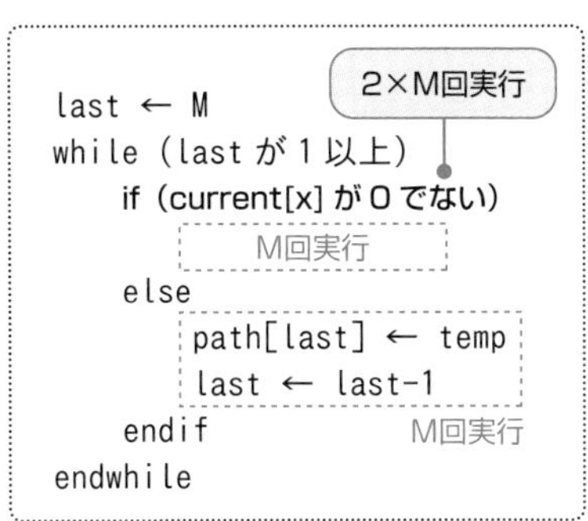

設問3 の解説

一筆書きができない強連結な有向グラフで関数directedEを動作させたときの探索について問われています。“一筆書きができない強連結な有向グラフ”なので，当然，配列pathに求められる経路は一筆書きの経路になりません。したがって，ここでは，「全ての辺の探索が行えるかどうか」と「無限ループに陥るかどうか」を考えます。

ここでのポイントは，関数directedEは，「行けるところまで行き，行き止まりになったら一つ前に戻り，別の道を行く」という深さ優先探索のロジックになっていることです。そのため，非連結でなければ全ての辺の探索が可能です。例えば，図1の辺8をカットしたグラフ（下図）において，出発点を1としたときは，一筆書きができません。このグラフで関数directedEを動作させると，全ての辺の探索を行った後，関数directedEが終了します。しかし，当然ではありますが，配列pathに格納された経路は一筆書きの経路にはなりません。したがって，〔ア〕の「**探索が完了するが，配列pathに格納された経路は一筆書きの経路にならない**」が正しい記述です。

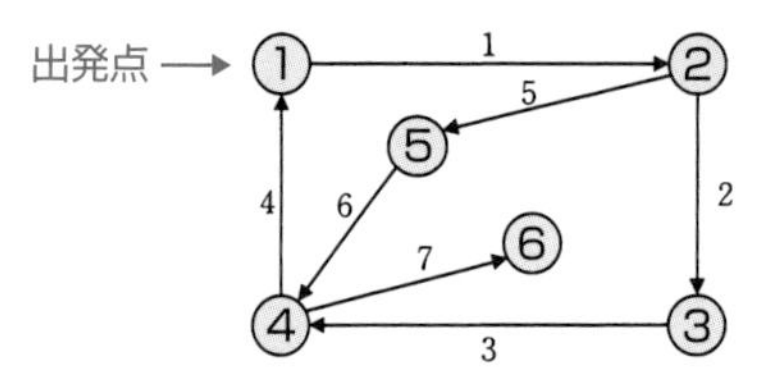

＊点a，b… を点1，2… と記している

	1	2	3	4	5	6	7
配列path	1	5	6	2	3	7	4

補足　非連結グラフで動作させたときの探索

では，非連結なグラフならどうでしょう？ 当然，全ての辺の探索はできません。非連結グラフの場合，連結している部分を探索した後，まだ未探索の辺が残っている（すなわち，変数lastの値が0になっていない）のでwhile文は繰り返されます。そして，if-falseブロックに入り，変数topの値が−1され0になると，配列searchedの参照において範囲外参照が発生します。通常，配列の範囲外参照が発生するとプログラムは異常終了しますが，これを許す言語系であれば異常終了せず，かなり怪しい（異常な）動作を行うことになります。

設問4 の解説

配列searchedを配列pathに置き換えた場合，無駄な繰返しが発生しないようにするための，while文の繰返し条件が問われています。配列searchedを配列pathに置き換えるということは，配列pathのみで処理を行うということです。

ここでは，右図に示した単純なグラフで関数directedEを動作させたときの，配列searchedとpathの変化，及び配列pathのみで処理したときのpathの変化（網掛け枠内）を見てみましょう。なお，topとlastの値は，それぞれのブロック処理に入った直後の値です。

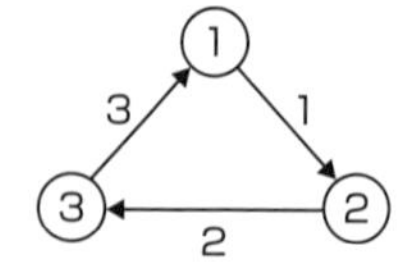

❶ top＝1 last＝3	点1からたどれる未探索の接続辺があるか？　⇒　Yes ・辺1をたどり，辺1をsearched[top]に格納 searched（1 2 3）：[1][ ][ ]　path（1 2 3）：[ ][ ][ ]　path（1 2 3）：[1][ ][ ] ・topの値を＋1する（top＝2となる）
❷ top＝2 last＝3	点2からたどれる未探索の接続辺があるか？　⇒　Yes ・辺2をたどり，辺2をsearched[top]に格納 searched（1 2 3）：[1][2][ ]　path（1 2 3）：[ ][ ][ ]　path（1 2 3）：[1][2][ ] ・topの値を＋1する（top＝3となる）
❸ top＝3 last＝3	点3からたどれる未探索の接続辺があるか？　⇒　Yes ・辺3をたどり，辺3をsearched[top]に格納 searched（1 2 3）：[1][2][3]　path（1 2 3）：[ ][ ][ ]　path（1 2 3）：[1][2][3] ・topの値を＋1する（top＝4となる）
❹ top＝4 last＝3	点1からたどれる未探索の接続辺があるか？　⇒　No ・topの値を－1する（top＝3となる） ・searched[top]に格納されている辺3を遡り，searched[top]をpath[last]に格納 searched（1 2 3）：[1][2][3]　path（1 2 3）：[ ][ ][3]　path（1 2 3）：[1][2][3] ・lastの値を－1する（last＝2となる）
❺ top＝3 last＝2	点3からたどれる未探索の接続辺があるか？　⇒　No ・topの値を－1する（top＝2となる） ・searched[top]に格納されている辺2を遡り，searched[top]をpath[last]に格納 searched（1 2 3）：[1][2][3]　path（1 2 3）：[ ][2][3]　path（1 2 3）：[1][2][3] ・lastの値を－1する（last＝1となる）
❻ top＝2 last＝1	点2からたどれる未探索の接続辺があるか？　⇒　No ・topの値を－1する（top＝1となる） ・searched[top]に格納されている辺1を遡り，searched[top]をpath[last]に格納 searched（1 2 3）：[1][2][3]　path（1 2 3）：[1][2][3]　path（1 2 3）：[1][2][3] ・lastの値を－1する（last＝0となり処理終了）

前ページ表の配列pathのみで処理したときのpathの変化（網掛け枠内）を見ると，変数topと変数lastの値が一致する❸での処理を行うと，配列pathが完成することが分かります。そして，その後の❹～❻で，配列pathの内容が変わることはありません。これは，遡った辺を配列pathに格納するときのtopとlastが同じ値になるからです。

設問文にある無駄な繰返しとは，❹～❻のことです。この無駄な繰返しが発生しないようにするためには「top＞last」になったら処理を終了すればよいので，while文の繰返し条件は「top≦last」，つまり「**topがlast以下**」となります。

補足　配列searchedを配列pathに置き換えたときの結果

配列searchedを配列pathに置き換え，図1のグラフで動作させたときの実行結果を下図に示します。ここで，(A) はif-trueブロックでの処理，(B) はif-falseブロックでの処理という意味です。また，topとlastの値は，それぞれのブロック処理に入った直後の値です。while文の繰返し条件を「topがlast以下」にすることで，無駄な繰返し（網掛け部分の処理）が発生しないことを確認してください。

処理	配列path
(A) top=1 last=8	1 0 0 0 0 0 0 0
(A) top=2 last=8	1 2 0 0 0 0 0 0
(A) top=3 last=8	1 2 3 0 0 0 0 0
(A) top=4 last=8	1 2 3 4 0 0 0 0
(B) top=5 last=8	1 2 3 4 0 0 0 4
(A) top=4 last=7	1 2 3 7 0 0 0 4
(A) top=5 last=7	1 2 3 7 8 0 0 4
(A) top=6 last=7	1 2 3 7 8 5 0 4
(A) top=7 last=7	1 2 3 7 8 5 6 4

処理	配列path
(B) top=8 last=7	1 2 3 7 8 5 6 4
(B) top=7 last=6	1 2 3 7 8 5 6 4
(B) top=6 last=5	1 2 3 7 8 5 6 4
(B) top=5 last=4	1 2 3 7 8 5 6 4
(B) top=4 last=3	1 2 3 7 8 5 6 4
(B) top=3 last=2	1 2 3 7 8 5 6 4
(B) top=2 last=1	1 2 3 7 8 5 6 4

「top=last」のときの処理までを行えば配列pathは完成するので，右側の繰返し処理は無駄になる

解答

設問1　ア：0　イ：edgenext[temp]　ウ：top－1　エ：start[temp]

設問2　16

設問3　ア

設問4　topがlast以下

配送計画問題のアルゴリズム（H18秋午後Ⅱ問1抜粋）

本Try!問題は，応用情報技術者試験の前身であるソフトウェア開発技術者試験に出題された午後Ⅱ問題の一部で，配送計画問題をテーマにしたグラフ問題です。配送計画問題は，代表的な組合せ最適化問題の一つです。問題解法のアルゴリズムはいくつかありますが，本問では，巡回セールスマン問題を解くアルゴリズムが用いられています。馴染みのないアルゴリズムですが，問題文に基本的な考え方や処理手順が示されているので，前提知識がなくても対応できる問題となっています。

なお，本問のプログラムは，現行試験のプログラムと記述方法が少し異なっていることに注意してください。例えば「for　i ＝0 to n−1」は，「変数iに初期値0を与え，iの値がn−1以下の間繰り返す」という意味です。また，for文やif文により実行されるブロックが{ }で括られているので，まずは各ブロックを明確にしてからプログラムのトレースを行うとよいでしょう。では，挑戦してみましょう！

〔配送計画問題〕

トラックで，倉庫から店舗に品物を配送する。このとき，所要時間が最小となる配送経路を求めたい。前提条件は次のとおりである。

- 一つの倉庫から複数の店舗に品物を配送する。トラックは1台である。
- トラックは，倉庫から出発して全ての店舗に品物を届けた後，倉庫に戻る。
- 任意の店舗の間，及び倉庫と任意の店舗の間には，それらを結ぶ道路が存在する。
- 店舗Aから店舗Bへ行くときの所要時間と，店舗Bから店舗Aへ行くときの所要時間は同じである。倉庫と任意の店舗の間についても同様である。また，所要時間は，時間帯，積載重量などにかかわらず，常に一定である。

〔配送計画問題のモデル化〕

配送計画問題を，グラフの概念を用いて次のようにモデル化する。店舗が三つの場合の地図とそのモデルを，それぞれ図1，図2に示す。

- 倉庫と店舗をノード（図2の円）で表し，その間の道路を枝（図2の線）で表す。
- ノードの数をnとした場合，ノードには，V_0，V_1，V_2，…，V_{n-1}というラベルが付けられている。ノードV_0は倉庫に，ノードV_1～V_{n-1}は店舗に相当する。
- ノードV_iとノードV_jの間の枝をE_{ij}という。
- 枝には，正の数値の重みが付されている。重みは，2地点間の所要時間に相当する。

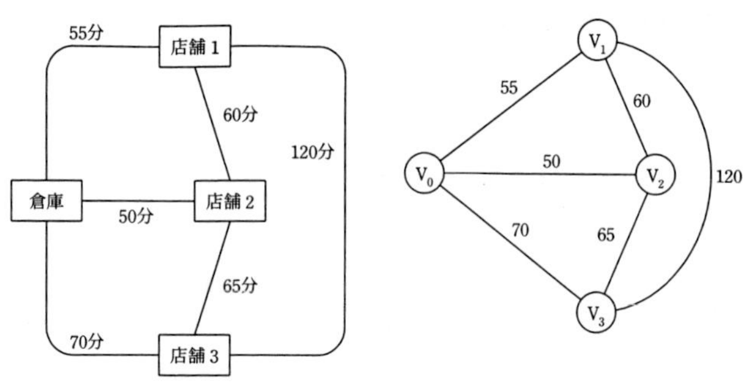

図1　店舗が三つの場合の地図　　　図2　グラフによる図1のモデル

配送計画問題は，グラフの上では“ノードV_0から出発し，ノードV_1，V_2，…，V_{n-1}の全てを経由してノードV_0に戻る経路（以下，巡回路という）のうち，経路上の枝の重みの和が最小のものを求める問題”と考えることができる。

なお，以下では，巡回路の枝の重みの和を，“巡回路の重み”と呼ぶことにする。

配送計画問題に対して，巡回セールスマン問題を解くアルゴリズムを用いることにする。

〔巡回セールスマン問題〕

巡回セールスマン問題とは，与えられたグラフに対して，次の条件①～③を満たし，かつ，枝の重みの和が最小であるような経路を求める問題のことをいう。

① 全てのノードを通る。
② 各ノードを1回だけ通る。
③ 出発点に戻る。

巡回セールスマン問題は，最適解を見つけるためには，総当たり的なアルゴリズムによるしかないと考えられている，極めて扱いにくい問題である。そこで，実用的なアプローチとして，近似最適な解を見つけるための様々なアルゴリズムが考案されている。その代表的なものとして，Nearest Neighbor法がある。

〔Nearest Neighbor法〕

Step1：c=0とする。

Step2：ノードV_cとまだ経由していないノードとを結ぶ枝のうち，重みが最も小さい枝を選ぶ。最小の重みの枝が複数存在するときには，最初に見つかった枝を選ぶ。選んだ枝のもう一方の端のノードをV_kとする。c=kとして，このステップを繰り返す。

Step3：全てのノードを経由していれば，V_0への枝を選ぶ。

Nearest Neighbor法のプログラム（プログラム1）を，図3に示す。配列D[i , j]には，枝E_{ij}の重みが格納されている。前提条件から，D[i , j]=D[j , i]である。また，ノードV_iとノードV_iの間には枝が存在しないことを表すために，D[i , i]には十分大きな数値Xが格納されている。

なお，図3中のmod（k, n）は，kをnで除したときの剰余を返す関数である。

```
プログラム 1 : Nearest Neighbor 法
procedure Nearest_Neighbor     //n はノードの数
   for i=0 to n-1              //初期化
      {
      visited[i] ← false ;
      }
   current ← 0 ;
   for i=0 to n-1
      {
      tour[i] ← current ;
      visited[current] ← true ;
      min ← 十分大きな値 X ;
      for j=0 to n-1
         {
         if (visited[j] = [  ア  ] and D[current, j] < min)
            then
               {
               min ← [  イ  ] ;
               min_j ← [  ウ  ] ;
               }
         }
      [  エ  ] ← min_j ;
      }
   length ← 0 ;
   for i=0 to n-1              //巡回路の重みの算出
      {
      length ← [  オ  ] + D[tour[i], tour[mod(i+1, n)]] ;
      }
```

図3　Nearest Neighbor法のプログラム

(1) 次の記述中の[　　]に入れる適切な字句を解答群の中から選び，記号で答えよ。

> 本問で対象としているような巡回セールスマン問題においては，ノードの数がnであるとき，ノードの巡回順序が逆転している巡回路を区別しないこととすれば，巡回路は[　　]通り存在する。このことから，nが大きくなった場合には，総当たり的なやり方で最適解を求めようとすると天文学的な時間を要することが分かる。

解答群

ア (n−1)!／2　　イ n!／2　　ウ (n+1)!／2

エ (n−1)!　　オ n!　　カ (n+1)!

(2) プログラム1中の[ア]～[オ]に入れる適切な字句を答えよ。

(3) 次のグラフに対して，プログラム1を実行した場合の巡回路を太線で示せ。

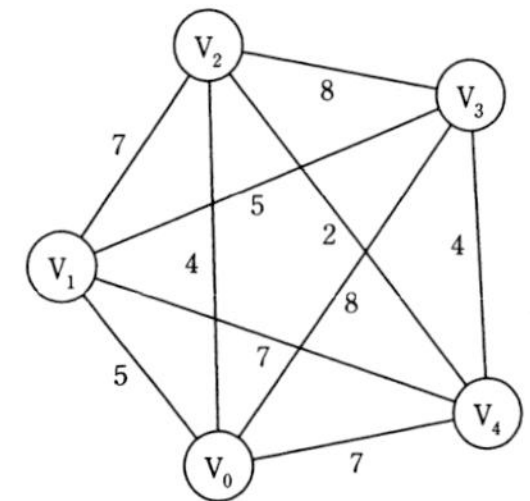

(4) プログラム1では，問題によってはかなり質の悪い解しか得られない。このことについて述べた次の記述中の[カ]，[キ]に入れる適切な数値（正の整数）を答えよ。

> 図2のグラフにおける最適解の巡回路の重みは，[カ]である。しかし，プログラム1では，巡回路の重みが最適解の[キ]%増の解しか得られない。

解説

(1) ノードの数がnであるグラフに存在する巡回路の数について問われています。図2のグラフ（ノード数4）を例に考えます。

出発ノードV_0から経由可能なノードは，V_0を除くV_1，V_2，V_3の三つです。この中から次に経由するノードとしてV_1を選択すると，V_1から経由可能なノードはV_2，V_3の二つになり，さらにV_2，V_3の中からV_2を選択すると，V_2から経由可能なノードはV_3の一つになります。そして，このときの巡回路は「V_0→V_1→V_2→V_3→V_0」です。

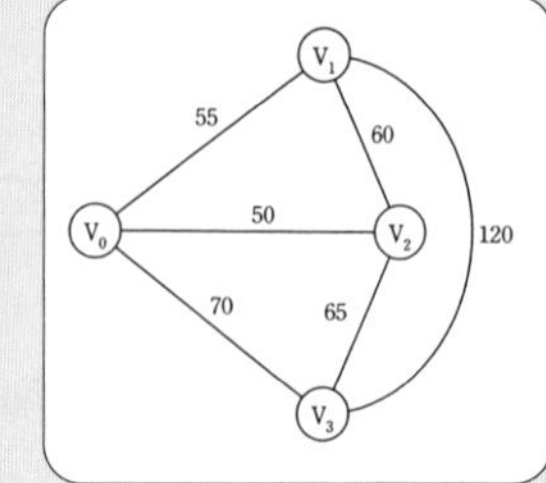

このことから分かるように，ノードの数がnであるグラフの場合，出発ノードから次に経由するノードを選ぶ選び方は（n−1）通りあり，選ばれたノードから次に経由するノードの選び方は（n−2）通り，さらに次に経由するノードの選び方は（n−3）通り，…，そして最後に経由するノードの選び方は1通りです。

したがって，巡回路は，（n−1）×（n−2）×…×1＝（n−1）！通り存在します。ここで，設問文にある「巡順序が逆転している巡回経路は区別しない」との記述に注意します。図2のグラフであれば，「$V_0→V_1→V_2→V_3→V_0$」と「$V_0→V_3→V_2→V_1→V_0$」は同じと見なさなければいけないため，巡回路は（n−1）!の半分の**（n−1）!／2**通りです。したがって，〔ア〕が正解です。

〔別解〕

ノードの数がnであるグラフの巡回路の数は，出発ノードV_0を除いたn−1個のノードの並べ方の数，すなわち順列のパターン数と一致します。図2のグラフの場合，出発ノードV_0を除くノードはV_1，V_2，V_3なので，この順列は，

① {V_1，V_2，V_3}　② {V_1，V_3，V_2}　③ {V_2，V_1，V_3}，
④ {V_2，V_3，V_1}　⑤ {V_3，V_1，V_2}　⑥ {V_3，V_2，V_1}

の6通りです。このうち順序が逆転している①と⑥，②と④，③と⑤を同じものと見なすと，順列のパターン数は6／2＝3通りになります。

n−1個の順列のパターン数は，（n−1）×（n−2）×…×1＝（n−1）！で求められるので，本問におけるグラフの巡回路は，**（n−1）!／2**通りとなります。

(2) 図3のプログラム1を完成させる問題です。まず最初に，プログラム1で使用されている主な配列及び変数の役割を確認しておきましょう。

- 配列visited：経由したノードを判断するための配列（未経由：false，経由：true）
- 配列D[i , j]：枝E_{ij}の重み
- 配列tour：Step2の処理において選ばれたノードの番号を順に格納する配列
- 変数current：Step2の処理におけるc（カレントノード）

●空欄ア，イ，ウ：この空欄が含まれるfor文（for j = 0 to n−1）は，変数currentで表されるカレントノードとまだ経由していないノードとを結ぶ枝のうち，重みが最も小さい枝を選ぶための繰返し文です。

選ぶ対象となるノードは，まだ経由していないノードなので**空欄ア**には**false**が入ります。また，論理演算子andの後ろにある条件「D[current, j] < min」は，変数currentで表されるカレントノードとノード j の間の枝の重みが，現時点での重みの最小値minより小さいかどうかの判定です。この条件を満たしたとき，つまり，カレントノードとノード j の間の枝の重みがminより小さければ，**D[current, j]**（**空欄イ**）でminを置き換え，そのノード番号 **j**（**空欄ウ**）を変数min_ j に設定します。

なお，空欄イについては，〔Nearest Neighbor法〕のStep3の説明の後に，「前提条件から，D[i , j] = D[j , i]である」との記述があるので，**D[j , current]**と解答

してもOKです。また，for文に入る前でcurrentの値をtour[i]に設定し，for文の中でtour[i]は変更されないため，currentの代わりにtour[i]を用いて，**D[tour[i], j]**あるいは**D[j , tour[i]]**としてもOKです。

●**空欄エ**：空欄ア～ウを含むfor文が終了した後に行う「[エ] ← min_ j」が問われています。この処理は，Step2の説明にある「選んだ枝のもう一方の端のノードをV_kとする。c=kとして，このステップを繰り返す」に該当する処理です。

ここでは，空欄ア～ウを含むfor文によって，カレントノードからの枝の重みが最小であるノードが変数min_ j に求められていることに着目しましょう。つまり，ノードmin_ j を次の操作のカレントノードにすればよいので，**空欄エ**には**current**が入ります。

●**空欄オ**：巡回路の重みを算出するfor文中の空欄オが問われています。"巡回路の重み"とは，巡回路の枝の重みの和のことです。例えば，ノードの数が4である図2のグラフで巡回路が「$V_0 \rightarrow V_2 \rightarrow V_1 \rightarrow V_3 \rightarrow V_0$」であった場合，配列tourは下図のようになり，このときの巡回路の重みは，

D[0, 2] + D[2, 1] + D[1, 3] + D[3, 0]
=D[tour[0], tour[1]] + D[tour[1], tour[2]] +
D[tour[2], tour[3]] + D[tour[3], tour[0]]

で求められます。

	0	1	2	3
配列tour	0	2	1	3

空欄オに加算する，D[tour[i], tour[mod(i +1, n)]]のnはノードの数なので，n=4の場合，D[tour[i], tour[mod(i +1, n)]]は，次のようになります。

- i =0のとき D[tour[0], tour[1]]
- i =1のとき D[tour[1], tour[2]]
- i =2のとき D[tour[2], tour[3]]
- i =3のとき D[tour[3], tour[0]]

これをfor文を用いて全て加算すればよいので，**空欄オ**には**length**が入ります。

```
length ← 0 ;
for i = 0 to n-1
    {
    length ← [ オ : length ] +D[tour[i], tour[mod (i+1,n)]]
    }
```

巡回路の重みの算出式
D[0,2]+D[2,1]+D[1,3]+D[3,0]

D[tour[i], tour[mod (i+1,n)]]としているのは，i=3のとき，D[tour[3],tour[4]]ではなく，D[tour[3],tour[0]]とするため

(3) 設問文に示されたグラフに対して，プログラム1を実行した場合の巡回路が問われています。出発点をV_0として，巡回路を求めると次のようになります。

・{V_1, V_2, V_3, V_4} の中でV_0からの枝の重みが最小であるV_2が選ばれる
・{V_1, V_3, V_4} の中でV_2からの枝の重みが最小であるV_4が選ばれる
・{V_1, V_3} の中でV_4からの枝の重みが最小であるV_3が選ばれる
・{V_1} の中でV_3からの枝の重みが最小であるV_1が選ばれる

以上の操作により配列tourには［0, 2, 4, 3, 1］が格納されるため，巡回路は「$V_0 \to V_2 \to V_4 \to V_3 \to V_1 \to V_0$」となります。

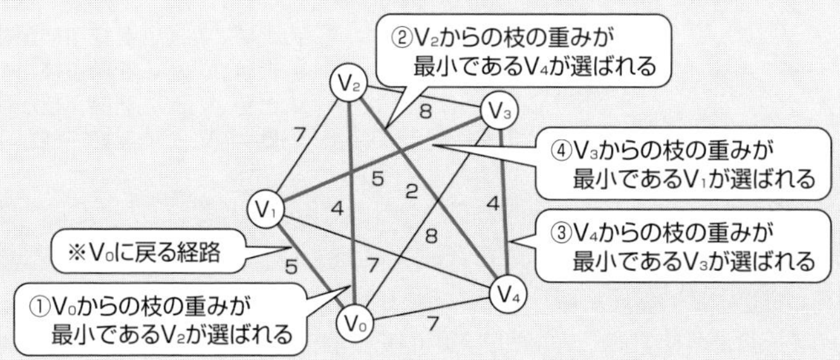

(4) 図2のグラフにおける最適解の巡回路の重みと，プログラム1によって求めた巡回路の重み（最適解に対する%）が問われています。

最適解の巡回路とは，経路上の枝の重みの和が最小の巡回路のことです。図2のグラフのノード数は4なので，(4−1)!／2=（3×2×1）／2=3通りの巡回路が存在します。この巡回路それぞれの重みを求めると次のようになり，最適巡回路は，「$V_0 \to V_1 \to V_2 \to V_3 \to V_0$」で，その重みは**250（空欄カ）**です。

① $V_0 \to V_1 \to V_2 \to V_3 \to V_0$
巡回路の重み＝55＋60＋65＋70＝250
② $V_0 \to V_1 \to V_3 \to V_2 \to V_0$
巡回路の重み＝55＋120＋65＋50＝290
③ $V_0 \to V_2 \to V_1 \to V_3 \to V_0$
巡回路の重み＝50＋60＋120＋70＝300

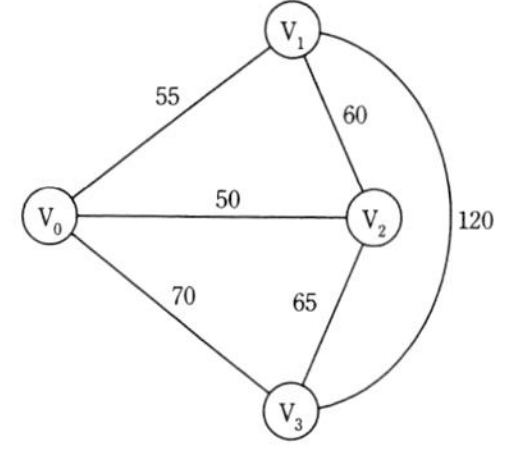

これに対し，図2のグラフでプログラム1を実行すると，V_0が出発点となり，{V_1, V_2, V_3} の中でV_0からの枝の重みが最小であるV_2が選ばれ，{V_1, V_3} の中でV_2からの枝の重みが最小であるV_1が選ばれ，{V_3} の中でV_1からの枝の重みが最小であるV_3が選ばれるので，巡回路は「$V_0 \to V_2 \to V_1 \to V_3 \to V_0$」となり，このときの巡回路の重みは50＋60＋120＋70＝300となります。

したがって，プログラム1では巡回路の重みが最適解より300－250＝50多く，最適解の250から考えると，50÷250×100＝**20**（**空欄キ**）％増となります。

〔補足〕

グラフの表現に用いられる行列に**隣接行列**があります。n個のノードから成るグラフの場合，n×nの正方行列を使い，ノードV_iとV_jを結ぶ枝が存在するならｉ行ｊ列とｊ行ｉ列の要素を1，存在しないなら0として表現します。

本Try!問題のNearest Neighbor法のプログラムで用いられている配列Dは，隣接行列を応用したもので，V_iとV_jを結ぶ枝が存在するときｉ行ｊ列とｊ行ｉ列に枝の重みを格納し，存在しないときは数値X（十分大きな値）を格納しています。

Nearest Neighbor法ではこの配列Dを用いて巡回路を求めるため，ノードの数がnのときの時間計算量及び領域計算量のオーダはn^2（O記法で表すと$O(n^2)$）となります。したがって，ノード数が多くなるほどアルゴリズムの実行時間や使用する記憶域が膨大になります。しかし，総当たり的なやり方で最適解を求めようとした場合の時間計算量のオーダはn!（O記法で表すとO(n!)）なので，これに比べるとNearest Neighbor法はまだ実用的なアプローチであるといえます。

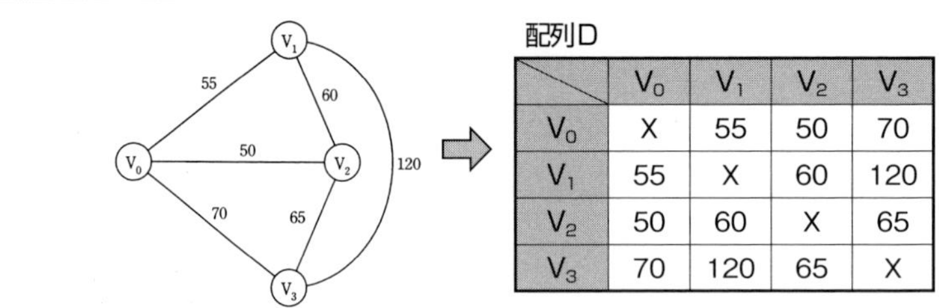

配列D

	V_0	V_1	V_2	V_3
V_0	X	55	50	70
V_1	55	X	60	120
V_2	50	60	X	65
V_3	70	120	65	X

解答　(1) ア

(2) ア：false

イ：D[current, j]　又は　D[j , current]

（※currentの代わりにtour[i]を用いても可）

ウ：j　　エ：current　　オ：length

(3) ※解説文中にある図（p.245）を参照

(4) カ：250　　キ：20

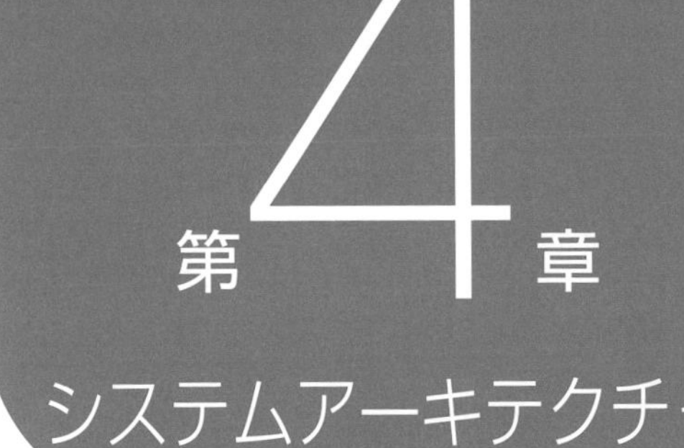

第4章 システムアーキテクチャ

出題範囲

●方式設計・機能分割
●提案依頼書（RFP）
●要求分析
●信頼性・性能
●Web技術（Webサービス・SOAを含む）
●仮想化技術
●主要業種における業務知識
●ソフトウェアパッケージ・オープンソースソフトウェアの適用
●その他の新技術動向
など

問題1 システム構成の見直し (H31春午後問4)

電子書籍サービスにおけるシステム構成の見直しを題材とした問題です。本問は，システム方式設計に関する基本的な理解，及びWeb APIを用いたシステム処理方式設計に関する基本知識を問う問題になっています。

設問1は，現状のシステムと新システムにおける各機器の機能を理解できれば，解答は難しくありません。設問2では，システム稼働率が問われます。直列接続・並列接続を意識し，落ち着いて解答することがポイントです。本問で，一番難しいのは設問3です。Webブラウザ，及びスマートフォン用のアプリケーション（スマホアプリ）が，それぞれデータを取得してから画面に表示するまで，どのような処理が行われるのか，その違いを理解した上で，設問の主旨に合わせた解答文を考えましょう。

問 システム構成の見直しに関する次の記述を読んで，設問1～3に答えよ。

S社は，電子書籍をPCやタブレット，スマートフォンのWebブラウザで購読するサービスを提供している。利用者数の増加に伴うシステムの応答性能の低下や，近年のWebブラウザの機能の向上に対応するために，現状のシステム構成を見直すことになった。

〔現状のシステム構成と稼働状況〕

現状のシステム構成を図1に，各機器の機能と稼働状況を表1に示す。

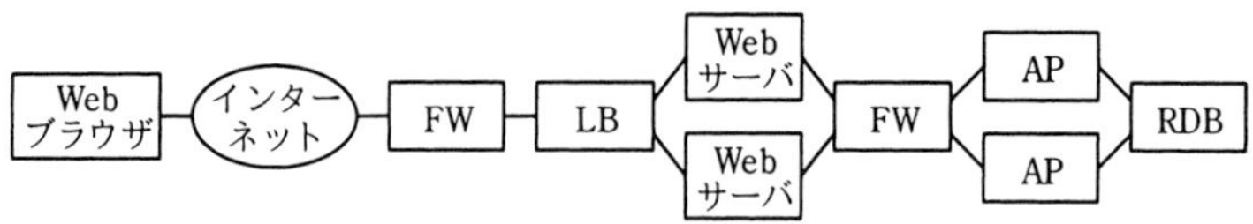

図1 現状のシステム構成

表1　各機器の機能と稼働状況（抜粋）

機器名	機能と稼働状況
Web サーバ	Web ブラウザからの要求を AP に引き渡して，その処理結果を Web コンテンツとして Web ブラウザに返す。Web コンテンツを TLS によって暗号化する機能を兼ねているので，CPU 負荷が高い。
AP	利用者の認証，電子書籍情報を検索する処理，端末の種別に応じて電子書籍データを変換する処理及び利用者にポイントを定期的に付与するバッチ処理など，複数の処理を担っている。利用者数の多い時間帯は，CPU 使用率が 80%を超える状態が続くことがあり，その時間帯にバッチ処理が実行されると，Web ブラウザからのリクエストに対する応答待ちが極端に長くなってしまうことがある。
RDB	利用者の情報，電子書籍の書籍名や著者などの書籍情報と書籍の本文や画像情報を保持する。CPU 負荷は低いが，ディスクの読込み負荷が常に高い。

〔新システムの構成の検討〕

現状のシステムへの負荷の問題を解消するために，次の方針に沿った新システムの構成を検討する。

- 費用や変更容易性を考慮し，仮想環境上に新システムを構築する。
- WebサーバのCPU負荷を軽減するために専用の機器を導入する。
- Webブラウザよりも操作性に優れたスマートフォン用のアプリケーションプログラム（以下，スマホアプリという）を開発して，それにも対応するようにAP上の処理を見直す。
- 電子書籍データをRDB上に集中配置する方式から，KVS（Key-Value Store）を用いて複数のサーバに分散配置する方式に変更する。

新システムの構成を図2に，各機器の機能を表2に示す。

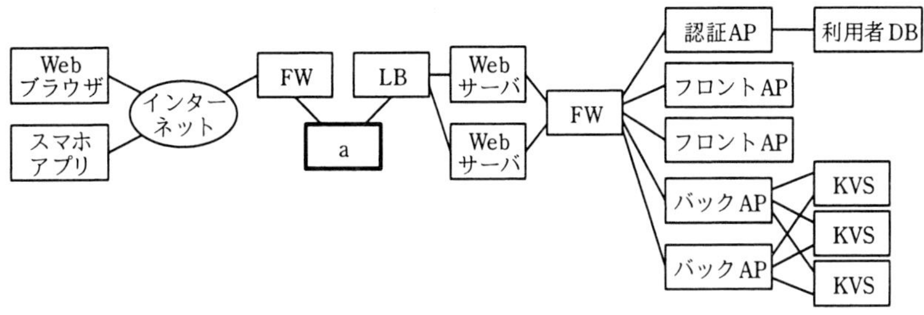

図2　新システムの構成

表2　各機器の機能（抜粋）

機器名	機能
認証 AP	利用者の認証を行う Web API を提供する。Web API はフロント AP 又はバック AP から Web サーバを介して呼び出される。
利用者 DB	利用者の情報を保持するデータ管理システムである。
フロント AP	[b] を行い，バック AP から電子書籍データを取得し，Web ブラウザの種類に応じた Web コンテンツとして変換して Web サーバに返す。
バック AP	[b] を行い，KVS から電子書籍情報の検索や電子書籍データの取得を行う Web API を提供する。Web API はフロント AP 又はスマホアプリから Web サーバを介して呼び出される。また，利用者にポイントを定期的に付与するバッチ処理も行う。
KVS	電子書籍の書籍名や著者などの書籍情報と，書籍の本文や画像情報をキーバリュー形式で保持するデータ管理システムである。複数台のサーバで同じデータを保持することによって，現状のシステムで高かった [c] を分散する。

〔新システムの構成の評価〕

新システムの構成の評価を行う。

・フロントAPとバックAPのスケーリング

スマホアプリの優位性から，利用者はWebブラウザの利用からスマホアプリの利用に移行していくことが予想される。この変化に応じて，①フロントAPとバックAPの台数を見直すことが可能である。

将来的には，Webブラウザの機能の向上に伴い，フロントAPで変換されたコンテンツを表示する方式から，Webブラウザ上で実行されるアプリケーションプログラムが処理する方式に変更することで，②スマホアプリと同様のデータ処理をWebブラウザだけで実現することができる。

・バックAPの課題

現状のシステムのAP上の問題が新システムの構成でも解消されておらず，バックAPへのリクエストに対する③応答待ちが極端に長くなってしまうおそれがある。

設問1 〔新システムの構成の検討〕について，(1)，(2) に答えよ。

(1) 図2中の [a] に入れる適切な字句を答えよ。

(2) 表2中の [b]，[c] に入れる適切な字句を答えよ。

設問2 システムの稼働率について，(1)，(2) に答えよ。なお，各機器及びサービスの稼働率は次のとおりとして，図1と図2で同名のものは同じ稼働率，記載のないものは1とする。

Webサーバ＝w，AP＝a，フロントAP＝f，バックAP＝b，
RDB＝r，KVS＝k

(1) 図1のシステム全体の稼働率を解答群の中から選び，記号で答えよ。

解答群

ア w^2a^2r
イ $(1-w^2)(1-a^2)(1-r)$
ウ $(1-(1-w^2))(1-(1-a^2))r$
エ $(1-(1-w)^2)(1-(1-a)^2)r$

(2) 図2中のスマホアプリを用いた場合のシステムの稼働率を解答群の中から選び，記号で答えよ。

解答群

ア $w^2b^2k^3$
イ $w^2f^2b^2k^3$
ウ $(1-w^2)(1-b^2)(1-k^3)$
エ $(1-w^2)(1-f^2)(1-b^2)(1-k^3)$
オ $(1-(1-w)^2)(1-(1-b)^2)(1-(1-k)^3)$
カ $(1-(1-w)^2)(1-(1-f)^2)(1-(1-b)^2)(1-(1-k)^3)$

設問3 〔新システムの構成の評価〕について，(1)～(3) に答えよ。

(1) 本文中の下線①にあるフロントAPとバックAPの台数はそれぞれどのように変化するか。解答群の中から選び，記号で答えよ。ただし，システム全体へのリクエスト数は変わらないものとし，機器の台数は必要かつ最も少ない台数にすること。

解答群

ア 少なくなる　　イ 多くなる　　ウ 変わらない

(2) 本文中の下線②とはどのような処理か。40字以内で述べよ。

(3) 本文中の下線③の問題を回避するためには，表2中の機器の機能に変更を加える必要がある。対象となる機器を表2から選び，加える変更について，30字以内で述べよ。

解説

設問1 の解説

(1) 図2中の空欄aに入れる字句（機器名）が問われています。空欄aは，FWとLBの間に導入・設置する機器です。

〔新システムの構成の検討〕の二つ目に，「Webサーバの CPU 負荷を軽減するために専用の機器を導入する」との記述があります。この記述に着目し，現状システムにおけるWebサーバの稼働状況を表1で確認すると，「Webコンテンツを TLS によって暗号化する機能を兼ねているので，CPU 負荷が高い」とあります。この記述から，Webブラウザと Webサーバ間では，HTTPS（HTTP over TLS）などTLSを利用した暗号化通信が行われていることが分かります。

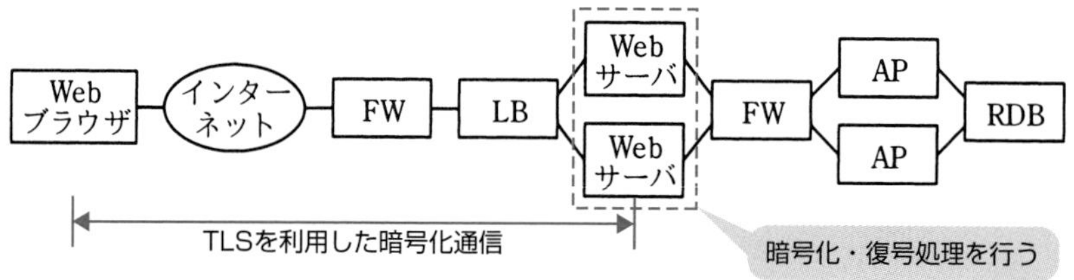

TLSの暗号化及び復号処理は，Webサーバにとって大きな負担になります。この負担を軽減するため導入されるのが，TLSの暗号化・復号機能を備えたTLSアクセラレータです。暗号化と復号の処理をTLSアクセラレータに肩代わりさせることでWebサーバの負担を軽減できます。したがって，FWとLBの間に導入・設置する**空欄a**の機器は，「**TLSアクセラレータ**」です。

(2) 表2中の空欄b，cに入れる字句が問われています。

●空欄b

空欄bは，フロントAPとバックAPの機能説明文中にあります。ここで着目すべきは，現状のシステムにおけるAPの機能です。表1には，APが担う処理として次の四つが記載されています。

- 利用者の認証
- 電子書籍情報の検索
- 端末の種類に応じた電子書籍データの変換
- 利用者にポイントを定期的に付与するバッチ処理

新システムにおける各機器の機能（表2）を見ると，「利用者の認証」を認証APが担い，「データ変換処理」をフロントAP，「電子書籍情報の検索」と「ポイント付与処理」をバックAPが担うことが分かります。

そして，認証APの機能説明には，「利用者の認証を行うWeb APIを提供する。Web APIはフロントAP又はバックAPからWebサーバを介して呼び出される」とあります。つまり，フロントAPとバックAPは，まず最初に，認証APのWeb APIを呼び出して利用者の認証を行い，その後，それぞれの処理を実行することになります。したがって，**空欄b**には，**「利用者の認証」**が入ります。

●空欄c

空欄cは，KVSの機能説明文中の，「複数台のサーバで同じデータを保持することによって，現状のシステムで高かった[c]を分散する」との記述中にあります。

KVSについては，〔新システムの構成の検討〕の四つ目に，「電子書籍データをRDB上に集中配置する方式から，KVSを用いて複数のサーバに分散配置する方式に変更する」と記載されています。そこで，表1のRDBの稼働状況を確認すると，現状のシステムでは，「ディスクの読込み負荷が常に高い」ことが分かります。

複数台のサーバで同じデータを分散して保持することによって，ディスクの読込み負荷は分散されますから，**空欄c**には**「ディスクの読込み負荷」**を入れればよいでしょう。

設問2 の解説

システム稼働率を求める問題です。各機器及びサービスの稼働率は，次のとおりです。なお，記載のないものは1として計算します。

Webサーバ	AP	フロントAP	バックAP	RDB	KVS
w	a	f	b	r	k

(1) 図1のシステム全体の稼働率が問われています。図1のシステムを構成する機器及びサービスのうち，稼働率が示されているものは，Webサーバ，AP，RDBだけです。そのほかの機器については1とするので，下図の稼働率を求めればよいことになります。

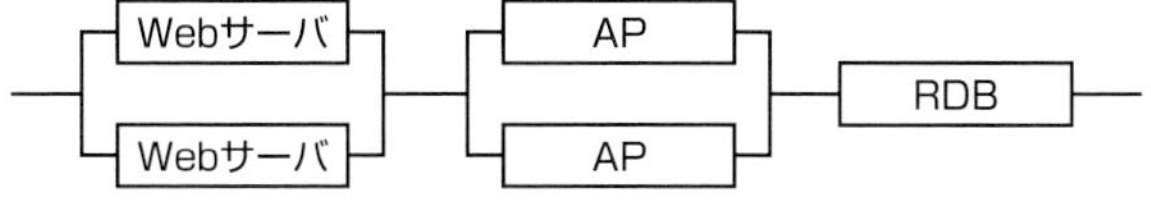

WebサーバとAP（アプリケーションサーバ）は，それぞれ2台が並列に接続され

た構成になっているので，各サーバ部分の稼働率は，次のようになります。

Webサーバ部分の稼働率 $= 1-(1-w)^2$

AP部分の稼働率 $= 1-(1-a)^2$

次に，Webサーバ部分とAP部分，RDBが直列に接続されています。したがって，システム全体の稼働率は，

Webサーバ部分の稼働率 × AP部分の稼働率 × RDBの稼働率

$= (1-(1-w)^2) \times (1-(1-a)^2) \times r$

となり，〔エ〕の **$(1-(1-w)^2)(1-(1-a)^2)r$** が正解です。

(2) 図2中のスマホアプリを用いた場合のシステムの稼働率が問われています。ここでのポイントは，「スマホアプリを用いた場合，フロントAPは使用しない！」と気付くことです。

表2のバックAPの機能説明に，「KVSから電子書籍情報の検索や電子書籍データの取得を行うWeb APIを提供する。Web APIはフロントAP又はスマホアプリからWebサーバを介して呼び出される」とあります。つまり，スマホアプリを用いた場合の処理は次のようになり，フロントAPは使用されません。

〔スマホアプリを用いた場合〕

① Webサーバは，スマホアプリからの要求を受理すると，バックAPのWeb APIを呼び出す。

② バックAPは，利用者の認証（空欄b）を行い，KVSから電子書籍情報の検索や電子書籍データの取得を行い，Webサーバに返す。

③ Webサーバは，バックAPから返された結果をスマホアプリに返す。

したがって，下図の稼働率を求めればよいことになります。

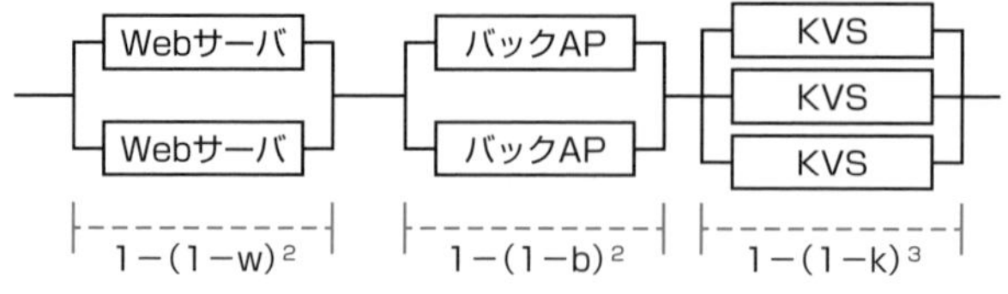

Webサーバ，バックAP，KVSは，それぞれ並列構成になっていて，稼働率は，Webサーバ部分が「$1-(1-w)^2$」，バックAP部分が「$1-(1-b)^2$」，KVS部分が「$1-(1-k)^3$」です。

したがって，スマホアプリを用いた場合のシステムの稼働率は，

Webサーバ部分の稼働率 × バックAP部分の稼働率 × KVS部分の稼働率

$= (1-(1-w)^2) \times (1-(1-b)^2) \times (1-(1-k)^3)$

となり，〔**オ**〕の**$(1-(1-w)^2)(1-(1-b)^2)(1-(1-k)^3)$**が正解です。

設問3 の解説

(1) 下線①の「フロントAPとバックAPの台数を見直す」ことについて，それぞれの台数がどのように変化するか問われています。

下線①の直前に，「スマホアプリの優位性から，利用者はWebブラウザの利用からスマホアプリの利用に移行していくことが予想される」とあります。そして，この変化に応じて，フロントAPとバックAPの台数の見直しを行うわけです。

ここで，Webブラウザを用いた場合の処理を確認しておきましょう。

〔Webブラウザを用いた場合〕

① Webサーバは，Webブラウザからの要求をフロントAPに引き渡す。

② フロントAPは，利用者の認証（空欄b）を行い，**バックAP**から電子書籍データを取得し，Webブラウザの種類に応じたデータに変換した後，Webサーバに返す。

③ Webサーバは，フロントAPから返された結果をWebブラウザに返す。

Webブラウザの利用からスマホアプリの利用に移行していくと，Webサーバが受理する，Webブラウザからの要求数が少なくなります。その結果，フロントAPが行う処理件数も少なくなるため，台数見直しの際には，フロントAPの台数を減らす必要があります。つまり，**フロントAPの台数**は〔**ア**〕の**少なくなる**です。

次に，バックAPの台数です。設問文中に，「システム全体へのリクエスト数は変わらないものとする」とあるので，現リクエスト数を，仮に10,000件として考えます。

10,000件のリクエスト全てがWebブラウザ利用であった場合，フロントAPの処理件数は10,000件，またバックAPの処理件数も10,000件です。逆に，全てがスマホアプリの利用であった場合，フロントAPの処理件数は0となりますが，バックAPの処理件数は10,000件と変わりません。このことから，システム全体へのリクエスト数が変わらないのであれば，**バックAPの台数**は〔**ウ**〕の**変わらない**ことがわかります。

(2) 下線②の「スマホアプリと同様のデータ処理」とはどのような処理か問われています。ここで着目すべきは，Webブラウザ利用時とスマホアプリ利用時の処理の違いです。

Webブラウザを利用した場合，フロントAPが，バックAPから電子書籍データを取得し，Webブラウザの種類に応じたWebコンテンツに変換して，Webサーバに返します。一方，スマホアプリ利用の場合，バックAPは，KVSから取得した電子書籍データをそのまま（変換しないで）Webサーバに返します。これは，スマホアプリ側で自身に合ったコンテンツに変換できるためです。

下線②の直前に，「Webブラウザの機能の向上に伴い，フロントAPで変換されたコンテンツを表示する方式から，Webブラウザ上で実行されるアプリケーションプログラムが処理する方式に変更する」とあります。この記述中の，“Webブラウザ上で実行されるアプリケーションプログラムが行う処理”とは，スマホアプリが行っているコンテンツ変換です。つまり，この方式に変更することで，Webブラウザだけでも（すなわち，フロントAPなしでも），Webコンテンツへの変換処理が実現できるということです。

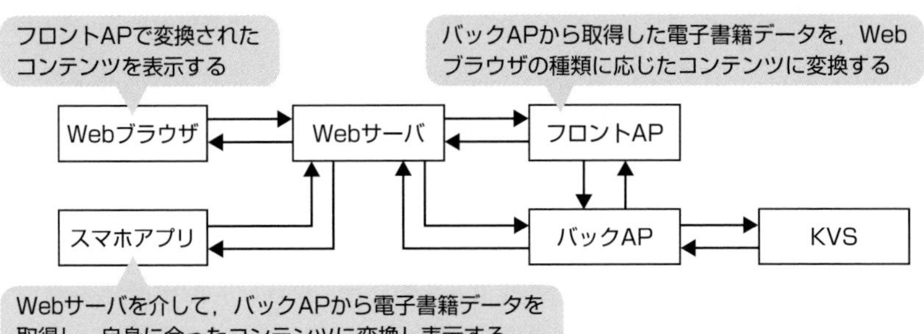

したがって，Webブラウザだけで実現することができる，スマホアプリと同様のデータ処理とは，「バックAPから電子書籍データを取得し，自身に合ったWebコンテンツに変換する処理」です。解答としては，この旨を記述すればよいでしょう。なお，試験センターでは解答例を「**バックAPから電子書籍データを取得しWebコンテンツに変換する処理**」としています。

(3) 下線③の「応答待ちが極端に長くなってしまう」という問題について，この問題を回避するためには，表2中の，どの機器の機能に，どのような変更を加える必要があるか問われています。

下線③の直前に，「現状のシステムのAP上の問題が新システムの構成でも解消されていない」ことが記述されています。そこで，現状のシステムにおけるAPの稼働状況を表1で確認すると，「利用者の多い時間帯は，CPU使用率が80%を超える状態が続くことがあり，その時間帯にバッチ処理が実行されると，Webブラウザからのリクエストに対する応答待ちが極端に長くなってしまうことがある」と記述されています。つまり，「応答待ちが極端に長くなってしまう」原因は，利用者の多い時間帯に実行するバッチ処理です。

新システムにおいては，バックAPがバッチ処理を担います。また，バックAPは，電子書籍情報の検索や電子書籍データの取得といった処理も担っています。このため，利用者の多い時間帯では，新システムにおいても現システムと同様，「応答待ちが極端に長くなってしまう」という問題が発生する可能性があります。

したがって，下線③の「応答待ちが極端に長くなってしまう」問題を解決するためには，バックAPの機能からバッチ処理機能を外し，バッチ処理は別の機器で実行するように変更する必要があります。

以上，解答としてはこの旨を30字以内にまとめればよいでしょう。なお，試験センターでは解答例を「**バッチ処理とその他の処理が実行される機器を分ける**」としています。

解答

設問1 (1) a：TLSアクセラレータ
(2) b：利用者の認証
c：ディスクの読込み負荷

設問2 (1) エ
(2) オ

設問3 (1) **フロントAPの台数**：ア
バックAPの台数　：ウ
(2) バックAPから電子書籍データを取得しWebコンテンツに変換する処理
(3) **機器**：バックAP
変更：バッチ処理とその他の処理が実行される機器を分ける

問題2 キャンペーンサイトの構築 (H27春午後問4)

PaaS(Platform as a Service)基盤を活用したキャンペーンサイトの構築を題材にした問題です。本問では，システムに必要なサーバの台数及び各サービスの利用料金の試算能力が問われます。問題文をよく読み，システムの特性やPaaSの利用条件を適切に読み取ることがポイントです。

問 キャンペーンサイトの構築に関する次の記述を読んで，設問1～3に答えよ。

L社は，清涼飲料の製造販売を手掛ける中堅企業である。夏の新商品を宣伝するために，新商品の紹介やプレゼントの応募受付を行うキャンペーンサイト（以下，本システムという）を構築することになった。

〔システム基盤の選定〕

本システムは，7～9月の3か月間だけ公開する予定である。また，プレゼントの応募を受け付けることから，特定の日時に利用が集中すると見込まれる。これらの特性に対応できるシステム基盤として，仮想化技術を用いたM社のPaaS（Platform as a Service）を選定した。M社のPaaSが提供するサービスを表1に示す。

表1 M社のPaaSが提供するサービス

サービス名称	概要	サービス料金
Webサービス	10,000 MIPS相当のCPU処理能力をもつWebサーバ	1台，1時間当たり10円 データ転送は無料
APサービス	20,000 MIPS相当のCPU処理能力をもつアプリケーション（AP）サーバ	1台，1時間当たり20円 データ転送は無料
ロードバランササービス	クライアントからのリクエストをWebサーバに均等に振り分けるサービス	無料
自動スケールサービス	WebサーバやAPサーバのCPU負荷が80%を超えない範囲で最適な台数に増減させるサービス	無料
DBサービス	40,000 MIPS相当のCPU処理能力をもつデータベース（DB）サーバ。スケールアウトやスケールアップはできない。	1台，1時間当たり50円 データ転送量1Tバイト当たり1,000円 データ保存量1Gバイト当たり，1か月50円
ストレージサービス	データ保存領域を提供するサービス	データ転送量1Tバイト当たり20円 データ保存量1Tバイト当たり，1か月2,000円

注記 1時間，1か月，1Gバイト，1Tバイトなど各単位に満たないものは全て切り上げて料金を計算する。データ転送とは，他サービスとの間のネットワークを介したデータの送受信を指す。

〔システム構成の検討〕

本システムには，次の二つの機能がある。

・新商品紹介機能

動画や写真，解説文などを用いて新商品を紹介する機能。

・プレゼント応募受付機能

新商品に貼り付けたプレゼント応募シールの裏に記載されたシリアル番号と応募者の情報を受け付ける機能。

まず，新商品紹介機能を実現するためのシステム構成について考える。この機能は，動画や写真などのコンテンツをWebブラウザへ配信する。そのために，コンテンツをストレージサービスに配置し，Webサーバを経由してWebブラウザへ配信する構成にする。

次に，プレゼント応募受付機能を実現するためのシステム構成について考える。この機能は，発行したシリアル番号の照合などを行い，受け付けた情報をDBサーバに保存する。DBサーバのデータを用いた動的なHTMLを配信するために，WebサーバとAPサーバを利用する。また，利用者の増減に対応するために，ロードバランササービス及び自動スケールサービスも併せて利用する。応募者の情報を暗号化する処理は，DBサーバ上にストアドプロシージャとして配置することを検討したが，①本システムの特性を考慮した結果，②APサーバ上の処理として実装することにした。

〔PaaS利用料金の試算〕

各機能における1トランザクション当たりのシステムリソース消費量を表2に，ピークとなる9月の時間帯ごとのトランザクション数の見込みを表3に示す。

表2　1トランザクション当たりのシステムリソース消費量

サーバ名称	新商品紹介機能	プレゼント応募受付機能
Webサーバ	CPU：80百万命令	CPU：40百万命令
APサーバ		CPU：80百万命令
DBサーバ		CPU：20百万命令 データ転送量：10kバイト

表3　9月の時間帯ごとのトランザクション数の見込み

時間帯	新商品紹介機能	プレゼント応募受付機能
18:00～22:00	800 TPS	500 TPS
それ以外	80 TPS	50 TPS

注記　TPS：1秒当たりのトランザクション数（Transactions Per Second）

必要になるWebサーバの台数を時間帯ごとに試算する。

Webサーバに求められる18:00〜22:00の時間帯の1秒当たりの命令実行数は，二つの機能を合計すると［ a ］百万である。Webサーバ1台の能力の80%がトランザクション処理に使用できるとすると，Webサーバ1台について，トランザクション処理に使用できる1秒当たりの命令実行数は［ b ］百万である。したがって，必要なWebサーバの台数は［ c ］台である。

同様に，その他のサーバの台数も求めることができる。

続いて，各サービスの利用料金を試算する。

Webサーバ及びAPサーバの料金は，求めた台数に利用時間と1時間当たりの料金を掛けることで算出できる。DBサーバは，それに加えてデータ保存量とデータ転送量に対する料金が必要になる。DBサーバの9月のデータ転送量は，1,000kバイト＝1Mバイト，1,000Mバイト＝1Gバイト，1,000Gバイト＝1Tバイトとすると，［ d ］Tバイトである。したがって，このデータ転送に掛かる料金は［ e ］円となる。

〔システム運用開始後の問題と対策〕

予定どおりに本システムの運用が始まり，利用者が次第に増えてきた7月下旬，新商品紹介機能の応答が遅いというクレームが多く寄せられた。各サーバのアクセスログを解析したところ，ストレージサービスからWebサーバへのコンテンツの転送に想定以上の時間を要していることが判明した。そこで，システム構成を見直し，同じコンテンツが複数回利用される場合にはストレージサービスからの転送量を削減するように③コンテンツの配信方法を変更することで，問題を回避できた。

設問1 〔システム構成の検討〕について，(1)，(2) に答えよ。

(1) 本文中の下線①とはどのような特性か。25字以内で述べよ。

(2) 本文中の下線②のように処理を実装することで，どのような効果が得られるか。25字以内で述べよ。

設問2 本文中の［ a ］〜［ e ］に入れる適切な数値を求めよ。

設問3 本文中の下線③について，コンテンツの配信方法をどのように変更したのか。30字以内で述べよ。

解説

設問1 の解説

〔システム構成の検討〕に関する設問です。(1) では下線①の「本システムの特性」が問われ，(2) では下線②の「APサーバ上の処理として実装」することで得られる効果が問われています。つまり本設問の (1)，(2) では，応募者の情報を暗号化する処理を，DBサーバ上にストアドプロシージャとして配置するのではなく，APサーバ上の処理として実装することにした理由（本システムの特性）と，それによって得られる効果が問われているので，(1)，(2) を分けずに考えていきます。

ポイントとなるのは，問題文の冒頭にある「特定の日時に利用が集中すると見込まれる」という記述です。

応募者の情報を暗号化する処理を，APサーバ上の処理として実装することにしたのは，DBサーバ上にストアドプロシージャとして配置すると何らかの不都合があるからです。そこで，どのような不都合があるのか，表1のDBサービスの概要を見てみます。すると，「スケールアウトやスケールアップはできない」とあります。スケールアウト及びスケールアップの意味は，次のとおりです。

スケールアウト：サーバの台数を増やして，全体の処理性能の向上を図る
スケールアップ：サーバ単体の処理能力を上げて，全体の処理性能の向上を図る

特定の日時に利用が集中する負荷に柔軟に対応するには，スケールアウトやスケールアップといった動的なスケール向上策が有効ですが，M社のPaaSが提供するDBサービスはこれが実施できない仕様になっています。そのため，応募者の情報を暗号化する処理を，DBサーバ上にストアドプロシージャとして配置すると，特定の日時に利用が集中したときの最大負荷に対応できない可能性があります。これに対して，APサーバは自動スケールサービスが利用できるため，利用が集中する最大負荷にも柔軟に対応できるわけです。

以上のことから，(1) で問われている，応募者の情報を暗号化する処理をAPサーバ上の処理として実装することにした理由（本システムの特性）については，「**特定の日時に利用が集中すると見込まれる特性**」と解答すればよいでしょう。また，(2) で問われている，得られる効果については，「利用が集中する最大負荷に柔軟に対応できる」などと解答すればよいでしょう。なお，試験センターでは解答例を「**利用者の増加に対応できる**」としています。

設問2 の解説

Webサーバの台数及びDBサーバのデータ転送に掛かる料金を試算する問題です。まず，Webサーバの台数を試算する空欄a〜cを順に見ていきましょう。

> Webサーバに求められる18:00〜22:00の時間帯の1秒当たりの命令実行数は，二つの機能を合計すると［ a ］百万である。Webサーバ1台の能力の80%がトランザクション処理に使用できるとすると，Webサーバ1台について，トランザクション処理に使用できる1秒当たりの命令実行数は［ b ］百万である。したがって，必要なWebサーバの台数は［ c ］台である。

●空欄a

Webサーバに求められる18:00〜22:00の時間帯の1秒当たりの命令実行数が問われています。表2，3を見ると，Webサーバにおける1トランザクション当たりの命令実行数と18:00〜22:00のトランザクション数は，次のようになっています。

・新商品紹介機能　→ CPU：80百万命令，トランザクション数：800TPS
・プレゼント応募受付機能 → CPU：40百万命令，トランザクション数：500TPS

TPSとは，1秒当たりのトランザクション数のことなので，新商品紹介機能及びプレゼント応募受付機能それぞれの命令実行数は，次のように求めることができます。

新商品紹介機能の命令実行数＝80百万×800＝64,000百万

プレゼント応募受付機能の命令実行数＝40百万×500＝20,000百万

したがって，この二つの機能の命令実行数を合計すると，**84,000（空欄a）**百万になります。

●空欄b

Webサーバ1台について，トランザクション処理に使用できる1秒当たりの命令実行数が問われています。Webサーバ1台の能力については，表1に，「10,000MIPS相当のCPU処理能力をもつWebサーバ」と記述されています。MIPSとは1秒当たりの命令実行数を10^6（百万）単位で表したものです。

10,000MIPS相当の処理能力の80%，すなわち10,000×0.8＝8,000MIPS相当の処理能力をトランザクション処理に使用できるわけですから，トランザクション処理に使用できる1秒当たりの命令実行数は**8,000（空欄b）**百万です。

●空欄c

必要なWebサーバの台数が問われています。Webサーバに求められる18:00〜22:00の時間帯の1秒当たりの命令実行数が84,000（空欄a）百万であるのに対し，Webサーバ1台で処理できるのは8,000（空欄b）百万命令です。したがって，必要なWebサーバの台数は，

必要なWebサーバの台数＝84,000÷8,000＝10.5

となり，**空欄c**には10.5を切り上げた「**11**」が入ります。

では，次の空欄d，eを見ていきましょう。空欄d，eは，次の記述中にあります。

> DBサーバの9月のデータ転送量は，1,000kバイト＝1Mバイト，1,000Mバイト＝1Gバイト，1,000Gバイト＝1Tバイトとすると，［　d　］Tバイトである。したがって，このデータ転送に掛かる料金は［　e　］円となる。

●空欄d

DBサーバの9月のデータ転送量が問われています。DBサーバは，プレゼント応募受付機能で使用されるサーバです。表2を見ると，「データ転送量：10kバイト」とあるので，データ転送量は1トランザクション当たり10kバイトです。また表3の，プレゼント応募受付機能のトランザクション数は，次のようになっています。

・18:00〜22:00（4時間）→ トランザクション数：500TPS
・それ以外（20時間）　　→ トランザクション数：50TPS

まず，1日当たりのトランザクション数を求めましょう。18:00〜22:00のトランザクション数は，

500TPS×3600秒/時間×4時間＝7,200,000［トランザクション］

また，それ以外の時間帯のトランザクション数は，

50TPS×3600秒/時間×20時間＝3,600,000［トランザクション］

なので，これを合計すると7,200,000＋3,600,000＝10,800,000トランザクションです。

次に，1日当たりのデータ転送量を求めると，

10,800,000×10k＝108Gバイト

となります。したがって，9月（30日間）のデータ転送量は，

108Gバイト×30＝3,240Gバイト＝**3.24**（**空欄d**）Tバイト

です。

●空欄e

データ転送に掛かる料金が問われています。DBサーバのデータ転送に掛かる料金については表1に，「データ転送量1Tバイト当たり1,000円」とありますが，ここで「9月のデータ転送量が3.24Tバイトだから，答は3.24×1,000＝3,240円」と解答してはいけません。表1の注記に注意！ です。この注記には，「1Tバイトなど各単位に満たないものは全て切り上げて料金を計算する」とあるので，データ転送量3.24Tバイトは，切り上げた4Tバイトで計算しなければなりません。つまり，DBサーバのデータ転送に掛かる料金は，4×1,000＝**4,000**（**空欄e**）円になります。

設問3 の解説

コンテンツの配信方法をどのように変更したのか問われています。現在ボトルネックになっているのは，ストレージサービスからWebサーバへのコンテンツの転送なので，この転送量を削減できるコンテンツの配信方法を考えます。ここで，「同じコンテンツが複数回利用される場合には」という記述に着目すると，Webサーバのキャッシュを利用すればよいことに気付きます。つまり，コンテンツをWebサーバでキャッシュして配信するようにすれば，ストレージサービスからの転送量が削減でき，この問題を回避できます。

解答としては，この旨を50字以内にまとめればよいでしょう。なお，試験センターでは解答例を「**コンテンツをWebサーバでキャッシュして配信する**」としています。

解答

設問1 (1) 特定の日時に利用が集中すると見込まれる特性
(2) 利用者の増加に対応できる

設問2 a：84,000
b：8,000
c：11
d：3.24
e：4,000

設問3 コンテンツをWebサーバでキャッシュして配信する

問題3 クラウドを利用したシステム設計 (R02秋午後問4)

ヘルスケア機器とクラウドとの連携を題材にした問題です。身近なテーマであるため理解しやすく，またクラウドを意識しなくても解答できる問題になっています。問題文及び設問文をよく読み，落ち着いて解答を進めましょう。

問 ヘルスケア機器とクラウドとの連携のためのシステム方式設計に関する次の記述を読んで，設問1～3に答えよ。

C社は，ヘルスケア機器の製造販売を手掛ける中堅企業である。このたび，従来の製品である，歩数や心拍数などを測定する活動量計を改良して，クラウドを利用した新しいサービス（以下，新サービスという）を開発することになった。

〔従来の活動量計の概要〕

従来の活動量計の概要を次に示す。

- リストバンド型で生活防水に対応する。
- 24時間装着して，歩数や心拍数，睡眠時間を記録する。
- 横10文字，縦2文字のモノクロ液晶画面に，現在時刻や測定中のデータ，記録されたデータを表示できる。
- 四つのボタンを備えており，表示切替えや数値入力など簡単な操作ができる。
- 測定データ記録用のメモリ容量は64Mバイトあり，使用中のメモリが一杯になったときには，データの古いものから順に新しいデータに上書きされる。

〔新サービスの概要〕

従来の活動量計を基に，通信機能などを追加した新しい活動量計を開発する。測定データや手元で入力したデータをクラウド上に保存し，分析するWebサービスを開発する。そして，Webサービスの分析結果を手元の活動量計で確認できるようにすることで，次の機能を提供する。

- 1日24時間の総消費カロリーを推測する機能
  歩数や心拍数などの測定データを長期間保存して，消費カロリーと基礎代謝を推測し，利用者の日々の総消費カロリーをグラフで示す。
- 歩行やジョギングなど運動についてアドバイスする機能
  事前登録した身長や体重，目標体重などの情報から，利用者に適切な運動種目と時間を提案する。

・献立など食生活についてアドバイスする機能

飲食した内容を文字や写真で記録することで，利用者に栄養バランスの良い献立を提案する。

〔非機能要件の整理〕

新サービスでは，利用者の日常生活に密着してデータを24時間収集し続ける必要がある。個人のヘルスケアデータという機微な情報を取り扱うので，情報の漏えいや盗聴を防ぐ対策も重要である。新サービスの非機能要件を表1に整理した。

表1　新サービスの非機能要件

大項目	小項目	メトリクス（指標）
可用性	継続性	1日24時間の総消費カロリーを推測するために，1日23時間30分以上の活動量計の測定データが必要である。 クラウドは十分な稼働率が保証されたサービスを選択する。
	耐障害性	活動量計本体が故障した場合は交換対応を行う。 活動量計からクラウドまでのネットワークが切断されている間も測定データは消失しない。
性能	業務処理量	活動量計から1回の測定で100バイト，毎分100回の測定データが生成される。 クラウド上の保存期間は3年間，利用者数は最大10万人を見込む。
	性能目標値	クラウド上のWebサービスの応答時間は5秒以内，順守率95%とする。 測定データをクラウドへ保存する処理は，業務処理量と［ a ］の品質を考慮して，再実行を2回行う余裕をもたせる。
セキュリティ	アクセス制限	活動量計での利用者の認証には，暗証番号を用いる。 クラウド上のWebサービスでの利用者の認証には，IDとパスワードによるログインに加えて，①ショートメッセージサービスや電子メールからの確認コードによる認証も用いる。
	データの秘匿	伝送データ及び保存データは全て暗号化する。 なお，暗号化されたデータのサイズは元のデータと同じとする。
	Web対策	Webサービスをリリースする前にソースコード診断を実施する。さらに，定期的な脆弱性検査を実施する。

〔システムアーキテクチャの検討〕

まず，クラウド上のシステム構成について考える。Webサーバとアプリケーションサーバは，新サービスの利用者数に応じてスケールアウトできる構成にする。データベースは，②新サービスのデータ特性からKVS（Key Value Store）を採用する。

次に，新サービスを実現するためのシステム方式について考える。三つの検討案を表2に示す。

表2　三つの検討案

検討案	システム方式	説明
1	クラウド直接	活動量計にモバイル通信サービスを利用するためのモジュールやカメラなどを組み込み，インターネットに直接接続してデータ連携を行う。リストバンド型の形状やサイズを維持するために，データ入力や画面表示方法を工夫する必要がある。
2	モバイル端末経由	活動量計に近距離無線通信モジュールを組み込んで，スマートフォンやタブレットなどのモバイル端末を経由してクラウドとのデータ連携を行う。カメラはモバイル端末に内蔵されているものを利用する。伝送データ及び保存データの暗号化や画面描画など，ほとんどの処理をモバイル端末上のアプリケーションソフトウェア（以下，アプリという）が担う。
3	専用端末経由	検討案 2 で用いられるモバイル端末の代わりに，モバイル通信サービスを利用するためのモジュールや近距離無線通信モジュール，カメラ，タッチスクリーンなどを組み込んだ，手のひら大の専用端末を開発して，それを利用する。伝送データ及び保存データの暗号化や画面描画などの処理の一部は，専用端末内のハードウェアが処理する。

表2の各システム方式について，その実現可能性と新サービスの利便性を評価するために，五つの評価軸を設けて整理した結果を表3に示す。

表3　五つの評価軸を設けて整理した結果

検討案	システム方式	利便性	コスト	柔軟性	拡張性	安定性	評価点
1	クラウド直接	○	△	×	×	△	4 点
2	モバイル端末経由	△	○	○	○	×	7 点
3	専用端末経由	△	×	△	△	○	5 点

凡例　○：優れている，2 点　△：軽微な課題がある，1 点　×：重大な課題がある，0 点

クラウド直接方式の場合，③活動量計の柔軟性と拡張性に課題がある。

モバイル端末経由方式は最も評価点が高いが，他のアプリの影響による通信のタイムアウトやバッテリー切れが原因でアプリの処理が中断されてしまうことがあるので，安定性に課題がある。この課題が解決できれば，本方式を採用できる。

専用端末経由方式の場合，安定性は優れているが，モバイル端末に匹敵する柔軟性や拡張性を備えた端末を独自に開発することは難しく，コストが高くなってしまう課題がある。

〔モバイル端末経由のシステム方式設計〕

三つのシステム方式の中で，評価点の高いモバイル端末経由方式を採用するために，安定性に関する対策を検討する。

モバイル端末において，通信のタイムアウトやバッテリー切れによってアプリの処理が中断されてしまった場合でも，測定データが消失せずに保存できるように，次の機能をアプリとして実装する。

・活動量計内に保存されている測定データを，モバイル端末内のストレージに保存する機能
・モバイル端末内に保存されている測定データをインターネット接続時にクラウド上のストレージに保存する機能

活動量計とモバイル端末が通信できない最大許容日数を7日間としてシミュレーションしたところ，④ある問題が判明した。そのため，⑤活動量計に一部変更を加えることで，その問題を回避した。

設問1 〔非機能要件の整理〕について，(1)～(4) に答えよ。

(1) 活動量計の測定データが無い時間をサービス中断時間とすると，新サービスに求められる稼働率は何%以上か。答えは小数第2位を四捨五入して小数第1位まで求めよ。

(2) サービス中断時間が無いものとすると，1日に生成される活動量計の測定データは何Mバイトか。小数第1位まで答えよ。ここで，1Mバイト＝1,000,000バイトとする。

(3) 表1中の[a]に入れる適切な字句を，表1中の字句を用いて答えよ。

(4) 表1中の下線①にある認証を加える目的は何か。新サービスの特徴に着目し，20字以内で述べよ。

設問2 〔システムアーキテクチャの検討〕について，(1)，(2) に答えよ。

(1) 本文中の下線②のデータ特性について，適切な記述を解答群の中から選び，記号で答えよ。

解答群

ア　新サービスの利用者間のデータを収集，分析する特性

イ　新サービスの利用者単位でデータを収集，分析する特性

ウ　測定データを自由な構造のデータのまま収集，分析する特性

エ　測定データをリアルタイムで収集，分析する特性

(2) 本文中の下線③にある課題の内容について，最も適切な記述を解答群の中から選び，記号で答えよ。

解答群

ア　グラフや写真の画面表示や文章データの入力は実現が難しい。

イ　事前登録した情報とクラウド上に保存した測定データから，利用者の適切な運動種目と時間を推測することは難しい。

ウ　歩数や心拍数などの測定データから総消費カロリーの推測は難しい。

エ　リストバンド型の形状やサイズを維持しつつ，USBなどの入出力ポートを備えることは難しい。

設問3 〔モバイル端末経由のシステム方式設計〕について，(1)，(2) に答えよ。

(1) 本文中の下線④にある判明した問題とはどのような問題か。35字以内で述べよ。

(2) 本文中の下線⑤にある加えた変更について，30字以内で述べよ。ただし，クラウド上のデータ及びWebサービスには変更を加えないこと。

解説

設問1 の解説

〔非機能要件の整理〕についての設問です。

(1) 活動量計の測定データが無い時間をサービス中断時間とした場合の，新サービスに求められる稼働率は何%以上か問われています。

稼働率は，システムが中断せずに稼働する時間の割合です。一般には次の式で求められます。

> 稼働率＝サービスが中断せずに稼働する時間÷システムが本来稼働すべき時間

表1を見ると，可用性（継続性）のメトリクス（指標）に，「1日24時間の総消費カロリーを推測するために，1日23時間30分以上の活動量計の測定データが必要である」とあります。この記述から，新サービスには，1日24時間のうち23時間30分以上の稼働が要求されることが分かります。

1日24時間のうち23時間30分稼働したときの稼働率は，

稼働率＝（23時間30分÷24時間）×100＝97.9166……［%］

となり，小数第2位を四捨五入して小数第1位まで求めると97.9%になります。したがって，新サービスに求められる稼働率は**97.9**%以上です。

(2) 1日に生成される活動量計の測定データ量が問われています。表1の性能（業務処理量）のメトリクス（指標）を見ると，「活動量計から1回の測定で100バイト，毎分100回の測定データが生成される」とあります。問われているのは，サービス中断時間が無いものとしたとき，すなわち1日（24時間）に生成される活動量計の測定データ量ですから，次の式で求めることができます。

100［バイト／回］×100［回／分］×60［分／時間］×24［時間］

＝14,400,000バイト

＝**14.4**Mバイト

(3) 表1中の空欄aが問われています。空欄aは，「測定データをクラウドへ保存する処理は，業務処理量と［ a ］の品質を考慮して，再実行を2回行う余裕をもたせる」との記述中にあります。

“再実行を2回行う余裕をもたせる”とは，何らかの理由によりデータ送信が失敗しても再実行（再送信）する冗長性をもたせるということです。そして，ここで問われているのは，“再実行を2回行う余裕”をもたせる際に考慮すべきものです。

測定データをクラウドへ保存する処理は，活動量計からインターネットなどの通信回線を介してデータを送信する処理ですから，性能面から考えると，この考慮すべきものとは，データ量とインターネットなどの通信回線の品質です。このうちデータ量は業務処理量に該当するので，空欄aには通信回線に該当する表1中の字句が入ります。そこで，通信回線に該当する字句を表1から探すと，可用性（耐障害性）に「ネットワーク」とあるので，**空欄a**には「**ネットワーク**」を入れればよいでしょう。

(4) 表1中の下線①の認証を加える目的が問われています。下線①の認証とは，IDとパスワードによるログイン認証に加えて行う，「ショートメッセージサービスや電子メールからの確認コードによる認証」です。

ショートメッセージサービス（SMS）とは，携帯電話の電話番号を使って文字メッセージを送受信できるサービスのことです。通常，Webサービスにおける利用者の認証には利用者IDとパスワードによるログイン認証が使われますが，推測されやすいパスワードを使用していたり，同じIDと同じパスワードを複数のWebサービスで使い回していたりすると，第三者による不正なアクセスが行われる可能性があります。そこで，ログイン認証に加えて，事前に登録された携帯電話の電話番号や電子メールアドレス宛に認証コードを送信し，利用者がその認証コードを入力し，入力された認証コードを確認するという二段階認証を行い，第三者による不正アクセスを難しくします。

つまり，下線①の認証を加える目的は，「第三者による不正アクセスを難しくするため」です。しかし，設問文には「下線①の認証を加える目的を，新サービスの特徴に着目し，20文字以内で述べよ」とあるので，新サービスの特徴を加味した解答文にしなければなりません。

そこで，“新サービスの特徴”をキーワードに，問題文のどこに着目すればよいか探してみます。すると，〔非機能要件の整理〕に，「新サービスでは……。個人のヘルスケアデータという機微な情報を取り扱うので，情報の漏えいや盗聴を防ぐ対策も重要である」とあります。この記述にある“機微な情報の漏えい”と“機微な情報の盗聴”のうち，第三者による不正アクセスを難しくすることで防止できるのは“機微な情報の漏えい”です。下線①の認証を加えることで不正アクセスが難しくなり，結果，機微な情報の漏えい防止になるわけですから，解答としては「**機微な情報の漏えいを防ぐため**」などとすればよいでしょう。

設問2 の解説

〔システムアーキテクチャの検討〕についての設問です。

(1)「データベースは，②新サービスのデータ特性からKVS（Key Value Store）を採用する」とあり，下線②のデータ特性とはどのような特性なのか問われています。

KVSとは，NoSQLに分類されるデータベースの一つで，データを一つのキーに対応付けて管理するキーバリュー型データベースのことです。NoSQLは，ビッグデータの処理でよく使われるデータベースです。

▼KVSのイメージ

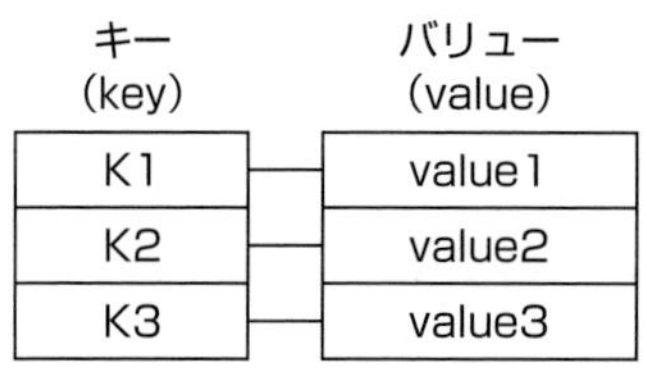

〔KVSの特徴〕
・シンプルなデータ構造
・分散ストアの構築に適している
・関係データベースに比べ，高い拡張性と可用性をもつ
・大量データ処理に適している
・トランザクション処理を実現するための機能が弱い

新サービスでは，利用者単位で測定データ（歩数や心拍数）を収集・分析します。“利用者単位”であることは，下線②の直前にある「Webサーバとアプリケーションサーバは，新サービスの利用者数に応じてスケールアウトできる構成にする」との記述からも分かります。

上図にも示しましたが，KVSは，キー（key）とそれに対応するバリュー（value）の組でデータを格納するシンプルな構造をもつデータベースです。KVSを採用することで，利用者IDあるいは利用者を特定できる情報をキーとした利用者単位での，測定データの追加や抽出を容易に行うことができます。この点から，新サービスのデータ特性として適切なのは，〔**イ**〕の「**新サービスの利用者単位でデータを収集，分析する特性**」です。

では，その他の選択肢を確認しておきましょう。

ア：「新サービスの利用者間のデータを収集，分析する特性」

〔新サービスの概要〕には，「利用者間のデータを収集・分析する」といった記述がないため，適切ではありません。

ウ：「測定データを自由な構造のデータのまま収集，分析する特性」

新サービスで収集する測定データは，歩数や心拍数などの定型的なデータです。また，クラウド上に保存されるこれらのデータは，同じデータ構造の繰返しと考えられます。つまり，測定データは自由な構造のデータではないため，適切ではありません。

エ：「測定データをリアルタイムで収集，分析する特性」

新サービスにおけるリアルタイム性を確認すると，〔新サービスの概要〕に，「測定データや手元で入力したデータをクラウド上に保存し，分析する。そして，その分析結果を手元の活動量計で確認できるようにする」旨の記述があります。また，表1の性能（性能目標値）には，「クラウド上のWebサービスの応答時間は5秒以内」とあります。これらの記述から，新サービスでは高いリアルタイム性は要求されていないと考えられるため，適切ではありません。

(2) クラウド直接方式の場合，活動量計の柔軟性と拡張性にどのような課題があるのか問われています。

表2のクラウド直接方式の説明を見ると，「リストバンド型の形状やサイズを維持するために，データ入力や画面表示方法を工夫する必要がある」とあります。この記述から，データ入力や画面表示が課題であることが分かります。そこで，活動量計の"データ入力や画面表示"に関する仕様を確認すると，〔従来の活動量計の概要〕に次のように記載されています。

・横10文字，縦2文字のモノクロ液晶画面である
・四つのボタンを備えている

一方，〔新サービスの概要〕を見ると，「利用者の日々の総消費カロリーをグラフで示す機能」や「飲食した内容を文字や写真で記録（入力）する機能」を提供予定としています。

横10文字，縦2文字の20文字しか表示できない，しかもモノクロ（白黒）液晶画面でグラフ表示を行うのはほぼ不可能です。また，四つのボタンだけで文章を入力するのは非常に困難であり非現実的です。このことから，活動量計の柔軟性と拡張性の課題として適切なのは，〔ア〕の「**グラフや写真の画面表示や文章データの入力は実現が難しい**」です。

なお，その他の選択肢は，次のような理由で適切とはいえません。

イ，ウ：クラウド直接方式だけでなく，他の方式（モバイル端末経由，専用端末経由）にも共通して存在する課題です。

エ：USBに関しての記述はなく，新サービスの要件に含まれていません。

設問3 の解説

〔モバイル端末経由のシステム方式設計〕についての設問です。

(1)「活動量計とモバイル端末が通信できない最大許容日数を7日間としてシミュレーションしたところ，④ある問題が判明した」とあり，下線④の判明した問題とはどのような問題か問われています。

表3の直後に，「モバイル端末経由方式は最も評価点が高いが，他のアプリの影響による通信のタイムアウトやバッテリー切れが原因でアプリの処理が中断されてしまうことがあるので，安定性に課題がある」とあり，この安定性に関する対策として，〔モバイル端末経由のシステム方式設計〕では，アプリの処理が中断されてしまった場合でも，測定データが消失せずに保存できるように，次の機能をアプリとして実装するとしています。

・活動量計内に保存されている測定データを，モバイル端末内のストレージに保存する機能
・モバイル端末内に保存されている測定データをインターネット接続時にクラウド上のストレージに保存する機能

下線④の問題は，活動量計とモバイル端末が通信できない最大許容日数を7日間としてシミュレーションしたときに判明しています。活動量計とモバイル端末が通信できない場合，活動量計内に保存されている測定データをモバイル端末へ送信できないため，活動量計が測定データを保持しなければなりません。しかし，設問1の(2)で計算したように，1日に生成される活動量計の測定データは14.4Mバイトなので，7日間では14.4Mバイト×7＝100.8Mバイトになります。〔従来の活動量計の概要〕を見ると，「測定データ記録用のメモリ容量は64Mバイトあり，使用中のメモリが一杯になったときには，データの古いものから順に新しいデータに上書きされる」とあるので，現在の活動量計では，7日間分の測定データを保持することができず，データの一部が消失してしまうことが分かります。これがシミュレーションで判明した問題です。

つまり，判明した問題とは，クラウド上のストレージに保存しなければいけない測定データの一部が消失してしまうという問題です。したがって，解答としてはこの旨を35字以内にまとめればよいでしょう。なお，試験センターでは解答例を「**クラウド上に保存していない測定データが消失してしまう問題**」としています。

(2)「⑤活動量計に一部変更を加えることで，その問題を回避した」とあり，活動量計にどのような変更を加えたのか問われています。その問題とは下線④の問題です。

下線④の問題はメモリ不足ですから，問題回避のための有効な対策はメモリの増設です。つまり，活動量計のメモリ量を7日間分の測定データ量100.8Mバイト以上に増やせば問題回避できます。

したがって，解答としてはこの旨を記述すればよいでしょう。なお，試験センターでは解答例を「**活動量計本体のメモリ量を７日分以上に増やす**」としています。

解答

設問1 (1) 97.9

(2) 14.4

(3) a：ネットワーク

(4) 機微な情報の漏洩を防ぐため

設問2 (1) イ

(2) ア

設問3 (1) クラウド上に保存していない測定データが消失してしまう問題

(2) 活動量計本体のメモリ量を7日分以上に増やす

クラウドストレージの利用（R03秋午後問4抜粋）

近年，クラウドをテーマにした問題が目立ちますが，その多くは，先に学習した問題3のように，「クラウドそのものについては問われない」という問題です。しかし中には，クラウドストレージ自体を問う問題も出題されています。本Try!問題は，クラウドストレージの利用をテーマにした問題の一部です。クラウドストレージの容量と利用費用の試算に関する部分を抜粋しています。挑戦してみましょう！

L社は，企業のイベントなどで配布するノベルティの制作会社である。L社には，営業部，制作部，製造部，総務部，情報システム部の五つの部があり，500名の社員が勤務している。また，社員の業務時間は平日の9時から18時までである。L社では，各社員が作成した業務ファイルは各社員に1台ずつ配布されているPCに格納してあり，部内の社員間のファイル共有には部ごとに1台のファイル共有サーバ（以下，FSという）を利用している。

L社では，社員の働き方改革として，リモートワークの勤務形態を導入することにした。リモートワークでは，社外から秘密情報にアクセスするので，セキュリティを確保する必要がある。

そこで，L社では業務ファイルをPCに格納しない業務環境を構築することにした。PC内の業務ファイルをM社クラウドサービスのストレージ（以下，クラウドストレージという）に移行し，各PCからクラウドストレージにアクセスして，クラウドストレージ内のファイルを直接読み書きすることにした。また，FS内のファイルについてもクラウドストレージに移行することにした。クラウドストレージを利用した設計，実装，移行は，情報システム部のN君が担当することになった。

〔クラウドストレージ容量の試算〕

N君は，クラウドストレージに必要なストレージ容量を試算するために，PCやFSに格納済の業務ファイルの調査を行った。PCは，500台のPCから50台のPCをランダムに選定し，移行対象のファイルについて，ファイル種別ごとのディスク使用量を調査した。N君が調査した，PC1台当たりのファイル種別ごとのディスク使用量を表1に示す。

表1　PC1台当たりのファイル種別ごとのディスク使用量

項番	ファイル種別	ディスク使用量（Gバイト）
1	契約書・納品書などの文書ファイル	5
2	ノベルティの図面ファイル	5
3	イベント風景を撮影した写真や動画ファイル	10

FSについては，5台のFSについて，ファイル種別ごとのディスク使用量とファイルの利用頻度ごとのディスク使用量の割合の調査を行った。FS1台当たりのファイル種別ごと

のディスク使用量を表2に，ファイルの利用頻度ごとのディスク使用量の割合を表3に示す。ここで，利用頻度とはFSに格納済のファイルの年間読出し回数のことであり，ファイルの読出しはPCからファイルを参照する動作によって発生する。

表2　FS 1台当たりのファイル種別ごとのディスク使用量

項番	ファイル種別	ディスク使用量（T バイト）
1	契約書・領収書・納品書などの文書ファイル	20
2	ノベルティの図面ファイル	30
3	イベント風景を撮影した写真や動画ファイル	50

表3　ファイルの利用頻度ごとのディスク使用量の割合

項番	利用頻度（回／年）	平均利用頻度（回／年）	ディスク使用量の割合（%）
1	1,000 回以上	1,200	10
2	500 回以上 1,000 回未満	750	5
3	100 回以上 500 回未満	300	5
4	100 回未満	55	80

この調査結果から，L社の全てのPCやFSに格納済のファイルをクラウドストレージに移行すると，現時点では少なくとも［ a ］Tバイトのストレージ容量が必要であることがわかった。

〔クラウドストレージの利用費用の試算〕

クラウドストレージでは，ストレージ種別によって利用料金が異なる。クラウドストレージの料金表を表4に示す。読出し料金とは，クラウドストレージに格納したファイルを読み出すときに発生する料金であり，PCからファイルを参照する動作によって発生する。

表4　クラウドストレージの料金表

項番	ストレージ種別	年間保管料金（円／G バイト）	読出し料金（円／G バイト）
1	標準ストレージ	30	0
2	低頻度利用ストレージ	10	0.02
3	長期保管ストレージ	6	0.06

年間のクラウドストレージの利用費用は，次式で算出できる。

年間保管料金×保管Gバイト数＋読出し料金×読出しGバイト数

ファイルの利用頻度に応じてストレージ種別を適切に選択することで，利用費用を抑えることができる。

N君は，PC内のファイルは標準ストレージに格納することにし，FS内のファイルは利用頻度によって利用するストレージ種別を表4の項番1〜3のストレージ種別から選択した。N君が試算した，ストレージ種別ごとのデータ容量と利用費用を表5に示す。読出しGバイト数は，データ量×表3の平均利用頻度を用いて求めた。

表5　ストレージ種別ごとのデータ容量と利用費用

項番	ストレージ種別	データ容量 （Tバイト）	利用費用	
			年間保管費用 （千円／年）	読出し費用 （千円／年）
1	標準ストレージ	b	（省略）	0
2	低頻度利用ストレージ	（省略）	c	525
3	長期保管ストレージ	400	2,400	d

本文中の［ a ］及び表5中の［ b ］～［ d ］に入れる適切な数値を整数で答えよ。なお，1Tバイトは1,000Gバイトとする。

解 説

●**空欄a**：クラウドストレージに必要なストレージ容量が問われています。L社の全てのPCやFSに格納されているファイルをクラウドストレージに移行するわけですから，クラウドストレージに必要なストレージ容量は，

全てのPCのディスク使用量 ＋ 全てのFSのディスク使用量

で算出できます。

まず，全てのPCのディスク使用量を求めます。L社にはPCが500台あり，PC1台当たりのディスク使用量は表1から5＋5＋10＝20Gバイトなので，ディスク使用量は，

500×20＝10,000Gバイト＝10Tバイト

です。次に，全てのFSのディスク使用量を求めます。FS1台当たりのディスク使用量は表2から20＋30＋50＝100Tバイトであり，FSは5台あるのでディスク使用量は，

100×5＝500Tバイト

です。したがって，クラウドストレージに必要なストレージ容量は，

10＋500＝510Tバイト

となり，**空欄aには510が入ります。**

●**空欄b，c，d**：空欄bは，FS内のファイルのうちどのファイルを標準ストレージに格納するのか分かれば解答できます。しかし，問題文には，「FS内のファイルは利用頻度によって利用するストレージ種別を選択した」との記述があるだけで，例えば「利用頻度が1,000回以上のファイルは標準ストレージに格納する」などといった，利用頻度とストレージ種類の対応に関する記述がありません。そこで，まず項番3の「長期保管ストレージ」のデータ容量が400Tバイトであることに着目し，空欄dから考えることにします。

全てのFS (5台) のディスク使用量は，先に計算したとおり500Tバイトです。このうち400Tバイトを長期保管ストレージに格納するわけですから，その割合は400÷500＝

0.8です。表3を見ると，利用頻度100回未満（平均利用頻度55回）のファイルのディスク使用量の割合が80%（0.8）となっていることから，利用頻度100回未満（平均利用頻度55回）のファイルは，長期保管ストレージに格納することが分かります。では，読出し費用（**空欄d**）を求めてみましょう。次のようになります。

読出し費用＝読出し料金 × 読出しGバイト数
＝読出し料金 ×（データ量×平均利用頻度）
＝0.06円／Gバイト×（400Tバイト×55）
＝0.06円×400×10^3×55
＝1320×10^3円
＝**1320**千円

次に，空欄cを考えます。空欄cは，低頻度利用ストレージの年間保管費用です。利用頻度1,000回以上（平均利用頻度1,200回）のファイルは，1日に3回以上参照されるため利用頻度が低いとは言えないでしょう。そこで，利用頻度500回以上1,000回未満（平均利用頻度750回）のファイルと100回以上500回未満（平均利用頻度300回）のファイルを利用頻度が低いと判断し，この2種類のファイルを低頻度利用ストレージに格納したときの読出し費用が525千円になるか確認してみます。ここで表3から，500回以上1,000回未満のファイルのデータ量は500×0.05＝25Tバイト，100回以上500回未満のファイルのデータ量は500×0.05＝25Tバイトなので，読出し費用は，次のようになります。

読出し費用＝0.02円／Gバイト×（25Tバイト×750＋25Tバイト×300）
＝0.02円×26250×10^3
＝525千円

上記の計算から，低頻度利用ストレージに格納するファイルは，500回以上1,000回未満のファイルと100回以上500回未満のファイルであることが確認できました。では，年間保管費用（**空欄c**）を求めてみましょう。次のようになります。

年間保管費＝年間保管料金×保管Gバイト数
＝10円／Gバイト×（25Tバイト＋25Tバイト）
＝10円×50×10^3
＝**500**千円

最後に，空欄bを考えます。標準ストレージに格納するファイルは，利用頻度が1,000回以上のファイルです。利用頻度が1,000回以上のファイルのデータ量は，表3から，500×0.1＝50Tバイトです。そして，標準ストレージには，PC内のファイル（10Tバイト）も格納されるので，データ容量（**空欄b**）は，

50＋10＝**60**Tバイト

になります。

解答 a：510　b：60　c：500　d：1320

問題4 仮想環境の構築 (H29春午後問4)

会計事務所の業務システム基盤の再構築を題材に，仮想システムの構築に関する基礎知識と理解度を確認する問題です。具体的には，仮想化システムの主な機能の理解，リソース（CPU，メモリ）使用率の算出，さらに業務システム基盤の構成案について，物理サーバと各システムの組合せを採用した理由が問われます。

なお，サーバ仮想化問題では，必ずといってよいほどリソース使用率が問われます。サーバの数が多いため，一見，計算が難しいように思えますが，問題文から計算に必要な数値を適切に読み取ることができれば，それほど複雑な計算をしなくても正解は求められます。落ち着いて計算することがポイントです。

問 仮想環境の構築に関する次の記述を読んで，設問1～4に答えよ。

N会計事務所は，数十人の公認会計士，税理士，司法書士を有する，中堅の公認会計士事務所である。所内では，業務用の会計システム，法務システム，契約管理システム及び総務システムが稼働している。業務拡大に合わせて所内システムの改修を行ってきたが，サーバ類の老朽化が顕著になってきたことから，サーバなどの業務システム基盤を再構築することになった。

〔現行システムの構成〕

N会計事務所の所内システムは，各業態の顧客経理支援業務に利用されるので24時間稼働している。業務要件として，会計システムは24時間無停止での稼働が必要で，業務が集中したときでも一定の性能が求められる。法務システムは30分以内の停止が許容されている。

会計システムと法務システムは，それぞれアプリケーションサーバ（以下，APサーバという）とデータベースサーバ（以下，DBサーバという）の2種類のサーバで構成されており，契約管理システムと総務システムは，それぞれAPサーバとDBサーバを兼用するサーバで構成されている。会計APサーバは負荷分散装置によるアクティブ／アクティブ方式，法務APサーバは手動によるアクティブ／スタンバイ方式で冗長化され，DBサーバは両システムともアクティブ／アクティブ方式のクラスタリング構成となっている。会計APサーバで処理するトランザクションは，会計APサーバ1と会計APサーバ2に均等に分散される。法務APサーバで現用系サーバが故障した場合，20分以内に待機系を手動で起動し，アクティブな状態にできる。現行システムの構成を図1に示す。

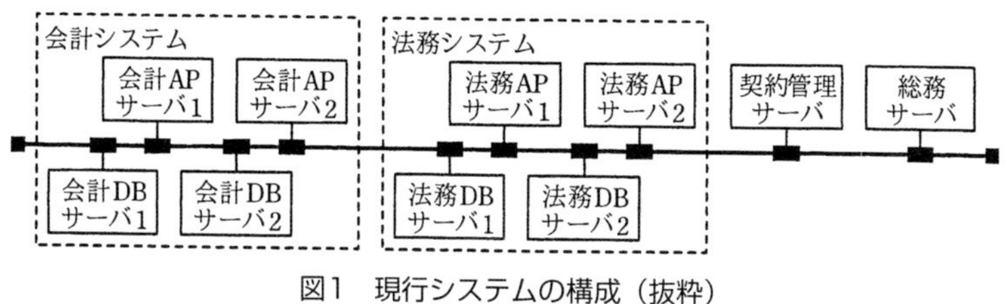

図1 現行システムの構成（抜粋）

システム課のB課長は，現行システムのそれぞれのサーバの稼働状況を調査した。現行システムは，10台のサーバから構成されており，いずれのサーバもCPU数は1でコア数が2の機器である。現行システムのリソース使用状況を表1に示す。

表1 現行システムのリソース使用状況

	システム	サーバ種類	1コア当たり		メモリ		ストレージ	
			周波数（GHz）	平均使用率（%）	容量（Gバイト）	平均使用率（%）	容量（Tバイト）	平均使用率（%）
サーバ1	会計	AP	3	60	8	70	2	70
サーバ2	会計	AP	3	60	8	70	2	70
サーバ3	会計	DB	3	60	6	60	4	65
サーバ4	会計	DB	3	60	6	60	4	65
サーバ5	法務	AP	2	70	8	70	2	70
サーバ6	法務	AP	2	5	8	5	2	70
サーバ7	法務	DB	2	60	6	60	4	50
サーバ8	法務	DB	2	60	6	60	4	50
サーバ9	契約管理	AP，DB	2	50	8	70	2	40
サーバ10	総務	AP，DB	2	50	8	70	2	40

〔仮想化システムの機能〕

B課長は，仮想化システムを利用して仮想サーバ環境を構築し，現行サーバ群を仮想サーバ上で稼働させることを検討した。各現行サーバは，再構築後の仮想サーバ環境において，いずれかの物理サーバに仮想サーバとして割り当てる。このとき仮想化システムの機能である，複数の物理サーバのリソースをグループ化して管理するリソースプールと呼ぶ仕組みを利用する。例えば，ある仮想サーバにCPUやメモリといったリソースを追加する場合，1台の物理サーバのリソースの制限にとらわれることなく，リソースプールからリソースを割り当てればよい。表2は，仮想化システムの機能の説明を抜粋したものである。

表2　仮想化システムの機能の説明（抜粋）

機能名	説明
オーバコミット	各仮想サーバに割り当てるリソース量の合計が，物理サーバに搭載された物理リソース量の合計を超えることができるようにする機能である。
自動再起動	物理サーバに障害が発生した場合に，その物理サーバ上で稼働していた仮想サーバを，別の物理サーバで自動的に再起動させる機能である。再起動には数分の時間を要する。処理中のトランザクションは破棄される。
ライブマイグレーション	稼働中の仮想サーバを，停止させることなく別の物理サーバ上に移動させる機能である。
シンプロビジョニング	ストレージを仮想化することによって，実際に使用している量だけを割り当てる機能である。この機能を利用することによって，物理的な容量を超えるストレージ容量を仮想サーバに割り当てることができる。

仮想化システムでは，各仮想サーバに割り当てるリソース量に上限値と下限値を設定できる。上限値を設定した場合は，設定されたリソース量までしか使用できない。下限値を設定した場合は，設定されたリソース量を確保し，占有して使用できる。上限値も下限値も設定しない場合は，起動時にリソースを均等に分け合う。

〔業務システム基盤の構成〕

B課長は仮想化システムの処理能力を次のように仮定して，業務システム基盤の構成を設計した。

- 物理サーバで仮想サーバを動作させるための仮想化システムに必要なCPUとメモリは，十分な余裕をもたせて，物理サーバのCPUとメモリ全体の50%と想定する。CPUとメモリ以外のリソースの消費は無視する。
- 仮想サーバのCPUの1コア1GHz当たりの処理能力は，現行システムのCPUの1コア1GHz当たりの処理能力と同等とする。
- CPUの処理能力は，コア数に比例する。
- CPU使用量は処理能力とその平均使用率の積とする。これをGHz相当として表す。

B課長は，業務システム基盤の拡張性を考慮し，クロック周波数が4.0GHzの8コアプロセッサを1個と64Gバイトのメモリを搭載した物理サーバを3台同一機種で用意することにした。また，2台以上の物理サーバが同時に停止しない限りは，システム性能の低下は発生させないことにし，全業務無停止でのメンテナンスを可能とする。現行システムの業務要件を踏襲し，今回導入する仮想サーバの構成から，各物理サーバのCPUとメモリの使用率は，65%以下の目標値を定めた。

共有ディスクは，RAID5構成のストレージユニットとし，20Tバイトの実効容量をもたせることにした。

会計システムの冗長化構成は維持する。具体的には会計システムを負荷分散装置によるアクティブ／アクティブ方式の構成とする。法務APサーバの待機系であるサーバ6は廃止する。サーバ6以外の全ての仮想サーバのリソース使用量は，対応する現行サーバと同じとするが，上限値と下限値の設定は行わずに，仮想サーバに移行することにした。B課長の考えた業務システム基盤の構成案を図2に示す。

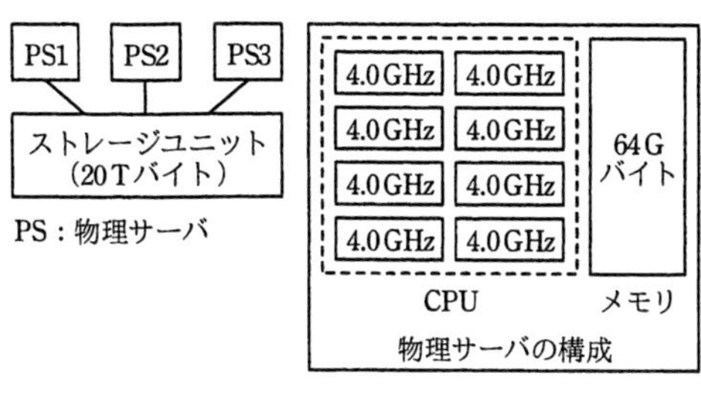

物理サーバ	仮想サーバ	
	システム	対応する現行サーバ
PS1	会計AP	サーバ1
	会計DB	サーバ4
	法務DB	サーバ7
PS2	会計AP	サーバ2
	法務AP	サーバ5
	契約管理	サーバ9
PS3	会計DB	サーバ3
	法務DB	サーバ8
	総務	サーバ10

図2　業務システム基盤の構成案

〔CPU，メモリの使用率について〕

(1) 業務システム基盤は，仮想化システムの稼働に必要なリソースを差し引いて，CPUの処理能力の合計が48GHz相当，メモリ容量の合計が96Gバイトのリソースプールで構成される。現行システムのCPU使用量は26.2GHz相当，メモリ使用量は42.8Gバイトとなるが，サーバ6を廃止することからリソースプールの使用率は，CPU使用率が［ a ］%，メモリ使用率が［ b ］%となる。

(2) ストレージユニットは物理サーバの共有ディスクとして接続する。各仮想サーバには現行システムと同容量をストレージユニットから割り当てるので，各仮想サーバに割り当てるストレージ容量の合計はストレージユニットの容量を超える。

〔資産査定システムの追加について〕

B課長が業務システム基盤の構成の設計を完了した後に，会計業務を統括する事務所長から，資産査定システムの追加を検討してほしいとの要望があった。B課長は資産査定システムを会計システムと同様なサーバ構成で構築することにし，必要なリソース量を調査した。資産査定システムのリソース使用量の見込みを表3に示す。

表3　資産査定システムのリソース使用量の見込み

追加サーバ	システム	サーバ種類	CPU使用量（GHz相当）	メモリ使用量（Gバイト）	ストレージ使用量（Tバイト）
サーバ11	資産査定	AP	1.2	6.5	1
サーバ12	資産査定	AP	1.2	6.5	1
サーバ13	資産査定	DB	1.2	6.5	1
サーバ14	資産査定	DB	1.2	6.5	1
		合計	4.8	26	4

資産査定システムを業務システム基盤に加えた場合，メモリ使用量は68.4Gバイトとなることから，リソースプールのメモリ使用率が［ c ］%となり，物理サーバが1台停止すると，N会計事務所の全システムの処理性能が低下してしまうことが判明した。B課長は，当面の間，会計以外のシステムについては，障害発生時の性能低下を容認し，<u>①1台の物理サーバが停止したとしても，物理サーバの増設やリソースの拡張をせずに，会計システムの性能を低下させないための対策</u>を採ることにした。

設問1 業務システム基盤の次の(1)～(4)の各項目について，仮想化システムの機能を利用して実現している項目はその機能名を，それ以外の方法で実現している項目はその方法を，表2又は本文中の用語を用いて答えよ。

(1) 全業務無停止でのメンテナンス

(2) 会計システムの24時間無停止稼働

(3) 法務APサーバ（サーバ6）の廃止

(4) ストレージユニットの容量を超えた各仮想サーバへのストレージ容量の割当て

設問2 本文中の［ a ］～［ c ］に入れる適切な数値を答えよ。答えは小数第1位を四捨五入して，整数で求めよ。

設問3 図2の業務システム基盤の構成案の右表について，物理サーバと各システムの組合せを採用した理由を解答群の中から全て選び，記号で答えよ。

解答群

ア　CPUの負荷を最小化する。

イ　各物理サーバのリソース使用量を平均化する。

ウ　ストレージユニットの容量を最小化する。

エ　物理サーバの障害時に備えてシステムを冗長化する。

オ　物理サーバの増設を容易にする。

設問4 本文中の下線①について，資産査定システム追加後も会計システムの性能を低下させない適切な対応方法を，40字以内で述べよ。

解説

設問1 の解説

設問文に示されている業務システム基盤の(1)～(4)の各項目について，それを実現するために利用する仮想化システムの機能，あるいはその実現方法が問われています。

(1)「全業務無停止でのメンテナンス」

物理サーバのメンテナンスを行う場合，通常，電源を落とすなどの措置が必要になりますから，メンテナンス対象となる物理サーバ上では仮想サーバ（業務システム）を動作させることができません。しかし，当該の物理サーバ上で動作している仮想サーバを，停止させることなく利用可能な状態のまま，別の物理サーバ上に移動することができれば，メンテナンス中であっても業務システムの稼働は可能です。ここで，このような機能がないかを表2から探すと，ライブマイグレーションの説明に，「稼働中の仮想サーバを，停止させることなく別の物理サーバ上に移動させる機能」と記述されています。したがって，全業務無停止でのメンテナンスを実現するために利用する機能は，**ライブマイグレーション**です。

(2)「会計システムの24時間無停止稼働」

〔現行システムの構成〕を見ると，「業務要件として，会計システムは24時間無停止での稼働が必要で，業務が集中したときでも一定の性能が求められる」とあり，その後述には，これを実現するため，「会計システムのAPサーバを負荷分散装置によるアクティブ／アクティブ方式に，DBサーバをアクティブ／アクティブ方式のクラスタリング構成としている」旨が記述されています。

次に，〔業務システム基盤の構成〕を見ると，「現行システムの業務要件を踏襲する」こと，そして，「会計システムの冗長化構成は維持する。具体的には会計システムを負荷分散装置によるアクティブ／アクティブ方式の構成とする」と記述されています。これらの記述から，会計システムは，仮想サーバ環境においても**アクティブ／アクティブ方式**を採用し，24時間無停止での稼働を実現することが分かります。

(3)「法務APサーバ（サーバ6）の廃止」

〔現行システムの構成〕に，「業務要件として，…。法務システムは30分以内の停止が許容されている」とあります。そして，これを実現するため現行システムでは，法務APサーバを手動によるアクティブ／スタンバイ方式で冗長化し，現用系サーバが故障した場合は，20分以内に待機系を手動で起動し，アクティブな状態にするとしています。

これに対し仮想サーバ環境に移行した後は，法務APサーバの待機系であるサーバ6を廃止し，現用系であるサーバ5だけを物理サーバ（PS2）上で動作させるとしているので，業務要件（法務システムの許容停止時間：最大30分）を満たすためには，サーバ5すなわち物理サーバ（PS2）が故障した場合でも，30分以内にサーバ5を再起動できる機能がなければなりません。ここで表2を見ると，「物理サーバに故障が発生した場合に，その物理サーバ上で稼働していた仮想サーバを別の物理サーバで自動的に再起動させる機能」である自動再起動があります。再起動には数分の時間を要するだけなので，この**自動再起動**を利用すれば，業務要件を満たすことができ，待機系サーバ6の廃止は可能です。

(4)「ストレージユニットの容量を超えた各仮想サーバへのストレージ容量の割当て」

これを実現できる機能は，表2にある**シンプロビジョニング**です。現行システムにおける各サーバのストレージ容量の合計は，サーバ6を除いて26Tバイト（表1より）です。これに対して，仮想サーバ環境では20Tバイトのストレージユニットから各仮想サーバに現行システムと同容量を割り当てるわけですから，当然のことながら，その合計はストレージユニットの容量を超えます。しかし，現行システムにおける実際の使用量を，各サーバごとに「容量（Tバイト）×平均使用率」で計算すると，その合計は15Tバイトです。したがって，各仮想サーバには，現行システムと同容量を仮想的に割り当てておいて，実際には使用している分だけを割り当てればよいわけです。そして，これを実現できる機能がシンプロビジョニングです。

4 システムアーキテクチャ

設問2 の解説

●空欄a，b

仮想サーバ環境へ移行した後の，リソースプールのCPU使用率及びメモリ使用率が問われています。空欄a，bは，〔CPU，メモリの使用率について〕の(1)の記述中にあり，そこには次の事項が記述されています。

- 業務システム基盤は，仮想化システムの稼働に必要なリソースを差し引いて，CPUの処理能力の合計が48GHz相当，メモリ容量の合計が96Gバイトのリソースプールで構成される
- 現行システムのCPU使用量は26.2GHz相当，メモリ使用量は42.8Gバイト

ポイントは，「仮想サーバ環境への移行に伴いサーバ6を廃止する」ことと，「各仮想サーバのリソース使用量は，対応する現行サーバと同じ」であることの二つです。このことに着目すれば，仮想サーバ環境におけるリソースプール使用率は，次ページに示した式で算出できることが分かります。

リソースプール使用率
= 仮想サーバ環境におけるリソース使用量 ÷ リソースプールの容量
= (現行システムの使用量 − サーバ6の使用量) ÷ リソースプールの容量

つまり，サーバ6の使用量（CPU使用量，メモリ使用量）がわかれば，リソースプールの使用率が求められるわけです。

まず，サーバ6のCPU使用量を求めてみましょう。表1を見ると，サーバ6の1コア当たりの周波数は2GHz，平均使用率は5%です。CPU使用量とは，処理能力と平均使用率の積であり，処理能力とは動作周波数（GHz）のことです。したがって，CPU使用量は，「動作周波数（GHz）×平均使用率」で求められますが，表1の直前に，「いずれのサーバもCPU数は1でコア数が2の機器である」と記述されているので，サーバ6のCPU使用量は，

　サーバ6のCPU使用量 ＝（2GHz × 0.05）× 2 ＝ 0.2GHz相当

です。次に，サーバ6のメモリ使用量を求めます。表1を見ると，メモリ容量は8Gバイト，平均使用率は5%なので，メモリ使用量は，

　サーバ6のメモリ使用量 ＝ 8Gバイト × 0.05 ＝ 0.4Gバイト

です。以上，リソースプール使用率の計算に必要な数値を下記に整理します。

・リソースプール ⇒ CPUの処理能力：48GHz相当，メモリ容量：96Gバイト
・現行システム ⇒ CPU使用量：26.2GHz相当，メモリ使用量：42.8Gバイト
・サーバ6 ⇒ CPU使用量：0.2GHz相当，メモリ使用量：0.4Gバイト

上記より，リソースプールのCPU使用率とメモリ使用率を求めると，

・リソースプールのCPU使用率 ＝（26.2 − 0.2）÷ 48 ＝ 0.54166・・・
・リソースプールのメモリ使用率 ＝（42.8 − 0.4）÷ 96 ＝ 0.44166・・・

となります。空欄a，bに入れる数値はパーセント（%）で表された割合です。また，「答えは小数第1位を四捨五入して整数で求めよ」との指示があるので，**空欄a**に入れるCPU使用率は**54**%，**空欄b**に入れるメモリ使用率は**44**%です。

●空欄c

資産査定システムを追加した場合の，リソースプールのメモリ使用率が問われています。空欄cの直前の記述に，「資産査定システムを業務システム基盤に加えた場合，メモリ使用量は68.4Gバイトとなる」とあります。また，リソースプールのメモリ容量は96Gバイトなので，資産査定システム追加後のメモリ使用率は，

68.4Gバイト÷96Gバイト＝0.7125

となり，小数第1位を四捨五入すると0.71，つまり**71**（**空欄c**）％です。

設問3 の解説

図2の業務システム基盤の構成案の右表について，物理サーバと各システムの組合せを採用した理由が問われています。解答群の各記述を順に見ていきましょう。

ア：「CPUの負荷を最小化する」

〔仮想化システムの機能〕の記述にあるように，本問においては，複数の物理サーバのリソースをグループ化したリソースプールから，各仮想サーバにリソースを割り当てます。また，〔CPU，メモリの使用率〕では，CPU使用率を物理サーバに対する使用率ではなく，リソースプールに対する使用率で評価しています。これらのことから，物理サーバと各システムの組合せ（すなわち，仮想サーバの配置）によってCPUの負荷（CPU使用率）が決まるものではなく，仮想サーバの配置とCPUの負荷は無関係です。したがって，理由としては適切ではありません。

イ：「各物理サーバのリソース使用量を平均化する」

各物理サーバのリソース使用量が平均化されているかどうかを，表1を基に，計算すると下記の表（各物理サーバのリソース使用量）のようになります。この表を見ると，各物理サーバのCPU使用量やメモリ使用量に，それほど大きな偏りはありませんから，理由として適切です。

▼各物理サーバのリソース使用量

周波数(GHz)×平均使用率(%)×2(コア数)　→ CPU使用量

メモリ容量(Gバイト)×平均使用率(%)　→ メモリ使用量

物理サーバ	仮想サーバ		CPU使用量（GHz相当）	メモリ使用量（Gバイト）
	システム	現行サーバ		
PS1	会計AP	サーバ1	3.6	5.6
	会計DB	サーバ4	3.6	3.6
	法務DB	サーバ7	2.4	3.6
	合計		9.6	12.8
PS2	会計AP	サーバ2	3.6	5.6
	法務AP	サーバ5	2.8	5.6
	契約管理	サーバ9	2.0	5.6
	合計		8.4	16.8
PS3	会計DB	サーバ3	3.6	3.6
	法務DB	サーバ8	2.4	3.6
	総務	サーバ10	2.0	5.6
	合計		8.0	12.8

ウ：「ストレージユニットの容量を最小化する」

ストレージユニットは物理サーバの共有ディスクとして接続されるため，ストレージユニットの容量と仮想サーバの配置（物理サーバと各システムの組合せ）とは無関係です。したがって，理由としては適切ではありません。

エ：「物理サーバの障害時に備えてシステムを冗長化する」

〔業務システム基盤の構成〕の記述（図2の手前）に，「会計システムの冗長化構成は維持する」とあり，図2を見ると，会計APは物理サーバPS1とPS2に，会計DBはPS1とPS3に冗長化されています。また，法務システムについては，法務DBがPS1とPS3に冗長化されています。つまり，冗長化が必要なシステムはすべて冗長化されていることから，理由として適切です。

オ：「物理サーバの増設を容易にする」

問題文中に，物理サーバの増設に関する記述はありません。また，物理サーバの増設を容易にすることとと仮想サーバの配置とは無関係なので，理由としては適切ではありません。

以上，図2（右表）の組合せを採用した理由として適切なのは〔**イ**〕と〔**エ**〕です。

設問4 の解説

下線①についての設問です。資産査定システムを業務システム基盤に追加した後，1台の物理サーバが停止したとしても，物理サーバの増設やリソースの拡張をせずに，会計システムの性能を低下させないための適切な対応方法が問われています。

物理サーバが1台停止すると，使用できるリソースプールの容量が2／3に減少します。仮想化システムでは，リソースプールから各仮想サーバにリソースを割り当てるわけですが，その際，各仮想サーバに割り当てるリソース量に上限値と下限値を設定していないため，2／3に減少したリソースプールから各仮想サーバに，リソースを均等に割り当てることになります。このことに着目すると，下線①の前文にある，「物理サーバが1台停止すると，全システムの処理性能が低下してしまう」理由が推測できます。すなわち，処理性能低下の原因はリソース不足です。

1台の物理サーバが停止したとしても，会計システムだけは性能を低下させたくないわけですから，このような障害が発生した場合でも，会計システムを構成する各仮想サーバには，通常通りの（必要な）リソース量を割り当てればよいわけです。そして，これを実現できる機能は，仮想サーバに割り当てるリソース量の下限値の設定です。下限値を設定すれば，起動時にそのリソース量を確保し，占有して使用できるので，1台の物理サーバが停止したとしても，会計システムの性能は低下しません。

以上，解答としては「会計システムを構成する各仮想サーバに割り当てるリソース量の下限値を設定する」とすればよいでしょう。なお，試験センターでは解答例を「**会計システムを構成する各サーバに割り当てるリソースの下限値を設定する**」としています。

補足 物理サーバが1台停止すると，全システムの処理性能が低下する理由

業務システム基盤は物理サーバ3台で構成され，リソースプールの容量は，CPUの処理能力が48GHz相当，メモリ容量が96Gバイトです。これに対して，仮想サーバ環境へ移行した後の，リソースプールのCPU使用量は26GHz相当，メモリ使用量は42.4Gバイトです。資産査定システムのCPU使用量は4.8GHz相当，メモリ使用量は26Gバイトですから，資産査定システムを追加すると，リソースプールのCPU使用量は26+4.8=30.8GHz相当になり，またメモリ使用量は42.4+26=68.4Gバイトになります。このときの，リソースプールの使用率は，

・CPU使用率　= 30.8GHz÷48GHz=0.64166…　→　64%

・メモリ使用率 = 68.4Gバイト÷96Gバイト=0.7125　→　71%（空欄c）

です。そこで，物理サーバが1台停止するとリソースプールの容量は2／3になるので，リソースプール使用率は，

・CPU使用率　= 30.8GHz÷(48GHz×(2／3))=0.9625　→　96.25%

・メモリ使用率 = 68.4Gバイト÷(96Gバイト×(2／3))=1.06875　→　106.875%

となり，CPU使用率は100%に近く，またメモリ使用率は100%を超えてしまいます。これが，全システムの処理性能が低下する理由です。

解答

設問1　(1) ライブマイグレーション

(2) アクティブ／アクティブ方式

(3) 自動再起動

(4) シンプロビジョニング

設問2　a：54

b：44

c：71

設問3　イ，エ

設問4　会計システムを構成する各サーバに割り当てるリソースの下限値を設定する

問題5 並列分散処理基盤を用いたビッグデータ活用 （H30秋午後問4）

並列分散処理基盤を用いたビッグデータの活用を題材とした問題です。本問は，並列処理基盤の利用に関する基本的な理解，及び性能目標達成に向けた施策の理解を問う問題ではありますが，“ビッグデータ”や“並列処理基盤”をそれほど意識しなくても解答できる問題になっています。問題文中の記述を，提示されている表やグラフと照らし合わせながら丁寧に理解していくことで，正解を導き出すことができます。あせらず落ち着いて解答を進めましょう。

問 並列分散処理基盤を用いたビッグデータ活用に関する次の記述を読んで，設問1～4に答えよ。

S社は，スーパーマーケットやドラッグストアなどの小売チェーン（以下，チェーンという）で販売されている衣料用洗剤や食器用洗剤などを製造する大手消費財メーカである。商品企画部による商品力強化や，営業部による拡販施策検討のために，取引先である複数のチェーンから匿名化されたPOSデータを週次で購入し，独自に集計・分析することになった。購入するPOSデータの件数は約10億件／週と予想されるので，情報システム部のTさんをリーダとして，並列分散処理基盤を利用したPOSデータ集計・分析システムを構築することになった。

〔並列分散処理基盤のシステム構成〕

Tさんは，S社が保有している並列分散処理基盤のシステム構成を調査した。並列分散処理基盤のシステム構成を図1に示す。

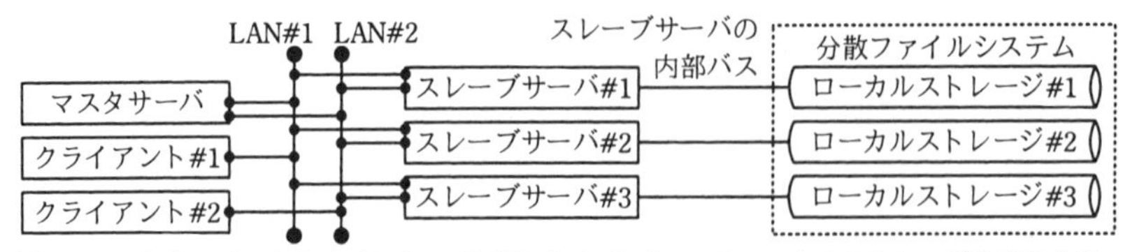

図1　並列分散処理基盤のシステム構成

処理対象のデータはブロック単位に分割され，物理的には，各スレーブサーバの内部パスに接続されたローカルストレージに分散して格納されているが，論理的には，単一のファイルシステム（以下，分散ファイルシステムという）で管理されている。分散ファイルシステムのブロックサイズは128Mバイトに設定されている。任意のスレーブサーバ1台に障害が生じた場合でも処理を継続できるように，ブロックは2台のスレーブサーバのローカルストレージに非同期で複製して格納されている。ファイル名，ブロック位置，所有者，権限などのメタデータは，マスタサーバが保持している。

マスタサーバはクライアントからジョブの実行依頼を受け付け，ジョブを複数の実行単位（以下，タスクという）に分割し，処理対象のデータを格納しているスレーブサーバに対してタスクの実行を依頼する。データを分割した際にデータサイズのばらつきが小さいほど，タスクが均等に分散される。また，同一ジョブ内のタスク間で処理するデータが依存しており，タスクが逐次的に処理される場合，それらのタスクは分散されない。各スレーブサーバで同時に実行可能なタスクの数は，CPUの物理コア数－1を上限とする。並列分散処理基盤全体で同時に実行するタスクの数を多重度という。

マスタサーバの仕様は，CPU物理コア数2，メモリ容量8Gバイト，ローカルストレージのディスクI/O速度60Mバイト／秒である。スレーブサーバの仕様は，CPU物理コア数4，メモリ容量16Gバイト，ローカルストレージのディスクI/O速度60Mバイト／秒である。

Tさんが調査結果を上司のU課長に報告したところ，①可用性の観点からリスクがあるとの指摘を受けた。本リスクを評価した結果，それを受容してシステム構築を進めることになった。

〔POSデータ集計・分析システムのジョブ構成〕

POSデータ集計・分析システムを構成するジョブの一覧を表1に示す。

表1 POSデータ集計・分析システムを構成するジョブの一覧

記号	ジョブ名	処理内容	処理対象のデータ	ジョブの特性				目標処理時間（時間）
				平均ファイルサイズ（Mバイト）	ファイル数（個）	ファイルの分割単位	データサイズのばらつき	
(A)	データ形式統一	POSデータを統一のデータ形式に変換する。	購入するPOSデータ	300	1,400	チェーン別・日別	大	2.0
(B)	店舗別売上集計	売上数量を店舗別に集計する。	(A)の処理結果	100	6,300	店舗別	中	0.5
(C)	商品別売上集計	売上数量を商品別に集計する。	(A)の処理結果	20	10,000	a	小	1.0
(D)	売上予測	重回帰分析の偏回帰係数を求め，求めた偏回帰係数を用いて自社商品別の売上数量を予測する。	(C)の処理結果	1	600	商品別	小	6.0

注記 データサイズのばらつきとは，データサイズの偏差（ファイルの分割単位で処理対象のデータを分割した際の各分割データのサイズとその平均との差）から求めた指標であり，各ジョブにおけるデータサイズの散らばりの度合いを意味する。

POSデータの購入元は200チェーンあり，POSデータは日別にファイル分割されている。1週間分のPOSデータのファイル数は1,400個であり，総データサイズは420Gバイトとなる。店舗数は全チェーン合わせて6,300店舗であり，取り扱われている商品数は10,000点である。そのうち，S社の商品は600点である。

ジョブの実行順序は（A),（B),（C),（D）の順であり，各ジョブは同時には実行されない。

毎週月曜日23時までには，前週月曜日から日曜日までの全てのPOSデータが分散ファイルシステムに格納される。商品企画部や営業部からは，毎週火曜日の9時には最新の分析結果を見られるようにしてほしいとの要望が挙がっているので，月曜日23時から火曜日9時までの間に一連のジョブを完了させる必要がある。

〔性能テスト〕

POSデータ集計・分析システムを開発し，性能テストを実施したところ，②ジョブ（B）が目標処理時間内に完了しないことが判明した。ジョブ（B）実行中のマスタサーバ及びスレーブサーバ#1のリソース使用状況を図2に示す。

なお，スレーブサーバ#2及びスレーブサーバ#3のリソース使用状況もスレーブサーバ#1のリソース使用状況と類似している。

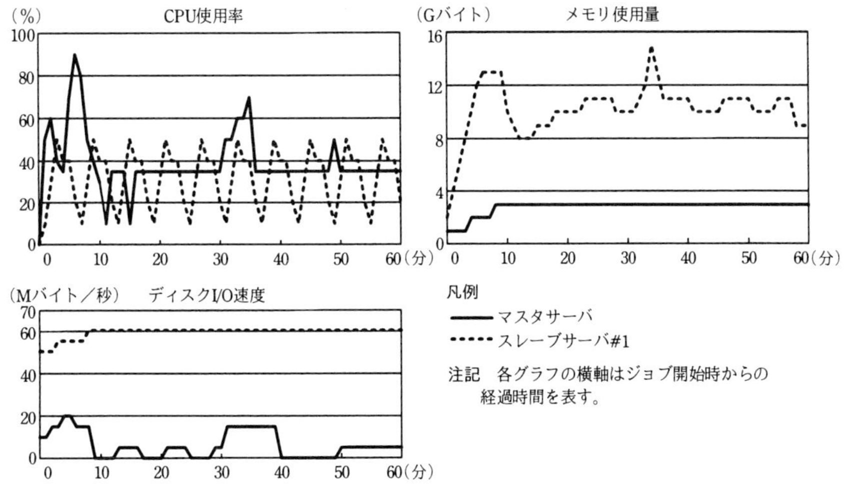

図2　各サーバのリソース使用状況

Tさんは，ボトルネックとなったリソースを特定して適切な対策を講じることによって，ジョブ（B）を目標処理時間内に完了させることができた。

〔スケールアウトの計画〕

今後はPOSデータの購入元を増やし，分析精度を高めることを検討している。1年後には取り扱うPOSデータの件数を現在の10億件／週から30億件／週に増大させることが目標である。処理対象のデータ件数が増えると一部のジョブが目標処理時間内に完了しなくなる懸念があるので，並列分散処理基盤のスレーブサーバの増設（以下，スケールアウトという）を計画しておくことになった。性能テストにおいて調査した，POSデータの件数と処理時間の関係，及び多重度と処理時間の関係を図3に示す。Tさんは，1年後のスケールアウトに向けて予算を確保するために，図3を基に追加が必要となるスレーブサーバの台数を試算した。

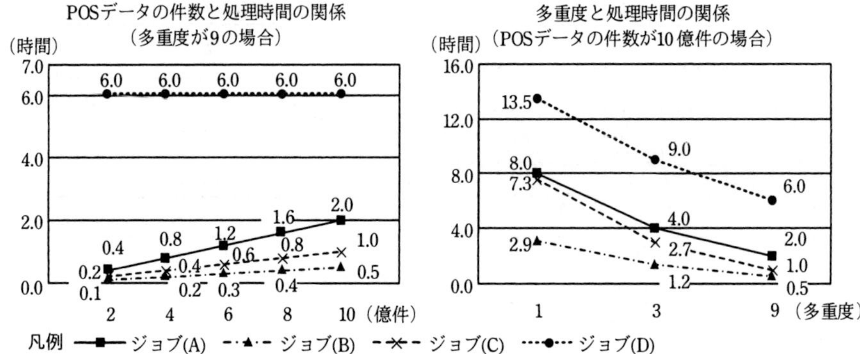

図3　性能テストにおいて調査した性能特性

1年後にPOSデータの件数が3倍になること，及び図3のPOSデータの件数と処理時間の関係におけるジョブ（A）～（C）の傾向から，1年後の並列分散処理基盤に要求されるスループットは現行の並列分散処理基盤の3倍と推定される。処理時間がPOSデータの件数に依存しないジョブ（D）はスケールアウトにおいて考慮する必要がない。図3の多重度と処理時間の関係から，スケールアウトにおいて考慮する必要があるジョブのうち，多重度を増やしても処理時間が最も短縮されにくいジョブはジョブ（A）である。多重度を3倍にした場合，ジョブ（A）におけるスループットは2倍となる。並列分散処理基盤のスループットを3倍にするために最低限必要な多重度は，現行の並列分散処理基盤の［ b ］倍にあたる［ c ］である。したがって，1年後までに少なくとも［ d ］台のスレーブサーバを追加する必要がある。

設問1 〔並列分散処理基盤のシステム構成〕について，(1)，(2) に答えよ。

(1) 図1のシステム構成での多重度の上限を答えよ。

(2) 本文中の下線①について，どのようなリスクを指摘されたか。30字以内で述べよ。

設問2 〔POSデータ集計・分析システムのジョブ構成〕について，(1)，(2) に答えよ。

(1) 表1中の［ a ］に入れる適切な字句を答えよ。

(2) 並列分散処理を行わない場合と比較して，並列分散処理を行う場合のスループットの変化の比率が最も大きくなると見込めるジョブの記号を答えよ。

設問3 〔性能テスト〕について，(1)，(2) に答えよ。

(1) 本文中の下線②が発生した際にボトルネックとなった原因を，図2中の各サーバのリソース使用状況から判断して答えよ。

(2) ボトルネックの解消に有効な対策を解答群の中から二つ選び，記号で答えよ。

解答群

ア スレーブサーバのCPUを物理コア数が多いモデルに換装する。
イ スレーブサーバのローカルストレージを高速なモデルに換装する。
ウ スレーブサーバを増設し，1台当たりで同時実行するタスク数を減らす。
エ 分散ファイルシステムのブロックサイズを64Mバイトに変更する。
オ マスタサーバのメモリを増設する。

設問4 〔スケールアウトの計画〕について，本文中の［ b ］～［ d ］に入れる適切な数値を答えよ。［ c ］，［ d ］の数値は小数点以下を切り上げて，整数で答えよ。ここで，各ジョブの目標処理時間は変更しないものとし，図3における処理時間の変化の比率は，測定範囲外においても測定範囲内とほぼ等しくなることを前提とする。また，ボトルネックを解消するために講じた対策によって，多重度やスレーブサーバの台数は変化していないものとする。

解説

設問1 の解説

(1) 図1のシステム構成での多重度（すなわち，並列分散処理基盤全体で同時に実行できるタスク数）の上限が問われています。

タスク処理については，〔並列分散処理基盤のシステム構成〕に，「マスタサーバはクライアントからジョブの実行依頼を受け付け，ジョブを複数の実行単位であるタスクに分割し，スレーブサーバに対してタスクの実行を依頼する」との記述があり，この記述から，タスクを実行するのはスレーブサーバであることが分かります。また，スレーブサーバについては，「各スレーブサーバで同時に実行可能なタスクの数は，CPUの物理コア数－1を上限とする」と記述されています。

スレーブサーバのCPU物理コア数は4なので，1台のスレーブサーバが同時に実行できるタスク数は3です。そして，図1のシステム構成を見ると，スレーブサーバが3台並列に構成されているので，システム全体で同時に実行できるタスク数，すなわち多重度の上限は3×3＝**9**になります。

(2) 下線①の「可用性の観点からリスクがあるとの指摘を受けた」について，どのようなリスクを指摘されたか問われています。

可用性とは，「障害が発生してもシステムに求められる機能，及びサービスを提供できる状態である」という特性を意味します。そこで，障害が発生した際の対応策に関する記述を探すと，スレーブサーバについては，「任意のスレーブサーバ1台に障害が生じた場合でも処理を継続できるように，ブロックは2台のスレーブサーバのローカルストレージに非同期で複製して格納されている」との記述があります。一方，マスタサーバについては障害対策に関する記述がありません。また，図1を見ても，マスタサーバだけ冗長化されていません。

マスタサーバは，並列分散処理基盤の処理動作に必要なメタデータを保持し，かつクライアントから受け付けたジョブを複数のタスクに分割してスレーブサーバに実行依頼するサーバです。そのため，マスタサーバに障害が発生して機能提供ができなくなると，処理を継続することができません。つまり，指摘されたリスクとは，「マスタサーバが冗長化されていないため，そこが単一障害点になる」というリスクです。単一障害点とは，その箇所に障害が発生するとシステム全体が停止となるような箇所のことです。SPOF（Single Point of Failure）ともいいます。

以上，解答には，上記の旨を記述すればよいでしょう。なお，試験センターでは解答例を「**マスタサーバが冗長化されておらず，単一障害点である**」としています。

設問2 の解説

(1) 表1中の空欄aに入れる，ファイルの分割単位が問われています。

空欄aは，ジョブ（C）の「商品別売上集計」におけるファイルの分割単位ですから，“商品別”が入ることは容易に推測できます。念のため，表1の直後にある記述と表1に記載された数値を確認してみましょう。

「取り扱われている商品数は10,000点である」とあります。商品数が10,000点であれば，商品別のファイル数は10,000個ということになり，これは，表1のジョブ（C）のファイル数と一致します。したがって，**空欄aは「商品別」**です。

(2) 並列分散処理を行わない場合と比較して，並列分散処理を行う場合のスループットの変化の比率が最も大きくなると見込めるジョブが問われています。

並列分散処理では，各スレーブサーバに対するタスク分散が均等であるほど，スループットの向上が見込めます。ここで着目すべきは，〔並列分散処理基盤のシステム構成〕に記述されている，次の二つです。

・データを分割した際にデータサイズのばらつきが小さいほど，タスクが均等に分散される。
・同一ジョブ内のタスク間で処理するデータが依存しており，タスクが逐次的に処理される場合，それらのタスクは分散されない。

一つ目の記述から，各スレーブサーバに対してタスクが均等に分散され，スループットの向上が見込めるのは，データサイズのばらつきが小さいジョブであることが分かります。表1を見ると，データサイズのばらつきが「小」であるジョブは，（C）と（D）の二つです。つまり，このいずれかが正解となります。

次に，二つ目の記述から，例えば，「ジョブをタスク1，2，3に分割したとき，タスク1で処理したデータを，タスク2で処理し，さらにタスク3で処理する」といった逐次的な処理は，タスク分散は行われないことが分かります。そこで，ジョブ（C）とジョブ（D）の処理内容を確認すると，ジョブ（C）は，「売上数量を商品別に集計する」処理であり，これは逐次的な処理ではありません。一方，ジョブ（D）は，「重回帰分析の偏回帰係数を求め，求めた偏回帰係数を用いて自社商品別の売上数量を予測する」という逐次的な処理なので，タスク分散は行われないと判断できます。

以上，データサイズのばらつきが小さいジョブは（C）と（D）ですが，（D）はタスク分散されないジョブです。したがって，スループットの向上が見込めるのは，ジョブ**（C）**です。

設問3 の解説

(1) 下線②中にある「ジョブ（B）が目標処理時間内に完了しない」ことについて，そのボトルネックとなった原因を図2中の各サーバのリソース使用状況から考える問題です。図2は，ジョブ（B）実行中のマスタサーバ，及びスレーブサーバ#1のリソース使用状況です。まず，各サーバのリソース（仕様）を整理しておきましょう。

・マスタサーバ　：CPU物理コア数2，メモリ容量8Gバイト，
　　　　　　　　　ローカルストレージのディスクI/O速度60Mバイト／秒
・スレーブサーバ：CPU物理コア数4，メモリ容量16Gバイト，
　　　　　　　　　ローカルストレージのディスクI/O速度60Mバイト／秒

図2のCPU使用率のグラフを見ると，マスタサーバのCPU使用率が一時的に上昇している時間がありますが，両サーバともほぼ10～50%程度の使用率で推移しているため，サーバのCPUがボトルネックとは考えられません。

次に，メモリ使用量のグラフを見ます。マスタサーバのメモリ使用量が10分より少し手前から一定値（3Gバイト程度）になっていますが，マスタサーバのメモリ容量は8Gバイトなので，まだ余裕があります。また，スレーブサーバ#1はメモリ容量が16Gバイトであるのに対し，一時的に12Gバイト（使用率75%）を超える時間がありますが，ほぼ8～12Gバイトの使用量（使用率75%以下）で推移しているため，メモリがボトルネックとは考えられません。

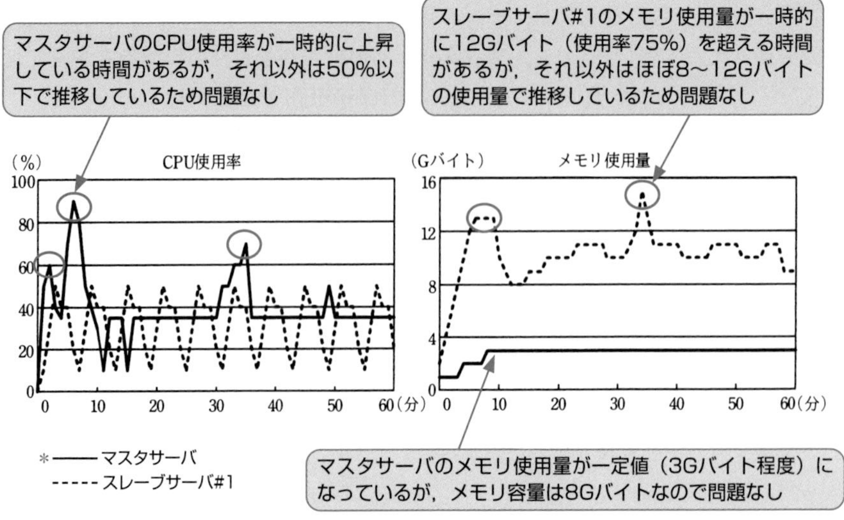

したがって，疑わしいのはディスクI/O速度です。グラフを見ると，10分より少し手前からスレーブサーバ#1のディスクI/O速度が一定値（60Mバイト／秒）になっています。スレーブサーバのディスクI/O速度仕様は，60Mバイト／秒なので，使用率100％の状態，すなわち上限に達した状態が継続していることが分かります。これが，「ジョブ（B）が目標処理時間内に完了しない」原因です。そして，ボトルネックとなったのは，**スレーブサーバのディスクI/O速度**です。

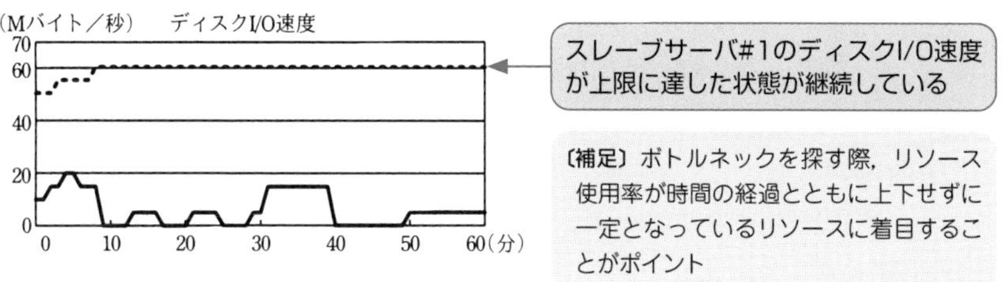

(2) ボトルネックの解消に有効な対策が問われています。ボトルネックの原因は，先の（1）で解答したとおり，スレーブサーバのディスクI/O速度です。したがって，CPUに関連する〔ア〕の「スレーブサーバのCPUを物理コア数が多いモデルに換装する」と，メモリに関連する〔オ〕の「マスタサーバのメモリを増設する」は消去できます。ここでは，残りの〔イ〕，〔ウ〕，〔エ〕の対策を検討していきます。

イ：「スレーブサーバのローカルストレージを高速なモデルに換装する」

この対策は，ボトルネックとなっているディスクI/O速度の直接の解決策になります（有効な対策です）。

ウ：「スレーブサーバを増設し，1台当たりで同時実行するタスク数を減らす」

ジョブ（B）が扱う平均ファイルサイズは100Mバイト，ファイル数は6,300個です。1台のスレーブサーバで扱うデータ量を単純計算すると，

「100Mバイト×6,300÷3＝210,000Mバイト」

になります。これを目標処理時間0.5時間（30分）で処理するためには，

「210,000Mバイト÷（30×60）秒」以上

すなわち117Mバイト／秒以上のディスクI/O速度が必要です。現在の仕様は60Mバイト／秒なので，ボトルネックになるのは当然です。そこで，スレーブサーバを増設し，1台当たりで同時実行するタスク数を減らせば，1台のスレーブサーバが扱うデータ量を少なくできるため，ボトルネックの解消が期待できます。

エ：「分散ファイルシステムのブロックサイズを64Mバイトに変更する」

〔並列分散処理基盤のシステム構成〕に，「分散ファイルシステムのブロックサイズは128Mバイトに設定されている」との記述があります。ジョブ（B）が扱う平均ファイルサイズは100Mバイトです。データの転送はブロック単位で行われるため，ブロックサイズを128Mバイトから64Mバイトに小さくしてしまうとディスクI/Oが増えるので，ボトルネックの解消策にはなりません。なお，ブロックサイズを64Mバイトに小さくすることで期待できる効果は，ディスク使用効率の向上です。

以上，ボトルネックの解消に有効な対策は，〔**イ**〕と〔**ウ**〕です。

設問4 の解説

〔スケールアウトの計画〕について，並列分散処理基盤のスループットを3倍にするために最低限必要な多重度，及びスレーブサーバの追加台数を考える問題です。問われている空欄b～dは，次の記述中にあります。

> 並列分散処理基盤のスループットを3倍にするために最低限必要な多重度は，現行の並列分散処理基盤の［ b ］倍にあたる［ c ］である。したがって，1年後までに少なくとも［ d ］台のスレーブサーバを追加する必要がある。

この記述の前に，「図3の多重度と処理時間の関係から，スケールアウトにおいて考慮する必要があるジョブのうち，多重度を増やしても処理時間が最も短縮されにくいジョブはジョブ（A）である。多重度を3倍にした場合，ジョブ（A）におけるスループットは2倍となる」とあるので，本設問では，ジョブ（A）のスループットに着目し，空欄b～dを考えていくことになります。

●空欄b

まず，「多重度を3倍にした場合，ジョブ（A）におけるスループットは2倍となる」との記述を基に，スループットを3倍にするためには，多重度を何倍にすべきかを次の比例式から考えます。

多重度3倍：スループット2倍 ＝ 多重度M倍：スループット3倍

この比例式から，

$2 \times M = 3 \times 3$

$M = 4.5$

となり，スループットを3倍にするためには，多重度を**4.5（空欄b）**倍にする必要があることが分かります。

●空欄c

次に，現行の並列分散処理基盤の多重度は9ですから，空欄cには，その4.5倍した数値「9×4.5＝40.5」を入れたいところですが，設問文に「数値は小数点以下を切り上げて，整数で答えよ」との指示があるため，**空欄c**に入れる数値は「**41**」となります。

●空欄d

空欄dは，スレーブサーバの追加台数です。各スレーブサーバで同時に実行可能なタスクの数は，CPUの物理コア数－1，すなわち3です。したがって，多重度41（空欄c）を確保するために必要なスレーブサーバの台数は，

41÷3＝13.666･･･

となり，小数点以下を切り上げると14台です。現行（既存）のスレーブサーバが3台なので，スレーブサーバの追加台数は，14－3＝**11**（**空欄d**）台になります。

解答

設問1 (1) 9

(2) マスタサーバが冗長化されておらず，単一障害点である

設問2 (1) a：商品別

(2) (C)

設問3 (1) スレーブサーバのディスクI/O速度

(2) イ，ウ

設問4 b：4.5

c：41

d：11

問題6 システム統合の方式設計 （R05秋午後問4）

中堅の家具製造販売業者の合併を題材に，システム統合に関する基本的な理解を問う問題です。問題文に示された表及び図を比較・照合することで解答を導き出せる問題になっています。ケアレスミスしないよう解答を進めましょう。

問 システム統合の方式設計に関する次の記述を読んで，設問に答えよ。

C社とD社は中堅の家具製造販売業者である。市場シェアの拡大と利益率の向上を図るために，両社は合併することになった。存続会社はC社とするものの，対等な立場での合併である。合併に伴う基幹システムの統合は，段階的に進める方針である。将来的には基幹システムを全面的に刷新して業務の統合を図っていく構想ではあるが，より早期に合併の効果を出すために，両社の既存システムを極力活用して，業務への影響を必要最小限に抑えることにした。

〔合併前のC社の基幹システム〕

C社は全国のショッピングセンターを顧客とする販売網を構築しており，安価な価格帯の家具を量産・販売している。生産方式は見込み生産方式である。生産した商品は在庫として倉庫に入庫する。受注は，顧客のシステムと連携したEDIを用いて，日次で処理している。受注した商品は，在庫システムで引き当てた上で，配送システムが配送伝票を作成し，配送業者に配送を委託する。月初めに，顧客のシステムと連携したEDIで，前月納品分の代金を請求している。

合併前のC社の基幹システム（抜粋）を表1に示す。

表1　合併前のC社の基幹システム（抜粋）

<table>
<tr><th rowspan="2">システム名</th><th rowspan="2">主な機能</th><th rowspan="2">主なマスタデータ</th><th colspan="3">システム間連携</th><th rowspan="2">システム構成</th></tr>
<tr><th>連携先システム</th><th>連携する情報</th><th>連携頻度</th></tr>
<tr><td rowspan="2">販売システム</td><td rowspan="2">・受注（EDI）
・販売実績管理（月次）
・請求（EDI）
・売上計上</td><td rowspan="2">・顧客マスタ</td><td>会計システム</td><td>売上情報</td><td>日次</td><td rowspan="2">オンプレミス（ホスト系）</td></tr>
<tr><td>生産システム</td><td>受注情報</td><td>日次</td></tr>
<tr><td rowspan="3">生産システム</td><td rowspan="3">・生産計画作成（日次）
・原材料・仕掛品管理
・作業管理
・生産実績管理（日次）</td><td rowspan="3">・品目マスタ
・構成マスタ
・工程マスタ</td><td>会計システム</td><td>原価情報</td><td>日次</td><td rowspan="3">オンプレミス（オープン系）</td></tr>
<tr><td>購買システム</td><td>購買指示情報</td><td>日次</td></tr>
<tr><td>在庫システム</td><td>入出庫情報</td><td>日次</td></tr>
<tr><td>購買システム</td><td>・発注
・買掛管理
・購買先管理</td><td>・購買先マスタ</td><td>会計システム</td><td>買掛情報</td><td>月次</td><td>オンプレミス（オープン系）</td></tr>
</table>

表1　合併前のC社の基幹システム（抜粋）（続き）

システム名	主な機能	主なマスタデータ	システム間連携			システム構成
			連携先システム	連携する情報	連携頻度	
在庫システム	・入出庫管理 ・在庫数量管理	・倉庫マスタ	生産システム	在庫状況情報	日次	オンプレミス（オープン系）
			配送システム	出荷指示情報	日次	
配送システム	・配送伝票作成 ・配送先管理	・配送区分マスタ	販売システム	出荷情報	日次	オンプレミス（オープン系）
			会計システム	配送経費情報	月次	
会計システム	・原価計算 ・一般財務会計処理 ・支払（振込，手形）	・勘定科目マスタ	（省略）			クラウドサービス（SaaS）

〔合併前のD社の基幹システム〕

D社は大手百貨店やハウスメーカーのインテリア展示場にショールームを兼ねた販売店舗を設けており，個々の顧客のニーズに合ったセミオーダーメイドの家具を製造・販売している。生産方式は受注に基づく個別生産方式であり，商品の在庫はもたない。顧客の要望に基づいて家具の価格を見積もった上で，見積内容の合意後に電子メールやファックスで注文を受け付け，従業員が端末で受注情報を入力する。受注した商品を生産後，販売システムを用いて請求書を作成し，商品に同梱(こん)する。また，配送システムを用いて配送伝票を作成し，配送業者に配送を委託する。

合併前のD社の基幹システム（抜粋）を表2に示す。

表2　合併前のD社の基幹システム（抜粋）

システム名	主な機能	主なマスタデータ	システム間連携			システム構成
			連携先システム	連携する情報	連携頻度	
販売システム	・見積 ・受注（手入力） ・請求（請求書発行） ・売上計上	・顧客マスタ	会計システム	売上情報	日次	オンプレミス（オープン系）
			生産システム	受注情報	週次	
生産システム	・生産計画作成（週次） ・原材料・仕掛品管理 ・作業管理 ・生産実績管理（週次）	・品目マスタ ・構成マスタ ・工程マスタ	会計システム	原価情報	週次	オンプレミス（オープン系）
			購買システム	購買指示情報	週次	
			配送システム	出荷指示情報	週次	
購買システム	・発注 ・買掛管理 ・購買先管理	・購買先マスタ	会計システム	買掛情報	月次	オンプレミス（オープン系）
配送システム	・配送伝票作成 ・配送先管理	・配送区分マスタ	販売システム	出荷情報	日次	オンプレミス（オープン系）
			会計システム	配送経費情報	月次	
会計システム	・原価計算 ・一般財務会計処理 ・支払（振込）	・勘定科目マスタ	（省略）			オンプレミス（ホスト系）

〔合併後のシステムの方針〕

直近のシステム統合に向けて，次の方針を策定した。

- 重複するシステムのうち，販売システム，購買システム，配送システム及び会計システムは，両社どちらかのシステムを廃止し，もう一方のシステムを継続利用する。
- 両社の生産方式は合併後も変更しないので，両社の生産システムを存続させた上で，極力修正を加えずに継続利用する。
- 在庫システムは，C社のシステムを存続させた上で，極力修正を加えずに継続利用する。
- 今後の保守の容易性やコストを考慮し，汎用機を用いたホスト系システムは廃止する。
- ①廃止するシステムの固有の機能については，処理の仕様を変更せず，継続利用するシステムに移植する。
- 両社のシステム間で新たな連携が必要となる場合は，インタフェースを新たに開発する。
- マスタデータについては，継続利用するシステムで用いているコード体系に統一する。重複するデータについては，重複を除いた上で，継続利用するシステム側のマスタへ集約する。

〔合併後のシステムアーキテクチャ〕

合併後のシステムの方針に従ってシステムアーキテクチャを整理した。合併後のシステム間連携（一部省略）を図1に，新たなシステム間連携の一覧を表3に示す。

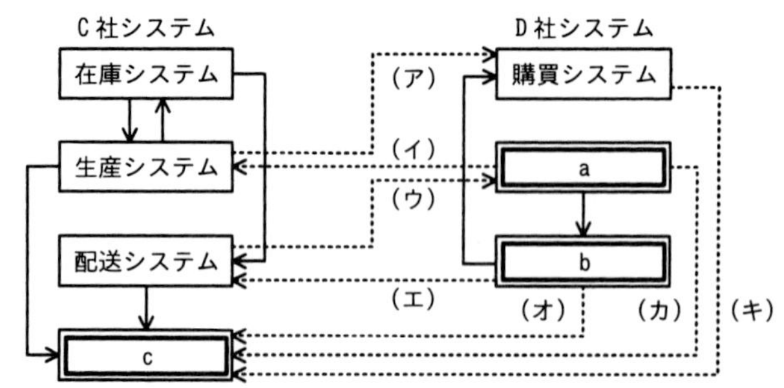

図1 合併後のシステム間連携（一部省略）

表3 新たなシステム間連携の一覧

記号	連携元システム	連携先システム	連携する情報	連携頻度
(ア)	C社の生産システム	D社の購買システム	購買指示情報	日次
(イ)	D社の［a］	C社の生産システム	受注情報	日次
(ウ)	C社の配送システム	D社の［a］	［d］	日次
(エ)	D社の［b］	C社の配送システム	出荷指示情報	週次
(オ)	D社の［b］	C社の［c］	原価情報	［e］
(カ)	D社の［a］	C社の［c］	［f］	日次
(キ)	D社の購買システム	C社の［c］	買掛情報	［g］

〔合併後のシステムアーキテクチャのレビュー〕

合併後のシステムアーキテクチャについて，両社の有識者を集めてレビューを実施したところ，次の指摘事項が挙がった。

・②C社の会計システムがSaaSを用いていることから，インタフェースがD社の各システムからデータを受け取り得る仕様を備えていることをあらかじめ調査すること。

指摘事項に対応して，問題がないことを確認し，方式設計を完了した。

設問1 〔合併後のシステムアーキテクチャ〕について答えよ。

(1) 図1及び表3中の［a］～［c］に入れる適切な字句を答えよ。

(2) 表3中の［d］～［g］に入れる適切な字句を答えよ。

設問2 本文中の下線①について答えよ。

(1) 移植先は，どちらの会社のどのシステムか。会社名とシステム名を答えよ。

(2) 移植する機能を，表1及び表2の主な機能の列に記載されている用語を用いて全て答えよ。

設問3 本文中の下線②の指摘事項が挙がった適切な理由を，オンプレミスのシステムとの違いの観点から40字以内で答えよ。

解説

設問1 の解説

(1) 図1及び表3中の空欄a～空欄cに入れる字句が問われています。まず，表1及び表2を基に，合併前のC社及びD社のシステムとシステム構成を確認しておきましょう。次のようになっています。

C社		D社	
システム名	システム構成	システム名	システム構成
販売システム	オンプレミス（ホスト系）	販売システム	オンプレミス（オープン系）
生産システム	オンプレミス（オープン系）	生産システム	オンプレミス（オープン系）
購買システム	オンプレミス（オープン系）	購買システム	オンプレミス（オープン系）
在庫システム	オンプレミス（オープン系）	－	－
配送システム	オンプレミス（オープン系）	配送システム	オンプレミス（オープン系）
会計システム	クラウドサービス（SaaS）	会計システム	オンプレミス（ホスト系）

次に，〔合併後のシステムの方針〕を確認すると，一つ目から四つ目に次の方針が記述されているので，この四つの方針を基に考えていきます。

- 販売システム，購買システム，配送システム及び会計システムは，両社どちらかのシステムを廃止し，もう一方のシステムを継続利用する
- 両社の生産システムは存続させる
- C社の在庫システムは存続させる
- 汎用機を用いたホスト系システムは廃止する

ホスト系システムは廃止されるので，合併後の販売システムはD社の販売システムを，会計システムはC社の会計システムを継続利用することになります。

また，購買システムと配送システムは，両社どちらかのシステムを継続利用することになりますが，図1を見ると，購買システムはD社，配送システムはC社のシステムを継続利用しています。したがって，合併後のシステムは，右表のようになります。網掛されていないシステムが合併後のシステムです。

＊網掛：廃止されるシステム

C社	D社
販売システム	販売システム
生産システム	生産システム
購買システム	購買システム
在庫システム	－
配送システム	配送システム
会計システム	会計システム

●空欄c

前ページに示した表と図1とを照らし合わせると，**空欄cは「会計システム」**であることが分かります。

●空欄a，b

空欄a，空欄bは，販売システムか生産システムのどちらかです。ここで，表1を確認すると，C社の配送システムの“連携先システム”欄に，販売システムと会計システムが記載されています。図1を見ると，配送システムから空欄aと会計システムに向けた矢印があります。このことから，**空欄aは「販売システム」**です。そして，空欄aが販売システムなら，**空欄bは「生産システム」**です。

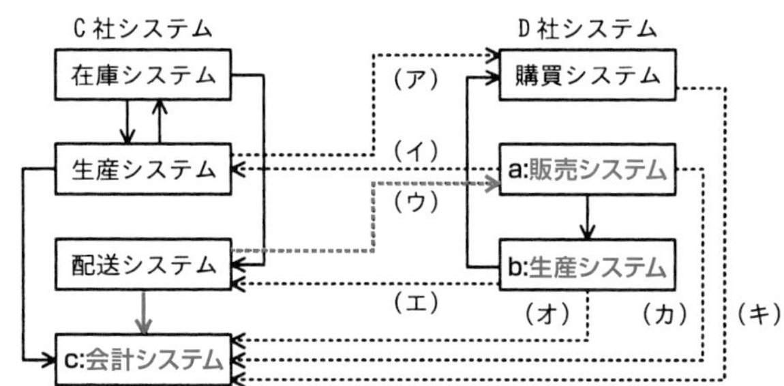

(2) 表3中の空欄d～空欄gに入れる字句が問われています。先の（1）で解答した空欄a～cを埋めると，次のようになります。

記号	連携元システム	連携先システム	連携する情報	連携頻度
（ア）	C社の生産システム	D社の購買システム	購買指示情報	日次
（イ）	D社の［a：販売システム］	C社の生産システム	受注情報	日次
（ウ）	C社の配送システム	D社の［a：販売システム］	［d］	日次
（エ）	D社の［b：生産システム］	C社の配送システム	出荷指示情報	週次
（オ）	D社の［b：生産システム］	C社の［c：会計システム］	原価情報	［e］
（カ）	D社の［a：販売システム］	C社の［c：会計システム］	［f］	日次
（キ）	D社の購買システム	C社の［c：会計システム］	買掛情報	［g］

●空欄d

空欄dは，C社の配送システムとD社の販売システムの連携情報です。表1の配送システムを確認すると，販売システムと連携する情報は「出荷情報」となっているので，**空欄dには「出荷情報」**が入ります。

●空欄e

空欄eは，D社の生産システムとC社の会計システムの連携頻度です。表2の生産システムを確認すると，会計システムとの連携頻度は「週次」となっているので，**空欄e**には「**週次**」が入ります。

●空欄f

空欄fは，D社の販売システムとC社の会計システムの連携情報です。表2の販売システムを確認すると，会計システムと連携する情報は「売上情報」となっているので，**空欄f**には「**売上情報**」が入ります。

●空欄g

空欄gは，D社の購買システムとC社の会計システムの連携頻度です。表2の購買システムを確認すると，会計システムとの連携頻度は「月次」となっているので，**空欄g**には「**月次**」が入ります。

設問2 の解説

下線①についての設問です。

(1) 下線①の「廃止するシステムの固有の機能については，処理の仕様を変更せず，継続利用するシステムに移植する」について，移植先の会社名とシステム名が問われています。

設問1の（1）で考えたとおり，廃止するシステムは，C社の販売システムと購買システム，そしてD社の配送システムと会計システムです。設問文に，「廃止するシステムの固有の機能」とあるので，この四つのシステムの主な機能と，継続利用するシステムの機能を確認しておきましょう。次のようになります。

＊網掛：廃止されるシステム

システム名	C社	D社
販売システム	・受注（EDI） ・販売実績管理（月次） ・請求（EDI） ・売上計上	・見積 ・受注（手入力） ・請求（請求書発行） ・売上計上
購買システム	・発注 ・買掛管理 ・購買先管理	・発注 ・買掛管理 ・購買先管理
配送システム	・配送伝票作成 ・配送先管理	・配送伝票作成 ・配送先管理
会計システム	・原価計算 ・一般財務会計処理 ・支払（振込，手形）	・原価計算 ・一般財務会計処理 ・支払（振込）

「廃止するシステムの固有の機能」とは，廃止するシステムにあって，継続利用するシステムにはない機能のことです。この点から，前ページに示した表を確認すると，購買システムと配送システムについては，両社とも同じ機能なので，機能の移植は必要ありません。また，会計システムについても，D社の会計システムの機能をC社の会計システムがもっているため，機能の移植は必要ありません。

これに対し，D社の販売システムには，C社の販売システムの機能である「受注(EDI)，販売実績管理(月次)，請求(EDI)」の三つの機能がありません。そのため，これらの機能をD社の販売システムに移植する必要があります。

したがって，機能の移植が発生するシステムはC社の販売システムであり，その移植先はD社の販売システムなので，解答は，移植先の**会社名**は「**D社**」，移植先の**システム名**は「**販売システム**」となります。

(2) ここでは，移植する機能が問われています。

先の(1)で解答したとおり，C社の販売システムの機能「受注(EDI)，販売実績管理(月次)，請求(EDI)」をD社の販売システムに移植する必要があるので，解答は，「**受注(EDI)，販売実績管理(月次)，請求(EDI)**」となります。

設問3 の解説

〔合併後のシステムアーキテクチャのレビュー〕にある，下線②の「C社の会計システムがSaaSを用いていることから，インタフェースがD社の各システムからデータを受け取り得る仕様を備えていることをあらかじめ調査すること」との指摘事項が挙がった理由を，オンプレミスのシステムとの違いの観点から解答する問題です。

廃止されるD社の会計システムはオンプレミスです。オンプレミスとは，システムを運用する上で必要なハードウェア(サーバ，ネットワーク機器など)やソフトウェアを自社で保有し管理する運用形態です。このため，オンプレミスのシステムは，他のシステムと合わせて構造をカスタマイズすることが可能であり，連携も容易です。

これに対して，クラウドサービス(SaaS)は，サービス企業(ベンダー)が提供するリソース(すなわち，ハードウェア・ソフトウェア)をインターネットを通じて必要な分だけ利用できるという形態です。提供されるリソースは複数の企業が共同して使用するため，自社向けのカスタマイズは困難です。つまり，この点が問題となるわけです。

通常，オンプレミスからクラウドへの移行を検討する際は，フィット&ギャップ分析を行いクラウドで提供される機能がどれだけ適合し，どれだけかい離しているかや，提供されるソフトウェアとのインタフェースを調査します。本問の場合，オンプレミスで運用・管理しているD社の会計システムを廃止し，SaaSを用いたC社の会計システムで継続運用するわけですから，D社のシステム（購買システム，販売システム，生産システム）とのインタフェースの適合性を事前に調査・確認するべきです。

以上，下線②の「C社の会計システムがSaaSを用いていることから，インタフェースがD社の各システムからデータを受け取り得る仕様を備えていることをあらかじめ調査すること」との指摘事項が挙がった理由は，SaaSを用いたシステムの場合，オンプレミスと異なり，自社向けのカスタマイズが困難だからです。

解答としては，「C社の会計システムはSaaSを用いているので，自社向けのカスタマイズが困難だから」などとすればよいでしょう。なお，試験センターでは解答例を「**C社の会計システムはSaaSなので，個別の会社向けの仕様変更が困難だから**」としています。

解答

設問1　(1) a：販売システム
　b：生産システム
　c：会計システム
(2) d：出荷情報
　e：週次
　f：売上情報
　g：月次

設問2　(1) **会社名**：D社
　システム名：販売システム
(2) 受注（EDI），販売実績管理（月次），請求（EDI）

設問3　C社の会計システムはSaaSなので，個別の会社向けの仕様変更が困難だから

第5章 ネットワーク

出題範囲

- ●ネットワークアーキテクチャ
- ●プロトコル
- ●インターネット
- ●イントラネット
- ●VPN（Virtual Private Network）
- ●通信トラフィック
- ●有線・無線通信

など

問題1 DHCPを利用したサーバの冗長化 (H27春午後問5)

サーバの冗長化を題材とした問題です。設問1～3では，DHCPとDNSの機能を利用したDHCPサーバ及びプロキシサーバの冗長化の仕組みについて問われます。また，設問4では，サーバ仮想化に関する基礎知識が問われます。DHCPサーバとプロキシサーバの冗長化については，問題文に示された条件を十分に考慮し解答しましょう。なお，本問に限らず，DHCPやDNS，プロキシサーバの基本的な機能，及び基本的な通信プロトコルの理解は必須です。

問 DHCPを利用したサーバの冗長化に関する次の記述を読んで，設問1～4に答えよ。

P社は，社員100名の調査会社である。P社では，インターネットから様々な情報を収集し，業務で活用している。顧客との情報交換には，ISPのQ社が提供するWebメールサービスを利用している。Webの閲覧や電子メールの送受信などのインターネットの利用は，全てプロキシサーバ経由で行っている。

現在のP社のネットワーク構成を図1に示す。

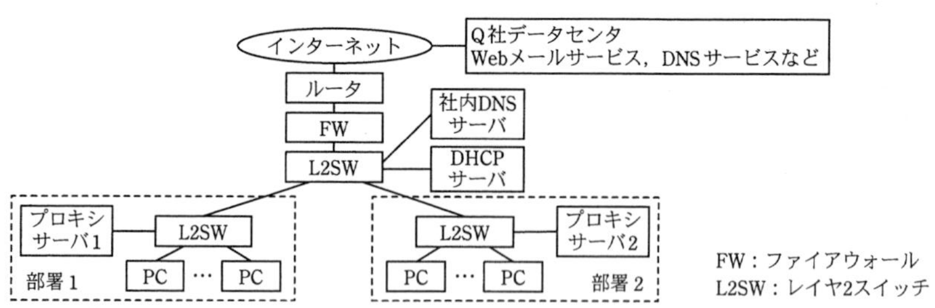

注記 P社のネットワークアドレスは192.168.0.0/16で，DHCPサーバがリースするIPアドレスは，192.168.0.1～192.168.0.254の範囲である。また，サーバには，192.168.10.1～192.168.10.4のIPアドレスが設定されている。

図1 現在のP社のネットワーク構成

部署1のPCはプロキシサーバ1を，部署2のPCはプロキシサーバ2を経由してインターネットを利用している。PCは，(ア) DHCPサーバから，自身のIPアドレスを含むネットワーク関連の構成情報（以下，構成情報という）を取得して自動設定している。ただし，使用するプロキシサーバと社内DNSサーバのIPアドレスは，あらかじめPCに設定されている。プロキシサーバ1，2は，優先DNSとして社内DNSサーバを，代替DNSとしてQ社のDNSサービスを利用している。

先般，プロキシサーバ1に障害が発生し，部署1で半日の間インターネットが利用できなくなり，業務が混乱した。この事態を重視した情報システム部のR課長は，ネットワーク担当のS君に，次の2点の要件を満たす対応策の検討を指示した。

・プロキシサーバとDHCPサーバを冗長構成にして，サーバ障害発生時のインターネット利用の中断を短時間に抑えられるようにすること。
・費用をできるだけ抑えられる構成とすること。

〔冗長化方式の検討〕

S君は，PCの構成情報を自動設定するためのDHCPの仕組みに注目した。

同一サブネットに2台のDHCPサーバがあっても，PCによる自動設定は問題なく行われるので，DHCPサーバを2台導入して冗長化する。

PCは，使用するDNSサーバのIPアドレスをDHCPサーバから取得できる。そこで，DNSサーバとプロキシサーバを2台ずつ導入して，2台のDHCPサーバからそれぞれ異なるDNSサーバのIPアドレスを取得させるようにする。そして，2台のプロキシサーバに同じホスト名を付与し，それぞれのDNSサーバのAレコードに，プロキシサーバのホスト名に対して，異なるプロキシサーバの［ a ］を登録する。

この構成にすれば，どちらのDHCPサーバから取得した構成情報をPCが自動設定するかによって，使用するDNSサーバが変わる。そこで，PCのWebブラウザの設定情報の中に，プロキシサーバの［ b ］を登録すれば，PCが使用するプロキシサーバを変えることができる。

DHCPサーバによる構成情報の付与シーケンスを図2に示す。DHCPメッセージは，OSI基本参照モデル第4層の［ c ］プロトコルで送受信される。

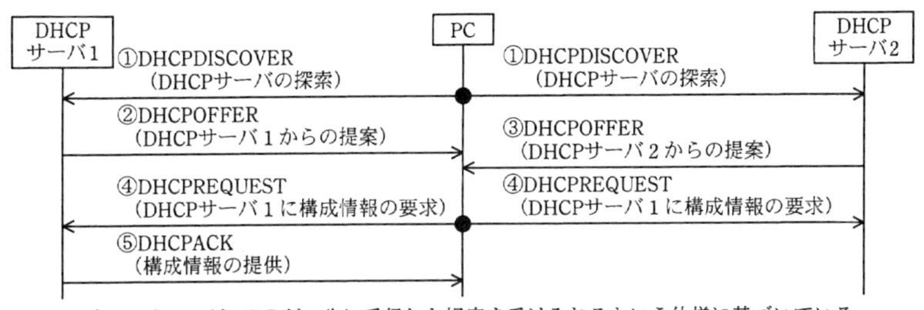

注記1　本シーケンスは，PCが，先に受信した提案を受け入れるという仕様に基づいている。
注記2　●は，PCが送出するフレームが一つであることを示す。

図2　DHCPサーバによる構成情報の付与シーケンス

S君はこのようなDHCPとDNSの仕組みを利用し，DHCPサーバ及びプロキシサーバの冗長化を実現することにした。

〔DHCPサーバとプロキシサーバの冗長化〕

PCでのインターネット利用の中断を避けるためには，PCがDHCPサーバから取得したIPアドレスをもつDNSサーバと，そのPCがDNSサーバで取得したIPアドレスをもつプロキシサーバが同時に稼働している必要がある。

S君はこの条件を基に，サーバ間の独立性が確保できるサーバ仮想化機構を利用した冗長化方式をまとめた。

サーバ仮想化機構を利用したサーバ構成を図3に示す。

図3中の，ローカルDNSサーバ1，2は，図1中の社内DNSサーバとは別に導入し，プロキシサーバ3，4の名前解決を行う。プロキシサーバ3，4には，図1中のプロキシサーバ1，2と同様のDNSの設定を行う。プロキシサーバ1，2は不要になるので，それらのサーバが稼働するハードウェアを物理サーバ1，2として再利用する。

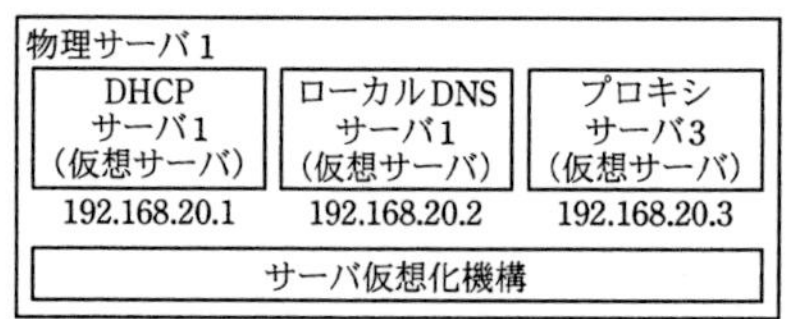

図3　サーバ仮想化機構を利用したサーバ構成

図3のサーバ構成を利用すると，PCは，一方の物理サーバに障害が発生しても，他方の物理サーバで稼働するDHCPサーバから取得した構成情報を設定して，その物理サーバで稼働するプロキシサーバ経由でインターネットを利用できる。サーバ仮想化後のネットワーク構成を図4に示す。

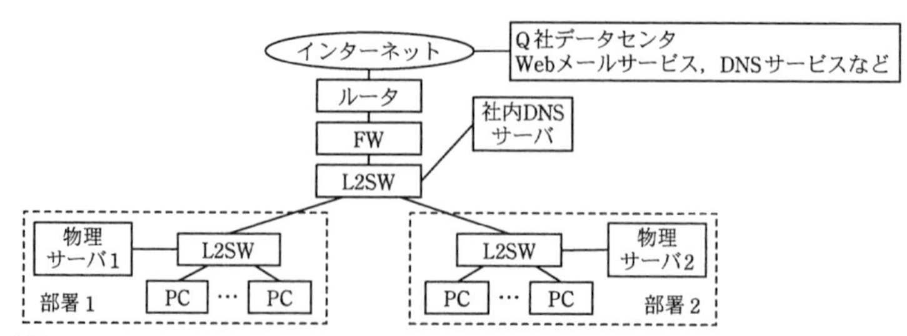

注記　DHCPサーバ1，2がリースするIPアドレスは，192.168.0.1～192.168.0.254の範囲である。

図4　サーバ仮想化後のネットワーク構成

図4の構成でも，インターネット利用中に，PCが使用中のプロキシサーバが稼働する物理サーバに障害が発生したときは，PCのインターネット利用が中断してしまう。

しかし，PCを再起動してPCの構成情報を再設定すればインターネットの利用を再開できるので，中断は短時間に抑えられる。

S君は，検討結果をR課長に報告した。R課長がS君の検討結果を承認し，導入が進められることになった。

設問1 本文中の［ a ］～［ c ］に入れる適切な字句を解答群の中から選び，記号で答えよ。

解答群

ア ICMP　イ IPアドレス　ウ MACアドレス　エ TCP
オ UDP　カ ドメイン名　キ ホスト名

設問2 本文中の下線（ア）について，自動設定できる構成情報を解答群の中から二つ選び，記号で答えよ。

解答群

ア DNSキャッシュ時間
イ サブネットマスク
ウ デフォルトゲートウェイのIPアドレス
エ プロキシサーバのIPアドレス

設問3 〔冗長化方式の検討〕について，(1)，(2) に答えよ。

(1) 図2中の①DHCPDISCOVERと④DHCPREQUESTは，全てのDHCPサーバで受信される。その通信方式を答えよ。

(2) 図2中の④DHCPREQUESTの内容から，2台のDHCPサーバが知ることができるDHCPOFFERの結果について，20字以内で述べよ。

設問4 〔DHCPサーバとプロキシサーバの冗長化〕について，(1)，(2) に答えよ。

(1) 図3中のDHCPサーバ1が，PCに提案すべきDNSサーバのIPアドレスを答えよ。また，そのDNSサーバに登録されるべきプロキシサーバのIPアドレスを答えよ。

(2) 図3，4の構成としたとき，PCのWebブラウザでインターネットを利用する際に，社内DNSサーバを使用するサーバ又はPCのIPアドレスを，全て答えよ。

解説

設問1 の解説

本文中の空欄a～cに入れる適切な字句が問われています。

●空欄a

「2台のプロキシサーバに同じホスト名を付与し，それぞれのDNSサーバのAレコードに，プロキシサーバのホスト名に対して，異なるプロキシサーバの［ a ］を登録する」とあります。DNSサーバのAレコードとは，ホスト名（ドメイン名）に対応するIPアドレスを定義したレコードで，最も基本的なDNSリソースレコードです。

したがって，**空欄aには〔イ〕のIPアドレス**が入ります。

参考 DNSリソースレコード

DNSサーバ（権威DNSサーバ）は，自身が管理するゾーンの情報をテキスト形式で定義し，ゾーンファイルと呼ばれるファイルで管理しています。ゾーンファイルには，任意のホストを指し示すドメイン名（FQDN：Fully Qualified Domain Name）に対し，そのIPアドレスを定義する**Aレコード**のほか，ホスト名の別名を定義するCNAMEレコードなど様々な種類の情報（リソースレコード）が定義されます。代表的なものを次の表にまとめておきます。

Aレコード	ホスト名に対応するIPアドレスを定義 〔例〕www.example.jp. IN A 100.1.1.1 dns.example.jp. IN A 100.1.1.2
CNAMEレコード	ホスト名の別名（エイリアス）を定義 〔例〕www.example.jp. CNAME backup.example.jp.
NSレコード	DNSサーバを定義 〔例〕example.jp. IN NS dns.example.jp.
MXレコード	メールサーバを定義　　優先度：小さい方を優先 〔例〕example.jp. IN MX 10 mail1.example.jp. example.jp. IN MX 20 mail2.example.jp.

●空欄b

空欄bは，「この構成にすれば，どちらのDHCPサーバから取得した構成情報をPCが自動設定するかによって，使用するDNSサーバが変わる。そこで，PCのWebブラウザの設定情報の中に，プロキシサーバの［ b ］を登録すれば，PCが使用するプロキシサーバを変えることができる」との記述中にあります。

現在，PCが使用するプロキシサーバのIPアドレスは，あらかじめPCに設定されているため，当該プロキシサーバに故障が発生するとインターネットが利用できなくなります。そこで，PCが使用するプロキシサーバを変えられるようにしようというのが，サーバ冗長化の狙いです。

PC（Webブラウザ）がプロキシサーバ経由でインターネットを利用するためには，プロキシサーバのIPアドレスを知る必要がありますから，DNSサーバに問い合わせを行いプロキシサーバのIPアドレスを取得します。このときプロキシサーバのホスト名がわからなければ問い合わせができないので，あらかじめPCのWebブラウザに，プロキシサーバのホスト名を登録しておく必要があります。このことから，PCのWebブラウザに設定する情報は，プロキシサーバのホスト名であることが分かります。

では，具体的な仕組みを見ていきましょう。2台のプロキシサーバに同じホスト名を付与し，DNSサーバ1のAレコードには，プロキシサーバのホスト名に対応するIPアドレスとしてプロキシサーバ1のIPアドレスを，DNSサーバ2のAレコードにはプロキシサーバ2のIPアドレスを登録します。

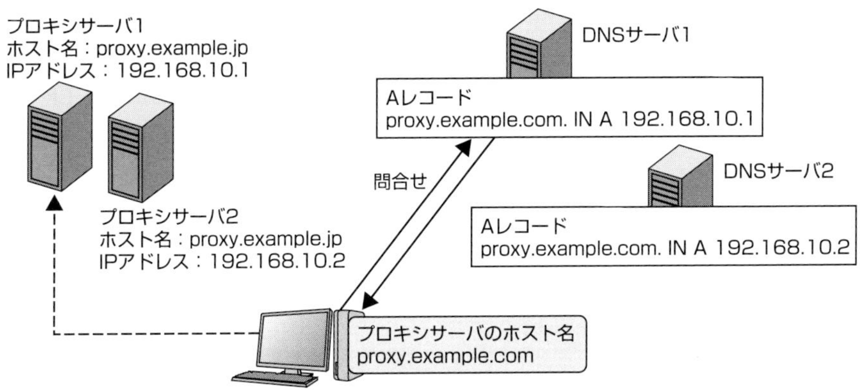

インターネット利用の際，PC（Webブラウザ）は自身に設定されているプロキシサーバのホスト名を基にDNSサーバによる名前解決を行いますが，どちらのDNSサーバを使用するかは，PCがどちらのDHCPサーバからの構成情報を自動設定したかによって変わります。しかし，それぞれのDNSサーバに登録されているプロキシサーバのホスト名は同じなので，DNSサーバ1に問い合わせたPCはプロキシサーバ1を，DNSサーバ2に問い合わせたPCはプロキシサーバ2をと，異なるプロキシサーバを経由してインターネットを利用できるようになります。

以上，**空欄b**には〔**キ**〕の**ホスト名**が入ります。

●空欄c

「DHCPメッセージは，OSI基本参照モデル第4層の[c]プロトコルで送受信される」とあります。OSI基本参照モデルの第4層はトランスポート層です。そしてトランスポート層の代表的なプロトコルはTCPとUDPです。ここで，DHCPはトランスポート層のプロトコルに〔**オ**〕の**UDP**を使用することを押さえておきましょう。PCからDHCPサーバへの通信は「送信元UDP68番ポート，宛先UDP67番ポート」，DHCPサーバからPCへの通信は「送信元UDP67番ポート，宛先UDP68番ポート」となります。

設問2 の解説

DHCPサーバから取得して自動設定できる構成情報が問われています。DHCPサーバから取得し，PCに自動設定される構成情報には，IPアドレスやIPアドレスの使用期限を示すリース期間，〔**イ**〕の**サブネットマスク**，〔**ウ**〕の**デフォルトゲートウェイのIPアドレス**，DNSサーバのIPアドレスなどがあります。

設問3 の解説

(1) 図2中の①DHCPDISCOVERと④DHCPREQUESTの通信方式が問われています。

PCは，DHCPDISCOVERを送信する時点ではDHCPサーバのIPアドレスを知りません。そこで，全てのDHCPサーバが受信できるように，DHCPDISCOVERをブロードキャストします。つまり，通信方式は**ブロードキャスト**です。

なお，①と④がブロードキャスト通信であることは，図2を見ても分かります。図2の注記2に，「●は，PCが送出するフレームが一つであることを示す」とあり，①と④が●になっています。つまり，PCが送出した一つのフレームが，DHCPサーバ1とDHCPサーバ2に届けられているので，①と④はブロードキャスト通信です。

参考 DHCPがUDPを使用する理由

DHCPがトランスポート層のプロトコルにUDPを使用する理由は，DHCPのシーケンスの中でブロードキャスト通信が行われるためです。**TCP**（Transmission Control Protocol）は，通信相手とコネクションを確立して通信を行うプロトコルです。ユニキャスト（1対1の通信）しかサポートしていません。これに対して**UDP**（User Datagram Protocol）は，コネクション確立の必要がないプロトコルです。ネットワーク内で不特定多数の相手に向かって同じデータを送信する**ブロードキャスト**や，ある特定の複数の相手を対象に同じデータを送信する**マルチキャスト**といった，1対Nの通信にはUDPが利用されます。

(2) 図2中の④DHCPREQUESTの内容から，2台のDHCPサーバが知ることができるDHCPOFFERの結果が問われています。

PCからのDHCPDISCOVERを受信したDHCPサーバ（DHCPサーバ1，DHCPサーバ2）は，PCにDHCPOFFERを送信します。DHCPOFFERは，DHCPサーバが提供できるIPアドレスなどの構成情報をPCに提案（通知）するためのメッセージです。

DHCPOFFERを受信したPCは，図2の注記1に記述されているように，先に受信した提案を受け入れます。そして，その構成情報を正式に取得するため，構成情報を要求するDHCPサーバを指定したDHCPREQUESTをブロードキャストで送信します。DHCPREQUESTをブロードキャスト送信するのは，どのDHCPサーバからの提案を受け入れたのかを全てのDHCPサーバに知らせるためです。つまり，DHCPREQUESTを受信した全てのDHCPサーバは，その内容を確認することで自身の提案が受け入れられたかどうかを知ることができるわけです。

以上，解答としては，「**自身の提案が受け入れられたかどうか**」などとすればよいでしょう。

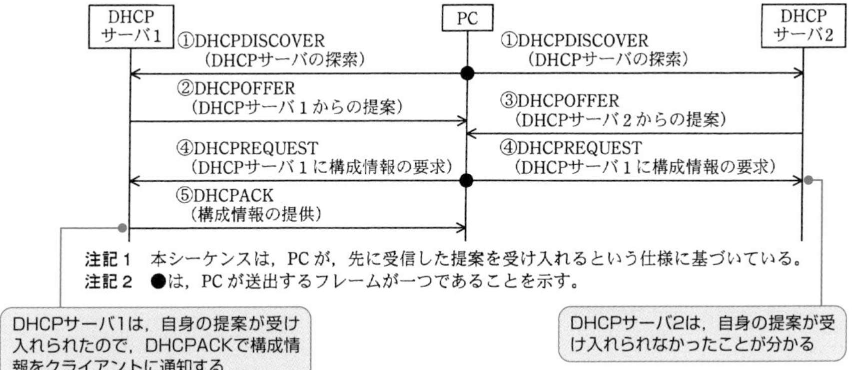

設問4 の解説

(1) 図3中のDHCPサーバ1がPCに提案すべきDNSサーバのIPアドレス，及びそのDNSサーバに登録されるべきプロキシサーバのIPアドレスが問われています。

ここで着目すべきは，〔DHCPサーバとプロキシサーバの冗長化〕の冒頭にある，「PCでのインターネット利用の中断を避けるためには，PCがDHCPサーバから取得したIPアドレスをもつDNSサーバと，そのPCがDNSサーバで取得したIPアドレスをもつプロキシサーバが同時に稼働している必要がある」との記述です。

図3を見ると，DHCPサーバ1は物理サーバ1上で稼動しています。このことから，

DHCPサーバ1は，自身と同じ物理サーバ1上で稼動するローカルDNSサーバ1（IPアドレス：192.168.20.2）をPCに提案し，ローカルDNSサーバ1には同じ物理サーバ1上で稼動するプロキシサーバ3（IPアドレス：192.168.20.3）を登録すればよいことが分かります。

以上，DHCPサーバ1がPCに提案すべきDNSサーバのIPアドレスは「**192.168.20.2**」，そのDNSサーバに登録されるべきプロキシサーバのIPアドレスは「**192.168.20.3**」です。

(2) 図3，4の構成としたとき，PCのWebブラウザでインターネットを利用する際に，社内DNSサーバを使用するサーバ又はPCのIPアドレスが問われています。

P社では，Webの閲覧や電子メールの送受信などのインターネットの利用は，全てプロキシサーバ経由で行っています。図3，4の構成では，プロキシサーバ3，4を導入し，その名前解決を行うため，社内DNSサーバとは別にローカルDNSサーバ1，2を導入しています。したがって，PCのWebブラウザでインターネットを利用したときのアクセスは次のようになります。

・PCは，ローカルDNSサーバを使用してプロキシサーバの名前解決を行い，HTTPリクエストをプロキシサーバに送る。
・プロキシサーバは，社内DNSサーバを使用してアクセス先となるWebサーバの名前解決を行い，アクセス先WebサーバにHTTPアクセスを送る。

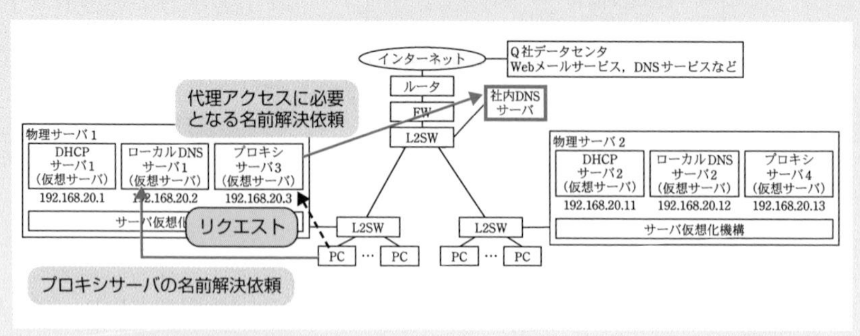

つまり，社内DNSサーバを使用するサーバは，プロキシサーバ3，4です。プロキシサーバ3のIPアドレスは「192.168.20.3」，プロキシサーバ4のIPアドレスは「192.168.20.13」なので，解答は「**192.168.20.3，192.168.20.13**」となります。

解答

設問1 a：イ
b：キ
c：オ

設問2 イ，ウ

設問3 (1) ブロードキャスト
(2) 自身の提案が受け入れられたかどうか

設問4 (1) DNSサーバのIPアドレス　：192.168.20.2
プロキシサーバのIPアドレス：192.168.20.3
(2) 192.168.20.3，192.168.20.13

参考 DHCPリレーエージェント

本問（図4）では，物理サーバ1と物理サーバ2が，L2SW（レイヤ2スイッチ）によって接続されていて，いずれも同じネットワークセグメントに属しています。そのため，部署1のPCから送信されたDHCPDISCOVERやDHCPREQUESTのブロードキャストパケットを，DHCPサーバ1及びDHCPサーバ2の両方が受信できます。しかし，L2SWではなくルータ（又はL3SW）で接続されていた場合，通常，ルータはブロードキャストパケットを他のネットワークに中継しないため，部署1のPCから送信されたDHCPDISCOVERやDHCPREQUESTは，DHCPサーバ2には届きません。

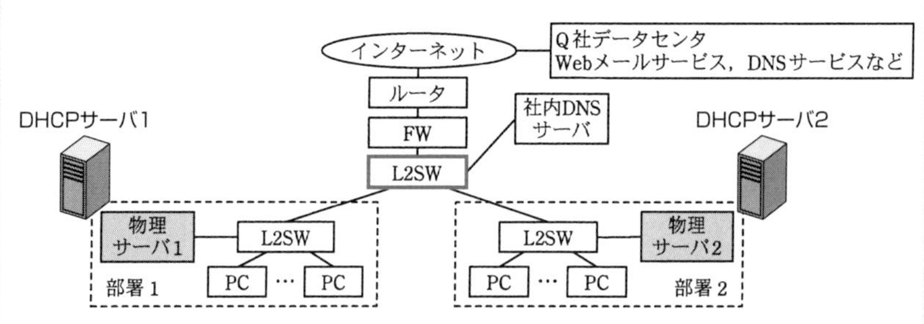

そこで，ルータなどには，DHCPサーバ宛のブロードキャストパケットを識別し，それを他のネットワークセグメントに設置されたDHCPサーバまで中継する機能が備えられています。この機能を**DHCPリレーエージェント**といいます。午前試験でも問われるので覚えておきましょう。

問題2 Webサイトの増設 (R05春午後問5)

情報サービス会社であるF社におけるWebサイトの増設を題材にした問題です。本問で主に問われるのは，インターネットの利用において不可欠の役割をもつDNSの仕組みや動作についてです。優先DNSサーバと代替DNSサーバ，プライマリDNSサーバとセカンダリDNSサーバ，さらにDNSサーバから取得した名前解決情報（リソースレコード）のTTLなど，本問を通して，DNSの基本知識を確認しておきましょう。

問 Webサイトの増設に関する次の記述を読んで，設問に答えよ。

F社は，契約した顧客（以下，顧客という）にインターネット経由でマーケット情報を提供する情報サービス会社である。F社では，マーケット情報システム（以下，Mシステムという）で顧客向けに情報を提供している。Mシステムは，Webアプリケーションサーバ（以下，WebAPサーバという），DNSサーバ，ファイアウォール（以下，FWという）などから構成されるWebサイトとF社の運用PCから構成される。現在，Webサイトは，B社のデータセンター（以下，b-DCという）に構築されている。

現在のMシステムのネットワーク構成（抜粋）を図1に，DNSサーバbに登録されているAレコードの情報を表1に示す。

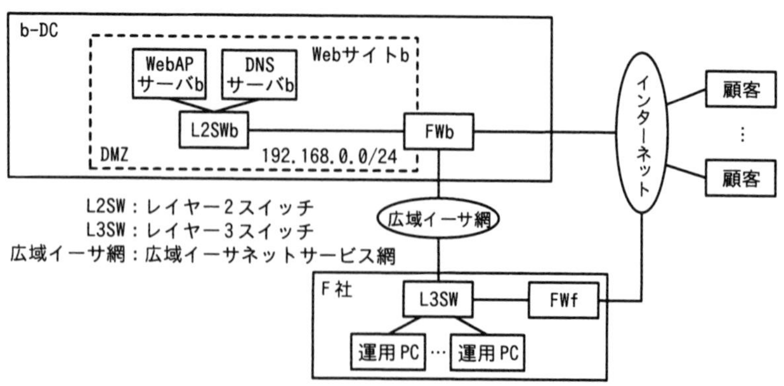

図1　現在のMシステムのネットワーク構成（抜粋）

表1 DNSサーバbに登録されているAレコードの情報

項番	機器名称	サーバのFQDN	IPアドレス
1	DNSサーバb	nsb.example.jp	200.a.b.1/28
2	WebAPサーバb	miap.example.jp	200.a.b.2/28
3	DNSサーバb	nsb.f-sha.example.lan	192.168.0.1/24
4	WebAPサーバb	apb.f-sha.example.lan	192.168.0.2/24

注記1 200.x.y.z (x, y, zは，0～255の整数) のIPアドレスは，グローバルアドレスである。
注記2 各リソースレコードのTTL (Time To Live) は，604800が設定されている。

〔Mシステムの構成と運用〕

・Mシステムを利用するにはログインが必要である。
・FWbには，DMZに設定されたプライベートアドレスとインターネット向けのグローバルアドレスを1対1で静的に変換するNATが設定されており，表1に示した内容で，WebAPサーバb及びDNSサーバbのIPアドレスの変換を行う。
・DNSサーバbは，インターネットに公開するドメインexample.jpとF社の社内向けのドメインf-sha.example.lanの二つのドメインのゾーン情報を管理する。
・F社のL3SWの経路表には，b-DCのWebサイトbへの経路と①デフォルトルートが登録されている。
・運用PCには，②優先DNSサーバとして，FQDNがnsb.f-sha.example.lanのDNSサーバbが登録されている。
・F社の運用担当者は，運用PCを使用してMシステムの運用作業を行う。

〔Mシステムの応答速度の低下〕

最近，顧客から，Mシステムの応答が遅くなることがあるという苦情が，Mシステムのサポート窓口に入ることが多くなった。そこで，F社の情報システム部（以下，システム部という）の運用担当者のD主任は，運用PCを使用して次の手順で原因究明を行った。

(i) 顧客と同じURLであるhttps:// a /でWebAPサーバbにアクセスし，顧客からの申告と同様の事象が発生することを確認した。
(ii) FWbのログを検査し，異常な通信は記録されていないことを確認した。
(iii) SSHを使用し，③広域イーサ網経由でWebAPサーバbにログインしてCPU使用率を調べたところ，設計値を超えた値が継続する時間帯のあることを確認した。

この結果から，D主任は，WebAPサーバbの処理能力不足が応答速度低下の原因であると判断した。

〔Webサイトの増設〕

D主任の判断を基に，システム部では，これまでのシステムの構築と運用の経験を生かすことができる，現在と同一構成のWebサイトの増設を決めた。システム部のE課長は，C社のデータセンター（以下，c-DCという）にWebサイトcを構築してMシステムを増強する方式の設計を，D主任に指示した。

D主任は，c-DCにb-DCと同一構成のWebサイトを構築し，DNSラウンドロビンを利用して二つのWebサイトの負荷を分散する方式を設計した。

D主任が設計した，Mシステムを増強する構成を図2に示す。

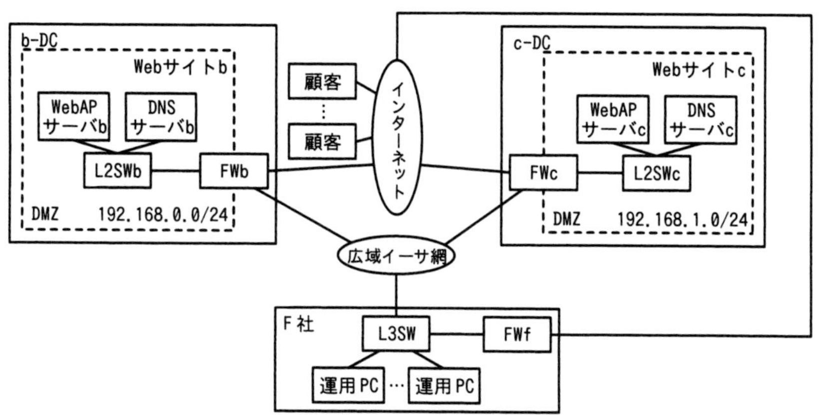

図2　Mシステムを増強する構成

図2の構成では，DNSサーバbをプライマリDNSサーバ，DNSサーバcをセカンダリDNSサーバに設定する。また，運用PCには，新たに［ b ］を代替DNSサーバに登録して，［ b ］も利用できるようにする。

そのほかに，L3SWの経路表にWebサイトcのDMZへの経路を追加する。

DNSサーバbに追加登録するAレコードの情報を表2に示す。

表2　DNSサーバbに追加登録するAレコードの情報

項番	機器名称	サーバのFQDN	IPアドレス
1	DNSサーバc	nsc.example.jp	200.c.d.81/28
2	WebAPサーバc	miap.example.jp	200.c.d.82/28
3	DNSサーバc	nsc.f-sha.example.lan	192.168.1.1/24
4	WebAPサーバc	apc.f-sha.example.lan	192.168.1.2/24

注記　各リソースレコードのTTLは，表1と同じ604800を設定する。

表2の情報を追加登録することによって，WebAPサーバb，cが同じ割合で利用されるようになる。DNSサーバb，cには［ c ］転送の設定を行い，DNSサーバbの情報を更新すると，その内容がDNSサーバcにコピーされるようにする。

WebAPサーバのメンテナンス時は，作業を行うWebサイトは停止する必要があるので，次の手順で作業を行う。④メンテナンス中は，一つのWebサイトでサービスを提供することになるので，Mシステムを利用する顧客への影響は避けられない。

(i) 事前にDNSサーバbのリソースレコードの［ d ］を小さい値にする。

(ii) メンテナンス作業を開始する前に，メンテナンスを行うWebサイトの，インターネットに公開するドメインのWebAPサーバのFQDNに対応するAレコードを，DNSサーバb上で無効化する。

(iii) この後，一定時間経てばメンテナンス作業が可能になるが，作業開始が早過ぎると顧客に迷惑を掛けるおそれがある。そこで，⑤手順(ii)でAレコードを無効化したWebAPサーバの状態を確認し，問題がなければ作業を開始する。

D主任は，検討結果を基に作成したWebサイトの増設案を，E課長に提出した。増設案が承認され実施に移されることになった。

設問1 〔Mシステムの構成と運用〕について答えよ。

(1) 本文中の下線①について，デフォルトルートのネクストホップとなる機器を，図1中の名称で答えよ。

(2) 本文中の下線②の設定の下で，運用PCからDNSサーバbにアクセスしたとき，パケットがDNSサーバbに到達するまでに経由する機器を，図1中の名称で全て答えよ。

設問2 〔Mシステムの応答速度の低下〕について答えよ。

(1) 本文中の［ a ］に入れる適切なFQDNを答えよ。

(2) 本文中の下線③について，アクセス先サーバのFQDNを答えよ。

設問3 〔Webサイトの増設〕について答えよ。

(1) 本文中の［ b ］～［ d ］に入れる適切な字句を答えよ。

(2) 本文中の下線④について，顧客に与える影響を25字以内で答えよ。

(3) 本文中の下線⑤について，確認する内容を20字以内で答えよ。

解説

設問1 の解説

(1) 下線①について，F社のL3SWの経路表に登録されているデフォルトルートのネクストホップ（図1中の機器）が問われています。

デフォルトルートとは，経路表に登録されているどの宛先にも該当しない宛先のパケットを，転送するための経路のことです。宛先ネットワークに「0.0.0.0/0」という特殊なIPアドレスを記載し，転送先となるネクストホップを指定します。ネクストホップとは，パケットの転送先の機器のことです。

図1を見ると，L3SWからの経路には，b-DCのWebサイトbへの経路とインターネットへの経路の二つがあります。このうち，Webサイトbへの経路は，経路表に登録されているとあるので，デフォルトルートとして登録されているのは，インターネットへの経路ということになります。したがって，デフォルトルートの転送先機器（ネクストホップ）は「**FWf**」です。

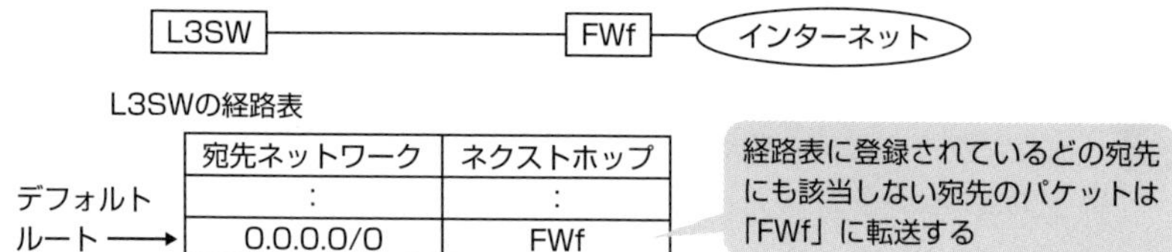

宛先ネットワーク	ネクストホップ
:	:
0.0.0.0/0	FWf

〔**補足**〕インターネットへのアクセスは，通常，宛先のIPアドレスがあらかじめ決まっていないためパケットの転送先も特定できません。そこで，インターネットへのアクセスなど，宛先IPアドレスが不定のパケットの転送先を一つにまとめて記載した経路が**デフォルトルート**です。なお，経路表については，本問解答の後の「参考」も参照してください。

(2) 運用PCに，下線②の設定（FQDNがnsb.f-sha.example.lanのDNSサーバbを優先DNSサーバとして登録）を行ったとき，運用PCから送出されたパケットがDNSサーバbに到達するまでに経由する機器（図1中の機器）が問われています。

表1を見ると，FQDNがnsb.f-sha.example.lanであるDNSサーバbのIPアドレスは「192.168.0.1/24」となっています。「192.168.x.x」のIPアドレスは，プライベートIPアドレスです。この点に着目すると，運用PCからDNSサーバbへのアクセスは，広域イーサ網を経由することが分かります。つまり，運用PCからDNSサーバbへの経路は，「運用PC→L3SW→広域イーサ網→FWb→L2SWb→DNSサーバb」となるので，経由する機器は，「**L3SW，FWb，L2SWb**」の三つです。

参考 広域イーサネット

広域イーサネットは，レイヤ2（L2）で通信を行うことで地理的に離れた複数のLAN同士をつなげて一つのLANとして利用することができるサービスです。広域イーサ網経由でDNSサーバb及びWebAPサーバbにアクセスするときは，**プライベートIPアドレス**が使用されます。

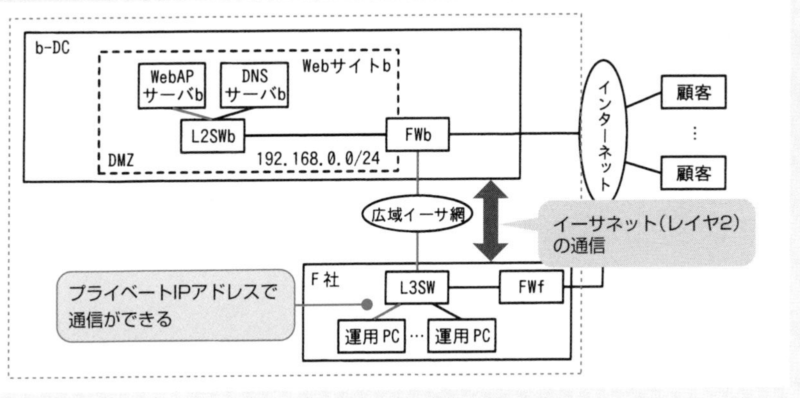

設問2 の解説

(1)「顧客と同じURLであるhttps://[a]/でWebAPサーバbにアクセスし …」との記述中にある空欄aに入れるFQDNが問われています。

WebAPサーバbのFQDNには，miap.example.jpとapb.f-sha.example.lanの二つが存在し，前者のIPアドレスはグローバルIPアドレス，後者はプライベートIPアドレスです。この二つのうち，顧客がWebAPサーバbにアクセスするときは，インターネット経由になるので，グローバルIPアドレスに対応するmiap.example.jpを指定することになります。したがって，顧客と同じURLとは「https://miap.example.jp/」であり，**空欄a**には「**miap.example.jp**」が入ります。

▼表1の「DNSサーバbに登録されているAレコードの情報」

項番	機器名称	サーバのFQDN	IPアドレス	
1	DNSサーバb	nsb.example.jp	200.a.b.1/28	
2	WebAPサーバb	miap.example.jp	200.a.b.2/28	← グローバルIPアドレス
3	DNSサーバb	nsb.f-sha.example.lan	192.168.0.1/24	
4	WebAPサーバb	apb.f-sha.example.lan	192.168.0.2/24	← プライベートIPアドレス

(2) 下線③について，SSHを使用して，広域イーサ網経由でWebAPサーバbにログインした際に，指定したアクセス先サーバのFQDNが問われています。

設問1 (1) の「参考」で述べたように，広域イーサ網経由でWebAPサーバbにアクセスするときは，プライベートIPアドレスが使用されます。

したがって，ログインの際に指定したFQDNは，WebAPサーバbのプライベートIPアドレスに対応する「**apb.f-sha.example.lan**」です。

参考 SSH

SSHとは，暗号化や認証機能をもち，遠隔にあるコンピュータに安全にログインするためのプロトコルです。SSHではログインセッションに先立って，安全な通信経路の確立（暗号アルゴリズムの合意とセッション鍵の共有）と利用者認証を行います。利用者認証部分を含め，全ての通信が暗号化されるため安全な通信を実現できます。

設問3 の解説

(1) 本文中の空欄b～空欄dに入れる字句が問われています。

●空欄b

空欄bは，「図2の構成では，DNSサーバbをプライマリDNSサーバ，DNSサーバcをセカンダリDNSサーバに設定する。また，運用PCには，新たに[b]を代替DNSサーバに登録して，[b]も利用できるようにする」との記述中にあります。

〔Mシステムの構成と運用〕の五つ目に，「運用PCには，優先DNSサーバとして，FQDNがnsb.f-sha.example.lanのDNSサーバbが登録されている」とあります。このことから，運用PCが最初に名前解決の問合せを行う先はDNSサーバbです。そして，DNSサーバbから正常な応答がない場合，優先DNSサーバ（すなわち，DNSサーバb）のバックアップとして機能する代替DNSサーバに問合せを行うことになります。

ここで，DNSサーバbをプライマリDNSサーバ，DNSサーバcをセカンダリDNSサーバに設定していることに着目します。プライマリDNSサーバは，DNS情報のマスタを管理（保持）するサーバです。一方，セカンダリDNSサーバは，DNSの可用性の確保と負荷分散（パフォーマンスの向上）を目的に設置されるサーバです。プライマリDNSサーバから情報を複製して保持するため，利用者は，プライマリ及びセカンダリの両方への問合せができます。

運用PCに，優先DNSサーバとしてDNSサーバbを登録しているということは，DNSサーバb以外のDNSサーバを代替DNSサーバとして登録する必要があります。

そして，この代替DNSサーバに該当するのは，セカンダリDNSサーバのDNSサーバcです。したがって，**空欄b**には「**DNSサーバc**」が入ります。

●空欄c

空欄cは，「DNSサーバb，cには［ c ］転送の設定を行い，DNSサーバbの情報を更新すると，その内容がDNSサーバcにコピーされるようにする」との記述中にあります。

先に述べたように，セカンダリDNSサーバは，プライマリDNSサーバがもつ情報の複製を保持するDNSサーバですから，プライマリDNSサーバの情報が更新された場合，その更新内容をセカンダリDNSサーバに転送して，情報の同期をとる必要があります。この“転送”をゾーン転送というので，**空欄c**には「**ゾーン**」が入ります。

●空欄d

空欄dは，「事前にDNSサーバbのリソースレコードの［ d ］を小さい値にする」との記述中にあります。

ここでの着目点は，表1の注記2です。「各リソースレコードのTTL（Time To Live）は，604800が設定されている」とありますが，このTTLは，DNSサーバから取得した名前解決情報（リソースレコード）をキャッシュに保持させることができる時間を，秒単位で表したものです。TTLに604800が設定されているということは，604800秒÷3600秒＝168時間，168時間÷24時間＝7日なので，取得したリソースレコードは最大で7日間，キャッシュに保持され，参照されることになります。

そのため，例えば，WebAPサーバbをメンテナンスするために，WebAPサーバbのAレコードを無効化しても，顧客のリゾルバ（名前解決要求を行うDNSクライアント）には，最大7日間，WebAPサーバbの情報がキャッシュに保持されることになり，この間は，キャッシュの参照によるWebAPサーバbへのアクセスが発生するのでメンテナンス作業を開始することができません。この状況を防ぐためには，事前に，TTLを小さい値に変更し，リゾルバにキャッシュされる時間を短くします。

以上，**空欄d**には「**TTL**」が入ります。

(2) 下線④の「メンテナンス中は，一つのWebサイトでサービスを提供することになるので，Mシステムを利用する顧客への影響は避けられない」ことについて，顧客に与える影響とはどのような影響なのか問われています。

F社が，Webサイトの増設を考えた理由は，現状のWebAPサーバbの処理能力不足が原因で，顧客から，Mシステムの応答が遅くなることがあるという苦情が多くなったからです。そこで，F社では，c-DCにb-DCと同一構成のWebサイトを構築し，DNSラウンドロビンにより負荷を分散することで，Webサーバの処理能力の増強を図ったわけです。これにより，Mシステムの応答速度の低下という問題は解決できますが，メンテナンス中は，一つのWebサイトのみで処理することになるため，その間のWebサーバの処理能力は現状と同じになります。つまり，メンテナンス中は，Mシステムの応答速度の低下が懸念されるわけです。これが，顧客に与える影響です。したがって，解答としては「**Mシステムの応答速度が低下することがある**」などとすればよいでしょう。

(3) 下線⑤の「手順（ii）でAレコードを無効化したWebAPサーバの状態を確認」することについて，どのような内容を確認する必要があるのか問われています。

Aレコードを無効化したWebAPサーバへのアクセスは，事前に小さな値に設定したTTLの時間が経過すればなくなるはずです。しかし，現在ログイン中の利用者がいた場合，その利用者はログインセッションが終了するまでは，当該WebAPサーバへのアクセスを行います。したがって，メンテナンス作業を開始するには，TTLの時間経過後に新規のアクセスが発生していないことを確認するとともに，現在，ログイン中の利用者がいないことを確認する必要があります。

以上，解答としては「**ログイン中の利用者がいないこと**」とすればよいでしょう。

解答

設問1 (1) FWf

(2) L3SW，FWb，L2SWb

設問2 (1) a：miap.example.jp

(2) apb.f-sha.example.lan

設問3 (1) b：DNSサーバc　c：ゾーン　d：TTL

(2) Mシステムの応答速度が低下することがある

(3) ログイン中の利用者がいないこと

参考 DNSラウンドロビン

負荷が集中するWebサーバやAPサーバなどは，複数のサーバで負荷分散を行います。このとき使用される機能の一つが**DNSラウンドロビン**です。一つのFQDNに対して複数のIPアドレスを登録し，名前解決（問合せ）のたびに，応答するIPアドレスを順番に変えることで負荷分散を図ります。

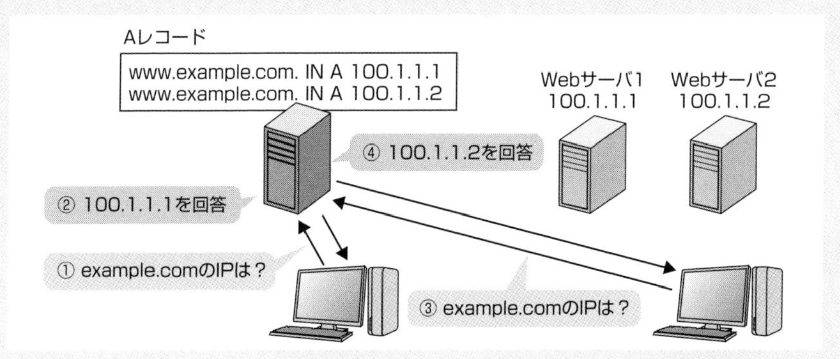

〔補足〕

DNSラウンドロビンと比較・検討される装置に，**ロードバランサ（負荷分散装置）**があります。ロードバランサは，サーバへのアクセス要求を制御して，同じような機能をもつ複数のサーバにアクセスを振り分ける装置です。振り分けのアルゴリズムには，いくつかありますが，よく知られているのが，あらかじめ決めた順序で各サーバにアクセスを振り分ける**ラウンドロビン方式**と，接続中のクライアント数が最も少ないサーバにアクセスを振り分ける**リーストコネクション方式**の二つです。

参考 ルータの経路表

異なるネットワーク同士で通信を行うとき，ルータなどの機器がIPパケットの中継を行います。ルータは，IPパケットに含まれる送信先IPアドレスのネットワークアドレス部と，ルータに設定された経路表（ルーティングテーブル）の宛先ネットワークとを比較し，転送先の機器（ネクストホップ）を決定します。ネクストホップが決定したら，IPヘッダのパケット生存時間（**TTL**：Time To Live）を1減らしてパケットを転送します。ここでいうTTL（生存時間）とは，通過ルータ数です。TTLが0になるとIPパケットを破棄すると同時に，送信元に**ICMPタイプ11**（Time Exceeded Message：時間切れ通知）を送り「時間切れによりIPパケットを破棄した」ことを伝えます。

▼経路表の例

IPアドレス（宛先ネットワーク）	転送先のルータ（ネクストホップ）
1XX.64.10.8/29	1xx.64.10.3
1XX.64.10.16/28	1xx.64.10.2
0.0.0.0/0	1xx.64.10.4

デフォルトルート

＊宛先IPアドレスが不定のパケットの転送先を，一つにまとめて記載した経路

問題3 Webシステムの負荷分散と不具合対策 (H30秋午後問5)

Webシステムの負荷分散と不具合対応に関する問題です。本問では，Webアプリケーションを用いた社内情報システムにおけるネットワーク管理を題材に，不具合原因の切り分けや復旧作業に関する基礎知識が問われます。

問 Webシステムの負荷分散と不具合対応に関する次の記述を読んで，設問1～3に答えよ。

D社は，小売業を営む社員数約300名の中堅企業であり，取り扱う商品の販売数が順調に増加している。D社では，共通基盤となるWeb業務システム上で販売管理や在庫管理，財務会計などの複数の業務機能がそれぞれ稼働している。

Web業務システムは，Webサーバ機能とアプリケーションサーバ機能の両方を兼ね備えたサーバ（以下，Webサーバという）3台と負荷分散装置（以下，LBという）1台，データベースサーバ（以下，DBサーバという）1台で構成される。

D社では総務部がWeb業務システムとネットワークの運用管理を所管しており，情報システム課のEさんが運用管理を担当している。Web業務システムを含むD社のネットワーク構成を図1に示す。

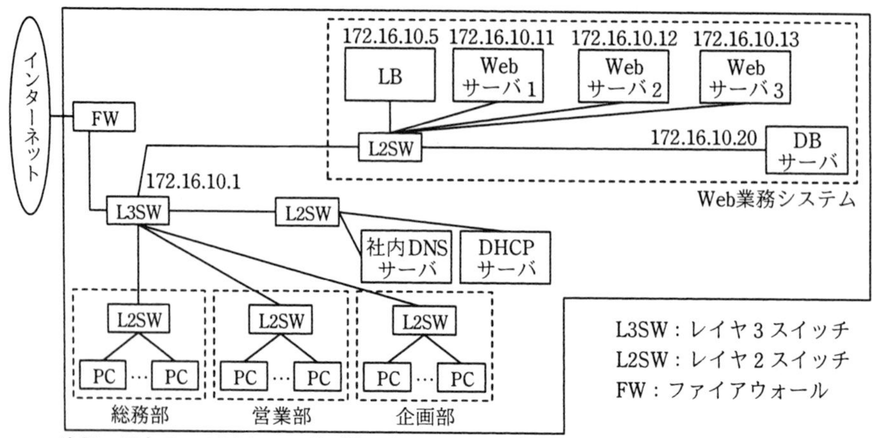

注記　図中のIPアドレスのサブネットマスクは，全て255.255.255.0である。

図1　D社のネットワーク構成（抜粋）

各部署のPCは起動時に，DHCPサーバから割り当てられたIPアドレスなどでネットワーク設定が行われる。PCから販売管理機能を利用する場合，販売管理機能を提供するプログラムに割り当てられたURLを指定し，Webブラウザでアクセスする。

〔LBによるWebサーバの負荷分散の動作〕

LBは，各部署のPCからWebサーバに対するアクセスをラウンドロビン方式でWebサーバ1〜3に分散して接続する。LBを利用することによって，Webサーバ1台で運用した場合と比較して，応答性能と可用性の向上を実現している。

Webブラウザで Web業務システムのURLを指定してアクセスすると，LBは，Webサーバを一つ選択して，当該サーバ宛てにパケットを送出する。例えば，Webサーバ2が選択された場合，LBはパケットの送信元のIPアドレスを［ a ］，送信先のIPアドレスを［ b ］に置き換えてパケットを送出する。

またLBは，pingコマンドを用いたヘルスチェック機能を有しており，pingコマンドに対して応答しなかったWebサーバへのアクセスを停止する。

〔不具合事象の発生〕

ある日，Web業務システムの定期保守作業において，販売管理機能のプログラムをバージョンアップしたところ，応答時間が急に遅くなり，Webブラウザにエラーが表示される，という報告が営業部から情報システム課に多く寄せられた。

〔不具合事象の切分け〕

営業部の多くのPCで同様な事象が発生していたので，EさんはPCが原因ではないと考え，PCとWebサーバ間の通信に不具合が発生したと考えた。

Eさんは，営業部のPCを利用して，原因の切分けを行った。確認項目と確認結果を表1に示す。

表1　確認項目と確認結果

項番	確認項目	確認結果
1	PC から LB への ping テストの結果は良好か。また，LB から Web サーバ 1～3 への ping テストの結果は良好か。	ping テストの結果は全て良好だった。
2	L2SW，L3SW，LB の各システムログファイルに問題となるメッセージがあるか。	問題となるメッセージはなかった。
3	PC で [c] コマンドを用いた，社内 DNS サーバの名前解決テストの結果は良好か。	名前解決テストの結果は良好だった。
4	Web サーバ 1～3 の HTTP 通信ログファイルに問題となるメッセージがあるか。	Web ブラウザにエラーが表示されたときの Web サーバと PC 間における HTTP 通信メッセージそのものが存在しなかった。そのとき以外のメッセージには，問題となるメッセージはなかった。
5	Web サーバ 1～3 への同時アクセス数が設定最大値を超えていないか。	同時アクセス数は設定最大値以内であることを通信ログから確認できた。
6	Web サーバ 1～3 のシステムログファイルに問題となるメッセージがあるか。	Web サーバから DB サーバへのアクセスエラーメッセージ，及び TCP ポートが確保できないという内容のエラーメッセージがあった。
7	DB サーバのシステムログファイルに問題となるメッセージがあるか。	問題となるメッセージはなかった。

Eさんはここまでの調査結果を整理して，今回の不具合の原因として想定される被疑箇所について次のような仮説を立てた。

項番1と2の結果から，PCとWebサーバ1～3の間のIP層のネットワーク通信には問題がない。また，項番3の結果から，Web業務システムのURLに対する名前解決にも問題はない。項番4と6の結果から，①特定のWeb画面を表示するときだけ，Webブラウザで HTTP通信がタイムアウトとなり，タイムアウトエラーを表示していると考えた。

Eさんは，ネットワーク通信の不具合についての仮説に対する確認テストを行うために，Web業務システムを開発したF社のテスト環境を利用して不具合を再現させ，ネットワークモニタとシステムリソースモニタを利用して状況を詳細に調べたところ，Webサーバ1～3で利用可能なTCPポートが一時的に枯渇する事象が発生していることが分かった。

F社から，Webサーバ1～3での利用可能なTCPポート数の増加，②Webサーバ1～3でのTCPコネクションが閉じるまでの猶予状態であるTIME_WAIT状態のタイムアウト値の短縮，及び販売管理機能のプログラムの実行環境においてWebサーバからDBサーバへの通信時のTCPポート再利用について，Eさんは改善項目の回答をもらった。

〔改善すべき問題点〕

Eさんは，不具合の修正が終わった後に，不具合の切分け作業の問題点を考えた。③Webサーバ1～3やL3SW，LBのそれぞれに記録されたログメッセージの対応関係の特定を推測に頼らざるを得ず難しかった。また，Webサーバで通信ログを調べる際に④送信元のPCがすぐに特定できなかった。

Eさんは，ネットワーク運用の観点から改善策の検討を進めた。

設問1 本文中の［ a ］，［ b ］に入れる適切なIPアドレスを答えよ。

設問2 〔不具合事象の切分け〕について，(1)～(3)に答えよ。

(1) 表1中の［ c ］に入れる適切な字句を答えよ。

(2) 本文中の下線①について，具体的にどのような不具合が生じていると考えたかを30字以内で述べよ。

(3) 本文中の下線②によって得られる改善の効果を35字以内で述べよ。

設問3 〔改善すべき問題点〕について，(1)，(2)に答えよ。

(1) 本文中の下線③について，適切な解決方法を解答群の中から選び，記号で答えよ。

解答群

ア　NTPによる時刻同期機能を導入する。

イ　ウイルス対策ソフトを導入する。

ウ　各機器で取得したログファイルを個々に確認する。

エ　各機器のデバッグログも表示されるようにする。

(2) 本文中の下線④について，送信元のPCをすぐに特定できない理由を25字以内で述べよ。

解説

設問1 の解説

本文中の空欄a，bに入れるIPアドレスが問われています。空欄a，bは，〔LBによるWebサーバの負荷分散の動作〕の中にある，「Webサーバ2が選択された場合，LBはパケットの送信元のIPアドレスを［ a ］，送信先のIPアドレスを［ b ］に置き換えてパケットを送出する」という記述中にあります。

〔LBによるWebサーバの負荷分散の動作〕に記述されている内容によると，各部署のPCがWeb業務システムのURLを指定してWebサーバにアクセスすると，まず最初にLBに接続され，LBはWebサーバ1～3のいずれかを選択して，当該サーバ宛てにパケットを送出することになります。したがって，Webサーバ2が選択された場合，LBは，Webサーバ2に対してパケットを送出するので，パケットの送信元はLB，送信先はWebサーバ2になります。図1を見ると，LBのIPアドレスは172.16.10.5，またWebサーバ2のIPアドレスは172.16.10.12になっていますから，**空欄a**には「**172.16.10.5**」，**空欄b**には「**172.16.10.12**」が入ります。

設問2 の解説

〔不具合事象の切分け〕に関する設問です。

(1) 表1中の空欄cが問われています，空欄cは，項番3の確認項目である「PCで［ c ］コマンドを用いた，社内DNSサーバの名前解決テストの結果は良好か」という記述中にあります。名前解決とは，例えば“www.gihyo.co.jp”といったFQDN（Fully Qualified Domain Name：完全修飾ドメイン名）などから，それに対応するIPアドレスを問い合わせる（取得する）ことを指します。

PCからDNSサーバに名前解決を問い合わせるとき，通常，nslookupコマンド又はdigコマンドを使用します。両コマンドは，DNSサーバが正常に動作しているかどうかを確認する際にも利用されるコマンドなので，**空欄c**には「**nslookup**」又は「**dig**」を入れればよいでしょう。なお，nslookupとdigの一番の違いは，問合せ結果の表示形式です。digコマンドが比較的そのまま表示するのに対し，nslookupコマンドは見やすいように加工・編集して表示します。

(2) 下線①の「特定のWeb画面を表示するときだけ，WebブラウザでHTTP通信がタイムアウトとなり，タイムアウトエラーを表示していると考えた」ことについて，具体的にどのような不具合が生じていると考えたか問われています。下線①の直前に「項番4と6の結果から」とあるので，項番4及び項番6の内容を確認します。

項番4では，Webサーバ1〜3のHTTP通信ログファイルを調査した結果，Webブラウザにエラーが表示されたときのWebサーバとPC間におけるHTTP通信メッセージそのものが存在しなかったことが確認されています。

項番6では，Webサーバ1〜3のシステムログファイルを調査した結果，WebサーバからDBサーバへのアクセスエラーメッセージ，及びTCPポートが確保できないという内容のエラーメッセージがあったことが確認されています。

これら項番4と6の結果から，「PCがWebブラウザでHTTP通信によるアクセスを行ったとき，WebサーバからDBサーバへアクセスする際に，TCPポートが確保できなかった。そのため，DBサーバへのTCP通信ができずアクセスエラーとなり，結果として，HTTP通信がタイムアウトとなった」との推測ができます。

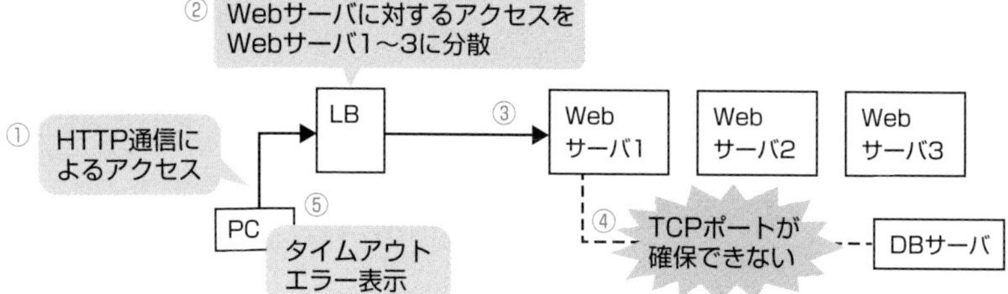

したがって，解答としては，「WebサーバからDBサーバへアクセスする際に，TCPポートが確保できず，DBサーバへのアクセスがエラーとなった」旨を記述すればよいのですが，これを30字以内でまとめるのは少々困難です。そこで，WebブラウザでHTTP通信がタイムアウトとなったのは，そもそもWebサーバからDBサーバへのアクセスがエラーとなったからであり，その原因がTCPポートであると考えます。つまり，ここでの解答は，エラーの原因となったTCPポートについては触れず，単に「**WebサーバからDBサーバへのアクセスがエラーとなった**」としてよいでしょう。

(3) 下線②の「Webサーバ1〜3でのTCPコネクションが閉じるまでの猶予状態であるTIME_WAIT状態のタイムアウト値の短縮」によって得られる改善効果が問われています。

TIME_WAIT状態とは，TCP通信が終了しても，一定時間，TCPポートの解放を保留している状態のことです。TCPでは，コネクション確立後，TCP通信が行われ，コネクション切断によりTCP通信が終了します。しかし，TCP通信が終了しても，すぐにはTCPポートを解放しません。TCPポートが完全に解放されるのは，TCP通信が終了し，一定時間すなわちTIME_WAIT状態のタイムアウト値が経過したときです。したがって，タイムアウト値を長く設定すれば，TIME_WAIT状態が長くなり，当該TCPポートの空き待ちが発生します。逆に，タイムアウト値を短くすれば，その分TCPポートが早く解放されるので，あまり待つことなく当該TCPポートが再利用できます。つまり，利用可能なTCPポート数が増えるわけです。

以上，解答としては，「Webサーバ1～3で利用するTCPポートが早く再利用できるようになる」，あるいは「Webサーバ1～3で利用可能なTCPポート数が増える」などとすればよいでしょう。なお，試験センターでは解答例を「**Webサーバ1～3で再利用できるTCPポート数を増やせること**」としています。

参考　TCPコネクション切断

TCPのコネクション切断のシーケンスは，右図のようになります。FINは，接続の終了を通知するパケットです。AがBへFINパケットを送り，BからACK，及びFINパケットを受け取ると，Aは，FINに対するACKを返した後，TIME_WAIT状態に移行します。そして，タイムアウト値（通常，120秒）を経過した後，TCPコネクションが閉じられ，TCPポートの解放が行われます。

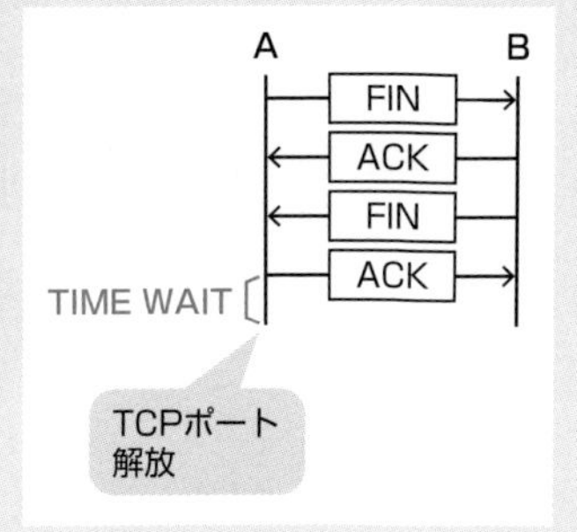

設問3 の解説

〔改善すべき問題点〕に関する設問です。

(1) 下線③の「Webサーバ1～3やL3SW，LBのそれぞれに記録されたログメッセージの対応関係の特定を推測に頼らざるを得ず難しかった」ことについて，その解決方法が問われています。

本問の状況のように，複数の機器から構成されるシステムで発生した，不具合事象の切り分けを行うときには，各機器のログファイルに記録された時刻情報をもとに，ログ内容の突合せを行います。通常，時刻情報には各機器がもつシステム時刻が使われますが，このシステム時刻にズレが生じていた場合，ログ内容の突合せが難しくなります。つまり，下線③の「Webサーバ1～3やL3SW，LBのそれぞれに記録されたログメッセージの対応関係の特定を推測に頼らざるを得ず難しかった」理由は，各機器のログファイルに記録された時刻情報，すなわち各機器がもつシステム時刻のズレが原因です。

したがって，各機器がもつシステム時刻の同期を取り，ズレを生じさせないようにすることが解決策になります。そして，これを行うためにはNTPを使います。NTP（Network Time Protocol）は，ネットワークに接続されたコンピュータや各種機器の時刻同期に用いられるプロトコルです。**NTPによる時刻同期機能を導入する**ことで，各機器のログファイルに記録される時刻情報が正確に合わせられ，ログ内容の突合せが容易になります。以上，解決方法として適切なのは〔**ア**〕です。

(2) 下線④の「送信元のPCがすぐに特定できなかった」理由が問われています。つまり，ここで問われているのは，Webサーバの通信ログを調べても，送信元のPCがすぐに特定できなかった理由です。

ポイントは，各部署のPCからWebサーバへのアクセスは，LBに集約され，LBがWebサーバ1～3のいずれかを選択して，当該サーバ宛てにパケットを送出することです。設問1で空欄a，bを解答しましたが，Webサーバ2が選択された場合，LBはパケットの送信元IPアドレスを自身のIPアドレス（172.16.10.5）に，また送信先IPアドレスをWebサーバ2のIPアドレス（172.16.10.12）に置き換えてパケットを送出します。つまり，Webサーバが受け取るパケットの送信元IPアドレスは，全てLBのIPアドレスになっているわけです。そのため，Webサーバの通信ログには，送信元のPCが特定できる情報は記録されません。これが，送信元のPCがすぐに特定できなかった理由です。

以上，解答としては「送信元IPアドレスがLBのIPアドレスだから」とすればよいでしょう。なお，試験センターでは解答例を「**送信元のIPアドレスはLBのものになるから**」としています。

解答

設問1 a：172.16.10.5
b：172.16.10.12

設問2 (1) c：nslookup　又は　dig
(2) WebサーバからDBサーバへのアクセスがエラーとなった
(3) Webサーバ1～3で再利用できるTCPポート数を増やせること

設問3 (1) ア
(2) 送信元のIPアドレスはLBのものになるから

問題4　チャット機能の開発　（R03春午後問5）

チャット機能の開発を題材とした問題です。本問では，DNSサーバのAレコード，HTTPS（HTTP Over TLS），HTTP，プロキシサーバ，NAPT，WebSocket，DNSサーバの機能を利用した負荷分散方式など，ネットワーク技術全般にわたる幅広い知識が問われます。難易度は高い問題ですが挑戦してみましょう。

問　チャット機能の開発に関する次の記述を読んで，設問1～3に答えよ。

E社は，旅行商品の企画，運営，販売を行う旅行会社である。E社の旅行商品は，自社の販売店と販売代理会社の販売店を通じて販売している。販売店に顧客が来ると，販売スタッフがE社の旅行販売システムを利用して，顧客の要望に合う旅行商品を検索し，顧客に提案している。また，顧客からの旅行商品に関する質問の回答が分からない場合，E社の販売店向けコールセンタに電話で問い合わせることになっているが，販売店からは"コールセンタに電話が繋がらない"などの苦情が出ている。

そこでE社は，販売店とコールセンタのスタッフがテキストメッセージで相互にやり取りできるチャット機能を，旅行販売システムに追加することにした。チャット機能の開発は，E社システム部門のF君が担当することになった。

〔ネットワーク構成の調査〕

F君は，チャット機能を開発するに当たり，現在のネットワーク構成を調査した。図1にF君が調査したネットワーク構成（抜粋）を示す。

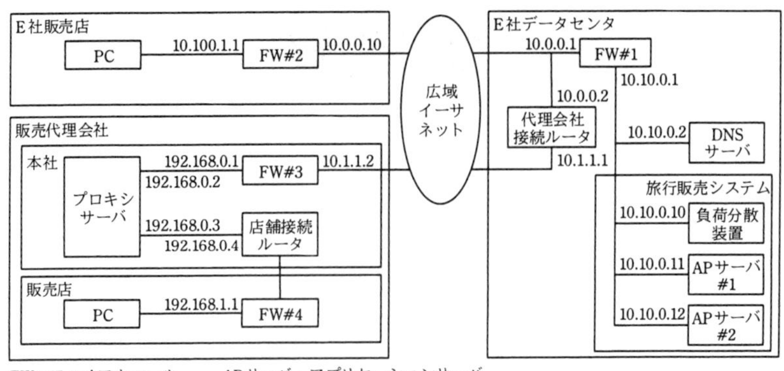

図1　F君が調査したネットワーク構成（抜粋）

旅行販売システムは，2台のAPサーバと負荷分散装置から構成されている。負荷分散装置はAPサーバの負荷を分散させるために利用される。DNSサーバのAレコードには，旅行販売システムのIPアドレスとして［ a ］が登録されている。

販売代理会社の販売店のPCから旅行販売システムへの通信は，FW，ルータ，プロキシサーバを経由している。FW#3では，NAPTを行い，宛先ポートが53番ポート，80番ポート又は443番ポートで宛先ネットワークアドレスが10.10.0.0のIPパケットとその返信IPパケットだけを通信許可する設定となっている。

販売代理会社の販売店のPCがHTTPを利用して旅行販売システムにアクセスする場合，プロキシサーバはPCから受信したGETメソッドを参照して，APサーバへHTTPリクエストを送信する。一方，HTTP Over TLSを利用する場合は，プロキシサーバは旅行販売システムの機器とTCPコネクションを確立し，①PCから受信したデータをそのまま送信する。

また，販売代理会社の販売店のPCから旅行販売システムへアクセスする場合，PCからFW#4に送信されるIPパケットの宛先IPアドレスは［ b ］となり，代理会社接続ルータからFW#1に送信されるIPパケットの送信元IPアドレスは［ c ］となる。

〔チャット機能の実装方式の検討〕

次にF君は，チャット機能の実装方式を検討した。チャット機能を実装する場合，旅行販売システムで利用している②HTTPでは実装が困難である。そこでF君は，チャット機能の実装のためにWebSocketについて調査を行った。図2にF君が調査したWebSocketを利用した通信（抜粋）を示す。

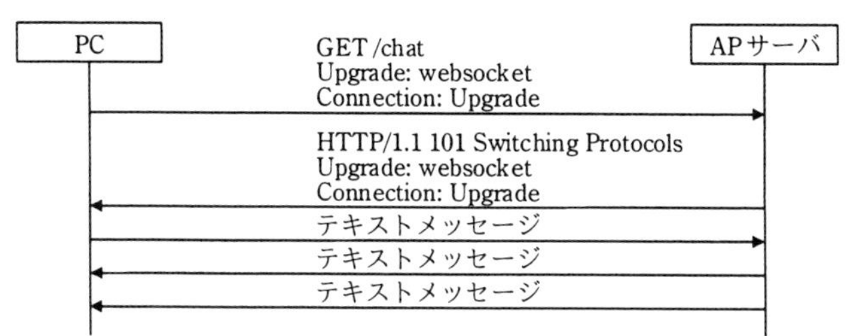

注記　図中のPCは，E社販売店のPCと販売代理会社の販売店のPCを指す。

図2　F君が調査したWebSocketを利用した通信（抜粋）

WebSocketを利用すると，PCとAPサーバの間のHTTPを用いた通信を拡張し，任意フォーマットのデータの双方向通信ができる。WebSocketを利用するためには，PCからAPサーバにHTTPと同様のGETメソッドを送信する。このGETメソッドの

HTTPヘッダに“Upgrade: websocket”と“Connection: Upgrade”を含めることで，PCとAPサーバの間でWebSocketの接続が確立する。接続が確立したら，PCとAPサーバのどちらからでも，テキストメッセージを送信できる。

この調査結果からF君は，IRC（Internet Relay Chat）プロトコルや新たにチャット機能専用のプロトコルを利用する場合と比較し，③WebSocketを利用することで販売代理会社のFWやルータの設定変更を少なくできると考えた。

〔チャット機能の設計レビュー〕

F君は，APサーバにチャット機能を追加するための設計を行い，上司のG課長のレビューを受けた。レビューの結果，G課長から次の2点の指摘があった。

指摘1. WebSocketはTCPコネクションを確立したままにするので，負荷分散装置を経由してチャット機能へアクセスすると，旅行販売システムの既存機能へのアクセスに影響がある。

指摘2. チャット機能をWebSocket Over TLSに対応させないと，販売代理会社からプロキシサーバを経由してチャット機能にアクセスできない。

F君は指摘1について，チャット機能では負荷分散装置を使わないことにし，E社データセンタ内にある機器を利用した④ほかの負荷分散方式に変更した。

次に指摘2について，WebSocketを利用した通信ではTCPコネクションを確立したままにする必要があるので，プロキシサーバのHTTP Over TLSのデータをそのまま送信する機能を利用することで，プロキシサーバ経由でチャット機能が利用できる。そこで，F君はTLS証明書を［ d ］にインストールし，チャット機能の通信をHTTP Over TLSに対応させた。

その後F君が，チャット機能を旅行販売システムに追加したことで，販売店でのチャット機能の利用が開始された。

設問1 〔ネットワーク構成の調査〕について，(1)～(3)に答えよ。

(1) 本文中の[a]～[c]に入れる適切なIPアドレスを図1中の字句を用いて答えよ。

(2) E社販売店のPC及び販売代理会社の販売店のPCが旅行販売システムにアクセスするためには，どの機器のDNS設定にE社のDNSサーバのIPアドレスを設定する必要があるか，解答群の中から全て選び，記号で答えよ。

解答群

ア　E社販売店のPC
イ　FW#1
ウ　FW#2
エ　FW#3
オ　FW#4
カ　店舗接続ルータ
キ　販売代理会社の販売店のPC
ク　負荷分散装置
ケ　プロキシサーバ

(3) 本文中の下線①について，プロキシサーバがPCから送信されたデータをそのまま送信するのはなぜか，30字以内で述べよ。

設問2 〔チャット機能の実装方式の検討〕について，(1)，(2)に答えよ。

(1) 本文中の下線②について，チャット機能をHTTPで実装するのはなぜ困難か，解答群の中から選び，記号で答えよ。

解答群

ア　PCはAPサーバ上のファイルを取得することしかできないから
イ　PCへのメッセージ送信はAPサーバ側で発生したイベントを契機として行うことができないから
ウ　TCPコネクションを確立したままにできないから
エ　どのPCから送られたメッセージか，APサーバが判別できないから

(2) 本文中の下線③について，FWやルータへの設定変更を少なくできるのはなぜか，WebSocketとHTTPの共通点に着目して，20字以内で述べよ。

設問3 〔チャット機能の設計レビュー〕について，(1)，(2)に答えよ。

(1) 本文中の下線④について，どのような負荷分散方式に変更したか，20字以内で答えよ。

(2) 本文中の[d]に入れる適切な機器名を，図1中の字句を用いて全て答えよ。

解説

設問1 の解説

(1) 本文中の空欄a〜cに入れる適切なIPアドレスが問われています。

●空欄a

空欄aは，DNSサーバのAレコードに登録される，旅行販売システムのIPアドレスです。Aレコードとは，任意のホストを指し示すドメイン名（FQDN：Fully Qualified Domain Name）に対応するIPアドレスを定義したレコードです。

図1の直後にある記述によると，旅行販売システムは，E社販売店のPCや販売代理会社の販売店のPCからのアクセスを，一旦，負荷分散装置で受けた後，2台のAPサーバに負荷を分散させています。

旅行販売システムへのアクセスを一元的に負荷分散装置が受け取るということは，旅行販売システムのFQDNに対する名前解決の問合せに対して，DNSサーバは，負荷分散装置のIPアドレスを応答するはずです。したがって，DNSサーバのAレコードに登録される，旅行販売システムのIPアドレスは，負荷分散装置のIPアドレス「**10.10.0.10（空欄a）**」です。

●空欄b

空欄bは，販売代理会社の販売店のPCから旅行販売システムへアクセスする場合，PCからFW#4に送信されるIPパケットの宛先IPアドレスです。

問題文（空欄aの直後）に，「販売代理会社の販売店のPCから旅行販売システムへの通信は，FW，ルータ，プロキシサーバを経由している」とあります。ここでの着目点は，プロキシサーバです。

プロキシサーバは，クライアントに代わり，インターネット上のWebサーバへのアクセスを行うサーバです。プロキシサーバを経由する場合，クライアントはプロキシサーバに対してHTTPリクエストを送ります。そして，プロキシサーバはクライアントから受け取ったリクエスト内の情報（指定されたURL）を基に宛先サーバ（本問の場合，負荷分散装置）の名前解決を行い接続したうえで代理アクセスします。

したがって，販売代理会社の販売店のPCが送信するIPパケットの宛先IPアドレスは，プロキシサーバのIPアドレスである「**192.168.0.3（空欄b）**」です。

●空欄c

空欄cは，販売代理会社の販売店のPCから旅行販売システムへアクセスする場合，代理会社接続ルータからFW#1に送信されるIPパケットの送信元IPアドレスです。ここでは，FW#3でNAPTを行っていることに着目します。

FW#3でNAPTを行っているということは，FW#3は，プロキシサーバから受け取ったIPパケットの送信元IPアドレス（すなわち，プロキシサーバのIPアドレス「192.168.0.2」）を，自身がもつグローバルIPアドレス「10.1.1.2」に書き換えて送出しているはずです。そして，FW#3から送出されたIPパケットを受信した代理会社接続ルータは，それをFW#1に転送するわけですから，FW#1に送信されるIPパケットの送信元IPアドレスは，FW#3のグローバルIPアドレスである「**10.1.1.2**（**空欄c**）」です。

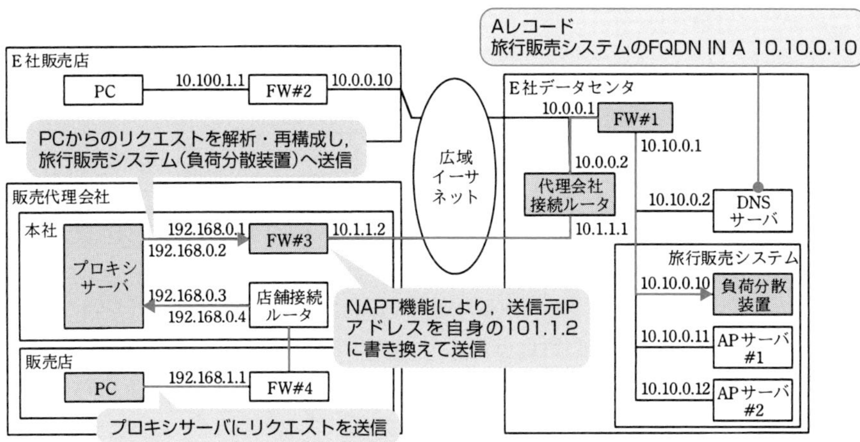

(2) E社販売店のPC及び販売代理会社の販売店のPCが旅行販売システムにアクセスするためには，どの機器のDNS設定にE社のDNSサーバのIPアドレスを設定する必要があるか問われています。

E社販売店のネットワークにはDNSサーバが設置されていません。また，E社販売店のPCから旅行販売システムへのアクセスはプロキシサーバを経由しません。そのため，E社販売店のPCは，E社のDNSサーバにアクセスして，旅行販売システムのIPアドレスを取得する（FQDNの名前解決を行う）必要があります。そして，これを行うためにはE社販売店のPCのDNS設定にE社のDNSサーバのIPアドレスを設定しなければなりません。

これに対し，販売代理会社の販売店のPCから旅行販売システムへのアクセスはプロキシサーバ経由になります。旅行販売システムへアクセスするのはプロキシサーバなので，プロキシサーバのDNS設定にE社のDNSサーバのIPアドレスを設定します。

以上，DNS設定にE社のDNSサーバのIPアドレスを設定する必要がある機器は，〔**ア**〕の**E社販売店のPC**と〔**ケ**〕の**プロキシサーバ**です。

(3) 下線①について，販売代理会社の販売店のPCがHTTP Over TLSを利用して旅行販売システムにアクセスする場合，プロキシサーバはPCから送信されたデータをそのまま送信する理由が問われています。

HTTP Over TLSを利用した通信では，通信が暗号化されることに気付きましょう。HTTPを利用した通信の場合，プロキシサーバは，PCからのHTTPリクエストの内容を解読できるので，その内容を基に指定された宛先サーバに接続し，リクエスト内容を書き換え，宛先サーバに送信します。

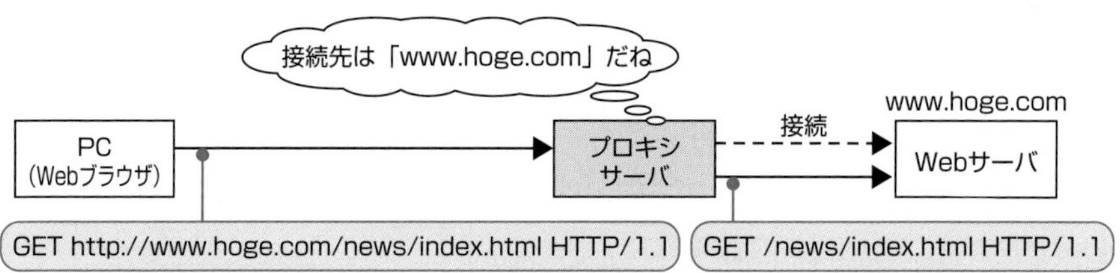

しかし，HTTP Over TLSを利用した通信の場合，エンドポイント間（本問の場合，PCと負荷分散装置間）の通信は，TLSによって暗号化されているため，プロキシサーバはHTTPリクエストの内容解読ができません。そこで，リクエスト内容をいじらず，そのまま送信します（単に中継する）。

以上，解答としては「プロキシサーバは暗号化されたリクエストの解読ができないから」などとすればよいでしょう。なお，試験センターでは解答例を「**プロキシサーバはGETメソッドの内容が見えないから**」としています。

参考　プロキシサーバを経由するHTTPS通信

HTTPS（HTTP Over TLS）でプロキシサーバを利用する場合，プロキシサーバに対してTLS通信をトンネル化するように指示します。そしてこれを行う特殊なメソッドが**CONNECTメソッド**です。具体的には，クライアントがプロキシサーバに対して，例えば「CONNECT www.hoge.com:443 HTTP/1.1」を送信すると，これを受けたプロキシサーバは，CONNECTメソッドに指定されたURL（FQDN）を基に，DNSサーバによる名前解決を行い，宛先サーバとのTCPコネクションを確立します。そして，その上にTLSを使ってHTTPを流してHTTPS通信を実現します。つまりHTTPS通信の場合，プロキシサーバは，TLSやHTTPS通信の中身には一切触れず，IPヘッダとTCPヘッダのみ変更し，クライアントからのリクエストを左から右へと単に中継するのみになります。

設問2 の解説

(1) 下線②について，チャット機能をHTTPで実装するのはなぜ困難か，その理由が問われています。

下線②の直後に，「チャット機能の実装のためにWebSocketについて調査を行った」とあります。WebSocketとは，クライアント（Webブラウザ）とWebサーバ間でリアルタイム性の高い双方向通信を実現するプロトコルです。図2にも示されていますが，WebSocketを利用した通信は，クライアントからのGETメソッド（Upgrade WebSocketリクエスト）で始まり，サーバがそれに応えることでWebSocket用の通信路が確立します（WebSocketに切り替わる）。その後は，HTTPの手順に縛られず，一つのTCPコネクション上でデータのやり取りが行えるようになり，クライアントからのリクエストに対してサーバがレスポンスを返すだけでなく，サーバが自発的にクライアントにデータを送信することも可能になります。

これに対し，基本的にHTTPは，クライアントが何らかのリクエストを送らない限り，サーバはレスポンスを返せないプロトコルです。サーバとクライアントのどちらからも通信を行うチャット機能の実装は困難です。

以上，HTTPでの実装が困難な理由は，〔イ〕の「**PCへのメッセージ送信はAPサーバ側で発生したイベントを契機として行うことができないから**」です。

なお，その他の選択肢は，次のような理由で適切ではありません。

ア：HTTPのリクエストメソッド（リソースに対して実行したいアクション）には，サーバ上のデータを取得するGETメソッドのほか，データを送るPOSTメソッド，データを上書き更新するPUTメソッドなどがあります。

ウ：当初HTTPでは，リクエスト／レスポンスの1組の通信に対して個別にTCPコネクションを確立していましたが，現在では一連のやり取りが終了するまでTCPコネクションを確立したままにできます。

エ：Cookieなどを利用することで，どのPCから送られたメッセージか，APサーバで判別できます。

(2) 下線③について，WebSocketを利用することで販売代理会社のFWやルータの設定変更を少なくできる理由が問われています。

〔ネットワーク構成の調査〕に，「FW#3では，NAPTを行い，宛先ポートが53番ポート，80番ポート又は443番ポートで宛先ネットワークアドレスが10.10.0.0のIPパケットとその返信IPパケットだけを通信許可する設定となっている」とあります。つまり，FW#3（販売代理会社のFW）で通信許可されているのは，DNS（53番ポート），HTTP（80番ポート），HTTPS（443番ポート）のIPパケットとその返信IPパケットだけです。このため，IRCプロトコルなど新たなプロトコルを利用する場合，そのプロトコルのIPパケットを通過させるようFW#3のルール設定を変更しなければなりません。

これに対し，WebSocketはHTTP通信を拡張したものであり，HTTPやHTTPSのコネクションのままWebSocketにUpgrade（アップグレード）できるので，使用するポートもHTTPやHTTPSと同じ80番ポート，443番ポートです。このため，FW#3のルール設定の変更は必要ありません。これが，設定変更を少なくできる理由です。解答としては「**同じポートを利用するから**」とすればよいでしょう。

設問3 の解説

(1) 下線④について，負荷分散装置以外の機器を利用した負荷分散方式が問われています。

現在，DNSサーバには，旅行販売システムのIPアドレスとして負荷分散装置のIPアドレスを登録し，E社販売店のPCや販売代理会社の販売店のPCからのアクセスを負荷分散装置に集約し，負荷分散装置によってAPサーバ#1とAPサーバ#2への負荷分散を行っています。

問われているのは負荷分散装置を使わずに，APサーバ#1とAPサーバ#2へ負荷分散を行う方法ですから，単純に考えると，旅行販売システムへのアクセスをAPサーバ#1とAPサーバ#2に交互に振り分ければよいわけです。そして，これを可能にしてくれるのがDNSラウンドロビン方式です。

DNSラウンドロビン方式とは，DNSサーバの機能を利用した方式で，一つのドメイン名（FQDN）に対して複数のIPアドレスを登録し，名前解決の問合せの度に応答するIPアドレスを順番に変えるという方式です（p.332の「参考」を参照）。本問の場合，DNSサーバに，旅行販売システムに対応するIPアドレスとして，APサーバ#1とAPサーバ#2の二つのIPアドレスを登録しておき，チャット機能を利用する際の問合せに対して，APサーバ#1とAPサーバ#2のIPアドレスを順番に応答するようにすれば負荷分散ができます。

以上，負荷分散装置以外の機器を利用した負荷分散方式とは「**DNSラウンドロビン方式**」です。

(2)「TLS証明書を［ d ］にインストールし，チャット機能の通信をHTTP Over TLSに対応させた」との記述中にある空欄dが問われています。

TLS証明書とは，TLS通信の認証で使われるサーバ証明書のことです。旅行販売システムの既存機能では，PCと負荷分散装置の間でHTTPS（HTTP Over TLS）を利用した通信が行われるため，HTTPSの終端処理（通信の暗号化や復号）は負荷分散装置で行います。そのため，負荷分散装置だけにTLS証明書をインストールしておけば問題はありません。

これに対しチャット機能では，DNSラウンドロビン方式の負荷分散を用いるため，HTTPSの終端処理はAPサーバ#1及びAPサーバ#2が行うことになります。したがって，TLS証明書をインストールする必要がある機器は，APサーバ#1とAPサーバ#2の2台です。

以上，**空欄d**には「**APサーバ#1，APサーバ#2**」を入れればよいでしょう。

解答

設問1 (1) a：10.10.0.10
b：192.168.0.3
c：10.1.1.2
(2) ア，ケ
(3) プロキシサーバはGETメソッドの内容が見えないから

設問2 (1) イ
(2) 同じポートを利用するから

設問3 (1) DNSラウンドロビン方式
(2) d：APサーバ#1，APサーバ#2

問題5 レイヤ3スイッチの故障対策 (H29春午後問5)

レイヤ3スイッチ（L3SW）の故障対策を題材とした問題です。L3SWは複数のサブネットを構成するため，故障による影響は大きく，冗長化は欠かせません。本問では，L3SWの冗長化に関連して，動的経路による経路変更など，LANにおける通信の基本動作が問われます。正解を得るためには，VLAN（Virtual LAN：仮想LAN）やpingコマンドのほか，ルーティングプロトコルであるOSPF，デフォルトゲートウェイ，さらにVRRP（ルータの冗長化技術）など，多くの知識が必要になります。そのため，難易度的には若干高めの問題かもしれません。本問を通して，L3SWの冗長化の方法や，動的経路による経路変更など，LANにおける通信の基本動作を学習するつもりで取り組みましょう。

問 レイヤ3スイッチの故障対策に関する次の記述を読んで，設問1～4に答えよ。

R社は，社員50名の電子機器販売会社であり，本社で各種のサーバを運用している。本社のLAN構成とL3SW1の設定内容を図1に示す。

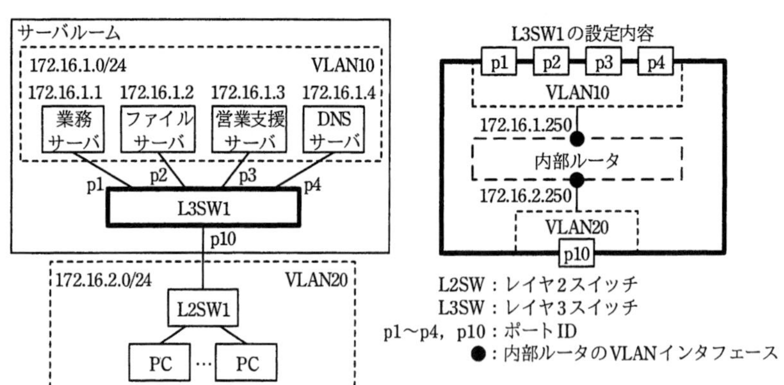

図1 本社のLAN構成とL3SW1の設定内容（抜粋）

〔障害の発生と対応〕

ある日，社員のK君は顧客先から帰社した後，自席のPCで営業支援サーバとファイルサーバを利用して提案資料を作成した。その後，在庫を確認するために業務サーバを利用しようとしたが，利用できなかった。そこで，K君は情報システム課のJ君に，ファイルサーバと営業支援サーバは利用できるが，業務サーバが利用できないことを報告した。J君は，J君の席のPCからは業務サーバが利用できるので，業務サーバに問題はないと判断した。そこで，J君は<u>①K君の席に行き，K君のPCでpingコマンドを172.16.1.1宛てに実行した</u>。業務サーバからの応答はあったものの，利用できないままであった。しばらくすると，一部の社員から，業務サーバだけでなくファイルサーバや営業支援サーバも利用できないという連絡が入ってきた。

これらの連絡を受け，J君は<u>②DNSサーバの故障又はDNSサーバへの経路の障害ではないかと考え</u>，J君の席のPCでpingコマンドを［ a ］宛てに実行したところ応答がなかった。そこで，J君はサーバルームに行って調査し，L3SW1のp4が故障していることを突き止め，保守用のL3SWと交換して問題を解消した。

〔J君が考えた改善策〕

故障による業務の混乱が大きかったので，J君は，L3SW故障時もサーバの利用を中断させない改善策を検討した。J君が考えた，L3SWの冗長構成を図2に示す。

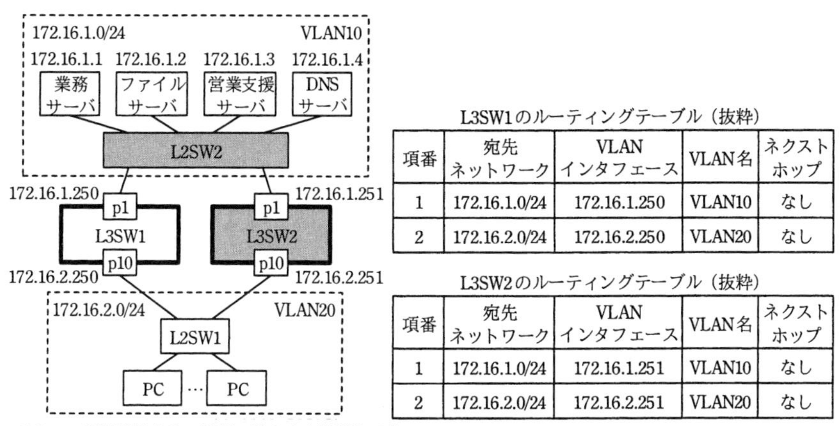

L3SW1のルーティングテーブル（抜粋）

項番	宛先ネットワーク	VLANインタフェース	VLAN名	ネクストホップ
1	172.16.1.0/24	172.16.1.250	VLAN10	なし
2	172.16.2.0/24	172.16.2.250	VLAN20	なし

L3SW2のルーティングテーブル（抜粋）

項番	宛先ネットワーク	VLANインタフェース	VLAN名	ネクストホップ
1	172.16.1.0/24	172.16.1.251	VLAN10	なし
2	172.16.2.0/24	172.16.2.251	VLAN20	なし

注記1　網掛け部分は，新規に導入する機器を示す。
注記2　172.16.1.250，172.16.1.251，172.16.2.250及び172.16.2.251は，L3SWの内部ルータのVLANインタフェースに設定するIPアドレスである。

図2　J君が考えたL3SWの冗長構成

図2では，L3SWを冗長化するためのL3SW2と，サーバを接続するためのL2SW2を新規に導入する。L3SW1とL3SW2に必要な設定を行い，L3SW1とL3SW2の間でOSPFによる［ b ］経路制御を稼働させる。PCとサーバに設定されたデフォルトゲートウェイなどのネットワーク情報は，図1の状態から変更しない。

J君は，図2に示した冗長構成案を上司のN主任に説明したところ，サーバが利用できなくなる問題は解消されないとの指摘を受けた。N主任の指摘内容を次に示す。

PCのデフォルトゲートウェイには，L3SW1の内部ルータのVLANインタフェースアドレス[c]が設定されており，PCによるサーバアクセスは，L3SW1のp10経由で行われる。L3SW1のp1故障時には，<u>③図2中のL3SW1のルーティングテーブルが更新され</u>，ネクストホップにIPアドレス[d]がセットされる。その結果，PCから送信されたサーバ宛てのパケットがL3SW1の内部ルータに届くと，L3SW1は当該PC宛てに，経路の変更を指示する[e]パケットを送信する。PCは[e]パケットの情報によって，サーバに到達可能な別経路のゲートウェイのIPアドレスを知り，サーバ宛てのパケットを[d]に送信し直すことによって，パケットはサーバに到達する。しかし，サーバからの応答パケットは，L3SW1の内部ルータのVLANインタフェースに届かないので，サーバは利用できない。L3SW1のp10の故障の場合，又はp10への経路に障害が発生した場合も，同様にサーバが利用できなくなる。

このような問題を発生させないために，N主任は，VRRP（Virtual Router Redundancy Protocol）を利用する改善策を示した。

〔N主任が示した改善策〕

VRRPは，ルータを冗長化する技術である。L3SWでVRRPを稼働させると，L3SWの内部ルータのVLANインタフェースに仮想IPアドレスが設定される。本社LANでVRRPを稼働させるときの構成を，図3に示す。

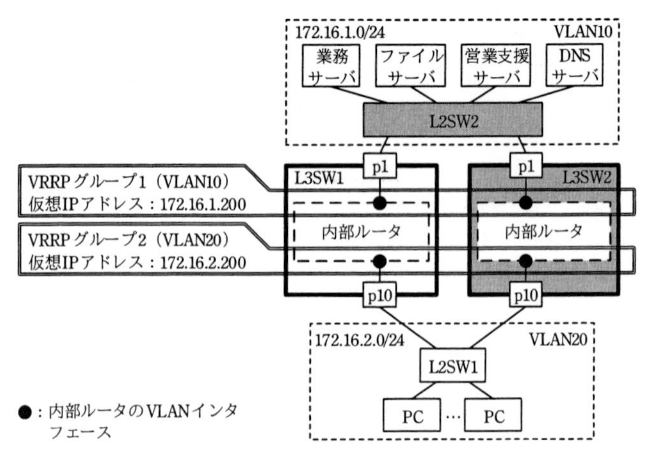

図3　本社でLANでVRRPを稼働させるときの構成

図3に示したように，L3SW1とL3SW2の間で二つのVRRPグループを設定する。VRRPグループ1，2とも，L3SW1の内部ルータの優先度をL3SW2の内部ルータよりも高くして，L3SW1の内部ルータのVLANインタフェースに仮想IPアドレスを設定する。L3SW1の故障の場合，又はL3SW1への経路に障害が発生した場合は，VRRPの機能によって，L3SW2の内部ルータのVLANインタフェースに仮想IPアドレスが設定される。PC及びサーバは，パケットを仮想IPアドレスに向けて送信することによって，L3SW1経由の経路に障害が発生してもL3SW2経由で通信できるので，PCによるサーバの利用は中断しない。

図3の構成にするときは，④PCとサーバに設定されているネットワーク情報の一つを，図1の状態から変更することになる。

J君は，N主任から示された改善策を基に，本社LANのL3SWの故障対策案をまとめ，N主任と共同で情報システム課長に提案することにした。

設問1 本文中の［ a ］～［ e ］に入れる適切な字句を解答群の中から選び，記号で答えよ。

解答群

ア	172.16.1.1	イ	172.16.1.4	ウ	172.16.1.250
エ	172.16.1.251	オ	172.16.2.250	カ	172.16.2.251
キ	GARP	ク	ICMPリダイレクト	ケ	静的
コ	動的	サ	プロキシARP		

設問2 〔障害の発生と対応〕について，(1)，(2) に答えよ。

(1) 本文中の下線①の操作の目的を，30字以内で述べよ。

(2) 本文中の下線②について，DNSサーバが利用できなくても，業務サーバ，ファイルサーバ及び営業支援サーバの利用を正常に行えている社員がいるのはなぜか。その理由を，25字以内で述べよ。

設問3 本文中の下線③について，更新が発生する図2中のL3SW1のルーティングテーブルの項番を答えよ。また，VLANインタフェースとVLAN名の更新後の内容を，それぞれ答えよ。

設問4 本文中の下線④について，変更することになる情報を答えよ。また，サーバにおける変更後の内容を答えよ。

解説

設問1 の解説

●空欄a

「J君の席のPCでpingコマンドを[a]宛てに実行したところ応答がなかった」とあり，空欄aに入れる，pingコマンドの宛先が問われています。

pingコマンドは，IPパケットが通信先のIPアドレスに到着するかどうか，通信相手との接続性（疎通）を確認するために使用されるコマンドです。ここで空欄aの直前にある，「J君はDNSサーバの故障又はDNSサーバへの経路の障害ではないかと考えた」との記述に着目すると，J君がpingコマンドを実行したのは，DNSサーバとの接続性を確認するためだと分かります。つまり，pingコマンドの宛先はDNSサーバです。そして，図1を見ると，DNSサーバのIPアドレスは172.16.1.4になっているので，**空欄a**には〔**イ**〕の**172.16.1.4**が入ります。

●空欄b

「L3SW1とL3SW2の間でOSPFによる[b]経路制御を稼働させる」とあり，空欄bに入れる字句が問われています。OSPFは，動的経路制御で用いられるルーティングプロトコルなので，**空欄b**には〔**コ**〕の**動的**が入ります。

参考 ルーティング（経路制御）

ルーティング（経路制御）とは，パケットの転送経路，すなわち最適なルートを決定する制御のことです。あらかじめ作成されたルーティングテーブル（経路表）に基づいて転送経路を決定する方式を**静的経路制御**（**スタティックルーティング**）といい，経路に関する情報を他のルータと交換しあうことによって転送経路を動的に決定する方式を**動的経路制御**（**ダイナミックルーティング**）といいます。代表的なプロトコルには次の二つがあります。

OSPF	Open Shortest Path Firstの略。リンクステート型のルーティングプロトコル。**リンクステート**とは，“各ルータの繋がっている状態”という意味。OSPFでは，各ルータがリンクの状態（リンクステート情報）を交換しあうことで，どのルータとどのルータが繋がっているのかを表すリンクステートデータベースを構築し，自ルータを起点としたSPFツリー（ネットワーク構成図）を作成する。このSPFツリーをもとに，宛先までのコスト値が最小となる経路を判断してルーティングテーブルを作成・更新する
RIP	Routing Information Protocolの略。ディスタンスベクタ型のルーティングプロトコル。ルーティングテーブルの情報を30秒ごとに交換しあい，宛先までのルータ数（ホップ数）を基準に最適経路を決定する。なお，宛先に到達可能な最大ホップ数は15（16ホップの経路は到達不能）であり，また，RIPでは回線速度を一切考慮しないため，宛先までの転送速度が最大の経路が選択されるとは限らない

●空欄c

「PCのデフォルトゲートウェイには，L3SW1の内部ルータのVLANインタフェースアドレス[c]が設定されており，PCによるサーバアクセスは，L3SW1のp10経由で行われる」とあります。つまり，問われているのは，PCのデフォルトゲートウェイに設定されているアドレスです。

図2を見ると，L3SW1の内部ルータのVLANインタフェースに設定されているIPアドレスは，172.16.1.250と172.16.2.250の二つです。このうち，「PCによるサーバアクセスは，L3SW1のp10経由で行われる」と記述されていることから，PCのデフォルトゲートウェイに設定されているアドレスは172.16.2.250です。したがって，**空欄c**には〔**オ**〕の**172.16.2.250**が入ります。

●空欄d

「L3SW1のp1故障時には，図2中のL3SW1のルーティングテーブルが更新され，ネクストホップにIPアドレス[d]がセットされる」とあります。

図2のL3SW1のルーティングテーブルを見ると，宛先ネットワークが172.16.1.0/24のとき(項番1)のネクストホップが“なし”になっています。これは，172.16.1.0/24（VLAN10）のサーバ宛てへのパケットは，p1ポートから直接（中継ルータを介さず）送信されるということです。そこで，p1が故障するとp1ポートからの送信ができなくなりますが，L3SW1とL3SW2はOSPFにより互いに経路情報を交換し合っているため，L3SW1は，L3SW2のp10ポートを経由すれば，サーバにパケットを届けられることを知っています。したがって，L3SW1のp1が故障した際には，L3SW2のp10ポートに割り当てられている172.16.2.251がネクストホップにセットされるので，**空欄d**には〔**カ**〕の**172.16.2.251**が入ります。

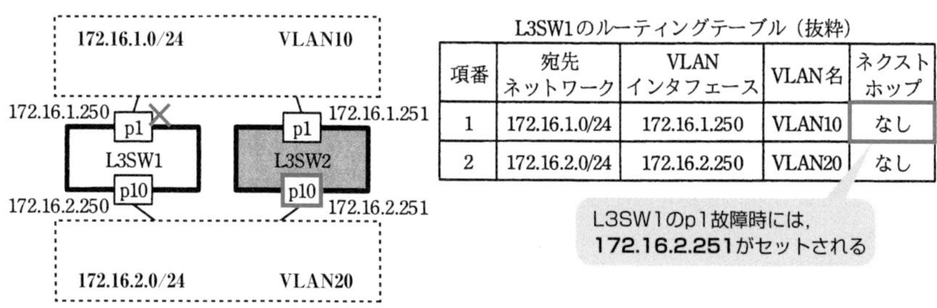

L3SW1のルーティングテーブル（抜粋）

項番	宛先ネットワーク	VLANインタフェース	VLAN名	ネクストホップ
1	172.16.1.0/24	172.16.1.250	VLAN10	なし
2	172.16.2.0/24	172.16.2.250	VLAN20	なし

●空欄e

空欄eは，先の空欄dが含まれる記述の後にある，「その結果，PCから送信されたサーバ宛てのパケットがL3SW1の内部ルータに届くと，L3SW1は当該PC宛てに，経路の変更を指示する[e]パケットを送信する」という記述中にあります。キーワードとなるのは，「経路の変更を指示する」という文言です。ここで，“経路変更”ときたら“ICMPリダイレクト”だと気付きましょう。ICMPリダイレクト（Redirect）は，経路変更要求メッセージです。例えば，転送されてきたパケットを受信したルータが，そのネットワークの最適なルータを送信元に通知して経路の変更を要請するときなどに使用されます。

本問では，L3SW1のp1が故障した時，L3SW1のルーティングテーブルの，項番1のネクストホップが172.16.2.251（空欄d）に更新されます。そして，PCからサーバ宛てのパケットを受信したL3SW1は，送信元のPC宛てに，「サーバ宛てのパケットは172.16.2.251に送って！」といったICMPリダイレクト（経路変更要求メッセージ）を送信します。これにより，PCはサーバ宛てのパケットを172.16.2.251に送信すればよいことを知るというわけです。

以上，**空欄e**には〔**ク**〕の**ICMPリダイレクト**が入ります。なお，ICMPリダイレクトについては，本問解答後の「参考」（p.362）も参照してください。

参考　GARP，プロキシARP

設問1の解答群にある，GARPとプロキシARPも押さえておきましょう。

●**GARP**："Gratuitous ARP" の略で，**ARP**（Address Resolution Protocol）の一つです。通常のARPは，通信相手のIPアドレスに対するMACアドレスを取得するために使用されますが，GARPでは，目的IPアドレスに自身のIPアドレスを指定して，自身のIPアドレスに対するMACアドレスを問い合わせます。主に，次の目的で使用されます。

・自身に設定する（あるいは設定された）IPアドレスの重複確認
・同一セグメントのネットワーク機器上のARPテーブル（ARPパケットのやり取りで得られた情報を格納するためのテーブル）の更新

●**プロキシARP**：ARP要求パケットの目的IPアドレスに設定されたノードに代わって，ルータがARP応答を行うことをいいます。

〔補足〕－ARPによるIP取得手順－

① 目的IPアドレスを指定したARP要求パケットをLAN全体に流す（ブロードキャスト）
② 各ノードは，自分のIPアドレスと比較し，一致したノードだけがARP応答パケットに自分のMACアドレスを入れて返す（ユニキャスト）

設問2 の解説

〔障害の発生と対応〕についての設問です。

(1) 下線①の操作の目的が問われています。つまり，ここで問われているのは，J君が，K君のPCでpingコマンドを172.16.1.1宛てに実行した理由です。

アドレス172.16.1.1は，業務サーバです。ここでの着目点は，下線①の直前にある，「J君は，J君の席のPCからは業務サーバが利用できるので，業務サーバに問題はないと判断した」との記述です。業務サーバに問題がないのに，K君のPCからは業務サーバが利用できないわけですから，疑わしいのは，K君のPCから業務サーバへの経路です。つまり，K君のPCから業務サーバが利用できないのは，業務サーバへの経路に障害があるのではないかと考え，それを確認するため，J君は，K君のPCでpingコマンドを172.16.1.1（業務サーバ）宛てに実行したわけです。

したがって，解答としては，この旨を30字以内にまとめればよいでしょう。なお，試験センターでは解答例を「**業務サーバへの経路に障害があるかどうかを確認するため**」としています。

(2) DNSサーバが利用できなくても，業務サーバ，ファイルサーバ及び営業支援サーバの利用を正常に行えている社員がいる理由が問われています。

通常，業務サーバやファイルサーバなど各サーバを利用する（アクセスする）際には，IPアドレスではなくサーバ名を指定します。そして，サーバ名からIPアドレスへの名前解決はDNSサーバが行います。そのため，DNSサーバが利用できなければ，基本的には各サーバへのアクセスはできません。しかし，PCは，名前解決の際に得られたIPアドレスをDNSリゾルバキャッシュに一定期間保持していますから，この期間は，DNSサーバが利用できなくても，各サーバへのアクセスは可能です。

したがって，解答としては「PCにDNSリゾルバキャッシュが残っているから」などとすればよいでしょう。なお，試験センターでは解答例を「**PCにDNSのキャッシュが残っているから**」としています。

設問3 の解説

L3SW1のp1故障時に，更新が発生するL3SW1のルーティングテーブルの項番，及び，その項番のVLANインタフェースとVLAN名の更新後の内容が問われています。

設問1の空欄dで解答しましたが，L3SW1のp1故障時には，L3SW1のルーティングテーブルの，宛先ネットワーク172.16.1.0/24のネクストホップが"なし"から，172.16.2.251に更新されます。したがって，更新が発生するL3SW1のルーティングテーブルの項番は**1**です。

次に，更新後のVLANインタフェースとVLAN名を考えます。更新前のVLANインタフェースは172.16.1.250で，これはL3SW1のp1ポートに割り当てられたアドレスです。これに対して，L3SW1のp1故障時には，ネクストホップが172.16.2.251に更新されるため，パケットを172.16.2.251に向けて送信することになります。そして，これを行うためには，L3SW1のp10から出力する必要があるので，VLANインタフェースは**172.16.2.250**，VLAN名は**VLAN20**に更新されます。

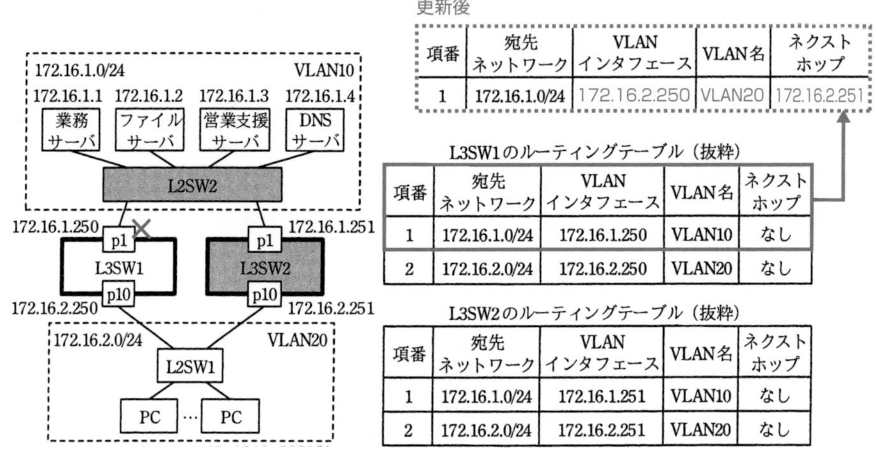

更新後

項番	宛先ネットワーク	VLANインタフェース	VLAN名	ネクストホップ
1	172.16.1.0/24	172.16.2.250	VLAN20	172.16.2.251

L3SW1のルーティングテーブル（抜粋）

項番	宛先ネットワーク	VLANインタフェース	VLAN名	ネクストホップ
1	172.16.1.0/24	172.16.1.250	VLAN10	なし
2	172.16.2.0/24	172.16.2.250	VLAN20	なし

L3SW2のルーティングテーブル（抜粋）

項番	宛先ネットワーク	VLANインタフェース	VLAN名	ネクストホップ
1	172.16.1.0/24	172.16.1.251	VLAN10	なし
2	172.16.2.0/24	172.16.2.251	VLAN20	なし

設問4 の解説

図3の構成にした場合，PCとサーバに設定されているネットワーク情報のうち，図1の状態から変更することになる情報，及びサーバにおける変更後の内容が問われています。

ヒントとなるのは，図2の直後にある，「図2では，…… PCとサーバに設定されたデフォルトゲートウェイなどのネットワーク情報は，図1の状態から変更しない」との記述です。そこで，この“デフォルトゲートウェイ”を念頭に，〔N主任が示した改善策〕を読んでいきます。すると，「L3SW1の内部ルータのVLANインタフェースに仮想IPアドレスを設定する。… PC及びサーバは，パケットを仮想IPアドレスに向けて送信する」との記述が見つかります。この記述を基に図3を見ると，PCからサーバへのパケットはVRRPグループ2の仮想IPアドレス172.16.2.200に向けて送信され，サーバからPCへのパケットはVRRPグループ1の仮想IPアドレス172.16.1.200に向けて送信されることが分かります。したがって，このときの，PCのデフォルトゲートウェイアドレスは172.16.2.200，サーバのデフォルトゲートウェイアドレスは172.16.1.200でなければいけないので，変更することになる情報は「**デフォルトゲートウェイアドレス**」，サーバにおける変更後の内容は「**172.16.1.200**」です。

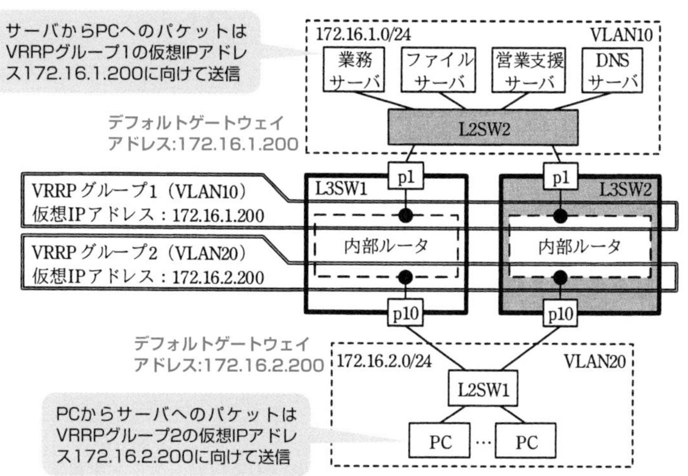

解答

設問1　a：イ　b：コ　c：オ　d：カ　e：ク

設問2　(1) 業務サーバへの経路に障害があるかどうかを確認するため

(2) PCにDNSのキャッシュが残っているから

設問3　**ルーティングテーブルの項番**：1

VLANインタフェースの更新後の内容：172.16.2.250

VLAN名の更新後の内容：VLAN20

設問4　**変更することになる情報**：デフォルトゲートウェイアドレス

サーバにおける変更後の内容：172.16.1.200

参考 VRRP

VRRP（Virtual Router Redundancy Protocol）は，ルータの冗長構成を実現するプロトコルです。同一LAN上の複数のルータをまとめ（これをVRRPグループという），VRRPグループごとに仮想IPアドレスを割り当て，仮想的に1台のルータとして見えるようにします。通常時は，VRRPグループのマスタルータが仮想ルータのIPアドレス（仮想IPアドレス）を保持し，各ノードは，この仮想ルータに対して通信を行いますが，マスタルータに障害が発生した時には，バックアップルータが仮想アドレスを引き継ぎ処理を続行します。

参考 ICMP（ICMPリダイレクト）

ICMP（Internet Control Message Protocol）は，IPパケットの送信処理におけるエラーの通知や制御メッセージを転送するためのプロトコルです。ICMPメッセージの種類（ICMPヘッダの種類）には，次のものがあります。

タイプ0	エコー応答（Echo Reply）
タイプ3	到達不能（Destination Unreachable）
タイプ5	経路変更要求（Redirect） 〔例〕転送されてきたデータを受信したルータが，そのネットワークの最適なルータを送信元に通知して経路の変更を要請する
タイプ8	エコー要求（Echo Request）
タイプ11	時間超過（TTL equals 0） 〔例〕IPヘッダのTTL（Time to live）が0になりパケットを破棄したことを通知する

ICMPリダイレクト（Redirect）は**経路変更要求通知**とも呼ばれ，一時的にルーティング先の変更を伝えるためのICMPメッセージ（タイプ5）です。

TCP/IPネットワークでは，他のネットワークと通信する際に利用するデフォルトゲートウェイを設定します（デフォルトゲートウェイは，通信の"出入り口"です）。この設定によって，自身が存在するローカルネットワーク以外の，他のネットワークに存在する通信相手へパケットを送信する場合は必ずこのデフォルトゲートウェイに送信されることになっています。

一般に，デフォルトゲートウェイは一つしか定義することができません。例えば，PC1が属しているネットワークに2台のルータが存在している場合は，どちらかをデフォルトゲートウェイに設定することになります。仮に，PC1のデフォルトゲートウェイを，ルータAに設定したとします。すると，宛先がローカルネットワーク以外であるPC2へのパケットは，ルータAに送信され，ルータAによりルータBに転送されます。このときルータAは，送信元のPC1に対して「適切な送り先はルータBだよ！」といったメッセージを送ります。このメッセージがICMPリダイレクトです。

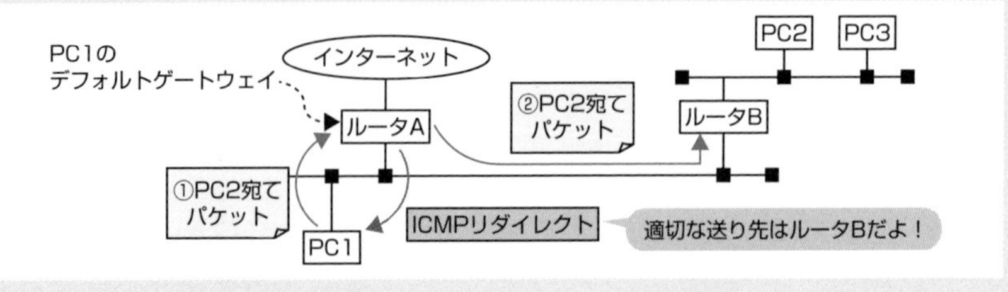

問題6 無線LANの導入 (H31春午後問5)

無線LANの導入に関する問題です。本問では，無線LANの基本技術と導入構成，及び運用に関する基礎知識が問われます。

問 無線LANの導入に関する次の記述を読んで，設問1～3に答えよ。

E社は，社員数が150名のコンピュータ関連製品の販売会社であり，オフィスビルの2フロアを使用している。社員は，オフィス内でノートPC（以下，NPCという）を有線LANに接続して，業務システムの利用，Web閲覧などを行っている。社員によるインターネットの利用は，DMZのプロキシサーバ経由で行われている。現在のE社LANの構成を図1に示す。

E社の各部署にはVLANが設定されており，NPCからは，所属部署のサーバ（以下，部署サーバという）及び共用サーバが利用できる。DHCPサーバからIPアドレスなどのネットワーク情報をNPCに設定するために，レイヤ3スイッチ（以下，L3SWという）でDHCP［ a ］を稼働させている。

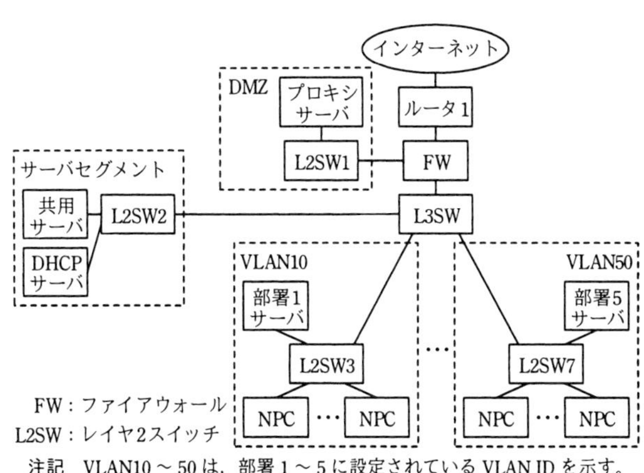

図1　現在のE社LANの構成

総務，経理，情報システムなどの部署が属する管理部門のフロアには，オフィスエリアのほかに，社外の人が出入りできる応接室，会議室などの来訪エリアがある。E社を訪問する取引先の営業員（以下，来訪者という）の多くは，NPCを携帯している。一部の来訪者は，モバイルWi-Fiルータを持参し，携帯電話網経由でインターネットを利用することもあるが，多くの来訪者から，来訪エリアでインターネットを利用できる環境を提供してほしいとの要望が挙がっていた。また，社員からは，来訪エリアでもE社LANを利用できるようにしてほしいとの要望があった。そこで，E社では，来訪エリアへの無線LANの導入を決めた。

情報システム課のF課長は，部下のGさんに，無線LANの構成と運用方法について検討するよう指示した。F課長の指示を受けたGさんは，最初に，無線LANの構成を検討した。

〔無線LANの構成の検討〕

Gさんは，来訪者が無線LAN経由でインターネットを利用でき，社員が無線LAN経由でE社LANに接続して有線LANと同様の業務を行うことができる，来訪エリアの無線LANの構成を検討した。

無線LANで使用する周波数帯は，高速通信が可能なIEEE 802.11acとIEEE 802.11nの両方で使用できる［ b ］GHz帯を採用する。データ暗号化方式には，［ c ］鍵暗号方式のAES（Advanced Encryption Standard）が利用可能なWPA2を採用する。来訪者による社員へのなりすまし対策には，IEEE［ d ］を採用し，クライアント証明書を使った認証を行う。この認証を行うために，RADIUSサーバを導入する。来訪者の認証は，RADIUSサーバを必要としない，簡便なPSK（Pre-Shared Key）方式で行う。

無線LANアクセスポイント（以下，APという）は，来訪エリアの天井に設置する。APは［ e ］対応の製品を選定して，APのための電源工事を不要にする。

これらの検討を基に，Gさんは無線LANの構成を設計した。来訪エリアへのAPの設置構成案を図2に，E社LANへの無線LANの接続構成案を図3に示す。

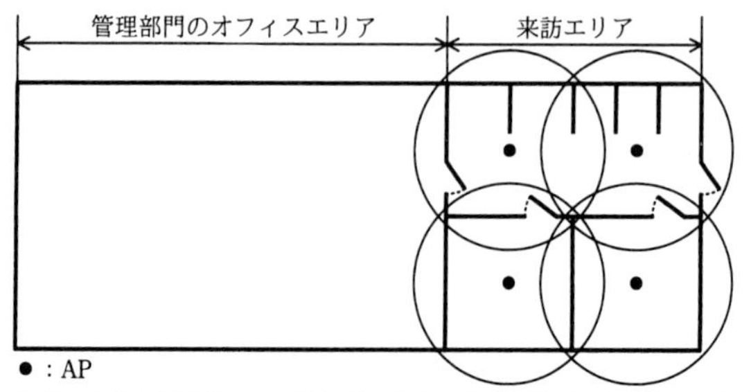

注記　図中の円内は，APがカバーするエリア（以下，セルという）を示す。

図2　来訪エリアへのAPの設置構成案

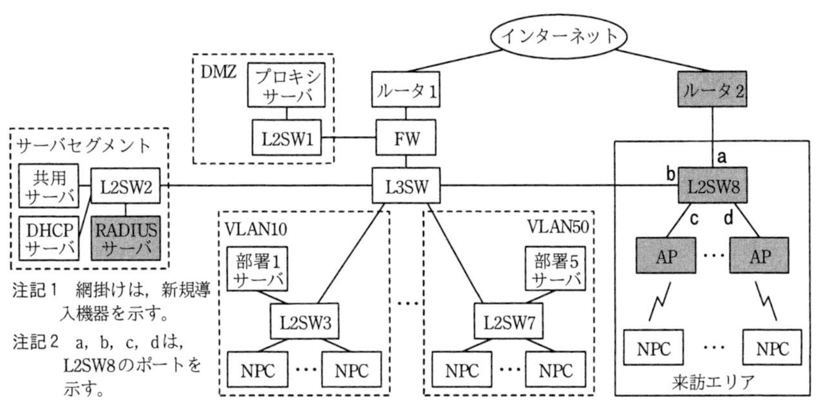

図3　E社LANへの無線LANの接続構成案

図2中の4台のAPには，図3中の新規導入機器のL2SW8から［ e ］で電力供給する。APには，社員向けと来訪者向けの2種類のESSIDを設定する。図3中の来訪エリアにおいて，APに接続した来訪者のNPCと社員のNPCは，それぞれ異なるVLANに所属させ，利用できるネットワークを分離する。

社員のNPCは，APに接続するとRADIUSサーバでクライアント認証が行われ，認証後にVLAN情報がRADIUSサーバからAPに送信される。APに実装されたダイナミックVLAN機能によって，当該NPCの通信パケットに対して，APでVLAN10～50の部署向けのVLANが付与される。一方，来訪者のNPCは，APに接続するとPSK認証が行われる。①認証後に，NPCの通信パケットに対して，APで来訪者向けのVLAN100が付与される。

社員と来訪者が利用できるネットワークを分離するために，図3中の②L2SW8のポートに，VLAN10～50又はVLAN100を設定する。ルータ2では，DHCPサーバ機能を稼働させる。

次に，Gさんは，無線LANの運用について検討した。

〔無線LANの運用〕

RADIUSサーバは，認証局機能をもつ製品を導入して，社員のNPC向けのクライアント証明書とサーバ証明書を発行する。クライアント証明書は，無線LANの利用を希望する社員に配布する。来訪者のNPC向けのPSK認証に必要な事前共有鍵（パスフレーズ）は，毎日変更し，無線LANの利用を希望する来訪者に対して，来訪者向けESSIDと一緒に伝える。

来訪者のNPCの通信パケットは，APでVLAN IDが付与されるとルータ2と通信できるようになり，ルータ2のDHCPサーバ機能によってNPCにネットワーク情報が設定され，インターネットを利用できるようになる。社員のNPCの通信パケットは，APでVLAN IDが付与されるとサーバセグメントに設置されているDHCPサーバと通信できるようになり，DHCPサーバによってネットワーク情報が設定され，E社LANを利用できるようになる。

Gさんは，検討結果を基に，無線LANの導入構成と運用方法を設計書にまとめ，F課長に提出した。設計内容はF課長に承認され，実施されることになった。

設問1 本文中の[a]～[e]に入れる最も適切な字句を解答群の中から選び，記号で答えよ。

解答群

ア 2.4	イ 5	ウ 802.11a	エ 802.1X
オ PoE	カ PPPoE	キ 共通	ク クライアント
ケ 公開	コ パススルー	サ リレーエージェント	

設問2 〔無線LANの構成の検討〕について，(1)～(3)に答えよ。

(1) 図2中のセルの状態で，来訪エリア内で電波干渉を発生させないために，APの周波数チャネルをどのように設定すべきか。30字以内で述べよ。

(2) 本文中の下線①を実現するためのVLANの設定方法を解答群の中から選び，記号で答えよ。

解答群

ア ESSIDに対応してVLANを設定する。

イ IPアドレスに対応してVLANを設定する。

ウ MACアドレスに対応してVLANを設定する。

(3) 本文中の下線②について，一つのVLANを設定する箇所と複数のVLANを設定する箇所を，それぞれ図3中のa～dの記号で全て答えよ。

設問3 〔無線LANの運用〕について，社員及び来訪者のNPCに設定されるデフォルトゲートウェイの機器を，それぞれ図3中の名称で答えよ。

解説

設問1 の解説

本文中の空欄a〜eに入れる字句が問われています。

●空欄a

空欄aは,「DHCPサーバからIPアドレスなどのネットワーク情報をNPCに設定するために，レイヤ3スイッチ（L3SW）でDHCP［ a ］を稼働させている」との記述中にあります。

現在のE社LANの構成（図1）を見ると，DHCPサーバと各部署のNPCは，L3SWを介して別のネットワークにあります。NPCは，DHCPサーバからIPアドレスなどのネットワーク情報を取得するためにDHCPDISCOVERパケットをブロードキャストで送信しますが，通常L3SWは，ブロードキャストパケットを他のネットワークに中継しません。そこで，NPCからのDHCPDISCOVERパケットをDHCPサーバに届ける（中継する）ためには，L3SWでDHCPリレーエージェントを稼働させる必要があります。したがって，**空欄a**には,〔**サ**〕の**リレーエージェント**が入ります。

●空欄b

空欄bは,「無線LANで使用する周波数帯は，高速通信が可能なIEEE 802.11acとIEEE 802.11nの両方で使用できる［ b ］GHz帯を採用する」との記述中にあります。

IEEE 802.11ac及びIEEE 802.11nの仕様は，次のとおりです。

〔IEEE 802.11ac〕
　使用する周波数帯：5GHz帯，最大通信速度：6.9Gbps
〔IEEE 802.11n〕
　使用する周波数帯：2.4GHz帯／5GHz帯，最大通信速度：600Mbps

両方で使用できる周波数帯は5GHz帯なので，**空欄b**には〔**イ**〕の**5**が入ります。

●空欄c

空欄cは,「データ暗号化方式には，［ c ］鍵暗号方式のAES（Advanced Encryption Standard）が利用可能なWPA2を採用する」との記述中にあります。

データ暗号化方式は，一般に，共通鍵暗号方式と公開鍵暗号方式の二つに分類されます。このうち，AESは，共通鍵暗号方式の代表的な暗号化アルゴリズムなので，**空欄c**には〔**キ**〕の**共通**が入ります。

なお，WPA2は，暗号化方式にCCMP（Counter-mode with CBC-MAC Protocol）を採用した無線LANセキュリティ規格です。CCMPでは，暗号化アルゴリズムとして，共通鍵暗号方式の，強固なAESを採用しているためWPA2の先行規格であるWPA（暗号化方式：TKIP，暗号化アルゴリズム：RC4）より格段に安全性が高くなっています。

●空欄d

空欄dは，「来訪者による社員へのなりすまし対策には，IEEE [d] を採用し，クライアント証明書を使った認証を行う。この認証を行うために，RADIUSサーバを導入する」との記述中にあります。

RADIUSサーバを導入して認証を行う規格はIEEE 802.1Xです。IEEE 802.1Xは，無線LANや有線LAN（イーサネット）において，利用者を認証する規格として標準化されたもので，認証のしくみにRADIUS（Remote Authentication Dial-InUser Service）を採用し，認証プロトコルにはEAP（Extended Authentication Protocol）が使われます。なお，RADIUSとは，利用者の認証と利用記録（アカウンティング）を，ネットワーク上の認証サーバ（RADIUSサーバ）に一元化することを目的としたプロトコルです。

以上，**空欄d**には〔**エ**〕の**802.1X**が入ります。

参考 IEEE 802.1Xの構成

IEEE 802.1Xの構成要素は，「サプリカント（認証要求するクライアント），オーセンティケータ，認証サーバ（RADIUSサーバ）」の三つです。無線LANの場合，AP（アクセスポイント）がオーセンティケータに該当しますが，この場合，APには，IEEE 802.1Xのオーセンティケータを実装し，かつRADIUSクライアントの機能をもたせる必要があります。

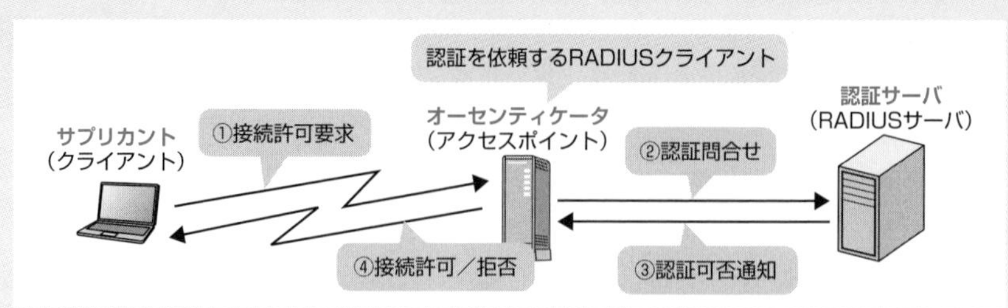

〔補足〕

- RADIUSサーバで認証を行う方法を**IEEE 802.1X認証（エンタープライズモード）**といいます。認証の方式には，クライアント証明書を使って認証するEAP-TLSや，ユーザのID/パスワードで認証するPEAPなど，いくつかの認証方式があります。
- 無線LAN端末とAPの双方にPSK（Pre-Shared Key：事前共有鍵）を設定し，PSKが一致するかどうかによって認証を行う方法を**PSK認証（パーソナルモード）**といいます。

●空欄e

空欄eは，「APは[e]対応の製品を選定して，APのための電源工事を不要にする」という記述，及び図3直後の「図2中の4台のAPには，図3中の新規導入機器のL2SW8から[e]で電力供給する」という記述中にあります。

図3を見ると，L2SW8とAPはLANケーブルで接続されています。当初，LANケーブルでは，データの送受信だけしかできませんでしたが，PoE（Power over Ethernet）と呼ばれるIEEE 802.3af規格により，データと同時に電力の供給ができるようになりました。したがって，PoEに対応したAPを選定すれば，LANケーブルから電力の供給ができ，電源工事も不要になります。以上，**空欄eには〔オ〕のPoE**が入ります。

なお，PoE規格にはIEEE 802.3afのほか，消費電力が大きい機器を想定し，電力供給を拡張したIEEE 802.3at（PoE+）やIEEE 802.3bt（PoE++）があります。最大給電能力はそれぞれ30W，90Wです。

設問2 の解説

〔無線LANの構成の検討〕に関する設問です

(1) 図2中のセルの状態で，来訪エリア内で電波干渉を発生させないために，APの周波数チャネルをどのように設定すべきか問われています。

無線LANでは，複数の機器が同時に通信できるように，利用する周波数帯域を分割しています。周波数チャネルとは，この分割した周波数帯域のことです。NPC（無線LAN端末）とAP間では同じ周波数チャネルを使用してデータの送受信を行いますが，その際，別のAPが近くに存在し，それぞれのAPがカバーするエリアに重複する部分がある場合，APに同じ周波数チャネルが設定されていると，電波干渉が発生します。図2を見ると，4台のAP，それぞれがカバーするエリア（下図，セル1～セル4）に，互いに重複する部分が存在していることが分かります。したがって，図2中のセルの状態で電波干渉を防止するためには，**「4台のAPに，それぞれ異なる周波数チャネルを設定する」**必要があります。

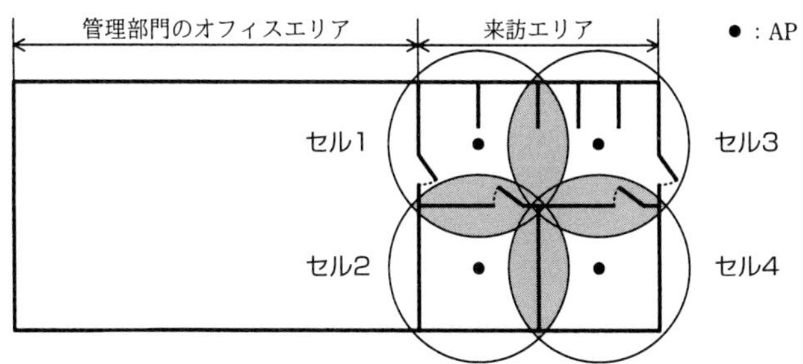

(2) 下線①を実現するためのVLANの設定方法が問われています。下線①は，「社員のNPCは，APに接続すると … 当該NPCの通信パケットに対して，APでVLAN10〜50の部署向けのVLANが付与される。一方，来訪者のNPCは，APに接続するとPSK認証が行われる。①認証後に，NPCの通信パケットに対して，APで来訪者向けのVLAN100が付与される」との記述中にあります。

来訪者のNPCの通信パケットに対して，APでVLAN100を付与するためには，何らかの情報を基に，来訪者のNPCの通信パケットと社員のNPCの通信パケットを区分する必要があります。ここで着目すべきは，図3の直後にある「APには，社員向けと来訪者向けの2種類のESSIDを設定する」という記述と，〔無線LANの運用〕にある「無線LANの利用を希望する来訪者に対して，来訪者向けESSIDを伝える」との記述です。

ESSID（Extended Service Set Identifier）とは，無線LANのネットワークで使われる識別子のことです。無線LAN端末は，APがもつESSIDを使い，APに接続します。本問では，社員向けと来訪者向けの2種類のESSIDをAPに設定し，来訪者に対しては来訪者向けESSIDを伝えるわけですから，来訪者のNPCがAPに接続する際には，来訪者向けESSIDが用いられることになります。

したがって，AP接続時のESSIDを基に来訪者のNPCの通信パケットであるか否かの判断ができるので，APではESSIDに対応したVLANを設定すればよいわけです。つまり，下線①を実現するためのVLANの設定方法として，適切なのは，〔**ア**〕の「**ESSIDに対応してVLANを設定する**」です。

(3) 下線②の「L2SW8のポートに，VLAN10〜50又はVLAN100を設定する」について，図3中のa〜dの中で，一つのVLANを設定する箇所と複数のVLANを設定する箇所が問われています。ここで，社員のNPC及び来訪者のNPCについて，整理しておきましょう。

〔社員のNPC〕
認証が成功すると，APに実装されたダイナミックVLAN機能によって，NPCの通信パケットに対して，APでVLAN10〜50の部署向けのVLANが付与される。APでVLAN IDが付与されると，E社LANを利用できるようになる。
〔来訪者のNPC〕
認証が成功すると，NPCの通信パケットに対して，APで来訪者向けのVLAN100が付与される。APでVLAN IDが付与されるとルータ2と通信できるようになり，インターネットを利用できるようになる。

では，整理した内容を基に考えます。

まず，来訪エリアにあるNPCがAPを経由してL2SW8に送信する通信パケットには，VLAN10～50あるいはVLAN100というVLAN IDが付与されています。そのため，L2SW8のcとdでは，VLAN10～50及びVLAN100のいずれのVLAN IDも処理できるようにVLANの設定を行う必要があります。

次に，L2SW8のaは，来訪者のNPCがルータ2を経由してインターネットへ接続するためだけに使用されるポートなので，L2SW8のaには，VLAN100だけを設定します。一方，L2SW8のbは，社員のNPCがE社LAN（それぞれの部署）と通信できるようにVLANを設定する必要があります。つまり，L2SW8のbには，VLAN10～50を設定します。

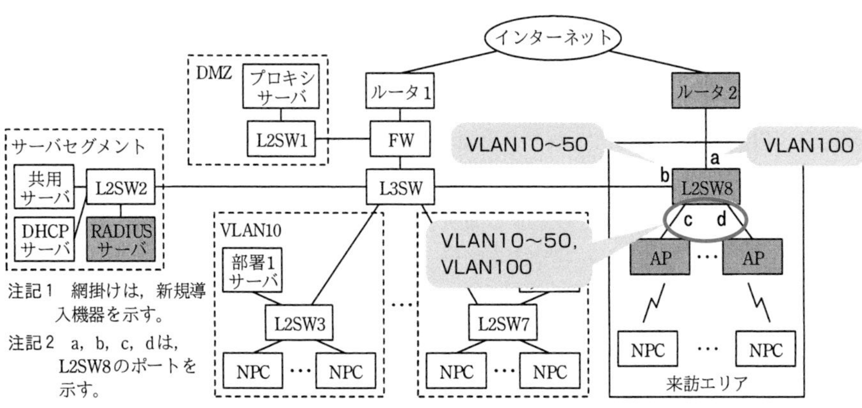

以上，**一つのVLANを設定する箇所**は「a」，**複数のVLANを設定する箇所**は「b，c，d」になります。

設問3 の解説

〔無線LANの運用〕について，社員のNPC及び来訪者のNPCに設定されるデフォルトゲートウェイの機器（図3中の名称）が問われています。

デフォルトゲートウェイとは，異なるネットワークと通信する際に必ず利用される，通信の“出入り口”となるネットワーク機器のことです。つまり，通信パケットをレイヤ3（ネットワーク層）で処理するルータ，又はL3SWがデフォルトゲートウェイになります。

まず，社員のNPCがE社LAN（それぞれの部署）と通信する場合，その経路は，「NPC→AP→L2SW8→L3SW→各部署のLAN（VLAN10～50）」となり，この経路におけるデフォルトゲートウェイはL3SWです。したがって，**社員のNPC**に設定されるデフォルトゲートウェイは「**L3SW**」です。

一方，来訪者のNPCがインターネットへ接続する場合の経路は，「NPC→AP→L2SW8→ルータ2→インターネット」となり，この経路におけるデフォルトゲートウェイはルータ2です。したがって，**来訪者のNPC**に設定されるデフォルトゲートウェイは「**ルータ2**」です。

解答

設問1 a：サ
b：イ
c：キ
d：エ
e：オ

設問2 (1) 4台のAPに，それぞれ異なる周波数チャネルを設定する
(2) ア
(3) **一つのVLANを設定する箇所**：a
複数のVLANを設定する箇所：b，c，d

設問3 **社員のNPC**：L3SW
来訪者のNPC：ルータ2

参考 ダイナミックVLAN

VLAN（Virtual LAN）は，物理的な接続形態とは独立して，仮想的なLANセグメントを作る技術です。スイッチのポートを単位にVLANを割り当て，VLANグループを構成しますが，**ダイナミックVLAN**では，ポートの先に接続される端末に応じて，ポートに割り当てられるVLANを動的に決定します。つまり，ポートが所属するVLANを動的に変更できる方式がダイナミックVLANです。

VLANを決定するための情報として，端末のMACアドレスやIPアドレス，利用するユーザ名などがありますが，いずれの場合もダイナミックVLANではユーザ認証を経て，どのVLANに所属するかが決まります。そのため**認証VLAN**とも呼ばれます。

第6章 データベース

出題範囲

- データモデル
- 正規化
- DBMS
- データベース言語（SQL）
- データベースシステムの運用・保守

など

問題1 健康応援システムの構築 (R01秋午後問6)

健康応援システムの構築を題材にした問題です。設問1，2では，E-R図やSQL文（INSERT文，UPDATE文）が問われます。そして，設問3では，データ登録時に発生したエラー（トラブル）への対応が問われます。データの登録や変更時におけるエラー原因が問われたら，主キー制約及び参照制約に着目しましょう。

問 健康応援システムの構築に関する次の記述を読んで，設問1～3に答えよ。

W社は，ソフトウェアパッケージの開発を行う企業である。デスクワークが多いことから，従業員が生活習慣病に陥る比率が高く問題となっていた。そこでW社の人事部では，従業員の健康増進のために，通信機能をもつ体重計と，歩数や睡眠時間を記録するリストバンド型活動量計（以下，リストバンドという）を配布し，そのデータを活用する健康応援システム（以下，本システムという）を構築することになった。

〔本システムのシステム構成〕

本システムは，次の二つのサブシステムから構成される。

・健康応援データサービス

本システムのデータを管理するプログラム。各データを登録・更新・削除するためのインタフェースと定期的にデータを集計する機能をもつ。

・健康応援スマホアプリ

スマートフォン用のアプリケーションプログラム。体重計やリストバンドとデータ通信を行い，健康応援データサービスとデータ連携させる機能をもつ。

〔本システムの機能概要〕

本システムでは，従業員の日々の体重や歩数，睡眠時間などを記録して，その推移を可視化する。さらに，従業員間で記録を競わせるイベントを開催することで，従業員の積極的な利用を狙う。その機能概要は次のとおりである。

・手動データ登録機能

電子メールアドレスや身長をスマートフォンの画面から登録する。

・データ連携機能

体重計やリストバンドから取得したデータを登録する。

・データ公開機能

身長や体重などのそれぞれの情報について，自分以外の従業員にも閲覧を許可する場合，公開情報として設定する。

・月次レポート作成機能

毎月，従業員ごとのBMI（肥満度を表す体格指数）と肥満度判定，月間総歩数，平均睡眠時間を集計する。

・歩数対抗戦イベント

部署ごとの従業員一人当たり平均の月間総歩数を競う。

検討した健康応援データサービスで用いるデータベースのE-R図を図1に示す。

このデータベースでは，E-R図のエンティティ名を表名にし，属性名を列名にして，適切なデータ型で表定義した関係データベースによって，データを管理する。

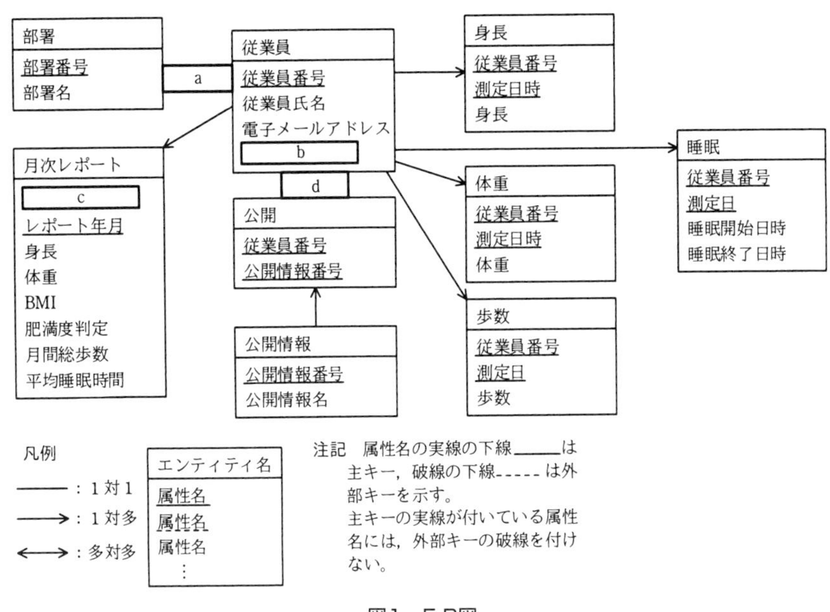

図1　E-R図

〔月次レポート作成機能の実装〕

月次レポートを作成する処理手順を次に示す。

(1) 月次レポート表に従業員番号と集計する対象年月だけがセットされたレコードを挿入する。

(2) (1) で挿入したレコードについて，次の処理を行う。
① 身長と体重を，最新の測定値で更新する。
② BMIを算出して更新する。
③ BMIから肥満度を判定してその結果を更新する。
④ 対象年月の月間総歩数を集計して更新する。
⑤ 対象年月の睡眠時間を集計して1日当たりの平均睡眠時間を求め，その値で更新する。

処理手順 (1) 及び (2) ④で用いるSQL文を，図2及び図3にそれぞれ示す。ここで，“:レポート年月”は，集計する対象年月を格納する埋込み変数である。

なお，関数COALESCE (A，B) は，AがNULLでないときはAを，AがNULLのときはBを返す。関数TOYMは，年月日を年月に変換する関数である。

```
INSERT INTO 月次レポート (従業員番号, レポート年月)
[          e          ]
FROM 従業員
```

図2　処理手順 (1) で用いるSQL文

```
UPDATE 月次レポート
SET 月間総歩数 =
  (SELECT COALESCE( [          f          ] , 0)
  FROM 歩数
   WHERE [          g          ]
     AND TOYM(歩数.測定日) = :レポート年月 )
WHERE レポート年月 = :レポート年月
```

図3　処理手順 (2) ④で用いるSQL文

〔データ連携機能の不具合〕

リストバンドに記録された睡眠データを用いてデータ連携機能のテストを行ったところ，睡眠データの登録処理でエラーが発生した。その際に用いたデータを図4に示す。

なお，この睡眠データはCSV形式で，先頭行はヘッダである。

```
"従業員番号", "測定日", "睡眠開始日時", "睡眠終了日時"
EMP00001, 2019-10-02, 2019-10-02 22:30:00, 2019-10-03 06:30:00
EMP00001, 2019-10-03, 2019-10-03 23:15:00, 2019-10-04 03:45:00
EMP00001, 2019-10-04, 2019-10-04 04:30:00, 2019-10-04 07:00:00
EMP00001, 2019-10-04, 2019-10-04 23:45:00, 2019-10-05 06:45:00
EMP00001, 2019-10-05, 2019-10-05 23:30:00,
EMP00001, 2019-10-06, 2019-10-06 22:30:00, 2019-10-07 05:45:00
```

図4　睡眠データの登録処理で用いたデータ

まず，睡眠データの登録処理を確認したところ，その処理では，睡眠データの各行を順次取り出して，ヘッダと同名の睡眠表の各列に値をセットし，1行ずつ睡眠表に挿入していた。

次に，睡眠データを調査したところ，二つの想定外のパターンが判明した。

一つ目は，今回のエラーの原因ではなかったが，就寝中にリストバンドが外れてしまい睡眠終了日時が取得できないパターンで，このパターンに対応するために月次レポート作成機能を修正した。

二つ目が①今回のエラーを引き起こしたパターンで，このエラーを回避して全ての睡眠データを登録するために，②ある表に列の追加以外の変更を加え，月次レポート作成機能を修正することで，今回のエラーを解消することができた。

設問1　図1中の［ a ］～［ d ］に入れる適切なエンティティ間の関連及び属性名を答え，E-R図を完成させよ。

なお，エンティティ間の関連及び属性名の表記は，図1の凡例に倣うこと。

設問2　〔月次レポート作成機能の実装〕について，(1)，(2) に答えよ。

(1) 図2中の［ e ］に入れる適切な字句又は式を答えよ。

(2) 図3中の［ f ］，［ g ］に入れる適切な字句又は式を答えよ。

設問3　〔データ連携機能の不具合〕について，(1)，(2) に答えよ。

(1) 本文中の下線①のパターンとは，どのような睡眠データのパターンか。30字以内で述べよ。

(2) 本文中の下線②にある変更を加えた表の表名と，変更内容を答えよ。

なお，変更内容は，30字以内で述べよ。

解説

設問1 の解説

図1のE-R図を完成させる問題です。

●空欄a

エンティティ“部署”とエンティティ“従業員”の関連（リレーションシップ）が問われています。通常，1人の従業員は一つの部署に所属し，一つの部署には複数の従業員が所属します。また，〔本システムの機能概要〕の歩数対抗戦イベントの記述に，「部署ごとの従業員1人当たり平均の……」とあることからも，“部署”と“従業員”の関係は「1対多」です。したがって，**空欄a**には「→」が入ります。

●空欄b

エンティティ“従業員”の属性が問われています。先に解答したように，“部署”と“従業員”の関係は「1対多」です。そして，この二つのエンティティを「1対多」に関連づけるためには，エンティティ“従業員”に，“部署”の主キーである部署番号を参照する外部キーをもたせる必要があります。つまり，**空欄b**には「**部署番号**」が入ります。

●空欄c

空欄cは，エンティティ“月次レポート”の属性です。“従業員”と“月次レポート”の関係が「1対多」であることに着目すると，空欄cには，“従業員”の主キーである従業員番号を参照する外部キー，すなわち従業員番号が入ることが分かります。ここで単に「従業員番号」と解答してはいけません！ エンティティ“月次レポート”は，データベースの月次レポート表に該当します。月次レポート表は，毎月，従業員ごとのBMIや月間総歩数などを集計した表なので，主キーは，従業員番号とレポート年月です。ということは，「従業員番号」といった解答でよいでしょうか？ これもNGです。設問文に「表記は，図1の凡例に倣うこと」とあり，図1の注記に「主キーの実線が付いている属性名には，外部キーの破線を付けない」とあるので，**空欄c**は「**従業員番号**」としなければいけません。

●空欄d

“従業員”と“公開”の関連が問われています。〔本システムの機能概要〕のデータ公開機能に，「身長や体重などのそれぞれの情報について，……，公開情報として設定する」とあります。この記述から，1人の従業員が公開する情報は，身長や体重など複数あると考えられるため，“従業員”と“公開情報”の関係は「多対多」です。そして，この「多対多」の関係を「1対多」，「多対1」に分解するためのエンティティが“公開”です。

したがって，次ページの図に示すように，“従業員”と“公開”は「1対多」であり，

空欄dには「↓」が入ります。

設問2 の解説

〔月次レポート作成機能の実装〕についての設問です。

(1) 処理手順（1）の「月次レポート表に従業員番号と集計する対象年月（レポート年月）だけがセットされたレコードを挿入する」ためのINSERT文が問われています。この処理では，下図に示すように，月次レポート表に全従業員分の，集計対象年月のレコードを作成します。

▼ ":レポート年月" に "2019/10" が指定されている場合

従業員番号は，従業員表を全検索すれば得られます。また，集計対象年月は，埋込み変数":レポート年月"で指定されています。したがって，INSERT文は次のようになり，**空欄e**は「**SELECT 従業員番号, :レポート年月**」です。

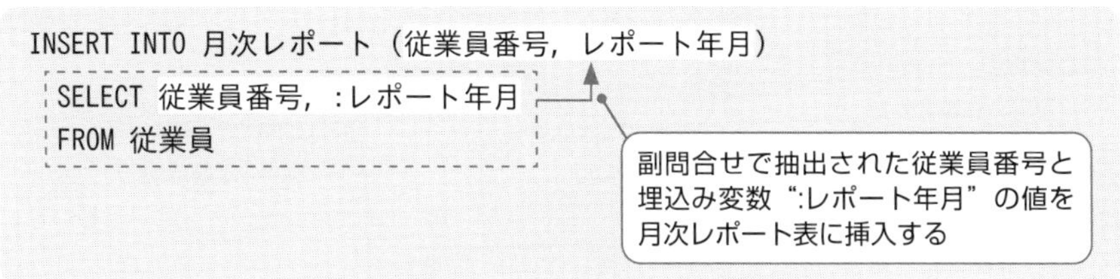

(2) 処理手順（2）④の「対象年月の月間総歩数を集計して更新する」ためのUPDATE文が問われています。この処理では，従業員ごとにその対象年月の歩数を集計して，

月次レポート表の月間総歩数を更新します。従業員ごとの歩数を集計するためには，歩数表を参照する必要があります。ここで，UPDATE文のSET句を見てみましょう。「SET 月間総歩数 = (SELECT … FROM 歩数 … WHERE …)」となっているので，副問合せのSELECT文で得られた値が月間総歩数の更新値です。したがって，このSELECT文では，「歩数表から，月間総歩数の更新対象となる従業員の，測定日の年月が“:レポート年月”に一致するレコードを抽出し，その歩数の合計を求める処理」を行えばよいことになります。

月間総歩数の更新対象となる従業員とは，月次レポート表の従業員番号と一致する従業員のことです。このことから考えると，**空欄g**には「**歩数.従業員番号 = 月次レポート.従業員番号**」を入れればよいことが分かります。また，歩数を集計するためには関数SUMを使用すればよいので，**空欄f**には「**SUM(歩数.歩数)**」が入ります。なお，「COALESCE(f：SUM(歩数.歩数) ,0)」としているのは，歩数表に該当レコードがない場合や，該当レコードの歩数が全てNULL（リストバンドの不具合などの理由で計測されなかった）場合が考えられるからです。

参考 相関副問合せを用いたUPDATE文

図3のSQL文は，相関副問合せを用いたUPDATE文です。具体的には次のような動作をします。

① UPDATE文のWHERE句に指定されている条件「レポート年月 = :レポート年月」により，月次レポート表から更新対象となるレコードを抽出する。
② 抽出したレコードを1レコードずつ副問合せのSELECT文に渡す。
③ SELECT文では，「TOYM(歩数.測定日) = :レポート年月」であり，かつ「歩数.従業員番号 = 月次レポート.従業員番号」であるレコードを全て抽出し，関数SUMを用いて歩数の合計値を求め，その値をUPDATE文に返す。
④ UPDATE文は，SELECT文から返された値で月間総歩数を更新する。
⑤ ①で抽出したレコードがなくなるまで②～④を繰り返す。

```
UPDATE 月次レポート
SET 月間総歩数 =
                        相関副問合せ
 (SELECT COALESCE( f：SUM(歩数.歩数) , 0)
  FROM 歩数
  WHERE g：歩数.従業員番号 = 月次レポート.従業員番号
    AND TOYM(歩数.測定日) = :レポート年月)
WHERE レポート年月 = :レポート年月
```

UPDATE文から受け取ったレコードの従業員番号

設問3 の解説

〔データ連携機能の不具合〕についての設問です。

(1) 下線①の「今回のエラーを引き起こしたパターン」とは，どのような睡眠データのパターンか問われています。

睡眠データを調査した結果，「就寝中にリストバンドが外れてしまい睡眠終了日時が取得できないパターン」があることが判明しています。このパターンのデータは図4の下から2行目のデータが該当しますが，問題文にあるように，エラーの原因はこのデータではありません。では，今回のエラーを引き起こした原因は何でしょう？ データ登録時のエラー原因を問われたときの着目点は，「主キー制約」と「参照制約」です。すなわち，登録データの中に主キー制約違反や参照制約違反となるデータがないかを確認することがポイントです。

- **主キー制約**：同一表内に同じ値があってはいけないという一意性制約に，空値は許さないというNOT NULL制約を加えた制約
- **参照制約**：外部キーの値が被参照表の主キー（候補キー）に存在することを保証する制約

図4の登録処理で用いたデータ（下図）を見ると，3行目と4行目のデータの“従業員番号”と“測定日”が同じです。睡眠表の主キーは，従業員番号と測定日なので3行目のデータを登録した後，4行目のデータを登録しようとすると主キー制約違反となり登録できません。これが今回のエラーの原因です。ここで，3行目と4行目の睡眠開始日時及び睡眠終了日時を確認すると，この二つのデータは，2019-10-04に2回の睡眠を取得したときのデータであることが分かります。つまり，今回のエラーを引き起こしたパターンとは，「1日（同一日）に複数回の睡眠を取得したパターン」ということになります。

主キー

```
"従業員番号", "測定日", "睡眠開始日時", "睡眠終了日時"
EMP00001, 2019-10-02, 2019-10-02 22:30:00, 2019-10-03 06:30:00
EMP00001, 2019-10-03, 2019-10-03 23:15:00, 2019-10-04 03:45:00
EMP00001, 2019-10-04, 2019-10-04 04:30:00, 2019-10-04 07:00:00
EMP00001, 2019-10-04, 2019-10-04 23:45:00, 2019-10-05 06:45:00
EMP00001, 2019-10-05, 2019-10-05 23:30:00,
EMP00001, 2019-10-06, 2019-10-06 22:30:00, 2019-10-07 05:45:00
```

主キーの値が同じ

就寝中にリストバンドが外れてしまい睡眠終了日時が取得できないパターン

解答としては，「1日（同一日）に複数回の睡眠を取得したパターン」などとすればよいでしょう。なお，試験センターでは解答例を「**1日に2回以上睡眠を取得するパターン**」としています。

ここで念のため参照制約違反についても確認しておきましょう。睡眠表の外部キーは，従業員番号です。図4の登録データの従業員番号は全て“EMP00001”なので，仮に，この従業員番号が従業員表に存在しなければ参照制約違反となり，全ての行の処理でエラーが発生します。しかし，図4の登録データはリストバンドに記録された睡眠データであり，従業員番号に誤ったデータ（従業員表に存在しない従業員番号）が記録されることはないと考えられます。したがって，図4のデータで参照制約違反が発生することはありません。

(2) 今回のエラーを引き起こしたパターンのデータも登録できるようにするための，データモデルの変更が問われています。

エラーを引き起こしたパターンとは，「1日に2回以上睡眠を取得するパターン」です。このパターンのデータは，主キーの値が重複するため登録ができません。そこで，“睡眠開始日時”を主キーに加えます。これにより，1日に2回以上睡眠を取得するパターンのデータも登録が可能です。ただし，“睡眠開始日時”には“測定日”も含まれるため，“測定日”を主キーから外す必要があります。つまり，主キーを，従業員番号と睡眠開始日時にすれば今回の問題は解決できます。

以上，変更を加えた表は「**睡眠**」です。変更内容は，従業員番号と睡眠開始日時を主キーにする旨を30字以内で記述すればよいでしょう。なお，試験センターでは解答例を「**主キーを“従業員番号，睡眠開始日時”に変更する**」としています。

解答

設問1　a：→　　b：部署番号（破線下線）
　　　　c：従業員番号（実線下線）　d：↓

設問2　(1) e：SELECT 従業員番号，:レポート年月
　　　　(2) f：SUM(歩数.歩数)
　　　　　　g：歩数.従業員番号 = 月次レポート.従業員番号

設問3　(1) 1日に2回以上睡眠を取得するパターン
　　　　(2) **表名**：睡眠
　　　　　　変更内容：主キーを“従業員番号，睡眠開始日時”に変更する

参考　リレーションシップと連関エンティティ

データベース問題では，E-R図を完成させる問題がよく出題されます。下記に示す，リレーションシップの考え方や連関エンティティを押さえておきましょう。

●リレーションシップ

・両方のエンティティに共通に存在する属性に着目する。
・リレーションシップは，主キー側が「1」，外部キー側が「多」となる。

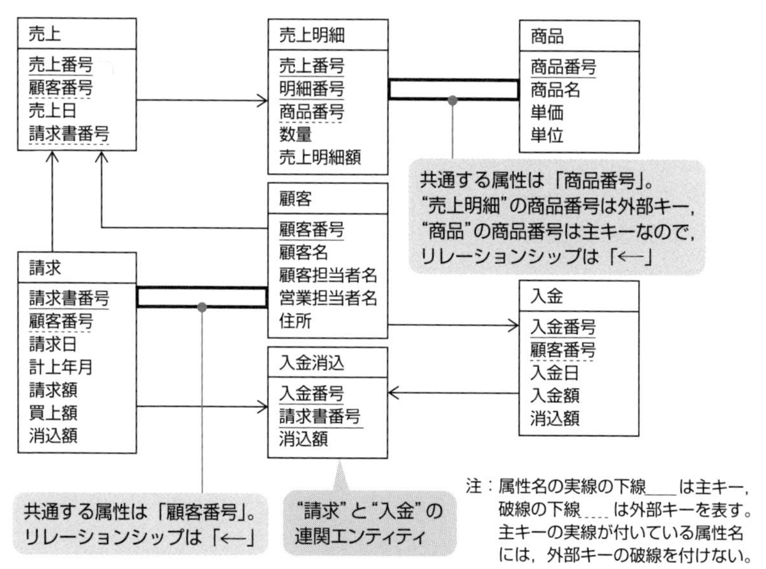

●連関エンティティ

・「多対多」の対応関係は，連関エンティティを介在させ「1対多」，「多対1」に分解する。
・連関エンティティの主キーは，両方の主キー属性から構成される複合キーとなる。

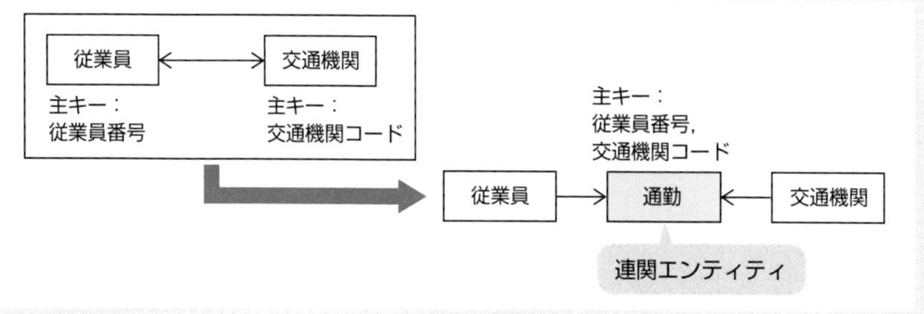

問題2 アクセスログ監査システムの構築（H27春午後問6）

ファイルサーバのアクセスログを管理するシステム（ログ監査システム）の構築を題材にした問題です。本問では，業務要件から求められるE-R図やSQL文に関する基本知識，さらにデータベース表へのデータ挿入時における不具合発生の原因とその解決に関する知識が問われます。問題自体はシンプルにできているので，あせらず問題文をよく読み解答していきましょう。

問 アクセスログ監査システムの構築に関する次の記述を読んで，設問1～4に答えよ。

K社は，システム開発を請け負う中堅企業である。セキュリティ強化策の一つとして，ファイルサーバのアクセスログを管理するシステム（以下，ログ監査システムという）を構築することになった。

現在のファイルサーバの運用について，次に整理する。

- ファイルサーバの利用者はディレクトリサーバで一元管理されている。
- 利用者には，社員，パートナ，アルバイトなどの種別がある。
- 利用者はいずれか一つの部署に所属する。
- 部署はファイルサーバを1台以上保有している。
- ファイルサーバ上のファイルへのアクセス権は，利用者やその種別，部署，操作ごとに設定される。
- 操作には，読取，作成，更新及び削除がある。
- ファイルサーバ上のファイルに対して操作を行うと，操作を行った利用者の情報や操作対象のファイルの絶対パス名，操作の内容がファイルサーバ上にアクセスログとして記録される。
- ファイルサーバのフォルダごとに社外秘や部外秘などの機密レベルが設定されている。

ログ監査システムの機能を表1に，E-R図を図1に示す。

表1　ログ監査システムの機能

機能名	機能概要
アクセスログインポート	各ファイルサーバに記録されたアクセスログにファイルサーバの情報を付与してログ監査システムに取り込む機能
非営業日利用一覧表示	非営業日にファイル操作を行った利用者，操作対象，操作元のIPアドレス，操作日時などを一覧表示する機能
部外者失敗一覧表示	他部署のファイルサーバ上のファイルへの操作のうち，その操作が失敗した利用者，操作対象，操作元のIPアドレス，操作日時などを一覧表示する機能

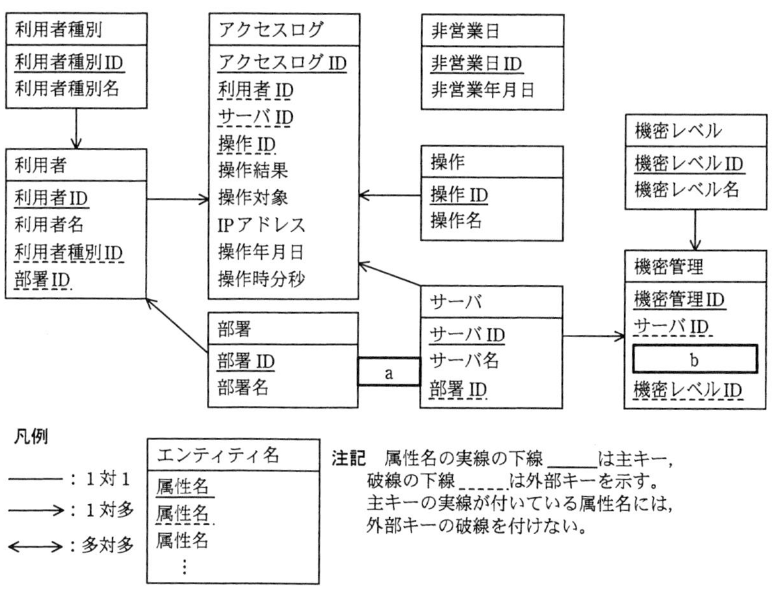

図1　ログ監査システムのE-R図

ログ監査システムでは，E-R図のエンティティ名を表名にし，属性名を列名にして，適切なデータ型と制約で表定義した関係データベースによって，データを管理する。なお，外部キーには，被参照表の主キーの値かNULLが入る。

〔非営業日利用一覧表示機能の実装〕

非営業日利用一覧表示機能で用いるSQL文を図2に示す。なお，非営業日表の非営業年月日列には，K社の非営業日となる年月日が格納されている。

```
SELECT AC.*
FROM アクセスログ AC
WHERE [    c    ]
  (SELECT * FROM 非営業日 NS
   WHERE [              d              ] )
```

図2　非営業日利用一覧表示機能で用いるSQL文

〔部外者失敗一覧表示機能の実装〕

部外者失敗一覧表示機能で用いるSQL文を図3に示す。なお，アクセスログ表の操作結果列には，ファイル操作が成功した場合には'S'が，失敗した場合には'F'が入っている。

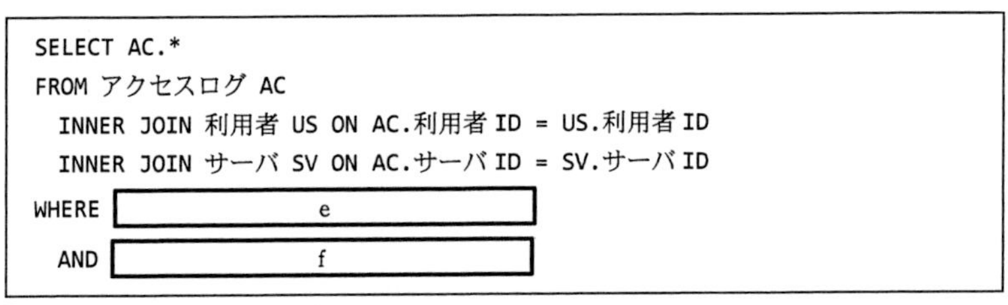

```
SELECT AC.*
FROM アクセスログ AC
  INNER JOIN 利用者 US ON AC.利用者ID = US.利用者ID
  INNER JOIN サーバ SV ON AC.サーバID = SV.サーバID
WHERE [              e              ]
  AND [              f              ]
```

図3　部外者失敗一覧表示機能で用いるSQL文

〔アクセスログインポート機能の不具合〕

アクセスログインポート機能のシステムテストのために準備したアクセスログの一部が取り込めない，との指摘を受けた。テストで用いたアクセスログを図4に示す。このログはCSV形式であり，先頭行はヘッダ，**ア**の行は操作対象のファイルへの削除権限がない社員（'USR001'）が削除を試みた場合のデータ，**イ**の行はディレクトリサーバにログオンせずにファイル更新を試みた場合のデータ，**ウ**の行は存在しない利用者ID（'ADMIN'）を指定してファイル削除を試みた場合のデータである。アクセスログ表のデータを確認したところ，[g]の行のデータが表に存在しなかった。この問題を解消するために，<u>①テーブル定義の一部を変更することで対応した</u>。

```
"利用者ID", "操作名", "操作結果", "操作対象", "IPアドレス", "操作日時"
'USR001','削除','F','/home/test1.txt',192.168.1.98,2015-4-1 9:30:00   ←ア
'','更新','F','/home/test2.txt',192.168.1.98,2015-4-1 10:00:00        ←イ
'ADMIN','削除','F','/home/test3.txt',192.168.1.98,2015-4-1 10:30:00   ←ウ
```

図4　テストで用いたアクセスログ

設問1 図1のE-R図中の［ a ］，［ b ］に入れる適切なエンティティ間の関連及び属性名を答え，E-R図を完成させよ。なお，エンティティ間の関連及び属性名の表記は，図1の凡例に倣うこと。

設問2 図2中の［ c ］，［ d ］に入れる適切な字句又は式を答えよ。なお，表の列名には必ずその表の別名を付けて答えよ。

設問3 図3中の［ e ］，［ f ］に入れる適切な字句又は式を答えよ。なお，表の列名には必ずその表の別名を付けて答えよ。

設問4 〔アクセスログインポート機能の不具合〕について，(1)，(2) に答えよ。

(1) 本文中の［ g ］に入れる適切な文字を**ア**～**ウ**の中から選んで答えよ。なお，アクセスログ中の空文字 ('') はデータベースにNULLとしてインポートされる。

(2) 本文中の下線①の対応内容を，35字以内で述べよ。

解説

設問1 の解説

●空欄a

問われているのは，エンティティ“部署”と“サーバ”のリレーションシップです。“サーバ”は，ファイルサーバの情報を格納するエンティティです。問題文の冒頭にある，「部署はファイルサーバを1台以上保有している」との記述から，“部署”と“サーバ”の関係は「1対多」であることが分かります。

では，両方のエンティティに共通する属性“部署ID”を確認してみましょう。エンティティ“部署”の“部署ID”は主キー，“サーバ”の“部署ID”は外部キーになっています。このことからも，“部署”と“サーバ”の関係は「1対多」であることが分かります。したがって，**空欄a**には「⟶」が入ります。

●空欄b

エンティティ“機密管理”の属性が問われています。“機密管理”は，“サーバ”と“機密レベル”に関連するエンティティです。そこで，「ファイルサーバと機密レベル」に関する記述を探すと，「ファイルサーバのフォルダごとに社外秘や部外秘などの機密レベルが設定されている」とあります。この記述から，エンティティ“機密管理”にはフォルダを示す属性，すなわち“フォルダ名”が必要なのが分かります。したがって，空欄bには「フォルダ名」と入れればよいでしょう。ここで，「えっ?! “フォルダごと”ってあるから，“フォルダ名”は主キーでしょ。実線の下線を付けなくてもいいの？」と迷わないでください。図1のE-R図では，機密管理IDが主キーになっています。本来，エンティティ“機密管理”の主キーは，サーバIDとフォルダ名の複合キーです。しかし，フォルダ名を主キーにすると運用面で都合が悪いことは推測できると思います。そこで，機密管理IDを追加して，これを主キーにしたわけです。主キーを構成する属性が多い場合や，属性の内容が今後変更される可能性がある場合など，よくこの方法が採られます。

以上，**空欄b**には，実線の下線を付けずに単に「フォルダ名」と入れればよいでしょう。なお，試験センターでは解答例を「**フォルダパス名**」としています。

設問2 の解説

非営業日利用一覧表示機能で用いる図2のSQL文が問われています。非営業日利用一覧表示は，非営業日にファイル操作を行った利用者，操作対象，操作元のIPアドレスなどを一覧表示する機能です。まず，次のポイントを押さえましょう。

参考 図2のSQL文のポイント

・アクセスログ表の操作年月日列の値が，非営業日表の非営業年月日列にあれば，ファイル操作を行った日が非営業日。
・「ある表の列の値が，ほかの表の対応列に存在するかどうか」を調べる場合には，**EXISTS**を用いた**相関副問合せ**を使う。

・**EXISTS**：副問合せの結果が空（0行）でないときに真となる演算
・**相関副問合せ**：主問合せの1行ずつをもらって順次実行する副問合せ

```
SELECT AC.*
FROM アクセスログ AC
WHERE [    c    ]
  (SELECT * FROM 非営業日 NS
   WHERE [              d              ] )
```

図2のSQL文は，EXISTSを用いた相関副問合せを使うというのがポイントです。つまり，アクセスログ表の操作年月日列の値が，非営業日表の非営業年月日列に存在するかを調べ，存在したならそのデータを抽出すればよいわけですから，**空欄c**には「**EXISTS**」，**空欄d**には「**AC.操作年月日 = NS.非営業年月日**」を入れます。下図に図2のSQL文の実行順序を示しました。どのような順で，どのように実行されるのか確認しておきましょう。

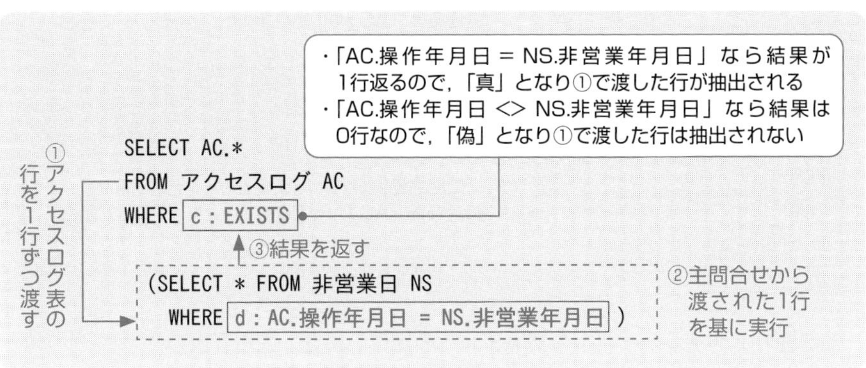

設問3 の解説

部外者失敗一覧表示機能で用いる図3のSQL文が問われています。部外者失敗一覧表示は，他部署のファイルサーバ上のファイルへの操作のうち，その操作が失敗した利用者，操作対象，操作元のIPアドレスなどを一覧表示する機能です。

参考 図3のSQL文のポイント

・アクセスログ表の利用者ID列と等しい値をもつ利用者表の部署IDと，アクセスログ表のサーバID列と等しい値をもつサーバ表の部署IDを比較すれば，他部署のファイルサーバ上のファイルへの操作かどうか分かる。

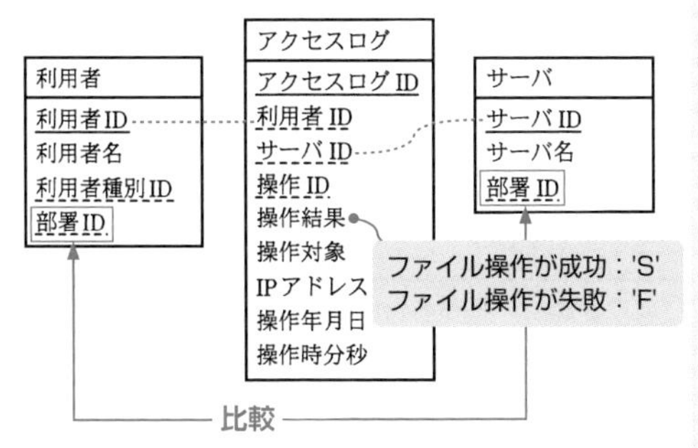

・アクセスログ表の操作結果列には，ファイル操作が成功した場合には'S'が，失敗した場合には'F'が入っている。

では，図3のSQL文を見てみましょう。このSQL文では，FROM句においてアクセスログ表，利用者表，サーバ表をINNER JOINを使って結合しています。したがって，この三つの表を結合して得られた表から，「①他部署のファイルサーバ上のファイルへの操作」で，「②操作が失敗した」データを抽出すればよいわけです。ここまで分かれば後は，空欄e，fに，①，②を判断する条件を入れるだけです。

```
SELECT AC.*
FROM アクセスログ AC
  INNER JOIN 利用者 US ON AC.利用者ID = US.利用者ID
  INNER JOIN サーバ SV ON AC.サーバID = SV.サーバID
WHERE [    e    ]
  AND [    f    ]
```

(ⅰ)アクセスログ表(AC)と利用者表(US)を，
結合条件「AC.利用者ID = US.利用者ID」で結合

(ⅱ)ⅰの結合で得られた結果表とサーバ表(SV)を，
結合条件「AC.サーバID = SV.サーバID」で結合

＊INNER JOINの解釈についてはp.392の「参考」を参照

他部署のファイルサーバ上のファイルへの操作の場合，利用者表の部署ID列の値とサーバ表の部署ID列の値は一致しないので，「①他部署のファイルサーバ上のファイルへの操作」であるという条件は，「US.部署ID <> SV.部署ID」になります。また，操作失敗ならアクセスログ表の操作結果列の値は'F'なので，「②操作が失敗した」という条件は，「AC.操作結果＝'F'」になります。したがって，空欄e，fには，これらの条件を入れればよいでしょう。なお，試験センターでは，**空欄eを「AC.操作結果＝'F'」**，**空欄fを「US.部署ID <> SV.部署ID」**とし，eとfは順不同としています。

設問4 の解説

〔アクセスログインポート機能の不具合〕に関する設問です。

(1) テストで用いたアクセスログのうち，アクセスログ表に挿入（INSERT）できなかった行が問われています。図4のアクセスログを見ると，アクセスログ表に挿入する列（利用者ID，操作名，操作結果，操作対象，IPアドレス，操作日時）のうち，利用者ID以外は特に問題なさそうです（正常に挿入できそうです）。

```
"利用者ID", "操作名", "操作結果", "操作対象", "IPアドレス", "操作日時"
'USR001','削除','F','/home/test1.txt',192.168.1.98,2015-4-1 9:30:00   ←ア
'','更新','F','/home/test2.txt',192.168.1.98,2015-4-1 10:00:00        ←イ
'ADMIN','削除','F','/home/test3.txt',192.168.1.98,2015-4-1 10:30:00   ←ウ
```

ここでのポイントは，「アクセスログ表にデータが挿入できなかった」ということは，「制約違反でエラーになった」と気付くことです。アクセスログ表の利用者ID列は，利用者表の利用者ID列（主キー）を参照する外部キーになっています。このため，アクセスログ表の利用者IDの値に，利用者表の利用者ID列に存在しない'ADMIN'を登録しようとすると，参照制約違反になります。つまり，挿入できなかったのは**ウ**の行です。

なお，利用者IDの値が' '(NULL)である**イ**の行が怪しいと早合点しないよう注意！ です。問題文（図1の直後）に，「外部キーには，被参照表の主キーの値かNULLが入る」とあるので，**イ**の行はエラーにはなりません（正常に挿入できます）。

(2) この問題（**ウ**の行が挿入できない問題）を解消するための対応が問われています。**ウ**の行が挿入できなかったのは，アクセスログ表の利用者ID列を，利用者表の利用者ID列を参照する外部キーに設定している（参照制約を定義している）ためです。**アクセスログ表の利用者ID列に定義された参照制約を削除する**ことで，この問題は解消できます。

参考 参照制約

図1の直後の記述に，「適切なデータ型と制約で表定義した関係データベースによって，データを管理する」とありますが，通常（他の出題問題では），「適切なデータ型で表定義した」と記述されます。つまり，この記述中の“制約”が伏線になっているわけです。このことに気付けば，アクセスログが取り込めなかった理由として何らかの制約違反を疑い，「利用者ID 'ADMIN' が参照制約違反だ！」と解答を進めることができます。

参照制約とは，外部キーの値が被参照表の主キー（候補キー）に存在することを保証する制約です。アクセスログ表を下記のように定義することで，アクセスログ表の利用者ID列に対する参照制約が設定されます。

▼アクセスログ表の定義例（列のデータ型は省略）

```
CREATE TABLE アクセスログ (アクセスログID, 利用者ID, …(略)…,
  PRIMARY KEY (アクセスログID),
  FOREIGN KEY (利用者ID) REFERENCES 利用者 (利用者ID))
```

└ アクセスログ表の利用者ID列を，利用者表の利用者ID列を参照する外部キーに設定（**参照制約**）

解答

設問1 a：→　　　　　　b：フォルダパス名

設問2 c：EXISTS

d：AC.操作年月日 = NS.非営業年月日

設問3 e：AC.操作結果 = 'F'

f：US.部署ID <> SV.部署ID　（e，fは順不同）

設問4 (1) g：ウ

(2) アクセスログ表の利用者ID列に定義された参照制約を削除する

参考 INNER JOINの解釈

INNER JOINを使用したSQL文の解釈は必須です。ここでは，過去に出題されたSQL文を基に，INNER JOINの解釈方法を学習しておきましょう。

下記SQL文は，“店舗”，“受注”，“受注明細”の三つのテーブルを基に店舗ごとの売上を月次で集計するSQL文です。SQL文中の“：指定月開始日”と“：指定月終了日”は，それぞれ集計対象月の開始日，終了日を表す埋込み変数（ホスト変数）です。また，各テーブルの構造は，次のとおりです。

店舗（店舗番号，店舗名，店舗住所）　　＊下線は主キーを表す
受注（受注番号，受注日付，受注店舗番号，顧客コード）
受注明細（受注番号，明細番号，商品番号，出荷店舗番号，受注数，受注金額）

〔店舗ごとの売上を月次で集計するSQL文〕

```
SELECT t.店舗番号, t.店舗名, SUM(m.受注金額) AS 金額
FROM ( 店舗 t INNER JOIN (SELECT j.受注店舗番号, j.受注番号 FROM 受注 j
              WHERE j.受注日付 BETWEEN :指定月開始日 AND :指定月終了日) p
              ON t.店舗番号 = p.受注店舗番号)
            INNER JOIN 受注明細 m ON p.受注番号 = m.受注番号
GROUP BY t.店舗番号, t.店舗名
ORDER BY t.店舗番号
```

▼集計対象期間における店舗ごとの売上集計の例

店舗番号	店舗名	金額
T100	新宿店	1,300,000
T200	立川店	1,050,000
T300	八王子店	600,000

では，SQL文を「FROM句→GROUP BY句→SELECT句」の順に見ていきましょう。

FROM句では，まず店舗テーブルをtとし，「SELECT j.受注店舗番号，j.受注番号 FROM 受注 j WHERE j.受注日付 BETWEEN :指定月開始日 AND :指定月終了日」で導出される表をpとして，tとpを結合条件「t.店舗番号 = p.受注店舗番号」によりINNER JOIN(内結合)しています。

次に，受注明細テーブルをmとし，tとpのINNER JOIN(内結合)の結果とmを，結合条件「p.受注番号 = m.受注番号」によりINNER JOIN(内結合)しています。したがって，FROM句から導出されるのは，集計の対象となる期間（指定月開始日～指定月終了日）に受注があった店舗の情報とその受注情報です。

GROUP BY句では，FROM句から導出された表を「t.店舗番号，t.店舗名」でグループ化し，SELECT句では，グループ化された店舗番号ごとの受注金額の合計を求めています。

以上のことを図で表すと，次のようになります。

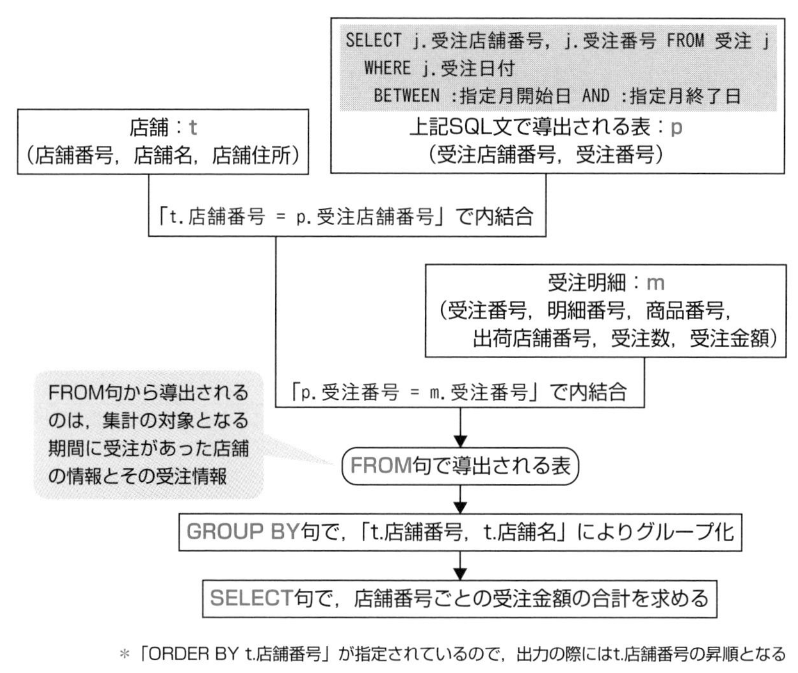

INNER JOINを使った複雑なSQL文でも，SQLの実行(評価)順に従い一つ一つ解釈していくことで，その処理概要の把握ができます。また，上記のような図を描くことでさらに処理が明確になります。複雑なSQL文こそ，「実行(評価)順に従って一つ一つ解釈すること」が重要です。

問題3 電子書籍サービスの設計 (R03秋午後問6)

企業向け電子書籍サービスの追加設計と実装を題材にした問題です。本問では，E-R図やSQL文のほか，トランザクションの同時実行制御や，新たに追加すべきエンティティが問われます。いずれも難易度はそれほど高くありません。落ち着いて解答することが一番のポイントです。

問 企業向け電子書籍サービスの追加設計と実装に関する次の記述を読んで，設問1～4に答えよ。

H社は，個人会員向けに電子書籍の販売及び閲覧サービス（以下，既存サービスという）を提供する中堅企業である。近年，テレワークの普及に伴い，企業での電子書籍の需要が高まってきた。そこで，既存サービスに加え，企業向け電子書籍サービス（以下，新サービスという）を開発することになった。

新サービスの開始に向けて，企業向け書籍購入サイトを新たに作成し，既存サービスで提供している電子書籍リーダを改修する。新サービスの機能概要を表1に，検討したデータベースのE-R図の抜粋を図1に示す。

このデータベースでは，E-R図のエンティティ名を表名にし，属性名を列名にして，適切なデータ型で表定義した関係データベースによって，データを管理する。

表1　新サービスの機能概要

No.	機能名	概要
1	一括購入	企業の一括購入担当者が，電子書籍を一括購入する。購入した電子書籍を企業の社員に割り当てる方法には，次の二つがある。 (1)　一括購入担当者が，配布対象の社員にあらかじめ割り当てておく方法 (2)　社員が，未割当の一括購入された電子書籍を割当依頼する方法
2	企業補助	社員が，自己啓発に役立つビジネスや技術など特定の分類の電子書籍を購入する。その際，企業が購入額の一部を負担する。ただし，企業は負担する上限金額を書籍分類ごとに設定する。
3	割引購入	社員が，個人として読みたい本や雑誌などの電子書籍を購入する。その際，それぞれの企業が H 社と契約した一定の割引率を適用した価格で購入できる。
4	書籍閲覧	社員が，電子書籍リーダに，H 社が付与した企業 ID，社員 ID 及び社員パスワードを用いてログインし，No. 1～3 で購入した電子書籍を閲覧する。 電子書籍リーダにログインすると，一括購入で割り当てられた電子書籍や，社員が購入した電子書籍が一覧表示され，各電子書籍を選択して閲覧できる。

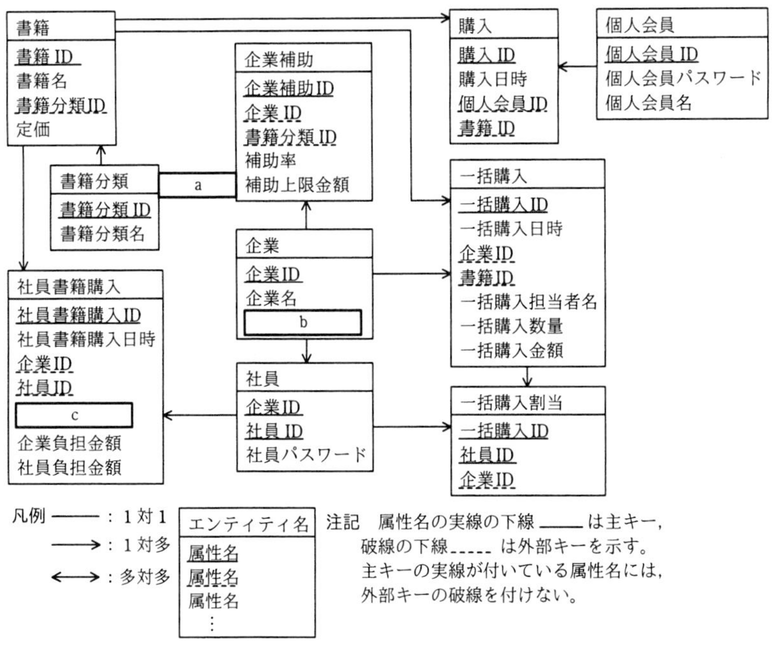

図1 検討したデータベースのE-R図（抜粋）

〔一括購入機能の社員割当処理の作成〕

表1中の一括購入機能の概要（2）にある，社員が割当依頼した電子書籍を割り当てる処理を考える。検討した処理の流れを表2に示す。ここで，“:一括購入ID”は割当依頼された一括購入IDを，“:企業ID”及び“:社員ID”は割当依頼した社員の企業IDと社員IDを格納する埋込み変数である。

表2 検討した処理の流れ

手順	処理概要	使用するSQL文
1	社員が割当依頼した一括購入IDから，一括購入数量を取得する。	SELECT 一括購入数量 FROM 一括購入 WHERE 一括購入ID = :一括購入ID
2	社員が割当依頼した一括購入IDのうち，現在割り当てられている数量を取得する。	SELECT [d] FROM 一括購入割当 WHERE 一括購入ID = :一括購入ID
3	手順1で取得した数量が，手順2で取得した数量より [e] 場合，手順4に進む。そうでない場合，処理を終了する。	なし
4	割当依頼した社員に一括購入IDを割り当てる。	INSERT INTO 一括購入割当 (一括購入ID, 社員ID, 企業ID) [f]

表2のレビューを実施したところ，処理の流れやSQL文に問題はないが，①トランザクションの同時実行制御には専有ロックを用いるように，とのアドバイスを受けた。

〔書籍閲覧機能の作成〕

電子書籍リーダに，社員がログインした際，閲覧可能な重複を含まない書籍の一覧を取得するSQL文を図2に示す。ここで，“:企業ID”及び“:社員ID”は，ログインした社員の企業IDと社員IDを格納する埋込み変数である。また，図2の[c]には，図1の[c]と同じ字句が入る。

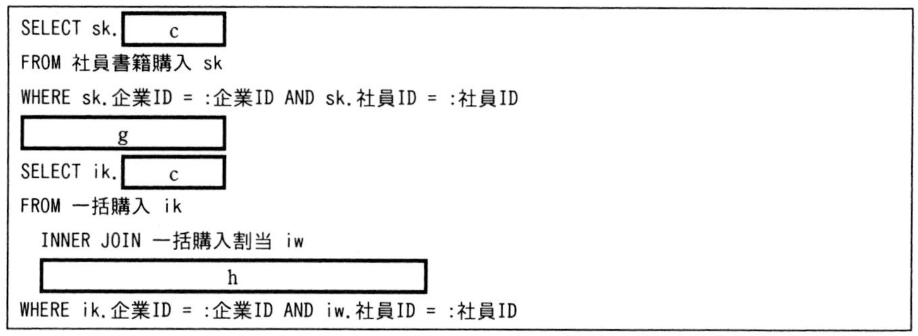

```
SELECT sk.[c]
FROM 社員書籍購入 sk
WHERE sk.企業ID = :企業ID AND sk.社員ID = :社員ID
[g]
SELECT ik.[c]
FROM 一括購入 ik
  INNER JOIN 一括購入割当 iw
  [h]
WHERE ik.企業ID = :企業ID AND iw.社員ID = :社員ID
```

図2　閲覧可能な重複を含まない書籍の一覧を取得するSQL文

〔書籍閲覧機能の改善〕

書籍閲覧機能のレビューを実施したところ，既存サービスを個人で利用している社員は，電子書籍リーダのログインIDを個人会員IDから企業IDと社員IDに切り替えて利用しなければならず煩雑である，との指摘を受けた。

そこで，電子書籍リーダに個人会員IDを用いてログインした際，社員として閲覧できる書籍も一覧に追加して閲覧できるように，E-R図に新たに②一つエンティティを追加し，電子書籍リーダに③一つ画面を追加した上で書籍閲覧機能に改修を施した。

設問1 図1中の［ a ］～［ c ］に入れる適切なエンティティ間の関連及び属性名を答え，E-R図を完成させよ。

なお，エンティティ間の関連及び属性名の表記は，図1の凡例に倣うこと。

設問2 〔一括購入機能の社員割当処理の作成〕について，(1)，(2) に答えよ。

(1) 表2中の［ d ］～［ f ］に入れる適切な字句を答えよ。

(2) 本文中の下線①の専有ロックを用いなかった場合，どのような問題が発生するか。30字以内で述べよ。

設問3 図2中の［ g ］，［ h ］に入れる適切な字句又は式を答えよ。

なお，表の列名には必ずその表の相関名を付けて答えよ。

設問4 〔書籍閲覧機能の改善〕について，(1)，(2) に答えよ。

(1) 本文中の下線②で追加したエンティティの属性名を全て列挙せよ。

なお，エンティティの属性名に主キーや外部キーを示す下線は付けなくてよい。

(2) 本文中の下線③とは，どのような画面か。25字以内で述べよ。

解説

設問1 の解説

●空欄a

エンティティ“書籍分類”とエンティティ“企業補助”の関連（リレーションシップ）が問われています。この二つのエンティティに共通する属性は“書籍分類ID”なので，これに着目して二つのエンティティを見ると，エンティティ“書籍分類”では主キー，“企業補助”では外部キーになっています。このことから，“書籍分類”と“企業補助”の関係は「1対多」であることが分かります。したがって，**空欄a**には「**―→**」が入ります。

●空欄b

空欄bはエンティティ“企業”の属性です。エンティティ“企業”の主キーが“企業ID”であることから，空欄bには企業ごとに設定すべきものが入ります。このことを念頭に表1を見ると，“割引購入”の機能概要に，「社員が電子書籍を購入する際，それぞれの企業がH社と契約した一定の割引率を適用した価格で購入できる」旨の記述があります。この記述から，企業ごとに設定すべきものは，各企業の社員が電子書籍を購入する際に適用する割引率です。したがって，**空欄b**には「**割引率**」が入ります。

●空欄c

空欄cはエンティティ“社員書籍購入”の属性です。“社員書籍購入”と関連するエンティティは“社員”と“書籍”の二つです。そして，“社員”と“社員書籍購入”の関係は「1対多」，“書籍”と“社員書籍購入”の関係は「1対多」です。このことから，エンティティ“社員書籍購入”には，“社員”の主キー“企業ID，社員ID”を参照する外部キーと，“書籍”の主キー“書籍ID”を参照する外部キーがあるはずです。E-R図を確認してみると，外部キー“企業ID，社員ID”はありますが，“書籍ID”がありません。したがって，**空欄c**には「**書籍ID**」が入ります。

設問2 の解説

「社員が割当依頼した電子書籍を割り当てる処理」に関する設問です。まず最初に，表2に示された処理手順を確認しておきましょう。

手順1：社員が割当依頼した一括購入IDから，一括購入数量を取得する。
手順2：社員が割当依頼した一括購入IDのうち，現在割り当てられている数量を取得する。
手順3：手順1で取得した数量が，手順2で取得した数量より［ e ］場合，手順4に進む。そうでない場合，処理を終了する。
手順4：割当依頼した社員に一括購入IDを割り当てる。

(1) 手順1〜4を基に，表2中の空欄d〜fを考えていきます。

●空欄d

手順2のSQL文が問われています。社員が割当依頼した一括購入IDのうち，現在割り当てられている数量は，一括購入割当表から，「一括購入ID = :一括購入ID」であるデータを抽出し，その総数を求めることで取得できます。したがって，**空欄d**には「**COUNT(*)**」が入ります。

```
SELECT d : COUNT(*)
FROM 一括購入割当
WHERE 一括購入ID = :一括購入ID
```

●空欄e

手順1で「一括購入数量」を取得し，手順2で「現在割り当てられている数量」を取得しています。社員に割り当てができるのは，「一括購入数量＞現在割り当てられている数量」の場合だけなので，**空欄e**には「**多い**」が入ります。

●空欄f

手順4のSQL文が問われています。ここでは，割当依頼した社員に一括購入IDを割り当てる処理を行うわけですが，割当依頼した社員に一括購入IDを割り当てるってどういうこと？ と一瞬ドキッとするかもしれません。しかしSQL文を見ると，「INSERT INTO 一括購入割当(一括購入ID, 社員ID, 企業ID) [f]」となっています。ということは，一括購入割当表に挿入（INSERT）するデータを考えればよいわけです。

一括購入割当表の属性は「一括購入ID，社員ID，企業ID」の三つで，それぞれの値は，埋込み変数“:一括購入ID”，“:企業ID”，“:社員ID”に格納されていますから，INSERT文は次のようになります。

```
INSERT INTO 一括購入割当
(一括購入ID, 社員ID, 企業ID)
VALUES(:一括購入ID, :社員ID, :企業ID)
```

一括購入割当表に挿入する値をカッコ内に列挙

一括購入割当
一括購入ID 社員ID 企業ID

つまり，**空欄f**には「**VALUES(:一括購入ID，:社員ID，:企業ID)**」が入ります。

(2) トランザクションの同時実行制御に専有ロックを用いなかった場合に発生する問題が問われています。

同時実行制御とは，複数のトランザクションが同時にデータベースを更新する場合でもデータ矛盾を起こさずその処理を実行する仕組みのことです。代表的な方式に，「アクセスするデータに対してロックを掛ける」ロック方式があります。専有ロックとは，排他ロックとも呼ばれるロックです。他のトランザクションは，専有ロックが掛けられたデータに対しては更新することはもちろんのこと，参照することもできません。

以上のことを念頭に，本設問を考えていきます。本設問におけるトランザクションとは，「社員が割当依頼した電子書籍を割り当てる処理」，すなわち手順1～4までの一連の処理がトランザクションになります。このトランザクションの同時実行制御に専有ロックを用いなかった場合，例えば，“:一括購入ID”が同じである，二つのトランザクションAとB（以下，TAとTBという）が同時に実行されたとき，TA，TBともに，一括購入表及び一括購入割当表へのアクセスが可能です。そこで，TA，TBがそれぞれ手順1により一括購入数量100を取得し，手順2により現在割り当てられている数量99を取得した場合，TA，TBともに一括購入割当表にデータ挿入を行います。この結果，一括購入数量を超えた割当て（割当依頼した社員への一括購入IDの割当て）が行われてしまいます。同時実行制御に専有ロックを用いれば，TAの処理中は，TBが待たされることになるためこのような問題は発生しません。

以上，解答としては「トランザクションが同時に実行された場合，一括購入数量を超えた割当てができてしまう」旨を30字以内にまとめればよいでしょう。なお，試験センターでは解答例を「**一括購入数量より多い数量の書籍を割り当ててしまう問題**」としています。

設問3 の解説

本設問では図2のSQL文が問われています。このSQL文は，電子書籍リーダに，社員がログインした際，閲覧可能な重複を含まない書籍の一覧を取得するSQL文です。

●空欄g

閲覧可能な書籍には，「社員が購入した書籍」と「企業が一括購入した書籍で，当該社員に割り当てられている書籍」の2種類があります。この点に気が付けば，社員が購入した書籍の一覧と，当該社員に割り当てられている書籍の一覧の和を求めればよいことが分かります。そして，「和ときたらUNION」です。つまり，**空欄g**には「**UNION**」が入ります。

なお本設問では「重複を含まない書籍の一覧」を求めるので，空欄gは「UNION」ですが，もし「重複を含む書籍の一覧」とあったら「UNION ALL」としなければなりません（UNIONとUNION ALLについては，p.402の「参考」を参照）。

●空欄h

空欄hが含まれるSELECT文は，企業が一括購入した書籍で，当該社員に割り当てられている書籍の一覧を取得するSQL文です。FROM句において，一括購入表（相関名ik）と一括購入割当表（相関名iw）をINNER JOINを用いて結合していますが，ON句（すなわち結合条件）がありません。つまり，空欄hには結合条件が入ります。

一括購入表と一括購入割当表を結合する条件は，「一括購入.一括購入ID = 一括購入割当.一括購入ID」です。しかし設問文にあるように，FROM句において表に相関名を付けた場合，それ以降は，相関名を使用しなければなりません。したがって，**空欄h**に入れるのは「**ON ik.一括購入ID＝iw.一括購入ID**」です。

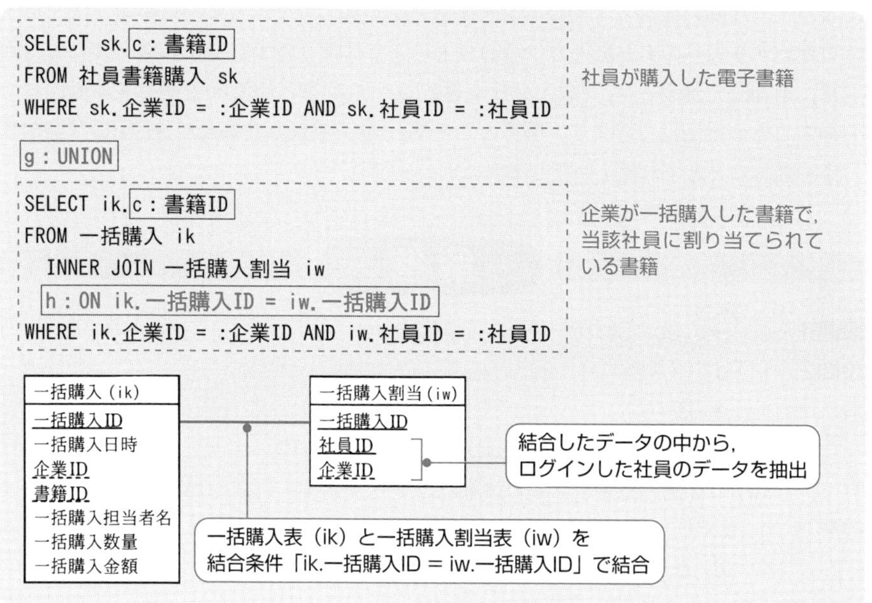

設問4 の解説

〔書籍閲覧機能の改善〕についての設問です。

(1) 改修の際に，新たに追加したエンティティの属性名が問われています。改修内容は，「電子書籍リーダに個人会員IDを用いてログインした際，社員として閲覧できる書籍も一覧に追加して閲覧できるようにする」というものです。これを行えるようにするためには，ログインした個人会員の“個人会員ID”と，その個人会員の“企業ID，社員ID”の紐付けが必要です。つまり，エンティティ“社員”と“個人会員”の間に，次ページの図に示すようなエンティティを追加する必要があります。

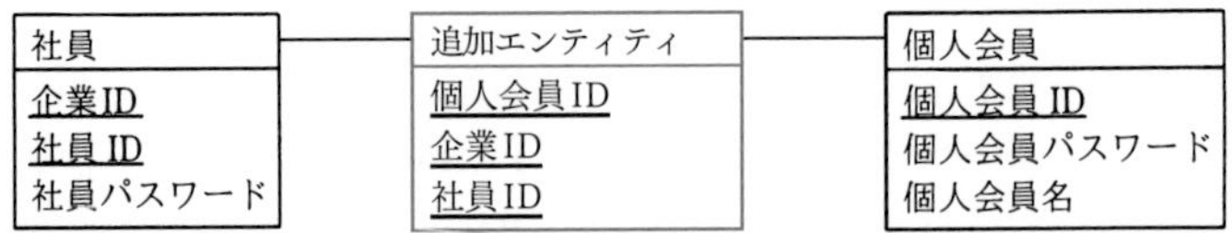

以上，追加したエンティティの属性は「個人会員ID，企業ID，社員ID」の三つです。設問文に，属性名に主キーや外部キーを示す下線は付けなくてよいとの記述があるため，解答は「**個人会員ID，企業ID，社員ID**」となります。

(2) 今回の改修の際にどのような画面を追加したのか問われています。先に解答したように，今回の改修で上記のエンティティを追加していますが，このエンティティに対応する表へのデータ入力(登録)はどのように行うのでしょう？ この点に気付けば，追加した画面とは，「個人会員に対して，企業IDと社員IDを登録する画面」であることの推測はできます。解答としては，「**個人会員が企業IDと社員IDを登録する画面**」などとすればよいでしょう。

解答

設問1 a：→　b：割引率　c：書籍ID

設問2 (1) d：COUNT(*)
e：多い
f：VALUES(:一括購入ID, :社員ID, :企業ID)
(2) 一括購入数量より多い数量の書籍を割り当ててしまう問題

設問3 g：UNION
h：ON ik.一括購入ID = iw.一括購入ID

設問4 (1) 個人会員ID，企業ID，社員ID
(2) 個人会員が企業IDと社員IDを登録する画面

参考　UNION演算子

UNION演算子は，二つのSELECT文から導出された表を組み合わせるために用いられるもので，集合演算の和（∪）に相当する操作です。

UNION演算では，導出された二つの表に重複した行があった場合，それを取り除きます。例えば，次ページの場合，一つ目のSELECT文では「2，5」が，二つ目のSELECT文では「1，2，3」が導出されるので，結果表は「1，2，3，5」となります。

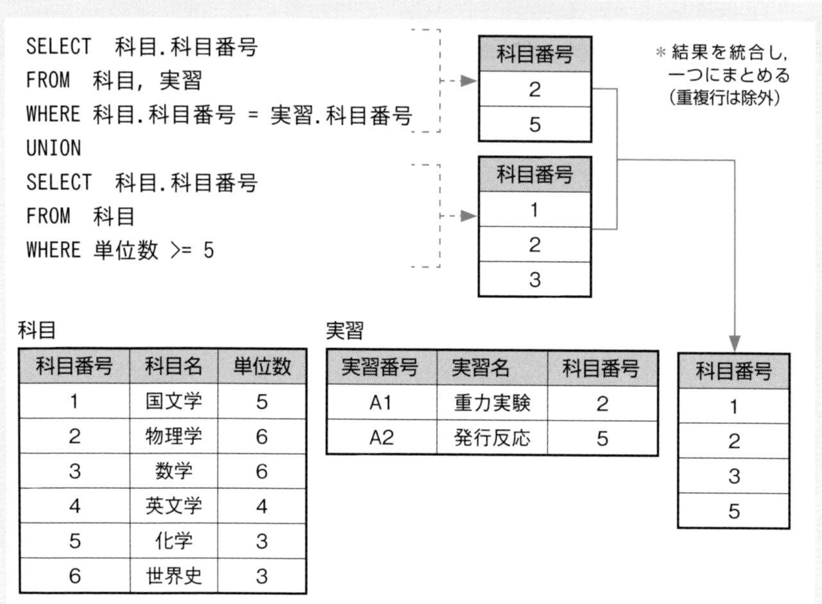

科目

科目番号	科目名	単位数
1	国文学	5
2	物理学	6
3	数学	6
4	英文学	4
5	化学	3
6	世界史	3

実習

実習番号	実習名	科目番号
A1	重力実験	2
A2	発行反応	5

一方，**UNION ALL**と指定すると，重複行も含めた結果表「1，2，2，3，5，5」が得られます。

ではここで，下記のSQL文を見てください。このSQL文では，FROM句において二つのSELECT文から得られる導出表のUNIONを求め，その結果を"科目_UNION"表とし，"科目_UNION"表の全ての列（科目番号）を表示します。つまり，下記のSQL文は，上記のSQL文と等価なSQL文です。

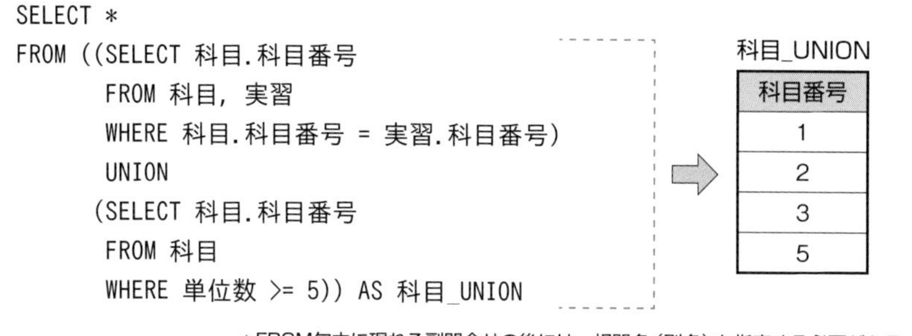

このように一つの結果を求めるSQL文は一つではありません。午後問題で出題されるSQL文はさらに複雑です。複雑なSQL文を解釈できるようになるためにも，SQL文の構文を全て覚えるより，SQL文の規則を理解することに重点を置いてください。

問題4 入室管理システムの設計 (H30秋午後問6)

入室管理システムの設計を題材にした問題です。本問では，実表及びビュー表の主キーと外部キーの理解，アクセス権限を付与するSQL文，そして同じ表を複数の用途で使用する際のSQL文（自己結合）が問われます。本問を通して，主キーや外部キーについての理解を深めるとともに，ビュー表の定義やアクセス権限の付与，ならびに自己結合方法を理解しておきましょう。

問 入室管理システムの設計に関する次の記述を読んで，設問1～5に答えよ。

H社は中堅の食品会社で，社内システムのデータベースの統合を検討している。

現在，社内システムごとにデータベースのサーバを用意して運用しているが，関係データベース管理システム（以下，RDBMSという）のライセンスコストと運用コストを削減するために1台のサーバに統合し，各社内システムのデータベースは，統合したサーバのRDBMSでスキーマを分けて管理することになった。

〔社員情報の共用〕

全ての社内システムは，社員IDや氏名などの社員情報を使用する。現在は，人事システムが管理している社員情報のマスタデータを月次処理で各社内システムに配布して運用しているが，最新の情報が反映されるのが翌月になること，月次処理の運用負荷が大きいことなどから改善が望まれている。今回，サーバを統合するに当たり，各社内システムにデータを配布するのではなく，人事システムが管理する社員情報に関連する実表を参照する方式に変更することを検討している。人事システムの社員情報に関連する実表を表1に示す。

表1　人事システムの社員情報に関連する実表

実表名	列名
社員	社員ID，氏名，勤務区分，入社年月日，生年月日，社内メールアドレス，社内電話番号，自宅住所，自宅電話番号，役職，所属組織ID
組織	組織ID，組織名，組織長の社員ID，上位組織の組織ID

注記　勤務区分は，在職中，休職中，出向中，退職のいずれかを表す。

セキュリティの観点から検討した結果，人事システム以外の社内システムから社員情報に関連する実表を直接参照するのではなく，社員情報を使用する社内システムごとに必要な列だけをビュー表として公開し，ビュー表を参照する方式を採用することに決定した。

〔入室管理システム〕

会社内の特別な部屋の入退室管理を行う入室管理システムは，サーバ統合の対象となるシステムの一つである。入室管理システムで利用する主な実表とビュー表を表2に，E-R図を図1に，入室に関する主なユースケースを表3に示す。

表2　入室管理システムで利用する主な表

表名	種別	列名
入室管理用社員	ビュー表	社員 ID，氏名，勤務区分
室	実表	室 ID，室名
入室許可	実表	社員 ID，室 ID，入室許可開始年月日，入室許可終了年月日
入退室ログ	実表	社員 ID，室 ID，日時，入退室区分，許可区分

注記　ビュー表“入室管理用社員”は，表 1 の実表“社員”から入室管理システム用に社員 ID，氏名，勤務区分を射影したビュー表である。

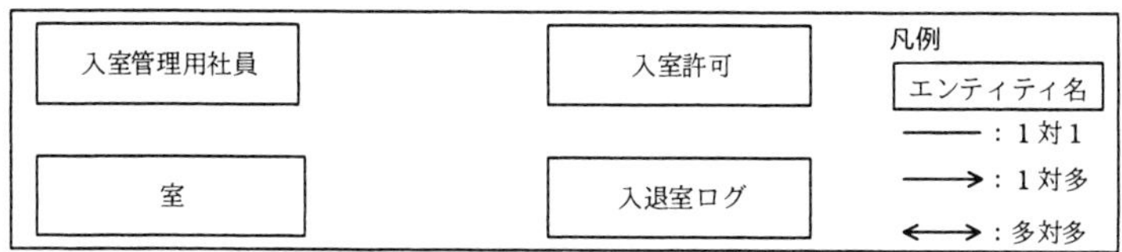

図1　入室管理システムのE-R図（関連は未記入）

表3　入室管理システムの入室に関する主なユースケース

ユースケース名	概要
入室申請	入室希望社員について，所属する組織の組織長が入室管理システムの管理者に申請書を提出する。申請書には，申請者（組織長の氏名），入室希望社員の社員 ID，氏名，入室する室名，入室許可開始年月日と入室許可終了年月日，入室の目的を記入する。
入室許可登録	管理者は，申請書が届いたら，入室管理システムの入室許可登録画面で入室希望社員の社員 ID を入力し，表示された氏名が正しいこと，勤務区分が在職中であること，及び申請書の入室の目的が適切であることを確認して，問題がなければ入室を許可する。許可すると申請内容が実表“入室許可”に登録される。既に実表“入室許可”に同じ社員 ID，室 ID，入室許可開始年月日の行が存在する場合は，入室許可終了年月日を更新する。
入室	室の前に設置されているカードリーダに社員証をかざすと，社員証から社員 ID を読み取る。実表“入室許可”で入室可否をチェックして，入室が許可されていれば，ドアを開錠し，実表“入退室ログ”に入退室区分が‘入室’，許可区分が‘OK’で記録する。入室が許可されていなければ，ドアを開錠せず，実表“入退室ログ”に入退室区分が‘入室’，許可区分が‘NG’で記録する。

表3のユースケース“入室”で，入室可否をチェックし，否の場合は0を，可の場合は1以上を返すSQL文を図2に示す。ここで，“:社員ID”は指定された社員IDを格納する埋込み変数，“:室ID”は指定された室IDを格納する埋込み変数，“:今日”はSQL文実行時の現在日付を格納する埋込み変数である。また，ROOMは入室管理システムのスキーマ名で，表は“スキーマ名.表名”で表記する。

```
SELECT [    a    ] FROM ROOM.入室許可 WHERE 社員 ID = :社員 ID
         AND 室 ID = :室 ID
         AND 入室許可開始年月日 <= :今日
         AND 入室許可終了年月日 >= :今日
```

図2　入室可否をチェックするSQL文

〔各社内システムのRDBMSユーザ〕

社内システムごとにデータベース管理者（以下，DBAという）が存在する。DBAは表の所有者であり，他のユーザに対して，自分が所有する表へのアクセス権限を付与することができる。DBAは，各社内システムのアプリケーションプログラム（以下，APという）が表のデータにアクセスすることができるようにAP用のユーザに対して，適切な権限を付与する。各社内システムのスキーマ名と，DBA用，AP用のRDBMSユーザ名を表4に示す。

表4　各社内システムのスキーマ名とRDBMSユーザ名（抜粋）

システム名	スキーマ名	DBA 用ユーザ名	AP 用ユーザ名
人事システム	HR	HR_DBA	HR_AP
入室管理システム	ROOM	ROOM_DBA	ROOM_AP

〔RDBMSの表のアクセス権限に関する主な仕様〕

使用しているRDBMSの表のアクセス権限に関する主な仕様を（1），（2）に示す。

(1) 表のデータに対して，所有者以外のユーザが参照，挿入，更新及び削除を行うためには，表に対して対応するアクセス権限（SELECT，INSERT，UPDATE及びDELETEの各権限）を所有者から付与してもらう必要がある。
(2) ビュー表にアクセスする場合，そのビュー表が参照する表のアクセス権限は不要である。

〔入室管理システム用の社員ビュー表〕

表2のビュー表“入室管理用社員”を定義するSQL文を図3に示す。

```
CREATE VIEW HR.入室管理用社員 (社員ID, 氏名, 勤務区分) AS
  SELECT 社員ID, 氏名, 勤務区分 FROM HR.社員
```

図3　ビュー表“入室管理用社員”を定義するSQL文

このビュー表を入室管理システムのAPが参照だけできるように権限を付与するSQL文を図4に示す。

```
[ b ] [ c ] ON [ d ] TO [ e ]
```

図4　ビュー表“入室管理用社員”を参照するための権限を付与するSQL文

〔入室申請時の確認の強化〕

管理者は,“申請者が入室希望社員の組織長であること”を確認することになった。

そのため,ビュー表“入室管理用社員”に組織長の氏名が必要となり,図5に示すSQL文に変更した。

```
CREATE VIEW HR.入室管理用社員 (社員ID, 氏名, 勤務区分, 組織長氏名) AS
  SELECT T1.社員ID, T1.氏名, T1.勤務区分, T2.氏名
  FROM HR.社員 T1, HR.社員 T2, HR.組織 T3
  WHERE [                    f                    ]
```

図5　変更したビュー表“入室管理用社員”を定義するSQL文

設問1　図1に適切なエンティティ間の関連を記入し,E-R図を完成させよ。図1の凡例に倣うこと。

設問2　表2に示した実表“入室許可”における,主キーを答えよ。

設問3　図2中の［ a ］に入れる適切な字句を答えよ。

設問4　ビュー表“入室管理用社員”について,(1),(2)に答えよ。

(1) 図4中の［ b ］～［ e ］に入れる適切な字句を答えよ。
　なお,表は“スキーマ名.表名”で表記すること。

(2) ビュー表を参照する権限を付与するSQL文を実行するユーザ名を答えよ。

設問5　図5中の［ f ］に入れる適切な式を答えよ。

解説

設問1 の解説

E-R図のエンティティ間の関連が問われています。エンティティ間の関連は，主キー側が「1」，外部キー側が「多」です。しかし，本問では主キー及び外部キーが明示されていません。そこで，まず各表の主キーと外部キーを考えます。

一般的に考えて，ビュー表“入室管理用社員”の主キーは社員ID，実表“室”の主キーは室IDであることは分かると思います。

実表“入室許可”については，表3の入室許可登録の概要にある「既に実表“入室許可”に同じ社員ID，室ID，入室許可開始年月日の行が存在する場合は，入室許可終了年月日を更新する」との記述に着目します。この記述から，同じ社員ID，室ID，入室許可開始年月日の行は複数存在しないことが分かります。つまり，「社員ID，室ID，入室許可開始年月日」の三つの列の組みが主キーです。

実表“入退室ログ”は，「社員ID，室ID，日時」を主キーとすれば，一つの行（データ）が特定できます。

以上，各エンティティの主キーが分かったら，次に，主キーを参照する外部キーを考えます。列名が同一であるものに着目すると，実表“入室許可”と実表“入退室ログ”の社員IDは，ビュー表“入室管理用社員”の主キーを参照する外部キーです。

また，実表“入室許可”と実表“入退室ログ”の室IDは，実表“室”の主キーを参照する外部キーです。したがって，表2に示された四つの表の主キー及び外部キーは，次のようになります。

表名	種別	列名
入室管理用社員	ビュー表	社員ID，氏名，勤務区分
室	実表	室ID，室名
入室許可	実表	社員ID，室ID，入室許可開始年月日，入室許可終了年月日
入退室ログ	実表	社員ID，室ID，日時，入室許可区分，許可区分

エンティティ間の関連は，主キー側が「1」，外部キー側が「多」となるので，E-R図は，次のようになります。

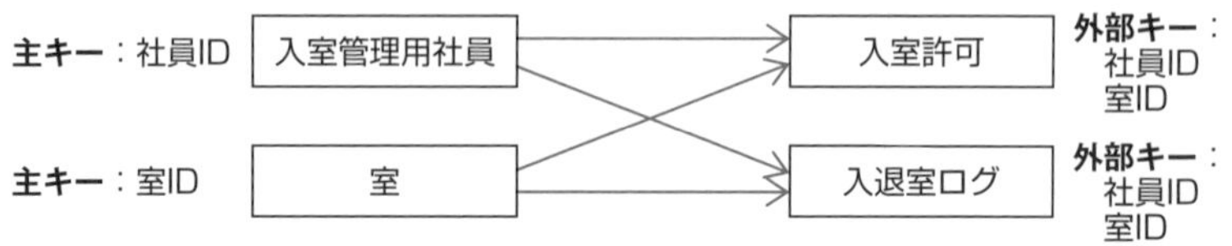

設問2 の解説

実表“入室許可”の主キーが問われていますが，先の設問1で解説したとおり，主キーは，「**社員ID，室ID，入室許可開始年月日**」です。

設問3 の解説

図2のSQL文が問われています。このSQL文は，表3のユースケース“入室”で，入室可否をチェックし，否の場合は0を，可の場合は1以上を返すSQL文です。

●空欄a

図2のSQL文では，入室管理システムのスキーマ（ROOM）の実表“入室許可”から，「社員IDが，指定された社員ID（:社員ID）に等しく」，かつ「室IDが，指定された室ID（:室ID）に等しく」，さらに「SQL文実行日付（:今日）が，入室許可開始年月日から入室許可終了年月日の間」である行を抽出しています。

ここで着目すべきは，「入室許可登録が行われていなければ上記条件（すなわちWHERE句の条件）を満たす行は存在せず，入室許可登録が行われていれば条件を満たす行が存在する」という点です。この点に着目すれば，「0あるいは1以上」を返すためには，**空欄a**に，抽出された行の行数をカウントする「**COUNT(*)**」を入れればよいことが分かります。

設問4 の解説

(1) 図3で作成したビュー表“入室管理用社員”を，入室管理システムのAP（アプリケーション）が参照だけできるように権限を付与するSQL文（図4）が問われています。

図3のSQL文を確認すると，「SELECT 社員ID, 氏名, 勤務区分 FROM HR.社員」で得られた行（データ）を，ビュー表“入室管理用社員”として定義しています。このビュー表は，「CREATE VIEW HR.入室管理用社員」と記述されていることからも分かるように人事システムのスキーマ（HR）のビュー表です。したがって，このままだと入室管理システムのAPからは参照できません。

そこで，ビュー表“入室管理用社員”を入室管理システムのAPが参照だけできるように権限を付与するSQL文（図4）が問われているわけです。

図4のSQL文：[b][c] ON [d] TO [e]

●空欄b

権限の付与ときたら「GRANT」です。午前試験でも問われるので覚えておきましょう！ つまり，**空欄b**には「**GRANT**」が入ります。なお，GRANT文については，p.413の「参考」も参照してください。

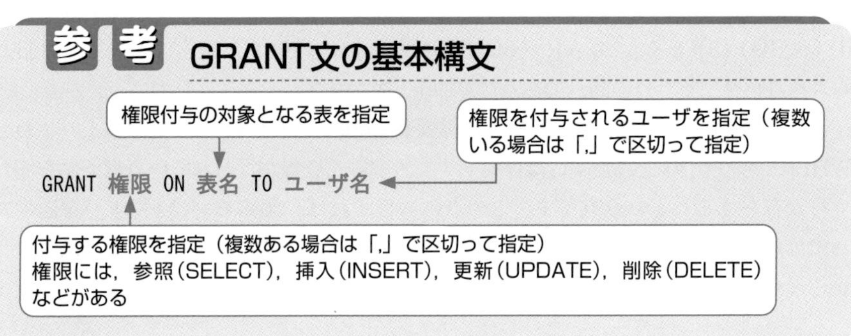

●空欄c

付与するのは参照だけなので，GRANT文の権限（**空欄c**）には「**SELECT**」を指定します。

●空欄d

権限付与の対象となる表は，図3で作成したビュー表“入室管理用社員”です。ここで，あわてて「入室管理用社員」と解答しないよう注意しましょう。設問文に，「表は“スキーマ名.表名”で表記すること」とあります。ビュー表“入室管理用社員”は，先に説明したように人事システムのスキーマ（HR）のビュー表ですから，GRANT文の表名（**空欄d**）には，「**HR.入室管理用社員**」を指定する必要があります。

●空欄e

権限は「入室管理システムのAP」に付与します。表4を見ると，入室管理システムのAP用ユーザ名は“ROOM_AP”なので，ユーザ名（**空欄e**）には「**ROOM_AP**」を指定します。以上，図4のSQL文は，次のようになります。

[b：GRANT][c：SELECT] ON [d：HR.入室管理用社員] TO [e：ROOM_AP]

(2) ビュー表を参照する権限を付与するSQL文を実行するユーザ名が問われています。つまり，問われているのは，図4のGRANT文を実行するユーザ名です。

〔各社内システムのRDBMSユーザ〕に，「DBAは表の所有者であり，他のユーザに対して，自分が所有する表へのアクセス権限を付与することができる」と記述されています。ビュー表“入室管理用社員”は人事システムのスキーマ（HR）のビュー表なので，その所有者は人事システムのDBAです。表4を確認すると，人事システムのDBA用のユーザ名はHR_DBAです。したがって，図4のGRANT文を実行するユーザ名は「**HR_DBA**」です。

設問5 の解説

図5のSQL文が問われています。このSQL文は，ビュー表“入室管理用社員”に組織長の氏名を追加したSQL文です。空欄を考える前に，人事システムのスキーマ（HR）の実表“社員”と“組織”を確認しておきましょう。次のようになっています。

＊主な列のみを表示

実表“社員”

社員ID	氏名	勤務区分	…	所属組織ID

実表“組織”

組織ID	組織名	組織長の社員ID	上位組織の組織ID

では，ある社員（社員Aとする）の組織長の氏名を得るには，どのような操作をすればよいでしょうか？ 下記に示す操作を行えば，組織長の氏名が得られることを確認してください。

〔組織長の氏名を得る手順〕

① 社員Aの所属組織IDで実表“組織”を参照し，組織長の社員IDを得る。
② ①で得られた組織長の社員IDで実表“社員”を参照し，氏名を得る。
この得られた氏名が社員Aの組織長の氏名である。

問われているのはSELECT文のWHERE句に指定する条件です。まず，FROM句を確認すると，「HR.社員 T1, HR.社員 T2」と記述されています。これは，人事システムのスキーマ（HR）の実表“社員”にT1とT2という異なる相関名（別名）を付けることによって，実表“社員”を二つの別の表として結合することを意味します。

したがって，このSELECT文では，実表“社員”（T1），実表“社員”（T2），そして実表“組織”（T3）を結合することになるので，この三つの表を結合する条件をWHERE

句に記述する必要があります。ここでSELECT句に着目すると，SELECT文で得られた「T1.社員ID，T1.氏名，T1.勤務区分，T2.氏名」を，ビュー表“入室管理用社員”の「社員ID，氏名，勤務区分，組織長氏名」としています。このことから，T1が社員を示す実表“社員”，T2が組織長を示す実表“社員”であることが分かります。

SELECT 文で得られる列 ⇒	T1.社員ID	T1.氏名	T1.勤務区分	T2.氏名
ビュー表“入室管理用社員”の列 ⇒	社員ID	氏名	勤務区分	組織長氏名

●空欄f

以上のことを念頭に，WHERE句に入れる結合条件（空欄f）を考えていきます。

先に示した〔組織長の氏名を得る手順〕の①を行うためには，T1とT3の結合条件として，「T1.所属組織ID = T3.組織ID」が必要です。そして，②を行うためには，「T3.組織長の社員ID = T2.社員ID」が必要です。したがって，WHERE句に入れる結合条件（空欄f）は，「**T1.所属組織ID = T3.組織ID AND T3.組織長の社員ID = T2.社員ID**」となります。

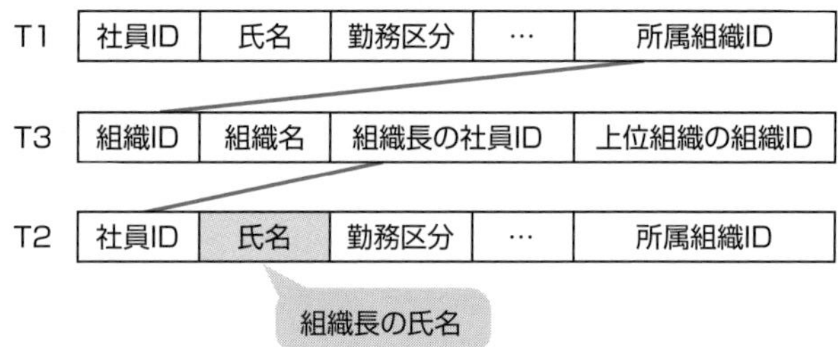

解答

設問1

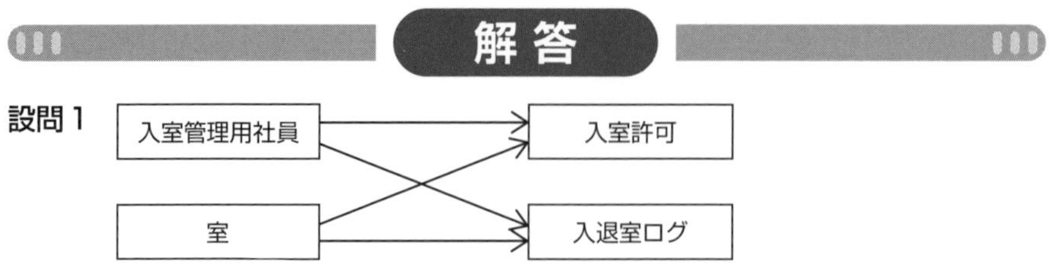

設問2 社員ID，室ID，入室許可開始年月日

設問3 a：COUNT(*)

設問4 (1) b：GRANT　c：SELECT　d：HR.入室管理用社員　e：ROOM_AP
(2) HR_DBA

設問5 f：T1.所属組織ID = T3.組織ID AND T3.組織長の社員ID = T2.社員ID

参考 GRANT文

GRANT文の基本構文をp.410の「参考」に示しましたが，実は，この基本構文は，表レベルの（すなわち，表全体に対する）権限付与を行う場合の構文です。例えば，「GRANT SELECT ON A TO xyz」といったSQL文を実行すると，ユーザxyzに表Aの参照権限を付与することになり，ユーザxyzは表Aの全ての列の参照ができます。

〔表レベルの権限付与（基本構文）〕

```
GRANT　権限　ON　表名　TO　ユーザ名

例：GRANT SELECT ON A TO xyz
```

ユーザxyzは表Aの全ての列の参照が可能

しかし場合によっては，表内のある特定の列に対してのみ権限を付与したい場合もあります。この場合は，権限名の直後に，権限を与える列名を括弧で括って記述します。これを列レベルの権限付与といいます。例えば，表A内のある特定の列（ここでは列1，列2とする）に対してのみ，ユーザxyzに参照権限を付与する場合は，下記の例に示すように，記述します。これにより，ユーザxyzは，表A内の列1と列2のみが参照可能になります。

〔列レベルの権限付与（基本構文）〕

```
GRANT　権限(権限リスト)　ON　表名　TO　ユーザ名
```

権限リスト：権限を適用する列名

```
例：GRANT　SELECT(列1，列2)　ON　A　TO　xyz
```

ユーザxyzは表Aの列1と列2のみの参照が可能

令和4年秋の午後試験の問6では，列レベルの権限付与を行うGRANT文が出題されています。どんな問題だったのかチョット見ておきましょう。

問題（令和4年秋 午後問6抜粋）

次ページ図のエンティティ“契約”を関係データベースで実装するために，契約表の表定義を表のように設計した。ここで，PK欄は主キー制約，UK欄はUNIQUE制約，非NULL欄は非NULL制約の指定であり，指定する場合にはY，指定しない場合にはNを記入している。

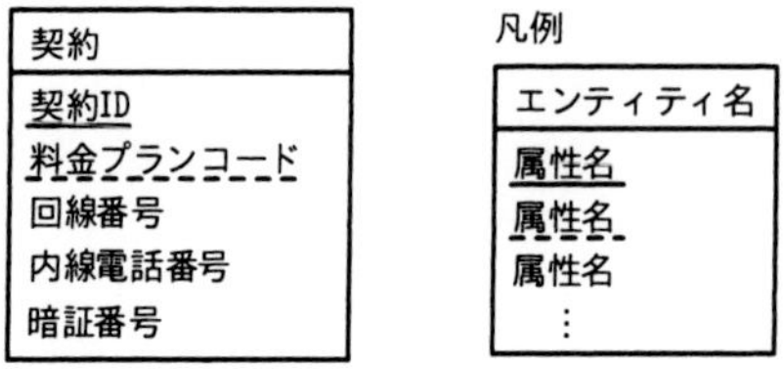

契約
契約ID 料金プランコード 回線番号 内線電話番号 暗証番号

凡例

エンティティ名
属性名 属性名 属性名 ⋮

注記　属性名の実線の下線＿＿は主キー，破線の下線＿＿＿は外部キーを示す。主キーの実線が付いている属性名には，外部キーの破線を付けない。

図　E-R図

表　契約表の表定義

項番	列名	データ型	PK	UK	非NULL	初期値	アクセス制御	その他の指定内容
1	契約ID	CHAR(8)	Y	N	Y		上長（ユーザーアカウント名：ADMIN）による参照が必要	（省略）
2	料金プランコード	CHAR(8)	N	N	Y			料金プラン表への外部キー
3	回線番号	CHAR(13)	N	N	Y			（省略）
4	内線電話番号	CHAR(11)	N	N	N	NULL		（省略）
5	暗証番号	CHAR(4)	N	N	Y		上長（ユーザーアカウント名：ADMIN）による参照が必要	（省略）

契約表のアクセス制御を設定するための，次のSQL文の空欄に入れる適切な字句を答えよ。

```
GRANT [          ] ON 契約 TO ADMIN
```

解説

契約表の表定義を見ると，“契約ID”と“暗証番号”のアクセス制限として，「上長（ユーザアカウント名：ADMIN）による参照が必要」と記述されています。このことから，ADMIN（上長）に，契約表の“契約ID”列と“暗証番号”列に対する参照権限を付与すればよいことが分かります。つまり，空欄には，「**SELECT (契約ID, 暗証番号)**」が入ります。

では，高度試験（情報処理安全確保支援士 平成30年秋午前Ⅱ問21）に出題された次の問題にも挑戦してみましょう。

問題（情報処理安全確保支援士 平成30年秋午前Ⅱ問21）

次のSQL文の実行結果の説明に関する記述のうち，適切なものはどれか。

```
CREATE VIEW 東京取引先 AS
        SELECT * FROM 取引先
        WHERE 取引先.所在地 = '東京'
GRANT SELECT
        ON 東京取引先 TO "8823"
```

ア　このビューには，8823行までを記録できる。
イ　このビューの作成者は，このビューに対するSELECT権限をもたない。
ウ　実表“取引先”が削除されても，このビューに対する利用者の権限は残る。
エ　利用者“8823”は，実表“取引先”の所在地が'東京'の行を参照できるようになる。

解説

本問のSQL文は，CREATE VIEW文とGRANT文の二つのSQL文から構成されています。まずCREATE VIEW文を実行すると，実表“取引先”から所在地が“東京”である行が導出（抽出）され，その結果がビュー表“東京取引先”として作成されます。

```
CREATE VIEW 東京取引先 AS
        SELECT * FROM 取引先
        WHERE 取引先.所在地 = '東京'
```

実表“取引先”から所在地が“東京”である行を抽出し，その結果をビュー表“東京取引先”として作成する

次に，GRANT文を実行すると，利用者“8823”に対して，ビュー表“東京取引先”への参照（SELECT）権限が付与されます。これにより利用者“8823”は，ビュー表“東京取引先”への参照が可能になり，実表“取引先”の所在地が“東京”の行を参照できるようになります。したがって，〔**エ**〕が正解です。

ア：GRANT文のTOの後の“8823”は行数ではありません。データベース利用者のIDです。
イ：ビューの作成者には，そのビューに対するSELECT権限が付与されます。
ウ：ビューの元表が削除された場合，ビューも削除され，同時にビューに対する権限も削除されます。

〔補足〕

GRANT文に関しては，「**WITH GRANT OPTION**指定」も押さえておいた方がよいでしょう。これは，「権限を付与するユーザに対して，同一の権限を他のユーザに付与することを許可する」というオプション指定です。例えば，ユーザxyzに対して，表Aに対するSELECT権限及びその付与権限を与える場合，次のように記述します。

GRANT SELECT ON A TO ユーザxyz WITH GRANT OPTION

問題5 在庫管理システム

(R05秋午後問6)

在庫管理システムを題材とした問題です。設問1では現状システムのE-R図（エンティティ間のリレーションシップ）が問われ，設問2では改修後のE-R図（追加エンティティなど）と処理内容が問われます。そして，設問3ではウインドウ関数を用いたSQL文が問われます。ウインドウ関数は新出であるため一見，難易度が高そうですが，問題文に示されているBNF（構文）及び注記事項をヒントに「何を入れるべきか」を考えていけば解答は得られます。

本問は，設問3にポイントをおいた問題です。そのため，設問1及び設問2の難易度は若干低めになっています。いずれの問題にもいえますが，得点が取れる設問はケアレスミスをせずに確実に得点できるようにしておきましょう。

問 在庫管理システムに関する次の記述を読んで，設問に答えよ。

M社は，ネットショップで日用雑貨の販売を行う企業である。M社では，在庫管理について次の課題を抱えている。

- 在庫が足りない商品の注文を受けることができず，機会損失につながっている。
- 商品の仕入れの間隔や個数を調整する管理サイクルが長く，余計な在庫を抱える傾向にある。

〔現状の在庫管理〕

現在，在庫管理を次のように行っている。

- 商品の注文を受けた段階で，出荷先に最も近い倉庫を見つけて，その倉庫の在庫から注文個数を引き当てる。この引き当てられた注文個数を引当済数という。各倉庫において，引き当てられた各商品単位の個数の総計を引当済総数という。
- 実在庫数から引当済総数を引いたものを在庫数といい，在庫数以下の注文個数の場合だけ注文を受け付ける。
- 商品が倉庫に入荷すると，入荷した商品の個数を実在庫数に足し込む。
- 倉庫から商品を出荷すると，出荷個数を実在庫数から引くとともに引当済総数からも引くことで，引き当ての消し込みを行う。

M社では，月末の月次バッチ処理で毎月の締めの在庫数と売上個数を記録した分析用の表を用いて，商品ごとの在庫数と売上個数の推移を評価している。

また，期末に商品の在庫回転日数を集計して，来期の仕入れの間隔や個数を調整している。

M社では，商品の在庫回転日数を，簡易的に次の式で計算している。

在庫回転日数＝期間内の平均在庫数×期間内の日数÷期間内の売上個数

在庫回転日数の計算において，現状では，期間内の平均在庫数として12か月分の締めの在庫数の平均値を使用している。

現状の在庫管理システムのE-R図（抜粋）を図1に示す。

在庫管理システムのデータベースでは，E-R図のエンティティ名を表名にし，属性名を列名にして，適切なデータ型で表定義した関係データベースによって，データを管理している。

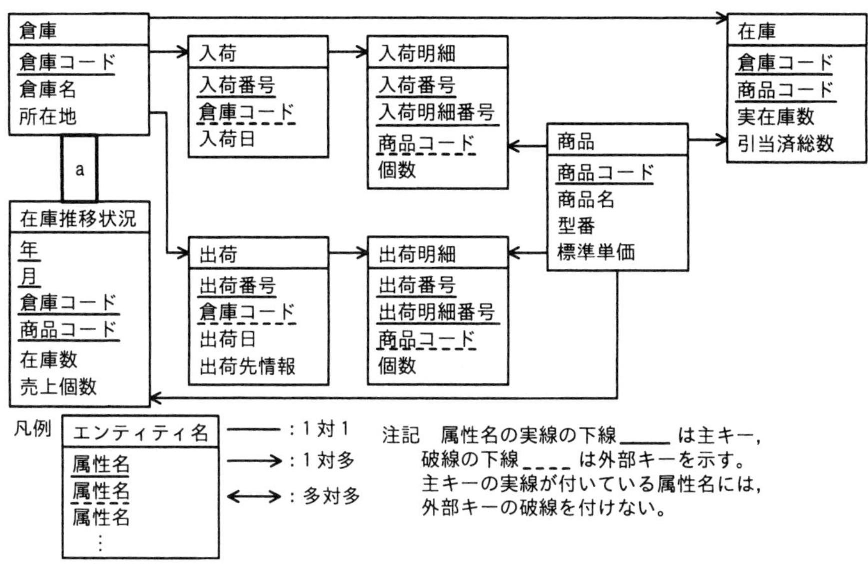

図1　現状の在庫管理システムのE-R図（抜粋）

〔在庫管理システム改修内容〕

課題を解決するために，在庫管理システムに次の改修を行うことにした。

- 在庫数が足りない場合は，在庫からは引き当てず，予約注文として受け付ける。なお，予約注文ごとに商品を発注することで，注文を受けた商品の個数が入荷される。
- 商品の仕入れの間隔や個数を調整する管理サイクルを短くするために，在庫の評価を月次から日次の処理に変更して，毎日の締めの在庫数と売上個数を在庫推移状況エンティティに記録する。

現状では，在庫数が足りない商品の予約注文を受けようとしても，在庫引当を行うと実在庫数より引当済総数の方が多くなってしまい，注文に応えられない。そこで，予約注文の在庫引当を商品の入荷のタイミングにずらすために，E-R図に予約注文用の二つのエンティティを追加することにした。追加するエンティティを表1に，改修後の在庫管理システムのE-R図（抜粋）を図2に示す。

表1　追加するエンティティ

エンティティ名	内容
引当情報	予約注文を受けた商品の個数と入荷済となった商品の個数を管理する。
引当予定	予約注文を受けた商品の，未入荷の引当済数の総計を管理する。

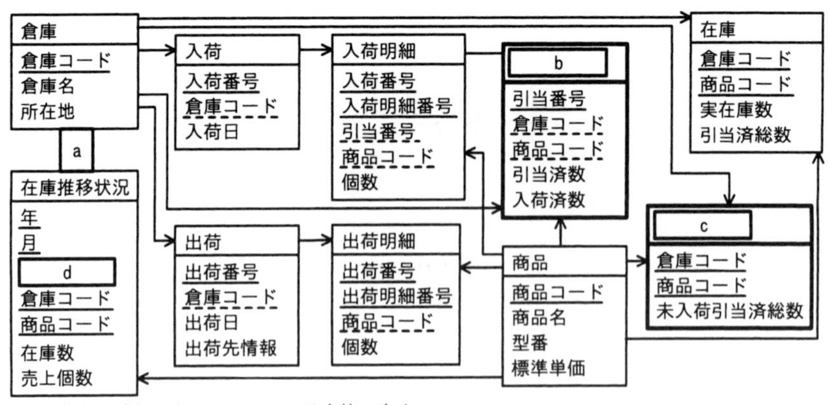

図2　改修後の在庫管理システムのE-R図（抜粋）

在庫管理システムにおける予約注文を受けた商品の個数に関する処理内容を表2に示す。

表2　在庫管理システムにおける予約注文を受けた商品の個数に関する処理内容

処理タイミング	処理内容
予約注文を受けたとき	引当情報エンティティのインスタンスを生成して，引当済数には注文を受けた商品の個数を，入荷済数には0を設定する。 引当予定エンティティの未入荷引当済総数に注文を受けた商品の個数を足す。
予約注文された商品が入荷したとき	[e] エンティティの未入荷引当済総数から入荷した商品の個数を引く。 [f] エンティティの実在庫数と引当済総数に入荷した商品の個数を足す。 入荷した商品の個数を [g] エンティティの個数に設定し，引当情報エンティティの [h] に足す。
予約注文された商品を出荷したとき	出荷した商品の個数を出荷明細エンティティの個数に設定し，在庫エンティティの商品の実在庫数及び引当済総数から引く。

〔在庫の評価〕

より正確かつ迅速に在庫回転日数を把握するために，在庫推移状況エンティティから，期間を1週間（7日間）として，倉庫コード，商品コードごとに，各年月日の6日前から当日までの平均在庫数及び売上個数で在庫回転日数を集計することにする。

可読性を良くするために，SQL文にはウィンドウ関数を使用することにする。

ウィンドウ関数を使うと，FROM句で指定した表の各行ごとに集計が可能であり，各行ごとに集計期間が異なるような移動平均も簡単に求めることができる。ウィンドウ関数で使用する構文（抜粋）を図3に示す。

```
<ウィンドウ関数>::=
  <ウィンドウ関数名>(<列>) OVER {<ウィンドウ名> | (<ウィンドウ指定>)}

<WINDOW 句>::=
  WINDOW <ウィンドウ名> AS (<ウィンドウ指定>) [{, <ウィンドウ名> AS (<ウィンドウ指定>)}...]

<ウィンドウ指定>::=
    [<PARTITION BY 句>] [<ORDER BY 句>] [<ウィンドウ枠>]

<PARTITION BY 句>::=
    PARTITION BY <列> [{, <列>}...]
```

注記1　OVER の後に(<ウィンドウ指定>)を記載する代わりに，WINDOW 句で名前を付けて，<ウィンドウ名>で参照することができる。

注記2　PARTITION BY 句は指定した列の値ごとに同じ値をもつ行を部分集合としてパーティションにまとめるオプションである。

注記3　ウィンドウ枠の例として，ROWS BETWEEN n PRECEDING AND CURRENT ROW と記載した場合は，n 行前(n PRECEDING)から現在行(CURRENT ROW)までの範囲を対象として集計することを意味する。

注記4　...は，省略符号を表し，式中で使用される要素を任意の回数繰り返してもよいことを示す。

図3　ウィンドウ関数で使用する構文（抜粋）

ウィンドウ関数を用いて，倉庫コード，商品コードごとに，各年月日の6日前から当日までの平均在庫数及び売上個数を集計するSQL文を図4に示す。

```
SELECT 年, 月, 日, 倉庫コード, 商品コード,
       AVG(在庫数) [    i    ] 期間定義 AS 平均在庫数,
       SUM(売上個数) [    i    ] 期間定義 AS 期間内売上個数
  FROM 在庫推移状況
  WINDOW 期間定義 AS (
                    PARTITION BY 倉庫コード, 商品コード
                    [    j    ] 年, 月, 日 ASC
                    ROWS BETWEEN 6 PRECEDING AND CURRENT ROW
                  )
```

図4　倉庫コード，商品コードごとに，各年月日の6日前から当日までの平均在庫数及び売上個数を集計するSQL文

設問1　図1及び図2中の［ a ］に入れる適切なエンティティ間の関連を答え，E-R図を完成させよ。なお，エンティティ間の関連の表記は図1の凡例に倣うこと。

設問2　〔在庫管理システム改修内容〕について答えよ。

(1) 図2中の［ b ］，［ c ］に入れる適切なエンティティ名を表1中のエンティティ名を用いて答えよ。

(2) 図2中の［ d ］に入れる，在庫推移状況エンティティに追加すべき適切な属性名を答えよ。なお，属性名の表記は図1の凡例に倣うこと。

(3) 表2中の［ e ］～［ h ］に入れる適切な字句を答えよ。

設問3　図4中の［ i ］，［ j ］に入れる適切な字句を答えよ。

解説

設問1 の解説

●空欄a

図1及び図2の倉庫エンティティと在庫推移状況エンティティの関連が問われています。図1のE-R図を見ると，在庫推移状況エンティティの主キーは「年，月，倉庫コード，商品コード」の複合キーになっています。主キーに，倉庫コードと商品コードが含まれることに着目すると，在庫推移状況エンティティは，倉庫ごと，商品ごとに在庫数と売上個数を記録・管理するためのエンティティであることが分かります。このことから，在庫推移状況エンティティの倉庫コードは，倉庫エンティティの主キーを，また商品コードは商品エンティティの主キーを参照する外部キーです。

したがって，倉庫エンティティと在庫推移状況エンティティの関係は「1対多」であり，**空欄a**には「↓」が入ります。

設問2 の解説

〔在庫管理システム改修内容〕についての設問です。

(1) 図2中の空欄b，cに入れるエンティティ名が問われています。このエンティティは，新規に追加されたエンティティなので，表1に示された引当情報か引当予定のいずれかが該当します。

▼表1　追加するエンティティ

エンティティ名	内容
引当情報	予約注文を受けた商品の個数と入荷済となった商品の個数を管理する。
引当予定	予約注文を受けた商品の，未入荷の引当済数の総計を管理する。

●空欄b

空欄bは，引当済数と入荷済数をもつエンティティです。表1を確認すると，引当情報エンティティの内容に「入荷済となった商品の個数を管理する」とあります。また，表2の予約注文を受けたときの処理内容に「引当情報エンティティのインスタンスを生成して，引当済数には注文を受けた商品の個数を，入荷済数には0を設定する」とあります。これらのことから，空欄bは引当情報エンティティです。つまり，**空欄b**には「**引当情報**」が入ります。

●空欄c

空欄bが引当情報エンティティであれば，空欄cは引当予定エンティティです。念のため，空欄cのエンティティは，未入荷引当済総数をもつエンティティであることを念頭に，表1及び表2を確認します。表1の引当予定エンティティの内容に「未入荷の引当済数の総計を管理する」とあり，表2の予約注文を受けたときの処理内容に「引当予定エンティティの未入荷引当済総数に注文を受けた商品の個数を足す」とあります。ということは，やはり空欄cは引当予定エンティティです。したがって，**空欄cには「引当予定」が入ります。**

(2) 図2中の空欄dに入れる属性が問われています。

●空欄d

空欄dは，在庫推移状況エンティティの属性であり，改修後に追加された属性です。ここでの着目点は，〔在庫管理システム改修内容〕の二つ目にある，「在庫の評価を月次から日次の処理に変更して，毎日の締めの在庫数と売上個数を在庫推移状況エンティティに記録する」との記述です。

現状システムでは，月末の月次バッチ処理で毎月の締めの在庫数と売上個数を記録しているので，在庫推移状況エンティティのインスタンスの生成は，月ごとです。そのため，在庫推移状況エンティティの主キーが「年，月，倉庫コード，商品コード」の複合キーになっているわけです。この処理を月次から日次の処理に変更した場合，在庫推移状況エンティティのインスタンスは毎日生成されることになるので，生成した日を格納する属性を在庫推移状況エンティティに追加し，さらにそれを主キー属性にする必要があります。つまり，**空欄dには「日」が入ります。**

(3) 表2の予約注文された商品が入荷したときの処理内容にある空欄e～空欄hに入れる字句が問われています。

●空欄e

空欄eは，「[e]エンティティの未入荷引当済総数から入荷した商品の個数を引く」との記述中にあります。未入荷引当済総数を属性にもつエンティティは引当予定なので，**空欄eには「引当予定」が入ります。**

●空欄f

空欄fは，「[f]エンティティの実在庫数と引当済総数に入荷した商品の個数を足す」との記述中にあります。実在庫数及び引当済総数を属性にもつエンティティは在庫なので，**空欄fには「在庫」が入ります。**

●空欄g，h

空欄g及びhは，「入荷した商品の個数を[g]エンティティの個数に設定し，引当情報エンティティの[h]に足す」との記述中にあります。

商品が入荷したとき，入荷エンティティが生成され，また商品ごとに入荷明細エンティティが生成されます。これは予約注文された商品が入荷したときも同じです。つまり，商品が入荷したときは，その商品の個数を入荷明細エンティティの個数に設定することになるので，**空欄g**は「**入荷明細**」です。

予約注文された商品が入荷した場合は，入荷した商品の個数を入荷明細エンティティの個数に設定するとともに，その個数を引当情報エンティティの入荷済数に加算する必要があります。このことは，表1の引当情報エンティティの内容に，「予約注文を受けた商品の個数と入荷済となった商品の個数を管理する」との記述からも分かります。したがって，**空欄h**には「**入荷済数**」が入ります。

設問3 の解説

図4中の空欄i及びjに入れる字句が問われています。図4はウィンドウ関数を用いたSQL文であり，倉庫コード，商品コードごとに，各年月日の6日前から当日までの平均在庫数及び売上個数を集計するSQL文です。

通常，「倉庫コード，商品コードごとに，平均在庫数及び売上個数を集計する」といった場合，GROUP BY句を用いて，データを倉庫コード，商品コードごとにグループ化しますが，GROUP BY句を用いた方法では，「各データの年月日の6日前から当日までのデータを集計する」といった処理はできません。そこで用いられるのがウィンドウ関数です。ウィンドウ関数を使用すると，FROM句で指定した表（在庫推移状況エンティティ）の各行ごとにAVG関数やSUM関数の集計範囲を変えながら，集計処理を行うことができます。

ウィンドウ関数を知っていれば本設問は簡単ですが，知らなくても，図3にウィンドウ関数で使用する構文がBNF表記で記載されているので，この構文及び注記事項を読み解くことで空欄に入れるべき字句が導けるはずです。

では，空欄を考える前にSQL文の全体を把握しておきましょう。波線枠で示した部分が，AVG（在庫数）及びSUM（売上個数）の集計範囲の指定です。

```
SELECT 年，月，日，倉庫コード，商品コード
        AVG(在庫数)  [  i  ] 期間定義 AS 平均在庫数,
        SUM(売上個数) [  i  ] 期間定義 AS期間内売上個数
    FROM 在庫推移状況
    WINDOW 期間定義 AS (                                  ← 集計範囲の指定
                    PARTITION BY 倉庫コード，商品コード
                    [  j  ] 年，月，日 ASC
                    ROWS BETWEEN 6 PRECEDING AND CURRENT ROW
                    )
```

●空欄j

図3に示された構文及び注記を参考に，空欄jから考えていきます。ここで着目すべきは，注記2及び注記3です。注記2には「PARTITION BY句は指定した列の値ごとに同じ値をもつ行を部分集合としてパーティションにまとめるオプションである」と記載されています。図4のSQL文を見ると，「PARTITION BY 倉庫コード，商品コード」とあるので，このPARTITION BY句によって，倉庫コード，商品コードごとにデータをまとめていることが推測できます。

次に注記3を見ると，「ウィンドウ枠の例として，ROWS BETWEEN n PRECEDING AND CURRENT ROW と記載した場合は，n行前（n PRECEDING）から現在行（CURRENT ROW）までの範囲を対象として集計することを意味する」とあります。このことから，SQL文にある「ROWS BETWEEN 6 PRECEDING AND CURRENT ROW」は，集計の対象範囲を「当該行の年月日の6日前から当日までのデータ」とするためのものであることが推測できます。

ここで問題となるのがデータの順番です。年月日の6日前から当日までのデータを集計の対象とするためには，データを年月日の昇順に並べ替えておく必要があります。このことから考えると，「 j 年，月，日 ASC」の空欄jには，並べ替え指定の「ORDER BY」を入れればよさそうです。図3に示された構文を見ると，<ウィンドウ指定>において，PARTITION BY句とウィンドウ枠の間にORDER BY句が記載できることが確認できます。したがって，**空欄j**には「**ORDER BY**」を入れればよいでしょう。

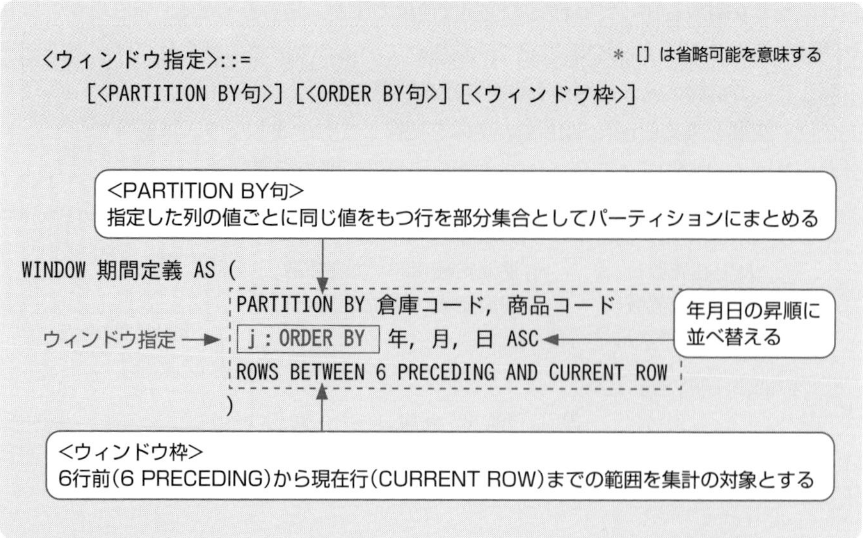

●空欄i

ここでの着目点は，<ウィンドウ関数>の定義（下記）と注記1です。注記1には「OVERの後に（<ウィンドウ指定>）を記載する代わりに，WINDOW句で名前を付けて，<ウィンドウ名>で参照することができる」とあります。

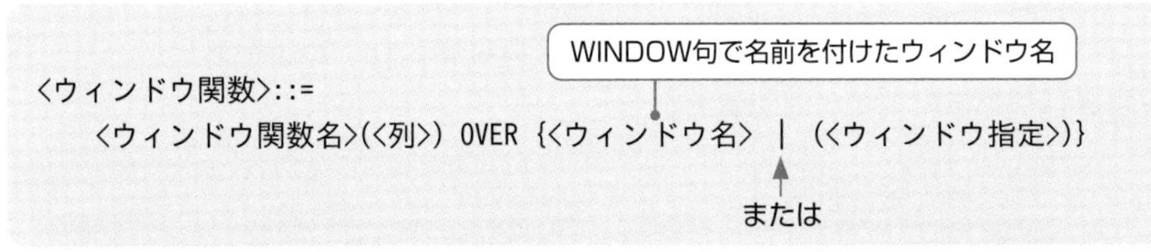

<WINDOW句>は次のように定義されているので，図4のSQL文におけるウィンドウ名は「期間定義」です。

```
〈WINDOW句〉::=
    WINDOW 〈ウィンドウ名〉 AS (〈ウィンドウ指定〉)                * [] 以降省略
```

ここでSELECT句を見ると，空欄iの直後にウィンドウ名である「期間定義」が記載されています。ということは，**空欄i**には「**OVER**」を入れればよさそうです。

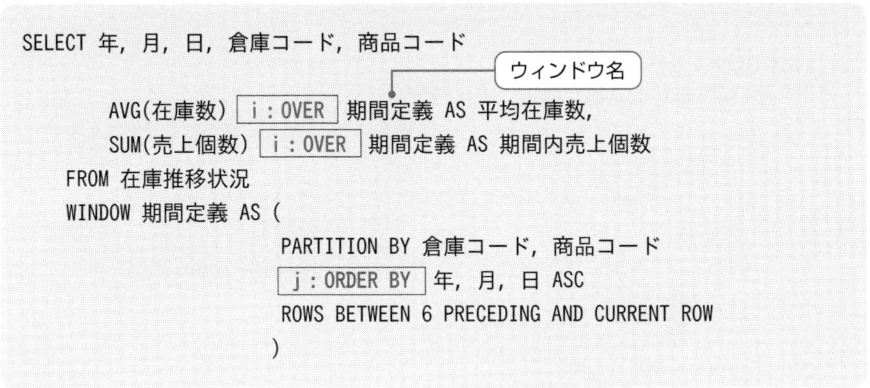

以上，SQL文の処理内容には触れずに，構文及び注記を基に空欄に入れるべき字句を説明してきましたが，実は図4のSQL文は，AVG関数とSUM関数をウィンドウ関数として利用したSQL文なんです。少し分かりにくいですが，集約関数の呼出しの後にOVER句が記載されていた場合，その集約関数はウィンドウ関数として機能すると理解してください。

解答

設問1　a：↓

設問2　(1) b：引当情報　　c：引当予定

(2) d：日

(3) e：引当予定　　f：在庫　　g：入荷明細　　h：入荷済数

設問3　i：OVER　　j：ORDER BY

参考　ウィンドウ関数

ウィンドウ関数は，複雑な集計や分析処理を効率良く行うため，かつ可読性を良くするために用意されたSQLの構文です。AVGやSUMといった通常の集約関数をウィンドウ関数として利用することもできますし，分析専用の関数を利用してさらに複雑な処理を行うこともできます。

ここでは，ウィンドウ関数に慣れることを目的に簡単な例を紹介します。まず一つ目の例は，成績表を基に，全てのデータの総合得点とグループごとの合計点を求め，それを各データに追加して出力するSQL文です。次ページの図に示した破線枠が追加出力した部分です。この処理を行うためのSQL文を下記に二つ示します。どちらのSQL文でも同じ結果が得られることを確認してください。

〔WINDOW句を使用しない例〕

```
SELECT 番号, 名前, 得点, グループ,
       SUM(得点) OVER () AS 総合得点,
       SUM(得点) OVER (PARTITION BY グループ ) AS グループ合計点
  FROM 成績
  ORDER BY グループ, 得点 DES
```

表全体を一つのまとまりとして集計する（OVER () を指す）

グループごとにパーティション化され，パーティションごとに集計する（PARTITION BY を指す）

〔WINDOW句を使用した例〕

```
SELECT 番号, 名前, 得点, グループ,
       SUM(得点) OVER () AS 総合得点,
       SUM(得点) OVER グループ定義 AS グループ合計得点
  FROM 成績
  WINDOW グループ定義 AS ( PARTITION BY グループ )
  ORDER BY グループ, 得点 DES
```

番号	名前	得点	グループ	総合得点	グループ合計点
1	藤井　壮亮	100	1	680	255
5	下川　翔大	85	1	680	255
3	石井　結大	70	1	680	255
8	大滝　万莉	95	2	680	265
2	樋口　夏希	90	2	680	265
7	穂阪　悠乃	80	2	680	265
4	荒木　睦大	85	3	680	160
6	堀切　惺愛	75	3	680	160

次の例は，データの並び順を意識した例です。ウィンドウ指定内にORDER BY句を記載してグループごとに累積合計点を求めます。なおここでは，WINDOW句を使用した例のみ記載します。

```
SELECT 番号, 名前, 得点, グループ,
       SUM(得点) OVER グループ定義 AS グループ累積合計点
  FROM 成績
  WINDOW グループ定義 AS (
                          PARTITION BY グループ
                          ORDER BY 得点
                         )
```

番号	名前	得点	グループ	グループ累積合計点
3	石井　結大	70	1	70
5	下川　将大	85	1	155
1	藤井　壮亮	100	1	255
7	穂阪　悠乃	80	2	80
2	樋口　夏希	90	2	170
8	大滝　万莉	95	2	265
6	堀切　惺愛	75	3	75
4	荒木　睦大	85	3	160

グループの中でORDER BYを使用した集計が行われる

二つ目の例は少し複雑ですが，ウィンドウ指定内でORDER BYを指定した場合，ウィンドウの範囲が集計するごとに一つずつ増え，1行目のときは1行目のみ集計し，2行目のときは1行目から2行目までを集計し，3行目のときは1行目から3行目までを集計することを確認してください。

以上，ここでは二つの例を紹介しました。ウィンドウ関数に少し慣れたところで，問題5のSQL文がどのような動作を行うのか（大凡でよいので）確認してみましょう！

問題6 クーポン発行サービス （R04春午後問6）

クーポン発行サービスを題材にした問題です。本問では，E-R図やSQL文のほかに，CRUD図の変更・修正，また既存テーブルへの制約の追加といった事項も問われます。問題の難易度はそれほど高くはありませんが，CRUD図や既存テーブルへの制約の追加は，新出要素であるため，その意味では，難易度が(若干ではありますが)高い問題といえます。

データベース問題の設問の多くは，E-R図とSQL文の穴埋めです。近年の問題を見ると，E-R図の難易度は以前と変わっていませんが，SQL文は徐々に難易度が高くなってきています。本問のSQL文(特に，図4)も例外ではありません。しかし，難易度が高く見えるのは，SQL文に複数の操作(SELECT，INSERTなど)が含まれているからです。一つ一つを正しい順番に解釈していけば解読できるはずです。では，本問に挑戦してみましょう。

問 クーポン発行サービスに関する次の記述を読んで，設問1〜4に答えよ。

K社は，インターネットでホテル，旅館及びレストラン（以下，施設という）の予約を取り扱う施設予約サービスを運営している。各施設は幾つかの利用プランを提供していて，利用者はその中から好みのプランを選んで予約する。会員向けサービスの拡充施策として，現在稼働している施設予約サービスに加え，クーポン発行サービスを開始することにした。

発行するクーポンには割引金額が設定されていて，施設予約の際に料金の割引に利用することができる。K社は，施設，又は都道府県，若しくは市区町村を提携スポンサとして，提携スポンサと合意した割引金額，枚数のクーポンを発行する。

クーポン発行に関しては，提携スポンサによって各種制限が設けられているので，クーポンの獲得，及びクーポンを利用した予約の際に，制限が満たされていることをチェックする仕組みを用意する。

提携スポンサによって任意に設定可能なチェック仕様の一部を表1に，クーポン発行サービスの概要を表2に示す。

表1　提携スポンサによって任意に設定可能なチェック仕様（一部）

提携スポンサ	クーポンの獲得制限	クーポンを利用した予約制限
施設	・同一会員による同一クーポンの獲得可能枚数を，1 枚に制限する（以下，“同一会員 1 枚限りの獲得制限” という）。	・設定した施設だけを予約可能にする。 ・利用金額が設定金額以上の予約だけを可能にする。
都道府県，市区町村	・設定地区に居住する会員だけが獲得可能にする。	・設定地区にある施設だけを予約可能にする。

表2　クーポン発行サービスの概要

利用局面	概要
クーポンの照会	・発行予定及び発行中クーポンの情報は，会員向けのメール配信によって会員に周知され，施設予約サービスにおいて検索，照会ができる。
クーポンの獲得	・発行中のクーポンを利用するためには，会員がクーポン獲得を行う必要がある。 ・クーポン獲得を行える期間は定められている。 ・クーポンの発行枚数が上限に達すると，以降の獲得はできない。
クーポンの利用	・獲得したクーポンは，施設予約サービスにおいて料金の割引に利用できる。 ・1 枚のクーポンは一つの予約だけに利用できる。 ・クーポンを利用した予約をキャンセルすると，そのクーポンを別の予約に利用できる。 ・クーポンの利用期間は定められていて，期限を過ぎたクーポンは無効となる。

〔クーポン発行サービスと施設予約サービスのE-R図〕

クーポン発行サービスと施設予約サービスで使用するデータベース（以下，予約サイトデータベースという）のE-R図（抜粋）を図1に示す。予約サイトデータベースでは，E-R図のエンティティ名をテーブル名に，属性名を列名にして，適切なデータ型で表定義した関係データベースによってデータを管理する。

クーポン管理テーブルの列名の先頭に“獲得制限”又は“予約制限“が付く列は，クーポンの獲得制限，又はクーポンを利用した予約制限のチェック処理で使用し，チェックが必要ない場合にはNULLを設定する。“獲得制限_1枚限り”には，“同一会員1枚限りの獲得制限”のチェックが必要なときは‘Y’を，不要なときはNULLを設定する。

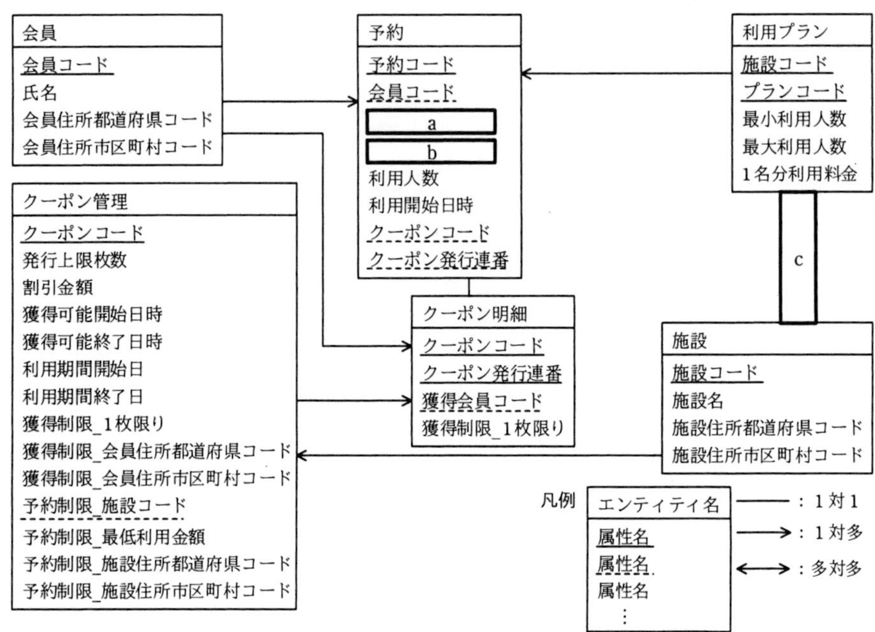

注記　属性名の実線の下線＿＿＿は主キー，破線の下線‐‐‐‐‐は外部キーを示す。
主キーの実線が付いている属性名には，外部キーの破線を付けない。

図1　予約サイトデータベースのE-R図（抜粋）

データベース設計者であるL主任は，“同一会員1枚限りの獲得制限”を制約として実装するために，図2のSQL文によってクーポン明細テーブルに対して，UNIQUE制約を付けた。なお，予約サイトデータベースにおいては，UNIQUE制約を構成する複数の列で一つの列でもNULLの場合は，UNIQUE制約違反とならない。

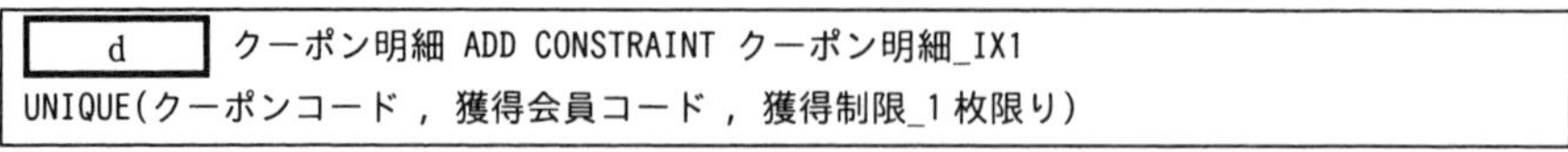

```
[ d ] クーポン明細 ADD CONSTRAINT クーポン明細_IX1
UNIQUE(クーポンコード , 獲得会員コード , 獲得制限_1枚限り)
```

図2　“同一会員1枚限りの獲得制限”を制約とするためのSQL文

L主任は，①予約テーブルの“クーポンコード”，“クーポン発行連番”に対しても，UNIQUE制約を付けた。

予約サイトデータベースでは，更新目的の参照処理と更新処理においてレコード単位にロックを掛け，多重処理を行う設定としている。ロックが掛かるとトランザクションが終了するまでの間，他のトランザクションによる同一レコードに対する処理はロック解放待ちとなる。

〔クーポン獲得処理の連番管理方式〕

クーポン発行サービスと施設予約サービスのCRUD図（抜粋）を図3に示す。

クーポン新規登録処理では，1種類のクーポンにつき1レコードをクーポン管理テーブルに追加する。クーポン獲得チェック処理では，獲得可能期間，会員住所による獲得制限，発行上限枚数に関するチェックを行う。チェックの結果，エラーがない場合に表示される同意ボタンを押すことによって，クーポン獲得処理を行う。

処理名		テーブル名			
		会員	予約	クーポン管理	クーポン明細
クーポン発行サービス	クーポン新規登録	−	−	C	−
	クーポン獲得チェック	R	−	R	R
	クーポン獲得	R	−	②R	③CR
施設予約サービス	施設予約前チェック	R	R	R	R
	施設予約実行	R	C	−	R
	施設予約キャンセル	R	RD	−	−

注記　C：追加，R：参照，U：更新，D：削除

図3　クーポン発行サービスと施設予約サービスのCRUD図（抜粋）

クーポン発行サービスでは，上限の定められた発行枚数分のクーポンを抜けや重複なく連番管理する方式が必要になる。特に，提携スポンサが都道府県，市区町村であるクーポンは割引金額が大きく，クーポンの発行直後にトラフィックが集中することが予想される。発行上限枚数到達後にクーポン獲得処理が動作する場合の考慮も必要である。L主任は，トラフィック集中時のリソース競合によるレスポンス悪化を懸念して，ロック解放待ちを発生させない連番管理方式（以下，ロックなし方式という）のSQL文（図4）を考案した。このSQL文では，ロックを掛けずに参照し，主キー制約によってクーポン発行連番の重複レコード作成を防止する。

ここで，関数COALESCE（A, B）は，AがNULLでないときはAを，AがNULLのときはBを返す。また，“:クーポンコード”，“:会員コード”は，該当の値を格納する埋込み変数である。

```
INSERT INTO クーポン明細 (クーポンコード, クーポン発行連番, 獲得会員コード, 獲得制限_1枚限り)
WITH 発行済枚数取得 AS (SELECT COALESCE(MAX(    e    ), 0) AS 発行済枚数
  FROM クーポン明細 WHERE クーポンコード = :クーポンコード)
SELECT :クーポンコード,
       (SELECT 発行済枚数 + 1 FROM 発行済枚数取得 WHERE
         (SELECT 発行済枚数 FROM 発行済枚数取得) < 発行上限枚数),
       :会員コード, 獲得制限_1枚限り
  FROM クーポン管理 WHERE クーポンコード = :クーポンコード
```

図4　ロックなし方式のSQL文

〔クーポン獲得処理の連番管理方式の見直し〕

ロックなし方式をレビューしたM課長は，トラフィック集中時に主キー制約違反が発生することによって，会員による再オペレーションが頻発するデメリットを指摘し，ロック解放待ちを発生させることによって更新が順次行われる連番管理方式（以下，ロックあり方式という）の検討と方式の比較，高負荷試験の実施を指示した。

L主任は，クーポン管理テーブルに対して初期値が0の“発行済枚数”という列を追加し，このデータ項目のカウントアップによって連番管理をするロックあり方式のSQL文（図5）を考案した。

```
UPDATE クーポン管理 [    f    ]
  WHERE クーポンコード = :クーポンコード AND 発行済枚数 < [  g  ] ;
INSERT INTO クーポン明細 (クーポンコード, クーポン発行連番, 獲得会員コード, 獲得制限_1 枚限り)
SELECT  :クーポンコード, 発行済枚数, :会員コード, 獲得制限_1 枚限り
  FROM クーポン管理 WHERE クーポンコード = :クーポンコード;
```

図5　ロックあり方式のSQL文

④ロックあり方式では，図3のCRUD図の一部に変更が発生する。

L主任は，ロックなし方式とロックあり方式の比較を表3にまとめ，高負荷試験を実施した。

表3　ロックなし方式とロックあり方式の比較

方式	ロック 解放待ち	主キー制約違反による 再オペレーション	発行上限枚数に到達後の動作
ロック なし	発生しない	発生する	副問合せで取得する発行済枚数+1 の値が NULL になり，クーポン明細テーブルのクーポン発行連番が NULL のレコードを追加しようとして，主キー制約違反となる。
ロック あり	発生する	発生しない	更新が行われず，クーポン明細テーブルのクーポン発行連番が [g] のレコードを追加しようとして，主キー制約違反となる。

注記　表3中の [g] には，図5中の [g] と同じ字句が入る。

高負荷試験実施の結果，どちらの方式でも最大トラフィック発生時のレスポンス，スループットが規定値以内に収まることが確認できた。そこで，会員による再オペレーションの発生しないロックあり方式を採用することにした。

設問1 〔クーポン発行サービスと施設予約サービスのE-R図〕について，(1)～(3)に答えよ。

(1) 図1中の[a]～[c]に入れる適切なエンティティ間の関連及び属性名を答え，E-R図を完成させよ。

なお，エンティティ間の関連及び属性名の表記は，図1の凡例及び注記に倣うこと。

(2) 図2中の[d]に入れる適切な字句を答えよ。

(3) 本文中の下線①は，どのような業務要件を実現するために行ったものか。30字以内で述べよ。

設問2 図4中の[e]に入れる適切な字句を答えよ。

設問3 図5中の[f]，[g]に入れる適切な字句を答えよ。

設問4 本文中の下線④について，図3中の下線②，下線③の変更後のレコード操作内容を，注記に従いそれぞれ答えよ。

解説

設問1 の解説

(1) 図1中の空欄a～cに入れるエンティティ間の関連及び属性名が問われています。

●空欄a，b

空欄a及びbは，予約エンティティの属性です。予約エンティティと関連するエンティティは，会員，利用プラン，クーポン明細の三つで，それぞれ次のような関係になっています。

・会員エンティティと予約エンティティ　　　　　：「1対多」
・利用プランエンティティと予約エンティティ　　：「1対多」
・クーポン明細エンティティと予約エンティティ　：「1対1」

エンティティ間に「1対多」の関係がある場合，「多」側のエンティティには，「1」側エンティティの主キーを参照する外部キーがあるはずです。また，「1対1」の関係がある場合は，どちらかのエンティティに，他方の主キーを参照する外部キーがあるはずです。この点を踏まえて図1のE-R図を確認します。

予約エンティティには，会員エンティティの主キーを参照する外部キー（会員コード）があり，またクーポン明細エンティティの主キーを参照する外部キー（クーポンコード，クーポン発行連番）があります。しかし，利用プランエンティティの主キー（施設コード，プランコード）を参照する外部キーがありません。このことから，**空欄a**は「**施設コード**」，**空欄b**は「**プランコード**」です。なお，空欄a，bは順不同です。

●空欄c

利用プランエンティティと施設エンティティの関連（リレーションシップ）が問われています。この二つのエンティティに共通する属性（施設コード）に着目すると，施設エンティティの主キーである施設コードが，利用プランエンティティの主キーの一部になっています。このことから，利用プランエンティティの施設コードは，施設エンティティの主キーを参照する外部キーであり，一つの施設エンティティに対して，複数の利用プランが存在すると考えられます。また，このことは，問題文の冒頭にある「各施設は幾つかの利用プランを提供していて…」との記述からも分かります。

以上のことから，利用プランエンティティと施設エンティティは「多対1」であり，**空欄c**には「个」が入ります。

(2) 図2の“同一会員1枚限りの獲得制限”を制約とするためのSQL文中の空欄dに入れる字句が問われています。

●空欄d

ここでの着目点は，図2の直前にある「図2のSQL文によってクーポン明細テーブルに対して，UNIQUE制約を付けた」との記述です。作成済みの既存テーブルに制約を追加する場合，ALTER TABLE文のADD CONSTRAINT句を使用します。

ALTER TABLE文とは，テーブルの定義を変更するためのSQL文です。制約の追加や削除のほかに，列の追加や変更などを行うことができます。

CONSTRAINT句は，制約に名前を付けるための句です。省略可能ですが，一般的には省略せずに記述します。

〔ALTER TABLE文の基本構文〕

```
ALTER TABLE テーブル名
  ADD CONSTRAINT 制約名 制約 (列名リスト)
```

以上のことから，**空欄d**には「**ALTER TABLE**」が入ります。

```
d：ALTER TABLE クーポン明細 ADD CONSTRAINT クーポン明細_IX1

UNIQUE( クーポンコード，獲得会員コード，獲得制限_1枚限り )
```

制約名

この三つの列の組みに対してUNIQUE制約を付加

補足 “同一会員1枚限りの獲得制限”の仕組み

“同一会員1枚限りの獲得制限”とは，「同一会員による同一クーポンの獲得可能枚数を1枚に制限する」というものです。では，図2の直前にある，「予約サイトデータベースにおいては，UNIQUE制約を構成する複数の列で一つの列でもNULLの場合は，UNIQUE制約違反とならない」との記述は，何を意味するのでしょう？

これは，UNIQUE制約を構成する列（クーポンコード，獲得会員コード，獲得制限_1枚限り）のうち，いずれかの列がNULLであれば，そのほかの列が同じ値でもUNIQUE制約違反にならないという意味です。

“獲得制限_1枚限り”には，“同一会員1枚限りの獲得制限”のチェックが必要なときは‘Y’，不要なときはNULLが設定されているので，このUNIQUE制約を付けることによって，同一会員による，"同一会員1枚限りの獲得制限"のない（すなわち，"獲得制限_1枚限り"がNULLの）クーポンの複数登録を可能とし，"同一会員1枚限りの獲得制限"のある（すなわち，"獲得制限_1枚限り"が'Y'の）クーポンの複数登録は阻止することができます。

クーポンコード	獲得会員コード	獲得制限_1枚限り
K001	12345	'Y'
K001	12345	'Y'
K002	12345	NULL
K002	12345	NULL

UNIQUE制約違反

UNIQUE制約違反にならない（登録可能）

(3) 下線①について，「予約テーブルの"クーポンコード"，"クーポン発行連番"に対しても，UNIQUE制約を付けた」のは，どのような業務要件を実現するためか問われています。

着目すべきは，表2の「クーポンの利用」の二つ目の項目にある，「1枚のクーポンは一つの予約だけに利用できる」との記述です。予約テーブルには，一つの予約ごとに予約レコードが作成されます。そのため，クーポンコードとクーポン発行連番の組みに対してUNIQUE制約を付けなかった場合，複数の予約レコードにおいて，同一の組みの登録が可能になってしまいます。これでは，「1枚のクーポンは一つの予約だけに利用できる」という業務要件を実現することができません。また，同一の組みの登録を可能にしてしまうと，予約エンティティとクーポン明細テーブルの「1対1」の関連を担保できません。

以上，クーポンコードとクーポン発行連番の組みに対してUNIQUE制約を付けたのは，「**1枚のクーポンは一つの予約だけに利用できる**」という業務要件を実現するためです。

設問2 の解説

図4の，ロック解放待ちを発生させない連番管理方式（ロックなし方式）のSQL文中の空欄eに入れる字句が問われています。

空欄を考える前に，SQL文の全体像（どのような動作をするのか）を，次ページに示した「参考」を基に確認しておきましょう。ここで，SQL文中で使用されているWITHは，そのSQL文の中だけで参照できる一時的な表を定義する句です。この一時的に定義された表に名前（厳密には，問合せ名という）を付けることで，以降，SQL文内での参照が可能になります。なお，WITH句については，本問解答後の「参考」(p.441)も参照してください。

参考 図4のSQL文のポイント

SELECT文によって導出された①，②，③，④を，「クーポンコード，クーポン発行連番，獲得会員コード，獲得制限_1枚限り」の値としたレコードを追加する

```
INSERT INTO クーポン明細
        (クーポンコード, クーポン発行連番, 獲得会員コード, 獲得制限_1枚限り)
WITH 発行済枚数取得 AS (SELECT COALESCE(MAX(   e   ), 0) AS 発行済枚数
  FROM クーポン明細 WHERE クーポンコード = :クーポンコード)
SELECT :クーポンコード, ①
      (SELECT 発行済枚数 + 1 FROM 発行済枚数取得 WHERE
        (SELECT 発行済枚数 FROM 発行済枚数取得) < 発行上限枚数),  ②
      :会員コード, 獲得制限_1枚限り
        ③              ④
  FROM クーポン管理 WHERE クーポンコード = :クーポンコード
```

一時的な表の定義（WITH ～ :クーポンコード)）

WITH句で定義された一時的な表（発行済枚数取得）

〔図4のSQL文の動作〕

(1) WITH句により，下記のSELECT文で導出される表を“発行済枚数取得”とする。

```
SELECT COALESCE(MAX(  e  ), 0) AS 発行済枚数
  FROM クーポン明細
  WHERE クーポンコード = :クーポンコード
```

発行済枚数取得

発行済枚数

(2) SELECT文により，次の①，②，③，④の値を得る（導出する）。

① :クーポンコード

② 下記のSELECT文で得られる値

```
SELECT 発行済枚数 + 1 FROM 発行済枚数取得
  WHERE (SELECT 発行済枚数 FROM 発行済枚数取得) < 発行上限枚数
```

③ :会員コード

④ 獲得制限_1枚限り

(3) INSERT文により，(2) で得られた①，②，③，④を値としたレコードをクーポン明細テーブルに追加する。

●空欄e

図4のSQL文の動作が明確になったところで，空欄eを考えましょう。このSQL文

は，クーポン獲得処理で実行されるSQL文であり，クーポン明細テーブルにレコードを追加するSQL文です。

ここで着目すべきは，追加するレコードのクーポン発行連番の値です。クーポン明細テーブルには，抜けや重複がなく，かつ発行上限枚数を超えないクーポン発行連番のレコードを追加しなければなりません。そのためには，当該クーポンにおける，クーポン発行連番の現時点での最大値を取得し，「最大値 < 発行上限枚数」であれば，取得した最大値＋1の値をクーポン発行連番とする必要があります。この点に気付けば，空欄eは「クーポン発行連番」であると推測できます。

では，空欄eに「クーポン発行連番」を入れ，前ページに示した(1)～(3)の処理を確認してみましょう。

(1) WITH句を実行し，当該クーポンにおけるクーポン発行連番の最も大きな値（すなわち，発行済枚数）を保持する一時的な表“発行済枚数取得”を定義する。

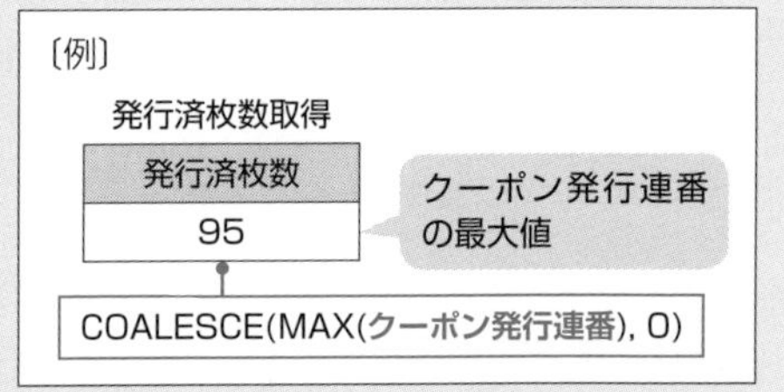

(2) SELECT文を実行し，:クーポンコード，②のSELECT文で得られた値，:会員コード，そして獲得制限_1枚限りを導出する。ここで，②のSELECT文で得られる値は，「SELECT 発行済枚数 FROM 発行済枚数取得」で得られた発行済枚数（上記例の場合，95）が，発行上限枚数よりも少なければ発行済枚数＋1の値となり，発行上限枚数に達していた場合はNULLとなる。

(3) (2)で得られた，「:クーポンコード，発行済枚数＋1あるいはNULL，:会員コード，獲得制限_1枚限り」を値としたレコードをクーポン明細テーブルに追加する。

以上，(1)～(3)の処理により，追加するレコードのクーポン発行連番の値が，発行済枚数＋1であれば，抜けや重複がないレコードとして追加できます。では，発行済枚数が発行上限枚数に達していて，追加するレコードのクーポン発行連番の値がNULLとなった場合はどうなるのでしょう？　このレコードは追加できませんよね。これは，クーポン発行連番がクーポン明細テーブルの主キーの一部になっているからです。表3に記述されているように，クーポン発行連番がNULLのレコードを追加しようとすると主キー制約違反となり追加できない仕組みになっています。

以上，**空欄e**には「**クーポン発行連番**」が入ります。

設問3 の解説

図5のUPDATE文中にある空欄f，gに入れる字句が問われています。まずUPDATE文の基本構文を確認しておきましょう。

UPDATE文の基本構文は次のとおりで，SET句に，変更する列とその変更値を「列名＝変更値」の形で指定します。なお，複数の列を変更する場合は，「列名1＝変更値1，列名2＝変更値2，…」のようにカンマ（,）で区切って指定します。

〔UPDATE文の基本構文〕

```
UPDATE テーブル名 SET 列名 = 更新値 [WHERE 条件]
```


●空欄f

図5は，クーポン管理テーブルに追加した，初期値が0の"発行済枚数"列の値をカウントアップすることによって連番管理を実現するSQL文です。このことに着目すれば，UDTATE文によって発行済枚数の値を＋1することが分かります。つまり，**空欄f**には「**SET 発行済枚数＝発行済枚数＋1**」が入ります。

●空欄g

空欄gは，WHERE句の「発行済枚数 ＜ [g]」という条件の中にあります。クーポンは，設定された発行上限枚数を超えない場合にのみ発行できます。つまり，条件「発行済枚数 ＜ 発行上限枚数」を満たしている場合にのみ，発行済枚数をカウントアップ（＋1）することになるので，**空欄g**には「**発行上限枚数**」が入ります。

```
UPDATE クーポン管理 [f：SET 発行済枚数 = 発行済枚数 + 1]
  WHERE クーポンコード = :クーポンコード AND 発行済枚数 < [g：発行上限枚数] ;

INSERT INTO クーポン明細
        (クーポンコード, クーポン発行連番, 獲得会員コード, 獲得制限_1枚限り)
     SELECT :クーポンコード, 発行済枚数, :会員コード, 獲得制限_1枚限り
       FROM クーポン管理 WHERE クーポンコード =:クーポンコード ;
```

一つのSQL文の終わりを意味する

なお，発行枚数が発行上限枚数に達していてカウントアップできなかった場合，表3の記述にあるように，発行済枚数の更新が行われないため，クーポン発行連番を，発

行上限枚数としたレコードを追加することになります。しかし，クーポン明細テーブルの主キーが「クーポンコード，クーポン発行連番」の組みなので，このレコードは主キー制約違反となり追加できません。

クーポン管理テーブル

クーポンコード	発行上限枚数	発行済枚数
K001	100	95
K002	50	50
:	:	

クーポン明細テーブル

クーポンコード	クーポン発行連番
:	
K001	95
K002	50
K001	96
✕ K002	50

K001のクーポンは，発行済枚数を96にカウントアップできるので，クーポン発行連番が96のレコードの追加が可能

K002のクーポンは，発行済枚数が発行上限枚数に達しているのでカウントアップされず，クーポン発行連番が発行上限枚数のレコードを追加しようとするが，主キー制約違反となる

設問4 の解説

図3のCRUD図に関する設問です。下線④の「ロックあり方式では，図3のCRUD図の一部に変更が発生する」ことについて，図3中の下線②，下線③の変更後のレコード操作内容が問われています。

CRUD図とは，どの処理（機能）が，どのデータ（テーブル）に対して，どのような操作（追加・生成：Create，参照：Read，更新：Update，削除：Delete）を行うかを，マトリクス形式で表した図です。図3を見ると，下線②は「R」，下線③は「CR」になっています。これは，「クーポン獲得処理で，クーポン管理テーブルに対して参照（R）操作を行い，クーポン明細テーブルに対してはレコードの追加（C）及び参照（R）操作を行う」ことを表しています。

▼図3のCRUD図

処理名		テーブル名			
		会員	予約	クーポン管理	クーポン明細
クーポン発行サービス	クーポン新規登録	−	−	C	−
	クーポン獲得チェック	R	−	R	R
	クーポン獲得	R	−	②R	③CR
施設予約サービス	施設予約前チェック	R	R	R	R
	施設予約実行	R	C	−	R
	施設予約キャンセル	R	RD	−	−

注記　C：追加，R：参照，U：更新，D：削除

ここで，下線②が「R」，下線③が「CR」であることは，図4のロックなし方式のSQL文で分かります。図4のSQL文で使用しているテーブルは，クーポン明細テーブルとクーポン管理テーブルの二つであり，クーポン明細テーブルに対しては参照（R）とレコード追加（C）操作を，またクーポン管理テーブルに対しては参照（R）のみの操作を行っていることを確認してください。

では，図5のロックあり方式のSQL文を確認してみましょう。図5では，UPDATE文でクーポン管理テーブルを更新（U）しています。そして，INSERT文で，クーポン管理テーブルを参照（R）し，クーポン明細テーブルにレコードを追加（C）しています。したがって，クーポン管理テーブルに対する操作（**下線②**）は「**RU**」，クーポン明細テーブルに対する操作（**下線③**）は「**C**」になります。

解答

設問1　(1) a：施設コード
　　　b：プランコード　　（a，bは順不同）
　　　c：↑
(2) d：ALTER TABLE
(3) 1枚のクーポンは一つの予約だけに利用できる

設問2　e：クーポン発行連番

設問3　f：SET 発行済枚数 = 発行済枚数 + 1
g：発行上限枚数

設問4　下線②：RU
下線③：C

参考　WITH句と再帰クエリ

ここでは，図4のSQL文に使用されているWITH句の別の使い方を説明しておきます。

WITH句は，そのSQL文の中だけで参照できる一時的な表を定義する句であること，そしてこの一時的に定義された表に名前（問合せ名）を付けることで，以降，そのSQL文内での参照が可能になることは先に説明しました。

実は，このWITH句に，**RECURSIVE**指定をすることで，再帰クエリを合理的に定義することができます。**再帰クエリ**とは，階層構造をもつデータに対して行う再帰的な問合せのことです。

では次ページに，部署の階層が木構造になっていて，部署エンティティが再帰リレーションシップで表現される場合を例にした再帰クエリ（SQL文）を示します。

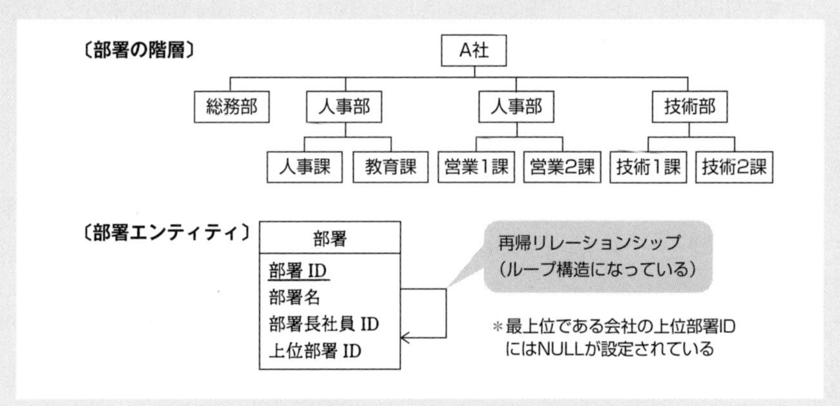

下記に示したSQL文は，埋込み変数":部署ID"で指定した部署とその配下の全ての部署の「部署ID，部署名，上位部署ID」を出力する再帰クエリです。

まず，①のSELECT文で，":部署ID"で指定した部署の「部署ID，部署名，上位部署ID」から成る1行の表を"関連部署"をとして導出します。次に②のSELECT文で，"関連部署"の部署IDと一致する上位部署IDをもつ部署の「部署ID，部署名，上位部署ID」を求め，それを"関連部署"に統合（追加）します。この処理を，結果行が0行になるまで繰返し，最後に④のSELECT文で，"関連部署"の全ての行「部署ID，部署名，上位部署ID」を出力します。

とても難しいSQL文ですが，問われたときの準備として理解しておきましょう。

```
WITH RECURSIVE 関連部署 (部署ID, 部署名, 上位部署ID) AS (
①  SELECT 部署.部署ID, 部署.部署名, 部署.上位部署ID
      FROM 部署
      WHERE 部署.部署ID = :部署ID
③ UNION ALL
②  SELECT 部署.部署ID, 部署.部署名, 部署.上位部署ID
      FROM 部署, 関連部署
      WHERE 部署.上位部署ID = 関連部署.部署ID
④ SELECT 部署ID, 部署名, 上位部署ID FROM 関連部署
```

最初に1回だけ実行。結果を"関連部署"として導出

②の結果を"関連部署"に統合（追加）

2回目以降，次の階層データを求めるためこのSELECTを実行。なお，結果行が0行なら繰返しを終了

"関連部署"の全ての行を出力

第7章 組込みシステム開発

出題範囲

- リアルタイムOS・MPUアーキテクチャ
- 省電力・高信頼設計・メモリ管理
- センサー・アクチュエーター
- 組込みシステムの設計
- 個別アプリケーション（携帯電話，自動車，家電ほか）

など

問題1 家庭用浴室給湯システム (H31春午後問7)

家庭用浴室給湯システムを題材にした組込みシステムの問題です。本問では，センサの出力仕様を理解する能力と，「センサの出力を読み出すタスク」，及び「複数のセンサの出力から状態を判定するタスク」を設計・実装する基礎的な能力が問われます。

浴室給湯システムといった身近な題材ということもあり，全体的に解答しやすい問題になっています。計算の際に単位の変換を誤ったり，問題文にある記載事項をうっかり見落としてしまうことがないよう，注意しながら解答を進めましょう。

問 家庭用浴室給湯システムに関する次の記述を読んで，設問1～3に答えよ。

G社は，家庭用浴室給湯システム（以下，浴室給湯システムという）を開発している。浴室給湯システムは，設定された給湯温度で浴槽に給湯を行う機能と，浴室に入った人が洗い場又は浴槽で動かなくなる事象（以下，異常事象という）を監視して，異常事象が発生したらブザーで同居人に知らせる機能をもつ。浴室給湯システムは，浴室内に設置されるリモコン，浴室の出入口に設置される出入りセンサ，及び浴室外に設置される給湯器で構成される。浴室給湯システムの構成を図1に，浴室給湯システムの構成要素の概要を表1に示す。

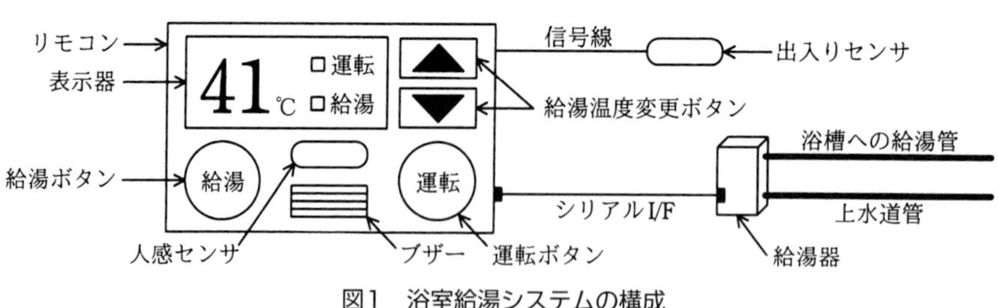

図1 浴室給湯システムの構成

表1　浴室給湯システムの構成要素の概要

構成要素名	概要
リモコン	・表示器，人感センサ，ブザー，運転ボタン，給湯ボタン，給湯温度変更ボタン，及びMCUで構成される。 ・表示器は，設定された給湯温度と，給湯器の運転状態を表示する。 ・人感センサは，人の動きを検出したときは1を，検出しなかったときは0を，1秒ごとに出力する。人の動きを検出する範囲は，浴室内に限られる。 ・出入りセンサと接続され，出入りセンサの出力を読み出すことができる。 ・給湯器と接続され，給湯器に指示を送信することができる。
出入りセンサ	・人が浴室の出入口を横切っていることを検出している間は1を，それ以外の間は0を出力する。人が浴室に入ったのか，浴室から出たのかは判別できない。 ・非常に短い間隔で0と1を交互に出力する現象が発生することがある。
給湯器	・リモコンからの指示に従い，運転，停止，給湯，及び給湯温度の変更を行う。 ・リモコンからの各指示のデータ長は，いずれも3バイトの固定長である。 ・シリアルI/Fの通信速度は，9,600ビット／秒である。

注記　人感センサの出力，出入りセンサの出力，及びリモコンの各ボタンの入力は，MCUの入力ポートで読み出すことができる。

〔出入りセンサの出力の確定方法〕

MCUは，出入りセンサの出力を1回の読出しでは確定せず，10ミリ秒周期で出力を読み出して，5回連続で同じ値が読み出せたときに確定し，その値を確定値とする。

〔リモコンの動作〕

(1) リモコンは，各ボタンによって操作を受け付け，給湯器に指示を送信する。
- 運転ボタンが押されたら給湯器の運転又は停止，給湯ボタンが押されたら給湯，給湯温度変更ボタンが押されたら給湯温度の変更というように，ボタンに応じた指示を給湯器に送信する。

(2) リモコンは，人の浴室の出入り及び異常事象を監視する。
- 人感センサの出力が1であれば，人が浴室に入ったと判定する。
- 人が浴室に入ったと判定した後，出入りセンサの確定値が1となった後で人感センサの出力が0となれば，人が浴室から出たと判定する。
- 人が浴室に入ったと判定した後，出入りセンサの確定値が1となる前に，人感センサの出力が連続して3分以上0であれば，異常事象と判定する。
- 異常事象と判定したら，いずれかのボタンが押されるまでブザーを鳴動する。

〔リモコンのソフトウェア構成〕

リモコンの組込みソフトウェアには，リアルタイムOSを使用する。異常事象の監視に関係する主なタスクの一覧を表2に示す。

表2　異常事象の監視に関係する主なタスクの一覧

タスク名	処理概要
メイン	・リモコン全体の管理及びブザーの鳴動制御を行う。 ・監視タスクから“異常”が通知されたら，ブザーを鳴動させる。 ・ブザーの鳴動を停止したときは，“解除”を監視タスクに通知する。
出入り検出	・10ミリ秒周期で出入りセンサの出力を読み出す。 ・確定値が1となったら，“出入り”を監視タスクに通知する。 ・一度“出入り”を通知したら，次に“出入り”を通知するのは，確定値が一度0となった後で，再び確定値が1となったときである。
人検出	・500ミリ秒周期で人感センサの出力を読み出す。 ・出力が1であれば“検出”を，出力が0であれば“未検出”を監視タスクに通知する。
監視	・出入り検出タスク及び人検出タスクの通知から，異常事象を判定する。 ・異常事象と判定した場合は，メインタスクに“異常”を通知する。

設問1　浴室給湯システムの仕様について，(1)，(2) に答えよ。

(1) 次の記述中の［ a ］～［ c ］に入れる適切な字句を答えよ。

浴室給湯システムは，［ a ］センサと［ b ］センサを併用して異常事象を監視している。これは，［ a ］センサだけでは，［ a ］センサの出力が1の状態から連続して0となった場合において，人が［ c ］ときの事象か，異常事象が発生したときの事象かを判別できないからである。

(2) リモコンが給湯器に指示を一つ送信するとき，シリアルI/Fにおける通信時間は何ミリ秒か。答えは小数第2位を切り上げて，小数第1位まで求めよ。ここで，1バイトのデータは10ビットで送信され，ソフトウェアの動作時間は考慮しなくてよいものとする。

設問2　出入りセンサの出力と，出入り検出タスクの動作タイミングの例を図2に示す。図2について，(1)，(2) に答えよ。

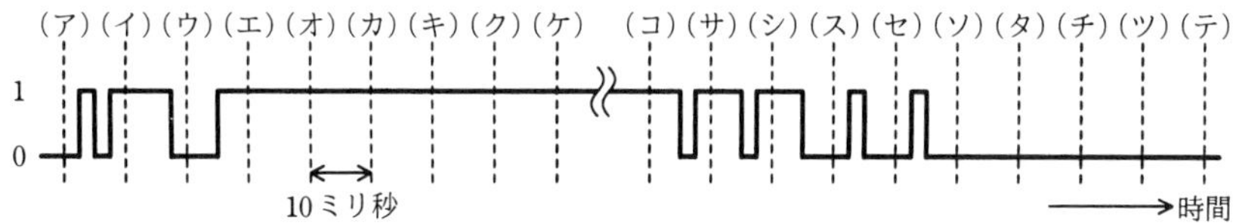

注記1 実線は出入りセンサの出力を示し，破線は出入り検出タスクの動作タイミングを示す。出入り検出タスクの実行時間は，無視できるほど小さいものとする。
注記2 出入り検出タスクは，（ア）のタイミングでは，出力を0で確定している。
注記3 （ケ）から（コ）の間，実線は常に1であり，この間の破線の表記は省略している。

図2 出入りセンサの出力と，出入り検出タスクの動作タイミングの例

(1) 出入り検出タスクが，“出入り”を通知するタイミングを，(ア)～(テ)の記号で答えよ。

(2) 出入り検出タスクが“出入り”を通知した後，出力を0で確定する最初のタイミングを，(ア)～(テ)の記号で答えよ。

設問3 監視タスクの状態遷移を図3に示す。(1)，(2)に答えよ。

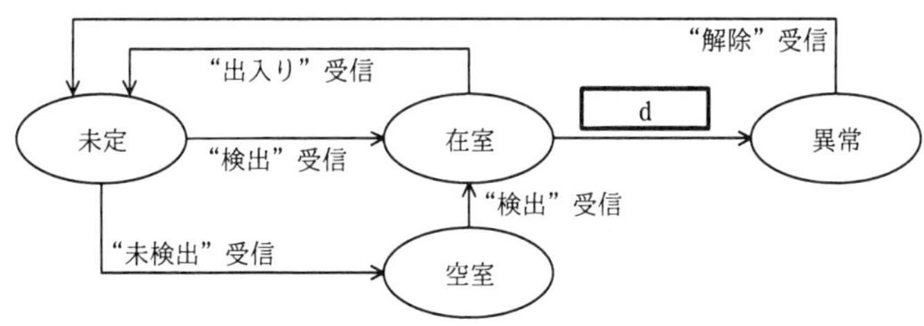

注記 初期の状態は，“未定”である。

図3 監視タスクの状態遷移

(1) 図3中の[d]に入れる適切な遷移条件を，他タスクからの通知名を用いて20字以内で答えよ。

(2) 次の記述中の[e]，[f]に入れる適切な状態名を答えよ。

“空室”状態のときに，1人の人が浴室に入った。その後，別の1人の人が浴室に入った。このときの監視タスクの状態遷移は，“空室”→“[e]”→“[f]”→“在室”となった。

解説

設問1 の解説

(1) 設問文中の空欄a～cに入れる字句が問われています。記述冒頭に，「浴室給湯システムは，[a]センサと[b]センサを併用して異常事象を監視している」とあります。給湯システムには，人感センサと出入りセンサの二つしかないので，空欄aと空欄bに入るのは，「人感」と「出入り」のいずれかです。

次に，「これは，[a]センサだけでは，[a]センサの出力が1の状態から連続して0となった場合において，人が[c]ときの事象か，異常事象が発生したときの事象かを判別できないからである」とあります。異常事象とは，浴室に入った人が洗い場又は浴槽で動かなくなる事象のことです。

人が浴室に入り，その人の動きを検出すれば人感センサは1を出力しますが，動きが検出されない場合は0を出力します。「動きが検出されない」という事象，すなわち，人感センサの出力が1の状態から連続して0となる事象は，「人が浴室を出た」か「異常事象が発生した」かのどちらかです。しかし，人感センサだけでは，この2つの事象を判別できません。そこで，出入りセンサを使います。出入りセンサは，人が浴室の出入り口を横切っていることを検出している間は1を，それ以外の間は0を出力します。したがって，人感センサと出入りセンサを併用することで，「人が浴室を出た」のか「異常事象が発生した」のか判別できます。

以上，**空欄a**には「**人感**」，**空欄b**には「**出入り**」が入ります。また，**空欄c**には「**人が浴室を出た**」と入れればよいでしょう。

(2) リモコンが給湯器に指示を送信するときの通信時間（ミリ秒）が問われています。

まず，計算に必要な要素を確認しましょう。表1の“給湯器”の概要を見ると，

- リモコンからの各指示のデータ長は3バイト（固定長）
- シリアルI/Fの通信速度は9,600ビット／秒

です。次に，設問文にある，「1バイトのデータは10ビットで送信される」との記述に注意！ です。通常，「1バイト＝8ビット」で計算しますが，本設問では「1バイト＝10ビット」です。したがって，通信時間は，次のようになります。

$$\text{通信時間} = \frac{3 \times 10}{9{,}600} = 3.125 \times 10^{-3}\ [\text{ビット／秒}] = 3.125\ [\text{ミリ秒}]$$

なお，「小数第2位を切り上げて，小数第1位まで求めよ」との指示があるので，解答は，**3.2**ミリ秒となります。

設問2 の解説

(1) 図2について，出入り検出タスクが“出入り”を通知するタイミングが問われています。表2の出入り検出タスクの概要に，「10ミリ秒周期で出入りセンサの出力を読み出し，確定値が1になったら，“出入り”を監視タスクに通知する」とあります。出入りセンサの出力の確定値については，〔出入りセンサの出力の確定方法〕に，「5回連続で同じ値が読み出せたときに確定する」旨が記述されています。

図2を見ると，(エ)～(ク)で出力1が5回連続しています。したがって，監視タスクに“出入り”を通知するタイミングは **(ク)** です。

(2) 出入り検出タスクが“出入り”を通知した後，出力を0で確定する最初のタイミングが問われています。出力を0と確定するタイミングとは，5回連続で0が読み出せたときです。ここで「答えは(テ)だ！」と早合点してはいけません。図2を見ると，下図のαとβ部分において，0と1を交互に出力する現象が発生しています。この現象をチャタリングといい，出力の状態が変わるとき0と1が不安定になる現象のことです。チャタリングが発生していても，出入り検出タスクは，出入りセンサの出力を読み出します。つまり，図2においては，(ス)，(セ)の出力も読み出すため，出力を0と確定するタイミングは **(チ)** となります。

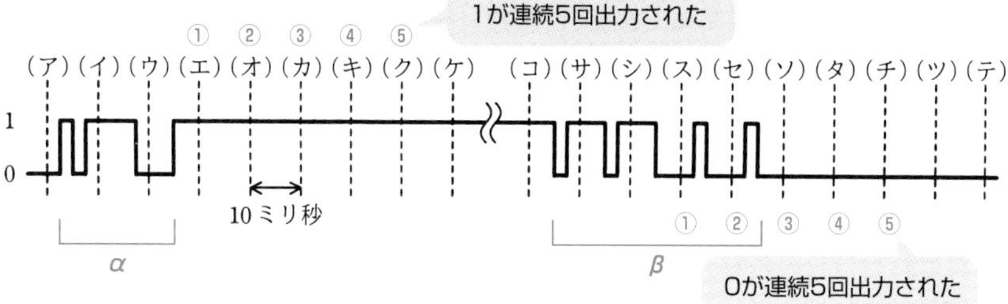

設問3 の解説

(1) 図3中の空欄dが問われています。空欄dは，“在室”状態から“異常”状態への遷移条件です。つまり本設問では，“在室”状態（「人が浴室に入った」という状態）から“異常”状態への遷移が起こる条件，すなわち異常事象と判定する条件が問われているわけです。

異常事象と判定する条件については，〔出入りセンサの出力の確定方法〕(2)の三つ目の項目に，「人が浴室に入ったと判定した後，出入りセンサの確定値が1となる前に，人感センサの出力が連続して3分以上0であれば，異常事象と判定する」とあります。このことから，空欄dには「人感センサの出力が連続して3分以上0のとき」と入れたいところですが，設問文に「他タスクからの通知名を用いて20字以内で答えよ」とあるので，もう少し具体的に考えていきます。

人感センサの出力を読み出すタスクは人検出タスクです。500ミリ秒周期で出力を読み出して，1であれば“検出”を，0であれば“未検出”を監視タスクに通知します。したがって，人感センサの出力が連続して3分間0であった場合，人検出タスクは，「3分÷500ミリ秒＝180秒÷0.5秒＝360」回，連続して“未検出”を監視タスクに通知することになります。しかし，この時点では，まだ異常事象との判定はしません。3分経過した時点，すなわち361回目に通知される0で異常事象と判定することになります。

以上のことから，空欄dには，「361回連続して“未検出”受信」と入れればよいでしょう。なお，試験センターでは解答例を「**連続して361回“未検出”受信**」としています。

(2) 設問文中にある，「“空室”状態のときに，1人の人が浴室に入った。その後，別の1人の人が浴室に入った。このときの監視タスクの状態遷移は，“空室”→“[e]”→“[f]”→“在室”となった」という記述中の空欄e，fが問われています。

“空室”状態のときに，1人の人が浴室に入ると，人検出タスクから“検出”が通知され，監視タスクは“在室（空欄e）”状態に遷移します。そして，“在室”状態のとき，別の人が浴室に入ると，出入り検出タスクから“出入り”が通知されるので，監視タスクは“未定（空欄f）”状態に遷移します。その後，人感センサが，浴室に入っている人の動きを検出すると，人検出タスクから“検出”が通知され，監視タスクの状態は“在室”状態に遷移します。

以上，監視タスクの状態遷移は，「“空室”→“**在室（空欄e）**”→“**未定（空欄f）**”→“在室”」となります。

解答

設問1 (1) a：人感　b：出入り　c：浴室を出た
(2) 3.2

設問2 (1) (ク)
(2) (チ)

設問3 (1) d：連続して361回“未検出”受信
(2) e：在室　f：未定

問題2 デジタル補聴器の設計 (R03春午後問7)

デジタル補聴器を題材にした組込みシステムの問題です。本問では，使用するバッファのサイズ，音声が入力されてから出力されるまでの時間，実行時間を考慮した動作クロック周波数，及び自動音量調節（AVC）のアルゴリズムが問われます。難易度の高い設問もありますが，全体としては解答しやすい問題になっています。落ち着いて解答を進めましょう。

問 デジタル補聴器の設計に関する次の記述を読んで，設問1～3に答えよ。

H社は，デジタル補聴器を開発している会社である。開発するデジタル補聴器（以下，新補聴器という）は，ソフトウェアでの信号処理によって，入力された音を八つの周波数帯（以下，それぞれを帯域という）に分割し，帯域ごとの音量設定ができる。さらに，入力された音の大きさに応じて自動的に音量の調節を行う自動音量調節（以下，AVCという）の機能がある。想定される利用者は，特定の帯域の音が聞き取りにくい人などである。入力された音の帯域への分割を図1に示す。

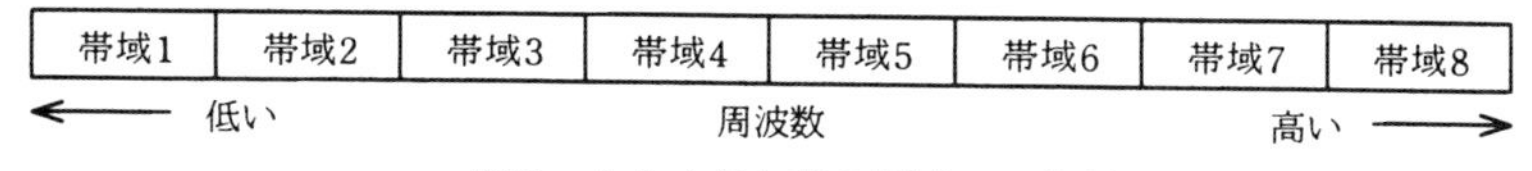

図1 入力された音の帯域への分割

利用者は，スマートフォンのアプリケーションプログラム（以下，スマホアプリという）を使用して，帯域ごとの音量設定に必要な各種パラメタ（音量パラメタなど）を変更する。

〔ハードウェア構成〕

新補聴器のハードウェア構成を図2に示す。

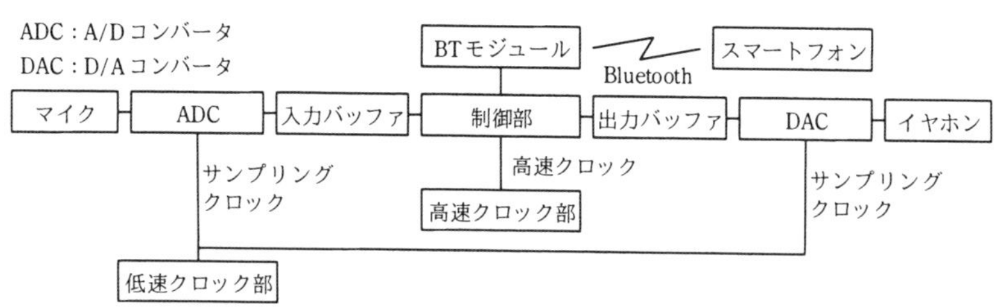

図2 新補聴器のハードウェア構成

- BTモジュールは，Bluetoothを介してスマホアプリと通信する。
- ADCは，マイクから入力されたアナログ信号を，1秒間に24,000回サンプリングし，16ビットの符号付き整数のデータに変換して入力バッファに書き込む。64サンプルのデータを1フレームとして書き込み，書込みが完了したことを制御部に通知する。この通知を受信完了通知という。
- 制御部は，受信完了通知を受けると1フレーム分のデータを処理して出力バッファに書き込む。演算は全て整数演算であり，浮動小数点演算は使用しない。
- DACは，出力バッファに書き込まれた16ビットの符号付き整数のデータをアナログ信号に変換する。
- 低速クロック部は，ADC及びDACに24kHzのサンプリングクロックを供給する。
- 高速クロック部は，制御部に高速クロックを供給する。高速クロックの周波数はf_0又はその整数倍で，ソフトウェアによって決定することができる。

〔入力バッファ及び出力バッファ〕

入力バッファ及び出力バッファは，それぞれ三つのブロックで構成されている。一つのブロックには1フレーム分のデータを格納できる。入力バッファ及び出力バッファのサイズはともに［ a ］バイトである。

ADC及びDACは，入力バッファ及び出力バッファの同じブロック番号のブロックにアクセスする。制御部は，ADCによるデータの書込みが完了したブロックにアクセスする。ADC，DAC及び制御部は，ブロック3にアクセスした後，ブロック1のアクセスに戻る。

バッファの使用例を図3に示す。(1) ADC及びDACがブロック1にアクセスしているとき，制御部はブロック3にアクセスする。次に，(2) ADC及びDACがブロック2にアクセスしているとき，制御部はブロック1にアクセスする。

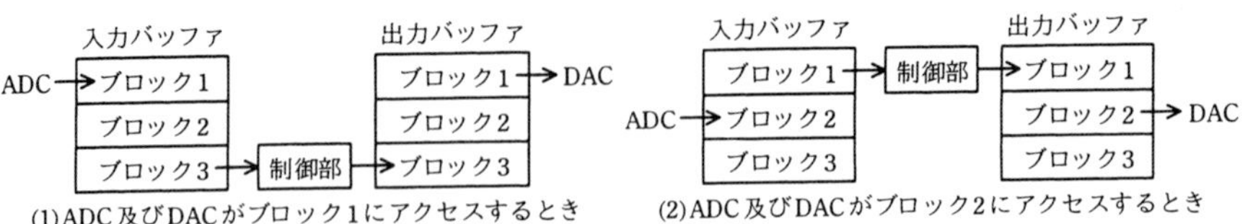

図3　バッファの使用例

マイクからのアナログ信号がADCで処理されてから，イヤホンから出力されるまでの時間は［ b ］ミリ秒になる。

〔新補聴器のソフトウェア〕

制御部のソフトウェアの主な処理内容は，①信号処理，②合成，③AVCである。制御部が受信完了通知を受けると，次に示すように処理を行う。

① サンプリングしたデータから一つの帯域を抽出し，帯域に割り当てられた音量パラメタを乗じる。これを八つの帯域に対して行う。

② ①で得られたそれぞれの帯域のデジタル信号を合成して一つのデジタル信号にする。

③ 合成されたデジタル信号について，AVCで音量を調節して，出力バッファに書き込む。

新補聴器の消費電力をできるだけ抑えたい。新補聴器では，消費電力は供給される高速クロックの周波数に比例し，ソフトウェアの実行時間（以下，実行時間という）は高速クロックの周波数に反比例することが分かっている。

最適なクロック周波数を決定するために，高速クロックの周波数を用いて，①～③の実行時間を計測した。

1フレーム分のデータを処理するとき，①の一つの帯域の最大実行時間をTf，②の最大実行時間をTs，③の最大実行時間をTaとしたとき，1フレーム分のデータを処理する最大実行時間Tdは，8×［ c ］+［ d ］+［ e ］で表すことができる。

受信完了通知から次の受信完了通知までの時間をTframeとし，高速クロックとして周波数f_0を供給したときの各処理の実行時間を表1に示す。①～③のい全ての処理がTframe内に完了し，かつ，消費電力が最も抑えられる周波数について，表1を基に決定する。

表1　高速クロックとして周波数f_0を供給したときの各処理の実行時間

処理	実行時間
①の一つの帯域の処理	Tf = 0.30 × Tframe
②の処理	Ts = 0.05 × Tframe
③の処理	Ta = 0.20 × Tframe

〔AVC処理〕

〔新補聴器のソフトウェア〕の③の処理は，1フレームごとに実行し，適切な音声を出力するように音量を調節する。合成されたデジタル信号の大きさを確認して所定の大きさよりも大きいときは音量を小さくし，所定の大きさよりも小さいときは音量を大きくする。

音量を変更するときは1フレームごとに音量を変化させ，M又はM＋1フレーム間で徐々に目標の音量にする。Mは2以上の値でシステムの定数である。目標の音量に到達したら，その次のフレームの合成された信号について目標の音量を決定し，同様の音量調節を行う。

〔AVC処理のソフトウェア〕

AVCの処理フローで使用する変数，関数，定数を表2に，AVCの処理フローを図4に示す。特定の条件では，目標の音量を決定したとき，直ちに音量を目標の音量にする。そのための判定を網掛けした判定部で行っている。演算は全て整数演算である。

表2　AVCの処理フローで使用する変数，関数，定数

変数・関数・定数	形式	機能など
dv	静的変数	音量のフレームごとの変化分であり，初期値は0
v	静的変数	現在の音量であり，初期値は利用者の設定した値
vt	静的変数	AVCの目標の音量
p	動的変数	合成されたデジタル信号の大きさ
getPower()	関数	合成されたデジタル信号の大きさを算出
getTarget(p)	関数	合成されたデジタル信号の大きさ（p）から目標の音量を算出
M	定数	目標の音量に変化させるフレーム数であり，2以上の値の定数

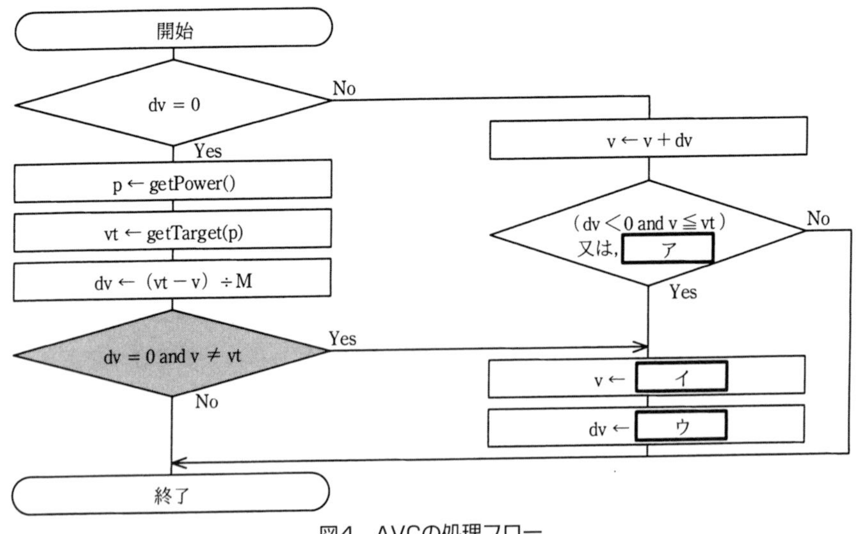

図4　AVCの処理フロー

設問1 入力バッファ及び出力バッファについて，(1)，(2) に答えよ。

(1) 本文中の［ a ］に入れる適切な数値を答えよ。

(2) 本文中の［ b ］に入れる適切な数値を答えよ。答えは小数第2位を四捨五入して，小数第1位まで求めよ。ここで，ADCの変換時間及びDACの変換時間は無視できるものとする。

設問2 新補聴器のソフトウェアについて，(1)，(2) に答えよ。

(1) 本文中の［ c ］～［ e ］に入れる適切な字句を答えよ。

(2) 決定した高速クロックの周波数はf_0の何倍か。適切な数値を整数で答えよ。

設問3 AVC処理のソフトウェアについて，(1)，(2) に答えよ。

(1) 図4中の［ ア ］～［ ウ ］に入れる適切な字句を答えよ。

(2) 図4中の網掛けした判定部において，判定結果が“Yes”となるのは，音量がどのような場合か。40字以内で述べよ。

解説

設問1 の解説

(1) 入力バッファ及び出力バッファのサイズ（空欄a）が問われています。

バッファは，それぞれ三つのブロックで構成されていて，一つのブロックには，1フレーム分のデータを格納できます。このことから，バッファのサイズは，「1フレーム分のデータ量×3」で求めることができます。

1フレーム分のデータ量については，〔ハードウェア構成〕にある，「アナログ信号を1秒間に24,000回サンプリングし，16ビットの符号付き整数のデータに変換して，64サンプルのデータを1フレームとして入力バッファに書き込む」との記述から，次のように求めることができます。

1フレーム分のデータ量＝16ビット×64＝2バイト×64＝128バイト

したがって，バッファのサイズは，

1フレーム分のデータ量×3＝128バイト×3＝384バイト

となり，**空欄a**には「**384**」が入ります。

(2) マイクからのアナログ信号がADCで処理されてから，イヤホンから出力されるまでの時間（空欄b）が問われています。

マイクからのアナログ信号は，ADCでデジタルデータに変換され入力バッファに書き込まれます。入力バッファに書き込まれたデータは，制御部によって処理され出力バッファに書き込まれ，その出力バッファのデータをDACが読み出してアナログ信号に変換します。したがって，マイクからのアナログ信号がイヤホンから出力されるまでの処理は，およそ下図のようになります。

設問文に，「ADCの変換時間及びDACの変換時間は無視できるものとする」とあることから，マイクからのアナログ信号がADCで処理されてから，イヤホンから出力されるまでの時間は，ADCが入力バッファにデータを書き込んだ時間から，DACが出力バッファからデータを読み出すまでの時間だと考えられます。では，具体的に考えていきましょう。

〔入力バッファ及び出力バッファ〕に,「ADC及びDACは,入力バッファ及び出力バッファの同じブロック番号のブロックにアクセスする」とあります。また,〔ハードウェア構成〕には,「ADC及びDACに24kHzのサンプリングクロックを供給する」とあります。これらの記述から,ADCとDACは同じタイミングで動作し,ADCが入力バッファのブロック1にデータを書き込むタイミングで,DACは出力バッファのブロック1からデータを読み出すことになります。

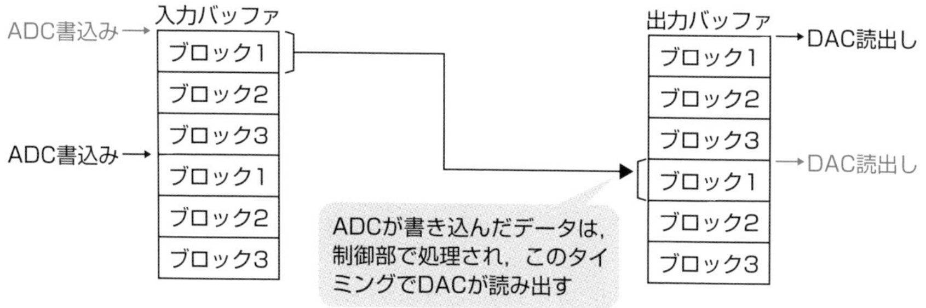

上図から,ADCが入力バッファにデータを書き込んだ時間から,DACが出力バッファからデータを読み出すまでの時間は,ADCが3ブロック分のデータを入力バッファに書き込む時間に相当することが分かります。

1ブロックには1フレーム(64サンプル)分のデータを格納します。サンプリングは1秒間に24,000回行われるので,サンプリング間隔は1/24,000(秒)です。したがって,3ブロック分のデータに要する時間は,

(1/24,000)×64×3=0.008秒=8ミリ秒

です。そして,この8ミリ秒がマイクからのアナログ信号がADCで処理されてから,イヤホンから出力されるまでの時間となります。なお,設問文に「小数第1位まで求めよ」とあるので,**空欄b**には「**8.0**」を入れます。

設問2 の解説

(1) 新補聴器のソフトウェアについて,1フレーム分のデータを処理する最大実行時間Tdを表す式「8×[c]+[d]+[e]」が問われています。

制御部は,ADCからの受信完了通知(1フレーム分のデータの,入力バッファへの書込み完了通知)を受け取ると,1フレーム分のデータに対して,「①信号処理→②合成→③AVC」を行います。問われている最大実行時間Tdは,この①~③の処理にかかる最大実行時間です。①~③それぞれの最大実行時間については,問題文に,「①の一つの帯域の最大実行時間をTf,②の最大実行時間をTs,③の最大実行時間をTa

とする」とあります。ここで，①のTfは一つの帯域に対する処理時間であることに注意します。帯域は八つあるので，①の最大実行時間は8×Tfです。

以上，最大実行時間Tdを表す式は，「8×**Tf**（**空欄c**）＋**Ts**（**空欄d**）＋**Ta**（**空欄e**）」となります。なお，空欄d，eは順不同です。

(2) 決定した高速クロックの周波数，すなわち制御部に供給する周波数は，f_0の何倍か問われています。制御部に供給する周波数は，①〜③の全ての処理がTframe（受信完了通知から次の受信完了通知までの時間）内に完了し，かつ，消費電力が最も抑えられる周波数です。

①〜③に掛かる最大実行時間は，先に解答したとおり「8×Tf＋Ts＋Ta」です。まず表1を基に，高速クロックとして周波数f_0を供給したときの最大実行時間を求めると，次のようになります。

　8×Tf＋Ts＋Ta
＝8×0.30×Tframe＋0.05×Tframe＋0.20×Tframe
＝2.65×Tframe

問われているのは，この実行時間（2.65×Tframe）がTframe以内に収まる周波数です。「ソフトウェアの実行時間は高速クロックの周波数に反比例する」ことに着目すると，高速クロックの周波数（制御部に供給する周波数）を少なくともf_0の2.65倍にすれば，実行時間がTframe以内に収まることが分かります。ここで，「高速クロックの周波数はf_0又はその整数倍」であることに注意します。つまり，解答を2.65（倍）としてはいけません。正しい解答は，2.65以上の最小の整数である**3**（倍）です。

設問3 の解説

(1) 図4（AVCの処理フロー）中の空欄ア〜ウが問われています。まず下記の事項を確認しておきましょう。

- 変数dv，v，vtは静的変数。静的変数は，プログラムの実行を通してその領域が存在するため，一度設定した値は，それが変更（再設定）されるまで保持される。
- 音量を変更するときは1フレームごとに音量を変化させ，M又はM＋1フレーム間で徐々に目標の音量にする。
- 目標の音量に到達したら，その次のフレームの合成された信号について目標の音量を決定し，同様の音量調節を行う。

では，AVCの処理フローを見ながら，空欄を考えましょう。

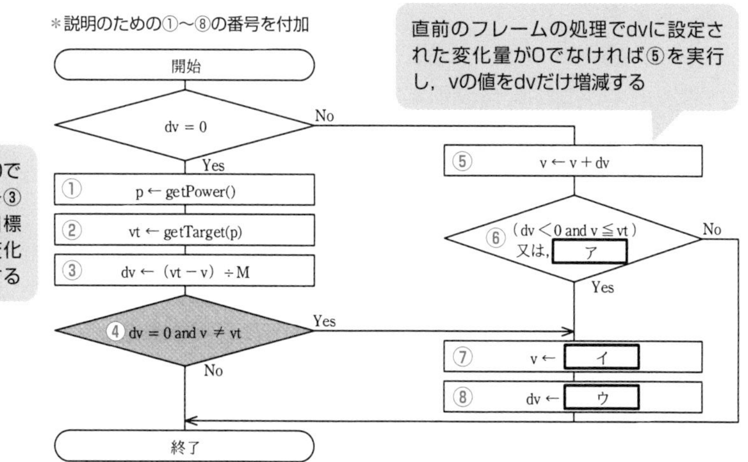

●空欄ア

あるフレームの処理で変化量dv（≠0）が決定された場合，次のフレームの処理で⑤の「v←v＋dv」を行い，現在の音量vに変化量dvを加算します。そして，この加算処理⑤は，vが目標の音量vtに到達するまで行うことになります。このことから，⑥は，「vが目標の音量vtに到達したか？」を判定する条件です。

ここで，③で変化量dvを算出した際，「現在の音量v＞目標の音量vt」ならdvは負（dv＜0）になり，「現在の音量v＜目標の音量vt」ならdvは正（dv＞0）になることに注意します。

dv＜0の場合，現在の音量vが目標の音量vtより大きいので，vが目標の音量vtに到達するまで，すなわち「v≦vt」になるまで徐々に（dv分ずつ）音量vを小さくしていきます。逆にdv＞0の場合は，現在の音量vが目標の音量vtより小さいので，「v≧vt」になるまで徐々に音量vを大きくしていきます。

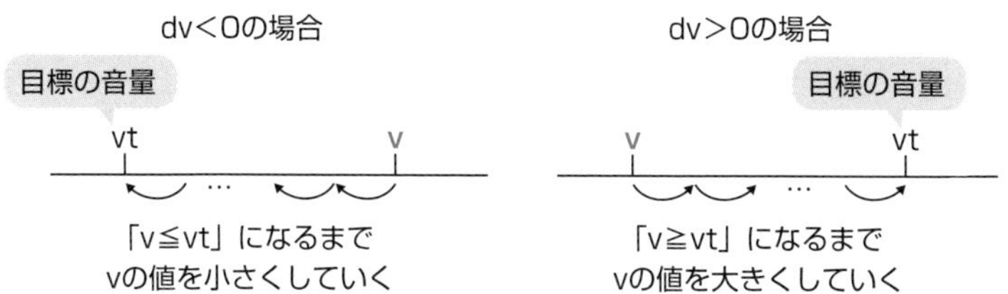

したがって，⑥の「vが目標の音量vtに到達したか？」の判定は，「(dv＜0 and v≦vt）又は，(dv＞0 and v≧vt)」となり，**空欄ア**には「**(dv＞0 and v≧vt)**」

が入ります。

なお，試験センターでは解答例を，カッコを付けずに「**dv＞0 and v≧vt**」としています。これは，and演算は，“又は”演算よりも優先順位が高い演算であるため，あえてカッコを付けなかったものと考えられます。したがって，解答としては，カッコを付けても付けなくてもどちらでもOKです。

●空欄ウ

空欄イの前に空欄ウを考えます。⑧の処理は，⑥の判定結果が“Yes”のとき，すなわち音量vが目標の音量vtに到達したときの処理です。ここで，「目標の音量に到達したら，その次のフレームの合成された信号について目標の音量を決定し，同様の音量調節を行う」ことに着目します。「合成された信号について目標の音量を決定する」とは，①，②，③の処理を行うということです。次のフレームの処理で①，②，③の処理を行うためには，変化量dvを0にする必要がありますから，**空欄ウ**には「**0**」が入ります。

●空欄イ

音量vが目標の音量vtに到達したとき，vに何を設定すればよいかを考えます。ここでは，AVC処理のソフトウェアの演算は全て整数演算であることに着目します。整数演算ということは，③の「dv←（vt－v）÷M」の計算において，vt－vがMの倍数でなければ，小数点以下が切り捨てられます。

例えば，vt＝10，v＝3，M＝2であった場合，「(10－3）÷2＝3.5」ですが，dvには3が代入されます。このため，音量vは，3，6，9，12と変化することになり，v＝12のとき，空欄アに入れた条件「dv＞0 and v≧vt」の判定結果が“Yes”になります。つまり，音量vが12になったとき，目標の音量vtに到達したと判定されるわけです。しかし，目標の音量vtは10ですから，音量vが12のままだと問題があります。そこで，音量vを，目標の音量vtに設定するための処理が，⑦の「v← イ 」です。したがって，**空欄イ**には「**vt**」が入ります。

ちなみに，空欄イにvtが入ることは，〔AVC処理のソフトウェア〕にある，「特定の条件では，目標の音量を決定したとき，直ちに音量を目標の音量にする。そのための判定を網掛けした判定部で行っている」との記述からも導けます。「音量を目標の音量にする」とは，「v←vt」を行うということです。

(2) 図4中の網掛けした判定部において，音量がどのような場合に判定結果が“Yes”となるか問われています。

判定部の条件式は「dv＝0 and v≠vt」なので，「dv＝0」かつ「v≠vt」のとき判定結果が“Yes”になります。dvは「dv←（vt－v）÷M」で求めますが，この演算は整数演算なので，「v≠vt」のとき「dv＝0」となるのは，「(vt−v) ÷M」が1より小さいときです。つまり，vtとvとの差（厳密にはvtとvとの差の絶対値）がMより小さいとき「dv＝0」となります。

このことから，解答文を「目標の音量と現在の音量との差がMより小さいとき」としたいところですが，“M”という表現でよいかが気になります。そこで，“M”を使わない解答を考えます。

「(vt−v) ÷M」が1より小さくなるのは，現在の音量vが目標の音量vtに近いときです。そして，このときdvが0と算出されたなら，その後のフレームにおいて音量を変化させる必要がないわけです。この点に着目すると，解答としては，「現在の音量が目標の音量に近く，dvが0であること」，及び「その後のフレームで音量を変化させる必要がないこと」を40字以内にまとめた方がよいでしょう。なお，試験センターでは解答例を**「現在の音量が目標値に近く，変化量が0となり音量を変更する必要がない場合」**としています。

解答

設問1　(1) a：384
　(2) b：8.0

設問2　(1) c：Tf
　d：Ts
　e：Ta　（d，eは順不同）
　(2) 3

設問3　(1) ア：dv＞0 and v≧vt　**別解**：(dv＞0 and v≧vt)
　イ：vt
　ウ：0
　(2) 現在の音量が目標値に近く，変化量が0となり音量を変更する必要がない場合

問題3　園芸用自動給水器　（H26春午後問7）

園芸用自動給水器を題材にした組込みシステム開発の問題です。本問では，排他制御に用いられるセマフォ，操作パネルのキースキャン（キーマトリックス）回路，そしてセキュリティ対策といった幅広い知識が問われます。

セマフォ及びセキュリティ対策に関する設問の難易度は，それほど高くありませんが，スキャン回路についてはハードウェア知識が必要なので少し難しいかもしれません。本問を通して“学習する”という気持ちで挑戦してみましょう。

問　園芸用自動給水器に関する次の記述を読んで，設問1～4に答えよ。

G社は，園芸用自動給水器（以下，給水器という）を開発している。

〔給水器の概要〕

給水器は庭に設置し，設定した時刻に庭の植物に霧状の水を噴射（以下，給水という）する。開発中の給水器の構成を，図1に示す。

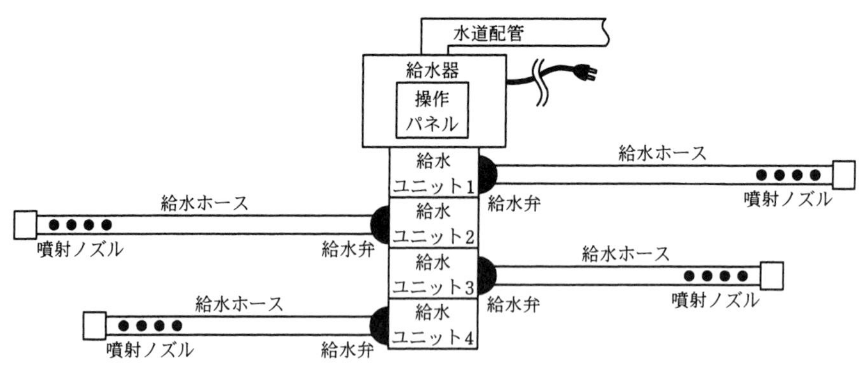

図1　給水器の構成

給水器は，給水ユニット（以下，ユニットという）を最大四つまで接続することができる。ただし，給水に必要な水圧を維持するために，同時に給水できるのは最大2ユニットまでである。給水器の給水設定は，操作パネルで行う。図2に示すように，操作パネルは表示部とキーから構成される。

図2 操作パネルと表示例

一つの給水設定では，ユニット番号，予約番号，給水を開始する時刻（以下，給水時刻という），給水を継続する時間（以下，給水時間という）を入力する（給水時間の単位は"分"）。予約番号を指定することで，ユニットごとに1日最大4回まで給水することができる。また，給水時間は最大20分まで設定できる。

〔給水器の組込みソフトウェア〕

給水器の組込みソフトウェアには，リアルタイムOSを用いる。タスクには，実行状態，実行可能状態，待ち状態及び休止状態があり，イベントドリブンによるプリエンプティブ方式で状態遷移が行われる。各タスクの動作内容を，表1に示す。

表1 タスクの動作内容

タスク名	動作内容
初期化	・システムの初期化を行い，不揮発性メモリに記憶されている全ての給水設定を給水スケジュールタスクに通知する。その後，給水設定タスクを起動し，終了する。
給水設定	・キースキャンタスクからのキーコードを待ち，キーコードを取得すると表示部に表示する。 ・設定操作の最後に確定キーが押されると，入力された給水設定を給水スケジュールタスクに通知するとともに，不意の電源断に備えて，不揮発性メモリに記憶する。このとき，一つの給水設定は8バイト構成とする。
キースキャン	・10ミリ秒周期で起動し，操作パネルのキーをスキャンする。 ・スキャンした結果，キーが押されたと判断したときは，押されたキーに対応するキーコードを生成し，［ a ］タスクに送信する。 ・前回に生成したキーコードを記憶しており，今回のキーコードが前回と同じ場合はキーが押し続けられていると判断し，送信しない。 ・キーが離された場合は，前回のキーコードをクリアする。
給水スケジュール	・1分周期で起動し，各ユニットの給水時刻と現在時刻を比較し，一致すれば，給水時間を指定して，［ b ］タスクを起動する。
給水弁操作	・ユニットごとに起動され，次の順序で操作を行う。 ①ユニットに設置された給水弁を開いて，給水を開始する。 ②現在時刻と指定された給水時間から給水終了時刻を算出し，給水終了時刻まで待ち状態に移行する。 ③待ち状態が解除されると，給水弁を閉じて終了する。

給水器では，同時に給水できるのは2ユニットまでなので，計数型セマフォを用いて次のように排他制御を行う。

・初期化タスクにおいて，セマフォの初期値を［ c ］に設定する。

・給水弁操作タスクにおいて，給水弁を開く操作の前に［ d ］を獲得する。獲得できたときは給水弁を開き，獲得できないときは獲得できるまで待ち状態に移行する。

〔操作パネルのキースキャン動作〕

図3に示すキースキャン回路を用いて，操作パネルのキーを読み取る。この回路は給水器を制御するMCUに接続されており，MCUに内蔵されている4個の出力ポートで列を選択し，4個の入力ポートを読むことによって，16個のキーの状態を読み取る。

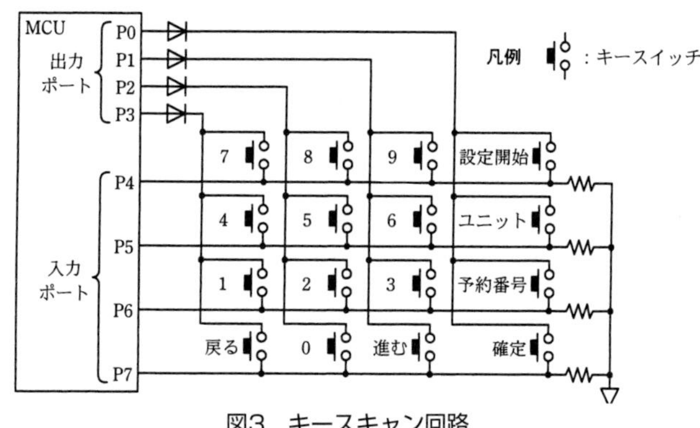

図3　キースキャン回路

〔機能拡張の検討〕

インターネットを経由して，外出先から給水器の設定を変更したり，状態を監視したりする機能を，給水器に追加することを検討した。この通信はインターネットを経由することから，“通信相手の［ e ］を行い，なりすましによる不正な給水器操作を防止する”，“通信内容が漏えいしないように，通信データを［ f ］する”などのセキュリティ対策が必要である。

設問1 〔給水器の組込みソフトウェア〕について，(1)～(3)に答えよ。

(1) 表1中の［ a ］，［ b ］に入れる適切なタスク名を答えよ。

(2) 全ての給水設定を記憶するのに必要な，不揮発性メモリのサイズは何バイトか。整数で答えよ。

(3) 本文中の［ c ］，［ d ］に入れる適切な字句を答えよ。

設問2 〔操作パネルのキースキャン動作〕について，(1)，(2)に答えよ。

(1) あるキーを押したときの，P0～P3の出力値に対するP4～P7の入力値を表2に示す。このときの押されたキーを，図2のキー名称で答えよ。

表2　P0～P3の出力値と，P4～P7の入力値

P0	P1	P2	P3	P4	P5	P6	P7
1	0	0	0	0	0	0	0
0	1	0	0	0	1	0	0
0	0	1	0	0	0	0	0
0	0	0	1	0	0	0	0

注記　ハイレベルを1，ローレベルを0と表す。

(2) 図3中のダイオードは，出力ポートP0～P3の短絡を防止するためのものである。ダイオードがない場合に，短絡する要因となるキー操作を，15字以内で述べよ。

設問3 給水中に，他の予約番号の給水時刻になり，連続して給水が行われた。そこで給水設定時に，同一ユニットの設定済給水時刻から60分以内の給水時刻を，設定できないようにしたい。この処理はどのタスクに追加するのがよいか。タスク名を答えよ。

設問4 〔機能拡張の検討〕について，本文中の［ e ］，［ f ］に入れる適切な字句を答えよ。

解説

設問1 の解説

(1) 給水器の組込みソフトウェアを構成するタスクの動作に関する問題です。空欄に入れるタスク名が問われています。表1に記述されている各タスクの動作内容から，タスク間のやり取り（シーケンス）をイメージし，解答を進めましょう。

●空欄a

「キーが押されたと判断したときは，押されたキーに対応するキーコードを生成し，[a]タスクに送信する」とあります。つまり，問われているのは，生成したキーコードをどのタスクに送信するかです。

そこで“キーコード”をキーワードに表1中の記述を探すと，給水設定タスクの説明に，「キースキャンタスクからのキーコードを待ち…」との記述が見つかります。この記述から，キーコードの送信先タスクは，**給水設定（空欄a）**タスクであることが分かります。

●空欄b

「各ユニットの給水時刻と現在時刻を比較し，一致すれば，給水時間を指定して，[b]タスクを起動する」とあります。これは，「給水を開始する時刻になったから空欄bのタスクを起動する」ということなので，一般的に考えても，空欄bに入るタスク名は給水弁操作です。ここで，給水弁操作タスクの説明を確認すると，操作手順②に「現在時刻と指定された給水時間から給水終了時刻を算出し…」とあります。この“指定された給水時間”とは，給水スケジュールタスクが給水弁操作タスクを起動するときに指定した時間のことです。このことからも，**空欄b**は「**給水弁操作**」であることが分かります。

(2) 全ての給水設定を記憶するのに必要な，不揮発性メモリのサイズ（バイト）が問われています。まずは，計算に必要な条件を確認しておきましょう。

- 〔給水器の概要〕より
  - ① 給水ユニットは最大四つまで接続できる。
  - ② ユニットごとに1日最大4回まで給水できる。
- 表1の給水設定タスクの説明より
  - ③ 一つの給水設定は8バイト構成とする。

上記を基に，全ての給水設定を記憶するのに必要なメモリのサイズを計算すると，

給水ユニット数×ユニットごとの設定数×一つの給水設定のバイト数
=4×4×8
=**128**バイト
となります。

(3) セマフォを用いた排他制御に関する問題です。セマフォとは，資源の排他制御やタスクの同期（事象の待ち合わせ）を実現する代表的なメカニズムです。セマフォの仕組みを完全に理解するのは難しいので，ここではセマフォを，「負の値をとらない整数のカウンタ」と考え，値が1以上のときには資源獲得ができ，値が0なら資源獲得ができない（待ちになる）と考えればよいでしょう。

●空欄c

「初期化タスクにおいて，セマフォの初期値を[c]に設定する」とあり，セマフォの初期値が問われています。

本問で用いられているセマフォは，複数の資源を排他的に制御できる計数型セマフォです。計数型セマフォは，0～nの値をとることができるセマフォで，初期値には，同時に使用可能な資源の数，すなわち資源へのアクセスを許可する最大タスク数を設定します。したがって，本問の場合，同時に給水できるユニット（制御対象の資源）が2ユニットなのでセマフォの初期値には**2**（**空欄c**）を入れます。

では，計数型セマフォを使ってどのように制御するのか，下図で確認しましょう。

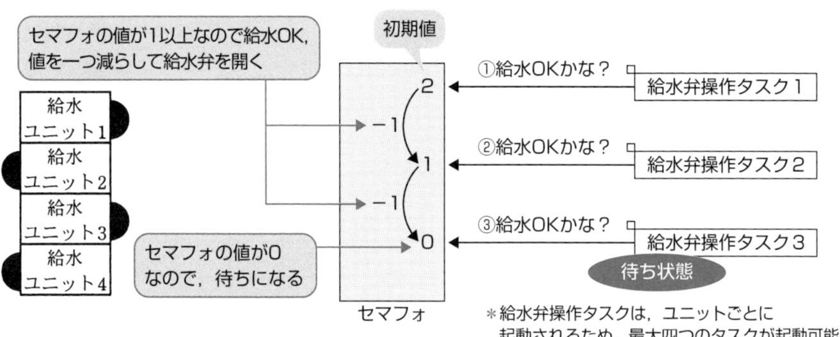

●空欄d

「給水弁操作タスクにおいて，給水弁を開く操作の前に[d]を獲得する」とあり，給水弁を開く操作の前に何を獲得するのか問われています。

給水弁操作タスクは，給水弁を開く操作の前に「給水OKか？」を確認する操作（厳密には，この操作をP操作という）を行います。このときセマフォの値が1以上なら給水弁を開くことができ，0なら待ち状態になります。すなわち，この操作により資源（給水ユニット）へのアクセス権を獲得し，獲得できれば給水弁を開くわけですから，**空欄d**には「**アクセス権**」を入れればよいでしょう。

参考 P操作とセマフォの値

P操作とは，資源を獲得しようという操作です。セマフォの値は，その時点で使用可能な資源の個数ですから，1以上なら資源へのアクセス権が獲得できます。そこで，P操作を行い，資源へのアクセス権が獲得できたタスクは，セマフォの値を1減じた後，資源へのアクセスを開始します。

設問2 の解説

〔操作パネルのキースキャン動作〕に関しての設問です。本設問では，ハードウェアの知識が問われています。

(1) 表2に示されたP0〜P3の出力値に対するP4〜P7の入力値を基に，押されたキーを求める問題です。

まず，問題文〔操作パネルのキースキャン動作〕の記述内容を確認すると，「4個の出力ポートで列を選択し，4個の入力ポートを読むことによって，16個のキーの状態を読み取る」とあります。4個の出力ポートとは，P0〜P3のことです。

次に，表2（下図を参照）を見ると，最初にP0の出力を1（ハイレベル）に，次にP1，P2，P3と順に出力を1にしています。つまり，この出力により列を選択しているわけです。ここでのポイントは，P1の出力が1のときP5が1になっていることです。

出力ポート				入力ポート			
P0	P1	P2	P3	P4	P5	P6	P7
1	0	0	0	0	0	0	0
0	1	0	0	0	1	0	0
0	0	1	0	0	0	0	0
0	0	0	1	0	0	0	0

では，次ページの図を見てください。P1が1（ハイレベル）のときP5が1になるということは，P1のライン（破線）とP5のライン（太線）が交差する「6」のスイッチがONになったということです。つまり，押されたのは「**6**」のキーです。

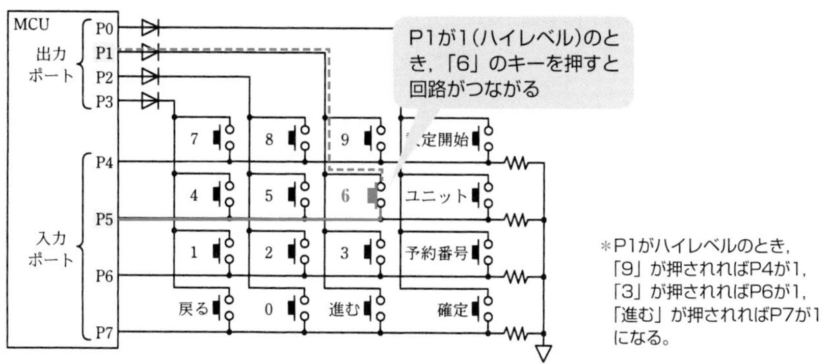

(2) 図3において，出力ポートP0〜P3の短絡(たんらく)を防止するためのダイオードがない場合に，どのようなキー操作を行うと短絡が生じるのか問われています。

ダイオード(─▷|─)は，矢印の方向にしか電流が流れないようにするための部品(半導体)です。出力ポートP0〜P3にダイオードを取り付けるのは，出力ポートへの逆電流を防止するためです。このことに気付き，どの場合に逆電流が生じるのかを考えれば解答が見えてきます。

先の(1)で解答したように，P1の出力が1(ハイレベル)のとき「6」のキーを押すとP5が1になります。このとき同時に「5」のキーを押したらどうでしょう？ P2のラインがつながりP1からの電流がP2に逆流してしまいます。また，「4」のキーを同時に押せば，電流がP3に逆流してしまいます。つまり，同じ入力ポート(この場合P5)に接続されたキーを同時に押すとショートによる電流の逆流が生じ，これにより出力ポートを壊してしまう可能性があるわけです。

以上，解答としては「**複数のキーを同時に押す**」とすればよいでしょう。

設問3 の解説

「給水設定時に，同一ユニットの設定済給水時刻から60分以内の給水時刻を，設定できないようにする処理」をどのタスクに追加すればよいのか問われています。

給水設定を行うのは給水設定タスクなので，正解は「**給水設定**」だと容易に推測できます。念のため確認しておきましょう。

表1の給水設定タスクの動作内容を見ると，「設定操作の最後に確定キーが押されると，入力された給水設定を給水スケジュールタスクに通知するとともに，不意の電源断に備えて，不揮発性メモリに記憶する」とあります。つまり，給水設定タスクは，入力された給水設定を不揮発性メモリに記憶して管理しているわけです。そのため，給水設定タスクにおいて，給水設定時に，不揮発性メモリに記憶された内容を参照し，

同一ユニットの設定済給水時刻から60分以内の給水時刻が入力されたかのチェックを行えばよいわけです。したがって，問われている処理の追加は，やはり給水設定タスクが適切です。

設問4 の解説

〔機能拡張の検討〕に関する設問です。インターネットを経由して給水器を操作する場合のセキュリティ対策が問われています。空欄e，fを含む記述は，次のようになっています。

- "通信相手の[e]を行い，なりすましによる不正な給水器操作を防止する"
- "通信内容が漏えいしないように，通信データを[f]する"

●空欄e

なりすましによる不正な操作を防止するためには，通信相手が正当な利用者かどうかの認証が必要です。したがって，**空欄e**には「本人認証」などといった"認証"を含む用語を入れればよいでしょう。なお，試験センターでは解答例を「**機器認証**」としています。

●空欄f

通信内容が漏えいしないようにするためには，通信データを暗号化すればよいので**空欄f**は「**暗号化**」です。

解答

設問1 (1) a：給水設定
b：給水弁操作
(2) 128
(3) c：2
d：アクセス権

設問2 (1) 6
(2) 複数のキーを同時に押す

設問3 給水設定

設問4 e：機器認証
f：暗号化

問題4　位置通知タグの設計　(R05春午後問7)

電池で駆動する位置通知タグを題材にした問題です。駆動時間の計算，各モジュール間のメッセージのやり取り，そして，複数のタイマーを使用したときに発生する不具合が問われるなど，全体としてはやや難易度の高い問題になっています。

問　位置通知タグの設計に関する次の記述を読んで，設問に答えよ。

E社は，GPSを使用した位置情報システムを開発している。今回，超小型の位置通知タグ（以下，PRTという）を開発することになった。

PRTは，ペンダント，ブレスレット，バッジなどに加工して，子供，老人などに持たせたり，ペット，荷物などに取り付けたりすることができる。利用者はスマートフォン又はPC（以下，端末という）を用いて，PRTの現在及び過去の位置を地図上で確認することができる。

PRTの通信には，通信事業者が提供するIoT用の低消費電力な無線通信回線を使用する。また，PRTは本体内に小型の電池を内蔵しており，ワイヤレス充電が可能である。長時間の使用が要求されるので，必要な時間に必要な構成要素にだけ電力を供給する電源制御を行っている。

〔位置情報システムの構成〕

PRTを用いた位置情報システムの構成を図1に示す。

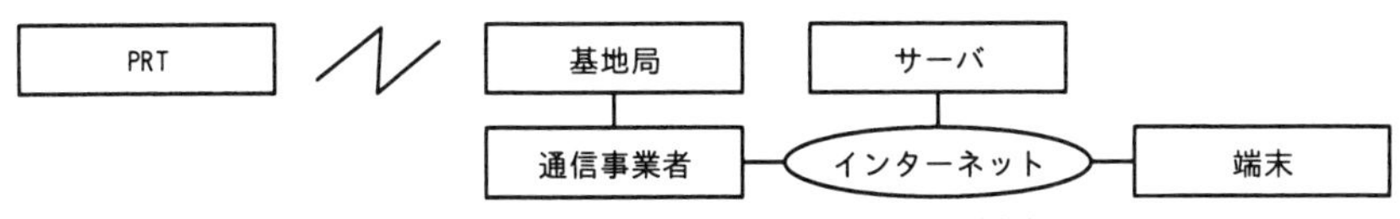

図1　PRTを用いた位置情報システムの構成

端末がPRTに位置情報を問い合わせたときの通信手順を次に示す。

① 端末は，PRTの最新の位置を取得するための位置通知要求をサーバに送信する。サーバは端末からの位置通知要求を受信すると，通信事業者を介して，PRTと通信可能な基地局に位置通知要求を送信する。

② PRTは電源投入後，基地局から現在時刻を取得するとともに，サーバからの要求を確認する時刻（以下，要求確認時刻という）を受信する。以降の要求確認時刻はサーバから受信した要求確認時刻から40秒間隔にスケジューリングされる。PRTは要求

確認時刻になると，基地局からの情報を受信する。

③ 基地局は要求確認時刻になると，PRTへの位置通知要求があればそれを送信する。

④ PRTは基地局からの情報に位置通知要求が含まれているかを確認する処理（以下，確認処理という）を行い，位置通知要求が含まれていると，基地局，通信事業者を介して，PRTの最新の位置情報をサーバに送信する。

⑤ サーバはPRTから位置情報を受信し，管理する。サーバは端末と通信し，PRTの最新の位置情報，指定された時刻の位置情報を地図情報とともに端末に送信する。端末は，受信した位置情報及び地図情報を基に，PRTの位置を地図上に表示する。

〔PRTのハードウェア構成〕

PRTのハードウェア構成を図2に，PRTの構成要素を表1に示す。

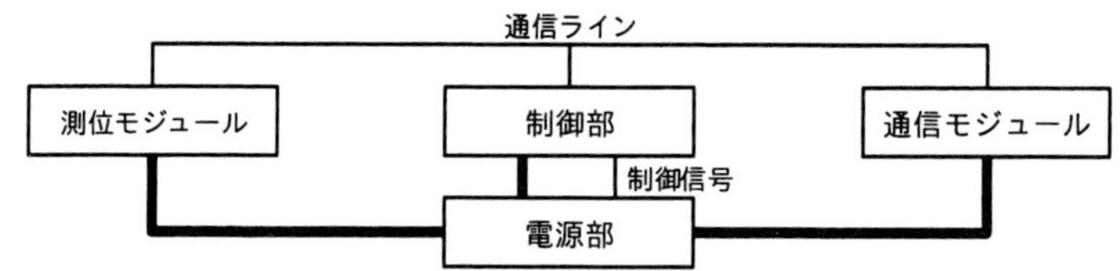

注記　太線は，電力供給線を示している。

図2　PRTのハードウェア構成

表1　PRTの構成要素

構成要素	説明
制御部	・タイマー，CPU，メモリなどから構成され，PRT全体の制御を行う。 ・CPUの動作モードには，実行モード及び休止モードがある。実行モードでは命令の実行ができる。休止モードでは命令の実行を停止し，消費電流が最小となる。 ・CPUは休止モードのとき，タイマー，測位モジュール，通信モジュールからの通知を検出すると実行モードとなり，必要な処理が完了すると休止モードとなる。
測位モジュール	・GPS信号を受信（以下，測位という）してPRTの位置を取得し，位置情報を作成する。 ・電力が供給され，測位可能になると制御部に測位可能通知を送る。 ・制御部からの測位開始要求を受け取ると測位を開始する。測位の開始から6秒経過すると測位が完了して，測位結果（PRTの位置取得時の位置情報又はPRTの位置取得失敗）を測位結果通知として制御部に送る。
通信モジュール	・基地局との通信を行う。 ・電力が供給され，通信可能になると制御部に通信可能通知を送る。 ・制御部から受信要求を受け取ると，確認処理を行い，制御部へ受信結果通知を送る。 ・制御部から送信要求を受け取ると，該当するデータをサーバに送信する。データの送信が完了すると，送信結果通知を制御部に送る。
通信ライン	・制御部と測位モジュールとの間，又は制御部と通信モジュールとの間の通信を行うときに使用する。 ・通信モジュールとの通信と，測位モジュールとの通信が同時に行われると，そのときのデータは正しく送受信できずに破棄される。
電源部	・制御部からの制御信号によって，測位モジュール及び通信モジュールへの電力の供給を開始又は停止する。

〔PRTの動作仕様〕

・40秒ごとに確認処理を行い，基地局から受信した情報に位置通知要求が含まれている場合，測位中でなければ，測位を開始する。測位の完了後，PRTの位置を取得したら位置情報を作成する（以下，測位の開始から位置情報の作成までを測位処理という）。測位処理完了後，位置情報をサーバに送信する。また，測位の完了後，PRTの位置取得に失敗したときは，失敗したことをサーバに送信する。

・120秒ごとに測位処理を行う。失敗しても再試行しない。

・600秒ごとに未送信の位置情報をサーバに送信する（以下，データ送信処理という）。

〔使用可能時間〕

電池を満充電後，PRTが機能しなくなるまでの時間を使用可能時間という。その間に放電する電気量を電池の放電可能容量といい，単位はミリアンペア時（mAh）である。PRTは放電可能容量が200mAhの電池を内蔵している。

使用可能時間，放電可能容量，PRTの平均消費電流の関係は，次の式のとおりである。

使用可能時間 = 放電可能容量 ÷ PRTの平均消費電流

PRTが基地局と常に通信が可能で，測位が可能であり，基地局から受信した情報に位置通知要求が含まれていない状態における各処理の消費電流を表2に示す。表2の状態が継続した場合の使用可能時間は［ a ］時間である。

なお，PRTはメモリのデータの保持などで，表2の処理以外に0.01mAの電流が常に消費される。

表2　各処理の消費電流

処理名称	周期（秒）	処理時間（秒）	処理中の消費電流（mA）	各処理の平均消費電流（mA）
確認処理	40	1	4	0.1
測位処理	120	6	10	0.5
データ送信処理	600	1	120	0.2

〔制御部のソフトウェア〕

最初の設計ではタイマーを二つ用いた。初期化処理で，120秒ごとに通知を出力する測位用タイマーを設定し，初期化処理完了後，サーバからの要求確認時刻を受信すると，40秒ごとに通知を出力する通信用タイマーを設定した。しかし，この設計では不具合が発生することがあった。

不具合を回避するために，タイマーを複数用いず，要求確認時刻を用いて40秒ごとに通知を出力するタイマーだけを設定した。このタイマーを用いて，図3に示すタイマー通知時のシーケンス図に従った処理を実行するようにした。

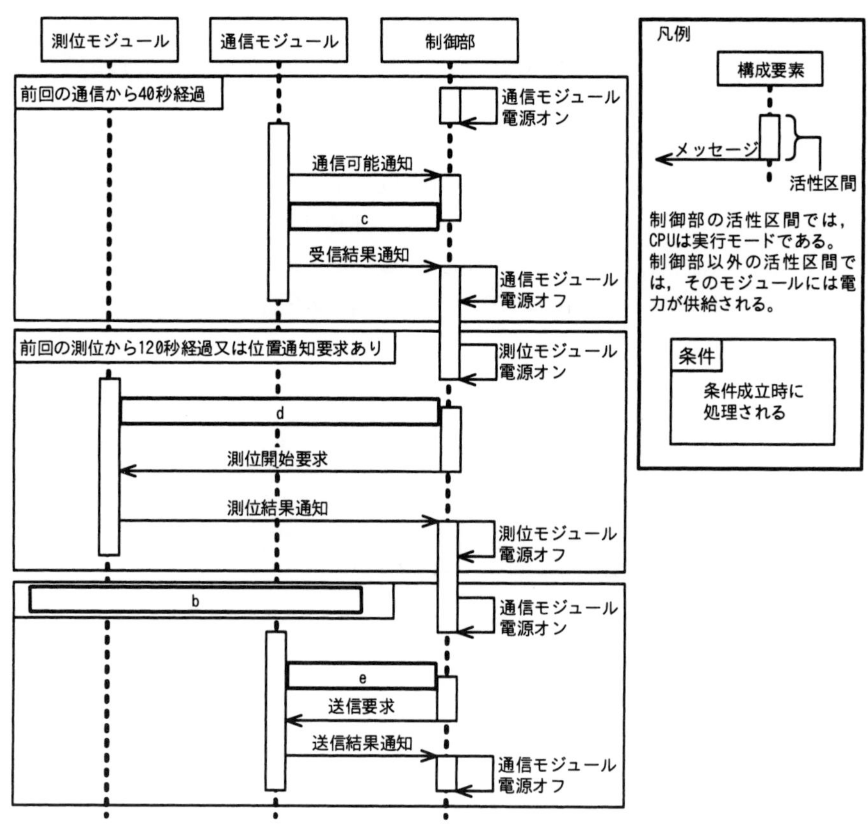

図3　タイマー通知時のシーケンス図

設問1 休止モードは最長で何秒継続するか答えよ。ここで，各処理の処理時間は表2に従うものとし，通信モジュール及び測位モジュールの電源オンオフの切替えの時間，通信モジュールの通信時間は無視できるものとする。

設問2 〔使用可能時間〕について，本文中の［ a ］に入れる適切な数値を，小数点以下を切り捨てて，整数で答えよ。

設問3 〔制御部のソフトウェア〕のタイマー通知時のシーケンス図について答えよ。

(1) 図3中の［ b ］に入れる適切な条件を答えよ。

(2) 図3中の［ c ］～［ e ］に入れる適切なメッセージ名及びメッセージの方向を示す矢印をそれぞれ答えよ。

設問4 〔制御部のソフトウェア〕について，タイマーを二つ用いた最初の設計で発生した不具合の原因を40字以内で答えよ。

解説

設問1 の解説

休止モードは最長で何秒継続するか問われています。

表1の制御部の説明を見ると,「CPUの動作モードには,実行モードと停止モードがある。CPUは休止モードのとき,タイマー,測位モジュール,通信モジュールからの通知を検出すると実行モードとなる」と記述されています。また,設問文に,「各処理の処理時間は表2に従うものとする」とあるので,表2を確認すると,確認処理は40秒周期,測位処理は120秒周期,データ送信処理は600秒周期とあります。本設問で問われているのは,休止モードは最長で何秒継続するかですから,この三つの処理のうち最も周期が短い確認処理に着目して考えます。

〔位置情報システムの構成〕②に,「PRTは電源投入後,基地局から現在時刻を取得するとともに,サーバからの要求を確認する時刻(以下,要求確認時刻という)を受信する。以降の要求確認時刻はサーバから受信した要求確認時刻から40秒間隔にスケジューリングされる」と記述されています。また,〔PRTの動作仕様〕には,40秒ごとに確認処理を行う旨が記述されています。40秒間隔にスケジューリングされるということは,40秒ごとに通知を出力するタイマーを設定するということです。

これらのことから,CPUは,タイマーからの40秒ごとの通知で休止モードから実行モードへ移行し,確認処理を実行することが分かります。

確認処理の処理時間は1秒であり,確認処理が完了するとCPUは休止モード戻るので,40秒のうち,実行モードが1秒,休止モードが39(=40−1)秒です。したがって,休止モードが継続する最長時間は**39**秒です。

補足 40秒周期内に他の処理が動作する場合

40秒ごとに必ず確認処理が行われ,確認処理の結果,基地局から受信した情報に位置通知要求が含まれていた場合,測位処理及びデータ送信処理が実行されます。この場合,休止モードの時間は39秒よりも短くなります。

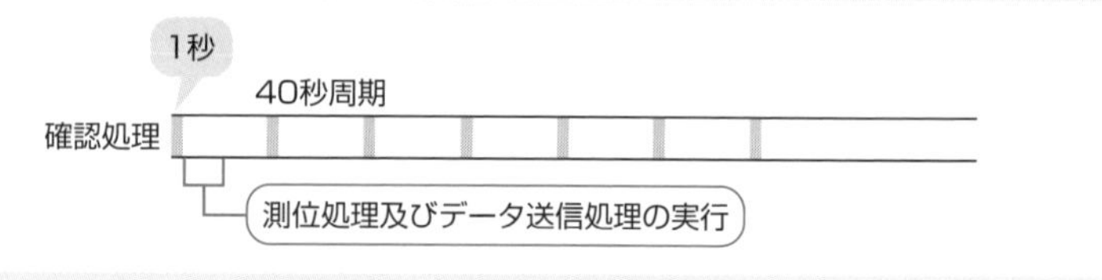

設問2 の解説

〔使用可能時間〕に関する設問です。表2の状態が継続した場合の使用可能時間（空欄a）が問われています。

使用可能時間とは，電池を満充電後，PRTが機能しなくなるまでの時間のことです。そして，その間に放電する電気量を電池の放電可能容量といい，本問のPRTは放電可能容量が200mAhの電池を内蔵しています。ここで，ミリアンペア時（mAh）とはどのような単位か確認しておきましょう。

- ミリアンペア時（mAh）とは電池などの容量を表す単位であり，1時間で電池の容量を全て放電した場合，どれだけの電流を流せるかを表す。
- 200mAhの電池の場合，200mAの電流を1時間放電できる。つまり，消費電流200mAの機器で使用すると1時間駆動できる。

さて，本設問では，表2の状態が継続した場合の使用可能時間が問われているわけですが，問題文中に，使用可能時間を求める式が，

　使用可能時間 ＝ 放電可能容量 ÷ PRTの平均消費電流

と与えられているので，この式に必要な値を代入すれば解答を得ることができます。

放電可能容量は200mAhです。各処理の平均消費電流については，表2に，確認処理が0.1mA，測位処理が0.5mA，データ送信処理が0.2mAであることが示されています。これらを合計すると「0.1＋0.5＋0.2＝0.8mA」になりますが，問題文に，「なお，PRTはメモリのデータの保持などで，表2の処理以外に0.01mAの電流が常に消費される」とあるので，PRTの平均消費電流は，各処理の平均消費電流の合計0.8mAに，この0.01mAを加える必要があります。つまり，PRTの平均消費電流は，「0.8＋0.01＝0.81mA」です。

以上，上記の式の放電可能容量に200mAhを，PRTの平均消費電流に0.81mAを代入すると，

　使用可能時間 ＝ 200mAh ÷ 0.81mA ≒ 246.9135…

となり，小数点以下を切り捨てると246になります。したがって，使用可能時間は**246（空欄a）**時間です。

設問3 の解説

〔制御部のソフトウェア〕のタイマー通知時のシーケンス図（図3）に関する設問です。本設問の（1）及び（2）ともに，図3中の空欄を埋める問題になっています。

図3は，最初の設計で発生した不具合を回避するために，タイマーを複数用いず，要

求確認時刻を用いて40秒ごとに通知を出力するタイマーだけを用いたときの，タイマー通知時のシーケンス図です。制御部の活性区間を見ると分かりますが，図3のシーケンス図は，「前回の通信から40秒経過」したときの処理と，「前回の測位から120秒経過又は位置通知要求あり」のときの処理，そして空欄bのときの処理が，連続した一連の処理になっています。このことを次ページに示したシーケンス図で確認してください。

(1) 図3中の空欄bに入れる条件が問われています。

空欄bの条件が成立したとき，通信モジュールと制御部の間でメッセージのやり取りが行われています。ここで，通信モジュールの処理内容を確認すると，表1に，「制御部から送信要求を受け取ると，該当するデータをサーバに送信する。データの送信が完了すると，送信結果通知を制御部に送る」とあります。このことから，ここで行われる処理，すなわち条件bが成立したときに行われる処理はデータ送信処理です。そして，〔PRTの動作仕様〕の記述内容から，データ送信処理が行われるのは，次の二つの場合であることが分かります。

① 40秒ごとに確認処理を行い，基地局から受信した情報に位置通知要求が含まれてるとき
② 600秒ごと（未送信の位置情報をサーバに送信する）

①のうち，40秒ごとの確認処理は，「前回の通信から40秒経過」したときに行われます。したがって，空欄bには，「基地局から受信した情報に位置通知要求が含まれてる又は600秒ごと」に該当する条件を入れればよいことになります。

「600秒ごと」というのは，前回の送信から600秒経過したということです。ここで，測位処理のシーケンスの条件文が，「前回の測位から120秒経過又は位置通知要求あり」となっていることを参考に考えると，**空欄b**には，「**前回の送信から600秒経過又は位置通知要求あり**」を入れるのが妥当です。

補足 「未送信の位置情報」とは

測位モジュールが行う処理を表1で確認すると，測位モジュールでは，位置情報をサーバに送信していないことが分かります。「位置通知要求あり」の場合は，測位処理の後にデータ送信処理が行われるので未送信の位置情報はありませんが，「120秒経過」の場合，データ送信処理が行われないため，これが未送信の位置情報となります。

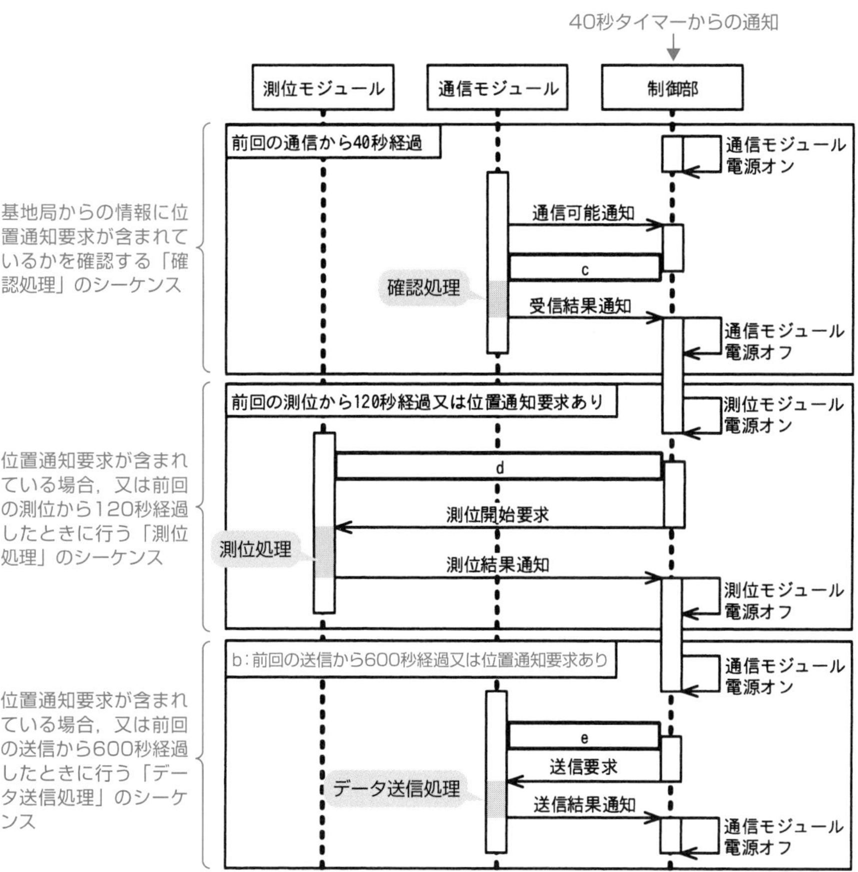

(2) 空欄c～空欄eに入れるメッセージ名及びメッセージの方向を示す矢印が問われています。ここでは，空欄dから考えていきます。

●空欄d

測位モジュールと制御部の間でメッセージのやり取りが行われています。表1を確認すると，測位モジュールの説明に，次の記述があります。

- 電力が供給され，測位可能になると制御部に**測位可能通知**を送る。
- 制御部からの**測位開始要求**を受け取ると測位を開始する。
- 測位の開始から6秒経過すると測位が完了して，測位結果を**測位結果通知**として制御部へ送る。

空欄dは，測位モジュール電源オンの直後のメッセージです。また，空欄dの直後に，制御部から測位開始要求を受け取っています。このことから，**空欄d**に入れるべきメッセージは「**測位可能通知**」であり，メッセージの方向は「→」です。

●空欄c，e

空欄c及び空欄eは，通信モジュールと制御部でやり取りされるメッセージです。表1を確認すると，通信モジュールの説明に，次の記述があります。

- 電力が供給され，通信可能になると制御部に**通信可能通知**を送る。
- 制御部から**受信要求**を受け取ると，確認処理を行い，制御部へ**受信結果通知**を送る。
- 制御部から**送信要求**を受け取ると，該当するデータをサーバに送信する。
- データの送信が完了すると，**送信結果通知**を制御部に送る。

空欄cは，通信可能通知と受信結果通知の間でやり取りされるメッセージです。したがって，**空欄c**は「**受信要求**」であり，メッセージの方向は「←」です。

空欄eのメッセージの直前に，通信モジュールの電源オンが実行されています。また，空欄eのメッセージの直後に，制御部から送信要求を受け取っています。このことから，**空欄e**は「**通信可能通知**」であり，メッセージの方向は「→」です。

設問4 の解説

タイマーを二つ用いた最初の設計で発生した不具合の原因が問われています。

〔最初の設計で用いた二つのタイマー〕
- 120秒ごとに測位処理を行うためのタイマー（測位用タイマー）
- 40秒ごとに確認処理を行うためのタイマー（通信用タイマー）

着目すべきは，二つのタイマーの設定値です。120秒は40秒の3倍なので，測位用タイマーからの通知が出力されるとき，通信用タイマーからの通知も出力されることになります。そして，この二つのタイマーからの通知が同時に発生すると，測位モジュールと通信モジュールが同時実行されることになります。

このことを念頭に表1を確認すると，通信ラインの説明に，「通信モジュールとの通信と，測位モジュールとの通信が同時に行われると，そのときのデータは正しく送受信できずに破棄される」とあります。これが不具合の原因です。

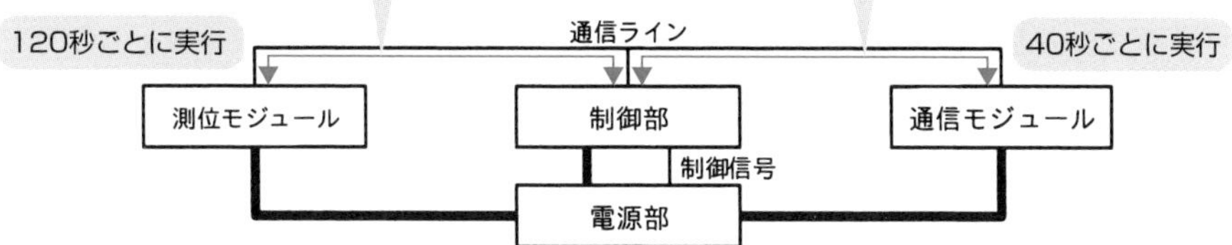

つまり，最初の設計で発生した不具合の原因とは，二つのタイマーからの通知が同時に発生したことによる，「通信モジュールと制御部の通信」と「測位モジュールと制御部の通信」の同時発生です。したがって，解答としては，この旨を40字以内で記述すればよいでしょう。なお，試験センターでは解答例を「**通信モジュールとの通信と測位モジュールとの通信が同時に発生した**」としています。

ちなみに，要求確認時刻を用いて40秒ごとに通知を出力するタイマーだけを用いて図3のように設計した場合，「確認処理 → 測位処理」という流れになるので，通信モジュールと測位モジュールが同時に実行されることはなく，このような不具合は発生しません。

解答

設問１　39

設問２　a：246

設問３　(1) b：前回の送信から600秒経過又は位置通知要求あり

(2) c：**メッセージ名**：受信要求

メッセージの方向：←

d：**メッセージ名**：測位可能通知

メッセージの方向：→

e：**メッセージ名**：通信可能通知

メッセージの方向：→

設問４　通信モジュールとの通信と測位モジュールとの通信が同時に発生した

問題5 タクシーの料金メータの設計 (H22春午後問7)

タクシーの料金メータの設計を題材に，組込み用のRTOS（リアルタイムOS）におけるタスクと割込みハンドラの関係の基礎的な理解，及び不具合発生のメカニズムとそれを回避するための対策方法に対する理解度を問う問題です。

具体的には，イベントフラグの制御（イベントフラグのセット待ち方法）と割込み禁止制御による不具合とその対策が問われます。イベントフラグを用いた問題は，難易度が高いためイベントフラグの基本的な仕組みを理解しておいたほうがよいでしょう。

問 タクシーの料金メータの設計に関する次の記述を読んで，設問1～3に答えよ。

S社は，タクシーの料金メータ（以下，タクシーメータという）を開発している。S社では，ソフトウェアの品質向上を図るために，設計後のレビューを強化することにした。実施したレビューにおいて，タクシーメータのソフトウェアに不具合が見つかった。

〔ソフトウェア構成〕

タクシーメータは，リアルタイムOS（以下，RTOSという）を使用している。

RTOS上では，表示タスク，料金計算タスク，操作パネルタスク，走行距離通知タスク及びRTOSのタイマタスクが動作する。これらのタスク実行中は，特に指定がない限り，全ての割込みが許可されている。

タクシーメータは，タイマ割込み及び操作パネル割込みを使用している。これらの割込みは，タイマ割込みハンドラ及び操作パネルハンドラで処理される。各ハンドラは，それぞれタイマタスク及び操作パネルタスクを起動する。

タクシーメータのタスク一覧を表に示す。

表　タクシーメーターのタスク一覧

タスク	処理内容	優先度
表示タスク	料金などをLCDに表示する。	低
料金計算タスク	走行距離と走行時間に応じた料金を計算する。	中
操作パネルタスク	操作パネルハンドラで起動される。操作パネルからの指示を受け取り，各タスクに通知する。	高
走行距離通知タスク	所定距離を走行したことを通知する。 ・料金計算タスクから“走行通知要求”を受け，指定された距離を走行したら，イベントフラグをセットする。 ・“走行通知要求”を受けた後，イベントフラグをセットするまでの間に取消し要求を受けた場合は，“走行通知要求”を取り消し，イベントフラグをセットしない。 ・既にイベントフラグをセットした要求に対する取消し要求があった場合，この取消し要求を無視する。	高
タイマタスク	タイマ割込みハンドラで起動される。このタスクは，RTOSに対する要求のうち，時間に関する処理を行う。	高

〔RTOSの仕様（一部）〕

(1) タスクは，優先度によって実行が決定される。優先度は変更することができる。

(2) タスク同期制御にイベントフラグを使用する。イベントフラグの操作にはセット及びクリアがある。

(3) タスクはイベントフラグのセット待ち要求を行うと，イベントフラグがセットされるまで待ち状態となる。既にイベントフラグがセットされている場合は，セット待ち要求を行っても，待ち状態にはならない。

　セット待ち要求では，タイムアウトの設定ができる。タイムアウトになると，指定時間内にイベントフラグがセットされなくても，待ち状態が解除される。

(4) タスクごとに，特定又は全ての割込みに対して，割込み禁止及び割込み許可を指定できる。

〔タクシーメータの仕様〕

操作パネルで“賃走”を指定すると，最初に“L_0メートル走行するまで”又は“T_0秒経過するまで”料金はP_0円である。これを初乗りという。

初乗りの条件を過ぎると“L_1メートル走行する”又は“T_1秒経過する”ごとに，料金がP_1円ずつ加算される。L_0，T_0，P_0，L_1，T_1及びP_1は特別な装置によって設定可能である。

料金の計算は，操作パネルで“支払い”ボタンが押されるまで続けられる。

〔料金計算タスク〕

料金計算タスクの処理の流れを図に示す。料金計算タスクは，初乗りから“支払い”ボタンが押されるまでの間，図の②～⑦の処理を続ける。

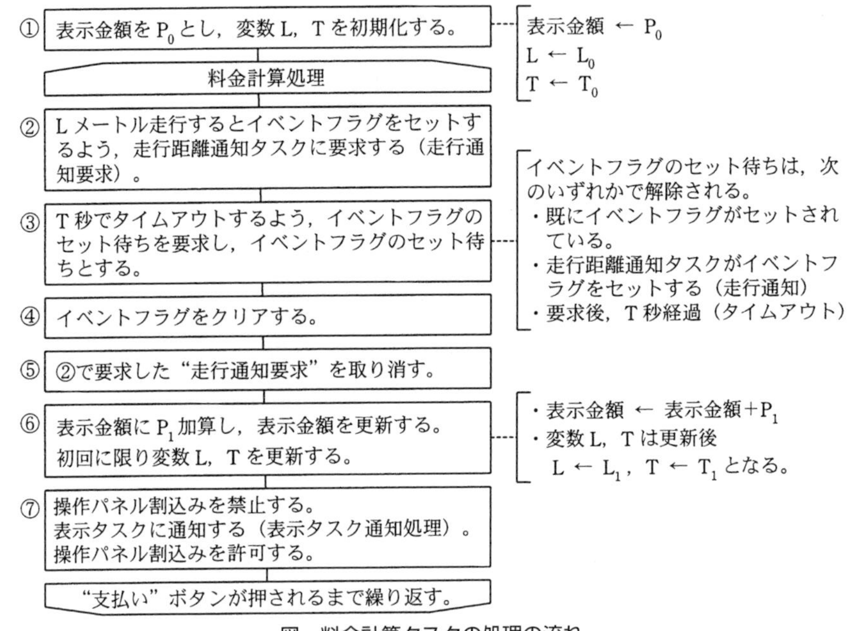

図　料金計算タスクの処理の流れ

〔不具合の指摘〕

レビューを実施したところ，次の二つの指摘があった。

(1) イベントフラグのセット待ち方法の不具合とその対策

料金計算タスクにおいて，イベントフラグのセット待ちを要求しても，待ち状態にならないことがある。その結果，表示金額の計算が過大となってしまう。

この不具合は，[a]の直後に，[b]が起きると発生する。

[a]によって[c]が解除され，料金計算タスクは実行状態となり，イベントフラグを[d]する。この直後に[b]があると，イベントフラグがセットされてしまい，次のイベントフラグのセット待ちで待ち状態にならない。

この不具合は，図中の[e]と⑤とを入れ替えることで回避できる。

(2) 操作パネル割込み制御の不具合とその対策

図中の処理⑦では，表示タスク通知処理の開始から終了までの間，操作パネル割込みは禁止されているので，操作パネル割込みは実行されないはずである。しかし，次のような場合に，操作パネル割込みを実行してしまう。

操作パネル割込みを禁止した直後に［ f ］が発生すると，［ f ］ハンドラによって［ g ］が起動され，料金計算タスクは処理が中断される。

起動されたタスクは，操作パネル割込みを許可しているので，［ h ］が発生すると受け付けてしまう。

現在の処理を大きく変更せずにこの不具合を回避するには，表示タスク通知処理実行中は，タスクの優先度をタイマタスクの優先度と同じにするか，又は表示タスク通知処理を行う間は，全ての割込みを禁止すればよい。

設問1 イベントフラグのセット待ち方法の不具合について，(1)，(2) に答えよ。ただし，表示タスク通知処理では，ほかのタスクを起動することはないものとする。

(1) 本文中の［ a ］～［ d ］に入れる適切な字句を答えよ。

(2) 本文中の［ e ］に入れる，図中の処理の番号を答えよ。

設問2 操作パネル割込み制御の不具合について，［ f ］～［ h ］に入れる適切な字句を答えよ。

設問3 操作パネル割込み制御の不具合とその対策で示したように対処する場合，表示タスク通知処理の実行時間をできるだけ短くしなければならない。その理由を30字以内で述べよ。

解説

設問1 の解説

料金計算タスクにおけるイベントフラグのセット待ち方法の不具合（すなわち，イベントフラグのセット待ちを要求しても，待ち状態にならないこと）の発生原因とその対策が問われています。

RTOS（リアルタイムOS）では，タスクそれぞれに優先度が与えられ，タスクを切替えながら並行動作させます。そのため，単なる処理の流れ図だけを考えても解答を見つけることができません。そこで，問題文に示されている条件を整理するつもりで，料金計算タスクの流れ図を，もう少しわかりやすいシーケンス図に書き換えてみます。下図は，料金計算タスクと走行距離通知タスク間の，タイムアウトを考慮しない（タイムアウトにならないときの）シーケンスです。

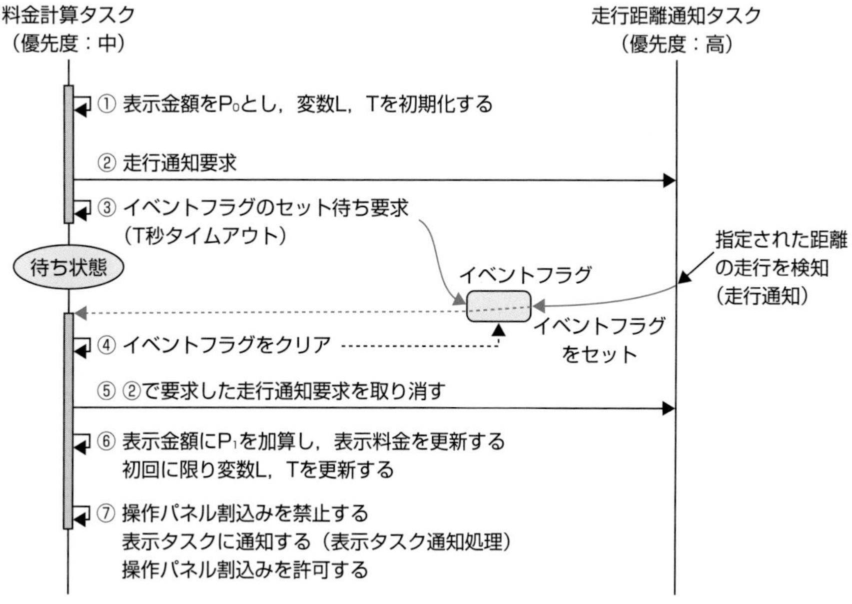

では，上図を見ながら処理内容を確認していきましょう。

②で行う走行通知要求は，「Lメートル走行したらイベントフラグをセットして！」と，走行距離通知タスクに要求するものです。料金計算タスクは，走行通知要求を送信すると，③でイベントフラグのセット待ちをT秒のタイムアウト付きで要求し，その後，待ち状態となります。一方，走行距離通知タスクは，走行通知要求を受けた後，指定された距離（Lメートル）の走行を検知した時点でイベントフラグをセットします。なお問題文には明記されていませんが，走行距離通知タスクは，何らかの信号（走行通知だと思われます）により指定距離の走行を検知するものと考えれば，信号を受信するまでは待ち状態に置かれることになります。

さて，イベントフラグがセットされると，料金計算タスクは待ち状態が解除され，④でイベントフラグをクリアし，⑤，⑥，⑦と処理を進めた後，②の処理に戻ります。したがって，タイムアウトにならないときのシーケンスでは何ら問題はありません。

では，どのような場合に，イベントフラグのセット待ちを要求しても，待ち状態にならず，表示金額の計算が過大となってしまうのでしょうか？

待ち状態にならないというのは，イベントフラグのセット待ち要求後，直ちにセット待ちが解除されるということです。イベントフラグのセット待ちが解除される条件は，次の三つです。

① 既にイベントフラグがセットされている
② 走行距離通知タスクがイベントフラグをセットする（走行通知）
③ 要求後，T秒経過（タイムアウト）

ここで，タイムアウトを考慮したシーケンスを考えてみましょう。下図に，走行距離通知タスクがイベントフラグをセットする前に，T秒経過（タイムアウト）となるシーケンスを示します（⑥，⑦の処理は省略）。なお，図中の1～3は処理の順番です。

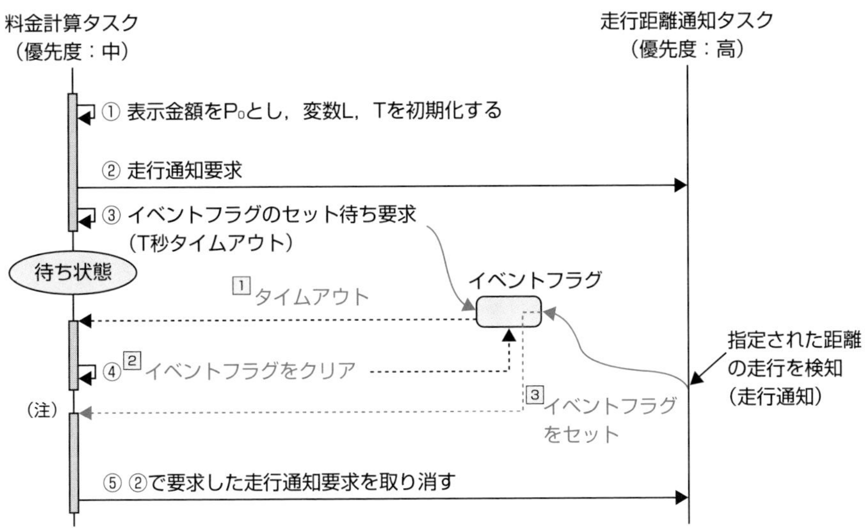

料金計算タスクにタイムアウトが通知されると，料金計算タスクは待ち状態が解除され，④でイベントフラグをクリアします。この直後，走行距離通知タスクが，指定された距離の走行を検知してイベントフラグをセットしたとしたら，どうなるでしょう。料金計算タスクは，⑤，⑥，⑦（上図では⑥，⑦を省略）と処理を進め，②の処理に戻り，③でイベントフラグのセット待ち要求を出してもイベントフラグはセットされたままなので，直ちにセット待ちが解除されてしまいます。これが，表示金額の計算が過大となってしまう原因です。では，以上のことを基に空欄を埋めていきましょう。

本設問で問われている空欄a～eを含む記述は，次のとおりです。

> この不具合は，[a]の直後に，[b]が起きると発生する。
> [a]によって[c]が解除され，料金計算タスクは実行状態となり，イベントフラグを[d]する。この直後に[b]があると，イベントフラグがセットされてしまい，次のイベントフラグのセット待ちで待ち状態にならない。
> この不具合は，図中の[e]と⑤とを入れ替えることで回避できる。

(1)「[a]によって[c]が解除され」とあるので，**空欄a**は「**タイムアウト**」，**空欄c**は「**イベントフラグのセット待ち**（又は，**待ち状態**でも可）」です。

タイムアウトによってイベントフラグのセット待ちが解除されると，料金計算タスクは実行状態となり，イベントフラグを**クリア**（**空欄d**）します。そして，この直後に**走行通知**（**空欄b**）があるとイベントフラグがセットされてしまい，次のイベントフラグのセット待ちで待ち状態にはなりません。

(2) この不具合は，料金計算タスクがイベントフラグをクリアした後，走行距離通知タスクがイベントフラグのセットを行うと発生します。そこで，イベントフラグをクリアする前に（タイムアウト後，直ちに），走行通知要求の取消しを行うようにします。走行距離通知タスクは，走行通知要求の取消しを受けると，当該要求を取り消し，イベントフラグのセットは行わないので，この不具合は発生しません。

以上，④の「イベントフラグのクリア」と⑤の「走行通知要求の取消し」とを入れ替えることでこの不具合は回避できるので，**空欄e**は「**④**」です。

設問2 の解説

操作パネル割込み制御の不具合とその対策が問われています。問題文に与えられた条件を整理しながら順に解答していきましょう。

「操作パネル割込みを禁止した直後に[f]が発生すると，[f]ハンドラによって[g]が起動され，料金計算タスクは処理が中断される」とあり，空欄fの後ろに“ハンドラ”が続くので，空欄fには何らかの割込みが入ります。本問における割込みは，タイマ割込みと操作パネル割込みの二つですが，そもそもこのとき操作パネル割込みは禁止されているため，**空欄f**に入るのは「**タイマ割込み**」ということになります。また，タイマ割込みハンドラによって起動されるのはタイマタスクなので，**空欄g**には「**タイマタスク**」が入ります。

次に，「起動されたタスクは，操作パネル割込みを許可しているので，[h]が発生すると受け付けてしまう」とあります。「操作パネル割込みを許可しているので，受け付けてしまう」ということなので，**空欄hは「操作パネル割込み」**です。

補足 操作パネル割込み制御の不具合

料金計算タスクが，表示タスク通知処理の開始から終了までの間，操作パネル割込みを禁止しても，何らかの理由でタイマ割込みが発生すると，タイマタスクが起動され，料金計算タスクより優先度の高いタイマタスクに実行権が移り，料金計算タスクは処理が中断させられます。このとき，タイマタスクは操作パネル割込みを許可しているので，操作パネル割込みが受け付けられてしまいます。これが，本設問で問題となっている不具合です。

設問3 の解説

操作パネル割込み制御の不具合に対する対策（下記①，②）を施す場合，表示タスク通知処理の実行時間をできるだけ短くしなければいけない理由が問われています。

表示タスク通知処理実行中は，
① タスクの優先度をタイマタスクの優先度と同じにする
② 全ての割込みを禁止する

①の対策では，料金計算タスクの優先度がタイマタスクと同じ“高”になるため，タイマ割込みが発生してもすぐにはタイマタスクが実行されません。また，②の対策では，タイマ割込みも禁止するため，タイマタスクの実行は阻害され，割込み禁止時間分だけ遅れることになります。

ここで，問題文に示された表のタイマタスクの処理内容を見ると，タイマタスクは，「RTOSに対する要求のうち，時間に関する処理を行うタスク」です。そのため，①又は②の対策を施すことにより，タイマタスクの実行が遅れてしまうと，RTOSに必要なリアルタイム性が低下することになり，システムに不具合が発生する可能性があります。そこで，①又は②の対策を施す場合は，リアルタイム性を可能な限り確保するため，表示タスク通知処理の実行時間をできるだけ短くして，タイマタスクの実行を遅らせないようにします。つまり，表示タスク通知処理の実行時間をできるだけ短くしなければいけない理由は，タイマタスクの実行を遅れさせないためです。したがって，解答としてはこの旨を30字以内にまとめればよいでしょう。なお，試験センターでは解答例を「**タイマタスクの実行が遅れないようにするため**」としています。

解答

設問１　(1) a：タイムアウト
b：走行通知
c：イベントフラグのセット待ち（**別解**：待ち状態）
d：クリア
(2) e：④

設問２　f：タイマ割込み
g：タイマタスク
h：操作パネル割込み

設問３　タイマタスクの実行が遅れないようにするため

参考　タイムアウトを伴う同期制御

先の問題5では，タイムアウト付きのイベントフラグを用いて，“Lメートル走行”又は“T秒経過”で料金加算を行っています。このような，タイムアウトを伴う同期制御は旧来からよく用いられる方法です。

例えば，タスクAは，タスクBに処理を依頼するとき，処理が完了したら“完了通知”を送るよう要求します。ところが，タスクBが正常に完了しても，“完了通知”が送られてこなければ（送信に失敗すれば），タスクAは永久に“完了通知”を待ち続けてしまいます。このような事態の発生を回避するために，タスクBに処理を依頼するときにタイマを設定し，一定時間経過してもタスクBからの“完了通知”がこなければ，タイマ割込みハンドラにより起動されるようにします。

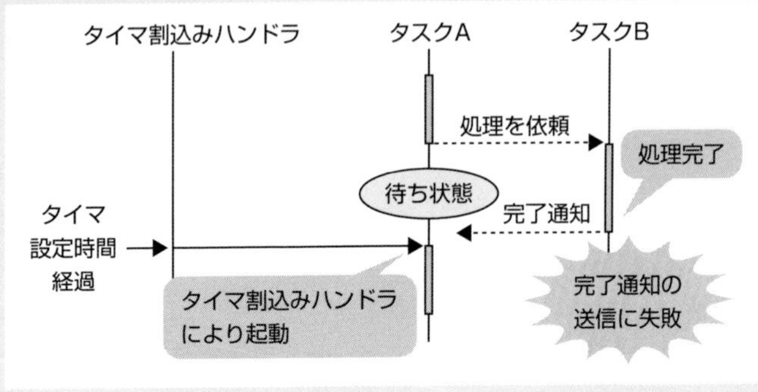

カードを使用した電子扉システムの設計（H30秋午後問7抜粋）

本Try!問題は，カードを使用した電子扉システムの設計に関する問題です（設問の一部を抜粋）。身近で考えやすいシステムですし，設問の難易度もそれほど高くありません。組込みシステムの問題では，「タイマ設定，イベント待ち」といった内容がよく出題されますから，本Try!問題を通して，タイマ処理の基本事項を確認しておきましょう！

E社は，電子錠を開発している会社である。E社では，RFIDタグを内蔵したカード（以下，入退室カードという）を使用して，扉の電子錠を制御するシステム（以下，電子扉システムという）を開発することになった。

電子扉システムは企業向けであり，従業員ごとに個別の入退室カードを配布して，従業員の入退室管理に用いる。

〔電子扉システムの構成〕

電子扉システムは，扉，カードリーダ，制御部などから成る電子扉ユニットと，各電子扉ユニットとLANで接続されたサーバから構成される。電子扉システムの構成を図1に示す。

・ドアクローザは，扉の上部に有り，内蔵するばねの力で扉を自動的に閉める。
・レバーは扉の室内側と室外側に有り，電子錠で開錠／施錠される。開錠状態では，レバーを下に回して扉を開けることができ，手を放すとレバーは元に戻り扉は閉まる。施錠状態では，扉は開けられない。また，扉を開けたまま施錠することができ，このときには扉が閉まると扉を開けることができなくなる。
・カードリーダは，室内側と室外側に取り付けられている。
・電子扉ユニットには，扉識別コードが設定されている。

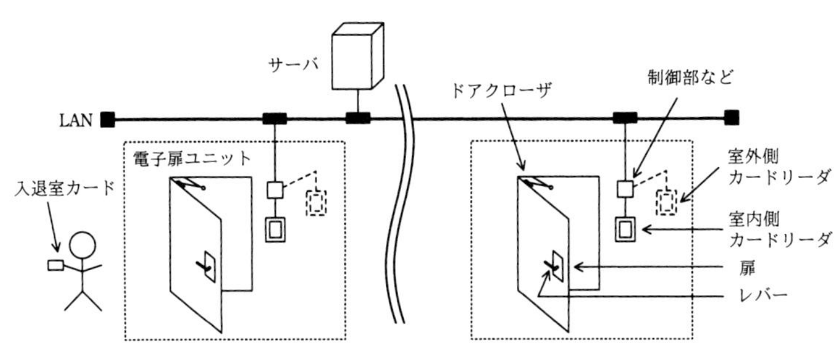

図1　電子扉システムの構成

〔電子扉ユニットのハードウェア構成〕

電子扉ユニットのハードウェア構成を図2に示す。

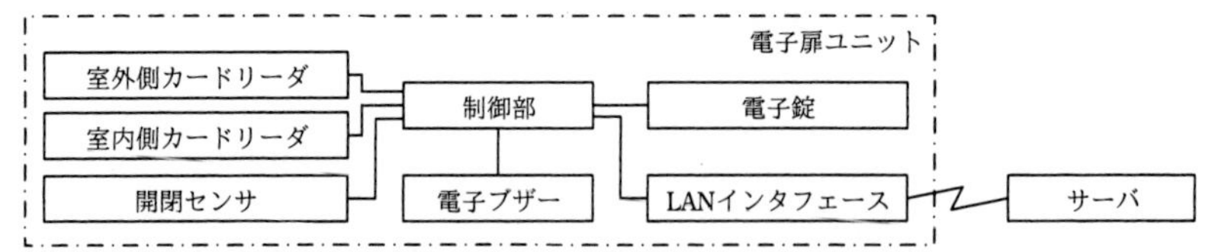

図2　電子扉ユニットのハードウェア構成

・扉識別コードは，電子扉ユニットごとに割り当てられ，制御部が保持する。
・入退室カードには，カードごとに割り当てられたカード識別コード，有効期限などの情報を格納する。
・制御部は，MPUを内蔵しており，各ハードウェアを制御する。
・カードリーダは，室内側及び室外側に1台ずつ設置し，室内側を示すコードと，室外側を示すコード（以下，リーダ設置区分コードという）をそれぞれ割り当てる。カードリーダは，入退室カードの情報を読み込む。
・開閉センサは，扉が開いたこと及び扉が閉まったことを検出する。
・電子ブザーは，単発音の許可音・エラー音を発生したり，連続音の警告音を鳴動したりする。
・電子錠は扉のレバーを開錠／施錠する。
・LANインタフェースは，LANに接続してサーバと通信する。

〔電子扉システムの動作〕

(1) 入退室カードをカードリーダにかざすと，入退室カードの情報を読み込み，電子扉ユニットの情報とあわせてサーバに送信する。
(2) サーバからの応答が開錠許可なら，許可音を発生して開錠する。開錠してからt_1秒以内に扉が開かないときは施錠する。
(3) サーバからの応答が開錠許可でないとき，エラー音を発生する。
(4) 扉が開いてから，t_2秒以内に扉が閉まらないとき，扉が閉まるまで警告音を鳴動し続ける。

t_1及びt_2は，必要に応じて変更が可能で，$t_2 > t_1 > 1$秒とする。

〔制御部とサーバ間の通信〕

サーバは，入退室可能な入退室カードの保有者の情報を扉ごとに管理する。

(1) 制御部は，カードリーダで入退室カードの情報を読み込んだとき，カード識別コード，扉識別コード及びリーダ設置区分コードをサーバに送信する。
(2) サーバは，カード識別コードで入退室カードの保有者を特定し，扉識別コードで入退室する扉を特定し，リーダ設置区分コードで入室又は退室を識別する。これらの情報から，入退室カードの保有者が入退室を許可されているか判定して，判定結果を制御部に送信する。

〔制御部のプログラムの処理〕

制御部のプログラムの処理フローを図3に示す。この処理は，室内側又は室外側のカードリーダに入退室カードをかざすと開始される。また，この処理の間に新たに入退室カードがかざされても，終了するまで処理を続行する。

・タイマは，OSのタイマ機能を使用する。タイマに時間を設定すると計時が始まり，設定した時間が経過するとタイマ満了イベントが通知される。タイマが満了する前にタイマ取消しを行うと，タイマ満了イベントは通知されない。
・開閉センサは扉が開いたときに開扉イベントを通知し，扉が閉まったときに閉扉イベントを通知する。
・処理“カード情報を読み込む”では，入退室カードの情報を読み込む。
・処理“イベント待ち”では，開扉イベント，閉扉イベント，及びタイマ満了イベントを待ち受ける。
・処理“開錠する”及び処理“施錠する”では，制御部が電子錠に開錠又は施錠を通知する。その通知から実際に電子錠が開錠／施錠するのに1秒掛かり，その間，次の処理は行わない。

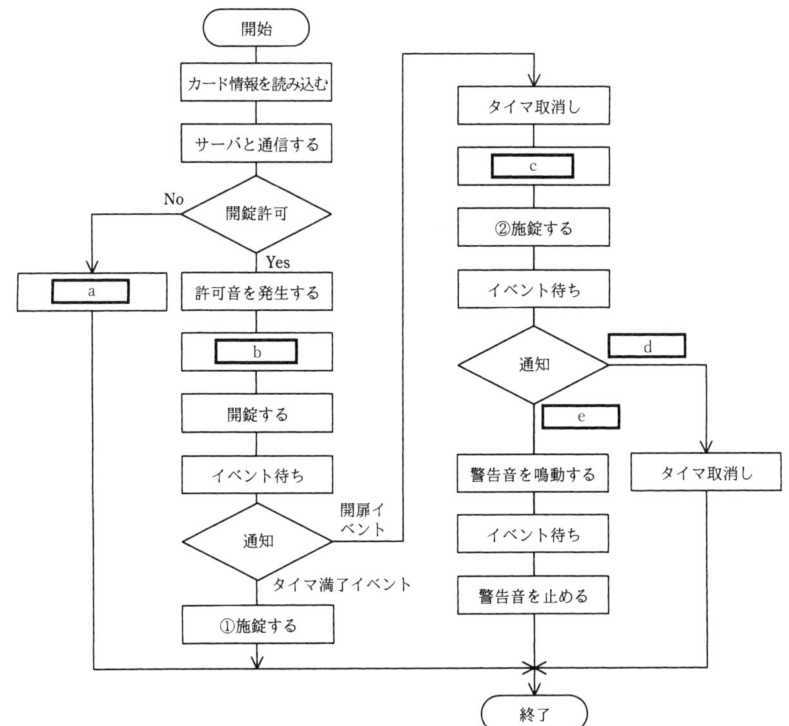

図3　制御部のプログラムの処理フロー

〔不具合の発生〕

電子扉システムの動作をテストしていたところ，扉を開けたままt_2秒経過しても警告音が鳴動しない不具合が，図3の“①施錠する”を処理した後に発生した。

なお，不具合が発生したときに，入退室カードの情報は正しく読み込まれており，LAN及びサーバに問題はなく，ハードウェア及びソフトウェアは通常の処理をしていた。

(1) 図3中の［ a ］に入れる適切な処理を，本文中の字句を用いて答えよ。

(2) 図3中の［ b ］，［ c ］に入れる適切な処理を，解答群の中から選び，記号で答えよ。

解答群

ア イベント待ち　　イ 開錠する　　ウ 施錠する

エ タイマ取消し　　オ タイマにt_1秒を設定する

カ タイマにt_2秒を設定する

(3) 図3中の［ d ］，［ e ］に入れる適切なイベントを，本文中の字句を用いて答えよ。

(4)〔不具合の発生〕について，不具合が発生する条件を35字以内で述べよ。

解説

(1) ●空欄a：空欄aの処理は，サーバからの応答が「“開錠許可”でない」ときの処理です。サーバからの応答に対する処理については，〔電子扉システムの動作〕(3) に，「サーバからの応答が開錠許可でないとき，エラー音を発生する」と記述されています。したがって，**空欄a**には**エラー音を発生する**が入ります。

(2) ●空欄b：空欄bの処理は，サーバからの応答が「“開錠許可”である」ときの処理です。〔電子扉システムの動作〕(2) に，「サーバからの応答が開錠許可なら，許可音を発生して開錠する。開錠してからt_1秒以内に扉が開かないときは施錠する」と記述されています。

着目すべきは，「t_1秒以内に扉が開いたかどうか」を，何で (どのように) 判定しているかです。ヒントとなるのは，“イベント待ち”で受け取った通知がタイマ満了イベントであるとき，“①施錠する”を行っている点です。タイマ満了イベントは，設定した時間が経過したときに通知されるイベントですから，タイマ設定を行わなければ発生しません。したがって，t_1秒以内に扉が開いたかどうかを判断する処理の流れは，「タイマにt_1秒を設定→イベント待ち→通知イベントの判断」となります。つまり，**空欄b**で行う処理は，〔**オ**〕の**タイマにt_1秒を設定する**です。

●空欄c：空欄cの処理は，“イベント待ち”で開扉イベントを受け取った後の処理です。開扉イベントは，扉が開いたとき通知されるイベントです。扉が開いたときの処理については，〔電子扉システムの動作〕(4) に，「扉が開いてから，t_2秒以内に扉が閉まらないとき，扉が閉まるまで警告音を鳴動し続ける」と記述されています。「t_2秒以内に扉が閉まったかどうか」の判定は先と同様，タイマ機能を使って行うので，**空欄c**には，〔カ〕の**タイマにt_2秒を設定する**が入ります。

(3) **●空欄d，e**：空欄cで「タイマにt_2秒を設定」した後，“②施錠する”を行い，“イベント待ち”でイベント通知を待ちます。そして，受け取った通知が，空欄eの場合は“警告音を鳴動する”を行い，空欄dの場合は“タイマ取消し”を行っています。

警告音を鳴動するのは，t_2秒以内に扉が閉まらないとき，すなわち，タイマ満了イベントを受け取ったときなので，**空欄e**は**タイマ満了**イベントです。

一方，タイマ満了イベントを受け取る前に，扉が閉まったことを知らせる閉扉イベントを受け取った場合は，タイマ取消しを行う必要があるので，**空欄d**は**閉扉**イベントです。

(4) 〔不具合の発生〕について，不具合が発生する条件が問われています。不具合とは，「図3の“①施錠する”を処理した後，扉を開けたままt_2秒経過しても警告音が鳴動しない」という現象です。

図3の“①施錠する”を処理した後で発生したということは，“イベント待ち”でタイマ満了イベントを受け取ったということです。そしてこれは，開錠してからt_1秒以内に扉を開けなかったことを意味します。通常，入退室カードをカードリーダにかざし，許可音が鳴ったら直ぐに（時間を空けずに）扉を開けますが，場合によっては，扉を開けるまでにt_1秒以上掛かることも考えられます。この場合，タイマ満了イベントが発生します。

制御部は，タイマ満了イベントを受け取ると，電子錠に施錠を通知しますが，〔制御部のプログラムの処理〕の五つ目の記述にあるように，実際に施錠されるまでに1秒掛かります。このため，施錠を通知してから1秒以内であれば扉を開けることができますし，開けたままt_2秒経過しても警告音は鳴動しません。

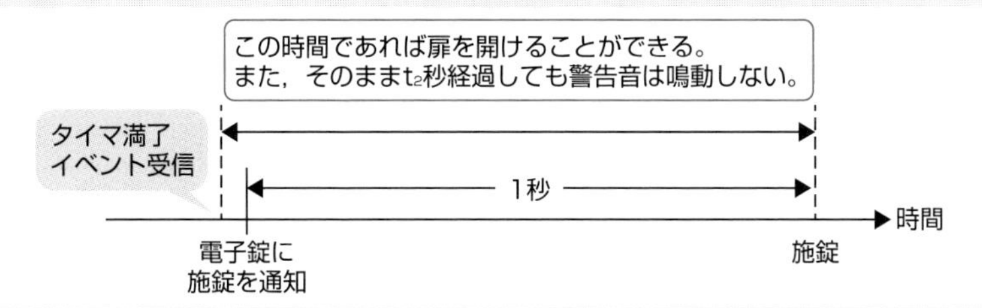

以上，不具合が発生する条件は，「①で施錠を通知してから1秒以内に扉を開け，そのままt_2秒経過したとき」です。解答としては，この旨を記述すればよいでしょう。なお，試験センターでは解答例を「**“①施錠する”処理中に扉を開き，そのままt_2秒経過**

したとき」としています。

制御部のプログラムの処理フロー（完成版）を下図に示すので，もう一度，処理の流れを確認しておきましょう。

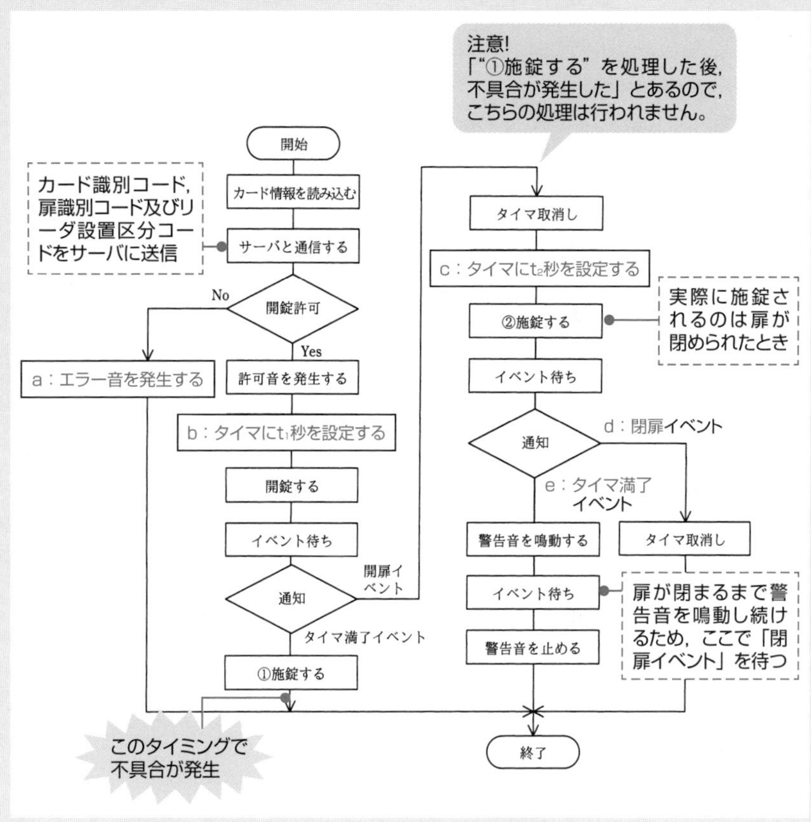

解答　(1) a：エラー音を発生する

(2) b：オ　c：カ

(3) d：閉扉　e：タイマ満了

(4) “①施錠する”処理中に扉を開き，そのままt_2秒経過したとき

第8章 情報システム開発

出題範囲

- 外部設計
- 内部設計
- テスト計画・テスト
- 標準化・部品化
- 開発環境
- オブジェクト指向分析（UML）
- ソフトウェアライフサイクルプロセス（SLCP）
- 個別アプリケーションシステム（ERP，SCM，CRM ほか）

など

問題1　通信販売用Webサイトの設計　(H21春午後問8)

通信販売用Webサイトの設計を題材に，UMLを用いたソフトウェア設計に関する知識と理解を問う問題です。クラス図とアクティビティ図が出題されていますが，クラス図に関する設問では，抽象クラス，仮想関数といった一歩踏み込んだ知識が必要となり，全体としては難易度が高い問題となっています。

問　通信販売用Webサイトの設計に関する次の記述を読んで，設問1～3に答えよ。

P社では，新たな事業展開として，インターネットを用いた通信販売を開始することにした。通信販売のための販売用Webサイトは，新規に開発する。販売用Webサイト及び販売用Webサイト内で用いるショッピングカートに関する説明を次に示す。

〔販売用Webサイト〕

- インターネットに公開し，一般の顧客が買物に利用する。
- 顧客は，P社から付与される顧客IDでログインしてから買物をする。
- 顧客は，商品カタログを画面に表示し，ショッピングカートに商品を追加したり，ショッピングカートから商品を削除したりして，購入する商品を選ぶ。
- 顧客は，商品を選び終わったら，ショッピングカート内の商品の購入手続を行う。
- 商品には，通常商品と予約販売商品の2種類がある。
- 通常商品を購入した場合の配送手続では，即座に商品の配送処理が行われる。
- 予約販売商品を購入した場合の配送手続では，配送のための情報がデータベースに保存され，実際の配送処理は商品の発売開始日以降に行われる。
- 商品の配送処理は，既存の配送処理システムと連携することによって行う。販売用Webサイトは，購入された商品の情報を配送処理システムに通知する。配送処理システムは，通知された商品の情報をとりまとめて，配送業者に集配依頼の情報を送る。

〔ショッピングカート〕

- 顧客がショッピングカートに商品を追加すると，追加された商品の在庫数を，追加された数量分だけ減らす。ただし，商品の在庫数が不足している場合は，ショッピングカートに商品を追加せず，在庫数も減らさない。

・顧客がショッピングカートから商品を削除すると，削除された商品の在庫数を，削除された数量分だけ増やす。

販売用Webサイトの開発を行うに当たり，データベース及びショッピングカートの設計を次のように行った。

〔データベースの設計〕

販売用Webサイトで使用するデータベースには，商品在庫情報テーブル，ショッピングカート情報テーブル及び販売明細テーブルを用意する。

商品在庫情報テーブルには，商品名や単価などの商品に関する情報と，その在庫数を格納する。商品は，商品IDで一意に識別する。

ショッピングカート情報テーブルには，ショッピングカートに入っている商品の商品IDと数量を格納する。ショッピングカートは，顧客IDで一意に識別する。

販売明細テーブルには，顧客が購入した商品の情報を格納する。販売明細は，注文IDと商品IDの複合キーで一意に識別する。注文IDは，購入手続を行ったときに発行されるIDである。

なお，販売用Webサイトに用いるデータベースでは，トランザクション内でテーブルに対する更新アクセスが発生するとテーブル単位のロックがかかり，トランザクション終了時に，全てのロックが解除される仕組みになっている。

〔ショッピングカートの設計〕

ショッピングカートに関連する部分のクラス図を図1に示す。また，顧客がショッピングカートに商品を追加してから，商品を購入するまでの流れを表したアクティビティ図を図2に示す。

商品クラスと商品在庫管理クラスは，［ a ］クラスとして定義する。それを［ b ］する［ c ］クラスとして，通常商品用と予約販売商品用のクラスを定義する。

このような設計にすることによって，ショッピングカートクラスでは，商品の種類を意識することなく，全ての商品の情報を［ d ］クラスで取り扱うことができる。

例えば，予約販売商品をショッピングカートに追加する場合は，予約販売商品の商品IDと数量を指定して，ショッピングカートクラスの商品追加メソッドを実行する。

商品追加メソッドでは，追加される商品が予約販売商品であることを判定し，予約販売商品在庫管理クラスのインスタンスを作成して在庫取得メソッドを呼び出す。在庫取得メソッドの中では，在庫数についてデータベースの書換えを行った後，［ e ］クラスのインスタンスを作成し，[d]クラスの型で返す。ショッピングカートは，返されたオブジェクトを属性に追加登録する。

商品の購入手続を行うとき，通常商品と予約販売商品では，処理の大まかな流れは同一だが，配送手続に関する処理が異なる。

ショッピングカートクラスの購入手続メソッドでは，最初に注文IDを発行する。次に，発行された注文IDを用いて，ショッピングカート内の商品の購入手続メソッドを個々に呼び出す。商品の購入手続メソッドの内部では，販売明細更新メソッドと，配送手続メソッドが順に呼び出される。このとき，販売明細更新メソッドは[d]クラスに実装されたメソッドが呼び出される。配送手続メソッドは，[d]クラスでは純粋[f]関数（[a]関数）として定義されているので，[b]先のクラスで実装されたメソッドが呼び出される。

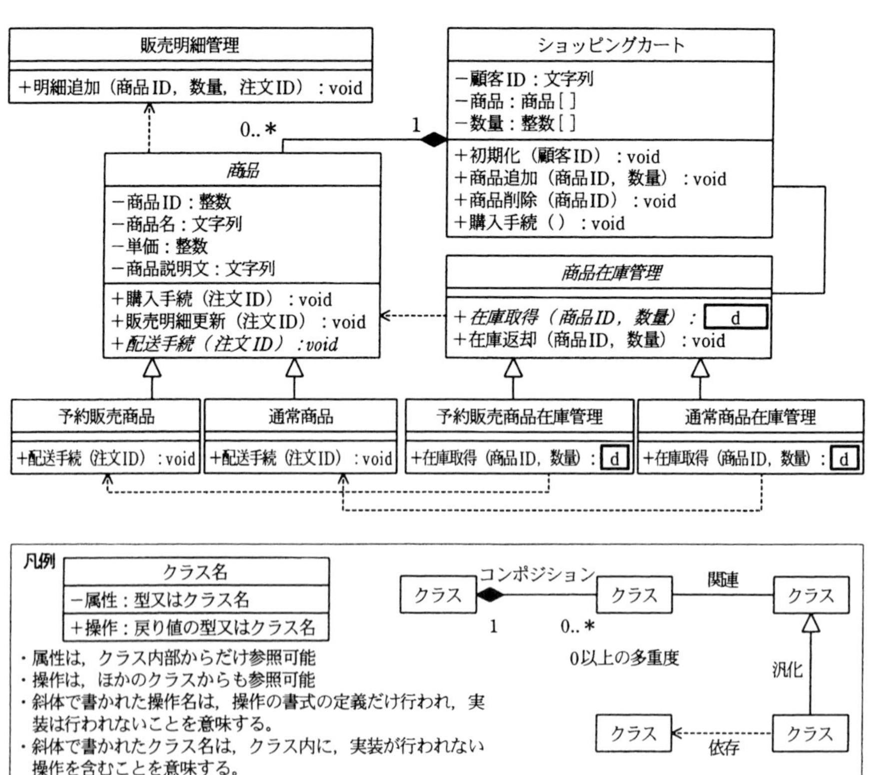

図1　クラス図

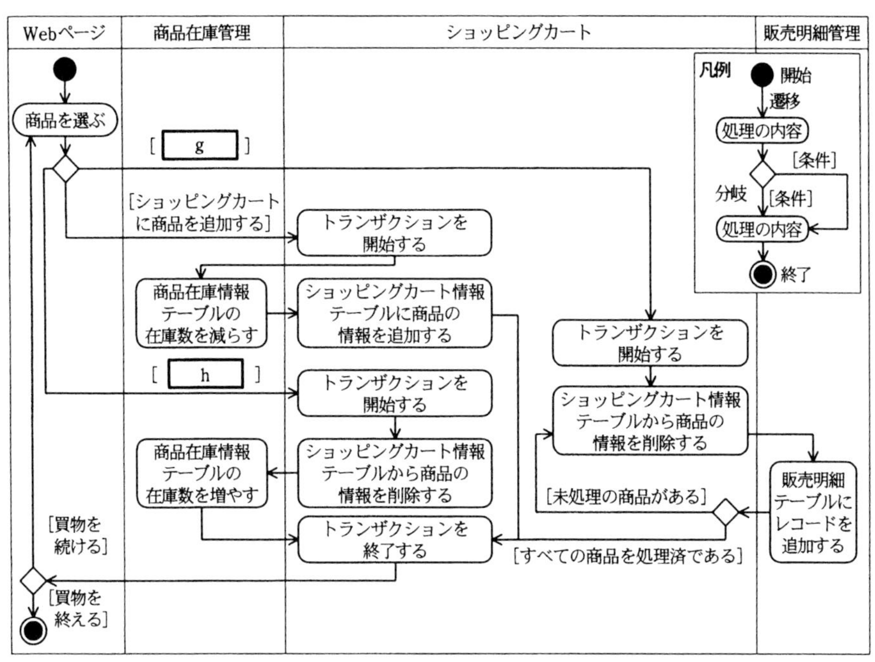

図2　アクティビティ図

設問1　本文中の[a]～[f]に入れる適切な字句を答えよ。
ただし，[a]～[c]及び[f]については解答群の中から選び，記号で答えよ。[d]，[e]については，図1中にあるクラス名から選び答えよ。

解答群

ア　依存	イ　インタフェース	ウ　仮想
エ　具象	オ　継承	カ　再帰
キ　集約	ク　スタイルシート	ケ　抽象

設問2　図2中の[g]，[h]に入れる適切な字句を答えよ。

設問3　設計レビューを実施したところ，図2のアクティビティ図のとおりにプログラムを書くと，複数人が同時にアクセスしたときに，処理のタイミングによっては問題が発生する可能性があるという指摘が出た。どのような場合に，どのような問題が発生する可能性があるか。45字以内で答えよ。

解説

設問1 の解説

〔ショッピングカートの設計〕の記述中にある空欄を埋める問題です。空欄を考えるにあたり，図1の凡例に記述されている下記の事項を頭に入れておきましょう。

・斜体で書かれた操作名：操作の書式の定義だけ行われ，実装は行われない。
・斜体で書かれたクラス名：クラス内に，実装が行われない操作を含む。

●空欄a～c

空欄a，b，cを含む記述は，次のとおりです。

> 商品クラスと商品在庫管理クラスは， a クラスとして定義する。それを b する c クラスとして，通常商品用と予約販売商品用のクラスを定義する。

商品クラスは，予約販売商品クラスと通常商品クラスの二つのサブクラスを汎化したスーパクラスです。また，商品在庫管理クラスは，予約販売商品在庫管理クラスと通常商品在庫管理クラスの二つのサブクラスを汎化したスーパクラスです。サブクラスはスーパクラスを継承することから，「空欄aにはスーパ，空欄bには継承，空欄cにはサブが入るだろう」と，解答群を見てもスーパ，サブという用語はありません。そこで，「スーパクラス，サブクラス」に関連する用語は，「抽象クラス，具象クラス」なので，「正解は，空欄a：抽象，空欄c：具象だ！」と決めてもOKです。

では，もう少し説明しましょう。ここでのポイントは，商品クラスと商品在庫管理クラスのクラス名が斜体で書かれていることです。

商品クラスには「*+配送手続(注文ID)*」，商品在庫管理クラスには「*+在庫取得(商品ID，数量)*」という実装が行われない操作があり，これらの操作はそれぞれのサブクラスで「+配送手続(注文ID)」，「+在庫取得(商品ID，数量)」として実装されています。このように，スーパクラス内では実装が行われない操作(メソッド)を抽象メソッドといい，抽象メソッドをもつスーパクラスを抽象クラスといいます。また，抽象クラスを継承して実装するサブクラスのことを具象クラスといいます。

以上，**空欄a**には〔ケ〕の**抽象**，**空欄b**には〔オ〕の**継承**，**空欄c**には〔エ〕の**具象**が入ります。

●空欄d

「ショッピングカートクラスでは，商品の種類を意識することなく，全ての商品の情報を［ d ］クラスで取り扱うことができる」とあります。商品の種類とは，通常商品と予約販売商品のことで，これに関連するクラスは商品クラスと商品在庫管理クラスです。

先に解答したように，商品クラスと商品在庫管理クラスは抽象クラスです。抽象クラスを利用する利点は，サブクラスの違いを意識することなく，抽象クラスのインスタンス（スーパクラスインスタンス）として共通に取り扱うことができる点です。このことから，空欄dに入るのは，商品か商品在庫管理のどちらかですが，空欄dの直前に「商品の情報」とあり，これは「商品名や単価などの商品に関する情報」と解釈できるので，**空欄dは「商品」**になります。

●空欄e

「予約販売商品をショッピングカートに追加する場合は，ショッピングカートクラスの商品追加メソッドを実行し，予約販売商品在庫管理クラスのインスタンスを作成して在庫取得メソッドを呼び出す」旨の記述があり，続いて「在庫取得メソッドの中では，在庫数についてデータベースの書換えを行った後，［ e ］クラスのインスタンスを作成し，商品（空欄d）クラスの型で返す」とあります。つまり，問われているのは，在庫取得メソッドで作成されるインスタンスは，どのクラスのインスタンスなのかです。

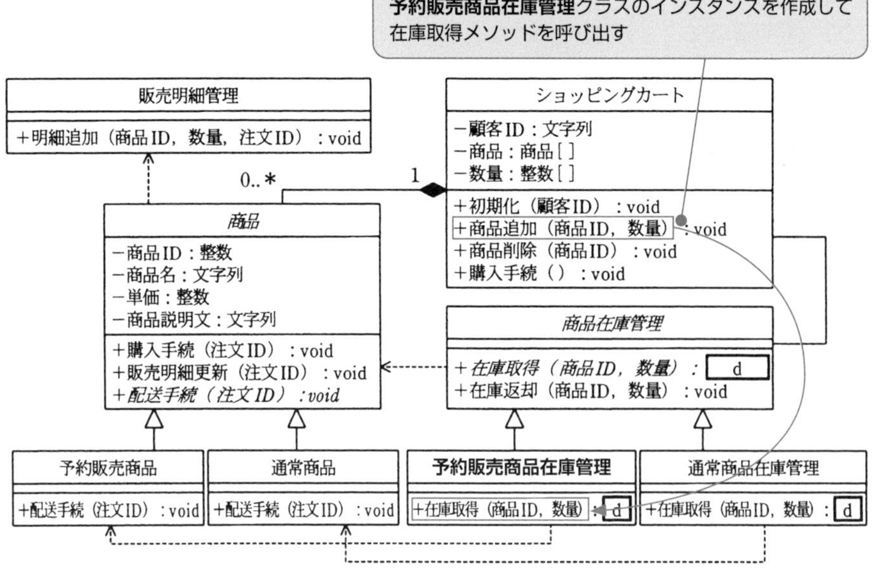

空欄eの後に「商品（空欄d）クラスの型で返す」とあるので，「作成されるのは商品クラスのインスタンスだ！」とうっかりミスをしないよう注意しましょう。商品クラスは抽象クラスなので，サブクラス（具象クラス）をまとめて同じクラスとして扱うことができますが，実際に作成されるインスタンスは具象クラスのものです。

商品クラスには，予約販売商品クラスと通常商品クラスの二つの具象クラスがありますが，このときの商品は予約商品なので，作成されるインスタンスは予約販売商品クラスのインスタンスです。したがって，**空欄e**には「**予約販売商品**」が入ります。

●空欄f

空欄fの前後に多くの空欄がありますが，空欄dは商品，空欄aは抽象，空欄bは継承とわかっている（解答した）ので，これらの空欄を埋めると次のようになります。

販売明細更新メソッドは**商品**クラスに実装されたメソッドが呼び出される。配送手続メソッドは，**商品**クラスでは純粋[f]関数（**抽象**関数）として定義されているので，**継承**先のクラスで実装されたメソッドが呼び出される。

図1を見ると，販売明細更新メソッドは「＋販売明細更新（注文ID）」と定義されているので，商品クラスに実装されたメソッドです。一方，配送手続メソッドは「*＋配送手続（注文ID）*」と定義されているので，商品クラスでは実装が行われないメソッドです。空欄fでは，このようなメソッドを何関数と呼ぶか問われているわけですが，解答群にある用語をヒントに，「実装が行われない→仮想」と連想できれば，**空欄f**には〔**ウ**〕の**仮想**が入ることが分かります。

参考　仮想関数（純粋仮想関数）と抽象クラス

商品クラスの配送手続のように，関数の名前や書式だけしか定義されない中身のない関数を**仮想関数**といい，C++では，先頭に“virtual”という修飾子を付けて定義します。**純粋仮想関数**は，さらに末尾に“=0”を付けて，「**virtual** void func() = **0**;」といった形式で定義されます。

このような仮想関数（純粋仮想関数）を一つでも含む**抽象クラス**では，インスタンスを生成することができません。そのため，この定義のない関数は，それを継承する具象クラスでオーバライドして（定義し直して）インスタンス化することになります。

・抽象クラスは，継承して使うことを前提としたクラス
・抽象クラスでは，インスタンスを生成することができない
・実際のインスタンスは，抽象クラスを継承した具象クラスだけから生成可能

設問2 の解説

図2のアクティビティ図を完成させる問題です。アクティビティ図では，◇で分岐を表し，分岐条件は［ ］内に記述します。

●空欄g

空欄gの場合の処理（→の先の処理）では，トランザクションを開始した後，「ショッピングカート情報テーブルから商品の情報を削除する→販売明細テーブルにレコードを追加する」という処理を，未処理の商品がなくなるまで繰り返しています。ここで問題文〔データベースの設計〕を見ると，「販売明細テーブルには，顧客が購入した商品の情報を格納する」とあるので，販売明細テーブルにレコードを追加するこの一連の処理は購入手続を行うものであることが分かります。そこで“購入手続”に関する記述を問題文から探すと，〔販売用Webサイト〕に，「顧客は，商品を選び終わったら，ショッピングカート内の商品の購入手続を行う」とあります。したがって，**空欄g**には「**ショッピングカート内の商品の購入手続を行う**」を入れればよいでしょう。

●空欄h

空欄hの場合の処理（→の先の処理）では，トランザクションを開始した後，「ショッピングカート情報テーブルから商品の情報を削除する→商品在庫情報テーブルの在庫数を増やす」という処理を行っています。問題文〔ショッピングカート〕の記述には，「顧客がショッピングカートから商品を削除すると，削除された商品の在庫数を，削除された数量分だけ増やす」とあります。つまり，この一連の処理はショッピングカート内の商品の削除を行うものなので，**空欄h**には「**ショッピングカート内から商品を削除する**」を入れればよいでしょう。

設問3 の解説

「図2のアクティビティ図のとおりにプログラムを書くと，複数人が同時にアクセスしたときに，処理のタイミングによっては問題が発生する可能性がある」とあり，どのような場合に，どのような問題が発生する可能性があるか問われています。

「複数の人が同時にアクセスする」ということからすぐに思いつくのは，更新内容が他のトランザクションの更新によって上書きされる変更消失など，データ矛盾の発生ですが，本問の場合は，トランザクション内でテーブルに対する更新アクセスが発生するとテーブル単位のロックがかけられるため，このようなデータ矛盾は発生しません。では，どのような問題が発生するのでしょうか？　ここで，ロックときたらデッドロックです！　デッドロックは，複数のトランザクションが異なる順番でテーブルをロックしたときに発生する可能性があります。では，図2のアクティビティ図において，デッドロックの発生を確認してみます。図2におけるトランザクションは三つです。これを購入手続，商品追加，商品削除とします。また各トランザクションで使用するテーブルは，次のようになっています。

・購入手続：ショッピングカート情報テーブル，販売明細テーブル
・商品追加：ショッピングカート情報テーブル，商品在庫情報テーブル
・商品削除：ショッピングカート情報テーブル，商品在庫情報テーブル

デッドロックが発生する可能性があるのは，同じテーブルをアクセスする商品追加と商品削除です。図2を見ると，商品追加では「商品在庫情報テーブル→ショッピングカート情報テーブル」の順にロックをかけるのに対し，商品削除では「ショッピングカート情報テーブル→商品在庫情報テーブル」の順にロックをかけています。したがって，商品追加と商品削除が同時に行われると，タイミングによってはデッドロックが発生する可能性があります。

以上，解答としては「商品追加と商品削除が同時に行われた場合に，デッドロックが発生する可能性がある」とすればよいでしょう。なお，試験センターでは解答例を「**商品の追加と削除が同時に行われると，デッドロックが発生することがある**」としています。

解答

設問1　a：ケ　b：オ　c：エ
　d：商品　e：予約販売商品　f：ウ

設問2　g：ショッピングカート内の商品の購入手続を行う
　h：ショッピングカート内から商品を削除する

設問3　商品の追加と削除が同時に行われると，デッドロックが発生することがある

参考　抽象クラスと多相性

抽象クラスを利用する利点は，下位のサブクラスの違いを意識しないで，共通に取り扱うことができる点です。本問の場合，例えばショッピングカート内の商品を購入した場合の配送手続きでは，その商品が通常商品なのか予約販売商品なのかを意識しないで扱うことができます。商品の配送手続メソッドは抽象メソッドなので，配送手続メソッドを呼び出したとき，通常商品であるか予約販売商品であるかによって，実際に実行される処理が異なるという仕組みです。このように，同じメソッドを呼び出しても異なる処理を行うという特性を**多相性**（Polymorphism）といいます。

通信販売用Webサイトにおける決済処理の設計（H28春午後問8抜粋）

本Try!問題は，通信販売用Webサイトにおける決済処理の設計に関する問題です。アクティビティ図とクラス図を完成させる設問のみ抜粋しました。挑戦してみましょう！

T社ではインターネットを用いた通信販売を行っている。通信販売用Webサイト（以下，Webサイトという）で利用できる決済方法は，クレジットカードを利用して決済するクレジット決済だけであったが，顧客の利便性向上を目的に，新たにU社が運営するコンビニエンスストア（以下コンビニという）での支払（以下，コンビニ決済という）の導入を検討することになった。顧客は，購入する商品を選択し，顧客IDを入力して商品の配送先を指定した後，決済方法選択画面から希望する決済方法を選択することが可能となる。Webサイトでのクレジット決済処理の処理内容を表1に，コンビニ決済処理の処理内容を表2，表3に示す。

表1　クレジット決済処理の処理内容

処理名称	処理内容
決済方法選択	顧客は，Web サイトが表示する決済方法選択画面で，決済方法としてクレジット決済を選択する。
カード情報入力	顧客は，購入代金の決済に使用するクレジットカードのカード情報（カード番号，有効期限，カード名義，セキュリティコード）を入力する。
カード情報送信	Web サイトは，クレジットカード会社へカード情報と支払情報を送信し，決済処理を依頼する。その後，Web サイトは，クレジットカード会社から，決済完了かカード利用不可かの回答を取得する。
商品発送	Web サイトは，クレジットカード会社の回答が決済完了の場合，配送センタに商品の発送を指示し，同時に Web サイトの画面で顧客に商品の発送を通知する。
再決済依頼	Web サイトは，クレジットカード会社の回答がカード利用不可の場合，再度カード情報入力の画面を表示する。

表2　コンビニ決済処理の処理内容（リアルタイム処理）

処理名称	処理内容
決済方法選択	顧客は，Web サイトが表示する決済方法選択画面で，決済方法としてコンビニ決済を選択する。
決済番号取得	Web サイトは，U 社に購入情報（金額，入金期限日）を送信し，U 社から決済番号を取得する。
決済情報通知	Web サイトは，U 社から回答された決済番号と金額，入金期限日の情報（以下，決済情報という）を電子メール（以下，メールという）で顧客に通知する。
コンビニ支払	顧客は，U 社コンビニへ行き，店頭で決済番号を提示して支払を行う。

表3　コンビニ決済処理の処理内容（バッチ処理）

処理グループ	処理名称	処理内容
入金データチェック	入金データ確認	Web サイトは，U 社から 1 時間に 1 回送信される入金データファイルを 1 件ずつ読み込み，入金データの決済番号が Web サイトで保持している決済番号と一致するかどうかを確認する。
	商品発送	決済番号が一致し，決済番号に該当する購入情報が購入取消処理によって取り消されていない場合，Web サイトは，配送センタに商品の発送を指示し，同時にメールで顧客に商品の発送を通知する。
	エラーファイル作成	決済番号が一致しない，又は決済番号に該当する購入情報が取り消されている場合，Web サイトは，入金データの情報を入金エラーファイルに書き込む。
入金期限チェック	入金期限確認	Web サイトは，1 日に 1 回，商品発送前かつ取消前の購入情報を 1 件ずつ読み込み，入金期限のチェックを行う。
	購入取消	Web サイトは，入金期限日が過ぎても入金されていない購入情報を取り消して，メールで顧客に通知する。

〔アクティビティ図〕

現在のアクティビティ図を基に，コンビニ決済処理（リアルタイム処理）を加えたアクティビティ図を図1に，入金データチェック処理のアクティビティ図を図2に，入金期限チェック処理のアクティビティ図を図3に示す。

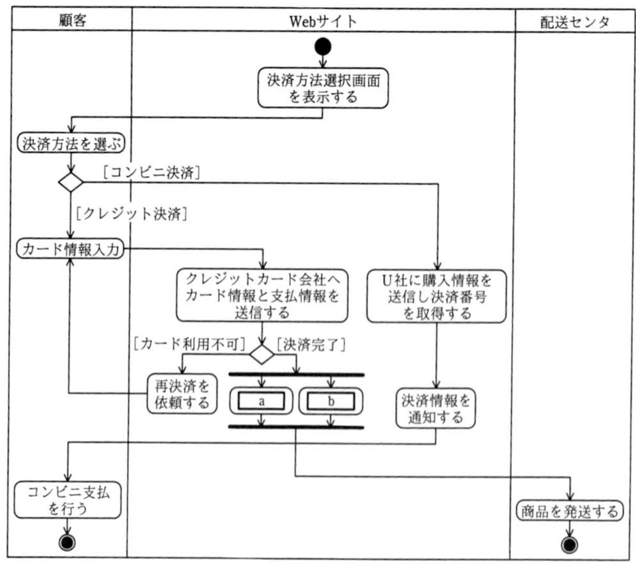

図1　クレジット決済処理とコンビニ決済処理のアクティビティ図

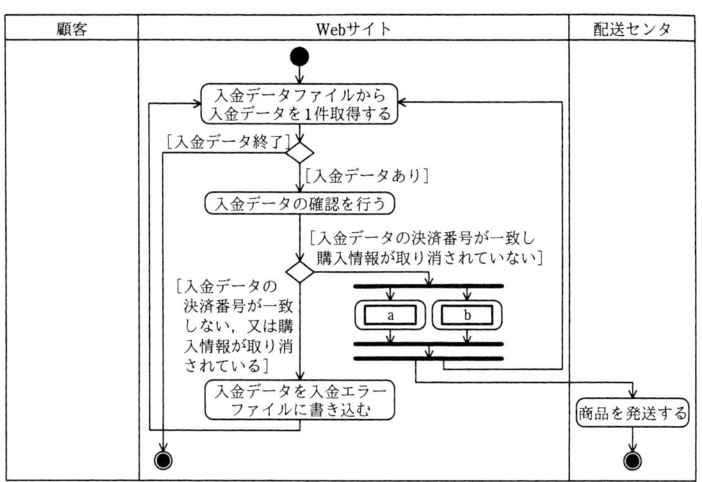

図2 入金データチェック処理のアクティビティ図

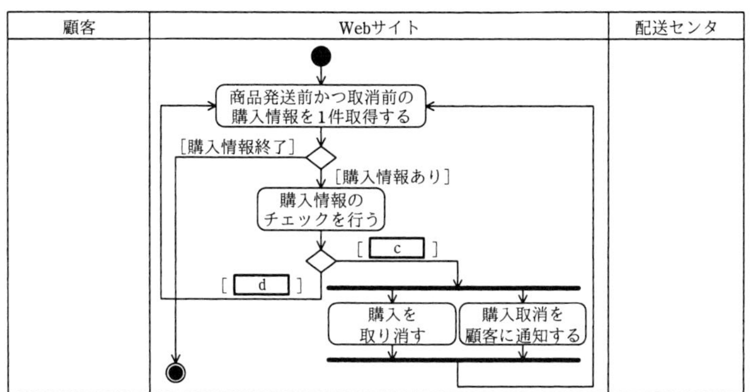

図3 入金期限チェック処理のアクティビティ図

〔クラス図〕

現在のクラス図を基に，コンビニ決済処理を加えた決済処理に関連するクラス図を図4に示す。

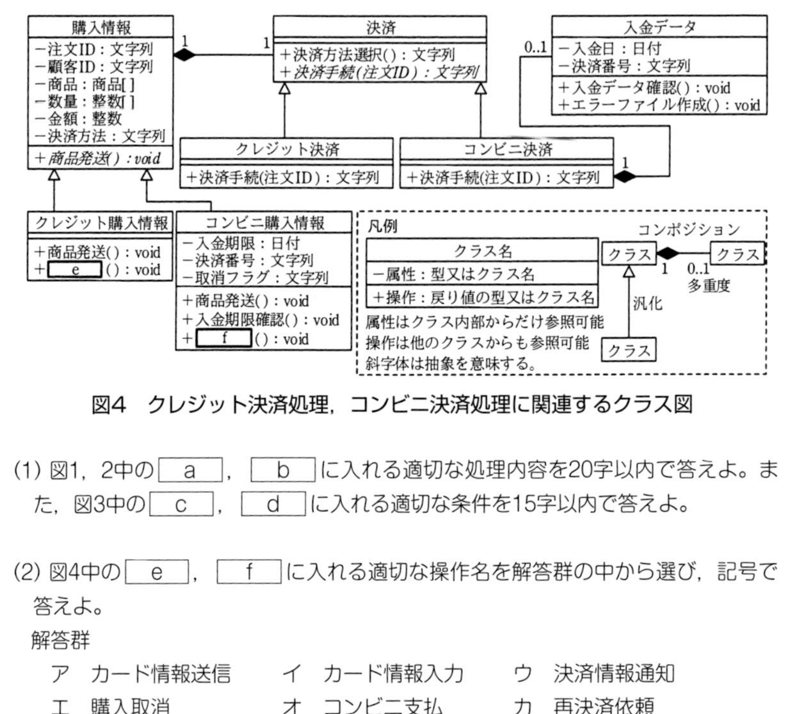

図4　クレジット決済処理，コンビニ決済処理に関連するクラス図

(1) 図1，2中の[a]，[b]に入れる適切な処理内容を20字以内で答えよ。また，図3中の[c]，[d]に入れる適切な条件を15字以内で答えよ。

(2) 図4中の[e]，[f]に入れる適切な操作名を解答群の中から選び，記号で答えよ。

解答群

ア　カード情報送信	イ　カード情報入力	ウ　決済情報通知
エ　購入取消	オ　コンビニ支払	カ　再決済依頼

解説

(1) ●空欄a，b：図1の空欄a，bは，クレジットカード会社へカード情報と支払情報を送信した後の処理であり，条件［決済完了］を満たした場合に行う処理（並行処理）です。そこで，“決済完了”をキーワードに表1を見ると，“商品発送”の処理内容に，「クレジットカード会社の回答が決済完了の場合，配送センタに商品の発送を指示し，同時にWebサイトの画面で顧客に商品の発送を通知する」とあります。つまり，空欄a，bは，この処理（波線下線）に対応する処理なので，「配送センタに商品の発送を指示する」，「Webサイトの画面で顧客に商品の発送を通知する」が入りそうです。しかし，ここで解答を急いではいけません。空欄a，bは，図2にもあります。

図2は「入金データチェック処理のアクティビティ図」です。図2では，条件［入金データの決済番号が一致し購入情報が取り消されていない］場合に行う処理が，空欄a，bになっています。そこで表3を見ると，“入金データチェック”処理グループの，“商品発送”の処理内容に，「決済番号が一致し，決済番号に該当する購入情報が購入取消処理によって取り消されていない場合，配送センタに商品の発送を指示し，同時にメールで顧客に商品の発送を通知する」とあります。

したがって，図1と図2の空欄a，bに入る処理は，両者に共通する処理でなければいけないので，**空欄a**には「**配送センタに商品の発送を指示する**」，**空欄b**には「**顧客に商品の発送を通知する**」を入れます。なお，空欄aとbは順不同です。

●**空欄c，d**：図3は「入金期限チェック処理のアクティビティ図」なので，表3の“入金期限チェック”を確認します。すると，“入金期限確認”の処理内容に，「商品発送前かつ取消前の購入情報を1件ずつ読み込み，入金期限のチェックを行う」とあり，“購入取消”の処理内容には，「入金期限日が過ぎても入金されていない購入情報を取り消して，メールで顧客に通知する」とあります。そして，図3では，空欄cの条件を満たした場合の並行処理として，「購入を取り消す」と「購入取消を顧客に通知する」が記述されています。つまり，この二つの処理は上記の波線下線に対応する処理なので，**空欄c**に入れる条件としては，「**入金期限日を過ぎている**」とすればよいでしょう。また**空欄d**は，空欄cの条件を満たさなかった場合なので，空欄cの否定条件「**入金期限日を過ぎていない**」などとすればよいでしょう。

(2) ●**空欄e**：まず解答群を確認します。すると，選択肢にある操作名はいずれも表1～3に記載されている処理に対応しています。空欄eは，クレジット購入情報クラスの操作ですから，選択肢のうち，表1に記載されている「カード情報入力」，「カード情報送信」，「再決済依頼」のいずれかが該当することになります。

ここで，クレジット購入情報クラスの操作「商品発送」に着目します。「商品発送」は，図1において［決済完了］の場合に行う処理に相当することから，空欄eの操作は，［カード利用不可］の場合に行う「再決済を依頼する」に相当すると推測できます。そして，これに対応する処理は表1の“再決済依頼”ですから，**空欄e**は〔**カ**〕の**再決済依頼**です。

●**空欄f**：空欄fは，コンビニ購入情報クラスの操作なので，表2，3にある「決済情報通知」，「コンビニ支払い」，「購入取消」のいずれかですが，「決済情報通知」は，「決済番号と金額，入金期限日の情報をメールで顧客に通知する」という処理であり，この処理は，コンビニ決済クラスの操作「決済手続」に含まれると考えられます。また，「コンビニ支払い」は，顧客がコンビニへ行き支払いをするという処理なので，Webサイトの処理ではありません。したがって，**空欄f**に入る操作は〔**エ**〕の**購入取消**です。

解答 (1) a：配送センタに商品の発送を指示する
b：顧客に商品の発送を通知する　（a，bは順不同）
c：入金期限日を過ぎている
d：入金期限日を過ぎていない
(2) e：カ
f：エ

問題2 ソフトウェア適格性確認テスト (H29秋午後問8)

ソフトウェア適格性確認テストに関する問題です。本問では，4種類の試験の成績を基に合否を判定するシステムを例に，境界値分析（限界値分析）やドメイン分析，複数条件網羅に関する理解と，テストケース作成能力が問われます。難易度はやや高めの問題ではありますが，ゆっくり落ち着いて解答していけば，正解は導き出せます。また解答にあたっては，問題文を全て読み終えてから設問に取り掛かるのではなく，問題文に軽く目を通した後で設問を読み，問われている内容を確認し，解答していくことがポイントです。

問 ソフトウェア適格性確認テストに関する次の記述を読んで，設問1～4に答えよ。

W法人は技術者の国家資格認定試験を実施している団体である。グローバルに活躍できる技術者を育成するために，新たな技術者認定試験（以下，新試験という）を導入することが決まった。新試験は4種類の試験を組み合わせて合格者を決定する。そこで，4種類の試験の成績を基に合否を判定するシステム（以下，合否判定システムという）を開発して，そのシステムの動作を確認するためのテストを行うことにした。

〔新試験の実施方法〕

新試験では，次の4種類の試験を組み合わせる。

Ⅰ　英語（筆記試験）：得点は1点刻みで100点満点
　（以下，この筆記試験の得点をXとする）

Ⅱ　専門科目（筆記試験）：得点は1点刻みで100点満点
　（以下，この筆記試験の得点をYとする）

Ⅲ　英語（面接試験）：得点は5点刻みで100点満点
　（以下，この面接試験の得点をORAL_engとする）

Ⅳ　技術者適性（面接試験）：得点は1点刻みで1～4点
　（以下，この面接試験の得点をORAL_tecとする）

新試験は次の2段階で行われる。

第1段階：筆記試験（Ⅰ 英語　と　Ⅱ 専門科目）

第2段階：面接試験（Ⅲ 英語　と　Ⅳ 技術者適性）

第1段階の判定基準を満たした受験者だけが第2段階に進み，第2段階の判定基準を満たした受験者が新試験の合格者となる。

〔第1段階の判定基準〕

次の二つの条件をともに満たす場合に，第1段階を通過とする。

条件1：X ≧ 60

条件2：筆記合算点としてWRITTENを式WRITTEN＝X＋Yで算出し，
WRITTEN ≧ 130

〔第2段階の判定基準〕

1段階を通過し，かつ，次の二つの条件をともに満たす場合に，“新試験に合格”とする。

条件3：英語合算点としてENGLISHを式ENGLISH＝X＋ORAL_engで算出し，
ENGLISH ＞ 140

条件4：WRITTENとORAL_tecの組合せによって表1のように判定する。

表1　WRITTENとORAL_tecによる判定基準（条件4）

		ORAL_tec			
		1	2	3	4
WRITTEN	190 以上		○	○	○
	160 以上 190 未満			○	○
	130 以上 160 未満				○

注記　○は条件 4 を満たすことを表す。
ブランクは条件 4 を満たさないことを表す。

合否判定システムが，表1の判定基準どおりに動作するかをチェックするために，条件4を次の三つの連立不等式で表す。

WRITTEN ≧ 130
ORAL_tec ≧ 2
WRITTEN ＋ m × ORAL_tec ≧ n
ただし，m＝[a]，n＝[b]（m，nは整数）

〔3変数のドメイン分析〕

第2段階の判定基準（条件3，4）においてENGLISH，WRITTEN，ORAL_tecの3変数の境界値テストを行う。このように複数の変数の境界値が関係するテストケースの設定を見つけるために，Binderのドメイン分析を利用する。Binderのドメイン分析とは，ある変数の境界値についてテストを行うために，他の変数を有効同値の中の値とする方法である。それぞれのドメインは境界によって定義されるので，テストすべき値は，仕様で指定される境界上の値（onポイント），及び境界の近傍にあって境界を挟んでonポイントに最も近い値（offポイント）となる。offポイントは，境界が閉じていれば（等号を含む不等式の場合）ドメイン外の値になり，境界が開いていれば（等号を含まない不等式の場合）ドメイン内の値となる。一つの変数の境界をチェックするときに，他の変数は真偽に影響を与えないよう境界上でないドメイン内部の値（inポイント）を選ぶ。

表2は，3変数のドメイン分析マトリクスとしてテストケースを定義したものである。異常値は別途テストするので表2には含まない。また，各変数のinポイントは全てのテストケースで同一の値を設定している。6件のテストケースは全て異なる。

表2　ドメイン分析マトリクス

		テストケースの目的					
		c		ORAL_tec の境界値チェック		（略）	
変数	ポイント名	ケース1	ケース2	ケース3	ケース4	ケース5	ケース6
ENGLISH	on	140			（ア）		
	off		d		（イ）		
	in			160	（ウ）	160	160
ORAL_tec	on			2	（エ）		
	off				（オ）		
	in	4	4		（カ）	4	4
WRITTEN	on				（キ）	130	
	off				（ク）		e
	in	190	190	190	（ケ）		

〔判定基準の変更〕

新試験の結果をシミュレーションした結果，Ⅰ英語（筆記試験）が高得点で，Ⅱ専門科目（筆記試験）の得点が低い場合（X＝100，Y＝30など）でも合格するケースがあることが判明した。これは第1段階の判定基準で専門科目（筆記試験）の得点を十分に考

慮できていないからと考えて再検討し，第1段階の判定基準に，

条件5：Y＞50

を追加した。すなわち条件1，条件2，条件5を全て満たす場合に，第1段階を通過とした。

第1段階の判定基準の条件が増えたので，三つの条件（条件1，条件2，条件5）での複数条件網羅（multiple condition coverage）テストを計画した。各条件を満たすか否かによってテストケースを整理したところ，①複数条件網羅率を100%にするテストケースの数は本来8件であるが，本テストでは7件だけで済むことが分かった。

設問1 〔第1段階の判定基準〕においてX軸（横方向で右が正）とY軸（縦方向で上が正）を軸とした直交座標のグラフを考えたとき，条件1と条件2を満たし判定基準通過となる領域は4直線で囲まれた四角形になる。境界値テストを行うべき，この四角形の各頂点を座標（X，Y）で表す。このとき四つの頂点の座標を，右上の頂点から順に左回り（反時計回り）に答えよ。

設問2 本文中の［ a ］，［ b ］に入れる適切な数値を答えよ。

設問3 〔3変数のドメイン分析〕について，(1)～(3) に答えよ。

(1) ケース1とケース2のテストケースの目的として，表2中の［ c ］に入れる適切な字句を答えよ。

(2) 表2中の［ d ］，［ e ］に入れる適切な数値を答えよ。

(3) ケース4として値を設定すべき箇所が表2中の（ア）～（ケ）のうちに三つある。値を設定すべき箇所と設定すべき値を答えよ。

解答方法は，例えば（ア）に数値1が入る場合，（ア，1）と答えよ。

設問4 本文中の下線①となる理由を，40字以内で具体的に述べよ。

解説

設問1 の解説

〔第1段階の判定基準〕に関する設問です。本設問では，英語の得点をX軸，専門科目の得点をY軸とした直交座標のグラフを考えたときの，条件1と条件2を満たし判定基準通過となる領域（4直線で囲まれた四角形）の頂点座標が問われています。したがって，この領域が分かれば解答できます。

まず，前提条件及び判定基準を整理しておきましょう。次のようになります。

〔前提条件〕 英語の得点X，専門科目の得点Yは，1点刻みで100点満点
→ $0 \leqq X \leqq 100$，$0 \leqq Y \leqq 100$

〔判定基準〕 ・条件1：$X \geqq 60$
・条件2：$X+Y \geqq 130$

では，上記の条件を図（グラフ）に描いてみましょう。判定基準通過となる領域は下図の網掛け部分になります。そして，この領域の頂点は，右上の頂点から順に左回り（反時計回り）に，**(100，100)**，**(60，100)**，**(60，70)**，**(100，30)** です。

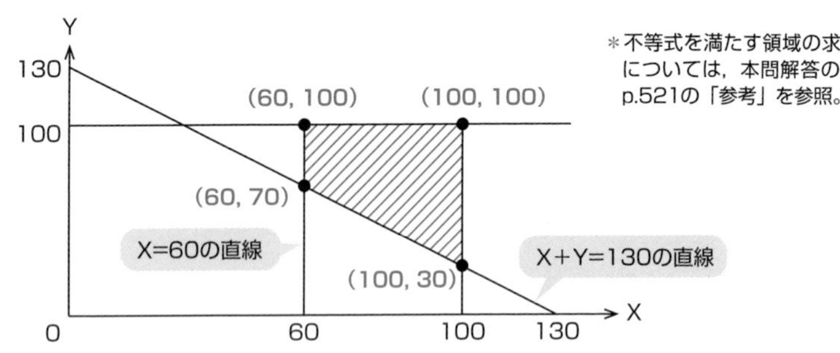

＊不等式を満たす領域の求め方については，本問解答の後のp.521の「参考」を参照。

設問2 の解説

〔第2段階の判定基準〕に関する設問です。ここでは，条件4（表1）を表した，次の連立不等式が問われています。

表1を見ると，条件4を満たすWRITTENの最小点は130，ORAL_tecの最小点は2です。つまり，この条件を表した不等式が「WRITTEN≧130」と「ORAL_tec≧2」です。

WRITTEN≧130
ORAL_tec≧2
WRITTEN＋m×ORAL_tec≧n
　ただし，m＝[a]，n＝[b]
　（m，nは整数）

では，問われている「WRITTEN＋m×ORAL_tec≧n」は，どの条件を表したものなのでしょうか？

ここで，WRITTENが130であってもORAL_tecが2の場合は，条件4を満たさないことに着目します。つまり，「WRITTEN≧130」と「ORAL_tec≧2」は，それぞれ単体での条件ですから，WRITTENとORAL_tecを併せた条件が必要だということです。そして，その条件を表したのが「WRITTEN＋m×ORAL_tec≧n」です。

では，「WRITTEN＋m×ORAL_tec≧n」を考えていきましょう。表1を次のようにしてみると，少し考えやすくなります。

		ORAL_tec			
		1	2	3	4
WRITTEN	190 以上		○	○	○
	160 以上 190 未満			○	○
	130 以上 160 未満				○

網掛けしたところが条件4を満たす部分なので，太線で示した直線が「WRITTEN＋m×ORAL_tec＝n」になりそうです。そこで，WRITTENとORAL_tecを用いて，この直線の式を表してみます。「えっ!? 直線の式…。そんなの求められるの？」と思った方も多いと思いますが，ここでは擬似的に求めます。

WRITTENの判定区間の間隔は30です。この30を直線の傾き，すなわちmと考え，「WRITTEN＋30×ORAL_tec」に太線上の点を代入し，その値を求めてみます。すると次のようになります。なお，WRITTENの値には，各区間の最小点を用います。

- WRITTEN＝190，ORAL_tec＝2　⇒　190＋30×2＝250
- WRITTEN＝160，ORAL_tec＝3　⇒　160＋30×3＝250
- WRITTEN＝130，ORAL_tec＝4　⇒　130＋30×4＝250

この結果から太線の直線は，「WRITTEN＋30×ORAL_tec＝250」であり，問われている不等式は，「WRITTEN＋30×ORAL_tec≧250」であると推測できます。

では，表1中で○が付いていない（条件4を満たさない）点，例えば「WRITTEN＝130，ORAL_tec＝2」をこの式に代入してみましょう。すると，「130＋30×2＝190＜250」となり，確かに条件4を満たしません。逆に，○が付いている点，例えば「WRITTEN＝160，ORAL_tec＝4」は，「160＋30×4＝280≧250」となり，条件4を満たします。

以上，連立不等式の三つ目の式は「WRITTEN＋30×ORAL_tec≧250」なので，**空欄a**には「**30**」，**空欄b**には「**250**」が入ります。

設問3 の解説

〔3変数のドメイン分析〕に関する設問です。

(1) 表2「ドメイン分析マトリクス」の空欄c（テストケースの目的）に入れる字句が問われています。ここでのポイントは，変数ORAL_tecと変数WRITTENのケース1とケース2の値が同じになっていることです。このことに気付けば，ケース1，2は，変数ENGLISHの境界値についてのテストケースであると容易に推測でします。

ここで，問題文〔3変数のドメイン分析〕を確認してみます。すると，「Binderのドメイン分析とは，ある変数の境界値についてテストを行うために，他の変数を有効同値の中の値とする方法である」とあり，またその後方には，「一つの変数の境界をチェックするときに，他の変数は真偽に影響を与えないよう境界上でないドメイン内部の値（inポイント）を選ぶ」とあります。ORAL_tecとWRITTENのテストケース（ケース1，2）は，いずれもinポイントのテストケースです。したがって，境界値チェックを行う対象変数ではありません。このことからも，ケース1，2は変数ENGLISHの境界値についてのテストケースであることが分かります。

以上，**空欄c**は「**ENGLISHの境界値チェック**」です。

(2) 表2中の空欄dと空欄eが問われています。空欄d，eは，いずれもoffポイントのテストケースです。では，offポイントについて整理しておきましょう。

offポイント：境界の近傍にあって境界を挟んでonポイントに最も近い値
→境界が閉じていれば（等号を含む不等式の場合）ドメイン外の値
→境界が開いていれば（等号を含まない不等式の場合）ドメイン内の値

空欄dは，変数ENGLISHのoffポイントのテストケースです。そして，ENGLISHの判定基準（条件3）は「ENGLISH > 140」なので，テストケースにはドメイン内の値**141**を設定します（下左図参照）。

空欄eは，変数WRITTENのoffポイントのテストケースです。判定基準は，「WRITTEN ≧ 130」なので，テストケースにはドメイン外の値**129**を設定します（下右図参照）。

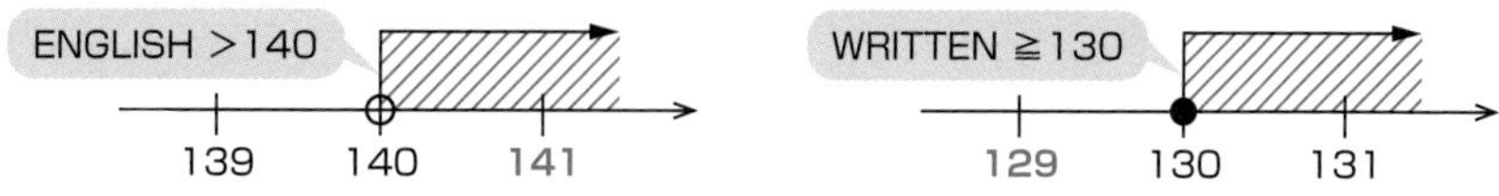

(3) ここでは，表2のORAL_tecの境界値チェックにおけるテストケースについて，ケース4として値を設定すべき三つの箇所と，設定すべき値が問われています。

「ある変数の境界値についてテストを行う場合，その変数のテストすべき値はonポイントとoffポイントである」こと，そして「その他の変数はinポイントを選ぶこと」をヒントに表2を見ると，値を設定すべき箇所は（ウ），（オ），（ケ）であることが分かります。

（ウ）と（ケ）は，inポイントのテストケースです。各変数のinポイントは全てのテストケースで同一の値を設定するので，ケース3と同じ値，すなわち（ウ）には160，（ケ）には190を設定します。（オ）は，変数ORAL_tecのoffポイントのテストケースです。判定基準は「ORAL_tec≧2」なので，ドメイン外の値，すなわち1を設定します。

以上，ケース4として値を設定すべき箇所と，設定すべき箇所と設定すべき値は，**（ウ，160），（オ，1），（ケ，190）**です。

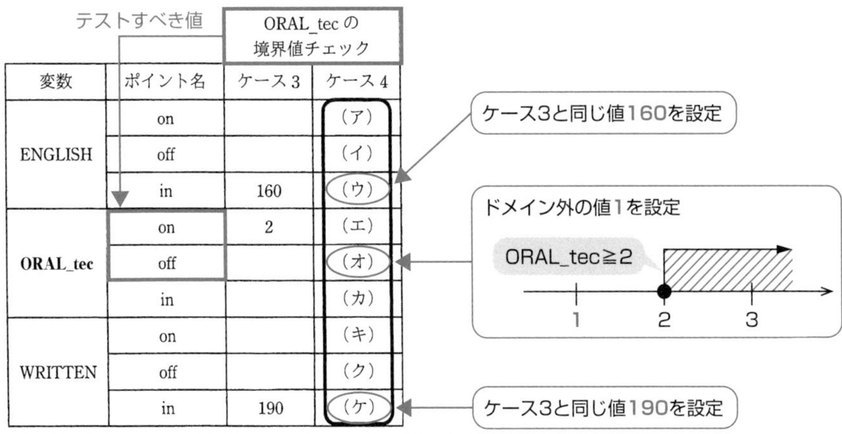

＊上図は，「ORAL_tecの境界値チェック」のみを抜き出したもの

設問4 の解説

下線①に関する設問です。下線①には，「複数条件網羅率を100%にするテストケースの数は本来8件であるが，本テストでは7件だけで済む」とあり，テストケースの数が7件で済む理由が問われています。

複数条件網羅によるテストでは，各条件を満たすか否かの全ての組合せをチェックする必要があるため，条件が三つ（条件1，条件2，条件5）の場合であれば，テストケースの数は，次ページの表に示す2^3＝8件になります。ここで，表中の"Y"は「条件を満たす（条件が"真"である）」ことを表し，"N"は「条件を満たさない（条件が"偽"である）」ことを表します。

テストケース	①	②	③	④	⑤	⑥	⑦	⑧
条件1（X≧60）	Y	Y	Y	Y	N	N	N	N
条件2（X＋Y≧130）	Y	Y	N	N	Y	Y	N	N
条件5（Y＞50）	Y	N	Y	N	Y	N	Y	N

通常，条件が三つの場合，複数条件網羅率を100%にするためには，この表のような8件のテストケースでテストを実施しなければなりません。しかし，本テストでは，このうち1件のテストケースでのテストは実施しないで済むというわけです。つまり，そのテストケースがなくても網羅率は100%になるということですから，考えられるのは，「そのテストケースに設定する値が存在しない（すなわち，そのような条件を満たすケースがない）」という場合です。

では，どのテストケースの値が存在しないのか，条件1と条件2，そして条件5それぞれの境界を示す直線をグラフに描いて考えてみましょう。各条件の境界を示す直線は下図のようになります。この図を見ると，各直線により区切られた領域は七つです。そこで，各領域と上記表のテストケースとを対応させてみると，⑥のテストケースに対応する領域がないことが分かります。

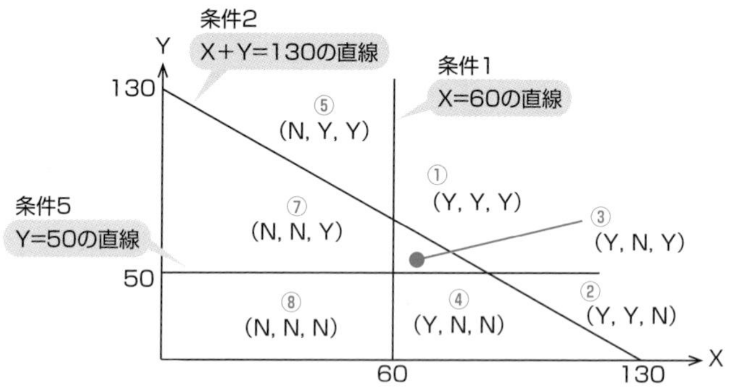

＊図中の①～⑧（⑥を除く）の下に書かれている，例えば（Y，Y，N）とは，「条件1が真，条件2が真，条件5が偽」であることを表す。

つまり，⑥の「条件1が“N（偽）”，条件2が“Y（真）”，条件5が“N（偽）”」となるケースが存在しないわけです。では，本当に存在しないのか確認してみましょう。

条件1は「X≧60」，条件2は「X＋Y≧130」，条件5は「Y＞50」なので，⑥のテストケースとしては「X＜60，X＋Y≧130，Y≦50」となるケースが該当します。しかし，「X＜60，Y≦50」の場合，「X＋Y≧130」は成立しないので，⑥のケースが存在しないのは明らかです。

以上，テストケースが7件で済む理由は，「条件1が“N（偽）”，条件2が“Y（真）”，条件5が“N（偽）”となるケースが存在しないから」です。

解答としては，この旨を40字以内にまとめればよいでしょう。なお，試験センターでは解答例を「**条件1が偽，条件2が真，条件5が偽となる場合が成立しないから**」としています。

解答

設問1　（100，100），（60，100），（60，70），（100，30）

設問2　a：30

　　　　b：250

設問3　(1) c：ENGLISHの境界値チェック

　　　　(2) d：141

　　　　　　e：129

　　　　(3)（ウ，160），（オ，1），（ケ，190）

設問4　条件1が偽，条件2が真，条件5が偽となる場合が成立しないから

参考　不等式を満たす領域の求め方

① 直線（不等号を除いた式）が通る2点を求め，この2点を通る直線を描く。

例えば，X+Y≧130の場合，直線X+Y=130は，

・X=0のとき，Y=130

・Y=0のとき，X=130

であり，点（0，130）と点（130，0）の2点を通るので，この2点を通る直線を描く。

② X+Yが130以上となるのは，直線X+Y=130より上の（直線上も含む）部分。

逆に，X+Y≦130であった場合，これを満たす領域は，直線X+Y=130より下の部分。

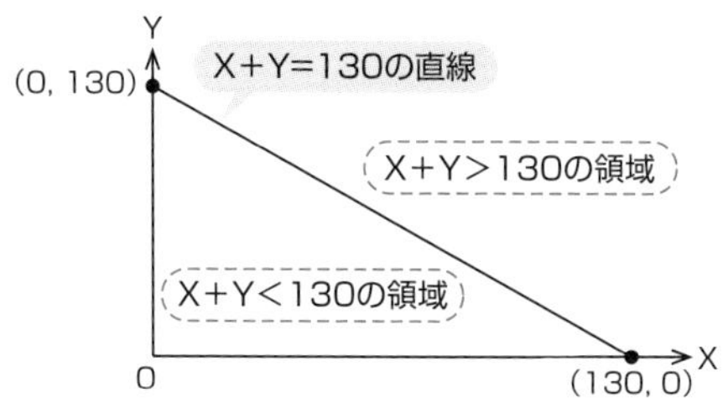

問題3 アジャイル型開発 (H29春午後問8)

コンビニエンスストアにおけるSNSを題材に，アジャイル型開発のプラクティスに関する基本的な知識と，継続的インテグレーション(CI)の実装に関する知識を確認する問題です。設問1は，アジャイル型開発の用語知識が必要ですが，そのほかの設問については，問題文の記述を適切に読み取ることができれば解答できる問題になっています。

問 アジャイル型開発に関する次の記述を読んで，設問1～4に答えよ。

U社は，コンビニエンスストアを全国展開する企業である。自社ブランド商品のファンを作るために，オリジナルのゲームなどが楽しめる専用のSNS（以下，本システムという）を開発することになった。

本システムでは，利用者を引き付け続けるために，コンテンツを頻繁にリリースしていく必要がある。そのため，ソフトウェア開発モデルとしてアジャイル型開発を採用する。

〔採用するプラクティスの検討〕

アジャイル型開発で用いられるチーム運営や開発プロセス，プログラミングなどの実践手法をプラクティスと呼ぶ。本システム開発における，システム要件や開発体制の特徴は次のとおりである。これに基づいて，採用するプラクティスを検討する。

・スコープの変動が激しい

　テレビやコマーシャルなどの影響によって，要求の変更が頻繁に発生する。そのために，本システムの品質に責任をもち，優先順位や仕様を素早く決める役割をもつプロダクトオーナを任命する。そして，本システムの要求全体と優先順位を管理するために［ a ］を採用し，反復する一つの開発サイクル（以下，イテレーションという）において，開発対象となる要求を管理するために［ b ］を採用する。

・求められる品質が高い

　一般消費者向けSNSという性質上，その不具合は利用者離れを引き起こしかねない。一定レベル以上の品質を保つために，継続的インテグレーション（以下，CIという）を採用する。

・チームメンバの半数のスキルが未成熟

アサインされたプロジェクトメンバにはアジャイル型開発のベテラン社員と，スキルが未成熟な若手社員が含まれる。チームの中で業務知識やソースコードについての知識をお互いに共有して，品質や作業効率を向上させるために，[c]を採用する。

この検討結果のレビューを社内の有識者から受けたところ，チーム全体の状況を共有するために，その①作業状態を可視化した環境を作り，メンバ全員が集まって必要な情報を短い時間で共有する日次ミーティングも採用するように，との指摘を受けた。

〔開発環境の検討〕

本システムは，不特定多数の一般消費者に対して速いレスポンスを提供するために，コンパイル型言語を用いてWebシステムとして開発する。

想定される開発環境の構成要素を表1に示す。

表1　想定される開発環境の構成要素

要素名	概要
開発用 PC	IDE（統合開発環境）を用いて，オープンソースライブラリを活用したコーディングを行う。また，PC 内の Web/AP/DB サーバを用いて画面ごとのテストを行う。 Web 及び AP サーバはオープンソースソフトウェア，DB サーバは商用のソフトウェアを使用する。
結合テスト用サーバ	結合テストで用いる Web/AP/DB サーバが稼働する。
チケット管理サーバ	プロジェクトを構成する作業などを細分化し，チケットとして管理する。チケットには，設計やプログラム作成，テストなどを計画から実行，結果まで記録するものや，バグのように発生時にその内容を記録するものなどがある。
ソースコード管理サーバ	開発されたソースコードをバージョン管理する。
Web テストサーバ	登録されたシナリオに沿って機械的に Web クライアントの操作を行う。
ビルドサーバ	プログラムをコンパイルし，モジュールを生成する。
CI サーバ	システムのビルドやテスト，モジュールの配置を自動化し，その一連の処理を継続的に行う。

注記　AP：アプリケーション，DB：データベース

表1のレビューを社内の有識者から受けたところ，開発用DBサーバは，ライセンス及び②構成管理上のメリットを考慮して，各開発用PC内ではなく，共用の開発用DB

サーバを用意し，その中にスキーマを一つ作成して共有した方がよい，との指摘を受けた。また，ベテラン社員から，③開発者が一つのスキーマを共有してテストを行う際に生じる問題を避けるためのルールを決めておくとよい，とのアドバイスを受け，開発方針の中に盛り込むことにした。

〔CIサーバの実装〕

高い品質と迅速なリリースの両立のために，自動化された回帰テスト及び継続的デリバリを実現する処理をCIサーバ上に実装する。その処理手順を次に示す。

(1) ソースコード管理サーバから最新のソースコードを取得する。
(2) インターネットから最新のオープンソースライブラリを取得する。
(3) [d] に，(1) と (2) で取得したファイルをコピーして処理させて，モジュールを生成する。
(4) (3) で生成されたモジュールに，結合テスト環境に合った設定ファイルを組み込み，結合テスト用サーバに配置する。
(5) Webテストサーバに登録されているテストシナリオを実行する。
(6) (5) の実行結果を [e] に登録し，その登録した実行結果へのリンクを電子メールでプロダクトオーナとプロジェクトメンバに報告する。
(7) プロダクトオーナが (6) の報告を確認して承認すると，(3) で生成したモジュールに，本番環境に合った設定ファイルを組み込み，本番用サーバに配置する。

〔回帰テストで発生した問題〕

イテレーションを複数サイクル行い，幾つかの機能がリリースされて順調に次のイテレーションを進めていたある日，CIサーバからテストの失敗が報告された。失敗の原因を調査したところ，インターネットから取得したオープンソースライブラリのインタフェースに問題があった。最新のメジャーバージョンへのバージョンアップに伴って，インタフェースが変更されていたことが原因であった。このオープンソースライブラリのバージョン管理ポリシによると，マイナーバージョンの更新ではインタフェースは変更せず，セキュリティ及び機能上の不具合の修正だけを行う，とのことであった。

そこで，インターネットから取得するオープンソースライブラリのバージョンに④適切な条件を設定することで問題を回避することができた。

設問1 〔採用するプラクティスの検討〕について，(1)，(2) に答えよ。

(1) 本文中の［ a ］～［ c ］に入れる適切な字句を解答群の中から選び，記号で答えよ。

解答群

ア　アジャイルコーチ　　イ　インセプションデッキ
ウ　スプリントバックログ　　エ　プランニングポーカー
オ　プロダクトバックログ　　カ　ペアプログラミング
キ　ユーザストーリ　　ク　リファクタリング

(2) 本文中の下線①の環境を作るためのプラクティスを一つ答えよ。

設問2 〔開発環境の検討〕について，(1)，(2) に答えよ。

(1) 本文中の下線②にある，構成管理上のメリットを35字以内で述べよ。

(2) 本文中の下線③の問題を40字以内で述べよ。

設問3 〔CIサーバの実装〕について，本文中の［ d ］，［ e ］に入れる適切な字句を表1の要素名で答えよ。

設問4 〔回帰テストで発生した問題〕中の下線④の条件とは，どのような条件か。40字以内で述べよ。

解説

設問1 の解説

(1)〔採用するプラクティスの検討〕の記述中にある空欄a，b及び空欄cに入れる字句が問われています。

空欄a，bは，「本システムの要求全体と優先順位を管理するために［ a ］を採用し，反復する一つの開発サイクル（以下，イテレーションという）において，開発対象となる要求を管理するために［ b ］を採用する」との記述中にあります。

●空欄a

「本システムの要求全体と優先順位を管理する」という記述に着目します。アジャイル型開発では，実装するプロダクトが提供すべき価値（機能）を，ユーザストーリ形式など，ユーザ（顧客）の分かる言葉で記述したリストを作成し，各ストーリ項目に優先順位をつけて，開発対象の項目（バックログ項目）を決めます。この開発対象のバックログ項目一覧をプロダクトバックログといい，プロダクトバックログの内容・実施有無・並び順（優先順位）を管理するのがプロダクトオーナです。したがって，**空欄a**に該当するのは〔**オ**〕の**プロダクトバックログ**です。

●空欄b

イテレーションにおいて，開発対象となる要求を管理するために用いられるのは，〔**ウ**〕の**スプリントバックログ**です。スプリントバックログは，プロダクトバックログから，今回のイテレーション（スプリント）で扱うバックログ項目を抜き出したものです。

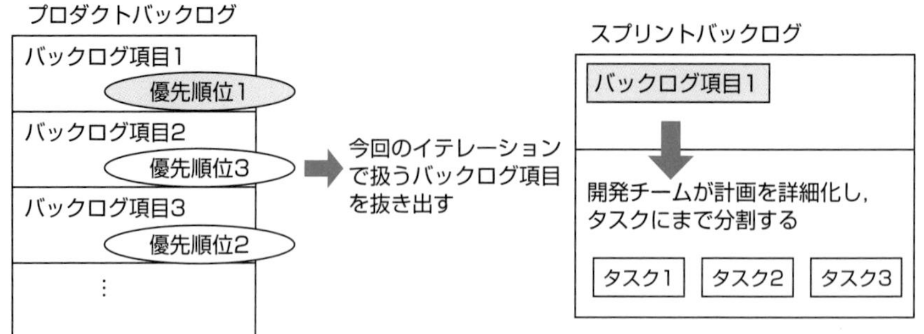

●空欄c

空欄cは，「チームの中で業務知識やソースコードについての知識をお互いに共有して，品質や作業効率を向上させるために，［ c ］を採用する」という記述中にあります。業務知識やソースコードについての知識を互いに共有し，品質や作業効率を向上させるプラクティスは〔カ〕の**ペアプログラミング**です。

(2) 下線①「作業状態を可視化した環境」を作るためのプラクティスが問われています。作業状態を可視化するとは，開発チーム全体の作業状況を全員が共有できるようにするということです。ここで，下線①の後述にある，「日次ミーティングも採用する」との記述に着目すると，問われているのは，日次ミーティングの際にメンバ全員が作業状況を確認し共有できるツールということになります。通常，日次ミーティングでは，タスクの状態を「ToDo：やること」，「Doing：作業中」，「Done：完了」で管理するタスクボードを使って，"昨日やったこと"，"今日やること"，"障害になっていること"を順に説明し，全員の作業状況を共有します。このことから，「作業状態を可視化した環境」を作るためのプラクティスとしては，**タスクボード**と解答すればよいでしょう。

▼タスクボードのイメージ

担当	ToDo（やること）	Doing（作業中）	Done（完了）
Aさん	□□□	□	□
Bさん	□□	□□	□□
Cさん	□□	□	

設問2 の解説

〔開発環境の検討〕における，開発用DBサーバに関する設問です。

(1) 開発用DBサーバを，各開発用PC内ではなく，共用の開発用DBサーバにした場合の構成管理上のメリットが問われています。通常，DBサーバを用いた運用では，DBサーバに用いるソフトウェアのバージョンやDBサーバに設定する内容，さらにデータベース（スキーマ）内に定義するテーブルなどの管理が発生します。そのため，開発用PC内に個別のDBサーバを用意すると，全てのDBサーバに対して，これらの内容が同じになるように管理しなければなりません。一方，共用のDBサーバを用意すれば，これらの管理が一元化できます。これがメリットです。

したがって，解答としては，「DBサーバのバージョンや設定内容，テーブル定義などを一元管理できる」旨を記述すればよいでしょう。なお，試験センターでは解答例を「**DBサーバの設定やテーブル定義などの構成を一元管理できる**」としています。

(2) 開発者が，共用の開発用DBサーバの中の一つのスキーマを共有して，テストを行う際，どのような問題が生じるのか問われています。複数の開発者が，スキーマを共有してテストを行うということは，一つのデータベース（スキーマ）の中に，複数の開発者のテストデータが混在するということです。この場合，自分のテストデータと他の開発者のテストデータとの区別がつかないといった問題が発生する可能性があります。したがって，一つのスキーマを共有してテストを行う場合，何らかのルールを定め，誰が使用するテストデータなのか見分けができるようにしておく必要があります。

以上，解答としては，「誰のテストデータなのか見分けがつかない」旨を記述すればよいでしょう。なお，試験センターでは解答例を「**自身のテストデータと他の開発者のテストデータとの見分けがつかない**」としています。

設問3 の解説

〔CIサーバの実装〕の記述中にある空欄d，eに入れる字句が問われています。

●空欄d

「[d]に，(1) と (2) で取得したファイルをコピーして処理させて，モジュールを生成する」とあるので，空欄dにはモジュールを生成するサーバが入ります。表1を見ると，モジュールを生成するサーバはビルドサーバなので，**空欄dはビルドサーバ**です。

●空欄e

「(5) の実行結果を[e]に登録し，……」とあるので，“実行結果”をキーワードに表1を見ます。すると，チケット管理サーバの概要に，「テストなどを計画から実行，結果まで記録する」旨が記述されているので，**空欄eはチケット管理サーバ**です。

なお，チケット管理とは，プロジェクトを構成する「設計，プログラム作成，テスト」といった作業やプロジェクトで発生したバグ・障害などの対策作業を管理する方法の一つです。チケット管理では，これらの作業の一つ一つについて，その作業内容や作業日，担当者，進捗状況などを登録し，これを“チケット”として管理します。そして，これを行うサーバがチケット管理サーバです。

設問4 の解説

〔回帰テストで発生した問題〕に関する設問です。回帰テストで発生した問題とは，インターネットから取得したオープンソースライブラリのインタフェースが，最新のメジャーバージョンへのバージョンアップに伴って変更されていたことが原因で発生した問題です。

メジャーバージョンへのバージョンアップは，既存バージョンからの大幅な改良や修正を行うものです。通常，仕様や動作要件の変更が伴います。そのため，メジャーバージョンアップされたソフトウェアをそのまま使用すると，他のソフトウェアとの整合性がとれないという問題が発生します。本設問では，このような問題を回避するための対策，すなわちインターネットから取得するオープンソースライブラリの取得条件が問われているわけです。

ここで，問題文中にある，「このオープンソースライブラリのバージョン管理ポリシによると，マイナーバージョンの更新ではインタフェースは変更せず，セキュリティ及び機能上の不具合の修正だけを行う」との記述に着目します。この記述から，取得したオープンソースライブラリがマイナーバージョンアップされていても，今回のような問題は発生しないことが分かります。したがって，オープンソースライブラリを取得する際，現在利用しているオープンソースライブラリのメジャーバージョン番号が異なる場合は取得せず，同メジャーバージョンの中で最新のマイナーバージョンがあれば取得するようにすれば，今回のような問題は回避できます。

以上，解答としては，この旨を40字以内にまとめればよいでしょう。なお，試験センターでは解答例を「**利用中のメジャーバージョンの中で最新のマイナーバージョンであること**」としています。

参考 マイナーバージョンアップ

マイナーバージョンアップは，既存のバージョンの不具合や誤り修正，また小規模な機能追加や性能向上などを行うもので，一般に，既存バージョンの仕様や動作要件は維持されます。なお，バージョン番号は，一般に次のような形式になっています。

メジャーバージョン番号　マイナーバージョン番号

バージョン番号 5.1

解答

設問1 (1) a：オ　b：ウ　c：カ
(2) タスクボード

設問2 (1) DBサーバの設定やテーブル定義などの構成を一元管理できる
(2) 自身のテストデータと他の開発者のテストデータとの見分けがつかない

設問3 d：ビルドサーバ　e：チケット管理サーバ

設問4 利用中のメジャーバージョンの中で最新のマイナーバージョンであること

継続的インテグレーション（H30秋午後問8抜粋）

本Try!問題は，フリマサービスの開発プロセスの改善を題材に，アジャイル型開発で用いられるプラクティス（継続的インテグレーション）の基本知識を問う問題の一部です。挑戦してみましょう！

C社は，会員間で物品の売買ができるサービス（以下，フリマサービスという）を提供する会社である。出品したい商品の写真をスマートフォンやタブレットで撮影して簡単に出品できることが人気を呼び，C社のフリマサービスには，約1,000万人の会員が登録している。

C社には，サービス部と開発部がある。サービス部では，フリマサービスに関する会員からの問合せ・クレーム・改善要望の対応を行っている。開発部は，フリマサービスを利用するためのスマートフォン用アプリケーション（以下，Xという），タブレット用アプリケーション（以下，Yという），及びサーバ側アプリケーション（以下，Zという）について，開発から運用までを担当している。

競合のW社が新機能を次々にリリースして会員数を増加させていることを受け，C社でも新機能を早くリリースすることを目的に，開発プロセスの改善を行うことになった。開発プロセスの改善は，開発部のD君が担当することになった。

〔課題のヒアリング〕

D君は，開発部とサービス部に現状の開発プロセスの課題をヒアリングした。

開発部　：リリースするたびに，追加・変更した機能とは直接関係しない既存機能で障害が発生しており，会員からクレームが多数出ている。機能追加・機能変更に伴い，設計工程では既存機能に対する影響調査を，テスト工程ではテストの強化を行っている。しかし，①既存機能に対する影響調査とテストを網羅的に行うことは，限られた工数では難しい。

サービス部：会員からのクレームや改善要望は日々記録しているが，現在の開発サイクルでは改善要望の対応に最大6か月掛かる。改善要望をまとめて大規模に機能追加する開発方法から，短いサイクルで段階的に機能追加する開発方法に変更してほしい。

〔継続的インテグレーションの導入〕

D君は，既存機能に対するテストを含めたテストの効率向上及び段階的な機能追加を実現するために，フリマサービスの開発プロジェクトに継続的インテグレーション（以下，CIという）を導入することにした。CIとは，開発者がソースコードの変更を頻繁にリポジトリに登録（以下，チェックインという）して，ビルドとテストを定期的に実行する手法であり，［ a ］に採用されている。CIの主な目的は［ b ］，［ c ］，及びリリースまでの時間の短縮である。

D君は，開発用サーバにリポジトリとCIツールをインストールし，図1に記載のワークフローとアクティビティを設定した。D君が設定したワークフローでは，リポジトリからソースコードを取得し，コーディング規約への準拠チェックとステップ数のカウントの後に，各アプリケーションのビルドと追加・変更箇所に対する単体テストを行い，テストサーバへ配備して，全アプリケーションを対象とするリグレッションテストを実行する。

またD君は，このワークフローを2時間ごとに実行するように設定し，各アクティビティの実行結果は正常・異常にかかわらずX，Y，Zの担当チームメンバ全員に電子メール（以下，メールという）で送信するように設定した。

なお，ワークフロー内のアクティビティは，前のアクティビティが全て正常終了した場合だけ，次のアクティビティが実行できるようにした。

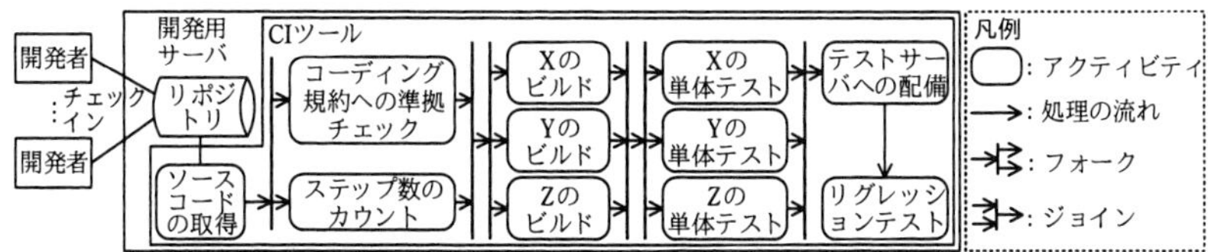

注記1　フォークとは，ここからアクティビティを並行に実行することを指す。
注記2　ジョインとは，並行に実行している全てのアクティビティの終了を待ち合わせてから次の処理に移ることを指す。

図1　D君が設定したワークフローとアクティビティ

(1) 本文中の［ a ］～［ c ］に入れる適切な字句を解答群の中から選び，記号で答えよ。

解答群

ア　ウォータフォールモデル	イ　エクストリームプログラミング
ウ　設計の曖昧性の排除	エ　ソフトウェア品質の向上
オ　バグの早期発見	カ　プロトタイピングモデル
キ　網羅的なテストケースの作成	ク　要件定義と設計の期間短縮

(2) 本文中の下線①について，(ⅰ)，(ⅱ) に答えよ。

(ⅰ) 既存機能に対するテストを行うために必要なCIツールのアクティビティを，図1中の字句を用いて答えよ。

(ⅱ) 既存機能に対するテストについて，設定したテストケース数の妥当性を評価するために考慮すべき値を解答群の中から選び，記号で答えよ。

解答群

ア　各アプリケーションのステップ数	イ　設計書の変更ページ数
ウ　対応する改善要望数	エ　追加機能のステップ数

解説

(1) ●**空欄a**：「CIとは……手法であり，［ a ］に採用されている」とあり，問われているのは，CI（継続的インテグレーション）が採用されている開発モデルです。解答群の中で開発モデルに該当するのは，ウォータフォールモデル，エクストリームプログラミング，プロトタイピングモデルの三つですが，このうちエクストリームプログラミング（XP）は，アジャイル開発手法の一つであり，そのプラクティス（実践手法）としてCIを採用しています。したがって，**空欄a**には**〔イ〕**の**エクストリームプログラミング**が入ります。

●**空欄b，c**：CIを導入する主な目的が問われています。CIとは，問題文中の記述にあるように，「開発者がソースコードの変更を頻繁にリポジトリに登録して，ビルドとテストを定期的に実行する手法」です。したがって，CIを導入すれば，ソースコードの変更後，すぐにビルドとテストを行うことができ，プログラムの誤りを早期に発見できます。また，ビルドとテストを定期的に（頻繁に）繰り返すことでソフトウェア品質の向上も期待できます。以上から，**空欄b，c**には，**〔オ〕**の**バグの早期発見**，**〔エ〕**の**ソフトウェア品質の向上**を入れればよいでしょう。なお，空欄b，cは順不同です。

(2) - i：既存機能に対するテストを行うために必要なCIツールのアクティビティが問われています。既存機能とは，追加・変更した機能とは直接関係しない機能のことです。ソフトウェアへの追加・変更を行った際，その変更によって，影響を受けないはずの箇所（すなわち既存機能）に影響を及ぼしていないかどうかを確認するテストをリグレッションテスト（あるいは回帰テスト，退行テスト）といいます。図1を見ると，「リグレッションテスト」アクティビティがあるので，正解は**リグレッションテスト**です。

(2) - ii：既存機能に対するテスト（リグレッションテスト）について，設定したテストケース数の妥当性を評価するために考慮すべき値が問われています。リグレッションテストでは，追加・変更した部分だけでなく，既存部分も含め，アプリケーション全体のテストを行います。またアプリケーション開発時におけるテストケース数の妥当性は，通常，対象アプリケーションのステップ数を基準に評価されます。このことから，既存機能に対するテストにおいて，テストケース数の妥当性を評価するために考慮すべき値は，**〔ア〕**の**各アプリケーションのステップ数**です。なお，ほかの選択肢は，いずれも修正・追加に対する単体テストのテストケース数の評価に関連する値です。

解答　(1) a：イ
b：エ
c：オ　(b，cは順不同)
(2) i：リグレッションテスト
ii：ア

問題4 バージョン管理ツールの運用 (R05春午後問8)

バージョン管理ツールの運用を題材にした問題です。本問では，ソースコードの管理を適切に行うために利用しているバージョン管理ツールの機能や特徴について，その基本的な理解が問われます。システム開発の経験がある方にとっては，それほど難しい問題ではないと思いますが，開発経験のない方にとっては，やや難しい問題だと思います。ただし，問題文の図や表を丁寧に理解していくことで，解答を導き出せる問題になっているので，あせらず落ち着いて解答を進めることがポイントです。なお，バージョン管理ツールは，実際のシステム開発プロジェクトでも使われるため，本問を通して理解を深めておくとよいでしょう。

問 バージョン管理ツールの運用に関する次の記述を読んで，設問に答えよ。

A社は，業務システムの開発を行う企業で，システムの新規開発のほか，リリース後のシステムの運用保守や機能追加の案件も請け負っている。A社では，ソースコードの管理のために，バージョン管理ツールを利用している。

バージョン管理ツールには，1人の開発者がファイルの編集を開始するときにロックを獲得し，他者による編集を禁止する方式（以下，ロック方式という）と，編集は複数の開発者が任意のタイミングで行い，編集完了後に他者による編集内容とマージする方式（以下，コピー・マージ方式という）がある。また，バージョン管理ツールには，ある時点以降のソースコードの変更内容の履歴を分岐させて管理する機能がある。以降，分岐元，及び分岐して管理される，変更内容の履歴をブランチと呼ぶ。

ロック方式では，編集開始時にロックを獲得し，他者による編集を禁止する。編集終了時には変更内容をリポジトリに反映し，ロックを解除する。ロック方式では，一つのファイルを同時に1人しか編集できないので，複数の開発者で開発する際に変更箇所の競合が発生しない一方，①開発者間で作業の待ちが発生してしまう場合がある。

A社では，規模の大きな改修に複数人で取り組むことも多いので，コピー・マージ方式のバージョン管理ツールを採用している。A社で採用しているバージョン管理ツールでは，開発者は，社内に設置されているバージョン管理ツールのサーバ（以下，サーバという）のリポジトリの複製を，開発者のPC上のローカル環境のリポジトリとして取り込んで開発作業を行う。編集時にソースコードに施した変更内容は，ローカル環境のリポジトリに反映される。ローカル環境のリポジトリに反映された変更内容は，編集完了時にサーバのリポジトリに反映させる。サーバのリポジトリに反映された変更内容を，別の開発者が自分のローカル環境のリポジトリに取り込むことで，変更内容の開発者間での共有が可能となる。

コピー・マージ方式では，開発者間で作業の待ちが発生することはないが，他者の変更箇所と同一の箇所に変更を加えた場合には競合が発生する。その場合には，ソースコードの変更内容をサーバのリポジトリに反映させる際に，競合を解決する必要がある。競合の解決とは，同一箇所が変更されたソースコードについて，それぞれの変更内容を確認し，必要に応じてソースコードを修正することである。

A社で使うバージョン管理ツールの主な機能を表1に示す。

表1　A社で使うバージョン管理ツールの主な機能

コマンド	説明
ブランチ作成	あるブランチから分岐させて，新たなブランチを作成する。
プル	サーバのリポジトリに反映された変更内容を，ローカル環境のリポジトリに反映させる。
コミット	ソースコードの変更内容を，ローカル環境のリポジトリに反映させる。
マージ	ローカル環境において，あるブランチでの変更内容を，他のブランチに併合する。
プッシュ	ローカル環境のリポジトリに反映された変更内容を，サーバのリポジトリに反映させる。
リバート	指定したコミットで対象となった変更内容を打ち消す変更内容を生成し，ローカル環境のリポジトリにコミットして反映させる。

注記　A社では，ローカル環境での変更内容を，サーバのリポジトリに即時に反映させるために，コミット又はマージを行ったときに，併せてプッシュも行うことにしている。

〔ブランチ運用ルール〕

開発案件を担当するプロジェクトマネージャのM氏は，ブランチの運用ルールを決めてバージョン管理を行っている。取り扱うブランチの種類を表2に，ブランチの運用ルールを図1に，ブランチの樹形図を図2に示す。

表2 ブランチの種類

種類	説明
main	システムの運用環境にリリースする際に用いるソースコードを，永続的に管理するブランチ。 このブランチへの反映は，他のブランチからのマージによってだけ行われ，このブランチで管理するソースコードの直接の編集，コミットは行わない。
develop	開発の主軸とするブランチ。開発した全てのソースコードの変更内容をマージした状態とする。 main ブランチと同じく，このブランチ上で管理するソースコードの直接の編集，コミットは行わない。
feature	開発者が個々に用意するブランチ。担当の機能についての開発とテストが完了したら，変更内容を develop ブランチにマージする。その後に不具合が検出された場合は，このブランチ上で確認・修正し，再度 develop ブランチにマージする。
release	リリース作業用に一時的に作成・利用するブランチ。develop ブランチから分岐させて作成し，このブランチのソースコードで動作確認を行う。不具合が検出された場合には，このブランチ上で修正を行う。

- 開発案件開始時に，main ブランチから develop ブランチを作成し，サーバのリポジトリに反映させる。
- 開発者は，サーバのリポジトリの複製をローカル環境に取り込み，ローカル環境で develop ブランチから feature ブランチを作成する。ブランチ名は任意である。
- feature ブランチで機能の開発が終了したら，開発者自身がローカル環境でテストを実施する。
- 開発したプログラムについてレビューを実施し，問題がなければ feature ブランチの変更内容をローカル環境の develop ブランチにマージしてサーバのリポジトリにプッシュする。
- サーバの develop ブランチのソースコードでテストを実施する。問題が検出されたら，ローカル環境の feature ブランチで修正し，変更内容を develop ブランチに再度マージしサーバのリポジトリにプッシュする。テスト完了後，feature ブランチは削除する。
- 開発案件に関する全ての feature ブランチがサーバのリポジトリの develop ブランチにマージされ，テストが完了したら，サーバの develop ブランチをローカル環境にプルしてから release ブランチを作成し，テストを実施する。検出された問題の修正は release ブランチで行う。テストが完了したら，変更内容を [a] ブランチと [b] ブランチにマージし，サーバのリポジトリにプッシュして，release ブランチは削除する。

図1 ブランチの運用ルール

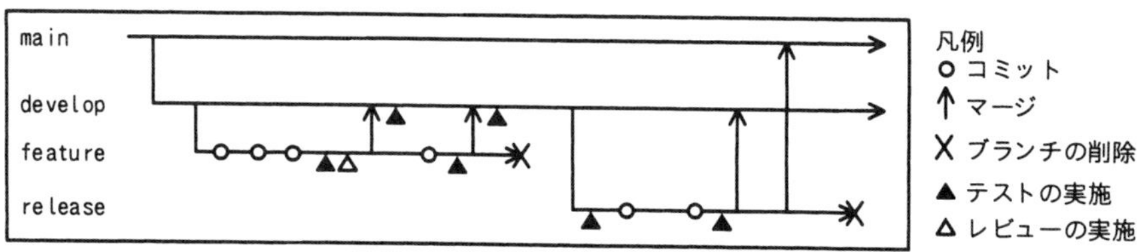

図2 ブランチの樹形図

〔開発案件と開発の流れ〕

A社が請け負ったある開発案件では，A，B，Cの三つの機能を既存のリリース済のシステムに追加することになった。

A，B，Cの三つの追加機能の開発を開始するに当たり，開発者2名がアサインされた。機能AとCはI氏が，機能BはK氏が開発を担当する。開発の流れを図3に示す。

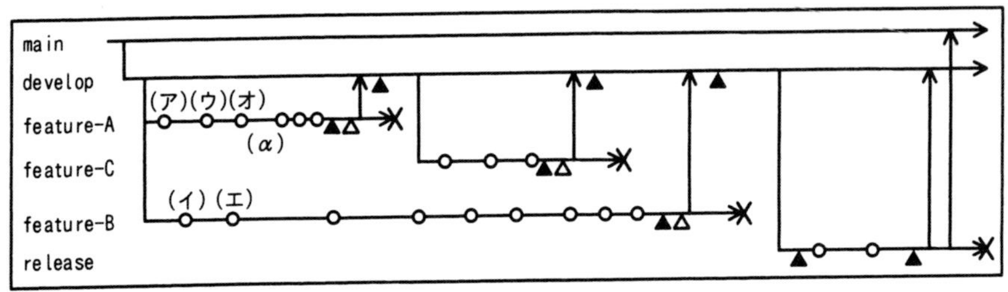

図3　開発の流れ

I氏は，機能Aの開発のために，ローカル環境で［ a ］ブランチからfeature-Aブランチを作成し開発を開始した。I氏は，機能Aについて（ア），（ウ），（オ）の3回のコミットを行ったところで，（ウ）でコミットした変更内容では問題があることに気が付いた。そこでI氏は，（α）のタイミングで，②（ア）のコミットの直後の状態に滞りなく戻すための作業を行い，編集をやり直すことにした。プログラムに必要な修正を加えた上で［ c ］した後，③テストを実施し，問題がないことを確認した。その後，レビューを実施し，［ a ］ブランチにマージした。

機能Bは機能Aと同時に開発を開始したが，規模が大きく，開発の完了は機能A，Cの開発完了後になった。K氏は，機能Bについてのテストとレビューの後，ローカル環境上の［ a ］ブランチにマージし，サーバのリポジトリにプッシュしようとしたところ，競合が発生した。サーバのリポジトリから［ a ］ブランチをプルし，その内容を確認して競合を解決した。その後，ローカル環境上の［ a ］ブランチを，サーバのリポジトリにプッシュしてからテストを実施し，問題がないことを確認した。

全ての変更内容をdevelopブランチに反映後，releaseブランチをdevelopブランチから作成して④テストを実施した。テストで検出された不具合を修正し，releaseブランチにコミットした後，再度テストを実施し，問題がないことを確認した。修正内容を［ a ］ブランチと［ b ］ブランチにマージし，［ b ］ブランチの内容でシステムの運用環境を更新した。

〔運用ルールについての考察〕

feature-Bブランチのように，ブランチ作成からマージまでが長いと，サーバのリポジトリ上のdevelopブランチとの差が広がり，競合が発生しやすくなる。そこで，レビュー完了後のマージで競合が発生しにくくするために，随時，サーバのリポジトリからdevelopブランチをプルした上で，⑤ある操作を行うことを運用ルールに追加した。

設問1 本文中の下線①について，他の開発者による何の操作を待つ必要が発生するのか。10字以内で答えよ。

設問2 図1及び本文中の［ a ］～［ c ］に入れる適切な字句を答えよ。

設問3 本文中の下線②で行った作業の内容を，表1中のコマンド名と図3中の字句を用いて40字以内で具体的に答えよ。

設問4 本文中の下線③，④について，実施するテストの種類を，それぞれ解答群の中から選び記号で答えよ。

解答群

- ア　開発機能と関連する別の機能とのインタフェースを確認する結合テスト
- イ　開発機能の範囲に関する，ユーザーによる受入れテスト
- ウ　プログラムの変更箇所が意図どおりに動作するかを確認する単体テスト
- エ　変更箇所以外も含めたシステム全体のリグレッションテスト

設問5 本文中の下線⑤について，追加した運用ルールで行う操作は何か。表2の種類を用いて，40字以内で答えよ。

解説

設問1 の解説

ロック方式のバージョン管理ツールに関する設問です。下線①の「開発者間で作業の待ちが発生してしまう場合がある」について，他の開発者による何の操作を待つ必要が発生するのか問われています。

ロック方式については問題文中に，「ロック方式では，編集開始時にロックを獲得し，他者による編集を禁止する。編集終了時には変更内容をリポジトリに反映し，ロックを解除する」と記述されています。これは，ロックの獲得により他者の編集を禁止し，ロックの解除によりその編集禁止を解除するということです。したがって，1人の開発者がファイルを編集している間は，他の開発者は当該ファイルの編集はできず，ロックが解除されるまで待たされることになるので，待つ必要がある操作とは，「**ロックの解除**」です。

設問2 の解説

図1及び本文中の空欄a，b，cに入れる字句が問われています。

●空欄a，b

図1の「ブランチの運用ルール」と図2の「ブランチの樹形図」を照らし合わせることで，空欄a及びbに入れるべき字句の推測ができます。

図1中の空欄a，bは，「テストが完了したら，変更内容を［ a ］ブランチと［ b ］ブランチにマージし，サーバのリポジトリにプッシュして，releaseブランチは削除する」との記述中にあります。そして，図2では，下図に示した［点線枠］部分が，この記述に該当する部分です。

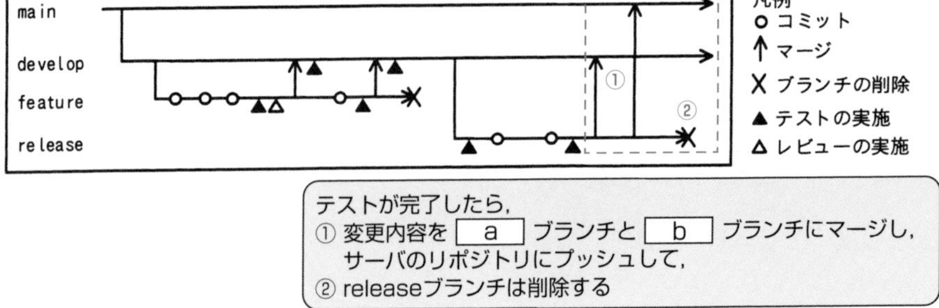

〔補足〕表1の注記に，「ローカル環境での変更内容を，サーバのリポジトリに即時に反映させるために，コミット又はマージを行ったときに，併せてプッシュも行うことにしている」とあるので，①においては，マージを行ったとき，併せてプッシュも行われる。

［　　　］部分の左側の「↑」がdevelopブランチ，右側の「↑」がmainブランチを指しているので，一般的に考えると（すなわち，「↑」の順番で考えると），空欄aには「develop」，空欄bには「main」が入ります。では，本文の〔開発案件と開発の流れ〕の中にある空欄a，bを確認してみましょう。

空欄aは6箇所にあり，このうち一つ目の空欄aは，「I氏は，機能Aの開発のために，ローカル環境で［　a　］ブランチからfeature-Aブランチを作成し開発を開始した」との記述中にあります。これは，図1の二つ目にある「開発者は，サーバのリポジトリの複製をローカル環境に取り込み，ローカル環境でdevelopブランチからfeatureブランチを作成する」を実施したものです。また，このことは図3からも分かります。したがって，**空欄a**は「**develop**」です。

空欄bは，「修正内容をdevelop（空欄a）ブランチと［　b　］ブランチにマージし，［　b　］ブランチの内容でシステムの運用環境を更新した」との記述中にあります。“システムの運用環境”をキーワードに問題文を確認すると，表2のmainブランチの説明に，「システムの運用環境にリリースする際に用いるソースコードを，永続的に管理するブランチ」とあるので，システムの運用環境を更新した際に用いたソースコードは，mainブランチのソースコードです。したがって，**空欄b**は「**main**」です。

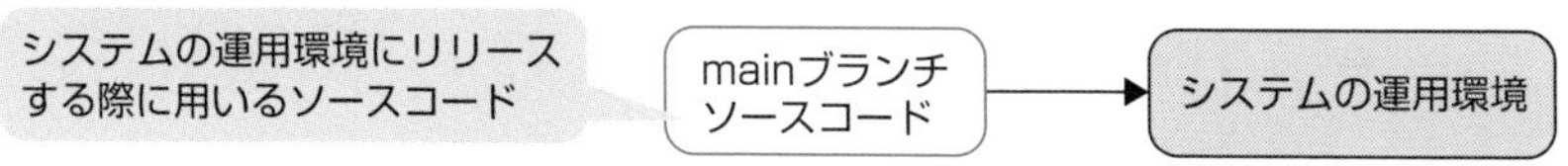

●空欄c

空欄cを含む一連の記述は，「編集をやり直すことにした。プログラムに必要な修正を加えた上で［　c　］した後，③テストを実施し，問題がないことを確認した。その後，レビューを実施し，develop（空欄a）ブランチにマージした」となっています。図3では，下図の部分が該当します。

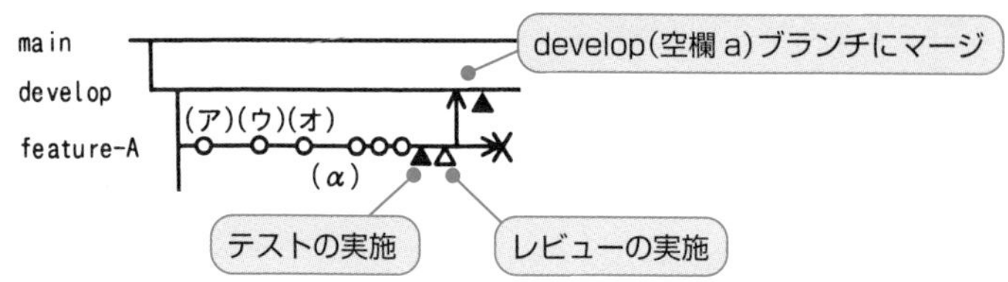

上図を見ると，「▲（テストの実施）」の前に「○（コミット）」を行っています。また，問題文には明記されていませんが，図1，2，3及び〔開発案件と開発の流れ〕の記述内容から，開発者がfeatureブランチで行う作業は，「ソースコードの作成・修正

→ コミット → テスト → レビュー → マージ」の順であることが分かります。これらのことから，プログラムに必要な修正を加えた後に行い，テスト実施の前に行う作業はコミットです。つまり，**空欄c**には「**コミット**」が入ります。

設問3 の解説

下線②の「(ア) のコミットの直後の状態に滞りなく戻すための作業」について，その具体的な作業内容が問われています。

「(ア) のコミットの直後の状態に滞りなく戻す」ということは，(ウ) と (オ) でコミットした変更内容をキャンセルする (すなわち，取り消す) ということです。そして，これを行える機能 (コマンド) は，表1にあるリバートです。したがって，下線②の作業では，コミットした順とは逆順に，まず，(オ) でコミットした変更内容をリバートし，次に (ウ) でコミットした変更内容をリバートすることになります。解答としては，「**(オ) のコミットをリバートし，次に (ウ) のコミットをリバートする**」とすればよいでしょう。

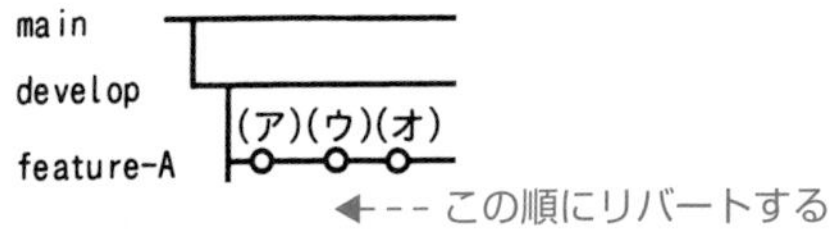

＊リバート
指定したコミットで対象となった変更内容を打ち消す変更内容を生成し，ローカル環境のリポジトリにコミットして反映させる。

設問4 の解説

下線③，④について，実施するテストの種類が問われています。

●下線③

下線③は，プログラムに必要な修正を加え，コミット (空欄c) した後に実施したテストです。そして，このテストはfeature-Aブランチで実施されています。このことから，下線③のテストは，機能Aのテストであり，〔**ウ**〕の「**プログラムの変更箇所が意図どおりに動作するかを確認する単体テスト**」です。

●下線④

下線④は，全ての変更内容をdevelopブランチに反映後，releaseブランチをdevelopブランチから作成して実施したテストです。表2のreleaseブランチの説明を確認すると，「リリース作業用に一時的に作成・利用するブランチであり，このブランチのソースコードで動作確認を行う」旨が記述されています。

ここで着目すべきは，〔開発案件と開発の流れ〕の冒頭にある，「A社が請け負ったある開発案件では，A，B，Cの三つの機能を既存のリリース済のシステムに追加することになった」との記述です。開発したA，B，Cの三つの機能を，既存のリリース済のシステムに追加するわけですから，追加した機能がリリース済の既存機能に影響を与えていないかどうかを検証する必要があります。つまり，下線④で実施する必要があるのはリグレッションテストです。したがって，正解は〔エ〕の「**変更箇所以外も含めたシステム全体のリグレッションテスト**」になります。

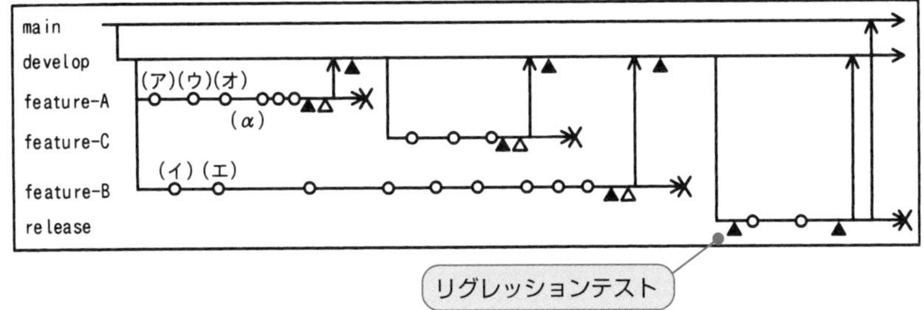

補足 選択肢〔ア〕の結合テストとは

〔ア〕の「開発機能と関連する別の機能とのインタフェースを確認する結合テスト」とは，A，B，Cの三つの機能とリリース済の既存機能とのインタフェースを確認するテストのことです。図1を確認すると，四つ目に「開発したプログラムについてレビューを実施し，問題がなければfeatureブランチの変更内容をローカル環境のdevelopブランチにマージしてサーバのリポジトリにプッシュする」とあり，五つ目に「サーバのdevelopブランチのソースコードでテストを実施する。テスト完了後，featureブランチは削除する」とあります。

サーバのdevelopブランチには，リリース済の既存機能のソースコードが含まれているはずなので，ここで実施されるテストが結合テストです。図3では，feature-Aブランチ，feature-Cブランチ，feature-Bブランチの変更内容を，それぞれdevelopブランチにマージした後に実施される▲（テスト）が結合テストです。

設問5 の解説

下線⑤についての設問です。下線⑤は，「レビュー完了後のマージで競合が発生しにくくするために，随時，サーバのリポジトリからdevelopブランチをプルした上で，⑤ある操作を行うことを運用ルールに追加した」との記述中にあり，“ある操作”とは，どのような操作なのか問われています。

“ある操作”を行うことを運用ルールに追加した理由は，feature-Bブランチのように，ブランチ作成からマージまでが長いと，サーバのリポジトリ上のdevelopブランチとの差が広がり，競合が発生しやすくなるからです。したがって，“ある操作”とは，

featureブランチと，サーバのリポジトリ上のdevelopブランチとの差を極力小さくするための操作です。そして，これを行うためには，随時（定期的に）サーバのリポジトリからdevelopブランチをプルした上で，developブランチの内容（変更点）をfeatureブランチにマージするようにすればよいわけです。解答としては「**developブランチの内容をfeatureブランチにマージする**」とすればよいでしょう。

補足　機能Bの開発経緯と追加した運用ルール

機能Bの開発経緯を確認すると，次のように記述されています。

> K氏は，機能Bについてのテストとレビューの後，ローカル環境上のdevelop（空欄a）ブランチにマージし，サーバのリポジトリにプッシュしようとしたところ，**競合が発生した。**サーバのリポジトリからdevelop（空欄a）ブランチをプルし，その内容を確認して**競合を解決した。**

競合が発生した際，サーバのリポジトリからdevelopブランチをプルした後に，K氏が行った「その内容を確認する」作業の具体的な内容は，問題文に示されていませんが，開発作業はfeatureブランチで行われること，そして，表1の前にある，「競合の解決とは，同一箇所が変更されたソースコードについて，それぞれの変更内容を確認し，必要に応じてソースコードを修正することである」との記述を併せて考えると，K氏が行った「その内容を確認する」作業とは，developブランチの内容をfeature-Bブランチにマージして，機能A及び機能Cによる変更内容を確認し，ソースコードを修正するという作業だと考えられます。

featureブランチの作成からマージまでが長いと，大きな競合が発生しやすくなるため，K氏が行ったような変更内容の確認範囲も広くなり，余計な修正工数が掛かります。そこで，このような問題の軽減及び解決を図るために追加されたのが，「随時，サーバのリポジトリからdevelopブランチをプルした上で，developブランチの内容をfeatureブランチにマージする」という運用ルールです。

解答

設問1　ロックの解除

設問2　a：develop　　b：main　　c：コミット

設問3　（オ）のコミットをリバートし，次に（ウ）のコミットをリバートする

設問4　下線③：ウ　　下線④：エ

設問5　developブランチの内容をfeatureブランチにマージする

問題5 道路交通信号機の状態遷移設計 (R01秋午後問8)

道路交通信号機の制御ソフトウェアを題材にした問題です。設問1，2は，問題文に示された表と図を照らし合わせながら，主道路信号及び歩行者信号の状態を丁寧にトレースしていくことがポイントです。落ち着いて解答を進めましょう。

問 道路交通信号機の状態遷移設計に関する次の記述を読んで，設問1～3に答えよ。

L社は道路交通信号機（以下，信号機という）のシステム開発を行っている会社である。このたび，交差点Zの信号機制御システムを受注した。

交差点Zでは東西方向の主道路と南北方向の従道路が交差しており（図1），主道路，従道路，及び主道路にかかる横断歩道の信号機をそれぞれ，主道路信号，従道路信号，及び歩行者信号という。従道路信号は主道路信号と連動して制御される。

歩行者信号の表示は"青"，"青点滅"，"赤"の3種類，主道路信号の表示は"青"，"黄"，"赤"，"右"の4種類である。"右"は右折だけ可能な状態であり，このときは，"赤"も同時に点灯する。

歩行者信号は，昼間は主道路信号と同期するが，夜間は常時"赤"となり，歩行者用押しボタンを押した場合（以下，ボタン押下という）だけ"青"になる。ボタン押下は各信号に通知される。ボタン押下された場合，主道路信号の"青"を短くすることで，歩行者の待ち時間を短くするよう考慮する。

L社の担当者M君は，各信号の状態遷移の仕様を表で整理した後，状態遷移図で示し，信号機の制御ソフトウェアを作成することにした。

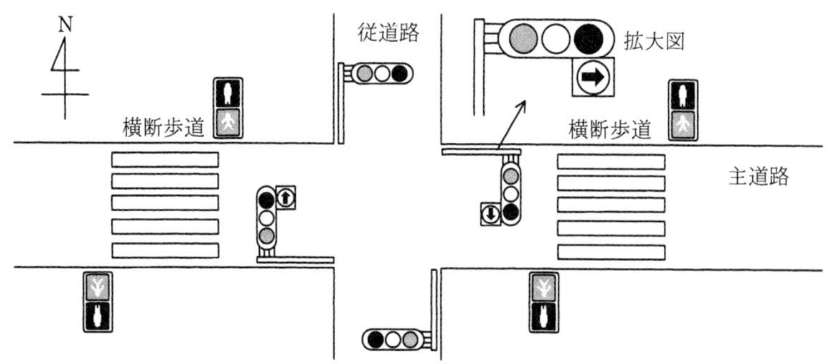

図1　交差点Zにおける道路と信号機

〔信号機の仕様と状態遷移図〕

各信号は，所定の秒数を格納したタイマを使って，状態を変化させる。タイマはセットされた直後からカウントダウンして0になった時点で終了し，次の処理手順へ移行する。また，複数のタイマを同時に処理することができる。

M君は各信号の状態遷移に関する仕様を表で整理した。そして，L社内で設計レビューに臨み，そこでの指摘事項を反映させて仕様を完成させた。主道路信号（夜間）の通常時とボタン押下時の状態遷移に関する仕様を表1と表2に，歩行者信号（夜間）の状態遷移に関する仕様を表3に，それぞれ示す。

表1　主道路信号の状態遷移に関する仕様（夜間　通常時）

処理手順	遷移条件	処理前状態	処理後状態	処理内容
S1	−	開始	C-1	信号を赤にし，タイマ1（15秒）をセット。
S2	タイマ1終了	C-1	C-2	信号を青にし，タイマ2（60秒）をセット。
S3	タイマ2終了	C-2	C-3	信号を黄にし，タイマ3（3秒）をセット。
S4	タイマ3終了	C-3	C-4	信号を赤にし，タイマ4（1秒）をセット。
S5	タイマ4終了	C-4	C-5	信号を右にし，タイマ5（10秒）をセット。
S6	タイマ5終了	C-5	C-6	信号を黄にし，タイマ3（3秒）をセット。
S7	タイマ3終了	C-6	C-1	信号を赤にし，タイマ1（15秒）をセット。

表2　主道路信号の状態遷移に関する仕様（夜間　ボタン押下時）

処理手順	遷移条件	処理前状態	処理後状態	処理内容
P1	ボタン押下	C-1	B-1	何もしない。
P2	タイマ1終了	B-1	B-2	信号を青にし，タイマ6（10秒）をセット。
Q1	ボタン押下	C-2	B-2	タイマ6（10秒）をセット。
Q2	タイマ2とタイマ6のいずれかが終了	B-2	C-3	終了していないタイマを0にする。 信号を黄にし，タイマ3（3秒）をセット。

表3　歩行者信号の状態遷移に関する仕様（夜間）

処理手順	遷移条件	処理前状態	処理後状態	処理内容
R1	−	開始	W-1	信号を赤にする。
R2	ボタン押下	W-1	W-2	主道路信号の状態監視を開始する。
R3	主道路信号が状態C-1に遷移	W-2	W-3	主道路信号の状態監視を終了して，タイマ7（3秒）をセット。
R4	タイマ7終了	W-3	W-4	信号を青にし，タイマ8（8秒）をセット。
R5	タイマ8終了	W-4	W-5	信号を青点滅にし，タイマ9（3秒）をセット。
R6	タイマ9終了	W-5	W-1	信号を赤にする。

注記　歩行者信号ではW-1以外の状態でボタン押下があっても処理は発生しない。

表1，表2，及び表3を基に，M君が作成した各信号の状態遷移図を図2，図3に示す。図2，図3中の（T）は表1～3の遷移条件に示されたタイマの終了を示す。

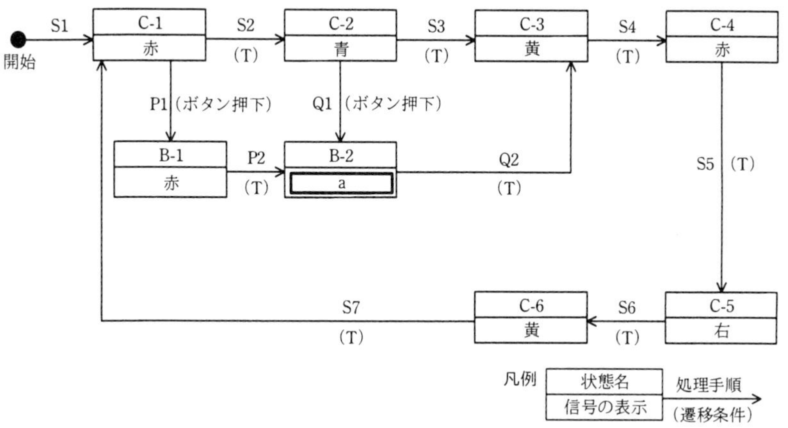

図2　主道路信号の状態遷移図（夜間）

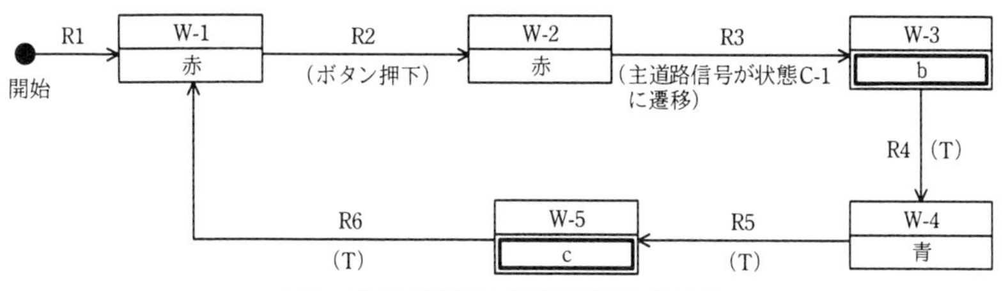

図3　歩行者信号の状態遷移図（夜間）

図2，図3から，主道路信号の状態がC-6（黄）になった直後にボタン押下があったとき，歩行者信号が最初に青になるのは，［ d ］秒後であることが確認できる。

〔設計のレビュー〕

M君は当初，表3のR3の遷移条件を“主道路信号が赤”と記載していた。しかし，L社内でのレビューにおいて，その遷移条件では事故につながりかねない重大な<u>①不具合が発生する</u>という指摘を受け，この遷移条件を“主道路信号が状態C-1に遷移”と修正した。また，図2の処理手順P1（状態C-1から状態B-1に遷移）がなかった場合に<u>②生じる現象</u>についてレビューで説明を行った。

〔信号機の信頼性設計〕

信号機の制御システムの故障は，人命に関わる事故を引き起こすおそれがあり，M君には十分な信頼性設計を行うように指示が出た。それを受けてM君は，信号機の信頼性設計を完成させた。その設計の中に，次の二つの仕様を含めた。

(1) 主道路信号と従道路信号の連動機構が故障した場合，主道路信号を“黄点滅”（注意して進む）に，従道路信号を“赤点滅”（一時停止し，確認後発進）にして，どちらも“青”にはしない。

(2) 歩行者用押しボタンが故障した場合，その機能を切り離した縮退運転とし，夜間でも昼間と同様に歩行者信号を主道路信号に同期させる。

設問1 〔信号機の仕様と状態遷移図〕について，(1)，(2) に答えよ。

(1) 図2及び図3中の［ a ］～［ c ］に入れる適切な字句を答えよ。

(2) 本文中の［ d ］に入れる適切な数字を答えよ。

設問2 〔設計のレビュー〕について，(1)，(2) に答えよ。

(1) 本文中の下線①について，どの状態において，どのような不具合につながるのか。具体的に40字以内で述べよ。

(2) 本文中の下線②に関する適切な説明を解答群の中から選び，記号で答えよ。

解答群

ア　C-1が60秒でC-2に遷移する。

イ　C-1でボタン押下されても，主道路信号の青が短くならない。

ウ　ボタン押下されていないのに，主道路信号の青が短くなる。

エ　短い時間に繰り返してボタン押下されると，歩行者信号がすぐに青になる。

設問3 〔信号機の信頼性設計〕について，本文中の (1) と (2) の信頼性設計の対応策を表す最も適切な字句を，それぞれ解答群の中から選び，記号で答えよ。

解答群

ア　フールプルーフ　　　イ　フェールセーフ

ウ　フェールソフト　　　エ　フォールトアボイダンス

オ　フォールトトレランス

解説

設問1 の解説

(1) 図2及び図3中の空欄a〜cに入れる信号表示が問われています。状態遷移が発生したときに行われる処理手順（以下，処理という）に着目して考えていきましょう。

●空欄a

空欄aは，主道路信号の状態B-2の信号表示です。状態B-2への遷移には，「B-1→B-2」と「C-2→B-2」の二つがあります。このうち「B-1→B-2」では，処理P2を経て状態B-2に遷移します。P2の処理内容は，「信号を青にし，タイマ6（10秒）をセット」なので，状態B-2の信号表示は青となります。「C-2→B-2」では，処理Q1を経て状態B-2に遷移しますが，Q1で行うのは「タイマ6（10秒）をセット」だけなので，状態B-2の信号表示は変わりません。したがって，**空欄a**には**青**が入ります。

処理手順	遷移条件	処理前状態	処理後状態	処理内容
P2	タイマ1終了	B-1	B-2	信号を青にし，タイマ6（10秒）をセット。
Q1	ボタン押下	C-2	B-2	タイマ6（10秒）をセット。

●空欄b

空欄bは，歩行者信号の状態W-3の信号表示です。状態W-3への遷移は，「W-2→W-3」だけです。この遷移で行われるR3の処理内容を確認すると，「主道路信号の状態監視を終了して，タイマ7（3秒）をセット」とあります。つまり，この遷移では信号表示の変更は行われないため，状態W-3の信号表示はW-2から変わらず**赤**（**空欄b**）のままです。

処理手順	遷移条件	処理前状態	処理後状態	処理内容
R3	主道路信号が状態C-1に遷移	W-2	W-3	主道路信号の状態監視を終了して，タイマ7（3秒）をセット。

●空欄c

空欄cは，歩行者信号の状態W-5の信号表示です。状態W-5への遷移は，「W-4→W-5」だけです。この遷移で行われるR5の処理内容を確認すると，「信号を青点滅し，タイマ9（3秒）をセット」とあるので，**空欄c**は**青点滅**です。

処理手順	遷移条件	処理前状態	処理後状態	処理内容
R5	タイマ8終了	W-4	W-5	信号を青点滅にし，タイマ9（3秒）をセット。

(2) 主道路信号の状態がC-6（黄）になった直後にボタン押下があったとき，歩行者信号が最初に青になるのは何秒後か問われています。まず，図3において，「ボタン押下」から「歩行者信号が青」になるまでの状態遷移を確認しておきましょう。

・**ボタン押下**があると，主道路信号の状態監視を開始し，W-2に遷移する。
・主道路信号の状態がC-1（赤）へ遷移すると，主道路信号の状態監視を終了し，タイマ7（3秒）をセットしてW-3に遷移する。
・タイマ7が終了すると，**信号を青**にし，タイマ8（8秒）をセットしてW-4に遷移する。

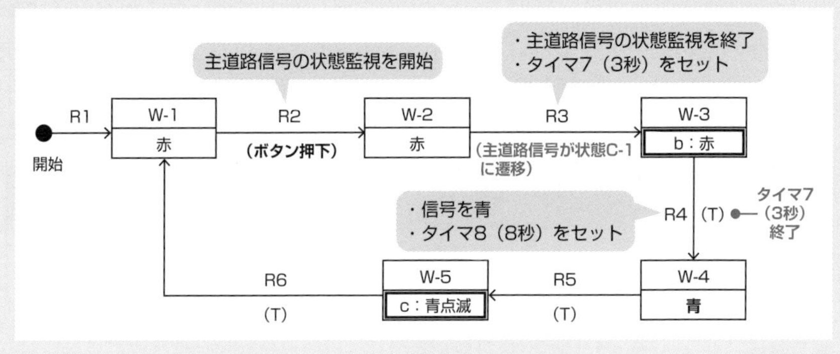

上記を基に考えると，「ボタン押下」から「歩行者信号が青」になるまでの時間は，

主道路信号の状態がC-1（赤）へ遷移するまでの時間＋3秒

であることが分かります。

では次に，主道路信号の状態がC-1（赤）へ遷移するまでの時間を考えます。問われているのは，主道路信号の状態がC-6（黄）になった直後にボタン押下があったときなので，求めるのは主道路信号の状態がC-6からC-1へ遷移するまでの時間です。

C-6の直前状態はC-5であり，C-5からC-6へ遷移する際，タイマ3（3秒）がセットされます。そして，タイマ3の終了によりC-6からC-1に遷移するので，主道路信号の状態がC-6からC-1へ遷移するまでの時間は3秒です。

したがって，主道路信号の状態がC-6（黄）になった直後にボタン押下があったとき，歩行者信号が最初に青になるのは，3＋3＝**6**（**空欄d**）秒後です。

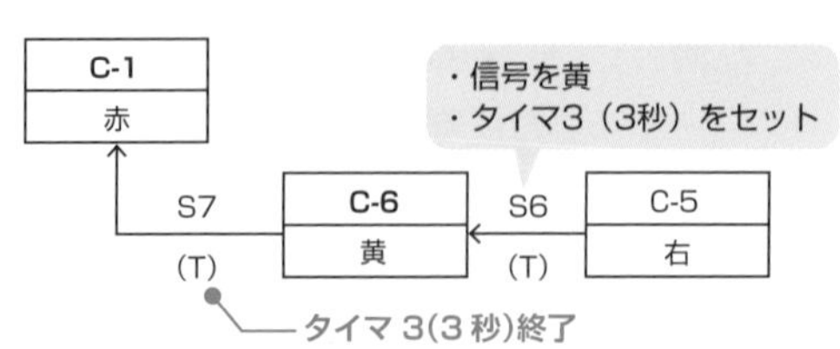

設問2 の解説

(1) 下線①について，表3のR3の遷移条件を“主道路信号が赤”とした場合，どの状態において，どのような不具合が発生するのか問われています。

“主道路信号が赤”になるのは，主道路信号の状態がC-1又はC-4に遷移したときです。このとき，主道路信号の表示は次のように変化していきます。

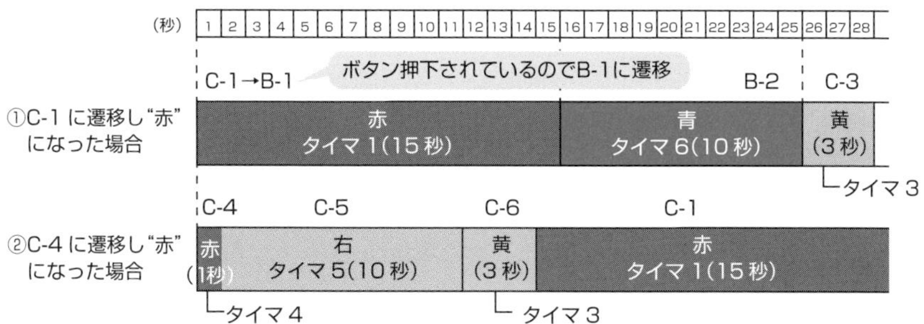

次に，歩行者信号の表示を考えます。R3の遷移条件を“主道路信号が赤”とした場合，主道路信号の状態がC-1又はC-4に遷移したとき，R3の遷移（W-2→W-3）が可能となるので歩行者信号の表示は次のようになります。

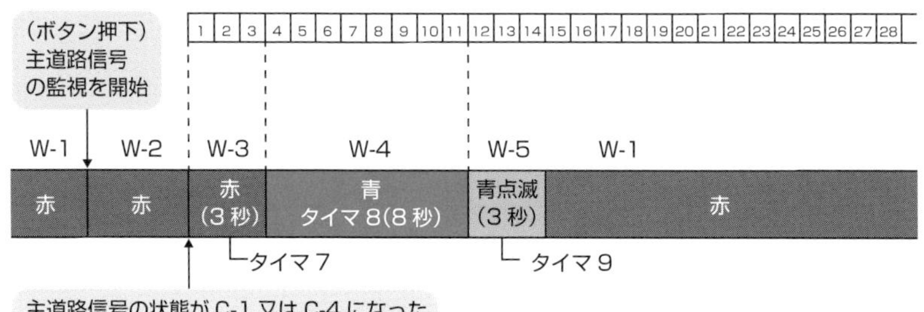

上図から，歩行者信号が青になるのは，主道路信号の状態がC-1又はC-4に遷移した3秒後から8秒間（上図の目盛りの4〜11）です。このときの主道路信号の表示を確認すると，①の場合は状態B-1（赤）なので問題はありません（安心して横断歩道を渡れます）。しかし②の場合は，主道路信号の状態がC-5（右）です。主道路信号が右折可能であるにもかかわらず歩行者信号が青になると重大な事故につながります。つまり，これが問われている不具合です。

したがって，解答としては「主道路信号が状態C-5で右折可能なとき，歩行者信号が青になる」旨を記述すればよいでしょう。なお，試験センターでは「**状態C-5の**

ときに，主道路信号が右折可能で，歩行者信号が青になる」と「**状態C-4でR3の遷移が可能となり主道路信号が右折可能で，歩行者信号が青になる**」の二つの解答例を挙げています。

(2) 下線②について，図2の処理手順P1（状態C-1から状態B-1に遷移）がなかった場合に生じる現象が問われています。

P1（状態C-1から状態B-1に遷移）とQ1（状態C-2から状態B-2に遷移）は，ボタン押下されたときの処理手順です。問題文の冒頭（図1の手前）にある，「ボタン押下された場合，主道路信号の"青"を短くすることで，歩行者の待ち時間を短くするよう考慮する」との記述から，P1とQ1は主道路信号の"青"を短くするための処理手順であることが推測できます。そして，P1が主道路信号の"青"を短くするための処理手順であれば，P1がなかった場合に生じる現象は，〔イ〕の「C-1でボタン押下されても，主道路信号の青が短くならない」です。

では，〔イ〕の記述が正しいかどうかを確認してみましょう。

P1がない場合，C-1（赤）でボタン押下があっても処理は発生しません。ということは，通常どおりタイマ1（15秒）の終了でC-2（青）へ遷移し，タイマ2（60秒）の終了でC-3（黄）へ遷移するので，主道路信号が"青"である時間は60秒です。

一方，P1がある場合は，C-1（赤）でボタン押下があるとB-1（赤）に遷移し，タイマ1（15秒）の終了でB-2（青）に遷移します。その後，タイマ6（10秒）の終了でC-3（黄）へ遷移するので，主道路信号が"青"である時間は10秒です。

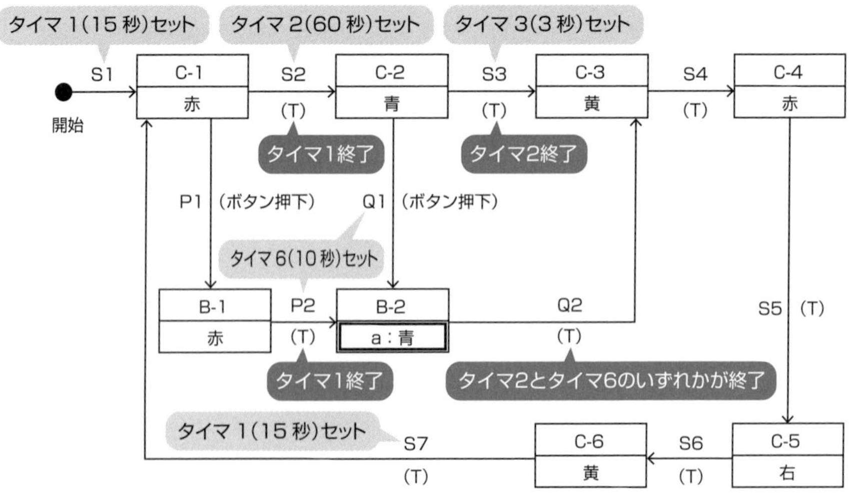

以上，P1があれば主道路信号の“青”が10秒に短縮されますが，P1がなければ通常どおり60秒なので，P1がなかった場合に生じる現象は，〔イ〕の「**C-1でボタン押下されても，主道路信号の青が短くならない**」です。

では，ほかの選択肢も確認しておきましょう。

ア：「C-1が60秒でC-2に遷移する」とありますが，C-1からC-2への遷移条件は，タイマ1（15秒）の終了です。P1がなかった場合，タイマ1（15秒）の終了でC-2に遷移するので，「C-1が15秒でC-2に遷移する」が正しい記述です。

ウ：「ボタン押下されていないのに，主道路信号の青が短くなる」とありますが，主道路信号の青が短くなるのは，P1又はQ1があり，ボタン押下されたときです。P1がなくてもQ1があればボタン押下で主道路信号の青が短くなりますが，そもそも，ボタン押下されていないのに，主道路信号の青が短くなることはありません。

エ：「短い時間に繰り返してボタン押下されると，歩行者信号がすぐに青になる」とありますが，表3の注記にあるように，歩行者信号ではW-1以外の状態でボタン押下があっても処理は発生しません。また，W-1でのボタン押下後，歩行者信号が青になるのは，主道路信号がC-1に遷移した3秒後です。P1の有無にかかわらず，短い時間にボタン押下を繰り返しても，歩行者信号はすぐに青にはなりません。

設問3 の解説

〔信号機の信頼性設計〕について，本文中の（1）と（2）の信頼性設計の対応策を表す名称を解答群から選ぶ問題です。解答群を見ると，午前試験で問われる用語が並んでいます。このうち，〔エ〕のフォールトアボイダンスと〔オ〕のフォールトトレランスは，信頼性の高いシステムをどのような考え方で設計・構築するのかという“信頼性設計の方針（概念）”です。

〔フォールトアボイダンス〕
システムを構成する要素自体の信頼性を高めて，故障そのものの発生を防ぐことでシステム全体の信頼性を向上させようとする考え方（故障排除）

〔フォールトトレランス〕
故障の発生を前提とし，システムの構成要素に冗長性を導入するなどして，故障が発生してもシステム全体としての必要な機能を維持させようとする考え方（耐故障）

〔ア〕のフールプルーフ，〔イ〕のフェールセーフ，〔ウ〕のフェールソフトは，いずれもフォールトトレランスを実現する耐故障策です。ここで，（1）と（2）の記述を確認すると，どちらにも「～が故障した場合」とあります。つまり，（1）と（2）は，故障が発生した場合の対応策なので，該当するのはフェールセーフかフェールソフトのどちらかです。

▼フォールトトレランスを実現する耐故障策

フェールソフト	故障が発生した部分を切り離して，システム全体を停止させずに必要な機能を維持させる。なお，故障が発生した部分を切り離して機能が低下した状態で処理を続行することを**縮退運転**（**フォールバック**）という
フェールセーフ	故障が発生した場合，故障の影響範囲を最小限にとどめ，常に安全側にシステムを制御する
フールプルーフ	誤った操作や意図しない使われ方をしても，システムに異常が起こらないようにする

(1) 本文中の（1）には，「主道路信号と従道路信号の連動機構が故障した場合，主道路信号を“黄点滅”（注意して進む）に，従道路信号を“赤点滅”（一時停止し，確認後発進）にして，どちらも“青”にはしない」とあります。これは，どちらも“青”にはしないことで安全な状態にするという対応策なので，〔**イ**〕の**フェールセーフ**が該当します。

(2) 本文中の（2）には，「歩行者用押しボタンが故障した場合，その機能を切り離した縮退運転とし，夜間でも昼間と同様に歩行者信号を主道路信号に同期させる」とあります。“縮退運転”となる対応策なので，〔**ウ**〕の**フェールソフト**が該当します。

解答

設問1　(1) a：青
　　b：赤
　　c：青点滅
(2) d：6

設問2　(1)
・状態C-5のときに，主道路信号が右折可能で，歩行者信号が青になる
・状態C-4でR3の遷移が可能となり主道路信号が右折可能で，歩行者信号が青になる
(2) イ

設問3　(1) イ
(2) ウ

第9章 プロジェクトマネジメント

出題範囲

- プロジェクト全体計画(プロジェクト計画及びプロジェクトマネジメント計画)
- スコープの管理
- 資源の管理
- プロジェクトチームのマネジメント
- スケジュールの管理
- コストの管理
- リスクへの対応
- リスクの管理
- 品質管理の遂行
- 調達の運営管理
- コミュニケーションのマネジメント
- 見積手法

など

問題1 複数拠点での開発プロジェクト (R01秋午後問9)

複数拠点での開発プロジェクトを題材にした問題です。開発チームが複数の拠点にまたがるプロジェクトの場合，コミュニケーションエラーの発生リスクに備えるマネジメント方針やルールの策定が重要となります。本問では，流通業における販売管理システムの開発プロジェクトを例に，拠点間コミュニケーションエラーが発生するリスクへの対応が問われます。そのほか，午前試験にもよく出題されるEVM指標(SPI，CPI)も問われます。どの問題もそうですが，問題文に必ずヒントがあります。問題文を読み解きながら，解答を進めましょう。

問 複数拠点での開発プロジェクトに関する次の記述を読んで，設問1，2に答えよ。

SI企業のS社は，住宅設備機器の販売を行うN社から，N社で現在稼働中の販売管理システム（以下，現行システムという）の機能を拡張する開発案件を受注した。現行システムは，S社の第一事業部が数年前に開発したものである。

今回の機能拡張では，新たにモバイル端末を利用可能にするとともに，需要予測，及び仕入管理における自動発注機能を追加開発する。自動発注機能は，現行システムの発注処理の考え方に基づき開発する必要がある。

東京に拠点がある第一事業部には，現行システムを開発した部門と，モバイル端末で稼働するアプリケーションソフトウェア（以下，モバイルアプリという）の開発に多数の実績をもつ部門がある。一方，大阪に拠点がある第二事業部には，需要予測などに関する数理工学の技術をもつ部門がある。

この開発案件に対応するプロジェクト（以下，本プロジェクトという）には，S社の各部門が保有する技術を統合した開発体制が必要なので，事業部横断のプロジェクトチームを編成することが決定した。プロジェクトマネージャには，第一事業部のT主任が任命された。

なお，本プロジェクトは1月に開始し，9月のシステム稼働開始が求められている。

〔開発対象システムと開発体制案〕

本プロジェクトの開発対象システムを図1に示す。本プロジェクトでは，在庫管理と売上管理の改修はない。

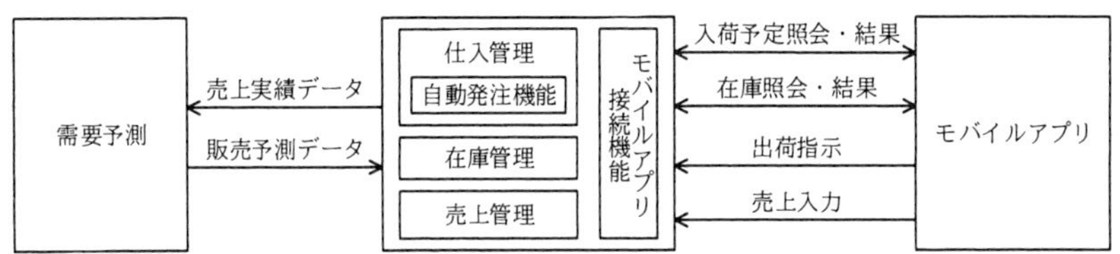

注記1　需要予測は，売上実績データを基に販売予測データを作成する。
注記2　自動発注機能は，販売予測データと在庫データを基に適正在庫を維持するための自動発注を行う。
注記3　モバイルアプリ接続機能は，モバイルアプリからの各要求に応答する。
注記4　モバイルアプリは，モバイルアプリ接続機能を介して，入荷予定照会と結果の取得，在庫照会と結果の取得，出荷指示，売上入力を行う。

図1　本プロジェクトの開発対象システム

T主任は，本プロジェクトの開発体制を，全てS社の社員で構成される二つの開発チームで編成する方針とした。モバイルアプリの開発，モバイルアプリ接続機能の開発及び自動発注機能を組み込むための仕入管理の機能拡張を，第一事業部の東京チームが担当する。また，需要予測と自動発注機能を，第二事業部の大阪チームが開発する。

T主任の方針を受けて，各事業部は，本プロジェクトに割当て可能な開発要員案を提示した。T主任は，提示された案でプロジェクトの遂行に支障がないかを検証するために，各要員の開発経験などを確認するためのヒアリングを行った。提示された開発要員案とT主任が行ったヒアリングの結果は，表1のとおりである。

表1　開発要員案とヒアリングの結果

開発チーム	開発対象	開発要員案	ヒアリングの結果
東京	モバイルアプリ（新規開発）	モバイルアプリの開発経験がある入社 2～5年ほどの若手社員複数名	・現行システムの開発に関わった要員はいない。 ・過去の開発案件では，顧客との仕様や設計内容の検討結果が担当者のメモ書きだけで残され，開発文書の更新から漏れることがあった。
	モバイルアプリ接続機能（新規開発） 仕入管理（既存機能拡張）	現行システムを開発したベテラン社員複数名	・現行システムの開発経験者を，余裕をもたせて割り当てている。 ・文書管理では，文書名称，格納方法，版管理の規則を定め，その実施を徹底している。
大阪	需要予測（新規開発）	数理工学のスキルをもつ中堅社員複数名	・現行システムの開発に関わった要員はいない。 ・本プロジェクトの開始前に顧客の需要データを分析している。
	自動発注機能（新規開発）	自動発注機能の開発経験者であるベテラン社員複数名	・現行システムの開発に関わった要員はいない。 ・流通業務のノウハウの蓄積がある。

〔プロジェクトマネジメントの方針〕

T主任は，開発要員案でプロジェクトの遂行に支障があれば，事業部間で必要な要員の異動を行う考えであった。

T主任は，ヒアリングの結果を踏まえて，①不足するスキルを補うため，本プロジェクトの開発要員案の範囲内で，最小限の要員異動をして適切な開発チームを編成することにした。その上で，両開発チームが作成する成果物に対する品質保証の活動を徹底することにした。そこで，T主任は，次のプロジェクトマネジメントの方針を策定した。

- 両拠点からアクセス可能なファイルサーバを導入し，成果物を格納する。
- 各開発作業の成果物の［ a ］が明確になるように，成果物のサンプルを提示し，記述の詳細度，レビュー実施要領などについて，プロジェクト全体で認識を合わせる。
- モバイルアプリ開発ではプロトタイピングで，ソフトウェア要件を早期に確定する。ソフトウェア方式設計で作成した設計書に要件が反映されていることを確認するために，ソフトウェア詳細設計では，ソフトウェア結合のテスト設計に利用する［ b ］を作成する。
- 両開発チームでソフトウェア要件定義の作業の進め方が異なるので，N社とのやりとりでは，ソフトウェア開発とその取引の明確化を可能とする［ c ］の用語を用い，開発作業の解釈について誤解が生じないようにする。

T主任は，このプロジェクトマネジメントの方針を上司に説明した。その際，上司から，“複数拠点での開発であることを考慮し，拠点間でコミュニケーションエラーが発生するリスクへの対応を追加すること。”との指示を受けた。T主任は，上司の指示を受けて，次の開発方針及びプロジェクトマネジメントルールを作成して，本プロジェクトを開始した。

- ②各機能モジュール間のインタフェースが疎結合となる設計とする。
- 両開発チーム間の質問や回答は，文書や電子メールで行い，認識相違を避ける。
- ③東京チーム内の取組を，プロジェクト全体に適用する。
- スケジュールとコストの進捗は，成果物の出来高を尺度とするEVM（Earned Value Management）で管理する。

〔プロジェクトの進捗状況〕

両チームの開発作業のスケジュールは図2のとおりである。

月	1月	2月	3月	4月	5月	6月	7月	8月
開発作業	ソフトウェア要件定義[1)]		ソフトウェア方式設計	ソフトウェア詳細設計	ソフトウェア構築		ソフトウェア結合[2)]	システム結合[3)]

注[1)] 東京チームの"ソフトウェア要件定義"では，2月にプロトタイピングを実施する。
[2)] "ソフトウェア結合"と"ソフトウェア適格性確認テスト"を実施する。
[3)] "システム結合"と"システム適格性確認テスト"を実施する。

図2　開発作業のスケジュール

また，開発チーム別・月別のPV（計画価値）は表2のとおりであり，1月及び2月のEVM指標値は表3のとおりである。

表2　開発チーム別・月別のPV

単位　万円

開発チーム	集計の分類[1)]	1月	2月	3月	4月	5月	6月	7月	8月
東京	小計	240	400	400	700	700	700	580	440
	累計	240	640	1,040	1,740	2,440	3,140	3,720	4,160
大阪	小計	120	210	300	420	420	420	440	300
	累計	120	330	630	1,050	1,470	1,890	2,330	2,630

注[1)] 小計は，当該月のPVの合計。累計は，1月から当該月までの小計を順次加えた合計。

表3　1月及び2月のEVM指標値

開発チーム	集計の分類	EVM指標値			
		EV[1)]（万円）	AC[1)]（万円）	CPI[1)]	SPI[1)]
東京	1月小計	240	240	1.00	1.00
	2月小計	360	400	0.90	d
	2月累計	600	640	0.94	（省略）
大阪	1月小計	120	120	1.00	1.00
	2月小計	210	200	e	1.00
	2月累計	330	320	（省略）	1.00

注記　CPI及びSPIは，小数第3位を四捨五入して小数第2位までの値を指標値としている。
注[1)] EV：出来高，AC：実コスト，CPI：コスト効率指数，SPI：スケジュール効率指数

表3のEVM指標値によると，プロジェクトを開始して2か月が経過した時点で，東京チームは［ f ］であり，大阪チームは［ g ］である。東京チームのモバイルアプリ開発で，2月にN社から業務要件追加の変更要求があり，追加のソフトウェア要件定義の作業が必要になった。T主任は，N社と合意して，モバイルアプリの開発要員を追加し，コストの増加をPVに反映させた。この変更の結果，東京チームのBAC（完成時総予算）は250万円増加した。

T主任は，4月末時点で，東京チームの4月累計のEVは2,100万円，4月累計のACは2,000万円となったことを確認した。また大阪チームの4月累計のEVとACは計画どおりであることも確認した。T主任は，④4月累計のCPIを使ってEAC（完成時総コスト見積り）を計算して，コストは予算を超過せずにプロジェクトを完了できると判断した。

設問1 〔プロジェクトマネジメントの方針〕について，(1)～(4)に答えよ。

(1) 本文中の下線①について，どのように要員を異動させたか。40字以内で述べよ。

(2) 本文中の［ a ］～［ c ］に入れる適切な字句を解答群の中から選び，記号で答えよ。

解答群

ア	BABOK	イ	WBS	ウ	アクティビティ
エ	アンケート	オ	共通フレーム	カ	作成基準
キ	チェックリスト	ク	メトリックス	ケ	ワークパッケージ

(3) 本文中の下線②について，上司からの指示への対応として，インタフェースを疎結合とする設計は，何を実現でき，どのような効果があるか。35字以内で述べよ。

(4) 本文中の下線③について，プロジェクト全体に適用する東京チーム内の取組を，35字以内で述べよ。

設問2 〔プロジェクトの進捗状況〕について，(1)～(3)に答えよ。

(1) 表3中の［ d ］，［ e ］に入れる適切な数値を答えよ。答えは小数第3位を四捨五入して，小数第2位まで求めよ。

(2) 本文中の［ f ］，［ g ］に入れるスケジュールとコストの状況を，解答群の中から選び，記号で答えよ。

解答群

ア　スケジュールは計画どおり，コストは計画値未満

イ　スケジュールは計画どおり，コストは計画値を超過

ウ　スケジュールは計画より遅れ，コストは計画値未満

エ　スケジュールは計画より遅れ，コストは計画値を超過

オ　スケジュールは計画より進み，コストは計画値未満

カ　スケジュールは計画より進み，コストは計画値を超過

(3) 本文中の下線④について，プロジェクト開始4か月後の東京チームのEACは何万円になるか。ここで，EACは次の式で求めるものとする。

$$\mathrm{EAC} = \frac{\mathrm{BAC}}{\mathrm{CPI}}$$

解説

設問1 の解説

(1) 下線①の「不足するスキルを補うため，本プロジェクトの開発要員案の範囲内で，最小限の要員異動をして適切な開発チームを編成することにした」ことについて，どのように要員を異動させたか問われています。

不足するスキルを補うための要員異動であることを念頭に，T主任はどのようなスキル不足を懸念したのか表1を確認します。するとまず気付くのは，“現行システムの開発経験”です。東京チームが開発する「モバイルアプリ接続機能（新規開発），仕入管理（既存機能拡張）」のヒアリング結果欄には，「現行システムの開発経験者を，余裕をもたせて割り当てている」とありますが，その他の開発対象のヒアリング結果欄には，「現行システムの開発に関わった要員はいない」とあります。このことから，現行システムの開発経験者を，現行システムの開発経験者がいないところへ異動させたのだという推測ができます。

ここで，〔プロジェクトマネジメントの方針〕の冒頭にある，「T主任は，開発要員案でプロジェクトの遂行に支障があれば，事業部間で必要な要員の異動を行う考えである」との記述に着目します。この記述が本設問の伏線であるとすれば，第一事業部の東京チームに割り当てられている現行システムの開発経験者を，第二事業部の大阪チームへ異動させたと考えるのが妥当でしょう。

大阪チームが担当するのは，需要予測と自動発注機能の開発です。需要予測では，現行システム（売上管理）の売上実績データを基に販売予測データを作成します。また自動発注機能は，現行システムの発注処理の考え方に基づき開発する必要があります。このため，需要予測及び自動発注機能の開発要員として，現行システムを理解している要員が必要ですが，大阪チームには現行システムの開発に関わった要員がいません。このような体制で開発を進めると，プロジェクトの遂行に支障が出るのは予測できます。そこで，T主任は，現行システムの開発経験者を，余裕をもたせて割り当てている東京チームから大阪チームへ異動させたと考えられます。

以上，解答としては「**現行システムの開発経験者を東京チームから大阪チームへ移動させた**」とすればよいでしょう。

(2) 本文中の空欄a～cに入れる字句が問われています。

●空欄a

「各開発作業の成果物の[a]が明確になるように」とあります。プロジェクトを進めるに当たり，開発作業の成果物が作成者の違いによってバラバラにならないよう，成果物の作成基準を決めて，プロジェクト全体で認識を合わせる必要があります。したがって，**空欄a**には〔**カ**〕の**作成基準**が入ります。

●空欄b

「ソフトウェア詳細設計では，ソフトウェア結合のテスト設計に利用する［ b ］を作成する」とあります。解答群の中で，テスト設計に利用するのは〔**キ**〕の**チェックリスト**だけです。

●空欄c

「ソフトウェア開発とその取引の明確化を可能とする［ c ］」とあります。ソフトウェア開発とその取引の明確化を可能とするのは〔**オ**〕の**共通フレーム**です。共通フレームは，開発作業の解釈の違いによるトラブルを防止するため，ソフトウェア，システム及びサービスに係わる人々が“同じ言葉”を話すことができるよう提供された“共通の物差し（共通の枠組み）”です。

(3) 下線②について，「各機能モジュール間のインタフェースが疎結合となる設計」は，何を実現でき，どのような効果があるか問われています。

疎結合とは，モジュール間の関連性や依存関係が弱く，各モジュールの独立性が高いことをいいます。モジュールの独立性を高めることで，モジュール作成は，他のモジュールを意識しなくてすみます。また，仕様変更や不具合対応のためにあるモジュールが変更された場合でも，その変更による他のモジュールへの影響を最小限に抑えることができるため，作業の独立性は高くなります。一方，モジュール間の関連性や依存関係が強い密結合の場合，モジュール作成やモジュール変更の際には，作成者間で綿密なコミュニケーションを取らなければならず，作業の独立性は低くなります。

本プロジェクトは，東京と大阪の二つの拠点間での開発です。綿密なコミュニケーションが取りにくい状況であるため，モジュール間のインタフェースを密結合にしてしまうと，コミュニケーションエラーによるモジュール間インタフェースの不具合や，仕様変更や不具合対応による変更の取込み漏れなどが発生する可能性があります。したがって，このような複数拠点での開発においては，モジュール間のインタフェースを疎結合とすることで作業の独立性を高め，コミュニケーションエラーによるリスクを軽減することが重要になります。

以上，解答としては「作業の独立性」，「コミュニケーションエラーによるリスクの軽減」に言及し，「**作業の独立性を高め，コミュニケーションエラーのリスクを軽減する**」とすればよいでしょう。

(4) 下線③について,「プロジェクト全体に適用する東京チーム内の取組」とは，どのような取組か問われています。

〔プロジェクトマネジメントの方針〕に,「両開発チームが作成する成果物に対する品質保証の活動を徹底することにした。そこで，T主任は，次のプロジェクトマネジメントの方針を策定した」とあり，マネジメント方針の一つ目に,「両拠点からアクセス可能なファイルサーバを導入し，成果物を格納する」とあります。ファイルサーバを使って成果物を共有する場合，成果物の名称や格納方法，また版(バージョン)管理を統一させる必要があります。この点に着目し，表1を見ると，東京チームが開発する「モバイルアプリ接続機能(新規開発)，仕入管理(既存機能拡張)」のヒアリング結果欄に,「文書管理では，文書名称，格納方法，版管理の規則を定め，その実施を徹底している」とあります。つまり，これが，プロジェクト全体に適用する東京チーム内の取組です。したがって，解答としては,「**文書名称，格納方法，版管理の規則を定め，その実施を徹底する**」とすればよいでしょう。

設問2 の解説

(1) 表3中の空欄d，eが問われています。空欄dは東京チームの2月小計のSPI，空欄eは大阪チームの2月小計のCPIです。SPI(スケジュール効率指数)及びCPI(コスト効率指数)は，次の式で算出・評価できます。

・SPI (スケジュール効率指数) = EV÷PV → SPI<1ならスケジュール遅延
・CPI (コスト効率指数) = EV÷AC → CPI<1ならコスト超過

●空欄d

東京チーム2月小計のEVは360万円，PVは400万円です。したがって，SPIは,「SPI＝360÷400＝**0.90**」となります。

●空欄e

大阪チーム2月小計のEVは210万円，ACは200万円です。したがって，CPIは,「CPI＝210÷200＝**1.05**」となります。

(2) プロジェクトを開始して2か月が経過した時点の，東京チーム及び大阪チームの，スケジュールとコストの状況(空欄f，g)が問われています。2か月が経過した時点の状況なので，2月累計のSPI及びCPIで判断します。

●空欄f

東京チームの2月累計のSPIが省略されています。SPIは，2月累計のPVが640万円，EVが600万円であることから「600÷640＝0.9375＜1」となり，スケジュール遅延と判断できます。また，東京チームの2月累計のCPIは0.94（＜1）なのでコスト超過です。したがって，**空欄f**には〔エ〕の「**スケジュールは計画より遅れ，コストは計画値を超過**」が入ります。

●空欄g

大阪チームの2月累計のSPIは1.00なのでスケジュール遅延はなく，計画どおりです。また，2月累計のCPIは，2月累計のEVが330万円，ACが320万円であることから，「330÷320＝1.03125＞1」と算出できコスト超過もありません。したがって，**空欄g**には〔ア〕の「**スケジュールは計画どおり，コストは計画値未満**」が入ります。

(3) プロジェクト開始4か月後（4月末時点）の東京チームのEAC（完成時総コスト見積り）が問われています。EACは「BAC÷CPI」で求められるので，まずBACとCPIの値を求めます。

BAC（完成時総予算）は，プロジェクト完成時（8月末）のPV累計値と一致します。表2では，東京チームの8月累計のPVは4,160万円となっていますが，これは当初の累計値すなわちBACです。その後（2月に），モバイルアプリ開発の変更要求に伴うコストの増加をPVに反映しているため，BACは250万円増加しています。したがって，東京チームのBACは，4,160万円＋250万円＝4,410万円です。

次にCPIは「EV÷AC」で求められます。東京チームの4月累計のEVは2,100万円で，ACは2,000万円ですから，CPI＝2,100÷2,000＝1.05です。

以上より，プロジェクト開始4か月後（4月末時点）の東京チームのEACは，

EAC＝4,410万円÷1.05＝**4,200**万円

になります。

解答

設問1
(1) 現行システムの開発経験者を東京チームから大阪チームへ移動させた
(2) a：カ　b：キ　c：オ
(3) 作業の独立性を高め，コミュニケーションエラーのリスクを軽減する
(4) 文書名称，格納方法，版管理の規則を定め，その実施を徹底する

設問2
(1) d：0.90　e：1.05
(2) e：エ　f：ア
(3) 4,200

問題2 販売システムの再構築プロジェクトにおける調達とリスク (R04春午後問9)

販売システムの再構築プロジェクトを題材にした問題です。本問では，企業が外部委託先にシステムの開発を委託する際の契約とシステム開発プロジェクトを進めるに当たってのリスクに関する理解が問われます。

設問の中には，請負契約と準委任契約の相違点，並びに労働者派遣法に関する基本的な知識がないと解答に困るものもありますが，全体としては平均的な(解答しやすい)問題になっています。問題文を読み解きながら，焦らず落ち着いて解答を進めましょう。

問 販売システムの再構築プロジェクトにおける調達とリスクに関する次の記述を読んで，設問1～3に答えよ。

D社は，若者向け衣料品の製造・インターネット販売業を営む企業である。売上の拡大を目的に，販売システムを再構築することになった。再構築では，営業部門が販売促進の観点で要望した，購買傾向を分析した商品の絞込み機能，及びお薦め商品の紹介機能を追加する。あわせて，販売システムとデータ接続している現行の在庫管理システム，生産管理システムなどのシステム群（以下，業務系システムという）を新しいデータ接続仕様に従って改修する。また，スマートフォン向けの画面デザインや操作性を向上させる。これらを実現するために，販売システムの再構築及び業務系システムの改修を行うプロジェクト（以下，再構築プロジェクトという）を立ち上げた。

再構築プロジェクトのプロジェクトマネージャにはシステム部のE課長が任命された。D社の要員はE課長と開発担当のF君の2名である。業務系システムの改修は，このシステムの保守を担当しているY社に依頼する。販売システムの再構築の要員は，Y社以外の外部委託先から調達する。

〔販売システムの要件定義〕

販売システムの要件定義を3月に開始した。実現する機能を整理するため，営業部門にヒアリングした上で要求事項を確定する。この作業を実施するために，E課長から外部委託先の選定を指示されたF君は，衣料品販売業のシステム開発実績はないが他業種での販売システムの開発実績が豊富であるZ社から派遣契約で要員を調達することにした。派遣労働者の指揮命令者に任命されたF君は，次の条件をZ社に提示したいとE課長に報告した。

(a) 作業場所はD社内であること

(b) F君が派遣労働者への作業指示を直接行うこと

(c) 派遣労働者に衣料品販売業務に関するD社の社内研修をD社の費用負担で受講してもらうこと

(d) F君が事前に候補者と面接して評価し，派遣労働者を選定すること

これに対してE課長から，①これらの条件のうち労働者派遣法に抵触する条件があると指摘されたので，これを是正した上でZ社に依頼し，要員を調達した。

E課長は，要件定義作業を始めてから，営業部門が新機能を盛り込んだ業務フローのイメージを十分につかめていないことに気がついた。営業部門に紙ベースの画面デザインだけを用いて説明していることが原因であった。そこで，②システムが提供する機能と利用者との関係を利用者の視点でシステムの動作や利用例を使って表現した，UMLで記述する際に使用される図法で作成した図を使って説明し，営業部門と合意して要件定義作業は3月末に終了した。

〔開発スケジュールの作成〕

要件定義作業を終えたF君は，次の項目を考慮して図1に示す再構築プロジェクトの開発スケジュールを作成した。

- 外部設計で，画面レイアウト，画面遷移と操作方法，ユーザインタフェースなどを定義した画面設計書を作成する。また，販売システムと業務系システムとのデータ接続仕様を決定する。
- 外部設計完了後，ソフトウェア設計～ソフトウェア統合テスト（以下，ソフトウェア製造という）を，販売システム，業務系システムでそれぞれ実施する。
- 販売システム及び業務系システムのソフトウェア製造完了後，両システムを統合して要件を満たしていることを検証するシステム統合テスト，更にシステム全体が要件どおりに実現されていることを検証するシステム検証テストを実施する。
- システム検証テストと営業部門によるユーザ受入れテスト（UAT：User Acceptance Test）の結果を総合的に評価して，稼働可否を判断する。稼働が承認された場合，営業部門が要求している8月下旬に新しい販売システムを稼働してサービスを開始する。

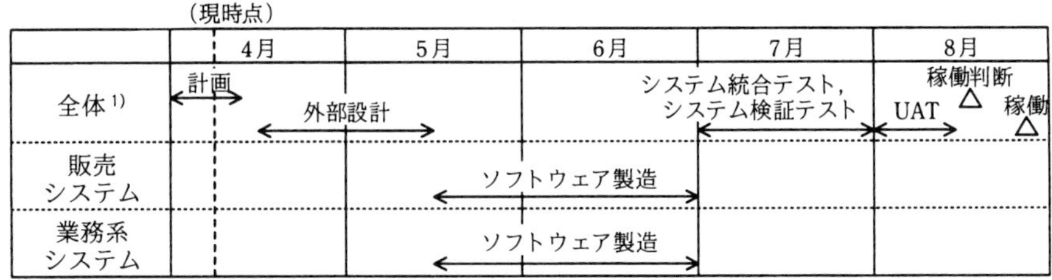

注 1) 販売システムと業務系システムの両システムに関わる作業を表す。

図1　再構築プロジェクトの開発スケジュール

〔外部委託先との開発委託契約〕

販売システムの再構築作業は，要件定義作業で派遣労働者を調達したZ社に開発委託することにした。F君は，③Z社との開発委託契約を，次のとおり作業ごとに締結しようと考え，E課長から承認された。

- 外部設計は，作業量に応じて報酬を支払う履行割合型の準委任契約を結ぶ。
- ソフトウェア製造は，請負契約を結ぶ。Z社に図1のソフトウェア製造の詳細なスケジュールを作成してもらい，週次の進捗確認会議で進捗状況を報告してもらう。
- ソフトウェア製造作業を終了したZ社からの納品物（設計書，プログラム，テスト報告書など）に対して，D社は6月最終週に［ a ］し，その後，支払手続に入る。
- ソフトウェア製造でZ社が開発した販売システムのソフトウェアをD社が他のプロジェクトで再利用できるように，開発委託契約の条文中に“ソフトウェアの［ b ］はD社に帰属する”という条項を加える。
- システム統合テスト及びシステム検証テストは，履行割合型の準委任契約を結ぶ。

一方，業務系システムの改修作業は，Z社と同様の開発委託契約にすることをY社と合意しており，現在の業務系システムの保守に支障を来さないことも確認済みである。

〔開発リスクの特定と対応策〕

E課長は，F君が作成した開発スケジュールをチェックして，販売システムの再構築に関するリスクを三つ特定し，それらを回避又は軽減する対応策を検討した。

一つ目に，外部設計で作成した画面設計書を提示された営業部門が，画面操作のイメージをつかむのにかなりの時間を要し，後続のソフトウェア製造の期間になってから仕様変更要求が相次いで，外部設計に手戻りが発生するリスクを挙げた。この対応策として，外部設計でプロトタイピング手法を活用して開発することにした。D社が調査したところ，Z社にはプロトタイピング手法による開発実績が多数あり，Z社の開発標準は今回の販売システムの開発でも適用できることが分かった。プロトタイピング手法による開発は，営業部門が理解しやすく，意見の吸収に有効である。しかし，営業部門の意見に際限なく耳を傾けると外部設計の完了が遅れるという新たなリスクが生じる。E課長はF君に，追加・変更の要求事項の［ c ］，提出件数の上限，及び対応工数の上限を定め，提出された追加・変更の要求事項の優先度を考慮した上でスコープを決定するルールを事前に営業部門と合意しておくように指示した。

二つ目に，Z社の製造したプログラムの品質が悪いというリスクを挙げた。外部設計書に正しく記載されているにもかかわらず，Z社での業界慣習の理解不足でプログラムが適切に製造されず，後続の工程で多数の品質不良が発覚すると，不良の改修が8月下旬のサービス開始に間に合わなくなる。これに対し，E課長はF君に，Z社に対して業界慣習に関する教育を行うように指示した。さらに，④ソフトウェア製造は請負契約であるが，D社として実行可能な品質管理のタスクを追加し，このタスクを実施することを契約条項に記載するように指示した。

三つ目に，スマートフォン向けの特定のWebブラウザ（以下，ブラウザという）では正しく表示されるが，他のブラウザでは文字ずれなどの問題が生じるリスクを挙げた。E課長は，利用が想定される全てのブラウザで動作確認することで問題発生のリスクを軽減することにした。しかし，利用が想定されるブラウザは5種類以上あるが，開発スケジュール内では最大2種類のブラウザの動作確認しかできないことが分かった。現状のスマートフォン向けのブラウザの国内利用シェアを調べると，上位2種類のブラウザで約95%を占めることが分かった。E課長は，営業部門と8月下旬のサービス開始前に⑤ある情報を公表することを前提に，上位2種類のブラウザに絞って動作確認することで合意した。

設問1 〔販売システムの要件定義〕について，(1)，(2) に答えよ。

(1) 本文中の下線①について，E課長が指摘した条件を，本文中の (a) ～ (d) の中から選び，記号で答えよ。

(2) 本文中の下線②の図を一般的に何と呼ぶか。10字以内で答えよ。

設問2 〔外部委託先との開発委託契約〕について，(1)，(2) に答えよ。

(1) 本文中の下線③について，D社が本文のとおりにZ社と契約を締結した場合，D社の立場として正しいものを解答群の中から選び，記号で答えよ。

解答群

ア　外部設計に携わったZ社要員を，引き続きソフトウェア製造に従事させることができる。

イ　合意した外部設計に基づいたソフトウェア製造は，Z社に完成責任を問える。

ウ　システム統合テスト時にはZ社が製造したプログラムの不良を知り速やかに通知しても，Z社に契約不適合責任を問えない。

エ　ソフトウェア製造時にZ社が携わった外部設計の不良が発覚した場合，Z社に契約不適合責任を問える。

(2) 本文中の［ a ］，［ b ］に入れる適切な字句を5字以内で答えよ。

設問3 〔開発リスクの特定と対応策〕について，(1) ～ (3) に答えよ。

(1) 本文中の［ c ］に入れる適切な字句を5字以内で答えよ。

(2) 本文中の下線④について，追加すべき品質管理のタスクを，20字以内で述べよ。

(3) 本文中の下線⑤について，8月下旬のサービス開始前に公表する情報とは何か。35字以内で述べよ。

解説

設問1 の解説

(1) 下線①について，F君が派遣契約先のZ社に提示したいと考えた条件 (a) ～ (d) のうち，「労働者派遣法に抵触する条件」はどれか問われています。まず，派遣契約（労働者派遣契約）を確認しておきましょう。

派遣契約（労働者派遣契約）とは，派遣元企業が雇用する労働者をその雇用契約の下に派遣先企業の指揮命令で労働させることができる契約。

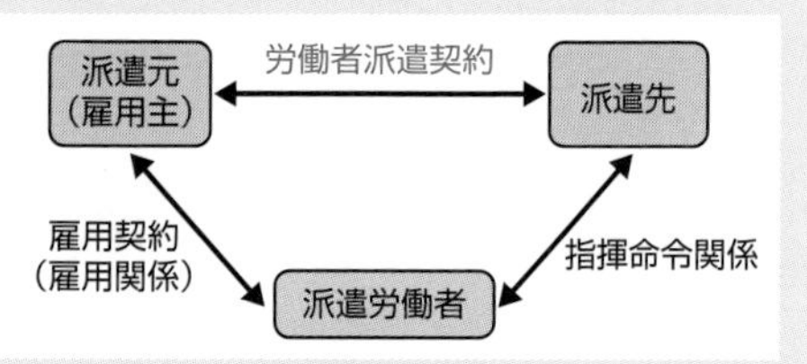

では，F君がZ社に提示したいと考えた条件 (a) ～ (d) を見ていきます。

(a)「作業場所はD社内であること」

労働者派遣法第26条第1項では，「労働者派遣契約の当事者は，当該労働者派遣契約の締結に際し，派遣労働者が従事する業務の内容，事業所の名称及び所在地等を定めなければならない」としています。したがって，条件 (a) は問題ありません。

(b)「F君が派遣労働者への作業指示を直接行うこと」

上図に示したとおり，派遣労働者は，雇用条件などは派遣元と結びますが，そのほかの業務上の指揮命令は派遣先から出されることになります。したがって，条件 (b) は問題ありません。

(c)「派遣労働者に衣料品販売業務に関するD社の社内研修をD社の費用負担で受講してもらうこと」

労働者派遣法第40条第2項では，「派遣先は，その指揮命令の下に労働させる派遣労働者について，当該派遣労働者が業務の遂行に必要な能力を習得できるよう教育訓練を実施するなど，必要な措置を講じなければならない」とし，また「教育訓練は派遣労働者向けに別の訓練を行うのではなく，自社の従業員と同様の訓練を実施すること」としています。したがって，条件 (c) は問題ありません。

(d)「F君が事前に候補者と面接して評価し，派遣労働者を選定すること」

労働者派遣法第26条第6項では，「労働者派遣契約の締結に際し，派遣労働者を特定することを目的とする行為をしないように努めなければならない」としています。したがって，条件 **(d)** は労働者派遣法に抵触する行為です。

(2) 下線②の「システムが提供する機能と利用者との関係を利用者の視点でシステムの動作や利用例を使って表現した，UMLで記述する際に使用される図法で作成した図」を一般的に何と呼ぶか問われています。

UML（Unified Modeling Language）は，オブジェクト指向開発における分析・設計で用いる統一モデリング言語です。UMLが定義する図法（ダイアグラム）の中で，「システムが提供する機能と利用者との関係を利用者の視点でシステムの動作や利用例を使って表現した図」は，**ユースケース図**です。

設問2 の解説

(1) 下線③について，D社が本文のとおりにZ社と契約を締結した場合，選択肢の中で，D社の立場として正しいものはどれか問われています。

まず，本文に記述されているZ社との開発委託契約の内容を確認しておきましょう。

- 外部設計：作業量に応じて報酬を支払う履行割合型の準委任契約
- ソフトウェア製造：請負契約
- システム統合テスト及びシステム検証テスト：履行割合型の準委任契約

ここでの着目点は，請負契約と準委任契約の違いです。次の点を踏まえて，各選択肢の内容を吟味していきます。

	請負契約	準委任契約
仕事の完成義務	受託者は仕事（受託業務）の完成の義務を負う	受託者は善良な管理者の注意をもって委任事務を処理する義務を負うものの，仕事の完成についての義務は負わない
契約不適合責任	成果物が契約の内容に適合しない場合，債務不履行責任の特則としての契約不適合責任を負う	契約不適合責任を負うことはない
作業者への指示	受託者側	受託者側

ア：外部設計は準委任契約，ソフトウェア製造は請負契約です。いずれの場合も，作業者への指揮命令権は受託側（Z社）にあり，作業者の選定を含め委託側であるD社が指示を出すことはできません。

イ：ソフトウェア製造は請負契約なので，受託側であるZ社は，仕事を完成し，その成果物を引き渡す義務を負います。したがって，正しい記述です。

ウ：システム統合テストでは，販売システム及び業務系システムのソフトウェア製造完了後，両システムを統合して要件を満たしていることを検証します。システム統合テストは準委任契約ですが，ソフトウェア製造は請負契約ですから，Z社が製造したプログラムに不良が発見された場合，D社は，Z社に契約不適合責任を問うことができます。

エ：外部設計は準委任契約なので，Z社が携わった外部設計に不良が発覚しても，契約不適合責任を問うことはできません。ただし，Z社は，善管注意義務（善良な管理者の注意義務）を負うため，これに違反があった場合には，D社は，通常の債務不履行責任（例えば，不完全な履行を完全なものにする，あるいは損害賠償責任など）を追及することは可能です。

以上，D社の立場として正しいのは〔**イ**〕です。

(2) 本文中の空欄a及び空欄bに入れる字句が問われています。

●空欄a

空欄aは，「ソフトウェア製造作業を終了したZ社からの納品物（設計書，プログラム，テスト報告書など）に対して，D社は6月最終週に[a]し，その後，支払手続に入る」との記述中にあります。

請負契約の場合，委託者は受入検査を行い，納品物が設計書どおりに動作するかを確認します。この工程を“検収”といい，検収の結果，問題なければ検収書に押印し，その後，受託者への報酬支払いの手続を行います。このことから，**空欄a**には「**検収**」を入れるのが適切です。

●空欄b

空欄bは，「ソフトウェア製造でZ社が開発した販売システムのソフトウェアをD社が他のプロジェクトで再利用できるように，開発委託契約の条文中に“ソフトウェアの[b]はD社に帰属する”という条項を加える」との記述中にあります。

Z社が開発した販売システムのソフトウェアの著作権は，原則（すなわち，著作物の権利に関する特段の取決めがなければ），Z社に帰属します。そのため，D社は，Z社の許諾なく，販売システムのソフトウェアを他のプロジェクトで再利用することはできません。これを行えるようにするためには，契約時に，“ソフトウェアの**著作権**（**空欄b**）はD社に帰属する”という条項を加える必要があります。

設問3 の解説

(1) 本文中の空欄cに入れる字句が問われています。

空欄cは，「E課長はF君に，追加・変更の要求事項の[c]，提出件数の上限，及び対応工数の上限を定め」との記述中にあり，その前文には，「営業部門の意見に際限なく耳を傾けると外部設計の完了が遅れるという新たなリスクが生じる」とあります。つまり，ここで問われているのは，外部設計の完了が遅れるという新たなリスクへの対応策であり，“提出件数の上限”，“対応工数の上限”のほかに決めておかなければならない制限事項です。

外部設計の完了が遅れるというリスクは，追加・変更の要求事項件数が多かったり，その対応工数が大きかったりすると発生しますが，これは，提出件数の上限，及び対応工数の上限を定めることで回避できます。

ここでのポイントは，「提出件数，対応工数」以外のリスク発生要因としては，「提出期限」が考えられることです。追加・変更の要求事項を止めどなく受け入れていると，後から後から要求事項が提出されることになり，結果，外部設計の完了が遅れます。このような状況を回避するためには，提出期限を決めておくべきです。したがって，**空欄c**には「**提出期限**」を入れるのが適切です。

(2) 下線④の「ソフトウェア製造は請負契約であるが，D社として実行可能な品質管理のタスクを追加し，このタスクを実施することを契約条項に記載するように指示した」について，追加すべき品質管理のタスクが問われています。

下線④は，Z社の製造したプログラムの品質が悪いというリスクに対する対応策です。E課長は，Z社での業界慣習の理解不足を懸念し，F君に，Z社に対して業界慣習に関する教育を行うように指示し，さらに下線④を指示しています。

Z社が製造するプログラム（ソフトウェア）の品質を担保するための策としては，成果物に対する定期的なレビューが有効です。ソフトウェア製造は請負契約ですから，D社がZ社に対して作業指示を出すことはできませんが，あらかじめレビュー日を決めておき，その時点での成果物をレビューし，ソフトウェア品質を確認することは可能です。

したがって，E課長が指示した，追加すべき品質管理のタスクとは，「Z社の成果物に対する定期的なレビューを行う」というタスクです。解答としては，この旨を記述すればよいでしょう。なお，試験センターでは解答例を「**作業の途中で品質レビューを行う**」としています。

(3) 下線⑤の「ある情報を公表することを前提に，上位2種類のブラウザに絞って動作確認することで合意した」について，8月下旬のサービス開始前に公表する情報とは何か問われています。

E課長が，下線⑤のように合意した経緯について，問題文には次のように記述されています。

・利用が想定されるブラウザは5種類以上あるが，開発スケジュール内では最大2種類のブラウザの動作確認しかできないことが分かった。
・現状のスマートフォン向けのブラウザの国内利用シェアを調べると，上位2種類のブラウザで約95％を占めることが分かった。

これらの記述を基に考えると，E課長が，上位2種類のブラウザに絞って動作確認することで合意したのは，上位2種類のブラウザの国内利用シェアが約95％を占めるからです。つまり，E課長は，2種類のブラウザに絞ってもさほど大きな問題はないと判断したわけです。

しかし，現状では，この2種類以外のブラウザを利用する人が約5％いるわけですから，その対応策として，「上位2種類のブラウザのみで動作確認を行っているため，それ以外のブラウザを使用した場合の動作は保証できない（問題が生じることがある）こと」をサービス開始前に公表する必要があります。これが，E課長が，サービス開始前に公表する必要があるとした情報です。

したがって，解答としては，「上位2種類のブラウザのみで動作確認を行っていること」，あるいは「上位2種類以外のブラウザを使用した場合の動作は保証できないこと」とすればよいでしょう。なお，試験センターでは解答例を「**上位2種類以外のブラウザでは問題が生じる場合があること**」としています。

解答

設問1 (1) (d)
(2) ユースケース図

設問2 (1) イ
(2) a：検収
b：著作権

設問3 (1) c：提出期限
(2) 作業の途中で品質レビューを行う
(3) 上位2種類以外のブラウザでは問題が生じる場合があること

Try! プロジェクトのコスト見積り（R03春午後問9抜粋）

本Try!問題は，生産管理システムの新規開発を題材とした，プロジェクトのコスト見積りに関する問題です。主テーマは“コスト見積り”ですが，契約形態（請負契約，準委任契約）に関する知識も問われます。コスト見積りについての手順や契約形態に関する設問を抜粋しました。挑戦してみましょう！

L社は大手機械メーカQ社のシステム子会社であり，Q社の様々なシステムの開発，運用及び保守を行っている。このたび，Q社は，新工場の設立に伴い，新工場用の生産管理システムを新規開発することを決定した。この生産管理システム開発プロジェクト（以下，本プロジェクトという）では，業務要件定義と受入れをQ社が担当し，システム設計から導入までと受入れの支援をL社が担当することになった。L社とQ社は，システム設計と受入れの支援を準委任契約，システム設計完了から導入まで（以下，実装工程という）を請負契約とした。

本プロジェクトのプロジェクトマネージャには，L社システム開発部のM課長が任命された。本プロジェクトは現在Q社での業務要件定義が完了し，これからL社でシステム設計に着手するところである。L社側実装工程のコスト見積りは，同部のN君が担当することになった。

なお，L社はQ社の情報システム部が，最近になって子会社として独立した会社であり，本プロジェクトの直前に実施した別の新工場用の生産管理システム開発プロジェクト（以下，前回プロジェクトという）が，L社独立後にQ社から最初に受注したプロジェクトであった。本プロジェクトのL社とQ社の担当範囲や契約形態は前回プロジェクトと同じである。

〔前回プロジェクトの問題とその対応〕

前回プロジェクトの実装工程では，見積り時のスコープは工程完了まで変更がなかったのに，L社のコスト実績がコスト見積りを大きく超過した。しかし，<u>①L社は超過コストをQ社に要求することはできなかった</u>。本プロジェクトでも請負契約となるので，M課長はまず，前回プロジェクトで超過コストが発生した問題点を次のとおり洗い出した。

- コスト見積りの機能の範囲について，Q社が範囲に含まれると認識していた機能が，L社は範囲に含まれないと誤解していた。
- 予算確保のためにできるだけ早く実装工程に対するコスト見積りを提出してほしいというQ社の要求に応えるため，L社はシステム設計の途中でWBSを一旦作成し，これに基づいてボトムアップ見積りの手法（以下，積上げ法という）によって実施したコスト見積りを，ほかの手法で見積りを実施する時間がなかったので，そのまま提出した。その後，完成したシステム設計書を請負契約の要求事項として使用したが，コスト見積りの見直しをせず，提出済みのコスト見積りが契約に採用された。

・コスト見積りに含まれていた機能の一部に，L社がコスト見積り提出時点では作業を詳細に分解し切れず，コスト見積りが過少となった作業があった。
・詳細に分解されていたにもかかわらず，想定外の不具合発生のリスクが顕在化し，見積りの基準としていた標準的な不具合発生のリスクへの対応を超えるコストが掛かった作業があった。

次に，今後これらの問題点による超過コストが発生しないようにするため，M課長は本プロジェクトのコスト見積りに際して，N君に次の点を指示した。
・[a]を作成し，L社とQ社で見積りの機能や作業の範囲に認識の相違がないようにすること。その後も変更があればメンテナンスして，Q社と合意すること
・実装工程に対するコスト見積りは，Q社の予算確保のためのコスト見積りと，契約に採用するためのコスト見積りの2回提出すること
  (i) 1回目のコスト見積りは，システム設計の初期の段階で，本プロジェクトに類似したシステム開発の複数のプロジェクトを基に類推法によって実施して，概算値ではあるが，できるだけ早く提出すること
  (ii) 2回目のコスト見積りは，システム設計の完了後に積上げ法に加えてファンクションポイント（以下，FPという）法でも実施すること
・積上げ法については，次の点について考慮すること
  (i) 作業を十分詳細に分解してWBSを完成すること
  (ii) 標準的なリスクへの対応に基づく通常のケースだけでなく，特定したリスクがいずれも顕在化しない最良のケースと，特定したリスクが全て顕在化する最悪のケースも想定してコスト見積りを作成すること

〔1回目のコスト見積り〕
これらの指示を基に，N君はまず，Q社の業務要件定義の結果を基に[a]を作成し，Q社とその内容を確認した。
次に，1回目のコスト見積りを類推法で実施し，その結果をM課長に報告した。その際，L社が独立する前も含めて実施した複数のプロジェクトのコスト見積りとコスト実績を比較対象にして，概算値を見積もったと説明した。
しかし，M課長は，"②自分がコスト見積りに対して指示した事項を，適切に実施したという説明がない"とN君に指摘した。
N君は，M課長の指摘に対して漏れていた説明を追加して，1回目のコスト見積りについてL社内の承認を得た。M課長は，この1回目のコスト見積りをQ社に提出した。

〔2回目のコスト見積り〕
N君は，システム設計の完了後に，積上げ法とFP法で2回目のコスト見積りを実施した。
・積上げ法によるコスト見積り
  N君は，まず作業を，工数が漏れなく見積もれるWBSの最下位のレベルである

[b]まで分解してWBSを完成させた後，工数を見積もり，これに単価を乗じてコストを算出した。

次に，この見積もったコストを最頻値とし，これに加えて，最良のケースを想定して見積もった楽観値と，最悪のケースを想定して見積もった悲観値を算出した。楽観値と悲観値の重み付けをそれぞれ1とし，最頻値の重み付けを4としてコストに乗じ，これらを合計した値を6で割って期待値を算出することとした。例えば，最頻値が100千円で，楽観値は最頻値－10%，悲観値は最頻値＋100%となった作業のコストの期待値は[c]千円となる。

[b]のコストの期待値を合計して，本プロジェクトの積上げ法によるコスト見積りを作成した。

・FP法によるコスト見積り

N君は，FP法によってFPを算出して開発[d]を見積もり，これを工数に換算し単価を乗じて，コスト見積りを作成した。

N君は，M課長に積上げ法とFP法によるコスト見積りの差異は許容範囲であることを説明し，積上げ法のコスト見積りを2回目のコスト見積りとして採用することについて，L社内の承認を得た。M課長は，承認された2回目のコスト見積りをQ社に説明し，Q社の合意を得た。その際Q社に，業務要件の仕様変更のリスクを加味し，L社のコスト見積りの総額に[e]を追加して予算を確定するよう提案した。

(1) 本文中の[a]，[b]，[e]に入れる適切な字句を解答群の中から選び，記号で答えよ。

解答群

ア　EVM	イ　活動
ウ　コンティンジェンシー予備	エ　スコープ規定書
オ　スコープクリープ	カ　プロジェクト憲章
キ　マネジメント予備	ク　ワークパッケージ

(2) 本文中の下線①の理由を，契約形態の特徴を含めて30字以内で述べよ。

(3) 〔1回目のコスト見積り〕について，本文中の下線②で漏れていた説明の内容を40字以内で答えよ。

(4) 本文中の[c]に入れる適切な数値を答えよ。計算の結果，小数第1位以降に端数が出る場合は，小数第1位を四捨五入せよ。

(5) 本文中の[d]に入れる適切な字句を，2字で答えよ。

解説

(1) 本文中の空欄a，b及び空欄eに入れる字句が問われています。

●**空欄a**：「[a]を作成し，L社とQ社で見積りの機能や作業の範囲に認識の相違がないようにする」とあるので，空欄aには，プロジェクトの作業範囲であるスコープが認識できる〔**エ**〕の**スコープ規定書**が入ります。

スコープ規定書とは，プロジェクトで作成すべき成果物やそれに必要な作業などプロジェクトの対象範囲（スコープ）を定義したドキュメントのことです。なお，〔オ〕のスコープクリープとは，管理できない変更により，あらかじめ決められたスコープを超過してしまうことをいいます。

●**空欄b**：「WBSの最下位のレベルである[b]まで分解して」とあります。WBSの最下位のレベルを**ワークパッケージ**というので〔**ク**〕が正解です。

●**空欄e**：「業務要件の仕様変更のリスクを加味し，L社のコスト見積りの総額に[e]を追加して予算を確定する」とあるので，空欄eには，リスクへの予備予算である次の二つのうちどちらかが入ります。

・コンティンジェンシー予備：事前に認識されたリスクへの予備予算
・マネジメント予備：特定できない未知のリスクへの予備予算

空欄eは，業務要件の仕様変更のリスクを加味した予備予算ですが，どの業務の仕様変更が発生するのか具体的なことが特定されていません。したがって，〔**キ**〕の**マネジメント予備**が適切です。

(2) 下線①の「L社は超過コストをQ社に要求することはできなかった」理由が問われています。

直前の記述に，「前回プロジェクトの実装工程では，見積り時のスコープは工程完了まで変更がなかったのに，L社のコスト実績がコスト見積りを大きく超過した」とあります。着目すべきは，前回プロジェクトの実装工程は，今回のプロジェクトと同様，請負契約であったことです。請負契約は，請負元が発注主に対し仕事を完成することを約束し，発注主がその仕事の完成に対し報酬を支払うことを約束する契約です。請負元が受け取るのは，約束した仕事に対する対価ですから，発注主側からの追加要求などによるスコープ変更がなければ，コスト実績が見積りを超過したとしても超過コストの要求はできません。つまり，スコープが変わらない場合のコスト増加は，請負側の責任となります。したがって，超過コストを要求できなかった理由は，「**請負契約は仕事の完成に対して報酬が支払われるから**」です。

(3)〔1回目のコスト見積り〕に関する問題です。下線②について，M課長が指示した，どの説明の内容が漏れていたのか問われています。

M課長は本プロジェクトのコスト見積りに際して，N君に，「1回目のコスト見積りは，本プロジェクトに類似したシステム開発の複数のプロジェクトを基に類推法によって実施すること」との指示をしています。これに対して，N君は，1回目のコスト見積りを類推法で実施し，その結果をM課長に報告した際，「L社が独立する前も含めて実施した複数のプロジェクトのコスト見積りとコスト実績を比較対象にして，概算値を見積もった」と説明しています。

一見，N君の説明に漏れはなさそうですが，N君の説明では，コスト見積りの際に採用した複数のプロジェクトが，本プロジェクトに類似したプロジェクトであったかどうか分かりません。類推法は，過去に開発した類似システムの実績データを基にコストを見積もる方法です。見積りの根拠となるプロジェクトが本プロジェクトと類似していない場合，見積りの精度は低くなってしまいます。M課長は，この点を懸念し指摘したものと考えられます。

以上，解答としては，「本プロジェクトに類似した複数のプロジェクトを基に見積もったこと」などとすればよいでしょう。なお，試験センターでは解答例を「**本プロジェクト類似の複数のシステム開発プロジェクトと比較していること**」としています。

(4) 最頻値が100千円で，楽観値は最頻値－10%，悲観値は最頻値＋100%となった作業のコストの期待値（空欄c）が問われています。

問題文に，「楽観値と悲観値の重み付けをそれぞれ1とし，最頻値の重み付けを4としてコストに乗じ，これらを合計した値を6で割って期待値を算出する」とあるので，コストの期待値は，

期待値　＝（悲観値＋4×最頻値＋楽観値）÷6
　　　　＝{(100＋100×1.0)＋4×100＋(100－100×0.1)}÷6
　　　　＝（200＋400＋90）÷6＝115［千円］

となります。したがって，**空欄c**には**115**が入ります。

(5)「FP法によってFPを算出して開発［ d ］を見積もり，これを工数に換算し単価を乗じて，コスト見積りを作成した」との記述中にある，空欄dに入れる字句が問われています。

FP法（ファンクションポイント法）は，システムの外部仕様の情報からそのシステムの機能の量を算定し，それを基にシステムの開発規模を見積もる手法なので，**空欄d**には「**規模**」が入ります。

解答　（1）a：エ　b：ク　e：キ
（2）請負契約は仕事の完成に対して報酬が支払われるから
（3）本プロジェクト類似の複数のシステム開発プロジェクトと比較していること
（4）c：115
（5）d：規模

問題3 リスクマネジメント （H26秋午後問9）

人事管理システムの更新案件を題材としたリスクマネジメントの問題です。本問では，プロジェクトに潜在するリスクの洗出し方法やプラスのリスクに対する戦略などリスクマネジメントの基本用語が問われるほか，対応コストに基づいた対応策の選択や，対策案の実施によって発生する二次リスクが問われます。難しく考えず，“問題文の記述”＋“一般的な知識”から解答を導き出しましょう。

問 リスクマネジメントに関する次の記述を読んで，設問1～4に答えよ。

システムインテグレータのA社は，得意先である精密機械メーカのB社から，人事管理システム更新の案件を受注した。B社の人事管理システムは，A社が開発した人事管理ソフトウェアパッケージを導入して2年前に構築したものである。プロジェクトマネージャ（PM）には，導入時の中核メンバであったA社の開発部のC君が任命されている。

今回の案件は，B社が取り組んでいる，グループ会社再編に伴う人事制度の見直しに対応するものである。ユーザ部門であるB社の人事部からは，数名の部員が，要件定義のテーマ別検討会と受入テストに参画する予定になっている。今回の開発期間は6か月で，A社には，同様の案件・開発期間の数件の実績がある。

C君は現在，プロジェクト計画を作成中で，その中のリスク対応計画の策定に着手した。

〔リスクの特定〕

C君は，今回の案件のリスクを特定する作業を開始した。まず初めに，①これまでのA社における人事管理ソフトウェアパッケージの導入及び更新プロジェクトで発生したリスクの一覧を参照して，リスク情報を収集した。さらに，②これまでにA社が手掛けた会社再編に伴う更新案件を担当したPM数名に個別に会って，当時起こった様々な事象などを聞いてリスク情報を収集した。そのうち，PMのDさんが担当した案件では，異動履歴の全件を対象とする処理について，大量の履歴を自動生成して行ったテストでは問題がなかったが，本番でレスポンスが異常に悪化する事象が発生して苦労したとのことであった。今回の案件でも，確率は低いものの，同様なリスクが考えられることが分かった。C君は，それらの情報を基に，今回の案件に合致すると思われるリスクを洗い出し，リスク登録簿を作成した。

C君が次の手順に進もうとしていたところ，B社から営業部に，納期を0.5か月前倒ししたいが可能かとの打診が入った。営業部から開発部に，納期の0.5か月前倒しを達成した場合は，成果報酬として発注金額が300万円上積みされるとの連絡があった。C君は，その状況をプロジェクトにとって［ a ］となるリスクととらえ，リスク登録簿に追加した。

〔リスクの分析〕

C君は，リスク登録簿に列挙したそれぞれのリスクについて，発生確率とプロジェクトへの影響度を査定して，高・中・低の3段階の優先度を付けた。また，リスクが発生した状況を想定して，影響度を金額に換算し，影響金額とした。

次に，発生確率，影響金額及び優先度を考慮しながら，それぞれのリスクに対応する戦略（以下，戦略という）を検討し，優先度が高のリスクだけをまとめて，表1のリスク登録簿更新版を作成した。

表1　リスク登録簿更新版

リスクNo.	リスクの内容	発生確率	影響金額	優先度	戦略
1	納期の0.5か月前倒しを実現した場合，売上に成果報酬が上乗せされる。	50％	＋300万円	高	［ b ］
2	異動履歴の全件を対象とする処理のレスポンスが本番稼働後に悪化する。	20％	－200万円	高	軽減
3	ユーザ部門の意思決定が，関連部署との調整のために時間を要し，検討が予定どおりに進まず，要件定義が遅延する。	75％	－100万円	高	回避

表1を作成する際に，C君は，No.1のリスクについては，それを確実に実現させたいと考え，［ b ］の戦略を選択した。また，今回の案件は，納期の目標達成が必須要件なので，発生確率が高いNo.3のリスクについては，確実に回避したいと考えた。

表1以外のリスクについては，その脅威を全て除去することは困難であり，かつ，発生確率も非常に低いことから，特に対策をしない［ c ］の戦略をとることにした。ただし，表1以外のリスクが発生した場合の対応コストを補うために，コンティンジェンシ予備を設けることにした。

続いてC君は，今回の案件を担当するメンバに，表1の各リスクへの対策案を検討するよう指示をした。

〔リスクへの対策案〕

No.1のリスクへの対策案としては，製造工程の要員数を増やして工程期間を0.5か月短縮する方法（クラッシング）と，設計工程が完了する0.5か月前から製造工程を開始する方法（ファストトラッキング）の2案が候補となった。

設計，製造の工程に関する当初の計画の詳細，及び検討の想定は次のとおりである。

・製造工程の当初の計画期間は3か月で，工数は30人月の見積りである。当初計画したメンバ以外の要員を追加する場合，追加要員の生産性は，当初計画したメンバの2／3になる。

・過去のプロジェクトの実績から，設計工程と製造工程を0.5か月重ねた場合の手戻りコストの平均は，製造工程の全体コストの3%程度と見込まれる。

・要員の配置は0.5か月単位と決められており，配置されていた期間分の工数によって，プロジェクトのコストが算出される。

・製造工程の1人月当たりのコストは100万円である。

これらを条件として，No.1のリスクの影響金額から，その対応コストを引いた金額を算出し，その値の大きい方を採用することにした。算出値は，クラッシングの場合は［ d ］万円，ファストトラッキングの場合は［ e ］万円であった。

No.2，3のリスクに対して，メンバの考えた対策案は表2のとおりであった。

表2　リスク対策案

リスクNo.	対策案	対応コスト
2	案1：Dさんが担当した案件での事象を詳細に調査し，今回の案件の場合のシミュレーションを実施してリスクの有無を明らかにする。その結果をアプリケーションプログラムの設計に反映させて，発生を予防する。	調査及びシミュレーション実施のコスト80万円
	案2：システムテストで本番データを用いたテストを実施する。テストした結果，レスポンスの悪化が発生した場合だけ，Dさんが担当した案件での対応を参考にSQLをチューニングする。	SQLチューニングのコスト100万円
3	テーマ別検討会の中で挙がる，ユーザ部門の意思決定が必要な項目については，それぞれに回答期限と推奨案を決定する。期限までに回答が得られない場合は，この推奨案を意思決定の結果とする。	－

③No.2のリスクに対して，案1はほぼ確実にリスクの発生を予防でき，案2よりも対応コストは低いが，C君は案2を選択した。

〔リスクのコントロール〕

C君は，表2のNo.3のリスクに対して，対策案の内容どおりに実施することで，ユーザ部門の合意を得た。

要件定義工程が始まり，テーマ別検討会が開始された。工程の半ば頃，意思決定の結果の一部について，B社の関連部署から不満の声が上がっているとの話を，ユーザ部門の1人から耳にした。C君は，④新たなリスクを懸念した。

設問1 〔リスクの特定〕について，(1)，(2) に答えよ。

(1) 本文中の下線①，②の技法を何と呼ぶか。それぞれ解答群の中から選び，記号で答えよ。

解答群

ア　インタビュー　　イ　根本原因分析
ウ　前提条件分析　　エ　専門家の判断
オ　チェックリスト分析　　カ　デルファイ法
キ　ブレーンストーミング

(2) 本文中の［ a ］に入れる適切な字句を，5字以内で答えよ。

設問2 表1及び本文中の［ b ］，［ c ］に入れる適切な戦略の名称を解答群の中から選び，記号で答えよ。

解答群

ア　回避　　イ　活用　　ウ　強化　　エ　共有
オ　軽減　　カ　受容　　キ　転嫁

設問3 〔リスクへの対策案〕について，(1)，(2) に答えよ。

(1) 本文中の［ d ］，［ e ］に入れる適切な数値を答えよ。ただし，対応コストは，当初見積りに対する，対策した場合の見積額の変動を表すものとし，金額は千円の位を四捨五入して万円単位とする。

(2) 本文中の下線③において，C君が表2のNo.2のリスクに対し，案2よりも対応コストが低い案1を選択しなかったのはなぜか。50字以内で述べよ。

設問4 本文中の下線④について，新たなリスクとはどのようなものか。30字以内で述べよ。

解説

設問1 の解説

(1) 下線①，②の技法が問われています。下線①，②は，プロジェクトに潜在するリスクを洗い出すための（リスク特定のための）手法です。

●**下線①**

「これまでのA社における人事管理ソフトウェアパッケージの導入及び更新プロジェクトで発生したリスクの一覧を参照して，リスク情報を収集した」とあります。過去の類似プロジェクトやその他の情報源から得た情報を基に作成されるリスクの一覧をリスク識別チェックリストといい，これを基にプロジェクトにおけるリスクを特定する方法を〔**オ**〕の**チェックリスト分析**といいます。

●**下線②**

「これまでにA社が手掛けた会社再編に伴う更新案件を担当したPM数名に個別に会って，当時起こった様々な事象などを聞いてリスク情報を収集した」とあります。類似プロジェクトの経験者や経験が豊富なプロジェクトマネジャなどへの質疑応答によってリスクを特定する方法を〔**ア**〕の**インタビュー**といいます。

参考 リスク洗い出し技法

リスクの洗い出し（リスクの特定）に用いられる技法には，チェックリスト分析，インタビューのほかに，次のものがあります。

●**デルファイ法**：複数の専門家からの意見収集，得られた意見の統計的集約，集約された意見のフィードバックを繰り返して，最終的に意見の収束を図る技法です。

●**ブレーンストーミング**：プロジェクトチームや関係者を一つの場所に集め，進行役の下，参加者全員にリスクに関する意見を自由に出してもらうという手法です。出された意見の評価や批判をしないのが特徴です。

(2) 本文中の空欄aに入れる字句が問われています。空欄aは，「その状況をプロジェクトにとって［ a ］となるリスクととらえ，リスク登録簿に追加した」との記述中にあります。“その状況”とは，直前の記述にある，「納期の0.5か月前倒しを達成した場合は，成果報酬として発注金額が300万円上積みされる」ことを指しています。

リスクには，発生した場合にマイナスの影響を及ぼす“マイナスのリスク（脅威）”と，プラスの影響を及ぼす“プラスのリスク（好機）”があります。発注金額が300万円上積みされることは，プロジェクトにとってプラスのリスクなので，**空欄a**には「**プラス**」が入ります。

設問2 の解説

表1及び本文中の空欄b，cに入れる戦略の名称が問われています。

●空欄b

No.1のリスク「納期の0.5か月前倒しを実現した場合，売上に成果報酬が上乗せされる」は，先に解答したとおりプラスのリスクです。プラスのリスクへの対応戦略には，活用，共有，強化，受容の四つがありますが，表1の直後の記述に，「No.1のリスクについては，それを確実に実現させたいと考え，[b]の戦略を選択した」とあります。リスク（好機）を確実に実現できるよう対応をとる戦略は，リスク活用なので，**空欄b**には〔**イ**〕の**活用**が入ります（下記「参考」を参照）。

●空欄c

「表1以外のリスクについては…，特に対策をしない[c]の戦略をとる」とあります。リスクの軽減や回避のための策を特に取らないのはリスク受容なので，**空欄c**には〔**カ**〕の**受容**が入ります。

参考 リスクへの対応戦略

●プラスのリスクへの対応戦略

活用	リスク（好機）を確実に実現できるよう対応をとる
共有	好機を得やすい能力の最も高い第三者と組む
強化	好機の発生確率やプラスの影響を増大させる
受容	特に何もせず好機が到来すれば受け入れる

●マイナスのリスクへの対応戦略

回避	リスク発生の要因を取り除いたり，プロジェクト目標にリスクの影響を与えないためにプロジェクト計画を変更する
転嫁	リスクの影響を第三者へ移す。例えば，保険をかけたり，保証契約を締結するという方法がある
軽減	リスクの発生確率と発生した場合の影響度を受容できる程度まで低下させる
受容	リスクの軽減や回避のための策を取らない（特に何もしないでリスクが発生したときにその対応を考える）

設問3 の解説

(1)〔リスクへの対策案〕の記述中にある空欄d，eに入れる数値が問われています。空欄d，eは，No.1のリスクの影響金額（＋300万円）から，クラッシング及びファストトラッキングした場合の対応コストを引いて算出した金額（万円）です。

●空欄d

クラッシングでは，製造工程の要員数を増やして工程期間を0.5か月短縮します。製造工程の当初の計画期間は3か月で，工数は30人月の見積りになっているので，当初計画したメンバは30人月÷3＝10人です。また，製造工程の1人月当たりのコストは100万円なので，当初見積りの全体コストは，

当初見積りの全体コスト＝30人月×100万円＝3,000万円

ということになります。

そこで，工程期間を0.5か月短縮し2.5か月にすると，当初計画メンバの10人で消化できるのは10×2.5＝25人月なので，残りの5人月分を追加要員で補うことになります。追加要員の生産性は，当初計画メンバの2／3ですから，残り5人月分を消化するのに必要な追加要員数は，

追加要員数×(2／3)×2.5か月＝5人月

追加要員数＝5÷(2.5×(2／3))＝3人

です。このため，クラッシングした場合の要員数は13人になるので全体コストは，

全体コスト＝13人×100万円×2.5か月＝3,250万円

となり，対応コストは，

対応コスト＝3,250－3,000＝250万円

となります。したがって，No.1のリスクの影響金額（＋300万円）から対応コストを引くと，

300－250＝50万円

となるので，**空欄d**には「**50**」が入ります。

●空欄e

ファストトラッキングでは，設計工程が完了する0.5か月前から製造工程を開始します。「過去のプロジェクトの実績から，設計工程と製造工程を0.5か月重ねた場合の手戻りコストの平均は，製造工程の全体コストの3%程度と見込まれる」とあるので，ファストトラッキングした場合の対応コストは

対応コスト＝当初見積りの全体コスト3,000万円×0.03＝90万円

です。したがって，No.1のリスクの影響金額（＋300万円）から対応コストを引くと，

300－90＝210万円

となるので，**空欄e**には「**210**」が入ります。

(2) 表2のNo.2のリスクに対し，案2よりも対応コストが低い案1を選択しなかった理由が問われています。「案2は，レスポンスの悪化が発生した場合だけ，SQLのチューニングを行う」というのがポイントです。

案1はほぼ確実にリスクの発生を予防できますが，対応コストが必ず80万円発生します。これに対して案2の場合，対応コストが発生するのは，本番データを用いたテストにおいてレスポンスの悪化が発生した場合だけです。レスポンスの悪化が発生しなければ，対応コストは発生しません。

テストにおいてレスポンスの悪化が発生する確率は，No.2のリスク（レスポンスが本番稼働後に悪化する）発生確率と同じと考えられるので20％です。そのため，案2における対応コストの期待値は100万円×0.2＝20万円となり，案1より低くなります。

したがって，案1を選択しなかったのは，「案1の対応コストが80万円であるのに対し，案2は対応コストの期待値が20万円で，案1より低い」からです。なお，試験センターでは解答例を「**案1はコストが必ず80万円掛かるが，案2はコストの期待値が20万円で，案1を下回るから**」としています。

参考 デシジョンツリー分析

案1，案2の対応コストをデシジョンツリーで表すと次のようになります。案1の対応コストが80万円であるのに対し，案2の対応コストの期待値は20万円なので，案2を選択するほうが好ましいという判断ができます。

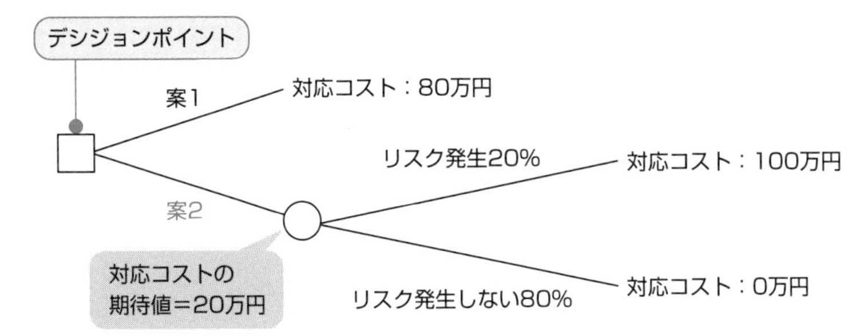

デシジョンツリー（決定木）は，関連づけられた意思決定の順序と，ある選択肢を選んだときに期待される結果を図に表したものです。デシジョンツリーでは，意思決定を行う点（これをデシジョンポイントという）を□印で表し，結果が不確定な点（不確定点という）を○印で表します。そして，不確定点における期待値を求め，デシジョンポイントで何を選択すればよいかを判断します。

設問4 の解説

表2のNo.3のリスクに関して，C君が懸念した新たなリスクとはどのようなリスクなのか問われています。ここで，No.3のリスクについて整理しておきましょう。

- **No.3のリスク**：「ユーザ部門の意思決定が関連部署との調整のために時間を要し，検討が予定どおりに進まず，要件定義が遅延する」というリスク。
- **リスク対策案**：テーマ別検討会の中で挙がる，ユーザ部門の意思決定が必要な項目については，それぞれに回答期限と推奨案を決定する。期限までに回答が得られない場合は，この推奨案を意思決定の結果とする。

No.3のリスクに対して上記の対策案をユーザ部門（B社の人事部）と合意して要件定義工程を進めてきた半ば頃，意思決定の結果の一部について，B社の関連部署から不満の声が上がっているとの話を耳にしたことで，C君は，新たなリスクの発生を懸念したわけです。B社の関連部署から不満の声が上がったのは，B社のユーザ部門（人事部）と関連部署との調整がなかなかできず，検討が不十分のまま，期限切れとなり推奨案を意思決定の結果としたためでしょう。関連部署と十分に検討できていれば，不満の声は上がらないはずです。

このような場合，考えられるリスクは，決定した内容の覆しです。つまり，C君が懸念したのは，意思決定の結果が，関連部署からの反対によって覆される可能性があるというリスクです。したがって解答としては，このことを30字以内にまとめればよいでしょう。なお，試験センターでは解答例を「**関連部署の反対によって意思決定の結果が覆されるリスク**」としています。

解答

設問1　(1) 下線①：オ
　　　　　下線②：ア
　　　(2) プラス

設問2　b：イ　　c：カ

設問3　(1) d：50　　e：210
　　　(2) 案1はコストが必ず80万円掛かるが，案2はコストの期待値が20万円で，案1を下回るから

設問4　関連部署の反対によって意思決定の結果が覆されるリスク

参考 リスクマネジメント

リスクマネジメントにおけるリスクへの対応活動の流れは，概ね次のようになります。ここでは，それぞれの活動(プロセス)で行われる主な内容をまとめておきます。

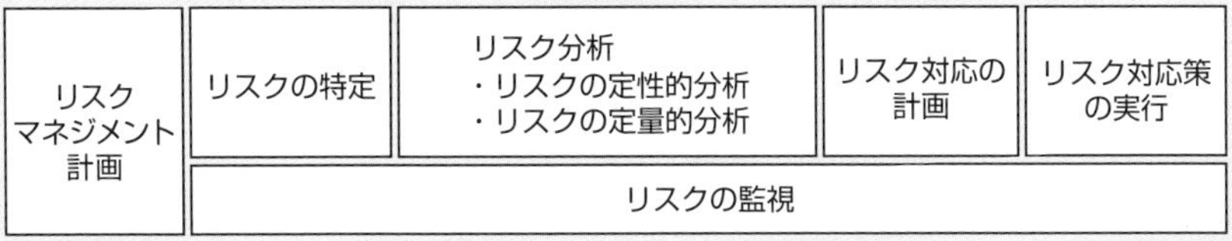

<table>
<tr><td rowspan="2">リスク
マネジメント
計画</td><td>リスクの特定</td><td>リスク分析
・リスクの定性的分析
・リスクの定量的分析</td><td>リスク対応の
計画</td><td>リスク対応策
の実行</td></tr>
<tr><td colspan="4">リスクの監視</td></tr>
</table>

<table>
<tr><td colspan="2">リスクマネジメント計画</td><td>プロジェクトで発生するリスクへの取組を計画する。具体的には，リスクへの対応方針や手法，利用するツールなどを定め，リスクの区分や発生確率，影響度(発生確率・影響度マトリックス)の定義などを行い，リスクマネジメント計画書に記載する</td></tr>
<tr><td colspan="2">リスクの特定</td><td>プロジェクトチームによるブレーンストーミングや専門家へのインタビューを行ったり，又はRBSを活用して，プロジェクトに影響を及ぼすリスクを洗い出し，リスク登録簿を作成する。
〔補足〕
RBSは“Risk Breakdown Structure”の略で，個々のリスクが特定できるよう詳細化していくことでリスクを体系的に整理する技法のこと</td></tr>
<tr><td rowspan="2">リスク分析</td><td>リスクの
定性的分析</td><td>リスク登録簿に列挙されているそれぞれのリスクに対し，リスクマネジメント計画で定義した発生確率・影響度マトリクスを基に，リスクが発生する確率とプロジェクトへの影響度を定性的に分析・査定し，リスクの優先順位を設定する</td></tr>
<tr><td>リスクの
定量的分析</td><td>感度分析(p.596参照)やデシジョンツリー分析，モンテカルロ分析などの技法を用いて，リスクがプロジェクトのスケジュールやコストに与える影響を数量的に分析する
〔補足〕
モンテカルロ分析とは，シミュレーションによって様々なリスクシナリオ(全ての可能な組合せ)を検討し，そこで起こり得る結果やその発生確率などを分析する技法</td></tr>
<tr><td colspan="2">リスク対応の計画</td><td>プロジェクトにプラスとなるリスクを増大させ，マイナスとなるリスクを低減させる対応策を検討・選択する</td></tr>
<tr><td colspan="2">リスク対応策の実行</td><td>リスク対応計画に沿い，対応策を実行する</td></tr>
<tr><td colspan="2">リスクの監視</td><td>プロジェクトの進行中，様々な要因によりリスクの状態は変化し，また新たなリスクも発生する。このため，リスク登録簿を基にリスクを監視し，定期的にリスクの再査定を行う。また，新たなリスクが発生しないか，既存リスクに変化はないかを検討する</td></tr>
</table>

問題4 金融システムの移行プロジェクト (R05春午後問9)

金融機関における金融商品の販売支援システムを題材とした，オンプロミスでの運用からIaaS型のクラウドサービスを活用した運用への移行プロジェクトの問題です。本問は，「ステークホルダの要求の確認」から始まり，「プロジェクト計画の作成→移行プロジェクトの作業計画→リスクマネジメント」という流れで構成されていて，全体としてはやや難易度の高い問題になっています。
問題文を注意深く読み取り，設問で何を問われているかを正しく理解した上で，解答を導き出しましょう。

問 金融機関システムの移行プロジェクトに関する次の記述を読んで，設問に答えよ。

P社は，本店と全国30か所の支店（以下，拠点という）から成る国内の金融機関である。P社は，土日祝日及び年末年始を除いた日（以下，営業日という）に営業をしている。P社では，金融商品の販売業務を行うためのシステム（以下，販売支援システムという）をオンプレミスで運用している。

販売支援システムは，営業日だけ稼働しており，拠点の営業員及び拠点を統括する商品販売部の部員が利用している。販売支援システムの運用・保守及びサービスデスクは，情報システム部運用課（以下，運用課という）が担当し，サービスデスクが解決できない問合せのエスカレーション対応及びシステム開発は，情報システム部開発課（以下，開発課という）が担当する。

販売支援システムのハードウェアは，P社内に設置されたサーバ機器，拠点の端末，及びサーバと端末を接続するネットワーク機器で構成される。

販売支援システムのアプリケーションソフトウェアのうち，中心となる機能は，X社のソフトウェアパッケージ（以下，Xパッケージという）を利用しているが，Xパッケージの標準機能で不足する一部の機能は，Xパッケージをカスタマイズしている。

販売支援システムのサーバ機器及びXパッケージはいずれも来年3月末に保守契約の期限を迎え，いずれも老朽化しているので以後の保守費用は大幅に上昇する。そこで，P社は，本年4月に，クラウドサービスを活用して現状のサーバ機器導入に関する構築期間の短縮やコストの削減を実現し，さらにXパッケージをバージョンアップして大幅な機能改善を図ることを目的に移行プロジェクトを立ち上げた。X社から，今回適用するバージョンは，OSやミドルウェアに制約があると報告されていた。

開発課のQ課長が，移行プロジェクトのプロジェクトマネージャ（PM）に任命され，移行プロジェクトの計画の作成に着手した。Q課長は，開発課のR主任に現行の販売支援システムからの移行作業を，同課のS主任に移行先のクラウドサービスでのシステム構築，移行作業とのスケジュールの調整などを指示した。

〔ステークホルダの要求〕

Q課長は，移行プロジェクトの主要なステークホルダを特定し，その要求を確認することにした。

経営層からは，保守契約の期限前に移行を完了すること，顧客の個人情報の漏えい防止に万全を期すこと，重要なリスクは組織で迅速に対応するために経営層と情報共有すること，クラウドサービスを活用する新システムへの移行を判断する移行判定基準を作成すること，が指示された。

商品販売部からは，5拠点程度の単位で数回に分けて切り替える段階移行方式を採用したいという要望を受けた。商品販売部では，過去のシステム更改の際に，全拠点で一斉に切り替える一括移行方式を採用したが，移行後に業務遂行に支障が生じたことがあった。その原因は，サービスデスクでは対応できない問合せが全拠点から同時に集中した際に，システム更改を担当した開発課の要員が新たなシステムの開発で繁忙となっていたので，エスカレーション対応する開発課のリソースがひっ迫し，問合せの回答が遅くなったことであった。また，切替えに伴う拠点での営業日の業務停止は，各拠点で特別な対応が必要になるので避けたい，との要望を受けた。

運用課からは，移行後のことも考えて移行プロジェクトのメンバーと緊密に連携したいとの話があった。

情報システム部長は，段階移行方式では，各回の切替作業に3日間を要するので，拠点との日程調整が必要となること，及び新旧システムを並行して運用することによって情報システム部の負担が過大になることを避けたいと考えていた。

〔プロジェクト計画の作成〕

Q課長は，まず，ステークホルダマネジメントについて検討した。Q課長は経営層，商品販売部及び情報システム部が参加するステアリングコミッティを設置し，移行プロジェクトの進捗状況の報告，重要なリスク及び対応方針の報告，最終の移行判定などを行うことにした。

次に，Q課長は，移行方式について，全拠点で一斉に切り替える<u>①一括移行方式</u>を採用したいと考えた。そこで，Q課長は，商品販売部に，サービスデスクから受けるエスカレーション対応のリソースを拡充することで，移行後に発生する問合せに迅速に回答することを説明して了承を得た。

現行の販売支援システムのサーバ機器及びXパッケージの保守契約の期限である来年3月末までに移行を完了する必要がある。Q課長は，移行作業の期間も考慮した上で，切替作業に問題が発生した場合に備えて，年末年始に切替作業を行うことにした。

Q課長は，移行の目的や制約を検討した結果，IaaS型のクラウドサービスを採用することにした。IaaSベンダーの選定に当たり，Q課長は，S主任に，新システムのセキュリティインシデントの発生に備えて，セキュリティ対策をP社セキュリティポリシーに基づいて策定することを指示した。S主任は，候補となるIaaSベンダーの技術情報を基に，セキュリティ対策を検討すると回答したが，Q課長は，②具体的なセキュリティ対策の検討に先立って実施すべきことがあるとS主任に指摘した。S主任は，Q課長の指摘を踏まえて作業を進め，セキュリティ対策を策定した。

最後に，Q課長は，これまでの検討結果をまとめ，IaaSベンダーに③RFPを提示し，受領した提案内容を評価した。その評価結果を基にW社を選定した。

Q課長は，これらについて経営層に報告して承認を受けた。

〔移行プロジェクトの作業計画〕

R主任とS主任は協力して，移行手順書の作成，移行ツールの開発，移行総合テスト，営業員の教育・訓練及び受入れテスト，移行リハーサル，本番移行，並びに移行後の初期サポートの各作業の検討を開始した。各作業は次のとおりである。

(1) 移行手順書の作成

移行に関わる全作業の手順書を作成し，関係するメンバーでレビューする。

(2) 移行ツールの開発

移行作業の実施に当たって，データ変換ツール，構成管理ツールなどのX社提供の移行ツールを活用するが，Xパッケージをカスタマイズした機能に関しては，X社提供のデータ変換ツールを利用することができないので，移行に必要なデータ変換機能を開発課が追加開発する。

(3) 移行総合テスト

移行総合テストでは，移行ツールが正常に動作し，移行手順書どおりに作業できるかを確認した上で，移行後のシステムの動作が正しいことを移行プロジェクトとして検証する。R主任は，より本番移行に近い内容で移行総合テストを実施する方が検証漏れのリスクを軽減できると考えた。ただし，P社のテスト規定では，個人情報を含んだ本番データはテスト目的に用いないこと，本番データをテスト目的で用いる場合には，その必要性を明らかにした上で，個人情報を個人情報保護法及び関連ガイドラインに従って匿名加工情報に加工する処置を施して用いること，と定められている。そこで，R主任は本番データに含まれる個人情報を匿名加工情報に加工して移行総合テストに用いる計画を作成した。Q課長は，検証漏れのリスクと情報漏えいのリスクのそれぞれを評価した上で，R主任の計画を承認した。その際，PMであるQ課長だけで判断せず，④ある手続を実施した上で対応方針を決定した。

(4) 営業員の教育・訓練及び受入れテスト

商品販売部の部員が，S主任及び拠点の責任者と協議しながら，営業員の教育・訓練の内容及び実施スケジュールを計画する。これに沿って，営業日の業務後に受入れテストを兼ねて，商品販売部の部員及び全営業員に対する教育・訓練を実施する。

(5) 移行リハーサル

移行リハーサルでは，移行総合テストで検証された移行ツールを使った移行手順，本番移行の当日の体制，及びタイムチャートを検証する。

(6) 本番移行

移行リハーサルで検証した一連の手順に従って切替作業を実施する。本番移行は本年12月31日～来年1月2日に実施することに決定した。

(7) 移行後の初期サポート

移行後のトラブルや問合せに対応するための初期サポートを実施する。初期サポートの実施に当たり，Q課長は，移行後も，システムが安定稼働して拠点からサービスデスクへの問合せが収束するまでの間，⑤ある支援を継続するようS主任に指示した。

Q課長は，これらの検討結果を踏まえて，⑥新システムの移行可否を評価する上で必要な文書の作成に着手した。

〔リスクマネジメント〕

Q課長は，R主任に，主にリスクの定性的分析で使用される［ a ］を活用し，分析結果を表としてまとめるよう指示した。さらに，リスクの定量的分析として，移行作業に対して最も影響が大きいリスクが何であるかを判断することができる［ b ］を実施し，リスクの重大性を評価するよう指示した。

リスクの分析結果に基づき，R主任は，各リスクに対して，対応策を検討した。Q課長は，来年3月末までに本番移行が完了しないような重大なリスクに対して，プロジェクトの期間を延長することに要する費用の確保以外に，現行の販売支援システムを稼働延長させることに要する費用面の⑦対応策を検討すべきだ，とR主任に指摘した。

R主任は，指摘について検討し，Q課長に説明をして了承を得た。

設問1 〔プロジェクト計画の作成〕について答えよ。

(1) 本文中の下線①について，情報システム部にとってのメリット以外に，どのようなメリットがあるか。15字以内で答えよ。

(2) 本文中の下線②について，実施すべきこととは何か。最も適切なものを解答群の中から選び，記号で答えよ。

解答群

ア　過去のセキュリティインシデントの再発防止策検討

イ　過去のセキュリティインシデントの被害金額算出

ウ　セキュリティ対策の訓練

エ　セキュリティ対策の責任範囲の明確化

(3) 本文中の下線③についてQ課長が重視した項目は何か。25字以内で答えよ。

設問2 〔移行プロジェクトの作業計画〕について答えよ。

(1) 本文中の下線④についてQ課長が実施することにした手続とは何か。35字以内で答えよ。

(2) 本文中の下線⑤について，どのような支援か。25字以内で答えよ。

(3) 本文中の下線⑥について，どのような文書か。本文中の字句を用いて10字以内で答えよ。

設問3 〔リスクマネジメント〕について答えよ。

(1) 本文中の［ a ］，［ b ］に入れる適切な字句を解答群の中から選び，記号で答えよ。

解答群

ア　感度分析

イ　クラスタ分析

ウ　コンジョイント分析

エ　デルファイ法

オ　発生確率・影響度マトリックス

(2) 本文中の下線⑦について，来年3月末までに本番移行が完了しないリスクに対して検討すべき対応策について，20字以内で具体的に答えよ。

解説

設問1 の解説

(1) 下線①の「一括移行方式」を採用することによる，情報システム部にとってのメリット以外のメリットが問われています。

〔ステークホルダの要求〕を確認すると，商品販売部から次の要望を受けたことが記述されています。

> 〔商品販売部の要望〕
> ・5拠点程度の単位で数回に分けて切り替える段階移行方式を採用したい
> ・切替えに伴う拠点での営業日の業務停止は避けたい

これに対して，情報システム部長は，段階移行方式を採用することによる問題点として，「各回の切替作業に3日間を要するので，拠点との日程調整が必要となる」こと，また「新旧システムを並行して運用することによって情報システム部の負担が過大になる」ことを挙げています。一括移行方式を採用すれば，これらの問題は回避できますが，この問題を回避することは，情報システム部にとってのメリットなので解答にはなりません。そこで，次の2点に着目して考えていきます。

> ・段階移行方式では，各回の切替作業に3日間を要する
> ・P社の営業日は，土日祝日及び年末年始を除いた日

〔プロジェクト計画の作成〕にある，「Q課長は，移行作業の期間も考慮した上で，切替作業に問題が発生した場合に備えて，年末年始に切替作業を行うことにした」との記述から，切替作業は年末年始（すなわち，年内）で完了したい考えであることが分かります。段階移行方式を採用した場合，切替作業に3日間を要するわけですから，年内に切替作業を完了するためには営業日の業務停止は避けられません。一方，一括移行方式を採用し，年末年始に切替作業を行えば，営業日の業務停止は回避できます。そして，営業日の業務停止の回避は，商品販売部の要望でもあるので，これが情報システム部にとってのメリット以外のメリットということになります。

したがって，解答としては「営業日の業務停止が回避できる」，「営業日の業務停止を避けられる」などとすればよいでしょう。なお，試験センターでは解答例を**「営業日に業務の停止が不要」**としています。

(2) 下線②の「具体的なセキュリティ対策の検討に先立って実施すべきことがある」について，何を実施すべきか問われています。

「IaaS型のクラウドサービスを採用すること」及び「セキュリティ対策の検討に先立って実施すべきこと」という観点から各選択肢を吟味すると，解答として適切なのは，〔エ〕の「**セキュリティ対策の責任範囲の明確化**」です。

P社では現在，販売支援システムをオンプレミスで運用していますが，これをIaaS型のクラウドサービスを利用した運用にするわけですから，セキュリティ対策の検討に先立って，どの部分について誰が運用上の責任をもつのか，すなわち，P社の責任範囲を明確にしておく必要があります。責任範囲を明確にしないままセキュリティ対策を検討しても，適切かつ具体的なセキュリティ対策の検討はできません。

(3) 下線③の「RFPを提示し，受領した提案内容を評価」した際に，Q課長が重視した項目が問われています。

ここでの着目点は，「Q課長は，移行の目的や制約を検討した結果，IaaS型のクラウドサービスを採用することにした」との記述です。“移行の目的や制約”に関する記述を問題文中から探すと，移行の目的について，〔ステークホルダの要求〕の手前に次の記述があります。

・クラウドサービスを活用して現状のサーバ機器導入に関する構築期間の短縮やコストの削減を実現する。
・Xパッケージをバージョンアップして大幅な機能改善を図る。

本設問で問われているのは，Q課長がIaaSベンダーに，RFP（Request For Proposal：提案依頼書）を提出し，各IaaSベンダーから提出された提案内容を評価する際に重視した項目です。「Xパッケージをバージョンアップして大幅な機能改善を図る」ことは，IaaSベンダーの選定に関係がないため，「構築期間の短縮とコストの削減」の面から考えていきます。

移行の目的，すなわちプロジェクトの目的が「構築期間の短縮とコストの削減」であれば，それを達成できるベンダーを選定する必要があります。つまり，Q課長が重視したのは，構築期間の短縮やコストの削減がどの程度実現可能かです。

したがって，解答としては「構築期間の短縮とコストの削減」としたいところですが，“Q課長が重視した項目”とあるので，「構築期間とコスト」などと解答すればよいでしょう。なお，試験センターでは解答例を「**IaaS利用による構築期間とコスト**」としています。

設問2 の解説

(1) 下線④について，Q課長が実施することにした手続が問われています。

下線④が含まれる「(3) 移行総合テスト」には，P社のテスト規定について，「個人情報を含んだ本番データはテスト目的に用いないこと，本番データをテスト目的で用いる場合には，…(途中省略)… 匿名加工情報に加工する処置を施して用いること，と定められている」との記述があります。また，続いて「Q課長は，検証漏れのリスクと情報漏えいのリスクのそれぞれを評価した上で，R主任が作成した，本番データに含まれる個人情報を匿名加工情報に加工して移行総合テストに用いる計画を，承認した」旨の記述があり，その際，Q課長は，自分だけで判断せず，下線④の“ある手続”を実施した上で対応方針を決定しています。問われているのは，Q課長が実施した“ある手続”です。

ここで着目すべきは，情報漏えい (すなわち，個人情報の漏えい) のリスクです。Q課長は，情報漏えいのリスクを評価していますが，P社のテスト規定では，原則，個人情報を含んだ本番データのテスト使用は禁止しています。また，個人情報の漏えいについては，〔ステークホルダの要求〕に，「経営層からは，顧客の個人情報の漏えい防止に万全を期すこと，重要なリスクは組織で迅速に対応するために経営層と情報共有すること，が指示された」とあります。

このことから，Q課長は，個人情報を含む本番データを，移行総合テストに用いることを重要なリスクとして捉え，本番データに含まれる個人情報を匿名加工情報に加工する対応方針とともに，経営層，商品販売部及び情報システム部が参加するステアリングコミッティに報告し，承認を得たと考えられます。

以上，Q課長が実施したのは，「本番データに含まれる個人情報を匿名加工情報に加工して移行総合テストに用いることを，ステアリングコミッティに報告し，承認を得る」という手続です。解答としては，この旨を35字以内にまとめ，「本番データを用いたテストを，ステアリングコミッティに報告し，承認を得る」などとすればよいでしょう。なお，試験センターでは解答例を「**ステアリングコミッティで本番データを用いたテストの承認を得る**」としています。

(2) 下線⑤について，どのような支援か問われています。下線⑤は，「Q課長は，移行後も，システムが安定稼働して拠点からサービスデスクへの問合せが収束するまでの間，⑤ある支援を継続するようS主任に指示した」との記述中にあります。

“サービスデスク”をキーワードに問題文を確認すると，〔ステークホルダの要求〕にある，商品販売部からの要望記述の中に，「過去のシステム更改の際に，一括移行方式を採用したが，サービスデスクでは対応できない問合せが全拠点から同時に集中した際に，システム更改を担当した開発課の要員が新たなシステムの開発で繁忙となっていたので，エスカレーション対応する開発課のリソースがひっ迫し，問合せの回答が遅くなり，業務遂行に支障が生じた」旨が記述されています。

これに対して，Q課長は，商品販売部に，サービスデスクから受けるエスカレーション対応のリソースを拡充することで，移行後に発生する問合せに迅速に回答することを説明して了承を得ています。このことから，Q課長が，移行後も，システムが安定稼働して拠点からサービスデスクへの問合せが収束するまでの間，継続するよう指示した支援とは，「**エスカレーション対応の開発課リソースの拡充**」です。

(3) 下線⑥の「新システムの移行可否を評価する上で必要な文書」とは，どのような文書か問われています。

新システムへの移行可否の評価については，〔ステークホルダの要求〕に，「経営層からは，クラウドサービスを活用する新システムへの移行を判断する移行判定基準を作成すること，が指示された」とあります。したがって，下線⑥の文書とは，**移行判定基準**です。

設問3 の解説

(1) 本文中の空欄a及び空欄bに入れる字句が問われています。解答群にある各用語の意味は，次のとおりです。

感度分析	**リスクの定量的分析**で使用される技法。顕在化したときにプロジェクトの目標に与える影響が大きいリスクはどれかを分析する
クラスタ分析	観測データを類似性によって集団や群に分類し，その特徴となる要因を分析する
コンジョイント分析	商品がもつ価格，デザイン，使いやすさなど，購入者が重視している複数の属性の組合せを分析する。主にマーケティング分野において使用される技法
デルファイ法	複数の専門家からの意見収集，得られた意見の統計的集約，集約された意見のフィードバックを繰り返して，最終的に意見の収束を図る。プロジェクトのリスクマネジメントにおいては，リスクの特定（洗い出し）に使用される技法
発生確率・影響度マトリックス	**リスクの定性的分析**で使用される技法。リスクの発生確率と影響度をマトリックス状に視覚化したもの

このうち，リスク分析で使用されるのは，感度分析と発生確率・影響度マトリックスだけです。

●空欄a

空欄aは,「主にリスクの定性的分析で使用される［ a ］を活用し，分析結果を表としてまとめるよう指示した」との記述中にあります。

リスクの定性的分析では，リスクの特定で洗い出されたリスクについて，各リスクが発生する確率とそのリスクがプロジェクトに及ぼす影響度や危険度などを定性的に分析・検討し，リスクの優先順位を設定します。解答群の中で，定性的リスク分析に使用されるのは，〔オ〕の**発生確率・影響度マトリックス**です。

▼「発生確率・影響度マトリックス」と「リスクスコア一覧」の例

発生確率・影響度マトリックス

発生確率			
高（3）	3	6	9
中（2）	2	4	6
低（1）	1	2	3
	低（1）	中（2）	高（3）

影響度

リスクスコア：「リスクの発生確率×影響度」

〔補足〕発生確率・影響度マトリックスは，「リスクマネジメント計画」段階で，定義する。なお，一般的には，発生確率，影響度ともに5段階で定義付けを行う。

各リスクとそのリスクスコアを表にまとめる

リスクスコア一覧

リスク	発生確率	影響度	リスクスコア
リスクA	中（2）	高（3）	6
リスクB	高（3）	低（1）	3
リスクC	低（1）	中（2）	2

●空欄b

空欄bは,「リスクの定量的分析として，移行作業に対して最も影響が大きいリスクが何であるかを判断することができる［ b ］を実施し，リスクの重大性を評価するよう指示した」との記述中にあります。

リスクの定量的分析では，感度分析やデシジョンツリー分析，シミュレーションなどの技法を用いて，リスクがプロジェクト目標全体に与える影響を数量的に分析するので，空欄bは，〔ア〕の**感度分析**です。

なお，感度分析の結果はトルネード図で表されます。トルネード図とは，それぞれのリスクについて，プラスの影響とマイナスの影響を横棒のグラフで表し，変動幅の大きい順に並べたグラフです（次ページ参照）。

▼トルネード図の例

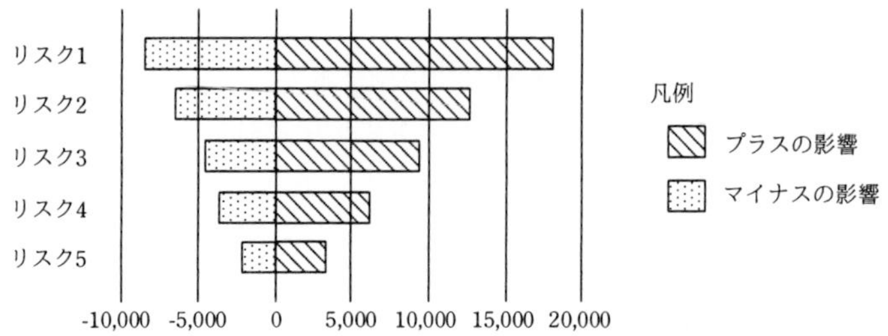

(2) 下線⑦について，来年3月末までに本番移行が完了しないリスクに対して検討すべき対応策が問われています。Q課長は，このリスクに対して，「プロジェクトの期間を延長することに要する費用の確保以外に，現行の販売支援システムを稼働延長させることに要する費用面の⑦対応策を検討すべきだ」と指摘しています。

問題文の冒頭にある，「販売支援システムのサーバ機器及びXパッケージはいずれも来年3月末に保守契約の期限を迎え，いずれも老朽化しているので以後の保守費用は大幅に上昇する」との記述に着目すると，来年3月末までに本番移行が完了せず現行の販売支援システムを稼働延長させることになると，保守費用が大幅に上昇することが分かります。つまり，Q課長が指摘した下線⑦の対応策とは，この追加発生する保守費用への対策です。したがって，検討すべき対応策（解答）としては，「**追加発生する保守費用の確保**」とすればよいでしょう。

解答

設問1 (1) 営業日に業務の停止が不要
(2) エ
(3) IaaS利用による構築期間とコスト

設問2 (1) ステアリングコミッティで本番データを用いたテストの承認を得る
(2) エスカレーション対応の開発課リソースの拡充
(3) 移行判定基準書

設問3 (1) a：オ
b：ア
(2) 追加発生する保守費用の確保

第10章 サービスマネジメント

出題範囲

- サービスマネジメントシステム
  構成管理，事業関係管理，サービスレベル管理，供給者管理，
  サービスの予算業務及び会計業務，容量・能力管理，変更管理，
  サービスの設計及び移行，リリース及び展開管理，インシデント管理，
  サービス要求管理，問題管理，サービス可用性管理，サービス継続管理，
  サービスの報告，継続的改善　ほか
- サービスの運用
  システム運用管理，仮想環境の運用管理，運用オペレーション，
  サービスデスク　ほか

など

問題1　サービスの予算業務及び会計業務（R02秋午後問10）

人材教育会社の講座サービスの変更（動画講座システムの追加）を題材にした，サービスマネージメントの問題です。本問では，サービスの予算業務及び会計業務について，新システム導入に伴う費用見積の妥当性，初期費用や運用費用の基本知識，そしてサービス提供に対する間接費の配賦及び割当てが問われます。問われる内容自体はオーソドックスなので，問題文を丁寧に読めば解答は難しくありません。落ち着いて解答を進めましょう。

問　サービスの予算業務及び会計業務に関する次の記述を読んで，設問1～3に答えよ。

D社は，中堅の人材教育会社である。主な事業は次の三つである。

(1) 集合教育事業：大学受験や資格取得のための教室で受講する講座（以下，教室講座という）の企画，教材開発及び運営
(2) 通信教育事業：大学受験や資格取得のための自宅などからインターネットで受講する講座（以下，インターネット講座という）の企画，教材開発及び運営
(3) 書籍出版事業：参考書籍の企画，制作，出版及び販売

これらの事業に対して，それぞれ担当する事業部がある。また，D社のシステム部は，それぞれの事業部を顧客としてITサービスを提供し，事業活動を支援している。システム部が提供するITサービスは，表1のとおりである。

表1　システム部が提供するITサービス

顧客	ITサービス名称	ITサービスの内容
集合教育事業部	教室講座管理	教室講座のカリキュラム管理，受講者の登録・受講管理，講座内容の録画情報管理[1]など
通信教育事業部	インターネット講座管理	インターネット講座の提供管理，受講者の登録・受講管理，講座内容のコンテンツ管理など
書籍出版事業部	書籍販売管理	書籍の在庫管理，販売管理，書籍購入者の管理など

注[1]　集合教育事業部は，人気講師が行う好評な教室講座の内容を録画して，講座の教材として活用している。講座の録画情報は，録画内容を素早く閲覧できるなどの多彩な機能を備えた管理ソフトウェアを使って管理される。

D社の利用者は，高校生から社会人までと幅広いが，少子化や同業他社との競争激化で，利用者数は年々減少傾向にある。特に学生層の利用者数の減少が顕著である。

その中で通信教育事業のインターネット講座だけは，その利便性から受講者数が増加しているが，講座テキストを加工した音声のない静止画による講座（以下，静止画講座という）の提供にとどまっていた。近年の無線通信の高速化の進展を受けて，受講者からは動画による講座（以下，動画講座という）への要望が高まっている。

動画講座の検討を開始した通信教育事業部のE課長は，システム部のF課長に動画講座システムの実現方法の検討を依頼し，システム部のG主任が担当になった。

〔直接費の割当てと間接費の配賦〕

D社では，システム部をコストセンタと位置付けている。また，D社の管理会計では直接費と間接費を次のように定義している。システム部の費用のうち，特定の事業部のITサービスで専用に使用されているシステム機器の費用，特定の事業部の指示で実施する作業の費用は，直接費として当該事業部に割り当てる。複数の事業部のITサービスで共用するシステム機器の費用，システム部管理職の人件費など，直接費以外の費用は，総額を各事業部の売上額で按(あん)分して，各事業部に間接費として配賦する。一部の事業部では，この配賦方式はITサービスの利用実態に沿っていないと，不公平感が高まっていた。

また，システム部は，ITサービスの提供のために管理する必要のある要素（以下，CIという）を，[a]で管理している。[a]には，“CIの属性”，“CI間の関係”，“CIがどのサービスに使用されているか”などが登録されている。システム部では，CIが特定の事業部のITサービスで専用に使用されているか，[a]を使って判定し，直接費を算出している。例えば，教室講座の内容の録画に必要な機器及び管理ソフトウェアは，教室講座管理サービスだけで使用されているCIと判定できるので，録画に必要な機器や保存に関わる教室講座の録画費用の全額を，集合教育事業部に直接費として割り当てている。

〔動画講座システムの実現〕

G主任は，通信教育事業部とともに，動画講座システムの実現に向けた調査を行った。

- 動画講座の提供によって，受講者数が1年間で1.5倍程度に増えることが見込まれる。
- 集合教育事業部の録画情報を有効活用して，現行の静止画講座のコンテンツと組み合わせることで，動画講座のコンテンツが作成できる。

D社では，このようなサービスの変更の実施に先立って，変更要求を変更管理プロセスに提出する。変更管理プロセスでは変更審査会を開催し，変更要求の実施可否を意思決定する。意思決定では，事業利益，技術的実現性，財務的な影響などを考慮する。

そこで，G主任は，動画講座システムの総所有費用（TCO）の見積りを作成するために，総所有費用の見積項目（抜粋）を表2にまとめた。

表2　動画講座システムの総所有費用の見積項目（抜粋）

区分	費目	見積項目
初期費用	ハードウェア費	サーバ，ストレージ，通信機器などの購入費用
	ソフトウェア費	OS，データベースソフトウェアなどの購入費用
	開発人件費及び外部委託費	動画講座のコンテンツ作成，アプリケーションソフトウェア（以下，アプリソフトという）の開発などの費用
運用費用	設備費	機械室，付帯設備などの使用料
	回線費	通信回線の使用料
	運用人件費	システム運用，アプリソフト保守に関わる人件費のうちの直接費

注記　初期費用は，D 社の会計基準にのっとり減価償却され，毎月，減価償却費として計上される。

G主任は，システム運用作業及びアプリソフト保守作業についてシステム部内で調査した。その結果，それぞれ作業工数は発生するが，システム運用作業は機械室の現有オペレータの体制で運用可能であること，アプリソフト保守作業はインターネット講座管理サービスの現有保守担当者の体制で保守可能であることが分かり，どちらも増員の必要はない，と判断できた。G主任は，それぞれの作業で増員が発生しないので，表2の運用人件費を0円として見積りを作成した。見積結果を上司のF課長に報告すると，①運用人件費の算出の考え方を見直すように指示された。そこで，G主任は，F課長の指示に従って正しく運用人件費の見積りを再作成した。

その後，動画講座システムを追加するインターネット講座管理サービスの変更要求に関する変更審査会が開催された。大規模な変更になるので，D社経営会議のメンバが承認者となった。変更審査会では，業界の動向調査の内容及び動画講座のメリットが説明された。また，動画講座のコンテンツ作成は，集合教育事業部の録画情報を有効活用することで，費用を抑えることが可能であると説明された。承認者は，技術的実現性に問題がなく，受講者数の拡大によって売上と利益の増加を見込めると判断し，変更要求を承認した。承認された変更要求に基づき，G主任は，動画講座システムの構築作業を開始した。

なお，変更審査会では，“受講者数の増加傾向を毎月捕捉すること。”との指示があった。G主任は，これを受けて方策を検討した。利用者がITサービスを利用する場合，まずシステムにログインして認証確認した後に，講座を受講したり，書籍を購入したりする。このとき，利用者がどのサービスを利用したかという履歴が，アクセスログとして記録されている。そこで，G主任は，アクセスログを使って動画講座の受講者数の増加傾向を捕捉することにした。

〔サービスの予算業務及び会計業務の改善検討〕

F課長は，動画講座システムが来年度から稼働することに決まったので，予算業務として，今年度中に来年度のインターネット講座管理サービスの費用をまとめることにした。また，動画講座において予算の超過や不採算状況の発生が想定される場合に迅速な対応がとれるように，②KPIを設定して管理していくことにした。KPIは，毎月，会計業務で扱う実績データの収集後に算定し，評価していく。

F課長は，一部の事業部が抱く間接費の配賦方式への不公平感について，改善する必要があると考えた。そこで，各事業部の売上額で按分するのではなく，ITサービスの利用実態に応じて按分する方式に変更する方法として，③アクセスログを使用した間接費の配賦方式を検討することにした。

設問1 〔直接費の割当てと間接費の配賦〕について，本文中の［ a ］に入れる適切な字句を，解答群に示すITIL 2011 editionの用語の中から選び，記号で答えよ。

解答群

ア　CMDB　　イ　CMIS
ウ　KEDB　　エ　SACM

設問2 〔動画講座システムの実現〕について，(1)～(3)に答えよ。

(1) 本文中の下線①について，F課長が見直すように指示した元の“G主任が見積もった運用人件費の算出の考え方”を，具体的に40字以内で述べよ。

(2) 今回のインターネット講座管理サービスの変更に伴って，直接費から間接費に変更されるべき費用の項目を，15字以内で答えよ。

(3) 動画講座システムの構築及びサービス開始後の運用において発生する費用について，(a)，(b)に答えよ。

(a) 表2の初期費用に分類される費用を，解答群の中から全て選び，記号で答えよ。

(b) 表2の運用費用に分類される費用を，解答群の中から全て選び，記号で答えよ。

解答群

ア　サービス開始後にバージョンアップされたアプリソフトの再インストール費用

イ　サービスの利用者からの問合せに対応する際のサービスデスクの作業費用

ウ　動画講座システムの構築中に通信教育事業部から要望された追加機

能を設計する費用

エ　動画講座のコンテンツを格納するデータベースサーバを，サービス開始前に購入する費用

設問3　〔サービスの予算業務及び会計業務の改善検討〕について，(1)，(2) に答えよ。

(1) 本文中の下線②で設定すべきKPIとして適切なものを，解答群の中から選び，記号で答えよ。

解答群

ア　SLAの合意目標を達成できなかった件数

イ　インシデントが発生してから解決するまでの平均解決時間

ウ　各部署への間接費の配賦に対して寄せられる質問や不満の件数

エ　受講者数及び費用の計画と実績との差異

オ　未使用のソフトウェアライセンス数

(2) 本文中の下線③について，適切な配賦方式の内容を，30字以内で述べよ。

解説

設問1 の解説

本文中の空欄aが問われています。解答群にある各用語の意味は，次のとおりです。

CMDB	“Configuration Management DataBase”の略で，構成管理データベースのこと
CMIS	“Capacity Management Information System”の略で，キャパシティ管理情報システムのこと
KEDB	“Known Error DataBase”の略で，既知の誤りに関する情報を格納するデータベースのこと。**既知の誤り**とは，根本原因が特定されているか，又はサービスへの影響を低減若しくは除去する方法がある問題
SACM	“Service Asset and Configuration Management”の略で，サービス資産管理及び構成管理のこと。SACMは，ITサービスを提供するために必要な要素とその構成情報を適切にコントロールするITサービスのプロセス。JIS Q 20000-1:2020の構成管理に該当

空欄aは，「ITサービスの提供のために管理する必要のある要素（以下，CIという）を，［ a ］で管理している」との記述中にあります。ITサービスの提供のために管理する必要のある要素とは，ITサービスを構成するハードウェア，ソフトウェア，データ及びドキュメントなどのことです。これをCI（Configuration Item：構成品目）といい，CIを定義し，CIに関する情報（構成情報という）を一元管理するデータベースがCMDBです。したがって，**空欄aには〔ア〕のCMDB**が入ります。

設問2 の解説

(1) 下線①について，F課長が見直すように指示した，“G主任が見積もった運用人件費の算出の考え方”が問われています。

下線①の前にある記述を確認すると，「G主任は，それぞれの作業で増員が発生しないので，表2の運用人件費を0円として見積りを作成した」とあります。G主任が，このように見積もった理由は，システム運用作業及びアプリソフト保守作業についてシステム部内で調査した結果，それぞれ作業工数は発生するものの，どちらも増員の必要はないと判断したからです。つまりG主任は，「作業工数は発生するが，増員の必要がないので費用は発生しない」と考え，運用人件費を0円と見積もったことになります。本来，増員が発生しなくても，作業工数が発生するのであれば，作業工数分の費用を算出すべきです。F課長は，この点を指摘し，見積もった運用人件費の算出の考え方を見直すように指示したと考えられます。

以上，解答としては「作業工数は発生するが，増員の必要がないので費用は発生しない」などとすればよいでしょう。なお，試験センターでは解答例を「**作業工数が発生するが，増員が発生しないので費用は0円である**」としています。

(2) 今回のインターネット講座管理サービスの変更に伴って，直接費から間接費に変更されるべき費用の項目が問われています。直接費及び間接費については，〔直接費の割当てと間接費の配賦〕に，次のように記述されています。

・特定の事業部のITサービスで専用に使用されているシステム機器の費用，特定の事業部の指示で実施する作業の費用は，**直接費**として当該事業部に割り当てる。
・複数の事業部のITサービスで共用するシステム機器の費用，システム部管理職の人件費など，直接費以外の費用は，総額を各事業部の売上額で按(あん)分して，各事業部に**間接費**として配賦する。

今回のインターネット講座管理サービスの変更とは，動画講座システムの追加です。そこで，〔動画講座システムの実現〕を確認すると，動画講座システムの実現に向けた調査結果として，「集合教育事業部の録画情報を有効活用して，現行の静止画講座のコンテンツと組み合わせることで，動画講座のコンテンツが作成できる」と記述されています。集合教育事業部の録画情報とは，教室講座の内容を録画したものです。そして，教室講座の録画費用は，現在，集合教育事業部に直接費として割り当てられています。しかし，今回のインターネット講座管理サービスの変更（すなわち動画講座システムの追加）に伴い，通信教育事業部も録画情報を使用することになりますから，教室講座の録画費用は，集合教育事業部と通信教育事業部に間接費として配賦すべきです。したがって，直接費から間接費に変更されるべき費用の項目は「**教室講座の録画費用**」です。

(3) 動画講座システムの構築及びサービス開始後の運用において発生する費用を，初期費用と運用費用に分類する問題です。各選択肢を順に見ていきましょう。

ア：サービス開始後に発生するアプリソフト保守に関わる費用は「運用費用」です。表2の運用人件費に該当します。

イ：サービスの利用者からの問合せに対応する窓口機能を担うのがサービスデスクです。サービスデスクの作業費用は，サービス開始後に発生する費用なので，「運用費用」です。表2の運用人件費に該当します。

ウ：動画講座システムの構築中，機能追加のために発生する費用は「初期費用」です。表2の開発人件費及び外部委託費に該当します。

エ：「データベースサーバをサービス開始前に購入する」とあるので，「初期費用」です。表2のハードウェア費に該当します。

以上，(a) の初期費用に分類される費用は〔ウ〕と〔エ〕，(b) の運用費用に分類される費用は〔ア〕と〔イ〕です。

設問3 の解説

(1) 下線②について，設定すべきKPIが問われています。KPI（Key Performance Indicator）とは重要業績評価指標のことで，目標達成を計るための指標です。

下線②の直前に，「動画講座において予算の超過や不採算状況の発生が想定される場合に迅速な対応がとれるように」とあるので，この場合のKPIは，予算の超過や不採算状況の発生を検知・確認できる指標が該当します。この観点から選択肢を見ると，KPIとして適切なのは〔エ〕の「**受講者数及び費用の計画と実績との差異**」です。

(2) 下線③の「アクセスログを使用した間接費の配賦方式」について，適切な配賦方式の内容が問われています。

現在の間接費の配賦方式は，総費用額を各事業部の売上額で按分する方式です。この配賦方式について一部の事業部から，「ITサービスの利用実態に沿っていない」と不公平感が高まっていることから，F課長は，ITサービスの利用実態に応じて按分する方式に変更する方法として，アクセスログを使用した間接費の配賦方式を検討しています。

ここで，アクセスログに関する記述を見ると，〔動画講座システムの実現〕の最後の部分に，「利用者がどのサービスを利用したかという履歴が，アクセスログとして記録されている」とあります。この記述から，アクセスログを使用すれば，ITサービスの利用実態，すなわちサービスごとの利用者数が把握できることが分かります。したがって，アクセスログを使用した間接費の配賦方式とは，「サービスごとの利用者数で按分する方式」です。試験センターでは解答例を「**費用をサービスごとの利用者数で按分して配賦する**」としています。

解答

設問１　a：ア

設問２　(1) 作業工数が発生するが，増員が発生しないので費用は0円である

(2) 教室講座の録画費用

(3) (a) ウ，エ　　(b) ア，イ

設問３　(1) エ

(2) 費用をサービスごとの利用者数で按分して配賦する

Try! サービス運用のアウトソーシング (H31春午後問10抜粋)

先の問題1の設問3 (解答群) に"SLAの合意目標を達成できなかった件数"とありましたが，SLAに関する問題もよく出題されています。本Try!問題は，既存サービスをアウトソーシングする際のSLAの策定，及びSLAの目標値の達成に向けた方策の実施に関する問題の一部です。挑戦してみましょう！

A社は，生活雑貨を製造・販売する中堅企業で，首都圏に本社があり，全国に支社と工場がある。A社では，10年前に販売管理業務及び在庫管理業務を支援する基幹システムを構築した。現在，基幹システムは毎日8:00～22:00にA社販売部門向けの基幹サービスとしてオンライン処理を行っている。基幹システムで使用するアプリケーションソフトウェア (以下，業務アプリという) はA社IT部門が開発・運用・保守し，IT部門が管理するサーバで稼働している。

〔基幹サービスの概要〕

A社IT部門とA社販売部門との間で合意している基幹サービスのSLA (以下，社内SLAという) の抜粋を，表1に示す。

表1　社内SLA (抜粋)

種別	サービスレベル項目	目標値	備考
a	サービス提供時間帯	毎日 8:00～22:00	保守のための計画停止時間 1)を除く。
	サービス稼働率	99.9%以上	—
信頼性	重大インシデント 2)件数	年 4 件以下	—
	重大インシデントの b	2 時間以内	インシデントを受け付けてから最終的なインシデントの解決を A 社販売部門に連絡するまでの経過時間（サービス提供時間帯以外は，経過時間に含まれない）
性能	オンライン応答時間	3 秒以内	—

注記1　業務アプリ及びサーバ機器の保守に伴う変更で，リリースパッケージを作成して稼働環境に展開する作業は，サービス提供時間帯以外の時間帯又は計画停止時間を使って行われる。

注記2　天災，法改正への対応などの不可抗力に起因するインシデントは，SLA 目標値達成状況を確認する対象から除外する。

注 1)　計画停止時間とは，サービス提供時間帯中にサービスを停止して保守を行う時間のことであり，A 社 IT 部門と A 社販売部門とで事前に合意して設定する。

2)　インシデントに優先度として"重大"，"高"，"低"のいずれかを割り当てる。優先度として"重大"を割り当てたインシデントを，重大インシデントという。

〔インシデント処理手順の概要〕

A社IT部門では，インシデントが発生した場合は，インシデント担当者を選任してインシデントを管理し，インシデント処理手順に基づいてサービスレベルを回復させる。インシデント処理手順を表2に示す。

表2 インシデント処理手順

手順	内容
記録	・インシデントを受け付け，インシデントの内容をインシデント管理簿[1]に記録する。
優先度の割当て	・インシデントに優先度（“重大”，“高”，“低”のいずれか）を割り当てる。
分類	・インシデントを，あらかじめ決められたカテゴリ（ストレージの障害など）に分類する。
記録の更新	・インシデントの内容，割り当てた優先度，分類したカテゴリなどで，インシデント管理簿を更新する。
c	・インシデントの内容に応じて，専門知識をもったA社IT部門の技術者などに，c を行う。
解決	・インシデントの解決を図る。 ・A社IT部門が解決と判断した場合は，サービス利用者にインシデントの解決を連絡する。
終了	・A社IT部門は，“サービス利用者がサービスレベルを回復したこと”を確認する。 ・インシデント管理簿に必要な内容の更新を行う。

注記 インシデントに割り当てた優先度に応じて，インシデントを受け付けてからサービス利用者に最終的なインシデントの解決を連絡するまでの経過時間（サービス提供時間帯以外は経過時間に含まれない）の目標値が定められている。経過時間の目標値は，優先度“重大”が2時間，優先度“高”が4時間，優先度“低”が8時間である。

注[1] インシデント管理簿とは，インシデントの内容などを記録する管理簿のことである。A社IT部門の運用者からのインシデント発見連絡，サービス利用者からのインシデント発生連絡などに基づいて記録する。

〔アウトソーシングの検討〕

現在，社内に設置されている基幹システムのサーバは，運用・保守の費用が増加し，管理業務も煩雑になってきた。また，A社の事業拡大に伴い，新規のシステム開発案件が増加する傾向にある。そこで，A社IT部門がシステムの企画と開発に集中できるように，基幹システムをB社提供のPaaSに移行する検討を行った。検討結果は次のとおりである。

・当該PaaSはB社の運用センタで稼働するサービスである。B社にサービス運用をアウトソースする場合は，A社IT部門が行っているサーバの運用・保守と管理業務はB社に移管され，B社からA社IT部門に対して運用代行サービスとして提供される。
・業務アプリ保守及びインシデント管理などのサービスマネジメント業務は，引き続きA社IT部門が担当する。

A社IT部門とB社は，インシデント発生時の対応について打合せを行い，それぞれの役割を次のように設定した。

・表2の手順“記録”における，B社の役割として，［ d ］を行うこととする。
・表2の手順“優先度の割当て”における優先度の割当ては，A社IT部門が行い，割当て結果を［ e ］に伝える。

〔A社とB社のSLA〕

A社IT部門は，B社へのアウトソース開始後も，A社販売部門に対して，社内SLAに基づいて基幹サービスを提供する。そこで，A社IT部門は，社内SLAを支え，整合を図るため，A社とB社間のサービスレベル項目と目標値については，表1に基づいてB社と協議を行い，合意することにした。また，B社へのアウトソーシング開始後，A社とB社との間で月次で会議を開催し，サービスレベル項目の目標値達成状況を確認することにした。

A社とB社のSLAは，B社からの要請で次の二つを追加して，合意することにした。

・サービスレベル項目として，B社が保守を行うための計画停止予定通知日を追加する。B社はPaaSの安定運用の必要性から，PaaSのサービス停止を伴う変更作業を行う。その場合，事前に計画停止の予定通知を行うこととする。計画停止予定通知日の目標値は，A社IT部門と販売部門の合意に要する時間を考慮して，B社からA社への通知日を計画停止実施予定日の7日前までとし，必要に応じてA社とB社で協議の上，計画停止時間を確定させる。
・サービスレベル項目のうち，B社の責任ではA社と合意するB社の目標値を遵守できない項目があるので，①A社とB社のSLAの対象から除外するインシデントを決める。

なお，PaaSのリソースの増強は，A社からB社にリソース増強要求を提示して行われるものとする。その際，A社からB社への要求は，増強予定日の2週間前までに提示することも合意した。アウトソース開始時のPaaSのリソースは，A社基幹システムのキャパシティと同等のリソースを確保する。

その後，A社とB社はSLA契約を締結し，A社IT部門の業務の一部がB社にアウトソースされた。

(1) 表1中の［ a ］，［ b ］に入れる適切な字句を解答群の中から選び，記号で答えよ。

解答群

ア　安全性　　イ　解決時間　　ウ　可用性
エ　機密性　　オ　平均故障間動作時間　　カ　平均修復時間　　キ　保守性

(2) 表2中の［ c ］に入れる適切な字句を10字以内で答えよ。

(3) 本文中の［ d ］，［ e ］に入れる適切な字句を解答群の中から選び，記号で答えよ。

解答群

ア　A社IT部門　　イ　A社IT部門への連絡
ウ　A社販売部門　　エ　A社販売部門への連絡
オ　B社　　カ　B社への連絡
キ　運用手順の確認　　ク　定期保守報告の確認

(4) 本文中の下線①について，除外するインシデントとは，どのような問題で発生するインシデントかを20字以内で述べよ。

解説

(1) ●**空欄a**：表1「社内SLA」の空欄aに対応するサービスレベル項目は，「サービス提供時間帯」と「サービス稼働率」です。どちらも“可用性”の指標ですから，**空欄aは〔ウ〕の可用性**です。

●**空欄b**：備考欄に記述されている，「インシデントを受け付けてから最終的なインシデントの解決をA社販売部門に連絡するまでの経過時間」をヒントに考えると，**空欄bには〔イ〕の解決時間**を入れるのが適切です。

(2) ●**空欄c**：空欄cは，表2「インシデントの処理手順」の一つです。「"記録の更新"→"[c]"→"解決"」の順に行うことから，空欄cは，インシデントを解決するために行う行動であることが分かります。また，内容欄を見ると，「インシデントの内容に応じて，専門知識をもったA社IT部門の技術者などに，[c]を行う」とあります。発生したインシデントが過去にも発生したことのある既知の事象であれば，担当者で対応できます。しかし，未知の事象の場合，担当者だけでは対応できないことがあります。その場合，より専門知識をもった技術者などに解決を依頼することがあり，これをエスカレーション，あるいは段階的取扱いといいます。したがって，**空欄c**には，このいずれかを入れればよいでしょう。なお，試験センターでは解答例を「**段階的取扱い**」としています。

(3) ●**空欄d**：表2の手順"記録"におけるB社の役割が問われています。今回，A社IT部門が行っているサーバの運用・保守と管理業務をB社に移管することになりますが，インシデント管理は引き続きA社IT部門が担当します。したがって，PaaS環境で発生したインシデンを，A社IT部門がインシデント管理簿に記録するためには，B社からの連絡が必須条件となります。つまり，表2の手順"記録"におけるB社の役割とは，〔**イ**〕の**A社IT部門への連絡**（**空欄d**）です。

●**空欄e**：表2の手順"優先度の割当て"において，A社IT部門がインシデントに対して割り当てた結果（優先度）をどこへ伝える必要があるか問われています。サーバの運用・保守と管理業務をB社に移管した場合，PaaS環境で発生したインシデントへの対応はB社が行うことになります。また，インシデントの優先度によって，インシデント解決時間の目標値が異なるため，決定された割当て結果は，直ちにB社に伝える必要があります。したがって，**空欄e**には〔**オ**〕の**B社**が入ります。

(4) 下線①について，A社とB社のSLAの対象から除外するインシデントが問われています。下線①の直前に，「サービスレベル項目のうち，B社の責任ではA社と合意するB社の目標値を遵守できない項目がある」とあります。つまり，SLAの対象から除外するインシデントは，B社の責任範疇にないインシデント，すなわちB社が担当していない業務で発生するインシデントです。そして，B社が担当していない業務は，基幹システムで使用する業務アプリの保守ですから，解答は，**業務アプリに起因するインシデント**とすればよいでしょう。

解答
（1）a：ウ
　　 b：イ
（2）段階的取扱い　（別解：エスカレーション）
（3）d：イ
　　 e：オ
（4）業務アプリに起因するインシデント

10 サービスマネジメント

問題2 販売管理システムの問題管理 （H26秋午後問10）

販売管理システムのディスク障害の対応を題材にした，問題管理に関する問題です。本問では，問題管理とつながりが深いインシデント管理や変更管理の基本的な知識も問われます。本問を通して，問題管理での活動内容，及び「インシデント管理→問題管理→変更管理」の一連の流れを確認しておくとよいでしょう。

問 販売管理システムの問題管理に関する次の記述を読んで，設問1～3に答えよ。

M社は，西日本の複数の地域で営業を展開している食品流通卸業者である。

M社は，基幹システムである販売管理システムを5年前に再構築した。取引量の多い食品スーパー数社との協業によるインターネット経由の共通EDIの導入をきっかけに，それまでの地域別の分散システムを，単一システムに統合した。その際にサーバや周辺機器も全面刷新し，食品スーパーからのPOSデータ連携を新たに始め，取扱いデータ量の大幅な増加に対応できるように，新規に多数のハードディスクドライブ（以下，ディスクという）を導入した。

再構築後の3年間は，目立った障害もなく安定して稼働したが，一昨年度と昨年度に1度ずつディスク障害が発生し，ディスクを交換した。今年度は，上半期に既に2度ディスクを交換している。

販売管理システムの運用及びサービスデスクは，情報システム部の運用課が担っている。先月から問題管理を担当することになったN君は，情報システム部長の指示を受けて，ディスク障害についての調査を開始した。

情報システム部長の今回の指示は，先日行われたシステム監査の報告会が契機となっている。システム監査において，販売管理システムのディスク障害の対応についてはインシデントの管理に終始しているので，予防処置について検討するようにとの指摘を受けていた。

〔運用課の問題管理手順〕

運用課では，これまでに発生した問題に関して，事象の詳細，問題を調査・分析して［ a ］を特定した経緯と結果，暫定的な解決策（以下，暫定策という），恒久的な解決策（以下，恒久策という）などの項目を問題管理データベースに記録して，新たに問題が発生した際の調査及び診断に使用している。

N君はまず，運用課での問題管理手順を確認した。

・問題の特定は，サービスデスクからの問題の通知によることが多いが，異常を示すシステムメッセージのメール通知など，サービスデスクを経由しない場合もある。特定した問題は，問題管理データベースに記録する。
・記録した問題を分類し，緊急度と影響度を評価して優先度を割り当てる。
・問題の［ a ］を特定するための調査及び診断を行う。初めに，問題管理データベースから［ b ］を参照して，過去に特定された問題でないか確認する。
・調査及び診断の結果，問題に対する暫定策又は恒久策は，問題管理データベースに，［ b ］として記録する。
・問題の恒久策実施のために，何らかの変更が必要な場合，変更要求（RFC）を発行する。
・問題の恒久策が有効で，再発防止を確認できたら，問題を終了する。
・問題のうち重大なものは，将来に向けた学習のためのレビューを行う。

上述の内容をフロー図にまとめると図1のとおりとなる。

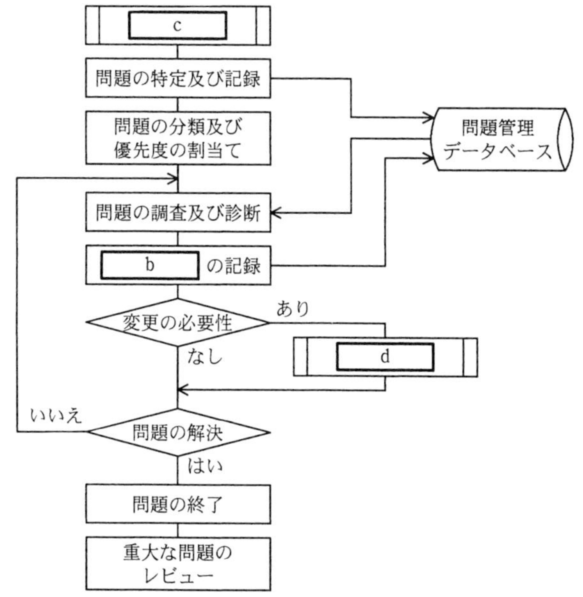

図1　運用課の問題管理フロー図

〔ディスク障害の記録の確認〕

N君は，問題管理データベースを参照し，これまでのディスク障害の記録を調査した。記録の内容はいずれも類似しており，障害の事象は，RAIDコントローラがディスクの書込み時のエラーを検出したというもので，分析の結果は，ディスクの経年不良となっていた。恒久策として，障害を起こしたディスクを交換すると記載されていた。交換後，データ再構築処理の完了を確認して，問題は終了とされていた。N君は，①ディスク障害の問題に対して，障害を起こしたディスクの交換は恒久策にはならないと考えた。

〔ディスクの運用管理の確認〕

続いてN君は，販売管理システムを中心に，M社でのディスクの運用管理について，運用課メンバへのヒアリングなどの調査を行い，次の情報を得た。

- 販売管理システムのディスク装置は，ホットスワップ対応機器によるRAID6構成を採っており，同一構成内で2台までのディスク障害であれば，システムを停止せずにディスクの交換が可能である。これまでに発生したディスク障害では，即時の対応を重視し，定期保守を待たず，日中，システムを停止せずにディスクを交換し，データ再構築処理を行っていた。なお，販売管理システムの定期保守は，週次に，システムを停止して実施している。
- 販売管理システム再構築時に多数導入したディスクは，M社がそれまで使用してきた，メインフレームにも用いられる高信頼性モデルではなく，PCなどにも使用される汎用のモデルであった。機器単体では，高信頼性モデルの半分程度の寿命と言われている。
- N君は，これまでに確認した，機器メーカや利用者からの報告などから，販売管理システムのディスクのように，同一の製造ロットで，同じように使用されているディスクは，障害も同時期に起こす確率が高いという情報を得ていた。また，これまで障害回復として実施していた，RAID6構成でシステムを停止せずにディスク交換した場合のデータ再構築処理は，高頻度のディスクアクセスを伴うので，機器に対する負荷が高く，二次的な障害の危険性が増すという情報も得ていた。
- N君が，販売管理システムのシステムメッセージを記録したログを調べると，ディスクの読取りエラーや書込みエラーの障害が発生したディスクに，障害の兆候を示す不良セクタの代替処理発生のメッセージが，障害発生の数日前から頻発していた。販売管理システムのメッセージ監視機能は，ディスクの読取りエラーと書込みエラーのエラーメッセージを検出すると問題管理担当者にメールで通知する設定になっているが，不良セクタの代替処理発生のメッセージを検出してもメールで通知する設定にはなっていなかった。

N君は，情報システム部長に，販売管理システムのディスクについては，これまでの，ディスク障害が発生してから交換するやり方を改め，<u>②障害の兆候を検出して，障害が発生する前に交換する方式</u>を提案しようと考えた。また，同時に，<u>③障害の兆候を検出したディスクの交換の実施時期についての改善</u>も必要と考えた。

設問1 〔運用課の問題管理手順〕について，(1)，(2) に答えよ。

(1) 本文中の［ a ］に入れる適切な字句を，5字以内で答えよ。

(2) 本文及び図1中の［ b ］～［ d ］に入れる適切な字句を解答群の中から選び，記号で答えよ。なお，［ c ］及び［ d ］には，サービスマネジメントのプロセス名称が入る。

解答群

ア インシデント及びサービス要求管理
イ 既知の誤り　　ウ キャパシティ管理
エ 記録　　オ 構成管理
カ 暫定策　　キ 情報セキュリティ管理
ク 変更管理　　ケ リリース及び展開管理

設問2 本文中の下線①で，N君が，ディスク交換は恒久策にならないと考えたのはなぜか。40字以内で述べよ。

設問3 〔ディスクの運用管理の確認〕について，(1)，(2) に答えよ。

(1) 本文中の下線②を実現するために必要となる，販売管理システムのメッセージ監視機能の設定に関する変更点を40字以内で述べよ。

(2) 本文中の下線③について，N君が考えた改善とはどのようなことか。30字以内で述べよ。

解説

設問1 の解説

(1) 本文中の空欄aに入れる字句が問われています。空欄aは本文中に二つあります。

一つ目は「問題を調査・分析して［ a ］を特定」とあり，二つ目は「問題の［ a ］を特定するための調査及び診断を行う」とあります。これらの記述から，問題の調査，分析，診断を行うことによって何が特定できるかを考えれば，**空欄a**には「**根本原因**」を入れるのが適切です。

参考　問題管理

“**問題**”とは，一つあるいは複数のインシデントを引き起こす可能性がある，未知の解決すべき原因のことです。問題管理の最終目標は，インシデントの根本原因を特定し，恒久的な解決策を提示することです。例えば，「業務システムの停止」といったインシデントが発生した場合，インシデント管理では，サービスの復旧を最優先して業務システムを再起動しますが，業務システムが停止してしまった根本的な原因が取り除かれたわけではないので，再び業務システムが停止してしまう可能性があります。そこで，何が原因で業務システムが停止してしまったのか，その根本原因を追究し，恒久的な対応策を見いだす活動を行うのが問題管理です。

(2) 本文及び図1中の空欄b，c，dに入れる字句が問われています。

●空欄b

空欄bは三つあり，このうち二つ目の記述に「調査及び診断の結果，問題に対する暫定策又は恒久策は，問題管理データベースに，［ b ］として記録する」とあります。設問文に「なお，［ c ］及び［ d ］には，サービスマネジメントのプロセス名称が入る」とあることから，空欄bに入るのは，サービスマネジメントのプロセス名称以外の字句です。

解答群を見ると，サービスマネジメントのプロセス名称以外の字句は，「既知の誤り」，「記録」，「暫定策」の三つです。このうち，「記録」及び「暫定策」を空欄bに当てはめてみると，「問題管理データベースに，“記録”として記録する」では意味が通じません。また，「問題管理データベースに，“暫定策”として記録する」は一見よさそうですが，「問題に対する暫定策又は恒久策は」とあるので，暫定策だけの登録ではないことが分かります。したがって，**空欄b**に入るのは〔**イ**〕の**既知の誤り**です。

なお，既知の誤り（既知のエラー）とは，根本原因が特定されているか，あるいはワークアラウンド（問題に対する暫定的処置）が明らかになっている問題のことをいいます。問題管理では，問題の根本原因を特定するため，まず初めに，問題管理データベースにアクセスして過去に特定された既知の誤りかどうか確認します。また，調査及び診断の結果，問題に対する暫定策又は恒久策が見つかったら，既知の誤りとして，その情報を問題管理データベースに記録します。

参考 既知のエラーデータベース

既知の誤りに関する情報を格納するデータベースを，一般に，**既知のエラーデータベース**（**KEDB**：Known Error DataBase）といいます。KEDBは，問題管理によって作成され，インシデント管理及び問題管理において，新たに発生した問題が過去に発生した問題かどうかの確認に用いられるデータベースです。

●空欄c

空欄cには，サービスマネジメントのプロセス名称が入ります。ここでのポイントは，図1は問題管理フロー図であり，空欄c以降の処理が問題管理における処理であることです。このことに着目すれば，**空欄c**は，問題管理の前に実施するプロセス，すなわち〔**ア**〕の**インシデント及びサービス要求管理**であることが分かります。

「えっ!? “インシデント及びサービス要求管理”って何？ “インシデント管理”じゃないの？」と思った方もいるかと思いますが，インシデント及びサービス要求管理はJIS Q 20000-1:2012での名称です。JIS Q 20000-1:2020及びITIL 2011 editionにおけるインシデント管理に該当するプロセスと考えてよいでしょう。

●空欄d

空欄dは，“変更の必要性”がある場合に実施されるサービスマネジメントのプロセスです。問題管理において，根本原因を追究した結果，恒久的な解決のためにはITサービスを構成する要素（CI）の何らかの変更が必要な場合は，変更要求（RFC）を発行し，変更管理プロセスを経由して，その解決を進めます。したがって，**空欄d**には〔**ク**〕の**変更管理**が入ります。

設問2 の解説

下線①について，N君が，ディスク交換は恒久策にならないと考えた理由が問われています。

ディスク障害の原因は，ディスクの経年不良です。〔ディスク運用管理の確認〕の二つ目と三つ目に，「販売管理システム再構築時に多数導入したディスクは，機器単体では，高信頼性モデルの半分程度の寿命であり，また障害も同時期に起こす確率が高い」旨が記述されています。このことから，障害を起こしたディスクを交換しても，経年不良によるディスク障害は他のディスクにも起こる確率が高いことが分かります。恒久策とは，問題の再発を防ぐための根本的な対策を意味します。障害を起こしたディスクの交換は，暫定的な対策であり恒久策ではありません。

以上，解答としては，「障害を起こしたディスクを交換しても，経年不良によるディスク障害は他のディスクにも起こる確率が高く，再発防止にならない」旨を40字以内にまとめればよいでしょう。なお，試験センターでは解答例を「**故障したディスクを交換しても，他のディスクが故障する可能性があるから**」としています。

設問3 の解説

(1) 下線②の「障害の兆候を検出して，障害が発生する前に交換する方式」を実現するためには，販売管理システムのメッセージ監視機能の設定をどのように変更すればよいか問われています。ヒントとなるのは，〔ディスク運用管理の確認〕の四つ目にある次の記述です。

> ・ディスクの読取りエラーや書込みエラーの障害が発生したディスクに，障害の兆候を示す不良セクタの代替処理発生のメッセージが，障害発生の数日前から頻発していた。
> ・販売管理システムのメッセージ監視機能は，ディスクの読取りエラーと書込みエラーのエラーメッセージを検出すると問題管理担当者にメールで通知する設定になっているが，不良セクタの代替処理発生のメッセージを検出してもメールで通知する設定にはなっていなかった。

障害の兆候を示す不良セクタの代替処理発生のメッセージが，障害発生の数日前から出されるわけですから，このメッセージを検出したら，問題管理担当者にメールで通知する設定に変更すれば下線②が実現ができます。

したがって，解答としては，「不良セクタの代替処理発生のメッセージを検出したら問題管理担当者にメールで通知する」とすればよいでしょう。なお，試験センターでは解答例を「**不良セクタの代替処理発生のメッセージの検出をメールで通知する**」としています。

(2) 下線③の「障害の兆候を検出したディスクの交換の実施時期」について，N君が考えた改善案が問われています。

〔ディスク運用管理の確認〕の三つ目に記述されている，「システムを停止せずにディスク交換した場合のデータ再構築処理は，機器に対する負荷が高く，二次的な障害の危険性が増す」という点から，改善案としては，「システムを停止してディスク交換を行う」ことが挙げられます。また一つ目の記述に「販売管理システムの定期保守は，週次に，システムを停止して実施している」とあるので，ディスク交換はこのとき行うのがベストです。

以上，解答としては，「定期保守実施時のシステム停止中にディスクを交換する」とすればよいでしょう。なお，試験センターでは解答例を「**ディスク交換を定期保守時のシステム停止中に実施する**」としています。

解答

設問１ (1) a：根本原因

(2) b：イ

c：ア

d：ク

設問２ 故障したディスクを交換しても，他のディスクが故障する可能性があるから

設問３ (1) 不良セクタの代替処理発生のメッセージの検出をメールで通知する

(2) ディスク交換を定期保守時のシステム停止中に実施する

問題3 キャパシティ管理 (H30秋午後問10)

顧客管理を支援するシステムを題材に，キャパシティ管理の基本知識，及びキャパシティ管理における問題への対策立案に関する理解を問う問題です。本問を通して，キャパシティ管理の活動内容を確認しておくとよいでしょう。

問 キャパシティ管理に関する次の記述を読んで，設問1～3に答えよ。

K社は，ガス会社G社の情報システム子会社であり，G社に顧客管理サービス（以下，本サービスという）を提供している。本サービスは，G社が家庭用電力事業に新規参入したときに，K社がその事業の顧客管理を支援するためのシステム（以下，本システムという）を導入して開始されたものである。G社は本サービスを利用して，営業部門の電力料金計算・請求業務，及びコールセンタでの顧客からの問合せ対応・新規顧客受付業務を行っている。

K社では，年に数回の計画停止期間以外は，毎日9時から22時まで，本サービスのオンラインサービスを提供している。

〔本システムの概要〕

本システムは，サーバ1台で稼働し，表1に示す五つの機能をオンライン処理又はバッチ処理で実現している。

表1　本システムの機能

項番	機能名称	処理形態	概要
1	顧客情報照会	オンライン処理	顧客データベース（以下，顧客DBという）を参照する。
2	検針データ取込み	日中バッチ処理 1)	検針会社のシステムから検針データを受信し，顧客DBを更新する。
3	顧客DBバックアップ	夜間バッチ処理 2)	顧客DBのバックアップを取得する。
4	電力料金計算・請求	夜間バッチ処理 2)	顧客ごとの電力料金計算及び請求処理を行い，顧客DBを更新する。
5	顧客情報登録・変更	オンライン処理	新規顧客の登録や既存顧客の情報の変更などで顧客DBを更新する。

注記　項番の数字は，本サービスにおける機能の重要度を高い順に1～5で表す。

注 1)　日中バッチ処理は，オンラインサービス提供時間帯の9～22時に1時間間隔で起動され，数分間で完了する。日々の検針データが料金に影響する契約もあるので，障害が発生した場合でも，当処理は，当日の当初予定から3時間以内に実行する必要がある。

注 2)　夜間バッチ処理は，オンライン処理終了後の22時から，顧客DBバックアップ機能，電力料金計算・請求機能の順番に実行する。通常，全ての夜間バッチ処理が終了してからオンライン処理を開始する。夜間バッチ処理中は，他の処理では顧客DBの参照はできるが更新はできない。

〔本サービスのキャパシティ管理〕

K社のL氏は，ITサービスマネージャとして本サービスのキャパシティ管理を担当し，具体的には次の業務を行っている。

(1) キャパシティ計画

① 毎年1回，G社営業部門から本サービスに対する需要予測を入手し，G社と合意したサービスを考慮して資源の使用量を見積もる。これを基に，キャパシティを拡充するための期間，監視項目，監視項目のしきい値などのキャパシティ計画を作成し，G社に説明している。

(2) キャパシティ監視

① オンライン処理の監視項目は，サーバのCPU使用率，オンライン応答時間及びオンライン処理件数であり，1分間隔で集計し，測定値として収集する。ここで，オンライン応答時間とは，サーバが要求を受け付けてから応答するまでの時間のことである。バッチ処理の監視項目は，1分間隔で集計するサーバのCPU使用率及び毎日のバッチ処理時間である。

② 監視項目の測定値が，あらかじめ決められたしきい値を超えた場合は，インシデントとして対応する。

なお，社内及び社外のネットワークには十分なキャパシティがあり，サービス提供に支障がないので，監視項目を設定していない。

(3) 分析及び対策

① 監視項目の測定値について，キャパシティ計画で見積もったとおりに資源が使用されているかなどの視点から毎月1回分析を行う。また，夜間バッチ処理時間については，毎月1回妥当性を確認する。

② キャパシティに関わるインシデントの対応を終了した後は，キャパシティ計画の妥当性を検討し，必要に応じてキャパシティ計画を見直す。

〔オンライン応答時間の悪化〕

本サービスの提供を開始してから6か月後のある日，9時15分にオンライン応答時間の測定値がしきい値を超えたことから，K社はインシデント対応を開始した。また，コールセンタからK社に“オンライン処理の応答が遅い”というクレームがあった。このときは，数分後にオンライン応答時間の悪化は解消されたので，K社では解決策は必要ないと判断し，インシデント対応を終了した。

翌日L氏は，前日のオンラインサービス提供時間帯のサーバの資源使用状況について分析することにした。このときのサーバのCPU使用率とオンライン処理件数は図1に示すとおりである。

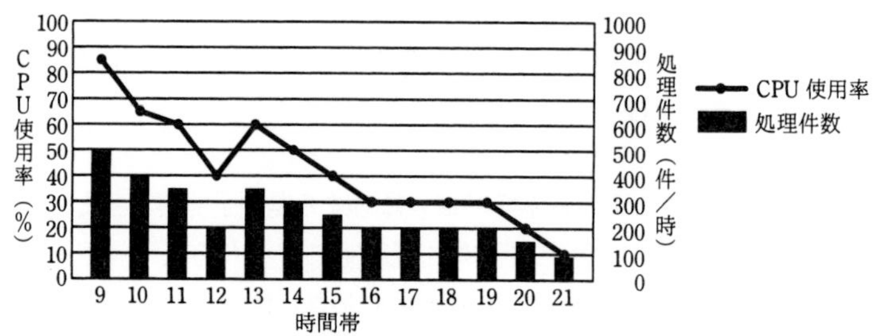

図1　サーバのCPU使用率とオンライン処理件数

CPU使用率が高い9～11時を詳細に調査したところ，一時的にCPU使用率が100%となっているときがあることが判明した。9～11時の120分間の1分間隔のCPU使用率は，図2に示すとおりである。

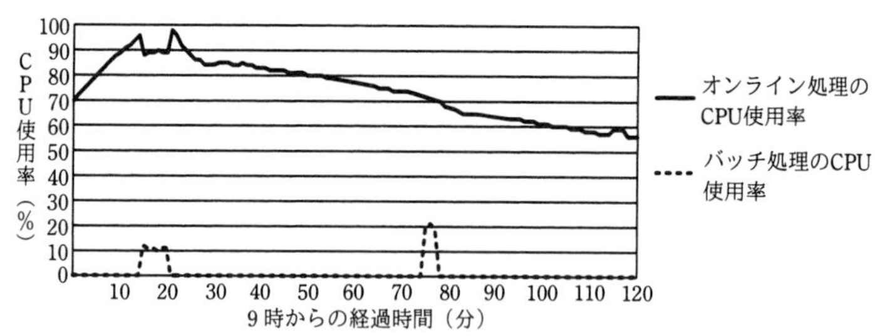

図2　9～11時の120分間のCPU使用率

調査結果から，CPU使用率が100%に達している時間帯が， a 機能の処理を実行している時間帯と一致した。また，過去1か月の状況を調査したところ，9～11時の時間に100%に近いCPU使用率を記録することが数回あったので，L氏はすぐに実施する暫定策として，午前中は， a 機能の処理を実行せず，12時に実行することにした。また，恒久策として，3か月後にサーバのCPU能力向上を行うことにした。

〔夜間バッチ処理の終了時刻の遅延〕

オンライン応答時間の悪化から数日後に，夜間バッチ処理の終了時刻が遅延するインシデントが発生し，オンラインサービスの開始が遅れた。その結果，顧客情報照会ができないことから，コールセンタの業務に支障を来した。

そこで，インシデント対応の［ b ］として，機能を縮退してオンライン処理を行うことをG社と合意し，［ c ］機能だけでオンライン処理を行うことにした。その間，コールセンタで顧客情報登録・変更があった場合は，夜間バッチ処理が終了し，オンラインサービスが正常に回復した後に対応することにした。

L氏は，インシデントの発生原因を調査し，次のように整理した。

・夜間バッチ処理では，顧客DBに登録された全顧客を対象に処理を行っている。夜間バッチ処理の設計では，顧客の登録数（以下，顧客登録数という）が50万件になるまでは処理が9時までに終了するとしていた。
・本年度当初にG社営業部門が提示したシステム要件では，顧客登録数が前述の50万件に達するのは1年半後となっていた。しかし，G社営業部門では2か月前から臨時キャンペーンを行い，顧客登録数が予測よりも早く50万件を超えたので，夜間バッチ処理の終了時刻に遅延が発生した。

そこで，L氏は，①顧客DBの顧客登録数を監視項目として追加し，日常的に監視することにした。さらに，G社の協力を得て不要な顧客情報を顧客DBから削除し，顧客登録数を減らした。

L氏は，今後の顧客登録数の増加について，次のように整理した。

・G社営業部門の見通しでは，2年後に顧客登録数が100万件に達する。
・顧客登録数が100万件に達するまでは，9時までに夜間バッチ処理を終了できるように検討し，3か月後に予定しているサーバのCPU能力向上計画に反映する。

〔キャパシティ管理の強化〕

L氏は，サーバのCPU能力を向上させるまで，オンライン応答時間の悪化が起きない方策を検討した。CPU使用率とオンライン応答時間の関連性を分析した結果，CPU使用率が95%を超えるとオンライン応答時間が急激に悪化する傾向があることが分かった。そこで，L氏は，オンラインサービスへの影響を軽減するためにCPU使用率のしきい値を，95%よりも低い値に設定し，応答時間の遅延が発生する前に［ d ］として対応することにした。また，今回の夜間バッチ処理の終了時刻の遅延に関連して，今後は②G社営業部門と定期的に打合せを行い，本サービスに対する需要予測に影響を与える，G社のキャンペーンの実施などに関する情報を事前に入手することにした。

設問1 〔オンライン応答時間の悪化〕について，(1)，(2) に答えよ。

(1) 本サービスにおけるインシデント管理の目的を解答群の中から選び，記号で答えよ。

解答群

ア　G社営業部門やコールセンタと合意したサービスを迅速に回復するため
イ　応答時間の悪化の傾向分析を通じてインシデントの再発を防止するため
ウ　応答時間の悪化の根本原因を特定し，恒久的な解決策を提案するため
エ　コールセンタからの苦情に関するサービス報告書を作成するため

(2) 本文中の［　a　］に入れる適切な字句を表1中の機能名称から選べ。解答欄には表1中の機能名称に対応する項番を答えよ。

設問2 〔夜間バッチ処理の終了時刻の遅延〕について，(1)～(3) に答えよ。

(1) 本文中の［　b　］に入れる適切な字句を解答群の中から選び，記号で答えよ。

解答群

ア　恒久策　　イ　暫定策　　ウ　奨励策　　エ　リスク軽減策

(2) 本文中の［　c　］に入れる適切な字句を表1中の機能名称から選べ。解答欄には表1中の機能名称に対応する項番を答えよ。

(3) 本文中の下線①で顧客登録数を監視項目として追加する目的を，25字以内で述べよ。

設問3 〔キャパシティ管理の強化〕について，(1)，(2) に答えよ。

(1) 本文中の［　d　］に入れる適切な字句を，10字以内で答えよ。

(2) 本文中の下線②でG社営業部門との打合せで情報を入手する目的を，キャパシティ管理の観点から25字以内で具体的に述べよ。

解説

設問1 の解説

(1) 本サービスにおけるインシデント管理の目的が問われています。インシデント管理とは，インシデントの発生により低下したサービスレベルを迅速に回復させることを目的とするプロセスです。したがって，〔ア〕の「**G社営業部門やコールセンタと合意したサービスを迅速に回復するため**」が正解になります。

イ，オ：「インシデントの再発防止」と「恒久的な解決策の提案」は，問題管理の目的です。インシデント管理ではサービスの回復に主眼を置き，インシデントに対する暫定処理（応急処理）を行います。そして，問題管理で，インシデントの根本原因を調査・分析し，再発防止のための恒久的な解決策の提案を行います。

エ：「サービス報告書の作成」は，サービスレベル管理として行う内容です。

(2)「調査結果から，CPU使用率が100%に達している時間帯が，[a]機能の処理を実行している時間帯と一致した」とあり，空欄aに入れる字句（表1中の機能名称）が問われています。

図2のグラフを見ると，9時15分あたりにバッチ処理が開始され，オンライン処理とバッチ処理のCPU使用率が合わせて100%になっていることが分かります。

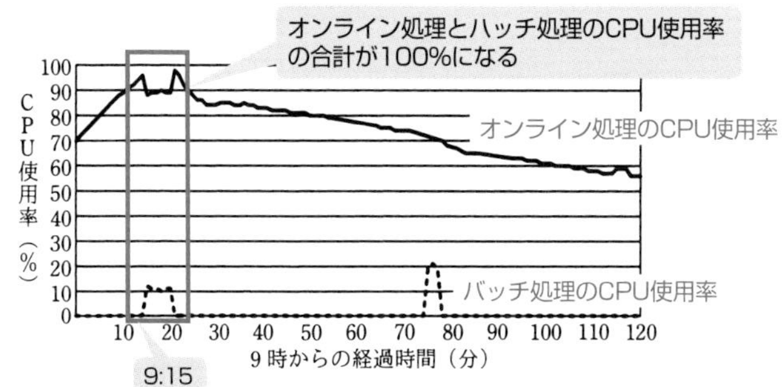

つまり，空欄aの機能は，バッチ処理ということです。そこで，表1を見ると，オンラインサービス提供時間帯に行うバッチ処理は，項番2の「検針データ取込み」だけです。したがって，解答は「**2**」となります。

設問2 の解説

(1)「インシデント対応の[b]として，機能を縮退してオンライン処理を行う」とあり，空欄bに入れる字句が問われています。

機能を縮退してオンライン処理を行うという対応策は，一時的な策であり，これは暫定策に該当します。したがって，**空欄b**は〔**イ**〕の**暫定策**です。

〔ア〕の恒久策は，一時的な対策ではなく長期的な対策や根本的な解決策のことです。また〔ウ〕の奨励策は，問題解決策として強く勧める策のことです。いずれも，空欄bには該当しません。〔エ〕のリスク軽減策は，リスクの発生する確率を下げるという策です。本問の場合，機能を縮退して空欄cの機能だけでオンライン処理を行うわけですから，リスクは逆に増えることになります。

(2)「[c]機能だけでオンライン処理を行うことにした」とあるので，空欄cに該当する機能は，オンライン処理である「項番1の顧客情報照会」か「項番2の顧客情報登録・変更」のいずれかです。そして，直後の記述に，「その間，コールセンタで顧客情報登録・変更があった場合は，… 正常に回復した後に対応する」と記述されていることから，「顧客情報登録・変更」は後対応とし，「顧客情報照会」だけでオンライン処理を行うことにしたことが分かります。したがって，**空欄c**に該当する機能は「顧客情報照会」であり，解答は「**1**」となります。

(3) 下線①で顧客登録数を監視項目として追加する目的が問われています。下線①の前にまとめられている，インシデントの発生原因の調査結果の内容から，次のことが分かります。

- 夜間バッチ処理は，顧客登録数に応じて処理時間が掛かる。
- 顧客登録数が予測を超えた場合，夜間バッチ処理の終了時刻に遅延が発生する。

つまり，顧客登録数が増えるにつれて夜間バッチ処理の処理時間が長くなり，終了時刻が遅くなるわけです。したがって，終了時刻に遅延を発生させないためには，常に，顧客登録数を把握し，夜間バッチ処理の終了時刻を予測する必要があります。そして，必要に応じて対策を講じることが重要です。

以上，解答としては，「夜間バッチ処理の終了時刻を予測するため」とすればよいでしょう。なお，試験センターでは解答例を「**夜間バッチ処理の終了時刻の予測を行うため**」としています。

設問3 の解説

(1)「CPU使用率のしきい値を95%よりも低い値に設定し，応答時間の遅延が発生する前に[d]として対応することにした」とあり，空欄dに入れる字句が問われています。

CPU使用率のしきい値を95%よりも低い値に設定するということは，CPU使用率が95%になる前に，CPU使用率が高くなったことを認識するためです。しきい値は，異常であるか否かを判定する境目の値なので，しきい値を超えたとき「異常」が発生したと認識できます。そして，「異常」発生を認識した際は，これをインシデントとして対応するべきです。したがって，**空欄dは「インシデント」**です。

(2) 下線②でG社営業部門との打合せで情報を入手する目的が問われています。入手する情報とは，本サービスに対する需要予測に影響を与える，G社のキャンペーンの実施などに関する情報のことです。

今回発生した，夜間バッチ処理の終了時刻の遅延は，G社営業部門で行った臨時キャンペーンにより，顧客登録数が予測よりも早く50万件を超えたことが原因です。L氏は，今後の顧客登録数の増加について，「顧客登録数が100万件に達するまでは，9時までに夜間バッチ処理を終了できるように検討し，3か月後に予定しているサーバのCPU能力向上計画に反映する」としています。G社営業部門の見通しでは，顧客登録数が100万人に達するのは2年後です。しかし，今回のようにG社営業部門が実施するキャンペーンにより，予測より早く100万人に到達することも考えられます。その場合，サーバのCPU能力向上計画の見直しが必要になるため，定期的にG社営業部門と打合せを行い，キャンペーンの実施などに関する情報を事前に入手する必要があるわけです。

以上，解答としては「サーバのCPU能力向上計画への影響を把握するため」などとすればよいでしょう。なお，試験センターでは解答例を「**キャパシティ計画への影響を把握するため**」としています。

解答

設問1 (1) ア
(2) a：2

設問2 (1) b：イ
(2) c：1
(3) 夜間バッチ処理の終了時刻の予測を行うため

設問3 (1) d：インシデント
(2) キャパシティ計画への影響を把握するため

問題4 サービス変更の計画 (R04秋午後問10)

中堅の食品販売会社における受注サービスの変更を題材にした問題です。本問では，受注サービス変更後のサービス運用における情報システム部の追加作業について，作業内容の洗い出し，及び運用に必要な作業工数の算出に関する基本的な理解が問われます。問題文を注意深く読み，記載内容の状況把握ができれば，解答はさほど難しくないと思います。焦らず落ち着いて解答を進めましょう。

問 サービス変更の計画に関する次の記述を読んで，設問に答えよ。

D社は，中堅の食品販売会社で，D社の営業部は，小売業者に対する受注業務を行っている。D社の情報システム部が運用する受注システムは，オンライン処理とバッチ処理で構成されており，受注サービスとして営業部に提供されている。

情報システム部には業務サービス課，開発課，基盤構築課の三つの課があり，受注サービスを含め複数のサービスを提供している。業務サービス課は，サービス運用における利用者管理，サービスデスク業務，アプリケーションシステムのジョブ運用などの作業を行う。開発課は，サービスの新規導入や変更に伴う業務設計，アプリケーションソフトウェアの設計と開発などの作業を行う。基盤構築課は，サーバ構築，アプリケーションシステムの導入，バッチ処理のジョブの設定などの作業を行う。

業務サービス課にはE君を含む数名のITサービスマネージャがおり，E君は受注サービスを担当している。業務サービス課では，運用費用の予算は，各サービスの作業ごとの1か月当たりの平均作業工数の見積りを基に作成している。運用費用の実績は，各サービスの作業ごとの1か月当たりの作業工数の実績を基に算出し，作業ごとに毎月の実績が予算内に収まるように管理している。運用費用の予算はD社の会計年度単位で計画され，今年度は，各サービスの作業ごとに前年度の1か月当たりの平均作業工数の実績に対して10%の工数増加を想定して見積もった予算が確保されている。

〔D社の変更管理プロセス〕

D社の変更管理プロセスでは，変更要求を審査して承認を行う。変更要求の内容がサービスに重大な影響を及ぼす可能性がある場合は，社内から専門能力のあるメンバーを集めて，サービス変更の計画から移行までの活動を行う。また，サービス変更の計画の活動では，<u>①変更を実施して得られる成果</u>を定めておき，移行の活動が完了してサービス運用が開始した後，この成果の達成を検証する。

〔受注サービスの変更〕

これまで営業部では，受注してから商品の出荷までに，受注先の小売業者の信用情報の確認を行っていた。このほど，売掛金の回収率を高めるという営業部の方針で，与信管理を強化することとなり，受注時点で与信限度額チェックを行うことにした。そこで，営業部の体制増強が必要となり，取引実績のあるM社に営業事務作業の業務委託を行うことになった。

受注サービスの変更の活動は，情報システム部の業務サービス課，開発課及び基盤構築課が実施し，業務サービス課の課長がリーダーとなった。

システム面の実現手段として，ソフトウェアパッケージ販売会社であるN社から信用情報管理，与信限度額チェックなどの与信管理業務の機能をもつソフトウェアパッケージの導入提案を受けた。この提案によると，N社のソフトウェアパッケージをサブシステムとして受注システムに組み込み，与信管理データベースを構築することになる。また，受注システムのバッチ処理でN社の提供する情報サービスに接続し，信用情報を入手して与信管理データベースを毎日更新する。D社はこの提案を採用し，受注サービスを変更することにした。変更後の受注サービスは，今年度後半から運用を開始する予定である。

E君は，各課を取りまとめるサブリーダーとして参加し，受注サービス変更後のサービス運用における追加作業項目の洗い出しと必要な作業工数の算出を行う。

〔追加作業項目の洗い出し〕

E君は，今回の受注サービス変更後の，サービス運用における情報システム部の追加作業項目を検討した。その結果，E君は追加で次の作業項目が必要であることを確認した。

- 利用者管理の作業にサービス利用の権限を与える利用者としてM社の要員を追加する。また，サービスデスク業務の作業に利用者からの与信管理業務の機能についての問合せへの対応とFAQの作成・更新を追加する。
- 受注システムのバッチ処理に，“信用情報取得ジョブ”のジョブ運用を追加する。このジョブは，毎日の受注システムのオンライン処理終了後に自動的に起動され，起動後はバッチ処理のジョブフロー制御機能によってN社の提供する情報サービスに接続して，更新する信用情報を受信し，与信管理データベースを更新する。バッチ処理が実行されている間，業務サービス課の運用担当者が受注システムに対して行う作業はないが，N社の情報サービスへの接続，情報受信，及びデータベース更新のそれぞれの処理が完了した時点で，運用担当者は，処理が正常に完了したことを確認する。正常に完了していない場合には，開発課が作成したマニュアルに従い，再実行などの対応を行う。

・N社から，機能アップグレード用プログラムが適宜提供され，N社ソフトウェアパッケージの機能を追加することができる。営業部は，追加される機能の内容を確認し，利用すると決定した場合は業務変更のための業務設計と機能アップグレードの適用を情報システム部の開発課に依頼する。なお，機能アップグレードの適用は，テスト環境で検証した後，受注システムの稼働環境に展開する手順となる。
・また，N社からは機能アップグレード用プログラムのほかに，ソフトウェアの使用性向上や不具合対策用の修正プログラム（以下，パッチという）が，臨時に提供される。このパッチは業務に影響を与えることはなく，パッチの適用や結果確認の手順は定型化されている。

E君は，情報システム部の追加作業項目とその作業内容の一覧を，表1のとおり作成した。

表1　情報システム部の追加作業項目とその作業内容の一覧

作業	作業項目	作業内容
利用者管理	1. 利用者登録と削除	M社の要員の利用者登録と削除
サービスデスク業務	2. 問合せ対応	与信管理業務機能についての問合せ対応
	3. FAQ作成・更新	与信管理業務機能についてのFAQ作成と更新
ジョブ運用	4. 信用情報取得ジョブ対応	信用情報取得ジョブの各処理の結果確認
	5. 信用情報取得ジョブの処理結果が正常でない場合の対応	開発課が作成したマニュアルに従った再実行などの対応
臨時作業	6. 機能アップグレードする場合の対応	機能アップグレードの適用
	7. パッチの対応	パッチの適用と結果確認

E君は，表1をリーダーにレビューしてもらった。リーダーから，“表1の作業項目［　a　］には情報システム部が行う作業内容が漏れているので，追加するように”と指摘された。E君は，各チームで必要となる作業を再検討し，表1の作業項目［　a　］に②漏れていた作業内容を追加した。

〔サービス運用に必要な作業工数の算出〕

E君は，追加が必要な作業のうち，定常的に必要となる利用者管理，サービスデスク業務及びジョブ運用の作業工数を算出した。算出手順として，表2に示す受注サービスの変更前の作業工数の実績一覧を基に，変更後の作業工数を見積もった。なお，変更前の1か月当たりの平均作業工数の実績は，予算作成に用いた前年度の1か月当たりの平均作業工数の実績と同じであった。

表2　受注サービスの変更前の作業工数の実績一覧

作業	1回当たりの平均作業工数（人日）	発生頻度（回／月）	1か月当たりの平均作業工数（人日）
利用者管理	0.2	5.0	1.0
サービスデスク業務	0.5	80.0	40.0
ジョブ運用[1)]	0.5	20.0	10.0

注[1)]　運用担当者は受注サービス以外の運用作業も行っていることから，ジョブ運用の作業工数には，システム処理の時間は含めないものとする。

E君は，関係者と検討を行い，追加で必要となる作業工数を算出する前提を次のとおりまとめた。

- 利用者管理及びサービスデスク業務の発生頻度は，今回予定しているM社の要員の利用者追加によって，それぞれ10%増加する。
- 与信管理業務の機能の追加によって問合せが増加するので，サービスデスク業務の発生頻度は，利用者追加によって増加した発生頻度から，更に5%増加する。
- 利用者管理及びサービスデスク業務について1回当たりの平均作業工数は変わらない。
- ジョブ運用について，信用情報取得ジョブは，現在のバッチ処理のジョブに追加されるので，その運用の発生頻度は，現在と変わらず月に20回である。ジョブ1回当たりのシステム処理及び運用担当者の確認作業の実施時間は表3のとおりである。

表3　信用情報取得ジョブ1回当たりの実施時間

実施内容	実施内容の種別	実施時間（分）
N社の情報サービスへの接続処理	システム処理	15
N社の情報サービスへの接続処理の確認	運用担当者の確認作業	6
情報受信処理	システム処理	27
情報受信処理結果の確認	運用担当者の確認作業	8
データベース更新処理	システム処理	30
データベース更新処理結果の確認	運用担当者の確認作業	10
合計		96

表2と，追加が必要となる作業工数算出の前提及び表3から，E君は，サービス変更後のサービス運用に必要な作業工数を算出した。作業工数の算出においては，ジョブ運用の1回当たりの平均作業工数は，表2の受注サービスの変更前の平均作業工数に表3の信用情報取得ジョブ1回当たりの実施時間から算出した作業工数の合計を加算した。なお，運用担当者は1日3交替のシフト勤務をしているので，作業時間の単位“分”を

“日”に換算する場合は，情報システム部では480分を1日として計算する規定としている。算出結果を表4に示す。

表4　サービス変更後のサービス運用に必要な作業工数

項番	作業	1回当たりの平均作業工数（人日）	発生頻度（回／月）	1か月当たりの平均作業工数(人日)
1	利用者管理	0.2	＿＿	b
2	サービスデスク業務	0.5	＿＿	c
3	ジョブ運用	＿	20.0	d

注記　表中の＿部分は，省略されている。

E君は，サービス変更後の作業ごとの1か月当たりの平均作業工数を算出した結果，③ある作業には問題点があると考えた。その問題点についてリーダーと相談して対策方針を決め，対策を実施することになった。

設問1　〔D社の変更管理プロセス〕の本文中の下線①の“変更を実施して得られる成果”について，今回のサービス変更における内容を，〔受注サービスの変更〕の本文中の字句を用いて，20字以内で答えよ。

設問2　〔追加作業項目の洗い出し〕について，作業項目［ a ］は何か。表1の作業項目の中から一つ選び，作業項目の先頭に記した番号で答えよ。また，下線②の漏れていた作業内容を15字以内で答えよ。

設問3　〔サービス運用に必要な作業工数の算出〕について答えよ。

(1) 表4中の［ b ］～［ d ］に入れる適切な数値を答えよ。なお，計算の最終結果で小数第2位の小数が発生する場合は，小数第2位を四捨五入し，答えは小数第1位まで求めよ。

(2) 本文中の下線③について，問題点があると考えた作業は何か。表4の項番で答えよ。また，問題点の内容を15字以内，E君が1か月当たりの平均作業工数を算出した結果を見て問題点があると考えた根拠を30字以内で答えよ。

解説

設問1 の解説

「サービス変更の計画の活動では，①変更を実施して得られる成果を定めておき，移行の活動が完了してサービス運用が開始した後，この成果の達成を検証する」との記述中にある，下線①の“変更を実施して得られる成果”について，今回のサービス変更における内容が問われています。つまり，本設問で問われているのは，どのような成果を達成するために，今回のサービス変更を実施するかです。したがって，〔受注サービスの変更〕に記述されている内容から，今回のサービス変更における成果目標（達成成果）を探せばよいことになります。

〔受注サービスの変更〕の記述を確認すると，「このほど，売掛金の回収率を高めるという営業部の方針で，与信管理を強化することとなり，受注時点で与信限度額チェックを行うことにした」とあります。この記述から，今回のサービス変更は，売掛金の回収率を高めるという成果を達成することが目的であり，その手段及び具体策として，受注時点で与信限度額チェックを行い与信管理を強化することが分かります。したがって，解答は「**売掛金の回収率を高める**」とすればよいでしょう。

設問2 の解説

〔追加作業項目の洗い出し〕に関する設問です。E君が，表1をリーダーにレビューしてもらった結果，情報システム部が行う作業内容が漏れていると指摘を受けたことに関して，表1の何番の作業項目のどのような作業が漏れていたのか問われています。

表1は，〔追加作業項目の洗い出し〕に記述されている4点の内容を基に作成されたものなので，この記述内容と表1とを照らし合わせながら漏れている作業を探すことになります。

ここでのポイントは，受注サービス変更後に発生する，サービス運用面での追加作業に絞って両者を照らし合わせることです。つまり，2点目にある「受注システムのバッチ処理に，“信用情報取得ジョブ”のジョブ運用を追加する」という作業は，受注サービスの変更後ではなく変更時の作業なので除外して考える必要があります。また，「与信管理データベースを更新する」，「開発課が作成したマニュアルに従い，再実行などの対応を行う」との記述がありますが，この作業を行うための与信管理データベースの構築やマニュアル作成といった作業も，受注サービス変更時の作業なので除外して考えます。

以上のことを念頭に，〔追加作業項目の洗い出し〕の記述内容と表1を照らし合わせていくと，3点目に「N社から，機能アップグレード用プログラムが適宜提供され，N

社ソフトウェアパッケージの機能を追加することができる」とあり，続いて「営業部は，追加される機能の内容を確認し，利用すると決定した場合は業務変更のための業務設計と機能アップグレードの適用を情報システム部の開発課に依頼する」とあります。この記述から，情報システム部の開発課では，営業部から依頼された「業務変更のための業務設計」と「機能アップグレードの適用」の二つの追加作業が発生することになります。しかし，表1を確認すると，作業項目6「機能アップグレードする場合の対応」の作業内容には，「機能アップグレードの適用」はありますが「業務変更のための業務設計」がありません。

したがって，リーダーが指摘した作業項目番号は**6**（**空欄a**）であり，漏れていた作業内容は「**業務変更のための業務設計**」です。

設問3 の解説

(1) 表4中の空欄b〜空欄dに入れる適切な数値が問われています。

●空欄b

空欄bは，項番1「利用者管理」の1か月当たりの平均作業工数です。E君がまとめた“追加が必要となる作業工数を算出する前提”には，利用者管理に関して次のように記述されています。

・発生頻度は，利用者追加によって10%増加する。
・1回当たりの平均作業工数は変わらない。

これらの記述から，サービス変更後の1回当たりの平均作業工数は，表2と同じで0.2（人日），発生頻度は，表2の発生頻度が5.0であることから，5.0×1.1＝5.5（回／月）です。したがって，サービス変更後の1か月当たりの平均作業工数は，

0.2（人日／回）×5.5（回／月）＝1.1（人日／月）

になるので，**空欄b**には「**1.1**」が入ります。

●空欄c

空欄cは，項番2「サービスデスク業務」の1か月当たりの平均作業工数です。利用者管理に関しては，次のように記述されています。

・発生頻度は，利用者追加によって10%増加する。また，問合せが増加するので，利用者追加によって増加した発生頻度から，更に5%増加する。
・1回当たりの平均作業工数は変わらない。

これらの記述から，サービス変更後の1回当たりの平均作業工数は，表2と同じで0.5（人日），発生頻度は，表2の発生頻度が80.0であることから，(80.0×1.1)×1.05＝92.4（回／月）です。したがって，サービス変更後の1か月当たりの平均作業工数は，

0.5（人日／回）×92.4（回／月）＝46.2（人日／月）

になるので，**空欄c**には「**46.2**」が入ります。

●空欄d

空欄dは，項番3「ジョブ運用」の1か月当たりの平均作業工数です。ジョブ運用に関しては，“追加が必要となる作業工数を算出する前提”及び表3の直後（表4の直前）に，次のように記述されています。

- 発生頻度は，現在と変わらず月に20回。
- 1回当たりの平均作業工数は，表2の平均作業工数に表3の信用情報取得ジョブ1回当たりの実施時間から算出した作業工数の合計を加算した。
- 作業時間の単位“分”を“日”に換算する場合は，480分を1日として計算する。

上記を基に，まず，ジョブ運用の1回当たりの平均作業工数を求めます。ここでの注意点は，表2の注[1)]にある，「ジョブ運用の作業工数には，システム処理の時間は含めないものとする」との記述です。つまり，表3から信用情報取得ジョブ1回当たりの実施時間を算出する際には，システム処理の時間を除く必要があることに注意！です。

表3のシステム処理を除く実施時間の合計は6＋8＋10＝24（分）です。これを“日”に換算すると24÷480＝0.05（日）になるので，サービス変更後の1回当たりの平均作業工数は，表2の1回当たりの平均作業工数が0.5であることから，0.5＋0.05＝0.55（人日）です。発生頻度はサービス変更前と変わらず月20回なので，サービス変更後の1か月当たりの平均作業工数は，

0.55（人日／回）×20（回／月）＝11.0（人日／月）

になります。つまり，**空欄d**には「**11.0**」が入ります。

(2) 下線③について，E君が問題点があると考えた作業は何か，また何が問題なのか（問題点の内容），問題点があると考えた根拠は何か問われています。

設問文に，「E君が1か月当たりの平均作業工数を算出した結果を見て問題点があると考えた」とあるので，先の（1）で算出した表4の1か月当たりの平均作業工数とサービス変更前の平均作業工数を比較すると，次のことが分かります。

項番	作業	表4の1か月当たりの平均作業工数（人日）	表2の1か月当たりの平均作業工数（人日）	増加率
1	利用者管理	b： 1.1	1.0	10.0%
2	サービスデスク業務	c：46.2	40.0	15.5%
3	ジョブ運用	d：11.0	10.0	10.0%

ここで着目すべきは，問題文冒頭の後半にある，「運用費用の予算は，各サービスの作業ごとの1か月当たりの平均作業工数の見積りを基に作成している。(…途中省略…) 今年度は，各サービスの作業ごとに前年度の1か月当たりの平均作業工数の実績に対して10%の工数増加を想定して見積もった予算が確保されている」との記述です。前年度の1か月当たりの平均作業工数の実績については，問題文に提示されていませんが，〔サービス運用に必要な作業工数の算出〕に，「表2に示す受注サービスの変更前の作業工数の実績一覧を基に，変更後の作業工数を見積もった。なお，変更前の1か月当たりの平均作業工数の実績は，予算作成に用いた前年度の1か月当たりの平均作業工数の実績と同じであった」と記述されているので，「表2の1か月当たりの平均作業工数＝前年度の1か月当たりの平均作業工数」です。

これらのことから，サービス変更後の各作業における1か月当たりの平均作業工数は，前年度（すなわち表2）の1か月当たりの平均作業工数に対して10%の工数増までは予算超過にはなりませんが，それを超えた場合は予算超過になることが分かります。そして，10%を超える工数増になっているのは，サービスデスク作業です。

したがって，E君が問題点があると考えた作業は，表4の項番**2**の「サービスデスク業務」です。問題点の内容（何が問題なのか）については「**運用費用の予算を超過する**」，問題点があると考えた根拠については「**1か月当たりの平均作業工数の増加が10%超となる**」などと解答すればよいでしょう。

解答

設問1　売掛金の回収率を高める

設問2　a：6

作業内容：業務変更のための業務設計

設問3　(1) b：1.1　c：46.2　d：11.0

(2) **項番**：2

内容：運用費用の予算を超過する

根拠：1か月当たりの平均作業工数の増加が10%超となる

第11章 システム監査

出題範囲

- ITガバナンス及びIT統制と監査
- 情報システムや組込みシステムの企画・開発・運用・保守・廃棄プロセスの監査
- プロジェクト管理の監査
- アジャイル開発の監査
- 外部サービス管理の監査
- 情報セキュリティ監査
- 個人情報保護監査
- 他の監査（会計監査，業務監査，内部統制監査ほか）との連携・調整
- システム監査の計画・実施・報告・フォローアップ
- システム監査関連法規
- システム監査人の倫理

など

問題1 RPAの監査 (H31春午後問11)

RPA(Robotic Process Automation)とは，デスクワーク(主に定型的な事務作業)を，AIなどの技術を備えたソフトウェアロボットに代替させることによって，自動化や効率化を図る取り組み，及びその概念のことです。

本問は，RPAの導入及び導入後の運用・保守を題材に，システム監査の基本知識を確認する問題です。設問は全て，空欄を埋めるという問題ですから，RPAに関する知識がなくても，対応する本文中の記述箇所を特定できれば解答が可能です。

問 RPA(Robotic Process Automation)の監査に関する次の記述を読んで，設問1～7に答えよ。

保険会社のX社は，ここ数年，経営計画の柱の一つとして“働き方改革”を掲げており，それを実現するために業務の効率向上に取り組んできた。こうした中，全国のX社拠点の業務処理の統括部署である事務部は，約1年前に，ITベンダのY社の提案を基に，X社で初めてRPAを導入した。

事務部がY社に委託して，RPAを導入して開発したシステム(以下，事務部RPAという)は，導入後，おおむね順調に稼働してきたが，一度だけシステムトラブルが発生し，稼働不能になったことがある。

X社の社長は，システムトラブルが発生したこともあり，またRPA導入の効果についても関心があったことから，内部監査部に対して，事務部と情報システム部を対象に監査を実施することを指示した。監査の主な目的は，事務部RPAの運用・保守体制の適切性，X社全体のRPA管理体制の適切性，及び事務部RPA導入の目的達成状況を確かめることである。

〔RPAの特徴と対象業務〕

(1) RPAの特徴

Y社の提案によると，RPAの主な特徴は次のとおりである。

① 複数の業務システムを利用する定型業務の自動化に適しており，業務の効率向上，ミスの削減などに有効である。例えば，複数の画面を参照し，必要なデータを表計算ソフトに反映して電子メールを送信するなどの一連の業務の自動化に適している。

② 実際のPC操作を基に開発できるので，プログラミングは不要であり，業務知識があれば容易に開発できる。変更や複製も同様に，容易に行うことができる。

(2) 事務部RPAの対象業務

事務部は，X社拠点の定型業務のうち，RPAを導入することによって効率向上の効果が期待できる複数の業務を，対象業務として選定した。選定した業務の例として，生命保険料控除証明書（以下，控除証明書という）の再発行業務がある。この業務は，顧客からX社への控除証明書の再発行依頼に対して，複数の業務システムの情報を参照して控除証明書を作成し，顧客に送付するものである。

〔事務部RPA導入による業務プロセスの主な変更点と効果〕

(1) 事務部RPA導入による業務プロセスの主な変更点

各拠点の対象業務を事務部に集約し，集約した業務にRPAを導入した。控除証明書の再発行業務の場合，事務部RPA導入前の業務プロセスでは，顧客の依頼を受け付けた拠点の担当者が，控除証明書の再発行に関わる全ての業務を行っていた。これに対して，事務部RPA導入後の業務プロセスは，次のとおりである。

① 顧客から控除証明書の再発行の依頼を受け付けた拠点は，事務部の所定のメールアドレス宛てに，電子メールで控除証明書の再発行依頼を行う。

② 事務部の担当者は，拠点からの依頼メールに基づいて事務部RPAを稼働させ，自動的に作成された控除証明書を顧客に送付する。

(2) 事務部RPA導入による効果

事務部は，事務部RPA導入によって一定の効率向上効果が得られることを，処理時間などが記録された事務部RPAの実行ログを基に確認した。控除証明書の再発行業務の場合，従来は1件当たり15分程度要していた処理時間が1分程度に短縮された。

〔事務部RPAの開発体制及び運用・保守体制〕

(1) 事務部RPAの開発体制

事務部RPAの開発は，Y社のシステムエンジニア2名が約2か月間，事務部の開発用ブースに常駐して行われた。開発に当たって，事務部は，投資効果などを記載した“導入計画書”を作成し，Y社は，開発及び変更に必要なドキュメントとして“事務部RPA開発用資料”を作成した。

(2) 事務部RPAの運用・保守体制

事務部の担当者2名が，事務部RPAの運用・保守業務を行っている。事務部は，以前のシステムトラブルを踏まえて，情報システム部と連携して，再発防止策を講じて運用・保守面を強化することにした。

〔システムトラブルの概要〕

事務部RPAが稼働不能になった原因は，事務部RPAと連動している複数の業務システムのうち，あるシステムの画面レイアウトの変更に伴い，事務部RPAとのインタフェースに不整合が生じたことである。本来であれば，事務部が，事前に画面レイアウトの変更に関する情報を把握して対応すべきであったが，画面レイアウトが変更されたシステムは，事務部以外の部署が主管していたので，事務部が変更に関する情報を事前に把握することができなかった。こうした変更に関する情報を事前に把握できるのは，情報システム部である。

システムトラブルが判明した直後に，事務部の担当者から連絡を受けたY社のシステムエンジニアが原因を特定して対応を行った。ただし，あらかじめ障害対応手順を定めていなかったので，システムトラブルの対応に時間が掛かってしまった。

〔情報システム部へのヒアリング結果〕

情報システム部へのヒアリング結果は，次のとおりである。

① 今後，RPAがより広く利用されるようになることを想定して，早急にRPAに関する管理方針を定める予定である。

② RPAの管理には，全社のRPAの管理責任部署が必要であり，その部署として情報システム部が適任であると考えている。

③ 現在，社内のシステム関連規程類の改訂案の策定を終えた段階である。

〔本調査における監査項目及び監査手続〕

内部監査部は，以上の予備調査の結果を踏まえ，本調査に向けて監査項目及び監査手続を表1のとおりまとめた。

表1 監査項目及び監査手続き（抜粋）

項番	監査項目	監査手続
1	事務部 RPA の導入目的は達成されているか。	[a] を査閲し，処理件数と処理時間を把握して，“導入計画書”に記載されている導入目的が達成されているかどうかを確認する。
2	事務部 RPA の変更に必要となる情報が整備されているか。	[b] を査閲し，変更に必要となる情報（対象業務，正常処理と異常処理，関連する業務システム，入出力データなど）が明示されているかどうかを確認する。
3	事務部 RPA のシステムトラブルに対する [c] が講じられているか。	[d] を対象にヒアリングし，事務部 RPA と連動している業務システムのインタフェースの [e] に関する情報を，事務部が適時に把握できる体制が整備されているかどうかを確認する。
4	事務部 RPA のシステムトラブル発生時の影響を最小化するための対策が講じられているか。	事務部を対象にヒアリングし，システムトラブル発生時の [f] が策定されているかどうかを確認する。
5	管理不在の RPA の導入・利用が広がっていくことを防ぐための対策が講じられているか。	[g] を査閲し，RPA に関する管理方針として，[h] が定められているかどうかを確認する。

設問1 表1中の項番1の[a]に入れる適切な字句を，15字以内で答えよ。

設問2 表1中の項番2の[b]に入れる適切な字句を，15字以内で答えよ。

設問3 表1中の項番3の[c]に入れる適切な字句を，5字以内で答えよ。

設問4 表1中の項番3の[d]に入れる最も適切な字句を，解答群の中から選び，記号で答えよ。

解答群

ア 事務部及びY社　　イ 事務部及び拠点の一部

ウ 事務部及び情報システム部　　エ 情報システム部及び拠点の一部

設問5 表1中の項番3の[e]に入れる適切な字句を，5字以内で答えよ。

設問6 表1中の項番4の[f]に入れる適切な字句を，10字以内で答えよ。

設問7 表1中の項番5の[g]，[h]に入れる適切な字句を，それぞれ20字以内で答えよ。

解説

設問1 の解説

項番1の監査手続に関する設問です。空欄aに入れる字句が問われています。

事務部RPAの導入目的は，業務の効率向上です。このことは，〔RPAの特徴と対象業務〕の（2）に，「事務部は，X社拠点の定型業務のうち，RPAを導入することによって効率向上の効果が期待できる複数の業務を，対象業務として選定した」とあることから分かります。したがって，項番1では，事務部RPAの導入によって期待した効果が実際に出ているかを確認することになります。

導入による効果については，〔事務部RPA導入による業務プロセスの主な変更点と効果〕の（2）に，「事務部は，事務部RPA導入によって一定の効率向上効果が得られることを，処理時間などが記録された事務部RPAの実行ログを基に確認した」と記述されています。つまり，**事務部RPAの実行ログ（空欄a）**を査閲すれば，処理時間などの把握ができ，導入目的が達成されているかどうかの確認ができます。

設問2 の解説

項番2の監査手続に関する設問です。空欄bに入れる字句が問われています。

通常，「事務部RPAの変更に必要となる情報」は，ドキュメントとして残されているはずです。そこで，“ドキュメント”をキーワードに，問題文を確認すると，〔事務部RPAの開発体制及び運用・保守体制〕の（1）に，「Y社は，開発及び変更に必要なドキュメントとして“事務部RPA開発用資料”を作成した」と記述されています。したがって，項番2で査閲するのは，**事務部RPA開発用資料（空欄b）**です。

設問3 の解説

項番3の監査項目に関する設問です。「事務部RPAのシステムトラブルに対する［ c ］が講じられているか」とあり，空欄cに入れる字句が問われています。

問題文の冒頭に，「事務部RPAは，導入後，一度だけシステムトラブルが発生し，稼働不能になった」旨の記述があります。項番3の監査項目の主旨は，このシステムトラブルに対して何が講じられたのかの確認です。このことを念頭に，問題文を確認すると，〔事務部RPAの開発体制及び運用・保守体制〕の（2）に，「以前のシステムトラブルを踏まえて，情報システム部と連携して，再発防止策を講じて運用・保守面を強化することにした」との記述があります。したがって，項番3では，システムトラブルに対する**再発防止策（空欄c）**が講じられているかを確認することになります。

設問4 の解説

項番3の監査手続に関する設問です。「[d]を対象にヒアリングし，事務部RPAと連動している業務システムのインタフェースの[e]に関する情報を，事務部が適時に把握できる体制が整備されているかどうかを確認する」とあり，本設問では空欄dに入れる「ヒアリング対象部署」が問われています。

ヒアリング対象となる部署は，システムトラブルを引き起こした関係部署です。そこで，〔システムトラブルの概要〕に記述されている，次の内容に着目します。

- 画面レイアウトの変更に伴い，事務部RPAとのインタフェースに不整合が生じた。
- 事務部が，変更に関する情報を事前に把握することができなかった。こうした変更に関する情報を事前に把握できるのは，情報システム部である。

システムトラブルの発生原因は，画面レイアウトの変更によって事務部RPAとのインタフェースが変わってしまったことによるものです。そして，その関係部署は，事務部と情報システム部です。したがって，事務部に対しては，「変更に関する情報，すなわちインタフェースの**変更**（**空欄e**）に関する情報を，事前に把握できる体制になっているか」を確認し，情報システム部に対しては，「インタフェースの変更に関する情報を，事務部に連絡する体制ができているか」を確認する必要があります。

以上から，**空欄d**には〔**ウ**〕の**事務部及び情報システム部**が入ります。

設問5 の解説

本設問では空欄eが問われています。設問4で解答したとおり**空欄e**には「**変更**」が入ります。

設問6 の解説

項番4の監査項目「事務部RPAのシステムトラブル発生時の影響を最小化するための対策が講じられているか」に対する監査手続に関する設問です。「事務部を対象にヒアリングし，システムトラブル発生時の[f]が策定されているかどうかを確認する」とあり，空欄fに入れる字句が問われています。

システムトラブル発生時の状況については，〔システムトラブルの概要〕に記述されています。この中で着目すべきは，「システムトラブルが判明した直後に，事務部から連絡を受けたY社のシステムエンジニアが原因を特定して対応を行ったが，あらかじめ障害対応手順を定めていなかったため，対応に時間が掛かった」との記述です。

障害対応手順が策定されていれば，システムトラブルへの対応時間が短くなるはずですし，またシステムトラブルによる影響も最小化できます。したがって，項番4では，システムトラブル発生時の**障害対応手順（空欄f）**が策定されているかどうかを確認することになります。

設問7 の解説

項番5の監査項目「管理不在のRPAの導入・利用が広がっていくことを防ぐための対策が講じられているか」に対する監査手続に関する設問です。「[g]を査閲し，RPAに関する管理方針として，[h]が定められているかどうかを確認する」とあり，空欄g，hに入れる字句が問われています。

RPAの管理に関しては，〔情報システム部へのヒアリング結果〕に記述されています。この記述の中で着目すべきは，②と③です。

②で「RPAの管理には，全社のRPAの管理責任部署が必要である」としていて，③には「現在，システム関連規程類の改訂案の策定を終えた」ことが記述されています。したがって，項番5では，**システム関連規程類の改訂案（空欄g）**を査閲し，**全社のRPAの管理責任部署（空欄h）**が定められているかを確認することになります。

解答

設問1　a：事務部RPAの実行ログ
設問2　b：事務部RPA開発用資料
設問3　c：再発防止策
設問4　d：ウ
設問5　e：変更
設問6　f：障害対応手順
設問7　g：システム関連規程類の改訂案
　　　　　h：全社のRPAの管理責任部署

問題2 財務会計システムの運用の監査 (H27春午後問11)

財務会計システムを題材にしたシステム監査の問題です。本問は，財務会計システムにおける，入力，処理，出力のコントロールに関する監査問題ではありますが，解答にあたって財務会計の専門的な知識は必要としません。問題文を丁寧に読み，一般常識的な判断で解答を進めましょう。

問 財務会計システムの運用の監査に関する次の記述を読んで，設問1～6に答えよ。

H社は，部品メーカであり，原材料を仕入れて自社工場で製造し，主に組立てメーカに販売している。H社では，財務会計システムのコントロールの運用状況について，監査室による監査が実施されることになった。

財務会計システムは，2年前に導入したシステムである。財務会計システムに関連する販売システム，製造システム，購買システムなど（以下，関連システムという）は，全て自社で開発したものである。財務会計システムは，関連システムからのインタフェースによる自動仕訳と手作業による仕訳入力の機能で構成されている。

財務会計システムの処理概要を図1に示す。

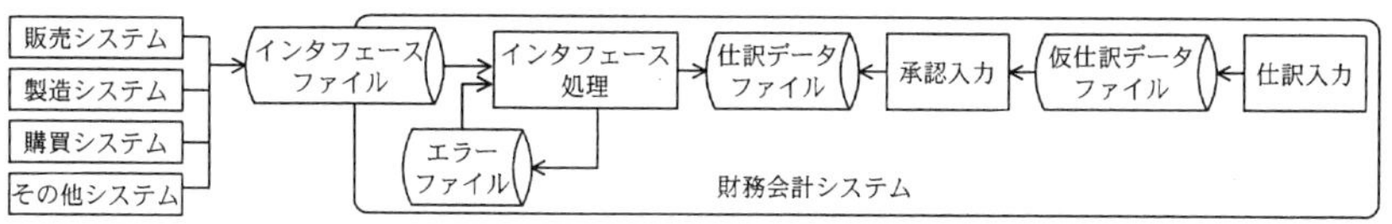

図1 財務会計システムの処理概要

〔財務会計システムの予備調査〕

監査室が，財務会計システムに関する予備調査によって入手した情報は，次のとおりである。

(1) 関連システムからのインタフェースによる自動仕訳

① 財務会計システムには，仕訳の基礎情報となるトランザクションデータが各関連システムからインタフェースファイルとして提供される。

② インタフェースファイルは，日次の夜間バッチ処理のインタフェース処理に取り込まれる。インタフェース処理は，必要な項目のチェックを行い，仕訳データを生成して，仕訳データファイルに格納する。

③ チェックでエラーが発見されれば，トランザクション単位でエラーデータとして，エラーファイルに格納される。財務会計システムには，エラーファイルの内容を確認できる照会画面がないので，エラーの詳細は翌日の朝に情報システム部から経理部に通知される。財務会計システムのマスタが最新でないことが原因でエラーデータが発生した場合には，財務会計システムのマスタ変更を経理部が行う。ただし，エラーとなったデータの修正が必要な場合は，経理部で対応できないので，情報システム部が対応している。

④ エラーファイル内のエラーデータは，翌日のインタフェース処理に再度取り込まれ，処理される。

なお，日次の夜間バッチ処理はジョブ数，ファイル数が多く，日によって実行ジョブも異なり，複雑である。そこで，ジョブの実行を自動化するために，ジョブ管理ツールを利用している。このジョブ管理ツールへの登録，ジョブの実行，異常メッセージの管理などは，情報システム部が行っている。

(2) 手作業による仕訳入力

手作業による仕訳入力は，仕訳の基礎となる資料に基づいて経理部の担当者が行う。ここで入力されたデータは，一旦，仮仕訳データとして仮仕訳データファイルに格納される。経理課長がシステム上で仮仕訳データの承認を行うことによって，仕訳データファイルに格納される。

なお，手作業による仕訳入力に関するアクセスは，各担当者に個別に付与されたIDに入力権限及び承認権限を設定することでコントロールされている。

(3) 月次処理

① 翌月の第7営業日までに，当月の仕訳入力業務を全て完了させている。

② 経理部は，入力された仕訳が全て承認されているかを確かめるために，［ I ］が残っていないことを確認する。

③ 経理部は，当月の仕訳入力業務が全て完了したことを確認した後，財務会計システムで確定処理を行う。これ以降は，当月の仕訳入力ができなくなる。

(4) 財務レポート作成・出力

財務会計システムで確定した月次の財務数値を基に，数十ページの財務レポートが作成・出力され，月次の経営会議で報告される。財務レポートは，経理部が簡易ツールを操作して，出力の都度，対象データ種別，対象期間，対象科目を設定して出力される。

〔監査要点の検討〕

監査室では，財務会計システムの予備調査で入手した情報に基づいてリスクを洗い出し，監査要点について検討し，“監査要点一覧”にまとめた。その抜粋を表1に示す。

なお，財務会計システムに関するプログラムの正確性については，別途，開発・プログラム保守に関する監査を実施する計画なので，今回の監査では対象外とする。

表1　監査要点一覧（抜粋）

項番	リスク	監査要点
(1)	インタフェース処理が正常に実行されない。	①　ジョブ管理ツールに，ジョブスケジュールが適切に登録されているか。 ②　バッチジョブの実行に際しては，［ a ］され，検出された事項は全て適切に対応されているか。
(2)	正当性のない手作業入力が行われる。	①　手作業による仕訳入力及び承認は，適切であるか。特に，［ b ］の両方が一つのIDに設定されていないことに注意する。
(3)	全ての仕訳が仕訳データファイルに格納されずに確定処理が行われる。	①　経理部は，手作業による全ての仕訳入力が仕訳データファイルに反映されていることを確認しているか。 ②　情報システム部は，インタフェース処理で発生した［ c ］が全て処理されていることを確認しているか。
(4)	財務レポートが正確に，網羅的に出力されない。	①　財務レポート出力のタイミングは適切であるか。 ②　財務レポート出力の操作は，適切に行われているか。

設問1　表1中の［ a ］に入れる適切な字句を15字以内で答えよ。

設問2　表1中の［ b ］に入れる適切な字句を10字以内で答えよ。

設問3　表1項番（3）の監査要点①に対して，経理部が実施しているコントロールとして，本文中の［ I ］に入れる適切な字句を10字以内で答えよ。

設問4　表1中の［ c ］に入れる適切な字句を10字以内で答えよ。

設問5　表1項番（4）の監査要点①について，どのようなタイミングで財務レポートを出力すべきか。適切なタイミングを10字以内で答えよ。

設問6　表1項番（4）の監査要点②について，経理部が操作時にチェックすべき項目を，三つ答えよ。

解説

設問1 の解説

表1項番（1）の「インタフェース処理が正常に実行されない」リスクに対するコントロールを，確認するための監査要点が問われています。インタフェース処理とは，各関連システムから提供されるインタフェースファイルを基に，仕訳データを生成して，仕訳データファイルに格納する処理のことです。この処理は，ジョブ管理ツールを利用した日次の夜間バッチ処理で行われます。

ここで着目すべきは，〔財務会計システムの予備調査〕（1）の④の直後にある，「ジョブ管理ツールへの登録，ジョブの実行，異常メッセージの管理などは，情報システム部が行っている」との記述です。インタフェース処理（バッチ処理）が正常に実行されることを担保するためには，次の二つを適切かつ確実に実施する必要があります。

① ジョブ管理ツールに，ジョブスケジュールを適切に登録する。
② ジョブ実行の際は，ジョブ管理ツールから出力される異常メッセージを監視し，異常として検出された事項は全て適切に対応する。

そこで，上記①が監査要点①，上記②が監査要点②に該当することになりますから，**空欄a**には「**異常メッセージが監視**」を入れればよいでしょう。つまり，監査要点②は「バッチジョブの実行に際しては，**異常メッセージが監視**（空欄a）され，検出された事項は全て適切に対応されているか」となります。

設問2 の解説

表1項番（2）の「正当性のない手作業入力が行われる」リスクに対するコントロールを，確認するための監査要点「手作業による仕訳入力及び承認は，適切であるか。特に，［ b ］の両方が一つのIDに設定されていないことに注意する」の空欄bに入れる字句が問われています。

IDに関しては，〔財務会計システムの予備調査〕（2）に，「手作業による仕訳入力に関するアクセスは，各担当者に個別に付与されたIDに入力権限及び承認権限を設定することでコントロールされている」とあります。この記述から，手作業による仕訳入力を行う経理部の担当者のIDに設定されるのは入力権限であり，仮仕訳データの承認を行う経理課長のIDには承認権限が設定されることが分かります。

ここでのポイントは，「入力作業と承認を同一人物が行うのはNG！」と気付くことです。もし，1人（一つ）のIDに入力権限と承認権限の両方が設定されていた場合，その人が仕訳入力して承認してしまうと，正当性のない手作業入力が行われてしまうおそれがあります。したがって，正当性のない手作業入力が行われるリスクに対しては，1人（一つ）のIDに入力権限と承認権限の両方が設定されていないことを監査要点とし，それを確認する必要があります。

以上，**空欄b**には「**入力権限と承認権限**」を入れればよいでしょう。つまり，監査要点は「手作業による仕訳入力及び承認は，適切であるか。特に，**入力権限と承認権限**（空欄b）の両方が一つのIDに設定されていないことに注意する」となります。

設問3 の解説

表1項番（3）の監査要点①に対して，経理部が実施しているコントロールとして，本文中の空欄Iに入れる字句が問われています。表1項番（3）は「全ての仕訳が仕訳データファイルに格納されずに確定処理が行われる」リスクです。そして，その監査要点①には，「経理部は，手作業による全ての仕訳入力が仕訳データファイルに反映されていることを確認しているか」とあり，空欄Iを含む記述は，「入力された仕訳が全て承認されているかを確かめるために，［ I ］が残っていないことを確認する」となっています。

ここで〔財務会計システムの予備調査〕（2）を見ると，「入力されたデータは，一旦，仮仕訳データとして仮仕訳データファイルに格納される。経理課長がシステム上で仮仕訳データの承認を行うことによって，仕訳データファイルに格納される」とあります。この記述から，仮仕訳データファイルに仮仕訳データが残っていなければ，全て承認されていることが分かります。したがって，入力された仕訳が全て承認されているかを確かめるためには，仮仕訳データファイルに仮仕訳データが残っていないことを確認すればよいので，**空欄I**には「**仮仕訳データ**」が入ります。

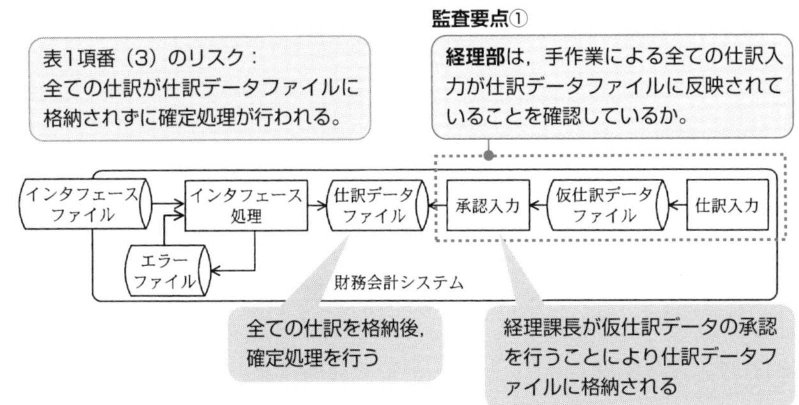

設問4 の解説

表1項番（3）のリスクに対するコントロールを確認するための監査要点②「情報システム部は，インターフェース処理で発生した[c]が全て処理されていることを確認しているか」の空欄cに入れる字句が問われています。

インターフェース処理に関しては，〔財務会計システムの予備調査〕の（1）に記述されていて，③及び④に，「インタフェース処理でエラーとなったデータは，エラーファイルに格納される。エラーファイル内のエラーデータは，翌日のインタフェース処理に再度取り込まれ，処理される」旨が記述されています。

確定処理までに全ての仕訳が仕訳データファイルに格納されるためには，インターフェース処理で発生したエラーデータが全て処理されている必要があり，これを監査することで，項番（3）のリスクに対するコントロールが確認できます。したがって，**空欄cには「エラーデータ」**が入ります。つまり，監査要点②は「情報システム部は，インターフェース処理で発生した**エラーデータ**（空欄c）が全て処理されていることを確認しているか」となります。

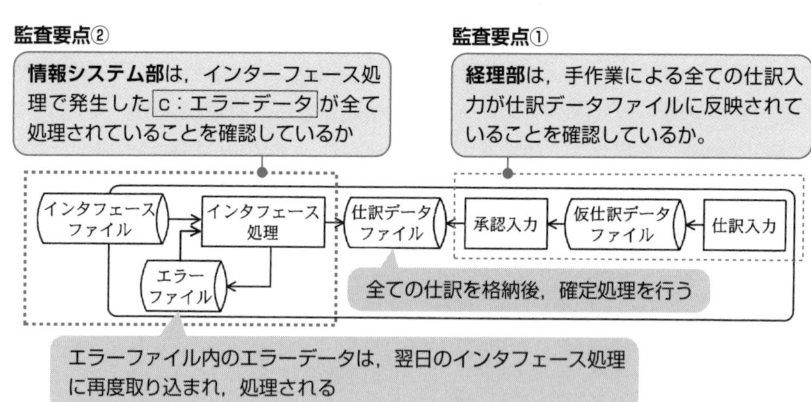

設問5 の解説

表1項番（4）の「財務レポートが正確に，網羅的に出力されない」リスクに対する監査要点①について，財務レポート出力の適切なタイミングが問われています。

財務レポートに関しては，〔財務会計システムの予備調査〕（4）に，「財務会計システムで確定した月次の財務数値を基に，数十ページの財務レポートが作成・出力される」と記述されています。"財務会計システムで確定した"とは，財務会計システムで確定処理を行ったことを意味します。したがって，財務レポート出力の適切なタイミングは**確定処理後**です。確定処理前に財務レポートの出力を行ってしまうと，その後に入力された仕訳データが財務レポートに反映されないため，財務レポートの正確性，網羅性を確保できません。

設問6 の解説

財務レポート出力の操作時に，チェックすべき項目が問われています。財務レポートは，経理部が簡易ツールを操作して，出力の都度，対象データ種別，対象期間，対象科目を設定して出力しているわけですから，財務レポートを正確に，網羅的に出力するためには，これらの設定を正しく行う必要があります。したがって，操作時にチェックすべき項目は，**対象データ種別**，**対象期間**，**対象科目**の三つです。

解答

設問1　a：異常メッセージが監視
設問2　b：入力権限と承認権限
設問3　I：仮仕訳データ
設問4　c：エラーデータ
設問5　確定処理後
設問6　対象データ種別，対象期間，対象科目

問題3 新会計システムのシステム監査 (R03春午後問11)

新会計システムを題材としたシステム監査の問題です。本問では，新システムのアクセス権限を中心に，システム監査手続及び本調査の結果(改善案)について問われます。問われる内容自体は難しくないので問題文を読み解くことで解答できます。なお，システム監査問題では，“アクセス権限”がよく問われます。「同一利用者IDに，入力権限と承認権限の同時付与はNG！」であることを理解しておきましょう。

問 新会計システムのシステム監査に関する次の記述を読んで，設問1～6に答えよ。

U社は中堅の総合商社であり，12社の子会社を傘下に置いて事業を運営している。U社グループでは，経理業務の最適化を進めるためにU社グループの経理業務を集中的に行う経理センタを設立するとともに，グループ共通で利用する新会計システムを3か月前に導入した。U社の内部監査部では，新会計システムに関連する運用状況のシステム監査を実施することにした。

〔予備調査の概要〕

予備調査で入手した情報は次のとおりである。

(1) 経理センタと新会計システムの概要

① 経理センタでは，グループ各社の独自の経理マニュアルを利用しており，各社の経理部門の担当者がそのまま各社担当の担当チーム長とそのスタッフとして配置されている。また，現状の経理業務は手作業が多く，多くの派遣社員が担当している。しかしながら，1年後を目標として，グループ共通の経理マニュアルを策定し，経理業務のタスク別にチームを編成し，経理業務の効率向上を図る予定である。

② 新会計システムはパッケージシステムであり，仕訳･決算機能だけでなく，債権･債務管理機能，資金管理機能，経費支払機能が組み込まれている。各社は，仕入・販売・在庫・給与などの独自の業務システムを利用している。これらの業務システムから新会計システムへのインタフェースは，自動インタフェースのほか，業務システムでダウンロードされたCSVファイルの手作業によるアップロード入力(以下，アップロード入力という)や伝票ごとの手作業入力によって行われている。

また，経理業務の効率向上の一環として，自動インタフェースを順次拡大させる計画である。

(2) 新会計システムへの入力

アップロード入力の場合は，各社の担当チームのスタッフが日次又は月次で新会計システムへアップロード入力を実行すると正式な会計データになる。伝票ごとの手作業入力の場合は，入力者が伝票入力を行った後に，担当チーム長などの承認者が伝票承認入力を行うと正式な会計データになる。承認者は，業務量に応じて複数配置されている。また，新会計システムは，入力者が承認できないように設定されている。

(3) 新会計システムのアクセス管理

新会計システムでは，現状において次のようにアクセス権限を管理している。

① アクセス権限は，図1のように利用者マスタの利用者IDに対してロール名を設定することで制御される。ロールマスタでは，ロール名ごとに利用可能な会社，当該会社で利用可能な画面・機能などが設定されている。このロールマスタは，各社の担当チーム長のロールマスタ申請書に基づいてU社のシステム部で登録される。また，利用者マスタは，利用者が入力した後，利用者マスタ承認権限のある同じチームの担当チーム長が承認入力を行うことで，登録される。

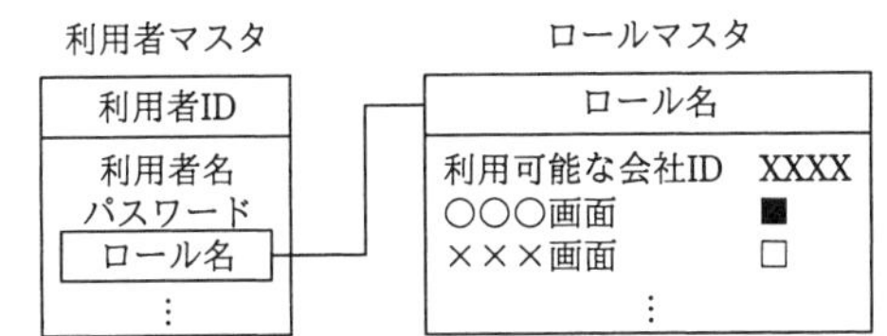

注記1　利用者マスタの“利用者ID”とロールマスタの“ロール名”は一意の値である。
注記2　画面には，伝票入力画面，伝票承認画面，照会画面などがある。
また，“■”は利用可能な画面，“□”は利用できない画面として設定される。

図1　利用者マスタとロールマスタの関連

② 利用者IDのパスワードは，3か月に1度の変更が自動的に要求される。

③ 派遣社員は個人ごとの利用者IDでなく，同じチームの複数人で一つの利用者IDを共有している（以下，共有IDという）。共有IDのパスワードは，自動的な変更要求の都度，担当チーム長が変更し，各派遣社員に通知している。

(4) その他の事項

その他，新会計システムの機能及び経理業務の手続は，次のとおりである。

① 各社は月次決算を行っており，月次決算の完了時には，各社の担当チーム長が月次締め処理を実行する。これによって，当月の会計データの入力はできなくなる。

② 経理業務の効率向上に先行して，来月から全ての会社のアップロード入力は，特定の担当者3名で集中的に行う予定である。この担当者の作業漏れを防止するために，各社の担当者が“CSVアップロード一覧表”を作成している。

〔監査手続の検討〕

予備調査に基づき監査担当者が策定した監査手続案，及び内部監査部長のレビューコメントは，表1のとおりである。

表1 監査手続案及び内部監査部長のレビューコメント

項番	監査手続案	内部監査部長のレビューコメント
(1)	利用者IDの権限設定の妥当性を確かめるために，利用者マスタを閲覧し，登録されているロール名の妥当性を確かめる。	① 利用者マスタの登録手続のコントロールとして，担当チーム長の利用者IDだけに［a］が付与されているか確かめる必要がある。 ② 利用者マスタの閲覧だけでは，利用者IDの権限の妥当性を評価できないので，［b］の内容についても閲覧する必要がある。
(2)	月次決算完了日後に入力した正式な会計データがないか，月次決算完了日後入力の会計データを抽出する。	① 新会計システムで［c］が月次決算完了日に行われていることを確かめれば，会計データから抽出する手続は不要である。

〔本調査の結果〕

本調査の結果，監査担当者が発見した事項及び改善案は次のとおりである。

(1) ［d］は，各担当チームのスタッフだけで正式な会計データとすることができるので，不正な会計データの入力を防止する観点から改善が必要である。

(2) 伝票ごとの手作業の入力において，承認者の中に伝票入力権限が付与された者がいたので，入力権限を削除すべきである。

(3) 共有IDについて，担当チーム長がパスワードを変更すると，［e］を行うことが可能となるので，改善が必要である。

(4) 多くの利用者IDに複数のロール名が登録されていたので，［f］の観点から，一つの利用者IDに対して同時に登録できないロール名を明確にすべきである。

(5) アップロード入力のCSVファイルは減少する予定なので，“CSVアップロード一覧表”を最新に維持するためには，更新手順を明確にしておく必要がある。

上述の(2)について，内部監査部長は，“当該事項に対応する(ア)新会計システムに組み込まれたコントロールがある”ので追加確認することを指示した。

設問1 表1中の[a]，[b]及び[c]に入れる適切な字句をそれぞれ10字以内で答えよ。

設問2 〔本調査の結果〕の[d]に入れる適切な字句を10字以内で答えよ。

設問3 〔本調査の結果〕の[e]に入れる適切な字句を15字以内で答えよ。

設問4 〔本調査の結果〕の[f]に入れる最も適切な字句を解答群の中から選び，記号で答えよ。

解答群

ア　業務の継続性　　イ　業務の効率向上　　ウ　作業漏れ防止
エ　職務の分離　　オ　ロールの簡素化

設問5 〔本調査の結果〕の（5）で，CSVファイルは減少する予定があるとした理由を20字以内で答えよ。

設問6 〔本調査の結果〕の下線（ア）のコントロールは何か。10字以内で答えよ。

解説

設問1 の解説

表1の監査手続案に対する，内部監査部長のレビューコメント中の空欄a～cが問われています。

●空欄a

「利用者マスタの登録手続のコントロールとして，担当チーム長の利用者IDだけに［ a ］が付与されているか確かめる必要がある」とあります。

利用者マスタの登録手続については，〔予備調査の概要〕の（3）の①に，「利用者マスタは，利用者が入力した後，利用者マスタ承認権限のある同じチームの担当チーム長が承認入力を行うことで，登録される」と記述されています。したがって，利用者マスタの登録手続のコントロールの観点から，担当チーム長の利用者IDだけに**利用者マスタ承認権限（空欄a）**が付与されているか確かめる必要があります。

●空欄b

「利用者マスタの閲覧だけでは，利用者IDの権限の妥当性を評価できないので，［ b ］の内容についても閲覧する必要がある」とあります。

〔予備調査の概要〕の（3）の①に，「利用者マスタの利用者IDに対してロール名が設定される」こと，そして「ロールマスタに，ロール名ごとに利用可能な会社，当該会社で利用可能な画面・機能などが設定されている」ことが記述されています。

図1を見ると分かりますが，利用者マスタには，「利用者ID，利用者名，パスワード，ロール名，……」の情報しかなく，アクセス権限は設定されていません。アクセス権限の内容が設定されているのはロールマスタです。したがって，利用者IDの権限の妥当性を評価するためには，利用者マスタの閲覧だけでなく，**ロールマスタ（空欄b）**の閲覧も必要です。

●空欄c

項番（2）の監査手続案に対するレビューコメント（空欄c）が問われています。項番（2）の監査手続案は，「月次決算完了日後に入力した正式な会計データがないか，月次決算完了日後入力の会計データを抽出する」というものです。ここで，月次決算に関する記述を探すと，〔予備調査の概要〕の（4）の①に，「月次決算の完了時には，各社の担当チーム長が月次締め処理を実行する。これによって，当月の会計データの入力はできなくなる」と記述されています。

月次締め処理以降，会計データの入力はできないわけですから，**月次締め処理（空欄c）**が月次決算完了日に行われていることを確かめれば，「月次決算完了日後に入力された会計データを抽出する」といった手続は不要です。

参考 ロール

ロールとは，複数の権限をまとめたものです。システムを利用する際に必要となる権限は複数存在します。そして，その組合せは利用者の役割や職務（例えば，管理者，一般利用者など）によって異なります。そこで，利用者の役割に応じた適切な権限を組合せたロールを作成し，これを各利用者に割り当てます。これにより，利用者個別に権限を割り当てる必要がなくなり，作業及び管理面での負荷が軽減できます。また，ロールを適切に設定し職務権限を分けることで相互牽制関係を作ることができます。

利用者A：ロールX
利用者B：ロールY
利用者C：ロールX
利用者D：ロールX，ロールY

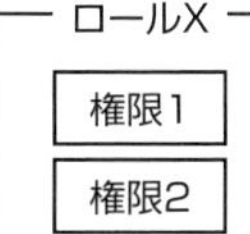

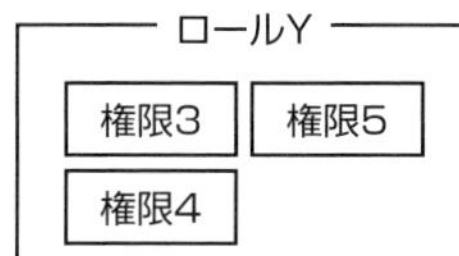

設問2 の解説

〔本調査の結果〕の（1）にある，「［ d ］は，各担当チームのスタッフだけで正式な会計データとすることができるので，不正な会計データの入力を防止する観点から改善が必要である」との記述中の空欄dが問われています。着目すべきは，〔予備調査の概要〕の（2）にある次の記述です。

- アップロード入力の場合は，各社の担当チームのスタッフが日次又は月次で新会計システムへアップロード入力を実行すると正式な会計データになる。
- 伝票ごとの手作業入力の場合は，入力者が伝票入力を行った後に，担当チーム長などの承認者が伝票承認入力を行うと正式な会計データになる。

手作業入力の場合，担当チーム長などの承認を経て正式な会計データになるのに対して，アップロード入力の場合は承認手続がありません。承認手続がなければ，担当チームのスタッフによる不正な会計データの入力が行われてもそれを検知・防止することができません。つまり，監査担当者が指摘したのはこの点です。

以上，**空欄d**には「**アップロード入力**」を入れればよいでしょう。

設問3 の解説

〔本調査の結果〕の（3）にある，「共有IDについて，担当チーム長がパスワードを変更すると，［ e ］を行うことが可能となるので，改善が必要である」との記述中の空欄eが問われています。

共有IDは，派遣社員に付与される利用者IDです。派遣社員については，〔予備調査の概要〕の(1)の①に，「現状の経理業務は手作業が多く，多くの派遣社員が担当している」とあります。手作業とは，CSVファイルのアップロード入力や伝票入力のことです。ここで，伝票入力(伝票ごとの手作業入力)の場合，入力者が伝票入力を行った後に，担当チーム長などの承認者が伝票承認入力を行うことで正式な会計データになることに着目します。共有IDのパスワードを担当チーム長が変更するということは，当然，担当チーム長は共有IDのパスワードを知っていますから，そのパスワードを使って派遣社員の作業(すなわち，伝票入力)ができます。監査担当者は，この点を危惧し，同一人物(担当チーム長)が伝票入力と承認を行えてしまうと，不正な会計データが入力されてもそれを検知できないので，入力と承認の両方を行えないよう改善すべきと指摘したものと考えられます。

以上，担当チーム長が共有IDのパスワードを変更することで可能となるのは，派遣社員の作業(伝票入力)です。そしてこれにより，担当チーム長が伝票の入力と承認を行えることが問題になるので，**空欄e**には，「担当チーム長が伝票の入力と承認」を入れればよいでしょう。なお，試験センターでは解答例を「**担当チーム長が入力と承認**」としています。

設問4 の解説

〔本調査の結果〕の(4)にある，「多くの利用者IDに複数のロール名が登録されていたので，[f]の観点から，一つの利用者IDに対して同時に登録できないロール名を明確にすべきである」との記述中の空欄fが問われています。

ここでの着目点は，「一つの利用者IDに対して同時に登録できないロール名を明確にすべきである」という改善案です。設問1の「参考」にも記しましたが，ロールは複数の権限をまとめたものです。一つの利用者IDに対して一つのロールを割り当てるのが基本ではありますが，業務上の必要性により，いくつかの職務を兼務している場合などには一つの利用者IDに対して複数のロールを割り当てることがあります。そして，この場合問題になるのが，兼務すべきでない職務権限の付与です。

例えばロールXに「伝票入力権限，照会権限」が設定され，ロールYに「伝票承認権限，照会権限」が設定されていたとき，一つの利用者IDに対してロールXとロールYを割り当ててしまうと，伝票の入力と承認が可能になってしまいます。監査担当者はこの点を指摘し，職務権限を分け不正防止を図るという観点から，「一つの利用者IDに対して同時に登録できないロール名を明確にすべきである」という改善案を出したわけです。

以上，空欄fに入れる適切な字句は〔エ〕の**職務の分離**です。ちなみに，“職務の分離”とは，組織内の部署や役職，個人などが担当する仕事の内容や権限及び責任の範囲を明確に定義し，組織における職責や権限を配分することをいいます。

設問5 の解説

〔本調査の結果〕の(5)で，CSVファイルは減少する予定があるとした理由が問われています。

“CSVファイル”についての記述を確認すると，〔予備調査の概要〕の(1)の②に，「業務システムから新会計システムへのインタフェースは，自動インタフェースのほか，業務システムでダウンロードされたCSVファイルの手作業によるアップロード入力や伝票ごとの手作業入力によって行われている」とあり，続いて「経理業務の効率向上の一環として，自動インタフェースを順次拡大させる計画である」とあります。

自動インタフェースを拡大させれば，CSVファイルのアップロード入力及び伝票ごとの手作業入力は少なくなります。また，これに伴ってCSVファイルも減少します。したがって，CSVファイルは減少する予定があるとした理由は，「**自動インタフェースを拡大させるから**」です。

設問6 の解説

〔本調査の結果〕の(2)について，下線(ア)の新会計システムに組み込まれたコントロールとは何か問われています。

監査担当者の改善案は，「伝票ごとの手作業の入力において，承認者の中に伝票入力権限が付与された者がいたので，入力権限を削除すべきである」，つまり「承認者は伝票入力ができないようにする」というものです。これに対して，内部監査部長は「当該事項に対応するコントロールが新会計システムに組み込まれている」と述べています。この点に着目し，“承認者は伝票入力ができないようにする”に該当する記述を探します。すると，〔予備調査の概要〕の(2)の最後に，「新会計システムは，入力者が承認できないように設定されている」との記述があります。つまり，新会計システムに組み込まれたコントロールとは，“入力者が承認できない”というコントロールです。

新会計システムに組み込まれたコントロールが適切に機能していれば，万が一同一人物(同一利用者ID)に入力と承認の権限が付与されていたとしても，入力者による承認行為を防止できます。このため内部監査部長は，「新会計システムに“入力者が承認できない”というコントロールが設定されているので，このコントロールの状況も確認すること」を指示したと考えられます。

以上，解答としては「**入力者が承認できない**」とすればよいでしょう。

解答

設問1　a：利用者マスタ承認権限　b：ロールマスタ　c：月次締め処理

設問2　d：アップロード入力

設問3　e：担当チーム長が入力と承認

設問4　f：エ

設問5　自動インタフェースを拡大させるから

設問6　入力者が承認できない

参考　よくでるユーザID(アカウント)に関する問題

問1：『ユーザIDの登録・削除は，上長の承認を得て，管理課に提出する。管理課担当者は，四半期に一度，ユーザIDとアクセス権の棚卸しを実施する。管理課だけがユーザIDとアクセス権の変更権限をもっていて，間違いがあれば，担当者がユーザIDの削除やアクセス権の変更を行う。その結果を管理課長が承認する。管理課長が承認した時点で，削除や変更の内容が初めて有効になる。承認時に内容の不備を発見したときには，管理課長が修正入力と承認をしている。』

ユーザID管理に関する問題点を40字以内で述べよ。

解答：修正入力と承認を同一人物（管理課長）が行えるのが問題です。つまり解答は，「管理課長が，ユーザIDとアクセス権の変更と承認の両方の権限をもっている」となります（試験センター解答例より）。

問2：『業務上の必要性から，システム課長と，購買システムを担当するシステム課の2人の合計3人の社員が，購買システムに，高いレベルのアクセス権をもつアカウント（以下，特権アカウントという）をもっている。システム課長は，特権アカウントをもったユーザリストとアクセスログを，購買システムから四半期ごとに出力し，アクセス権が適切に付与されているかどうか，アカウントが適切に使用されているかどうかを確認している。なお，特権アカウントの新規登録，変更，削除については，システム課長の承認を必要としている。』

現状の購買システムのアクセス権管理では，不正を発見できないおそれがある。なぜ不正を発見できないおそれがあるのか。35字以内で述べよ。

解答：特権アカウントをもつシステム課長が，特権アカウントの管理を行っています。そのため，システム課長自身が特権アカウントを行使して不正を働いた場合は，これを発見できません。したがって解答は，「特権アカウントの管理と行使の権限が同一人物に付与されているから」です（試験センター解答例より）。

問題4 テレワーク環境の監査 （R04秋午後問11）

テレワーク環境の監査を題材にした問題です。本問では，予備調査で把握した内容に基づき，情報セキュリティ管理状況の点検の実効性を含め，重点的に確認する監査手続が問われます。各設問は，内部監査部長が，本調査で確認すべきであると指摘した五つの項目から構成されています。テレワーク環境の利用者を管理するために，システム部及び各部のシステム管理者がどのような役割を担うのかを理解した上で，各設問で問われている監査手続（本調査で確認すべき事項）を導き出しましょう。

問 テレワーク環境の監査に関する次の記述を読んで，設問に答えよ。

大手のマンション管理会社であるY社は，業務改革の推進，感染症拡大への対応などを背景として，X年4月からテレワーク環境を導入し，全従業員の約半数が業務内容に応じて利用している。このような状況の下，テレワーク環境の不適切な利用に起因して，情報漏えいなども発生するおそれがあり，情報セキュリティ管理の重要性は増大している。

Y社の内部監査部長は，このような状況を踏まえて，システム監査チームに対して，テレワーク環境の情報セキュリティ管理をテーマとして，監査を行うよう指示した。システム監査チームは，X年9月に予備調査を行い，次の事項を把握した。

〔テレワーク環境の利用状況〕

(1) テレワーク環境で利用するPCの管理

Y社の従業員は，貸与されたPC（以下，貸与PCという）を，Y社の社内及びテレワーク環境で利用する。

システム部は，全従業員分の貸与PCについて，貸与PC管理台帳に，PC管理番号，利用する従業員名，テレワーク環境の利用有無などを登録する。貸与PC管理台帳は，貸与PCを利用する従業員が所属する各部に配置されているシステム管理者も閲覧可能である。

(2) テレワーク環境の利用者の管理

従業員は，テレワーク環境の利用を申請する場合に，テレワーク環境利用開始届（以下，利用届という）を作成し，所属する部のシステム管理者の確認，及び部長の承認を得て，システム部に提出する。利用届には，申請する従業員の氏名，利用開始希望日，Y社の情報セキュリティ管理基準の遵守についての誓約などを記載する。

システム部は，利用届に基づき，貸与PCをテレワーク環境でも利用できるように，VPN接続ソフトのインストールなどを行う。

各部のシステム管理者は，従業員が異動，退職などに伴い，テレワーク環境の利用を終了する場合に，テレワーク環境利用終了届（以下，終了届という）を作成しシステム部に提出する。終了届には，テレワーク環境の利用を終了する従業員の氏名，事由などを記載する。システム部は，終了届に基づき，貸与PCをテレワーク環境で利用できないようにし，終了届の写しをシステム管理者に返却する。

(3) テレワーク環境のアプリケーションシステム

テレワーク環境では，従業員の利用権限に応じて，基幹業務システム，社内ポータルサイト，Web会議システムなど，様々なアプリケーションシステムを利用することができる。これらのアプリケーションシステムのうち，Web会議システムは，X年6月から社内及びテレワーク環境で利用可能となっている。また，従業員は，基幹業務システムなどを利用して，顧客の個人情報，営業情報などにアクセスし，貸与PCのハードディスクに一時的にダウンロードして，加工・編集する場合がある。

〔テレワーク環境に関して発生した問題〕

(1) 顧客の個人情報の漏えい

Y社の情報セキュリティ管理基準では，テレワーク環境への接続に利用するWi-Fiについて，パスワードの入力を必須とすることなど，セキュリティ要件を定めている。

X年5月20日に，業務管理部の従業員が，セキュリティ要件を満たさないWi-Fiを利用してテレワーク環境に接続したことによって，貸与PCのハードディスクにダウンロードされた顧客の個人情報が漏えいする事案が発生した。

(2) 貸与PCの紛失・盗難

テレワーク環境の導入後，貸与PCを社外で利用する機会が増えたことから，貸与PCの紛失・盗難の事案が発生していた。

各部のシステム管理者は，従業員が貸与PCを紛失した場合，貸与PCのPC管理番号，紛失日，紛失状況，最終利用日，システム部への届出日などを紛失届に記載し，遅くとも紛失日の翌日までに，システム部に提出する。システム部は，提出された紛失届の記載内容を確認し，受付日を記載した後に，紛失届の写しをシステム管理者に返却する。

営業部のZ氏は，X年8月9日に営業先から自宅に戻る途中で貸与PCを紛失したまま，紛失日の翌日から1週間の休暇を取得した。同部のシステム管理者は，Z氏からX年8月17日に報告を受け，同日中に当該PCの紛失届をシステム部に提出した。

〔情報セキュリティ管理状況の点検〕

(1) 点検の体制及び時期

システム部は毎年1月に，各部における情報セキュリティ管理状況の点検（以下，セキュリティ点検という）について，年間計画を策定する。各部のシステム管理者は，年間計画に基づき，セキュリティ点検を実施し，点検結果，及び不備事項の是正状況をシステム部に報告する。システム部は，点検結果を確認し，また，不備事項の是正状況をモニタリングする。X年の年間計画では，2月，5月，8月，11月の最終営業日にセキュリティ点検を実施することになっている。

(2) 点検の項目，内容及び対象

システム部は，毎年1月に，利用されるアプリケーションシステムなどのリスク評価結果に基づき，セキュリティ点検の項目及び内容を決定する。また，新規システムの導入，システム環境の変化などに応じて，リスク評価を随時行い，その評価結果に基づき，セキュリティ点検の項目及び内容を見直すことになっている。各部のシステム管理者は，前回点検日以降3か月間を対象にして，セキュリティ点検を実施する。X年のセキュリティ点検の項目及び内容の一部を表1に示す。

表1　セキュリティ点検の項目及び内容（一部）

項番	点検項目	点検内容
1	テレワーク環境の利用者の管理状況	テレワーク環境を利用する必要がなくなった従業員について，終了届をシステム部に提出しているか。
2	テレワーク環境に関するセキュリティ要件の周知状況	テレワーク環境への接続に利用する Wi-Fi について，セキュリティ要件は周知されているか。
3	貸与 PC の管理状況	貸与 PC を紛失した場合，遅くとも紛失日の翌日までに，紛失届をシステム部に提出しているか。
4	アプリケーションシステムの利用権限の設定状況	セキュリティ点検対象のアプリケーションシステムに対して，適切な利用権限が設定されているか。

(3) 点検の結果

業務管理部及び営業部のシステム管理者は，テレワーク環境導入後のセキュリティ点検の結果，表1の項番2及び項番3について，不備事項を報告していなかった。

〔内部監査部長の指示〕

内部監査部長は，システム監査チームから予備調査で把握した事項について報告を受け，X年11月に実施予定の本調査で，テレワーク環境に関するセキュリティ点検について重点的に確認する方針を決定し，次のとおり指示した。

(1) 表1項番1について，［ a ］と［ b ］を照合した結果と，セキュリティ点検の結果との整合性を確認すること。

(2) 表1項番2について，業務管理部におけるセキュリティ点検の結果を考慮して，システム管理者が［ c ］しているかどうか，確認すること。

(3) 表1項番3について，紛失届に記載されている［ d ］と［ e ］を照合した結果と，セキュリティ点検の結果との整合性を確認すること。

(4) 表1項番4について，システム部が［ f ］の結果に基づいて，X年8月のセキュリティ点検対象のアプリケーションシステムとして，［ g ］の追加を検討したかどうか，確認すること。

(5) セキュリティ点検で不備事項が発見された場合，システム管理者が不備事項の是正状況を報告しているかどうか確認するだけでは，監査手続として不十分である。システム部が［ h ］しているかどうかについても確認すること。

設問1 〔内部監査部長の指示〕(1) の［ a ］，［ b ］に入れる適切な字句を，それぞれ15字以内で答えよ。

設問2 〔内部監査部長の指示〕(2) の［ c ］に入れる適切な字句を15字以内で答えよ。

設問3 〔内部監査部長の指示〕(3) の［ d ］，［ e ］に入れる適切な字句を，それぞれ10字以内で答えよ。

設問4 〔内部監査部長の指示〕(4) の［ f ］，［ g ］に入れる適切な字句を，それぞれ10字以内で答えよ。

設問5 〔内部監査部長の指示〕(5) の［ h ］に入れる適切な字句を20字以内で答えよ。

解説

設問1 の解説

〔内部監査部長の指示〕(1) の表1項番1についての設問です。

項番	点検項目	点検内容
1	テレワーク環境の利用者の管理状況	テレワーク環境を利用する必要がなくなった従業員について，終了届をシステム部に提出しているか。

「表1項番1について， a と b を照合した結果と，セキュリティ点検の結果との整合性を確認すること」とあり，空欄a，bに入れる字句が問われています。

〔内部監査部長の指示〕(1) は，各部のシステム管理者による表1項番1の点検が適切に行われているかを，本調査で確認すべきとした指示です。

ここで，〔テレワーク環境の利用状況〕(2) を見ると，「各部のシステム管理者は，従業員が異動，退職などに伴い，テレワーク環境の利用を終了する場合に，テレワーク環境利用終了届（以下，終了届という）を作成しシステム部に提出する」とあり，「終了届には，テレワーク環境の利用を終了する従業員の氏名，事由などを記載する」とあります。この記述を基に考えると，従業員の異動，退職などの状況と終了届の記載内容を照合すれば，テレワーク環境を利用する必要がなくなった従業員の終了届を，あまなくシステム部に提出しているかの確認ができます。また，この確認結果と，セキュリティ点検の結果との整合性を確認することで，各部のシステム管理者による当該点検が適切に行われているかの検証ができます。

以上，**空欄a**には「**従業員の異動，退職などの状況**」，**空欄b**には「**終了届の記載内容**」を入れればよいでしょう。なお，空欄a，bは順不同です。

設問2 の解説

〔内部監査部長の指示〕(2) の表1項番2についての設問です。

項番	点検項目	点検内容
2	テレワーク環境に関するセキュリティ要件の周知状況	テレワーク環境への接続に利用するWi-Fiについて，セキュリティ要件は周知されているか。

「表1項番2について，業務管理部におけるセキュリティ点検の結果を考慮して，システム管理者が c しているかどうか，確認すること」とあり，空欄cに入れる字句が問われています。

業務管理部におけるセキュリティ点検の結果とは，〔情報セキュリティ管理状況の点検〕(3) に記述されている,「業務管理部のシステム管理者は，テレワーク環境導入後のセキュリティ点検の結果，表1の項番2について，不備事項を報告していなかった」ことを指します。

〔テレワーク環境に関して発生した問題〕(1) に,「X年5月20日に，業務管理部の従業員が，セキュリティ要件を満たさないWi-Fiを利用してテレワーク環境に接続したことによって，貸与PCのハードディスクにダウンロードされた顧客の個人情報が漏えいする事案が発生した」とあります。テレワーク環境への接続に利用するWi-Fiについてのセキュリティ要件を情報セキュリティ管理基準で定めているにもかかわらず，このような事案が発生したということは，セキュリティ要件が周知されていなかったからです。発生日が5月20日ですから，5月の最終営業日に実施したセキュリティ点検の結果として，業務管理部のシステム管理者はこの不備事項を報告すべきです。しかし，これを報告していないことから，セキュリティ点検が適切に実施されているのか疑われます。

そこで内部監査部長は，この点を問題視し，業務管理部のシステム管理者がセキュリティ点検を適切に実施しているかどうかを，本調査で確認すべきとしたわけです。

以上，**空欄c**には「**セキュリティ点検を適切に実施**」を入れればよいでしょう。

設問3 の解説

〔内部監査部長の指示〕(3) の表1項番3についての設問です。

項番	点検項目	点検内容
3	貸与PCの管理状況	貸与PCを紛失した場合，遅くとも紛失日の翌日までに，紛失届をシステム部に提出しているか。

「表1項番3について，紛失届に記載されている[d]と[e]を照合した結果と，セキュリティ点検の結果との整合性を確認すること」とあり，空欄d，eに入れる字句が問われています。

紛失届に関しては,〔テレワーク環境に関して発生した問題〕(2) に,「各部のシステム管理者は，従業員が貸与PCを紛失した場合，貸与PCのPC管理番号，紛失日，紛失状況，最終利用日，システム部への届出日などを紛失届に記載し，遅くとも紛失日の翌日までに，システム部に提出する」とあります。

また，これに続く記述に,「営業部のシステム管理者は，同部のZ氏がX年8月9日に貸与PCを紛失した際，Z氏から報告を受けたX年8月17日に当該PCの紛失届をシステム部に提出している」こと，さらに,〔情報セキュリティ管理状況の点検〕(3) には,「営業部のシステム管理者は，この件を報告していなかった」旨が記述されています。

これらのことから，内部監査部長が問題視したのは，紛失届を提出するタイミングです。つまり，各部のシステム管理者から，表1項番3について，不備事項の報告がなくても，営業部のような事例があるので，「紛失届けが，遅くとも紛失日の翌日までに提出されているか」の確認を指示したわけです。

紛失届けが，遅くとも紛失日の翌日までに提出されているかは，紛失届に記載されている「貸与PCの紛失日」と「システム部への届出日」を確認すれば分かります。したがって，**空欄d**には「**貸与PCの紛失日**」，**空欄e**には「**システム部への届出日**」が入ります（空欄d，eは順不同）。なお，試験センターでは，別解を示していませんが，単に「紛失日」，「届出日」と解答してもよいと思います。

設問4 の解説

〔内部監査部長の指示〕(4) の表1項番4についての設問です。

項番	点検項目	点検内容
4	アプリケーションシステムの利用権限の設定状況	セキュリティ点検対象のアプリケーションシステムに対して，適切な利用権限が設定されているか。

「表1項番4について，システム部が[f]の結果に基づいて，X年8月のセキュリティ点検対象のアプリケーションシステムとして，[g]の追加を検討したかどうか，確認すること」とあり，空欄f，gに入れる字句が問われています。

〔情報セキュリティ管理状況の点検〕(2) に，「新規システムの導入，システム環境の変化などに応じて，リスク評価を随時行い，その評価結果に基づき，セキュリティ点検の項目及び内容を見直すことになっている」とあります。この記述から，新たなアプリケーションシステムの導入があれば，随時リスク評価を行い，その結果に基づいて，セキュリティ点検の項目及び内容を見直すことが分かります。したがって，**空欄f**には「**リスク評価**」が入ります。

次に，〔情報セキュリティ管理状況の点検〕(1) 及び (2) の記述内容から，セキュリティ点検を実施するのは，2月，5月，8月，11月の最終営業日であること，また，セキュリティ点検は，前回点検日以降3か月間を対象にして実施されることが分かります。ここで，アプリケーションシステムに関する記述を探すと，〔テレワーク環境の利用状況〕(3) に，「アプリケーションシステムのうち，Web会議システムは，X年6月から社内及びテレワーク環境で利用可能となっている」とあります。

X年8月のセキュリティ点検では，前回点検日である5月の最終営業日以降3か月間を対象にしてセキュリティ点検を実施することになるので，セキュリティ点検対象のアプリケーションシステムとして，6月から利用可能となっているWeb会議システムの追加を検討する必要があります。したがって，**空欄g**には「**Web会議システム**」が入ります。

設問5 の解説

〔内部監査部長の指示〕(5) についての設問です。「セキュリティ点検で不備事項が発見された場合，システム管理者が不備事項の是正状況を報告しているかどうか確認するだけでは，監査手続として不十分である。システム部が[h]しているかどうかについても確認すること」とあり，空欄hに入れる字句が問われています。

不備事項の是正状況に関する記述を探すと，〔情報セキュリティ管理状況の点検〕(1)に，「各部のシステム管理者は，年間計画に基づき，セキュリティ点検を実施し，点検結果，及び不備事項の是正状況をシステム部に報告する。システム部は，点検結果を確認し，また，不備事項の是正状況をモニタリングする」とあります。

この記述から，システム部は，セキュリティ点検で発見された不備事項の是正状況の報告を受けるだけではなく，不備事項の是正状況をモニタリングする必要があることがわかります。したがって，**空欄h**には「**不備事項の是正状況をモニタリング**」を入れればよいでしょう。

解答

設問1　a：従業員の異動，退職などの状況
　　　　　b：終了届の記載内容　　（a，bは順不同）
設問2　c：セキュリティ点検を適切に実施
設問3　d：貸与PCの紛失日
　　　　　e：システム部への届出日　　（d，eは順不同）
設問4　f：リスク評価
　　　　　g：Web会議システム
設問5　h：不備事項の是正状況をモニタリング

参考 システム監査基準・システム管理基準の改訂

システム監査基準及びシステム管理基準(以下,本基準という)は,昭和60年(1985年)1月に策定され,その後,何回か改訂が行われてきましたが,本基準が参照する国際基準の改訂や技術の進展に伴う状況の変化などを踏まえ,令和5年に新たに改訂・見直しが行われました。

今回の改訂では,システム監査を取り巻く環境の変化へのより迅速な対応が可能となるよう実施方法などの実践部分が「ガイドライン」に別冊化されました。

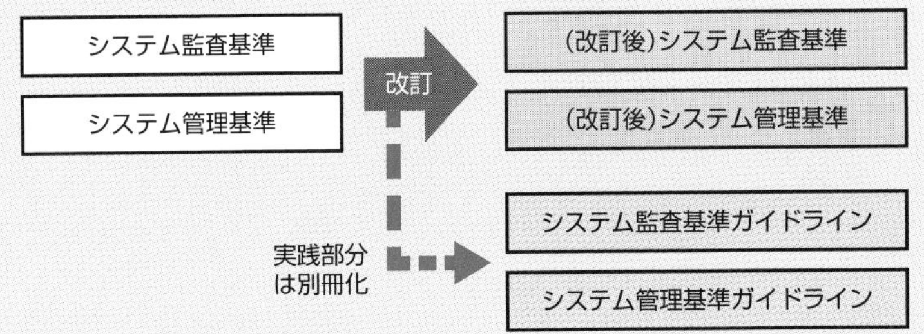

令和6年春期試験からは,令和5年4月26日に公表された最新版からの出題となります。ただし,今後の試験について,IPA(独立行政法人 情報処理推進機構)から,「改訂後のシステム監査基準及びシステム管理基準との整合を高めることを目的として表記の変更等を行うものの,試験で問う知識·技能の範囲そのものに変更はない」と発表されているため,今後しばらくの間は,前版であるシステム監査基準(平成30年)及びシステム管理基準(平成30)に基づいた過去問題で試験対策が可能と考えられます。

〔補足〕

システム監査基準は,システム監査を効果的かつ効率的に行うための,システム監査のあるべき体制や実施方法などを示したものです。また,**システム管理基準**は,システム監査基準に基づくシステム監査において,ITシステムのガバナンス,マネジメント,コントロールを検証・評価する際の判断の尺度(すなわち,システム監査上の判断尺度)として利用される基準及び規程です。なお,情報セキュリティの監査に際しては,システム管理基準とともに**情報セキュリティ管理基準**も判断尺度として参照されます。

索引

英数字

あ行

か行

さ行

た行

な行

は行

ま行

ら行

わ

●**大滝 みや子**（おおたき みやこ）

IT企業にて地球科学分野を中心としたソフトウェア開発に従事した後，日本工学院八王子専門学校 ITスペシャリスト科の教員を経て，現在は資格対策書籍の執筆に専念するかたわら，IT企業における研修・教育を担当するなど，IT人材育成のための活動を幅広く行っている。「応用情報技術者 合格教本」，「応用情報技術者 試験によくでる問題集【午前】」，「要点・用語早わかり 応用情報技術者ポケット攻略本（改訂4版）」，「[改訂新版] 基本情報技術者【科目B】アルゴリズム×擬似言語 トレーニングブック」（以上，技術評論社），「かんたんアルゴリズム解法ー流れ図と擬似言語（第4版）」（リックテレコム）など，著書多数。

◆カバーデザイン　小島 トシノブ（NONdesign）
◆本文デザイン　株式会社明昌堂
◆本文レイアウト　SeaGrape

令和06-07年
応用情報技術者 試験によくでる問題集【午後】

2013年 10月 10日 初 版 第1刷発行
2024年 4月 3日 第6版 第1刷発行
2024年 8月 28日 第6版 第2刷発行

著 者　大滝 みや子
発行者　片岡 巌
発行所　株式会社技術評論社
東京都新宿区市谷左内町21-13
電話　03-3513-6150　販売促進部
03-3513-6166　書籍編集部
印刷／製本　昭和情報プロセス株式会社

定価はカバーに表示してあります。

ISBN978-4-297-13965-0 C3055
Printed in Japan

●お問い合わせについて

本書に関するご質問は，FAXか書面でお願いいたします。電話での直接のお問い合わせにはお答えできませんので，あらかじめご了承ください。また，下記のWebサイトでも質問用フォームを用意しておりますので，ご利用ください。

ご質問の際には，書籍名と質問される該当ページ，返信先を明記してください。e-mailをお使いになられる方は，メールアドレスの併記をお願いいたします。ご質問の際に記載いただいた個人情報は質問の返答以外の目的には使用いたしません。

お送りいただいたご質問には，できる限り迅速にお答えするよう努力しておりますが，場合によってはお時間をいただくこともございます。なお，ご質問は，本書に記載されている内容に関するもののみとさせていただきます。

◆お問い合わせ先
〒162-0846 東京都新宿区市谷左内町21-13
株式会社技術評論社　書籍編集部
「令和06-07年　応用情報技術者
試験によくでる問題集【午後】」係
FAX：03-3513-6183
Web：https://gihyo.jp/book/